수학 좀 한다면

디딤돌 초등수학 기본+유형 6-1

펴낸날 [개정판 1쇄] 2024년 9월 5일 [개정판 2쇄] 2025년 2월 18일 | **펴낸이** 이기열 | **펴낸곳** (주)디딤돌 교육 | **주소** (03972) 서울특별시 마포구 월드컵북로 122 청원선와이즈타워 | **대표전화** 02-3142-9000 | **구입문의** 02-322-8451 | **내용문의** 02-323-9166 | **팩시밀리** 02-338-3231 | **홈페이지** www.didimdol.co.kr | **등록번호** 제10-718호 | 구입한 후에는 철회되지 않으며 잘못 인쇄된 책은 바꾸어 드립니다.

내 실력에 딱!
최상위로 가는 '맞춤 학습 플랜'

STEP 1 On-line

나에게 맞는 공부법은?
맞춤 학습 가이드를 만나요.

교재 선택부터 공부법까지! 디딤돌에서 제공하는 시기별 맞춤 학습 가이드를 통해 아이에게 맞는 학습 계획을 세워 주세요.
(학습 가이드는 디딤돌 학부모카페 '맘이가'를 통해 상시 공지합니다.
cafe.naver.com/didimdolmom)

STEP 2 Book

맞춤 학습 스케줄표
계획에 따라 공부해요.

교재에 첨부된 '맞춤 학습 스케줄표'에 맞춰 공부 목표를 달성합니다.

STEP 3 On-line

이럴 땐 이렇게!
'맞춤 Q&A'로 해결해요.

궁금하거나 모르는 문제가 있다면,
'맘이가' 카페를 통해 질문을 남겨 주세요.
디딤돌 수학쌤 및 선배맘님들이 친절히 답변해 드립니다.

STEP 4 Book

다음에는 뭐 풀지?
다음 교재를 추천받아요.

학습 결과에 따라 후속 학습에 사용할 교재를 제시해 드립니다.
(교재 마지막 페이지 수록)

★ 디딤돌 플래너 만나러 가기

디딤돌 초등수학 기본+유형 6-1

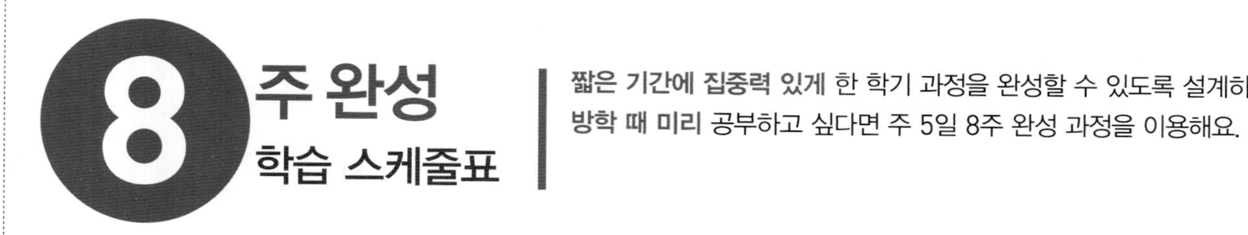

공부한 날짜를 쓰고 하루 분량 학습을 마친 후, 부모님께 확인 check ☑를 받으세요.

1 분수의 나눗셈							
1주 ☐	☐	☐	☐	☐	2주 ☐	☐	
월 일	월 일	월 일	월 일	월 일	월 일	월 일	월
6~15쪽	16~20쪽	21~23쪽	24~26쪽	27~29쪽	30~32쪽	34~43쪽	

2 각기둥과 각뿔		3 소수의 나눗셈					
3주 ☐	☐	☐	☐	☐	4주 ☐	☐	
월 일	월 일	월 일	월 일	월 일	월 일	월 일	월
55~57쪽	58~60쪽	62~66쪽	67~73쪽	74~80쪽	81~83쪽	84~86쪽	

4 비와 비율							
5주 ☐	☐	☐	☐	☐	6주 ☐	☐	
월 일	월 일	월 일	월 일	월 일	월 일	월 일	월
101~104쪽	105~108쪽	109~111쪽	112~114쪽	115~117쪽	118~120쪽	122~129쪽	130

5 여러 가지 그래프			6 직육면체의 부피와 겉넓이				
7주 ☐	☐	☐	☐	☐	8주 ☐	☐	
월 일	월 일	월 일	월 일	월 일	월 일	월 일	월
140~142쪽	143~145쪽	146~148쪽	150~156쪽	157~160쪽	161~164쪽	165~167쪽	168

MEMO

자르는 선

2 각기둥과 각뿔		
□	□	□
일	월 일	월 일
~48쪽	49~51쪽	52~54쪽

		4 비와 비율
□	□	□
일	월 일	월 일
~89쪽	90~92쪽	94~100쪽

여러 가지 그래프		
□	□	□
일	월 일	월 일
~133쪽	134~137쪽	138~139쪽

□	□	□
일	월 일	월 일
~170쪽	171~173쪽	174~176 쪽

효과적인 수학 공부 비법

X 시켜서 억지로

O 내가 스스로

억지로 하는 일과 즐겁게 하는 일은 결과가 달라요.
목표를 가지고 스스로 즐기면 능률이 배가 돼요.

X 가끔 한꺼번에

O 매일매일 꾸준히

급하게 쌓은 실력은 무너지기 쉬워요.
조금씩이라도 매일매일 단단하게 실력을 쌓아가요.

X 정답을 몰래

O 개념을 꼼꼼히

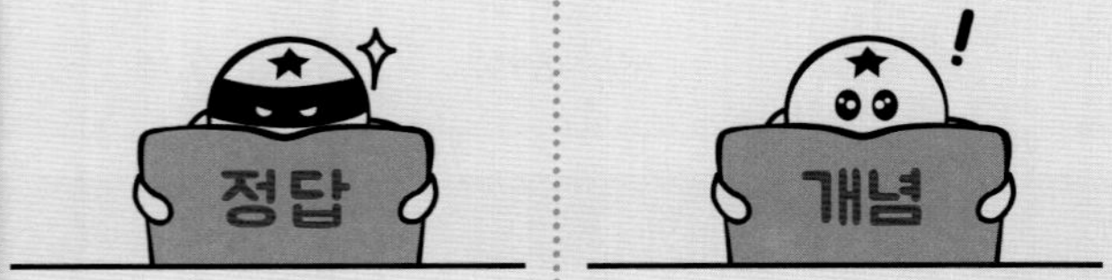

모든 문제는 개념을 바탕으로 출제돼요.
쉽게 풀리지 않을 땐, 개념을 펼쳐 봐요.

X 채점하면 끝

O 틀린 문제는 다시

왜 틀렸는지 알아야 다시 틀리지 않겠죠?
틀린 문제와 어림짐작으로 맞힌 문제는 꼭 다시 풀어 봐요.

자르는 선

수학 좀 한다면 디딤돌

초등수학 기본+유형

상위권으로 가는 유형반복 학습서

6-1

1 단계

교과서 **핵심 개념**을
자세히 살펴보고

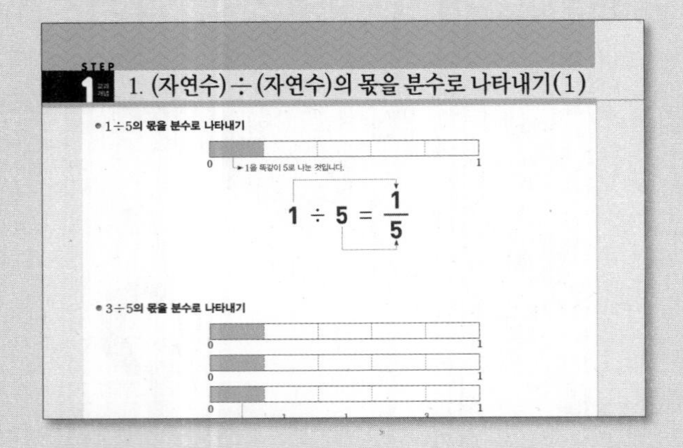

필수 문제를
반복 연습합니다.

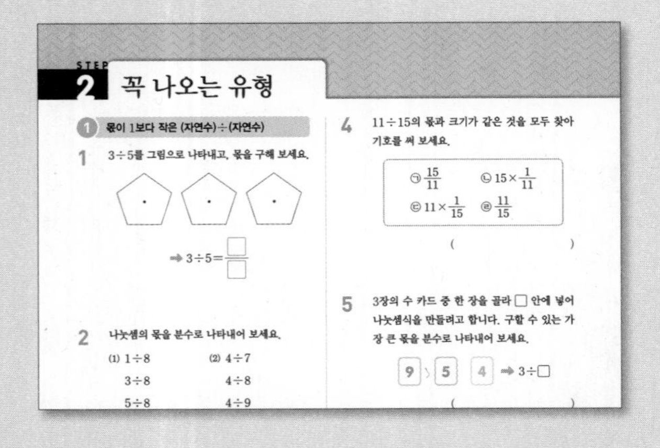

2 단계

문제를 이해하고
실수를 줄이는 연습을 통해

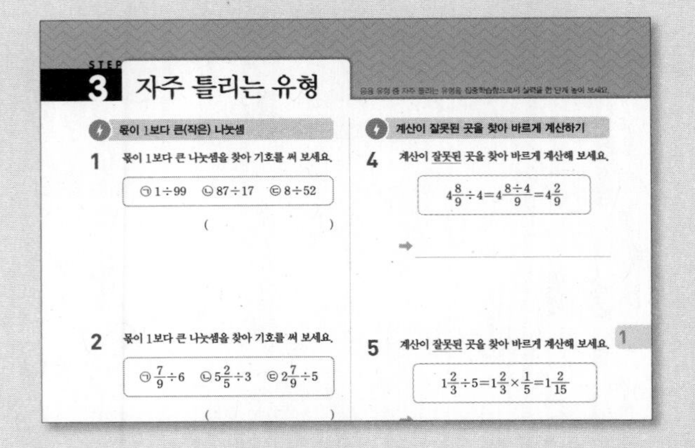

3 단계

문제해결력과 사고력을
높일 수 있습니다.

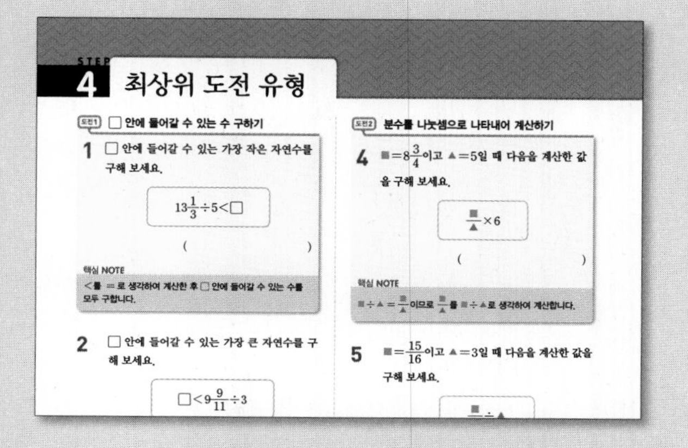
STEP 4 최상위 도전 유형

도전1 □ 안에 들어갈 수 있는 수 구하기

1 □ 안에 들어갈 수 있는 가장 작은 자연수를 구해 보세요.

$13\frac{1}{3}\div5<\square$

( )

핵심 NOTE

< 를 = 로 생각하여 계산한 후 □ 안에 들어갈 수 있는 수를 모두 구합니다.

2 □ 안에 들어갈 수 있는 가장 큰 자연수를 구해 보세요.

$\square<9\frac{9}{11}\div3$

도전2 분수를 나눗셈으로 나타내어 계산하기

4 ■$=8\frac{3}{4}$이고 ▲$=5$일 때 다음을 계산한 값을 구해 보세요.

$\frac{■}{▲}\times6$

( )

핵심 NOTE

■÷▲$=\frac{■}{▲}$이므로 $\frac{■}{▲}$를 ■÷▲로 생각하여 계산합니다.

5 ■$=\frac{15}{16}$이고 ▲$=3$일 때 다음을 계산한 값을 구해 보세요.

4 단계

수시평가를
완벽하게 대비합니다.

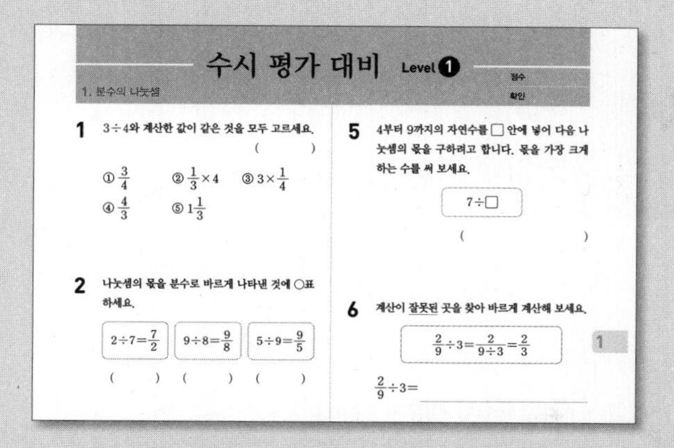
수시 평가 대비 Level 1

1. 분수의 나눗셈

점수

확인

1 3÷4와 계산한 값이 같은 것을 모두 고르세요. ( )

① $\frac{3}{4}$ ② $\frac{1}{3}\times4$ ③ $3\times\frac{1}{4}$ ④ $\frac{4}{3}$ ⑤ $1\frac{1}{3}$

2 나눗셈의 몫을 분수로 바르게 나타낸 것에 ○표 하세요.

$2\div7=\frac{7}{2}$ $9\div8=\frac{9}{8}$ $5\div9=\frac{9}{5}$

( ) ( ) ( )

5 4부터 9까지의 자연수를 □ 안에 넣어 다음 나눗셈의 몫을 구하려고 합니다. 몫을 가장 크게 하는 수를 써 보세요.

7÷□

( )

6 계산이 잘못된 곳을 찾아 바르게 계산해 보세요.

$\frac{2}{9}\div3=\frac{2}{9\div3}=\frac{2}{3}$

$\frac{2}{9}\div3=$

1

수시 평가 대비 Level 2

1. 분수의 나눗셈

점수

확인

1 3÷7을 그림으로 나타내고, 몫을 구해 보세요.

$3\div7=\frac{\square}{\square}$

2 □ 안에 알맞은 수를 써넣으세요.

34÷5=6…□

나머지 □을/를 5로 나누면 $\frac{\square}{5}$

➡ $34\div5=6\frac{\square}{\square}=\frac{\square}{\square}$

4 몫이 1보다 큰 나눗셈을 찾아 기호를 써 보세요.

㉠ 5÷14 ㉡ 5÷9 ㉢ 16÷7 ㉣ 2÷7

( )

5 계산이 잘못된 곳을 찾아 바르게 계산해 보세요.

$2\frac{5}{8}\div5=2\frac{5\div5}{8}=2\frac{1}{8}$

➡

이 책의 **차례**

1 분수의 나눗셈

이번 단원에서
꼭 짚어야 할
핵심 개념을 알아보자.

핵심 1 (자연수)÷(자연수)

$$■ \div ▲ = \frac{■}{▲}$$

$$1 \div 7 = \frac{1}{\square}$$

핵심 2 (분수)÷(자연수) (1)

분자가 자연수의 배수일 때 분자를 자연수로 나눈다.

$$\frac{6}{7} \div 3 = \frac{6 \div 3}{7} = \square$$

핵심 3 (분수)÷(자연수) (2)

분자가 자연수의 배수가 아닐 때 크기가 같은 분수 중 분자가 자연수의 배수인 분수로 바꾼다.

$$\frac{3}{4} \div 5 = \frac{\square}{20} \div 5 = \frac{\square}{20}$$

핵심 4 (분수)÷(자연수) (3)

분수의 곱셈으로 나타낸다.

$$\frac{2}{5} \div 3 = \frac{2}{5} \times \frac{1}{\square} = \frac{2}{\square}$$

핵심 5 (대분수)÷(자연수)

대분수를 가분수로 바꾼다.

$$1\frac{2}{3} \div 4 = \frac{\square}{3} \times \frac{1}{4} = \square$$

답 **1.** 7 **2.** $\frac{2}{7}$ **3.** 15, 3 **4.** 3, 15 **5.** 5, $\frac{5}{12}$

STEP 1 교과 개념

1. (자연수) ÷ (자연수)의 몫을 분수로 나타내기(1)

● $1 \div 5$의 몫을 분수로 나타내기

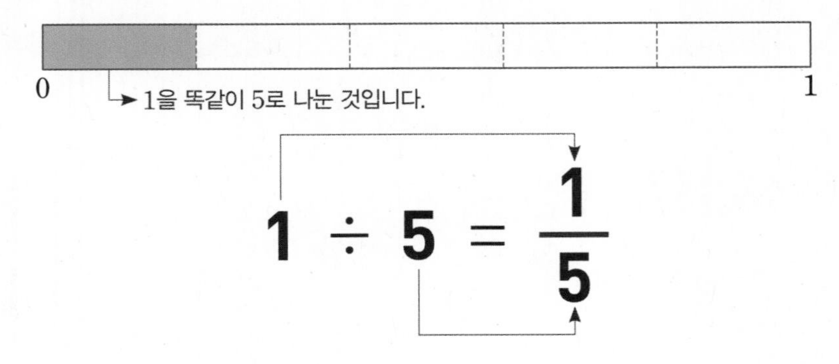

$$1 \div 5 = \frac{1}{5}$$

● $3 \div 5$의 몫을 분수로 나타내기

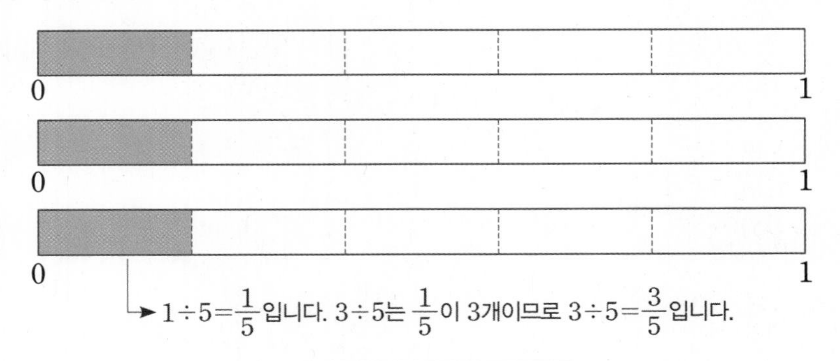

$$3 \div 5 = \frac{3}{5}$$

$$1 \div ● = \frac{1}{●},\ ▲ \div ● = \frac{▲}{●}$$

개념 자세히 보기

• 분수를 나눗셈으로 나타내어 보아요!

분수를 나눗셈으로 나타내면 (분자) ÷ (분모)입니다. 예 $\frac{5}{7} = 5 \div 7$

➲ 정답과 풀이 1쪽

1 $2 \div 3$의 몫을 분수로 나타내려고 합니다. 물음에 답하세요.

① $1 \div 3$과 $2 \div 3$을 각각 그림으로 나타내고, 몫을 구해 보세요.

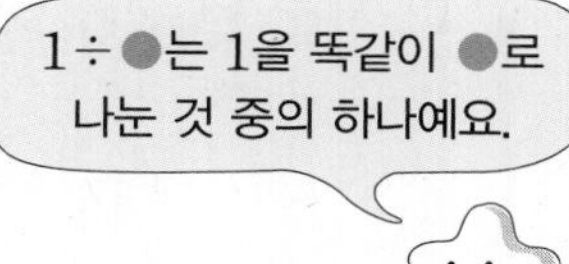

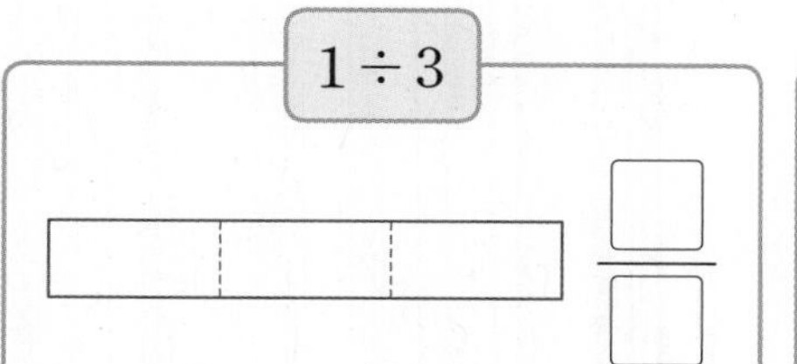

$2 \div 3$ $\frac{\square}{\square}$

② □ 안에 알맞은 수를 써넣으세요.

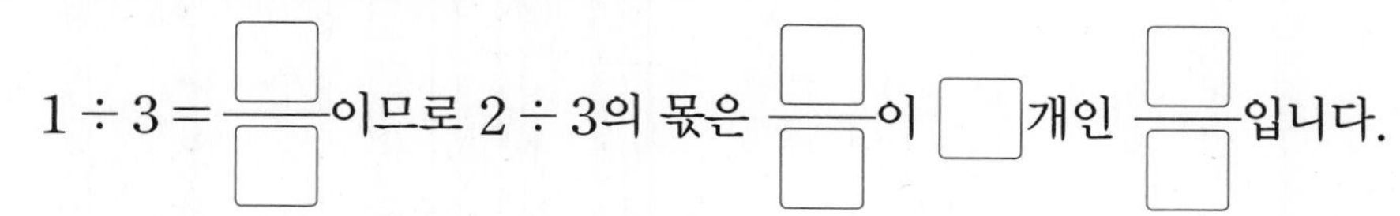

$1 \div 3 = \frac{\square}{\square}$이므로 $2 \div 3$의 몫은 $\frac{\square}{\square}$이 □개인 $\frac{\square}{\square}$입니다.

2 그림을 보고 □ 안에 알맞은 수를 써넣으세요.

① 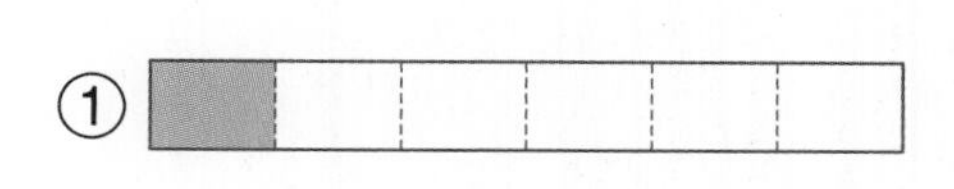 $1 \div 6 = \frac{\square}{\square}$

② 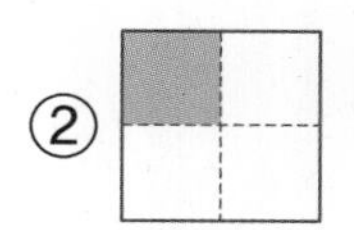 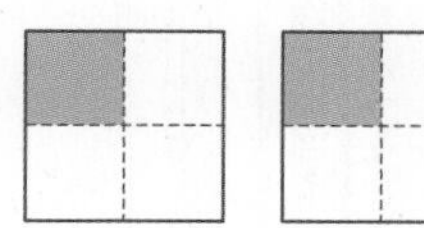 $3 \div \square = \frac{\square}{\square}$

3 □ 안에 알맞은 수를 써넣으세요.

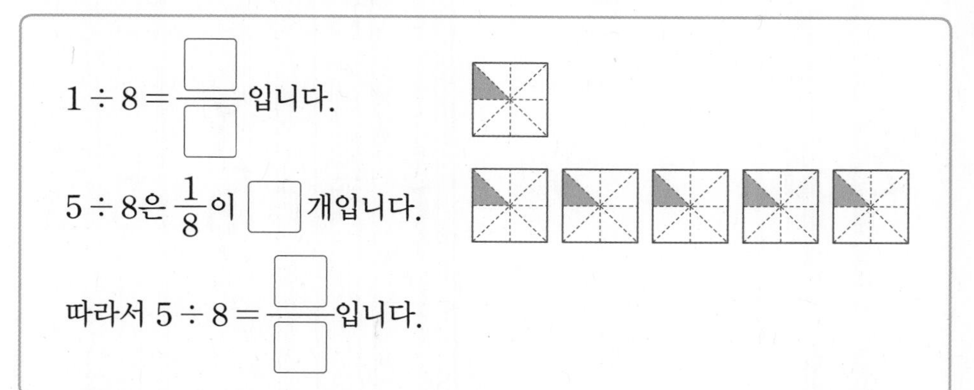

$1 \div 8 = \frac{\square}{\square}$입니다.

$5 \div 8$은 $\frac{1}{8}$이 □개입니다.

따라서 $5 \div 8 = \frac{\square}{\square}$입니다.

(자연수)÷(자연수)의
몫은 나누어지는 수를 분자,
나누는 수를 분모로 하는
분수로 나타낼 수 있어요.

4 나눗셈의 몫을 분수로 나타내어 보세요.

① $1 \div 9 = \frac{\square}{\square}$ ② $8 \div 15 = \frac{\square}{\square}$

2. (자연수) ÷ (자연수)의 몫을 분수로 나타내기(2)

● $1 \div 3$의 몫을 이용하여 $7 \div 3$의 몫을 분수로 나타내기

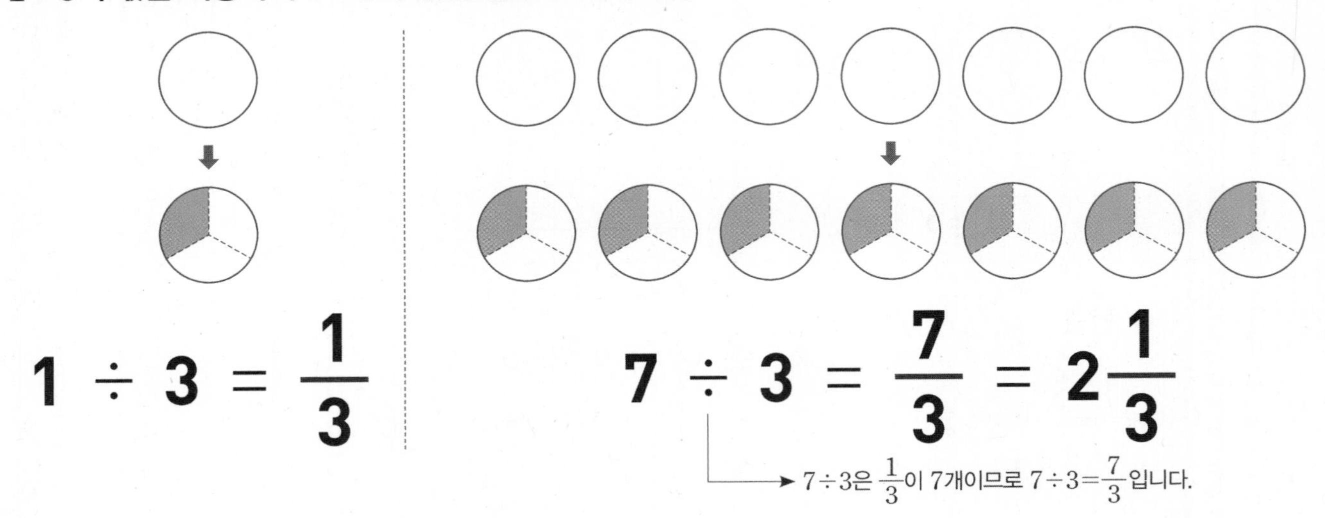

● $7 \div 3$의 몫과 나머지를 구하여 $7 \div 3$의 몫을 분수로 나타내기

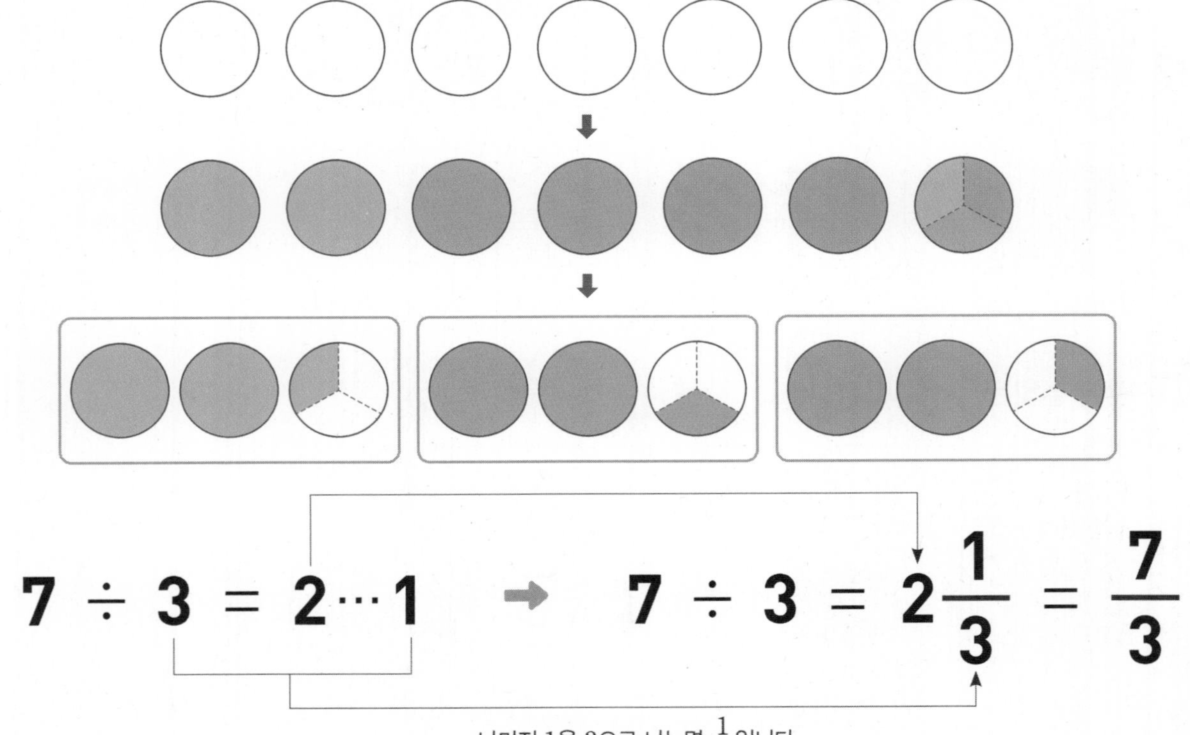

➡ (자연수)÷(자연수)의 몫은 나누어지는 수를 분자, 나누는 수를 분모로 하는 분수로 나타낼 수 있습니다.

▲ ÷ ● = ■ ··· ★ ➡ ■$\frac{★}{●}$

1 그림을 보고 □ 안에 알맞은 수를 써넣으세요.

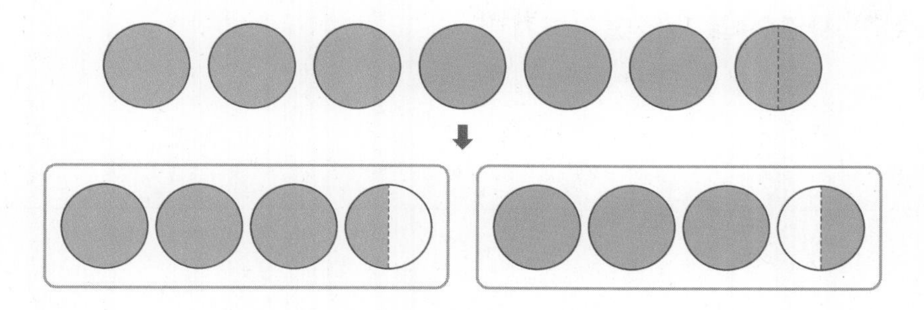

$7 \div 2 = \square \frac{\square}{\square} = \frac{\square}{\square}$

2 나눗셈의 몫을 색칠하고, 분수로 나타내어 보세요.

① $5 \div 3$ 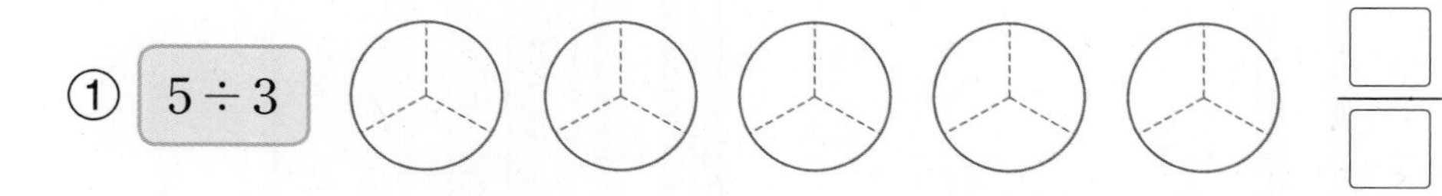 $\frac{\square}{\square}$

② $6 \div 5$ 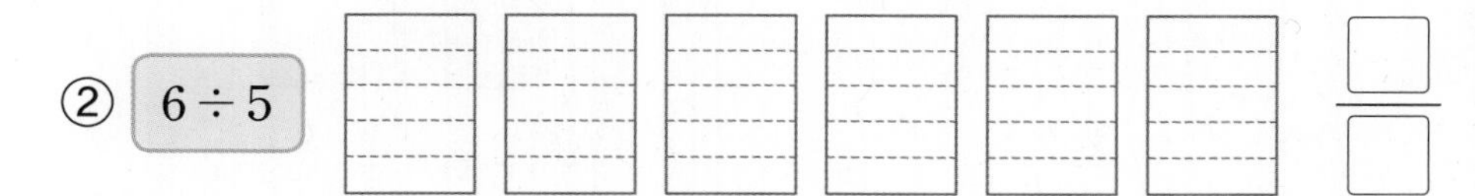 $\frac{\square}{\square}$

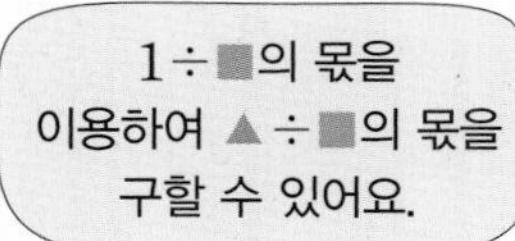

3 □ 안에 알맞은 수를 써넣으세요.

$14 \div 3 = 4 \cdots 2$, 나머지 2를 3으로 나누면

$\frac{\square}{3}$ ➡ $14 \div 3 = 4\frac{\square}{3} = \frac{\square}{3}$

(자연수)÷(자연수)의
몫은 나누어지는 수를 분자,
나누는 수를 분모로 하는
분수로 나타낼 수 있어요.

4 나눗셈의 몫을 분수로 나타내어 보세요.

① $11 \div 4 = \frac{\square}{\square} = \square\frac{\square}{\square}$　② $9 \div 7 = \frac{\square}{\square} = \square\frac{\square}{\square}$

3. (분수) ÷ (자연수) 알아보기

● **분자가 자연수의 배수인 (분수)÷(자연수)의 계산 알아보기**

• $\frac{8}{9} \div 4$의 계산

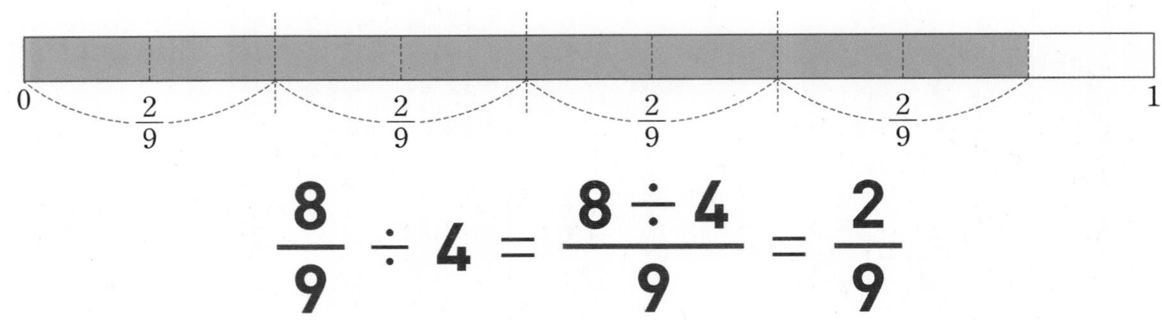

$$\frac{8}{9} \div 4 = \frac{8 \div 4}{9} = \frac{2}{9}$$

➡ 분자가 자연수의 배수일 때에는 분자를 자연수로 나눕니다.

● **분자가 자연수의 배수가 아닌 (분수)÷(자연수)의 계산 알아보기**

• $\frac{3}{5} \div 2$의 계산

$\frac{3}{5} = \frac{3 \times 2}{5 \times 2}$

÷ 2

$\frac{3}{5} \div 2 = \frac{3 \times 2}{5 \times 2} \div 2$

$$\frac{3}{5} \div 2 = \frac{3 \times 2}{5 \times 2} \div 2 = \frac{6}{10} \div 2$$

크기가 같은 분수

$$= \frac{6 \div 2}{10} = \frac{3}{10}$$

➡ 분자가 자연수의 배수가 아닐 때에는 크기가 같은 분수 중에 분자가 자연수의 배수인 수로 바꾸어 계산합니다.

개념 자세히 보기

• **분수를 크기가 같은 분수로 만들어 자연수의 배수가 되는 수를 찾아보아요!**

예 $\frac{3}{5} \div 2$에서 분수의 분자 3에 2, 3, 4, ...를 곱하여 자연수 2의 배수가 되는 수를 찾습니다.

$\frac{3}{5} = \frac{3 \times 2}{5 \times 2} = \frac{3 \times 3}{5 \times 3} = \cdots$ ➡ $\frac{3}{5} = \frac{6}{10} = \frac{9}{15} = \cdots$

정답과 풀이 1쪽

1 $\frac{6}{7} \div 3$을 계산하려고 합니다. 물음에 답하세요.

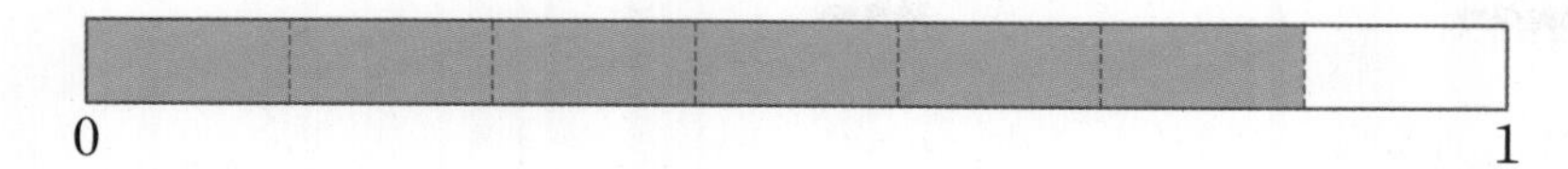

① $\frac{6}{7} \div 3$을 그림으로 나타내어 보세요.

② □ 안에 알맞은 수를 써넣으세요.

$$\frac{6}{7} \div 3 = \frac{6 \div \square}{7} = \frac{\square}{\square}$$

5학년 때 배웠어요

배수: 어떤 수를 1배, 2배, 3배, ... 한 수

예 5의 배수: 5, 10, 15, ...

2 $\frac{3}{4} \div 5$를 계산하려고 합니다. □ 안에 알맞은 수를 써넣으세요.

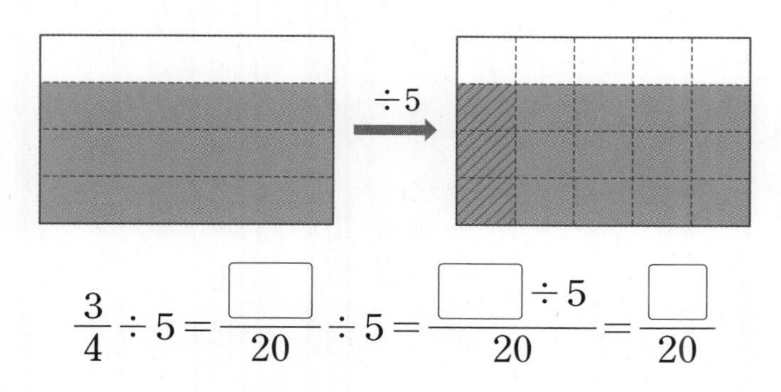

$$\frac{3}{4} \div 5 = \frac{\square}{20} \div 5 = \frac{\square \div 5}{20} = \frac{\square}{20}$$

분수의 분모와 분자에 같은 수를 곱하면 크기가 같은 분수를 만들 수 있어요.

3 □ 안에 알맞은 수를 써넣으세요.

① $\frac{18}{19} \div 3 = \frac{\square \div 3}{19} = \frac{\square}{19}$

② $\frac{21}{25} \div 7 = \frac{21 \div \square}{25} = \frac{\square}{25}$

분자가 자연수의 배수일 때에는 분자를 자연수로 나누어요.

4 □ 안에 알맞은 수를 써넣으세요.

① $\frac{2}{3} \div 7 = \frac{\square}{21} \div 7 = \frac{\square \div 7}{21} = \frac{\square}{21}$

② $\frac{4}{9} \div 3 = \frac{\square}{27} \div 3 = \frac{\square \div 3}{27} = \frac{\square}{27}$

STEP 1 교과 개념

4. (분수) ÷ (자연수)를 분수의 곱셈으로 나타내기

● $\frac{3}{5} \div 4$를 분수의 곱셈으로 나타내기

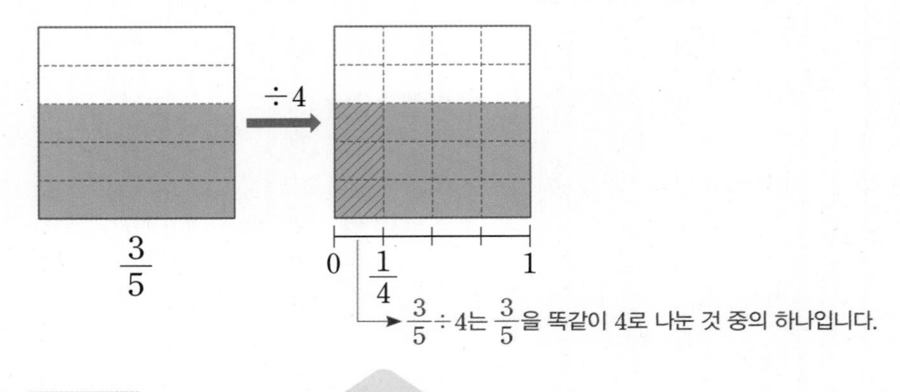

$$\frac{3}{5} \div 4 = \frac{3}{5} \times \frac{1}{4} = \frac{3}{20}$$

나눗셈을 곱셈으로

● $\frac{4}{3} \div 5$를 분수의 곱셈으로 나타내기

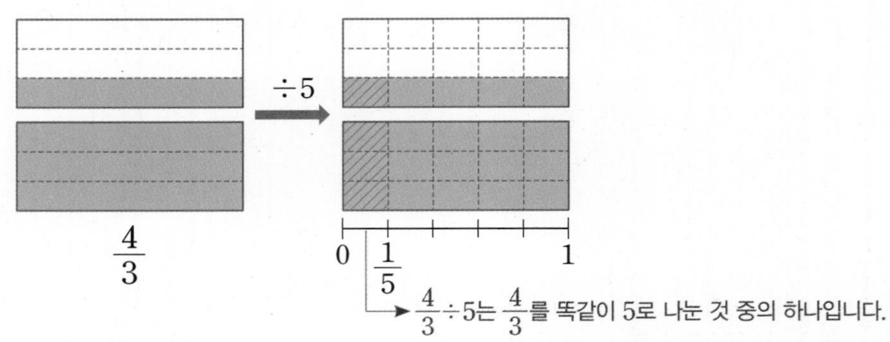

$$\frac{4}{3} \div 5 = \frac{4}{3} \times \frac{1}{5} = \frac{4}{15}$$

나눗셈을 곱셈으로

개념 자세히 보기

• ÷●와 $\times \frac{1}{●}$은 똑같이 ●로 나눈 것 중의 1이에요!

▲÷● → ▲의 $\frac{1}{●}$ → ▲×$\frac{1}{●}$

$\times \frac{1}{■}$ ↓ ↓ $\times \frac{1}{■}$

$\frac{▲}{■}$÷● → $\frac{▲}{■}$의 $\frac{1}{●}$ → $\frac{▲}{■}$×$\frac{1}{●}$

정답과 풀이 2쪽

1 $\frac{5}{6} \div 4$를 계산하려고 합니다. □ 안에 알맞은 수를 써넣으세요.

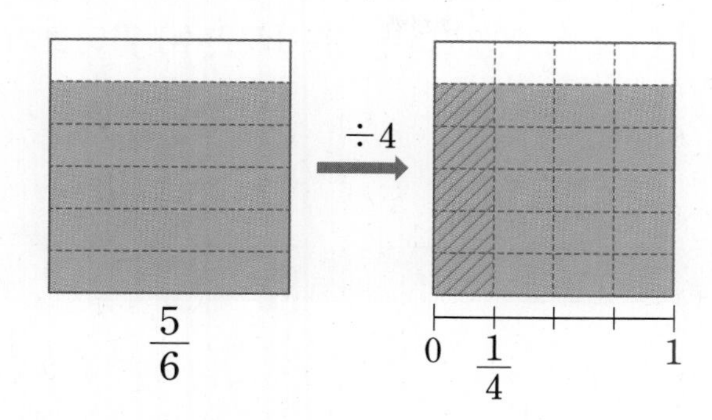

(분수)÷(자연수)를 (분수)×$\frac{1}{(\text{자연수})}$로 바꿔서 계산할 수 있어요.

$\frac{5}{6} \div 4$는 $\frac{5}{6}$를 똑같이 4로 나눈 것 중의 하나입니다.

이것은 $\frac{5}{6}$의 $\frac{1}{\square}$이므로 $\frac{5}{6} \times \frac{1}{\square}$입니다.

➡ $\frac{5}{6} \div 4 = \frac{5}{6} \times \frac{1}{\square} = \frac{\square}{\square}$

2 보기 와 같이 나눗셈의 몫을 그림으로 나타내고 몫을 구해 보세요.

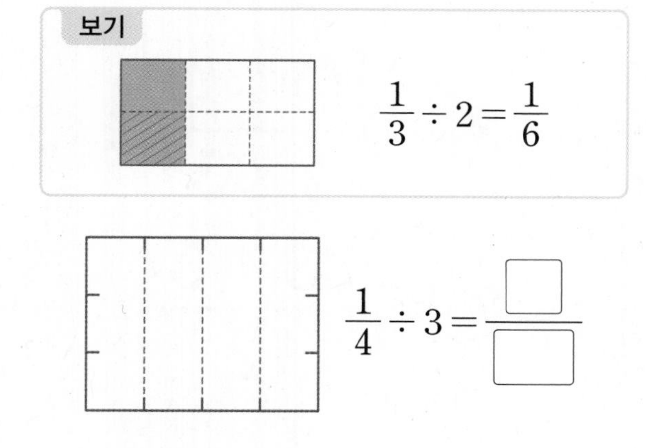

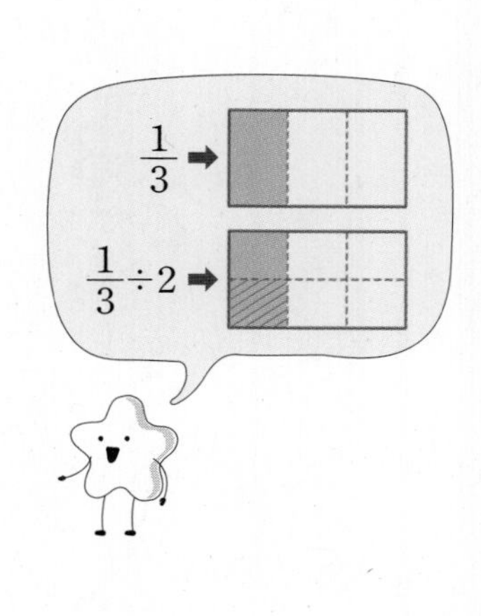

3 □ 안에 알맞은 수를 써넣으세요.

① $\frac{5}{8} \div 7 = \frac{5}{8} \times \frac{\square}{\square} = \frac{\square}{\square}$　② $\frac{7}{9} \div 6 = \frac{7}{9} \times \frac{\square}{\square} = \frac{\square}{\square}$

③ $\frac{7}{4} \div 3 = \frac{7}{4} \times \frac{\square}{\square} = \frac{\square}{\square}$　④ $\frac{9}{7} \div 5 = \frac{9}{7} \times \frac{\square}{\square} = \frac{\square}{\square}$

STEP 1 교과 개념

5. (대분수) ÷ (자연수) 알아보기

● **대분수를 가분수로 바꾸었을 때 분자가 자연수의 배수인 (대분수) ÷ (자연수) 알아보기**

• $1\frac{3}{5} \div 4$의 계산

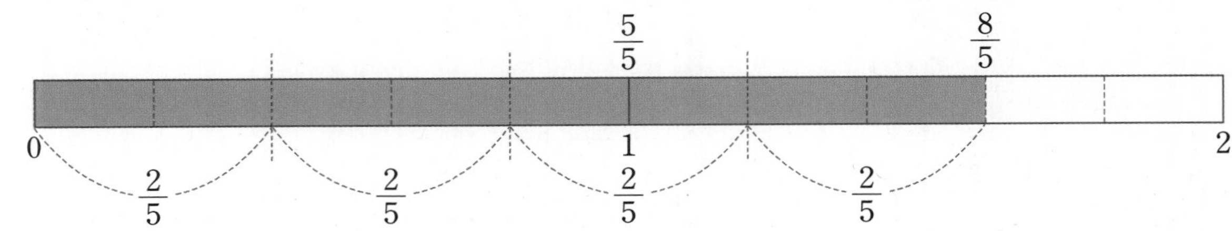

방법 1 $1\frac{3}{5} \div 4 = \frac{8}{5} \div 4 = \frac{8 \div 4}{5} = \frac{2}{5}$

대분수를 가분수로 바꿉니다.

방법 2 $1\frac{3}{5} \div 4 = \frac{8}{5} \div 4 = \frac{8}{5} \times \frac{1}{4} = \frac{8}{20} = \frac{2}{5}$

나눗셈을 곱셈으로

기약분수로 나타냅니다.

● **대분수를 가분수로 바꾸었을 때 분자가 자연수의 배수가 아닌 (분수) ÷ (자연수) 알아보기**

• $2\frac{3}{4} \div 3$의 계산

방법 1 $2\frac{3}{4} \div 3 = \frac{11}{4} \div 3 = \frac{11 \times 3}{4 \times 3} \div 3$

$= \frac{33}{12} \div 3 = \frac{33 \div 3}{12} = \frac{11}{12}$

방법 2 $2\frac{3}{4} \div 3 = \frac{11}{4} \div 3 = \frac{11}{4} \times \frac{1}{3} = \frac{11}{12}$

나눗셈을 곱셈으로

개념 자세히 보기

• **분수의 나눗셈과 분수의 곱셈 관계를 알아보아요!**

$1\frac{3}{5} \div 4 = \frac{2}{5} \rightarrow \frac{2}{5} \times 4 = 1\frac{3}{5}$ | $2\frac{3}{4} \div 3 = \frac{11}{12} \rightarrow \frac{11}{12} \times 3 = 2\frac{3}{4}$

1

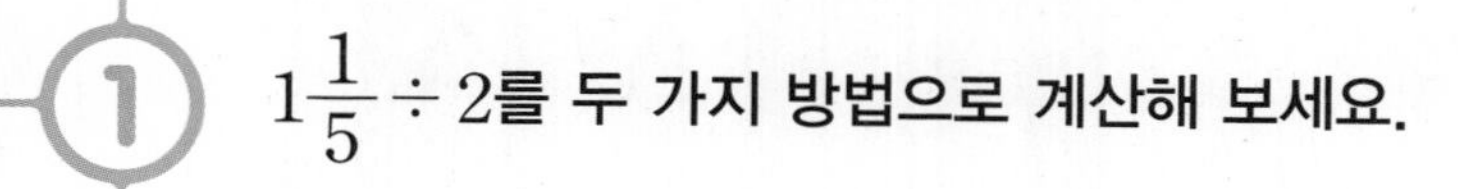

$1\frac{1}{5} \div 2$를 두 가지 방법으로 계산해 보세요.

방법 1 $1\frac{1}{5} \div 2 = \frac{\square}{5} \div 2 = \frac{\square \div 2}{5} = \frac{\square}{5}$

방법 2 $1\frac{1}{5} \div 2 = \frac{\square}{5} \div 2 = \frac{\square}{5} \times \frac{1}{\square} = \frac{\square}{10} = \frac{\square}{5}$

대분수를 가분수로 바꾼 후 분자를 자연수로 나누어 계산하거나 자연수를 $\frac{1}{(\text{자연수})}$로 바꾸어 곱하는 방법이 있어요.

2

보기 와 같은 방법으로 계산해 보세요.

보기

$4\frac{2}{3} \div 5 = \frac{14}{3} \div 5 = \frac{14}{3} \times \frac{1}{5} = \frac{14}{15}$

대분수를 가분수로 바꾼 후 나눗셈을 곱셈으로 나타내어 계산해요.

① $1\frac{5}{6} \div 7 = \frac{\square}{\square} \div \square = \frac{\square}{\square} \times \frac{1}{\square} = \frac{\square}{\square}$

② $4\frac{1}{3} \div 6 = \frac{\square}{\square} \div \square = \frac{\square}{\square} \times \frac{1}{\square} = \frac{\square}{\square}$

3

$1\frac{1}{4} \div 3$을 두 가지 방법으로 계산해 보세요.

방법 1 $1\frac{1}{4} \div 3 = \frac{\square}{4} \div 3 = \frac{\square}{12} \div 3 = \frac{\square}{12}$

방법 2 $1\frac{1}{4} \div 3 = \frac{\square}{4} \div 3 = \frac{\square}{4} \times \frac{1}{\square} = \frac{\square}{\square}$

4

$\square$ 안에 알맞은 수를 써넣으세요.

① $3\frac{1}{5} \div 8 = \frac{\square}{5} \div 8 = \frac{\square}{5}$

② $2\frac{7}{9} \div 4 = \frac{\square}{9} \times \frac{1}{\square} = \frac{\square}{\square}$

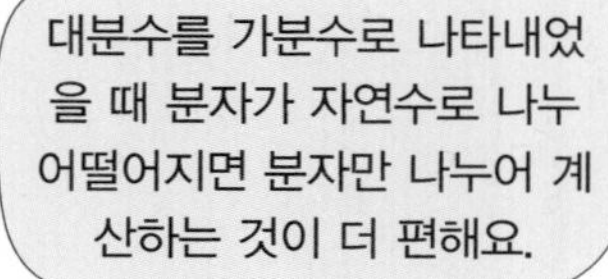

STEP 2 꼭 나오는 유형

1 몫이 1보다 작은 (자연수)÷(자연수)

1 3÷5를 그림으로 나타내고, 몫을 구해 보세요.

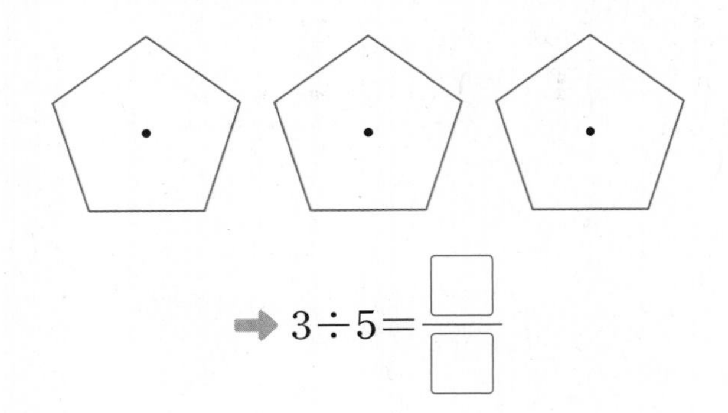

➡ $3\div5=\frac{\square}{\square}$

2 나눗셈의 몫을 분수로 나타내어 보세요.

(1) 1÷8

3÷8

5÷8

(2) 4÷7

4÷8

4÷9

몫을 구하여 크기를 비교해 봐!

준비 몫이 다른 하나를 찾아 기호를 써 보세요.

㉠ 60÷4 ㉡ 80÷5 ㉢ 90÷6

( )

3 몫이 다른 하나를 찾아 기호를 써 보세요.

㉠ 3÷6 ㉡ 5÷7 ㉢ 6÷12

( )

4 11÷15의 몫과 크기가 같은 것을 모두 찾아 기호를 써 보세요.

㉠ $\frac{15}{11}$ ㉡ $15\times\frac{1}{11}$

㉢ $11\times\frac{1}{15}$ ㉣ $\frac{11}{15}$

( )

5 3장의 수 카드 중 한 장을 골라 □ 안에 넣어 나눗셈식을 만들려고 합니다. 구할 수 있는 가장 큰 몫을 분수로 나타내어 보세요.

9 5 4 ➡ 3÷□

( )

6 1분 동안 줄넘기를 할 때 열량이 9 kcal 소모된다고 합니다. 줄넘기를 할 때 1초 동안 소모되는 열량은 몇 kcal인 셈인지 기약분수로 나타내어 보세요.

( )

내가 만드는 문제

7 몫이 $\frac{2}{3}$가 되는 (자연수)÷(자연수)를 2개 만들어 보세요.

$\square\div\square=\frac{2}{3}$

$\square\div\square=\frac{2}{3}$

2 몫이 1보다 큰 (자연수)÷(자연수)

8 □ 안에 알맞은 수를 써넣으세요.

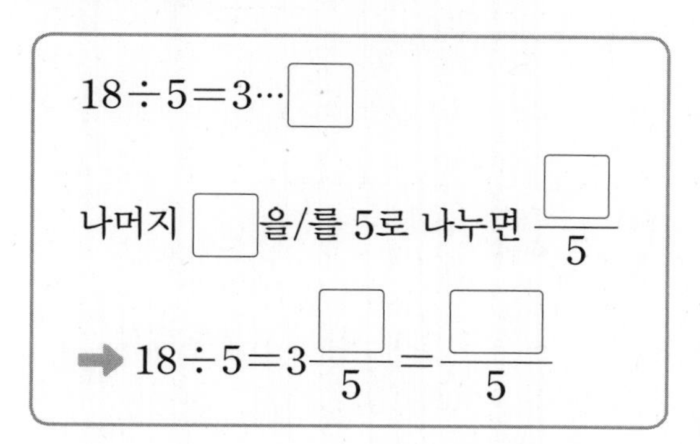

9 나눗셈의 몫을 분수로 나타내어 보세요.

(1) $3\div7$

(2) $7\div3$

10 나눗셈의 몫을 대분수로 나타내어 보세요.

(1) $11\div6$
$11\div5$
$11\div4$

(2) $10\div9$
$11\div9$
$12\div9$

11 몫이 1보다 큰 나눗셈은 모두 몇 개일까요?

$2\div7$	$11\div8$	$8\div24$
$10\div4$	$9\div12$	$5\div8$

( )

12 □ 안에 알맞은 분수를 써넣으세요.

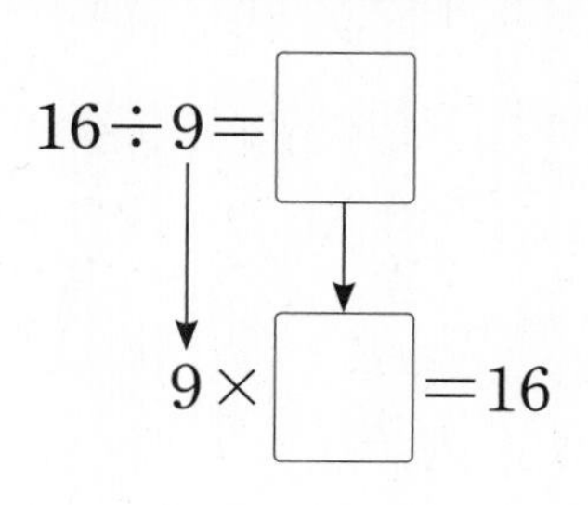

13 계산하지 않고 몫의 크기를 비교하여 ○ 안에 >, =, <를 알맞게 써넣으세요.

(1) $13\div5$ ○ $17\div5$

(2) $19\div7$ ○ $19\div4$

서술형

14 무게가 똑같은 구슬 5개의 무게가 46 g일 때 구슬 한 개의 무게는 몇 g인지 분수로 나타내려고 합니다. 풀이 과정을 쓰고 답을 구해 보세요.

풀이

답

3 (분수) ÷ (자연수)

15 계산해 보세요.

(1) $\frac{6}{11} \div 2$

(2) $\frac{8}{15} \div 4$

16 계산해 보세요.

(1) $\frac{7}{11} \div 2$

(2) $\frac{11}{15} \div 4$

17 식으로 나타내고 계산해 보세요.

$\frac{9}{14}$를 3등분한 것 중의 하나

18 사다리를 타고 내려가 도착한 곳에 나눗셈의 몫을 써넣으세요.

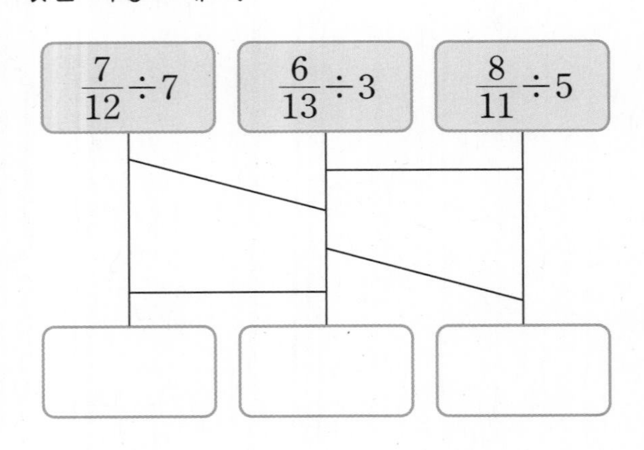

19 빈칸에 알맞은 분수를 써넣으세요.

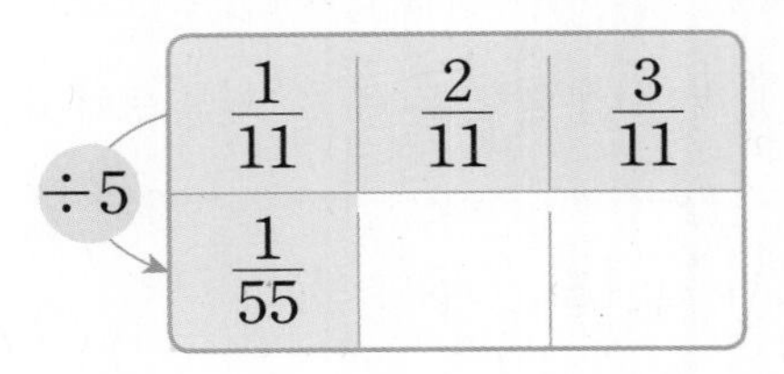

20 넓이가 $\frac{5}{8}$ cm^2인 정육각형을 오른쪽 그림과 같이 6등분해서 한 칸을 색칠했습니다. 색칠한 부분의 넓이는 몇 cm^2인지 분수로 나타내어 보세요.

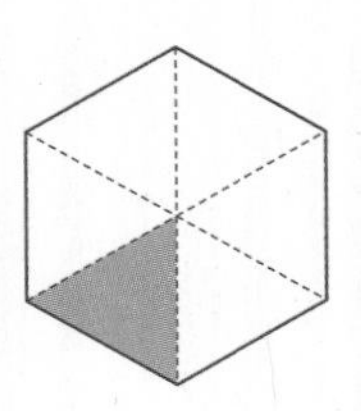

(　　　　　　)

21 나눗셈의 몫을 비교하여 □ 안에 알맞은 식을 써넣으세요.

$\frac{5}{8} \div 5$　　$\frac{9}{13} \div 9$　　$\frac{7}{10} \div 7$

□ < □ < □

내가 만드는 문제

22 분수와 자연수를 하나씩 골라 (분수) ÷ (자연수)를 만들고 계산해 보세요.

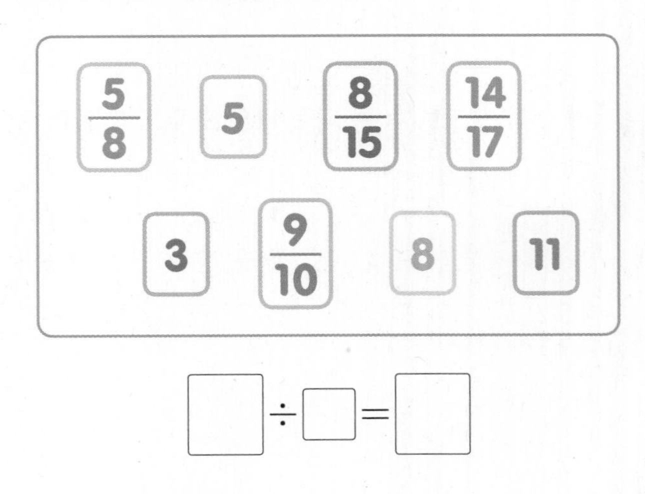

□ ÷ □ = □

4 (분수)÷(자연수)를 분수의 곱셈으로 나타내기

23 계산해 보세요.

(1) $\frac{5}{9} \div 7$

(2) $\frac{8}{17} \div 3$

(3) $\frac{16}{9} \div 9$

24 계산이 잘못된 곳을 찾아 바르게 계산해 보세요.

$$\frac{7}{13} \div 7 = \frac{7}{13} \times 7 = \frac{7 \times 7}{13} = \frac{49}{13} = 3\frac{10}{13}$$

➡ ....

25 빈칸에 알맞은 분수를 써넣으세요.

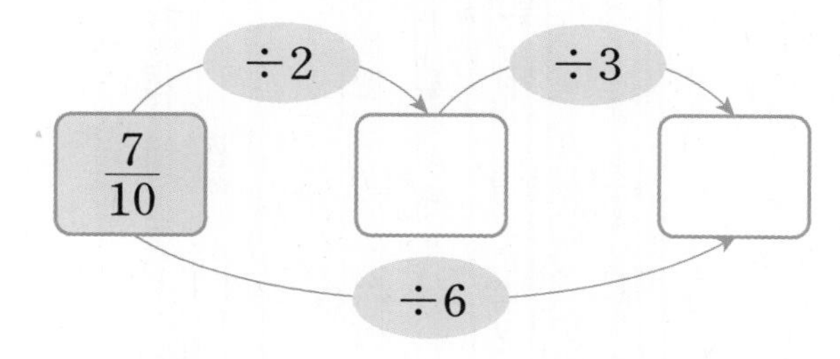

26 길이가 $\frac{27}{32}$ m인 색 테이프를 3등분한 것입니다. 색칠한 부분의 길이는 몇 m인지 기약분수로 나타내어 보세요.

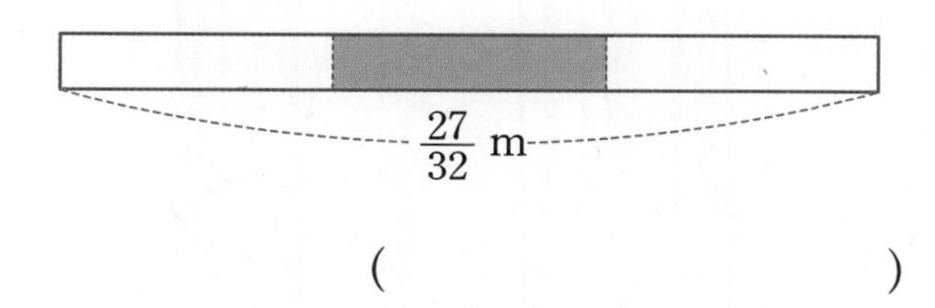

(   )

내가 만드는 문제

27 나눗셈의 몫이 큰 쪽이 내려가는 저울을 보고 □ 안에 알맞은 수를 써넣으세요.

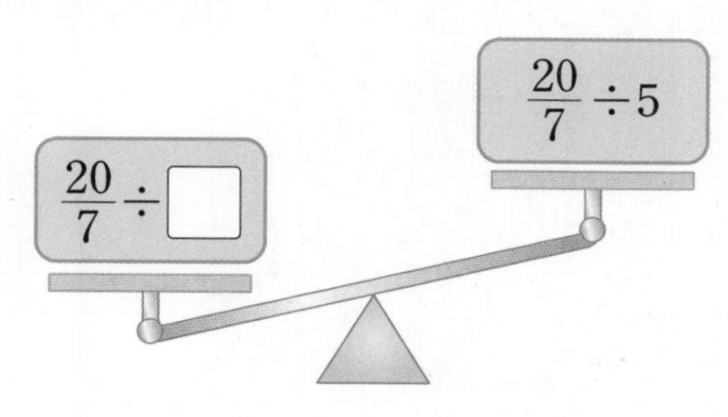

서술형

28 혜정이는 빨간색 테이프를 $\frac{20}{7}$ cm, 파란색 테이프를 12 cm 가지고 있습니다. 빨간색 테이프의 길이는 파란색 테이프의 길이의 몇 배인지 기약분수로 나타내려고 합니다. 풀이 과정을 쓰고 답을 구해 보세요.

풀이 ....

....

....

답 ....

29 민경이는 자전거를 타고 한 시간 동안 같은 빠르기로 $\frac{90}{11}$ km를 달렸습니다. 민경이는 10분 동안 몇 km씩 달린 셈인지 기약분수로 나타내어 보세요.

(   )

5 (대분수)÷(자연수)

30 값이 같은 것끼리 이은 것입니다. 빈칸에 알맞은 수를 써넣으세요.

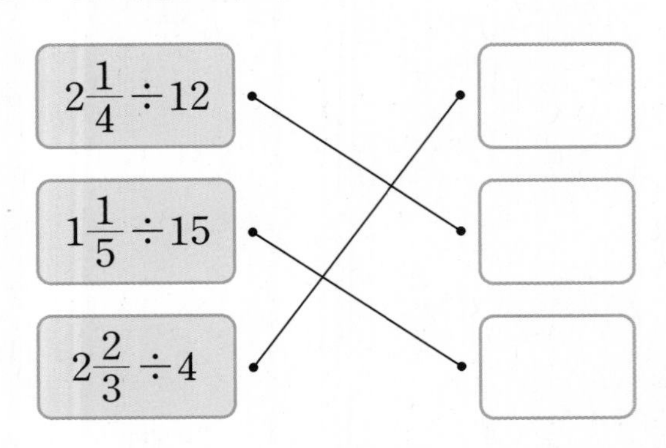

31 계산이 잘못된 곳을 찾아 바르게 계산해 보세요.

$$2\frac{4}{7}\div2=2\frac{\overset{2}{\cancel{4}}}{7}\times\frac{1}{\underset{1}{\cancel{2}}}=2\frac{2}{7}$$

➡

32 추의 무게는 모두 같습니다. 추 한 개의 무게는 몇 kg인지 구해 보세요.

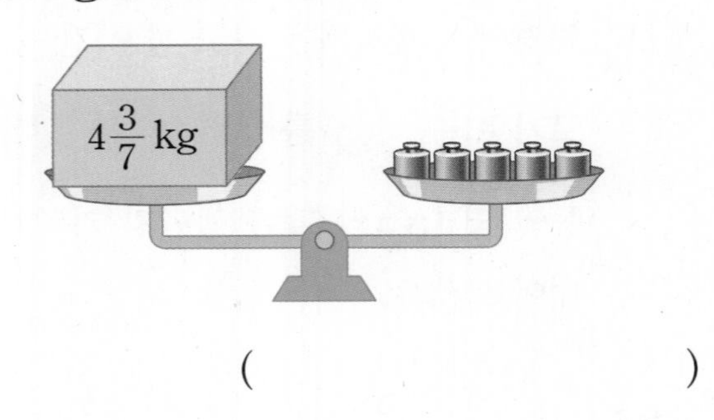

(   )

33 나눗셈의 몫이 1보다 큰 것을 모두 찾아 ○표 하세요.

$1\frac{1}{6}\div4$	$5\frac{1}{2}\div3$	$2\frac{5}{9}\div6$	$4\frac{2}{5}\div3$	$4\frac{5}{6}\div6$

34 다음 수 중에서 나눗셈의 몫을 가장 크게 만드는 수를 찾아 ◯ 안에 써넣고, 계산해 보세요.

7　　5　　2

$$1\frac{2}{5}\div\bigcirc=\square$$

서술형

35 서울에서 부산까지 가는 데 급행열차인 무궁화호는 $5\frac{2}{3}$시간이 걸리고, 고속 철도인 KTX는 무궁화호의 절반이 걸린다고 합니다. KTX로 서울에서 부산까지 가는 데 걸리는 시간은 몇 시간인지 풀이 과정을 쓰고 답을 구해 보세요.

풀이

답

STEP **3** # 자주 틀리는 유형

응용 유형 중 자주 틀리는 유형을 집중학습함으로써 실력을 한 단계 높여 보세요.

몫이 1보다 큰(작은) 나눗셈

1 몫이 1보다 큰 나눗셈을 찾아 기호를 써 보세요.

㉠ $1\div99$　㉡ $87\div17$　㉢ $8\div52$

(　　　　　　　)

2 몫이 1보다 큰 나눗셈을 찾아 기호를 써 보세요.

㉠ $\frac{7}{9}\div6$　㉡ $5\frac{2}{5}\div3$　㉢ $2\frac{7}{9}\div5$

(　　　　　　　)

3 몫이 1보다 작은 나눗셈을 모두 찾아 기호를 써 보세요.

㉠ $\frac{11}{12}\div8$　㉡ $7\frac{5}{12}\div3$

㉢ $3\frac{2}{13}\div6$　㉣ $5\frac{2}{17}\div2$

(　　　　　　　)

계산이 잘못된 곳을 찾아 바르게 계산하기

4 계산이 잘못된 곳을 찾아 바르게 계산해 보세요.

$4\frac{8}{9}\div4=4\frac{8\div4}{9}=4\frac{2}{9}$

➡

5 계산이 잘못된 곳을 찾아 바르게 계산해 보세요.

$1\frac{2}{3}\div5=1\frac{2}{3}\times\frac{1}{5}=1\frac{2}{15}$

➡

6 계산을 잘못한 학생을 찾아 이름을 쓰고, 바르게 계산해 보세요.

[연주] $\frac{15}{8}\div5=\frac{15\div5}{8}=\frac{3}{8}$

[누리] $\frac{6}{13}\div2=\frac{6\times2}{13}=\frac{12}{13}$

이름

바른 계산

□ 안에 알맞은 수 구하기

7 □ 안에 알맞은 분수를 구해 보세요.

$$\square \times 5 = 17$$

(　　　　　　　　　)

8 □ 안에 알맞은 분수를 구해 보세요.

$$\square \times 8 = \frac{3}{5}$$

(　　　　　　　　　)

9 □ 안에 알맞은 분수를 구해 보세요.

$$11 \times \square = 3\frac{1}{7}$$

(　　　　　　　　　)

넓이를 알 때 한 변의 길이 구하기

10 넓이가 $4\frac{4}{5}$ cm^{2}이고 가로가 3 cm인 직사각형의 세로는 몇 cm인지 구해 보세요.

3 cm

(　　　　　　　　　)

11 넓이가 $13\frac{5}{7}$ cm^{2}이고 세로가 4 cm인 직사각형의 가로는 몇 cm인지 구해 보세요.

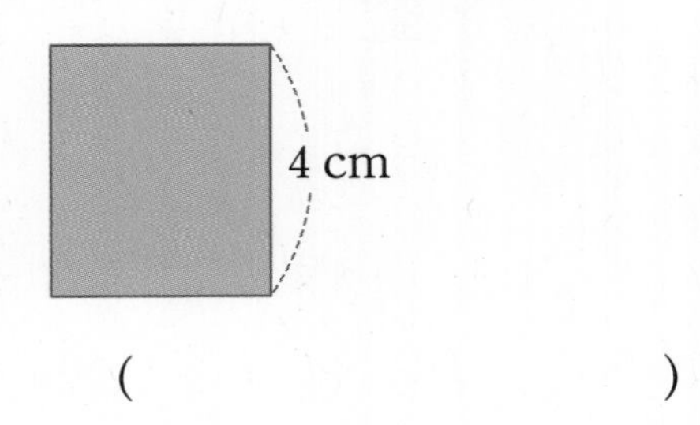

(　　　　　　　　　)

12 넓이가 $16\frac{1}{4}$ cm^{2}이고 밑변의 길이가 5 cm인 평행사변형의 높이는 몇 cm인지 구해 보세요.

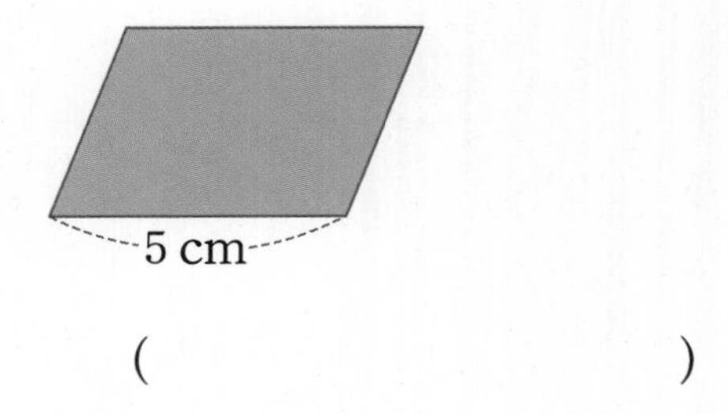

(　　　　　　　　　)

몇 배인지 구하기

13 집에서 문구점까지의 거리는 집에서 학교까지의 거리의 몇 배일까요?

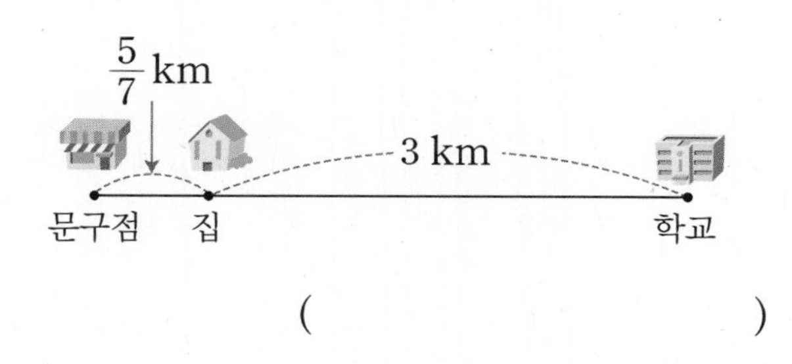

( )

14 소방서에서 약국까지의 거리는 약국에서 경찰서까지의 거리의 몇 배일까요?

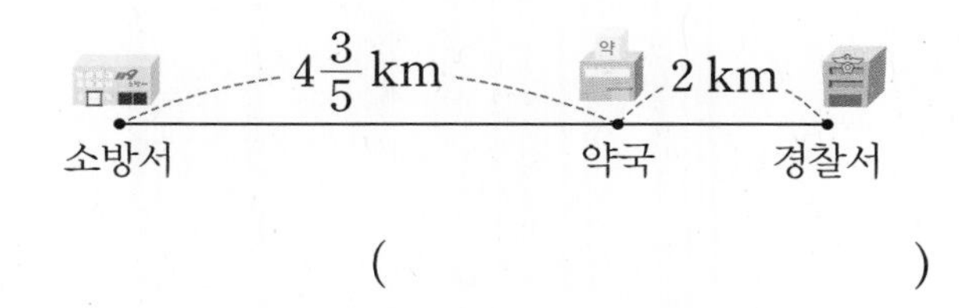

( )

15 집에서 공원까지의 거리는 병원에서 집까지의 거리의 몇 배일까요?

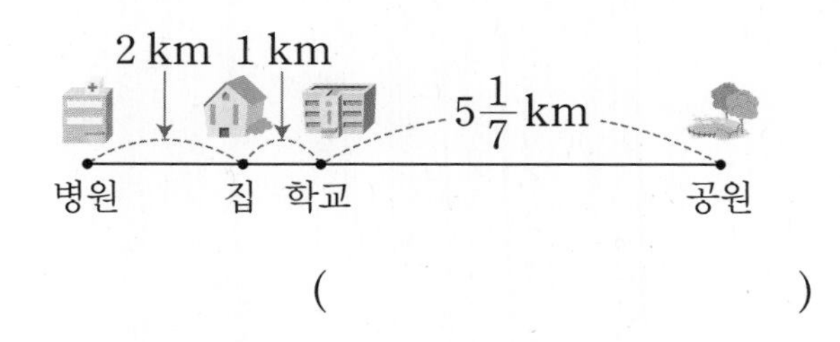

( )

나눗셈의 활용

16 하루에 마셔야 할 우유의 양이 더 많은 친구의 이름을 써 보세요.

> 수호: 나는 우유 $\frac{12}{5}$ L를 3일 동안 똑같이 나누어 마실 거야.
>
> 민지: 나는 우유 2 L를 5일 동안 똑같이 나누어 마실 거야.

( )

17 하루에 마셔야 할 물의 양이 더 많은 친구의 이름을 써 보세요.

> 성욱: 나는 물 3 L를 7일 동안 똑같이 나누어 마실 거야.
>
> 윤주: 나는 물 $\frac{30}{7}$ L를 6일 동안 똑같이 나누어 마실 거야.

( )

18 철사 $1\frac{7}{8}$ m로 정삼각형 1개를 만들었고, 철사 $\frac{10}{3}$ m로 정사각형 1개를 만들었습니다. 만든 정삼각형과 정사각형 중 한 변의 길이가 더 긴 것은 어느 것인지 써 보세요. (단, 철사를 겹치거나 남김없이 모두 사용하였습니다.)

( )

STEP 4

최상위 도전 유형

도전1 □ 안에 들어갈 수 있는 수 구하기

1 □ 안에 들어갈 수 있는 가장 작은 자연수를 구해 보세요.

$$13\frac{1}{3}\div 5 < \square$$

(　　　　　　　　　　)

핵심 NOTE

<를 =로 생각하여 계산한 후 □ 안에 들어갈 수 있는 수를 모두 구합니다.

2 □ 안에 들어갈 수 있는 가장 큰 자연수를 구해 보세요.

$$\square < 9\frac{9}{11}\div 3$$

(　　　　　　　　　　)

3 □ 안에 들어갈 수 있는 자연수는 모두 몇 개인지 구해 보세요.

$$1\frac{3}{4} < \square < 15\frac{4}{5}\div 2$$

(　　　　　　　　　　)

도전2 분수를 나눗셈으로 나타내어 계산하기

4 $■=8\frac{3}{4}$이고 $▲=5$일 때 다음을 계산한 값을 구해 보세요.

$$\frac{■}{▲}\times 6$$

(　　　　　　　　　　)

핵심 NOTE

$■\div▲=\frac{■}{▲}$이므로 $\frac{■}{▲}$를 $■\div▲$로 생각하여 계산합니다.

5 $■=\frac{15}{16}$이고 $▲=3$일 때 다음을 계산한 값을 구해 보세요.

$$\frac{■}{▲}\div ▲$$

(　　　　　　　　　　)

6 $■=3\frac{5}{7}$이고 $▲=4$일 때 다음을 계산한 값을 구해 보세요.

$$\frac{■}{▲}\div ▲$$

(　　　　　　　　　　)

➔ 정답과 풀이 6쪽

도전3 어떤 수를 구하여 해결하기

7 어떤 수에 4를 곱했더니 25가 되었습니다. 어떤 수를 5로 나눈 몫은 얼마일까요?

(　　　　　　　　)

핵심 NOTE

곱셈과 나눗셈의 관계를 이용하여 어떤 수를 먼저 구해 봅니다.

8 9에 어떤 수를 곱했더니 $2\frac{4}{7}$가 되었습니다. 어떤 수를 3으로 나눈 몫은 얼마일까요?

(　　　　　　　　)

9 어떤 수에 11을 곱했더니 $3\frac{3}{4}$이 되었습니다. 어떤 수를 15로 나눈 몫은 얼마일까요?

(　　　　　　　　)

도전4 수 카드로 식 만들어 계산하기

10 수 카드 3, 8, 5 를 모두 사용하여 몫이 가장 작은 나눗셈식을 만들고 계산해 보세요.

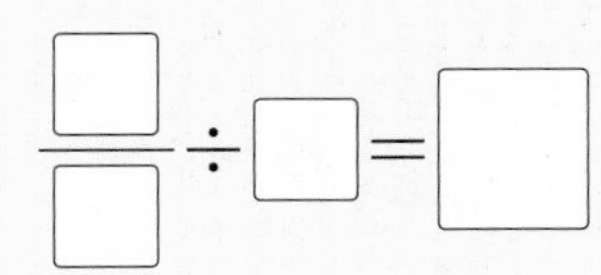

핵심 NOTE

나누어지는 수가 작을수록, 나누는 수가 클수록 몫이 작아집니다.

11 수 카드 7, 5, 9 를 모두 사용하여 몫이 가장 작은 나눗셈식을 만들고 계산해 보세요.

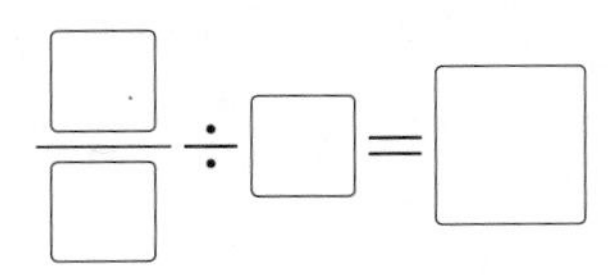

도전 최상위

12 4장의 수 카드 2, 4, 5, 6 중 2장을 골라 $1\frac{1}{5}\div\bigcirc\times\triangle$의 값이 가장 크게 되도록 식을 만들려고 합니다. ○와 △ 안에 알맞은 수를 써넣고, 그 값을 구해 보세요.

$$1\frac{1}{5}\div\bigcirc\times\triangle=\square$$

1

도전5 색칠한 부분의 넓이

13 직사각형을 8등분해서 3칸에 색칠했습니다. 직사각형의 넓이가 $8\frac{4}{5}$ cm^2일 때 색칠한 부분의 넓이는 몇 cm^2일까요?

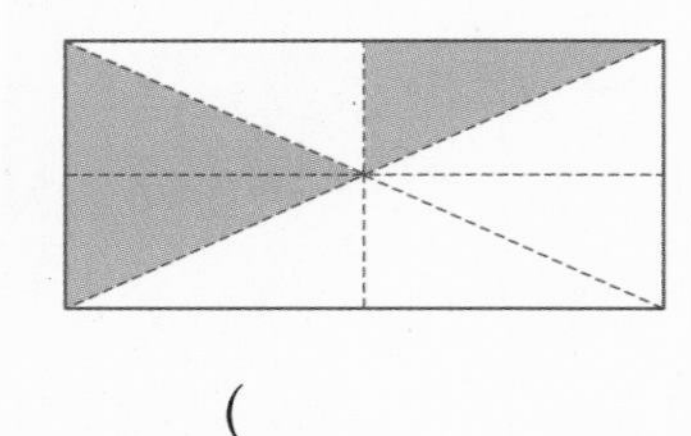

(   )

핵심 NOTE

직사각형을 ■등분해서 ▲칸에 색칠했을 때
→ (색칠한 부분의 넓이) = (직사각형의 넓이) ÷ ■ × ▲

14 삼각형을 8등분해서 5칸에 색칠했습니다. 삼각형의 넓이가 $14\frac{1}{5}$ cm^2일 때 색칠한 부분의 넓이는 몇 cm^2일까요?

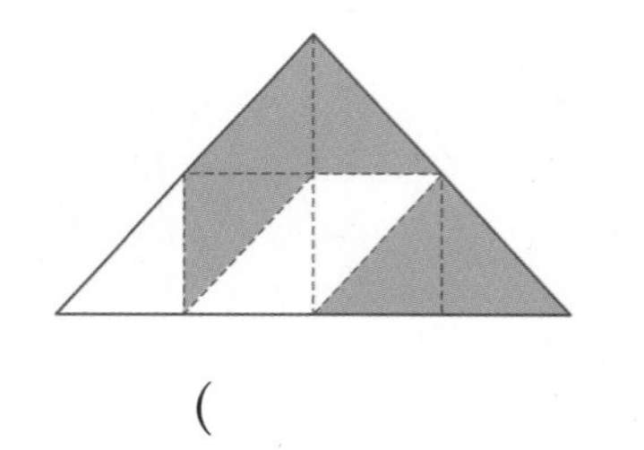

(   )

도전 최상위

15 두 대각선이 각각 $9\frac{4}{9}$ cm, 6 cm인 마름모를 16등분해서 6칸에 색칠했습니다. 색칠한 부분의 넓이는 몇 cm^2일까요?

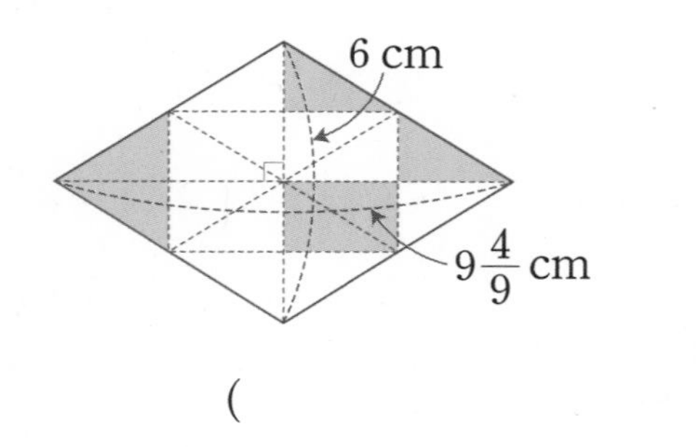

(   )

도전6 일정한 간격 구하기

16 길이가 $20\frac{2}{9}$ km인 직선 도로의 한쪽에 일정한 간격으로 나무를 15그루 심으려고 합니다. 도로의 처음과 끝에도 나무를 심는다면 나무 사이의 간격을 몇 km로 해야 할까요? (단, 나무의 두께는 생각하지 않습니다.)

(   )

핵심 NOTE

(나무 사이의 간격 수) = (나무 수) − 1
(나무 사이의 간격) = (도로의 길이) ÷ (나무 사이의 간격 수)

17 길이가 $8\frac{1}{6}$ km인 직선 등산로의 양쪽에 일정한 간격으로 안내 표지판을 30개 설치하려고 합니다. 등산로의 처음과 끝에도 안내 표지판을 설치한다면 안내 표지판 사이의 간격을 몇 km로 해야 할까요? (단, 안내 표지판의 두께는 생각하지 않습니다.)

(   )

18 수직선의 ㉠과 ㉡ 사이에 점을 4개 찍어 이웃한 두 점 사이의 간격이 모두 일정하게 하려고 합니다. 이웃한 두 점 사이의 간격을 구해 보세요. (단, 점의 크기는 생각하지 않습니다.)

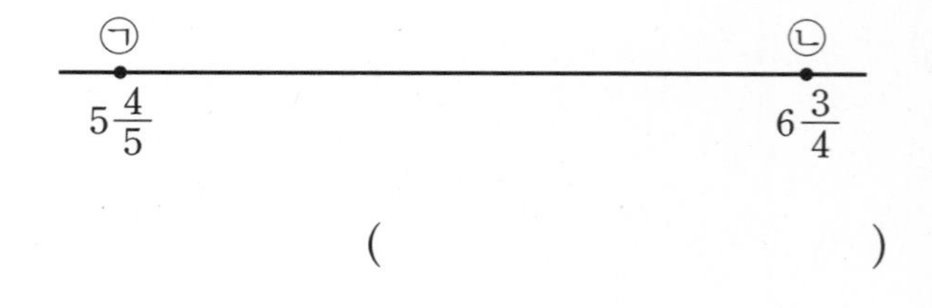

(   )

수시 평가 대비 Level 1

점수

확인

1 $3 \div 4$와 계산한 값이 같은 것을 모두 고르세요.

(　　　　)

① $\frac{3}{4}$　② $\frac{1}{3} \times 4$　③ $3 \times \frac{1}{4}$

④ $\frac{4}{3}$　⑤ $1\frac{1}{3}$

2 나눗셈의 몫을 분수로 바르게 나타낸 것에 ○표 하세요.

$2 \div 7 = \frac{7}{2}$	$9 \div 8 = \frac{9}{8}$	$5 \div 9 = \frac{9}{5}$
(　　)	(　　)	(　　)

3 □ 안에 알맞은 수를 써넣으세요.

$21 \div 4 = \square \cdots \square$

➡ $21 \div 4 = \square\frac{\square}{4} = \frac{\square}{4}$

4 □ 안에 알맞은 수를 써넣으세요.

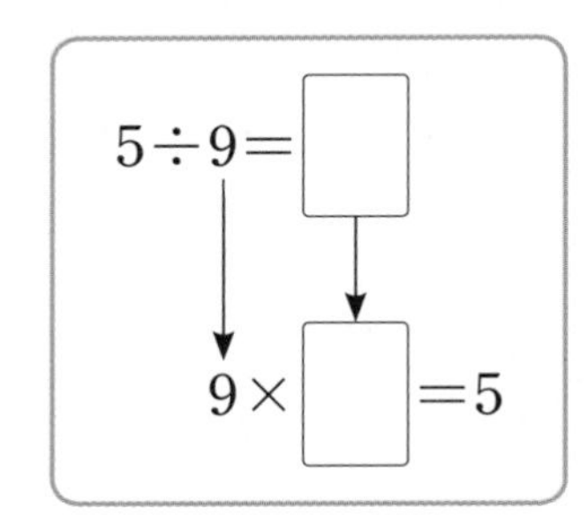

5 4부터 9까지의 자연수를 □ 안에 넣어 다음 나눗셈의 몫을 구하려고 합니다. 몫을 가장 크게 하는 수를 써 보세요.

$7 \div \square$

(　　　　　　)

6 계산이 잘못된 곳을 찾아 바르게 계산해 보세요.

$$\frac{2}{9} \div 3 = \frac{2}{9 \div 3} = \frac{2}{3}$$

$\frac{2}{9} \div 3 =$ ....

7 계산 결과가 큰 것부터 차례로 기호를 써 보세요.

㉠ $\frac{5}{9} \div 5$　㉡ $\frac{4}{5} \div 4$　㉢ $\frac{7}{8} \div 7$

(　　　　　　)

8 빈칸에 알맞은 수를 써넣으세요.

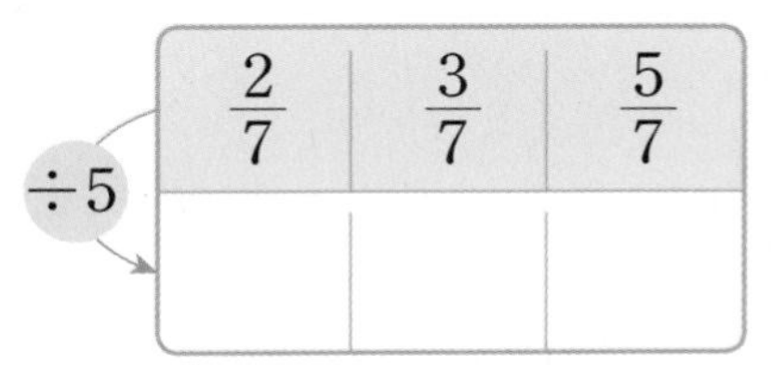

9 빈 곳에 알맞은 수를 써넣으세요.

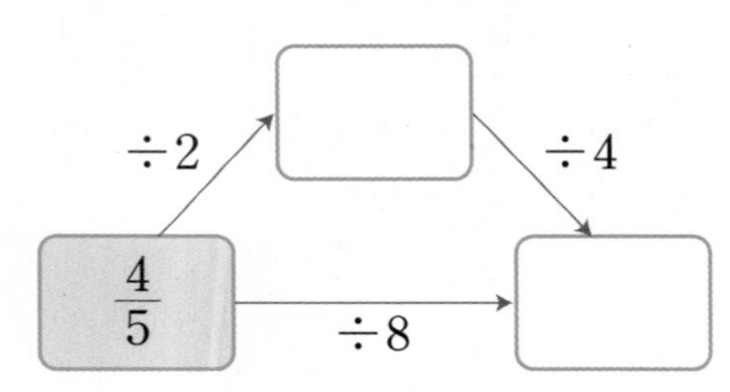

10 계산 결과가 다른 하나를 찾아 기호를 써 보세요.

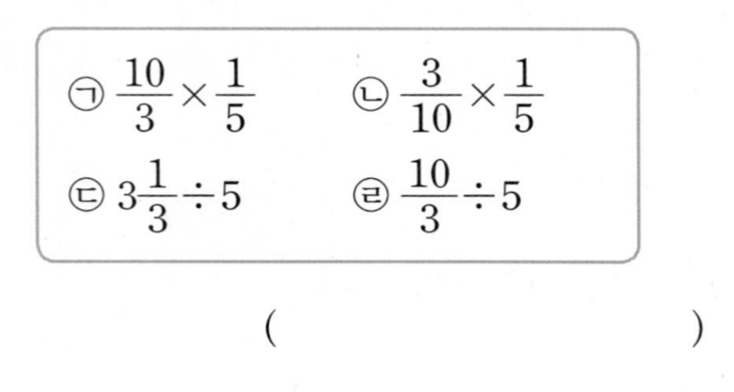

(　　　　　　　　)

11 길이가 5 m인 색 테이프를 8도막으로 똑같이 나누었습니다. 한 도막의 길이는 몇 m일까요?

(　　　　　　　　)

12 빈 곳에 알맞은 수를 써넣으세요.

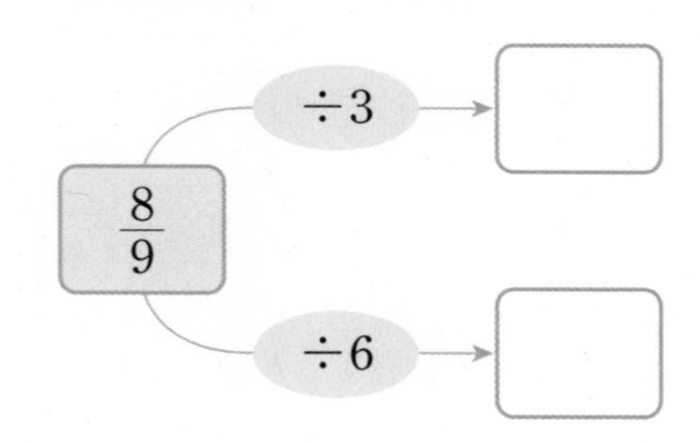

13 3장의 수 카드 중에서 몫을 가장 작게 만드는 수를 찾아 □ 안에 써넣고 계산해 보세요.

$3\frac{1}{5}\div\square$ 계산 결과 ....

14 나눗셈의 몫이 1보다 작은 것을 모두 찾아 기호를 써 보세요.

㉠ $5\frac{2}{9}\div 9$　　㉡ $6\frac{3}{8}\div 3$

㉢ $3\frac{1}{4}\div 2$　　㉣ $4\frac{1}{6}\div 5$

(　　　　　　　　)

15 둘레가 $2\frac{1}{7}$ m인 정사각형의 한 변의 길이는 몇 m일까요?

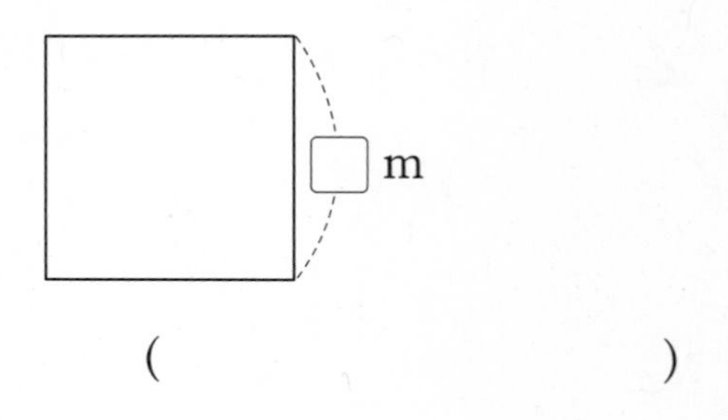

(　　　　　　　　)

정답과 풀이 8쪽

16 4장의 수 카드 중에서 3장을 뽑아 대분수를 만들려고 합니다. 만들 수 있는 가장 작은 대분수를 나머지 수 카드의 수로 나눈 몫을 구해 보세요.

(　　　　　　　　　　)

17 ㉠에 알맞은 수를 구해 보세요.

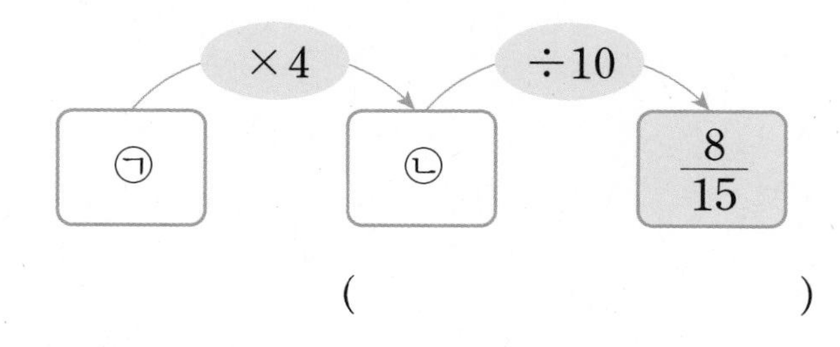

(　　　　　　　　　　)

18 □ 안에 들어갈 수 있는 가장 작은 자연수를 구해 보세요.

$12\frac{2}{3} \div 4 < \square$

(　　　　　　　　　　)

서술형

19 어떤 수를 3으로 나누어야 할 것을 잘못하여 어떤 수에 3을 곱했더니 21이 되었습니다. 바르게 계산하면 얼마인지 풀이 과정을 쓰고 답을 구해 보세요.

풀이

답

서술형

20 5 L의 휘발유로 $41\frac{3}{7}$ km를 갈 수 있는 자동차가 있습니다. 이 자동차가 1 L의 휘발유로 갈 수 있는 거리는 몇 km인지 풀이 과정을 쓰고 답을 구해 보세요.

풀이

답

수시 평가 대비 Level 2

점수

확인

1 $3 \div 7$을 그림으로 나타내고, 몫을 구해 보세요.

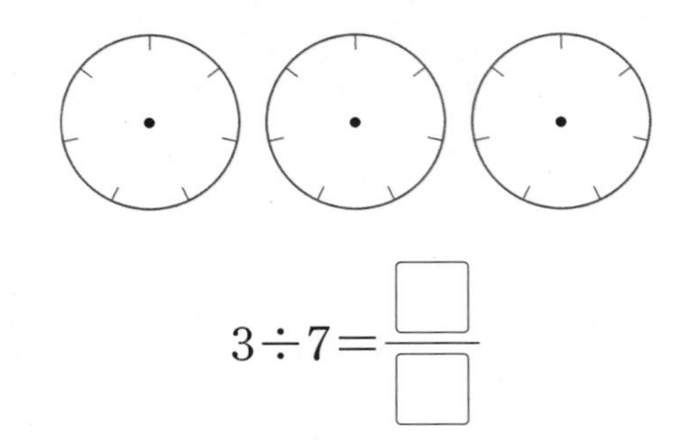

$3 \div 7 = \frac{\square}{\square}$

2 $\square$ 안에 알맞은 수를 써넣으세요.

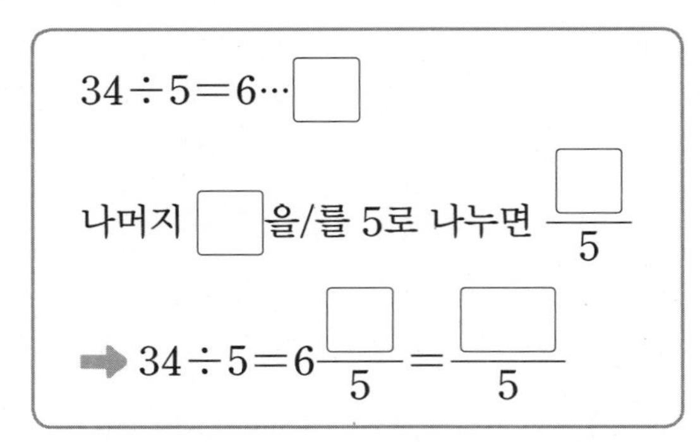

$34 \div 5 = 6 \cdots \square$

나머지 $\square$ 을/를 5로 나누면 $\frac{\square}{5}$

➡ $34 \div 5 = 6\frac{\square}{5} = \frac{\square}{5}$

3 $1\frac{3}{4} \div 7$의 몫을 두 가지 방법으로 구하려고 합니다. $\square$ 안에 알맞은 수를 써넣으세요.

방법 1 $1\frac{3}{4} \div 7 = \frac{\square}{4} \div 7$

$= \frac{\square \div 7}{4} = \frac{\square}{4}$

방법 2 $1\frac{3}{4} \div 7 = \frac{\square}{4} \div 7 = \frac{\square}{4} \times \frac{1}{\square}$

$= \frac{\square}{28} = \frac{\square}{4}$

4 몫이 1보다 큰 나눗셈을 찾아 기호를 써 보세요.

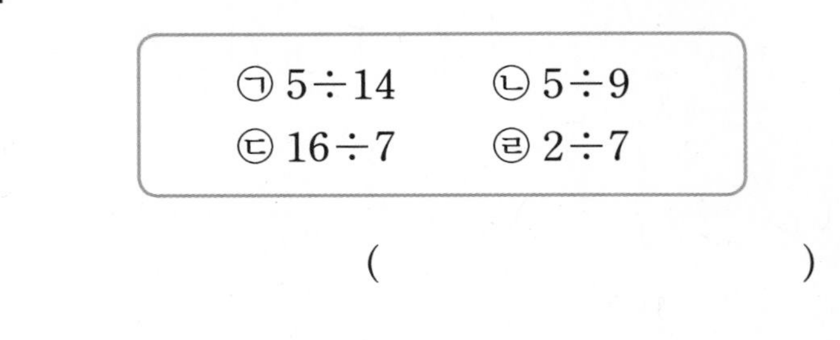

㉠ $5 \div 14$	㉡ $5 \div 9$
㉢ $16 \div 7$	㉣ $2 \div 7$

(   )

5 계산이 잘못된 곳을 찾아 바르게 계산해 보세요.

$2\frac{5}{8} \div 5 = 2\frac{5 \div 5}{8} = 2\frac{1}{8}$

➡

6 나눗셈의 몫을 분수로 나타내어 보세요.

(1) $1 \div 9$　　(2) $3 \div 10$

(3) $\frac{2}{3} \div 4$　　(4) $8\frac{4}{5} \div 11$

7 분수로 나타낸 몫이 다른 하나를 찾아 기호를 써 보세요.

㉠ $2 \div 6$　　㉡ $5 \div 10$　　㉢ $4 \div 12$

(   )

정답과 풀이 10쪽

8 계산하지 않고 몫의 크기를 비교하여 ○ 안에 >, =, <를 알맞게 써넣으세요.

(1) $19 \div 9$ ○ $11 \div 9$

(2) $33 \div 12$ ○ $33 \div 7$

9 빈칸에 알맞은 수를 써넣으세요.

$\div 3$ / $\times 3$

$\frac{3}{17}$	$\frac{4}{17}$		$\frac{6}{17}$
$\frac{1}{17}$		$\frac{5}{51}$	

10 빈칸에 알맞은 분수를 써넣으세요.

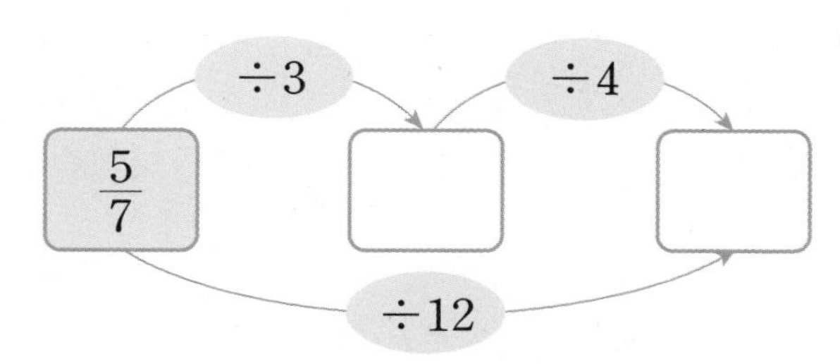

11 나눗셈의 몫을 비교하여 □ 안에 알맞은 식을 써넣으세요.

$\frac{11}{14} \div 11$ $\frac{8}{17} \div 8$ $\frac{10}{13} \div 10$

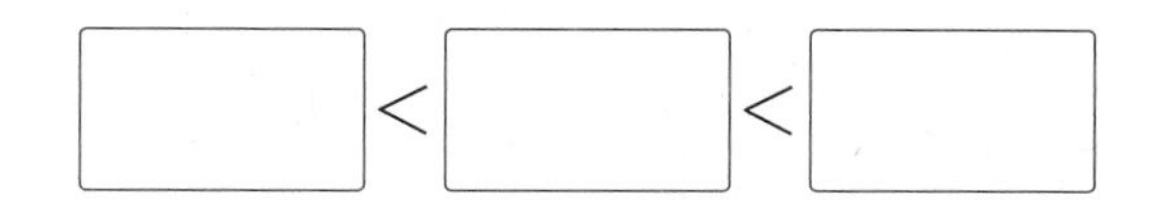

12 넓이가 $\frac{28}{5}$ cm^2이고 세로가 3 cm인 직사각형의 가로는 몇 cm인지 구해 보세요.

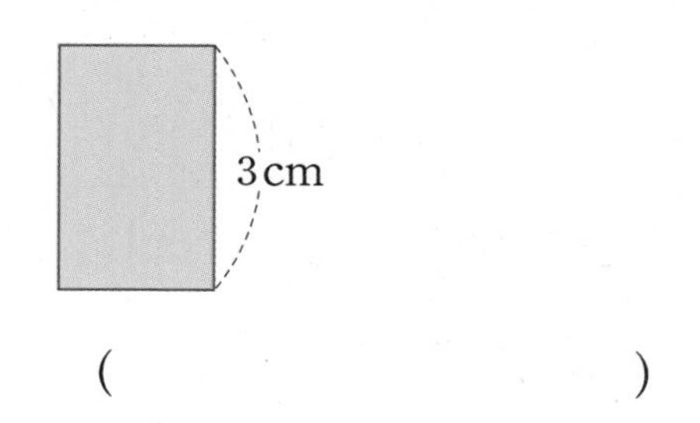

( )

13 □ 안에 알맞은 분수를 구해 보세요.

$\square \times 9 = \frac{5}{12}$

( )

14 과학 시간에 소금 $\frac{25}{6}$ kg을 30명의 학생들에게 똑같이 나누어 주고 실험을 하려고 합니다. 한 사람에게 소금을 몇 kg씩 주어야 하는지 구해 보세요.

( )

15 세 사람이 길이가 $5\frac{3}{7}$ m인 끈을 똑같이 나누어 가진 후 끈을 겹치지 않게 모두 사용하여 정삼각형 모양을 한 개씩 만들었습니다. 만든 정삼각형의 한 변의 길이는 몇 m일까요?

( )

➔ 정답과 풀이 10쪽

16 □ 안에 들어갈 수 있는 가장 큰 자연수를 구해 보세요.

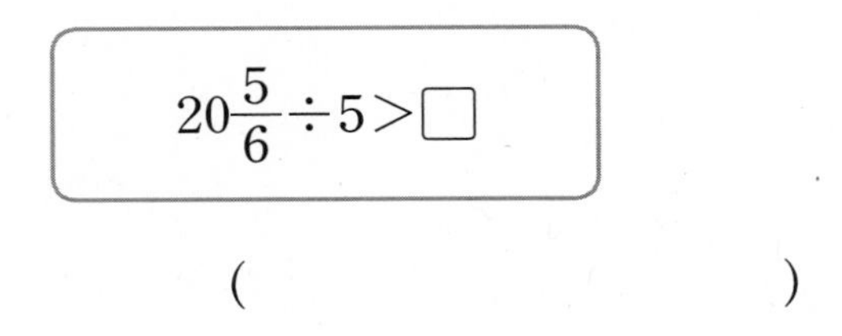

( )

17 수 카드 7, 4, 6, 8 을 모두 사용하여 (대분수)÷(자연수)를 만들려고 합니다. 몫이 가장 큰 나눗셈식을 만들고 계산해 보세요.

$\square\frac{\square}{\square} \div \square = \square$

18 길이가 $7\frac{3}{5}$ km인 직선 길의 한쪽에 같은 간격으로 가로등을 20개 세우려고 합니다. 길의 처음과 끝에도 가로등을 세운다면 가로등 사이의 간격을 몇 km로 해야 할까요? (단, 가로등의 두께는 생각하지 않습니다.)

( )

서술형

19 정육각형의 둘레는 $4\frac{4}{9}$ cm입니다. 정육각형의 한 변의 길이는 몇 cm인지 풀이 과정을 쓰고 답을 구해 보세요.

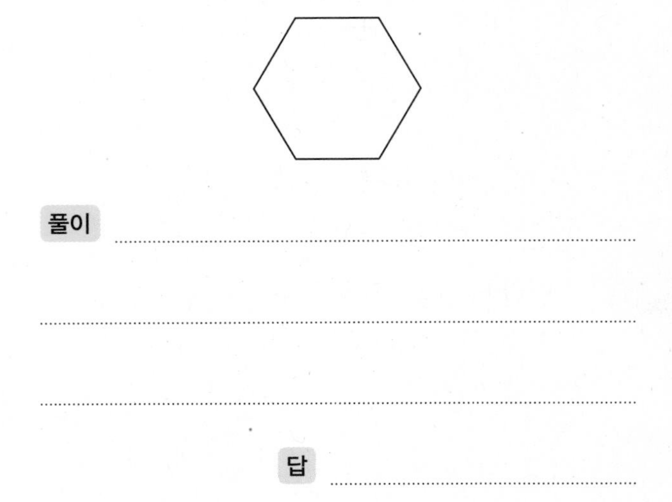

풀이

답

서술형

20 어떤 수에 9를 곱했더니 $5\frac{2}{5}$가 되었습니다. 어떤 수를 8로 나눈 몫은 얼마인지 풀이 과정을 쓰고 답을 구해 보세요.

풀이

답

2 각기둥과 각뿔

이번 단원에서
꼭 짚어야 할
핵심 개념을 알아보자.

핵심 1 각기둥

서로 평행한 두 면이 합동이고 모든 면이 다각형으로 이루어진 입체도형을 ☐ 이라고 한다.

핵심 2 각기둥의 밑면, 옆면, 높이

각기둥에서 서로 평행하고 합동인 두 면은 ☐, 두 밑면과 만나는 면은 옆면, 두 밑면 사이의 거리는 ☐이다.

핵심 3 각기둥의 전개도

각기둥의 모서리를 잘라서 펼쳐 놓은 그림을 각기둥의 ☐라고 한다.

핵심 4 각뿔, 각뿔의 높이

- 밑에 놓인 면이 다각형이고 옆으로 둘러싼 면이 모두 삼각형인 입체도형을 ☐이라고 한다.
- 각뿔의 꼭짓점에서 밑면에 수직인 선분의 길이가 ☐이다.

핵심 5 각기둥과 각뿔의 구성 요소 수

	면	모서리	꼭짓점
사각기둥	6개		8개
사각뿔		8개	

답 1. 각기둥 2. 밑면, 높이 3. 전개도 4. 각뿔, 높이 5. 12개 / 5개, 5개

STEP 1 교과 개념

1. 각기둥 알아보기(1)

● 입체도형과 평면도형 분류하기

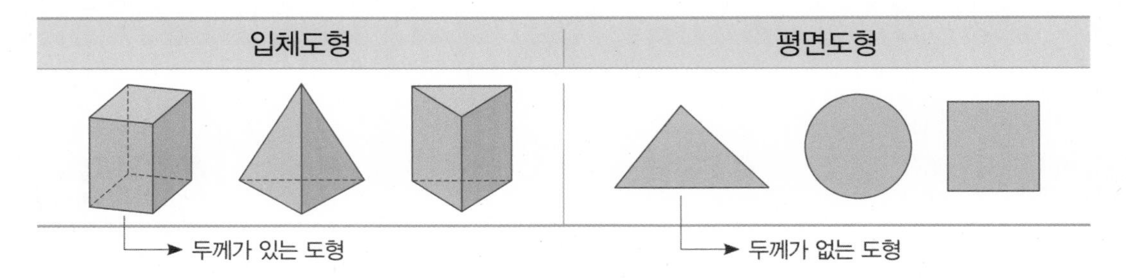

● 각기둥 알아보기

• **각기둥**: 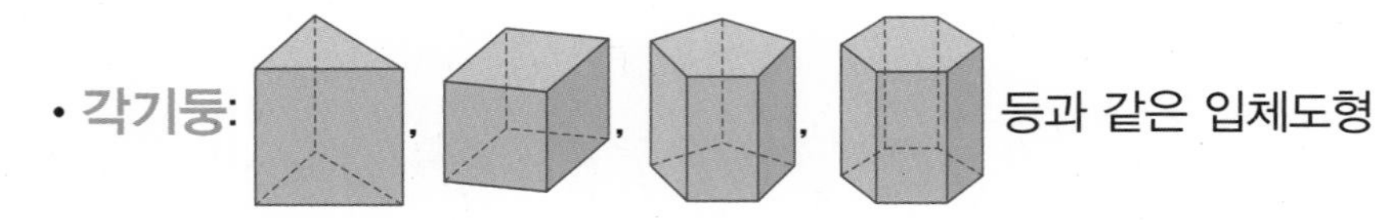 등과 같은 입체도형

● 각기둥의 밑면과 옆면 알아보기

• **밑면**: 각기둥에서 면 ㄱㄴㄷ과 면 ㄹㅁㅂ과 같이 **서로 평행하고 합동인 두 면**
두 밑면은 나머지 면들과 모두 **수직**으로 만납니다.

• **옆면**: 각기둥에서 면 ㄱㄹㅁㄴ, 면 ㄴㅁㅂㄷ, 면 ㄷㅂㄹㄱ과 같이 두 밑면과 만나는 면
각기둥의 옆면은 모두 **직사각형**입니다.

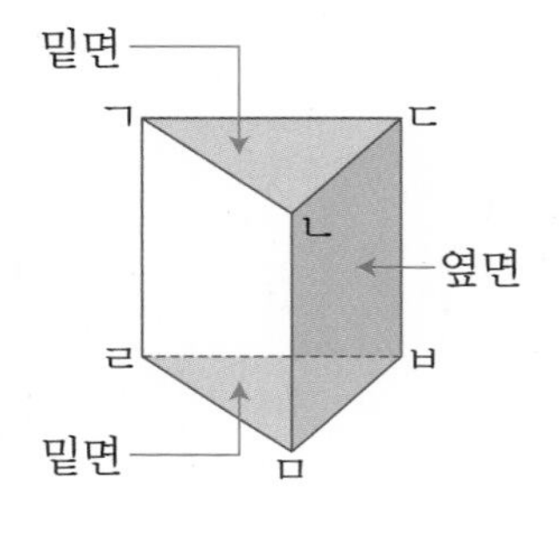

	밑면	옆면
모양	다각형	직사각형
개수	2개	한 밑면의 변의 개수와 같음.

개념 자세히 보기

• **각기둥이 되려면 서로 평행하고 합동인 두 면이 있고 모든 면이 다각형이어야 해요!**

예 각기둥이 아닌 경우

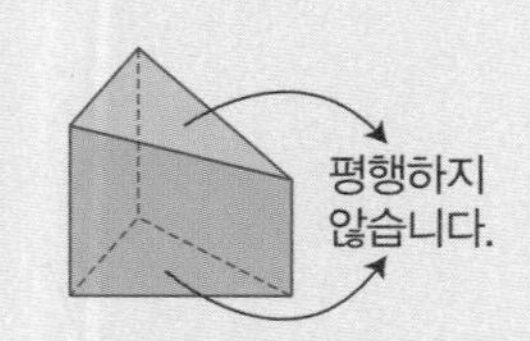

➡ 서로 평행한 두 면이
없습니다.

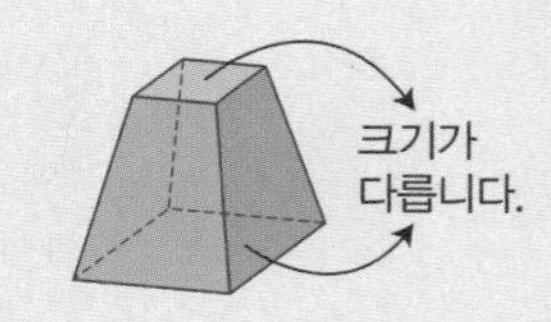

➡ 서로 평행한 두 면이
합동이 아닙니다.

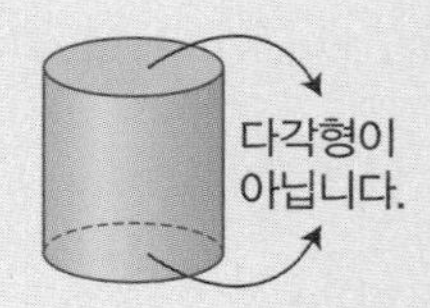

➡ 서로 평행한 두 면이
다각형이 아닙니다.

➲ 정답과 풀이 12쪽

1 입체도형을 보고 물음에 답하세요.

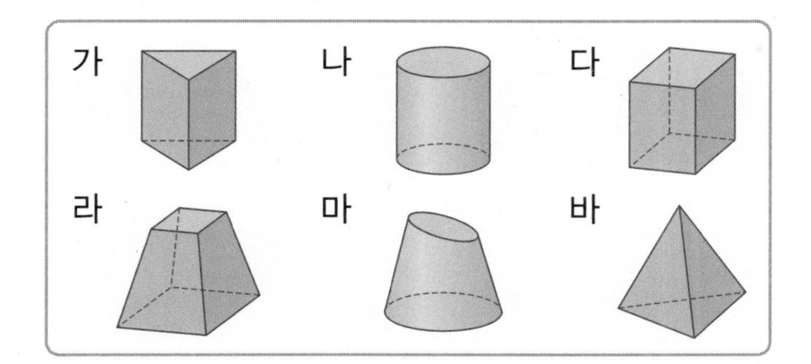

① 서로 평행한 두 면이 있는 입체도형을 모두 찾아 기호를 써 보세요.

( )

② 서로 평행한 두 면이 합동인 다각형으로 이루어진 입체도형을 모두 찾아 기호를 써 보세요.

( )

③ 각기둥을 모두 찾아 기호를 써 보세요.

( )

2

2 각기둥에서 두 밑면을 찾아 색칠해 보세요.

①

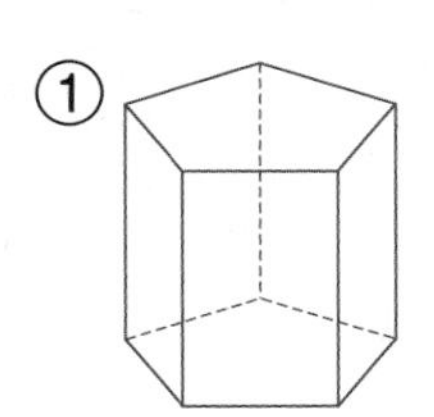

②

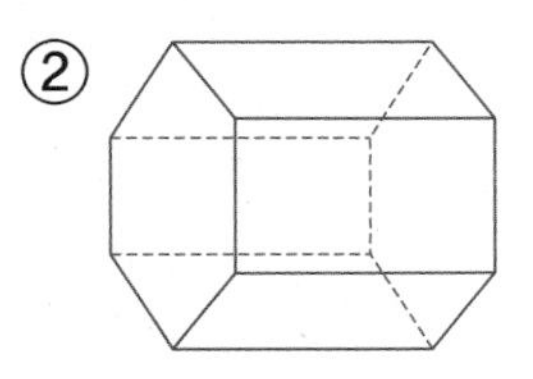

3 오른쪽 각기둥을 보고 □ 안에 알맞게 써넣으세요.

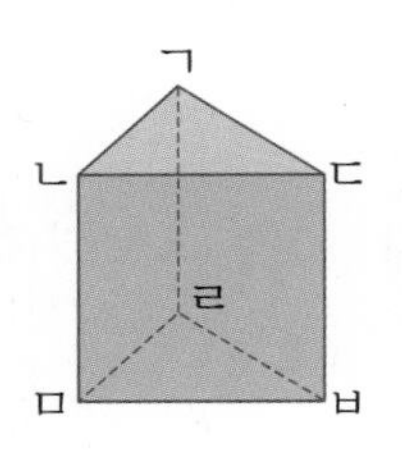

① 서로 평행한 면은 면 □과 면 □입니다.

② 밑면에 수직인 면은 모두 □개입니다.

③ 옆면은 면 □, 면 □, 면 □입니다.

서로 평행한 두 면은
밑면이고, 밑면에 수직인
면은 옆면이에요.

STEP 1 교과 개념

2. 각기둥 알아보기(2)

● 각기둥의 이름 알아보기

각기둥은 밑면의 모양이 삼각형, 사각형, 오각형, ...일 때 **삼각기둥**, **사각기둥**, **오각기둥**, ...이라고 합니다.

각기둥			
밑면의 모양	삼각형	사각형	오각형
옆면의 모양	직사각형	직사각형	직사각형
각기둥의 이름	**삼각기둥**	**사각기둥**	**오각기둥**

→ 각기둥의 옆면의 모양은 모두 직사각형입니다.

● 각기둥의 구성 요소 알아보기

- **모서리**: 면과 면이 만나는 선분
- **꼭짓점**: 모서리와 모서리가 만나는 점
- **높이**: 두 밑면 사이의 거리

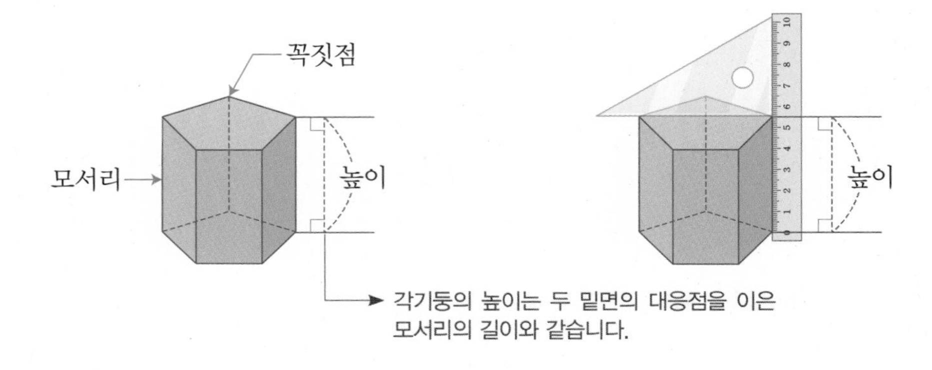

● 각기둥의 구성 요소의 수

각기둥	한 밑면의 변의 수(개)	꼭짓점의 수(개)	면의 수(개)	모서리의 수(개)
삼각기둥	3	$3\times2=6$	$3+2=5$	$3\times3=9$
사각기둥	4	$4\times2=8$	$4+2=6$	$4\times3=12$
■각기둥	■	■ × **2**	■ + **2**	■ × **3**

개념 자세히 보기

• 각기둥의 밑면의 모양이 사각형이면 사각기둥이에요!

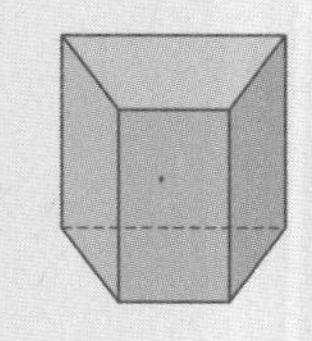

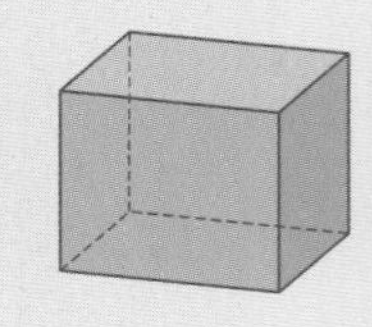

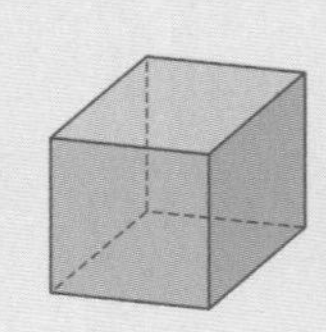

각기둥의 밑면의 모양이 사다리꼴, 평행사변형, 마름모라고 하더라도 모두 사각형 모양이기 때문에 사각기둥입니다.

정답과 풀이 12쪽

1 **오른쪽 각기둥을 보고 물음에 답하세요.**

① 밑면은 어떤 모양일까요?

(　　　　　　　　　　)

② 각기둥의 이름을 써 보세요.

(　　　　　　　　　　)

밑면의 모양이 ■각형이면 ■각기둥이에요.

2 **보기 에서 알맞은 말을 골라 □ 안에 써넣으세요.**

보기
높이　꼭짓점　모서리　밑면　옆면

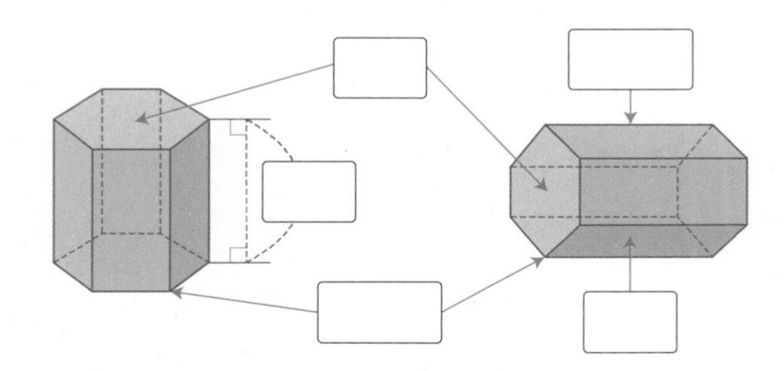

두 밑면은 나머지 면들과 수직으로 만나요. 두 밑면과 만나는 면은 옆면이에요.

3 **삼각기둥의 겨냥도에서 모서리를 파란색으로 표시하고, 몇 개인지 세어 보세요.**

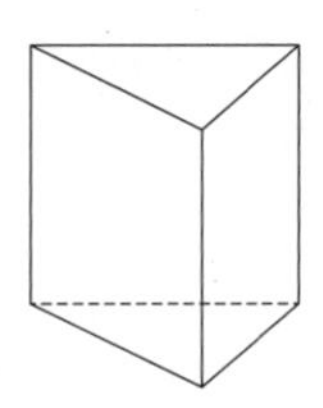

(　　　　　　　　　　)

■각기둥의 모서리의 수는 ■×3이에요.

4 **사각기둥의 겨냥도에서 꼭짓점을 빨간색으로 표시하고, 몇 개인지 세어 보세요.**

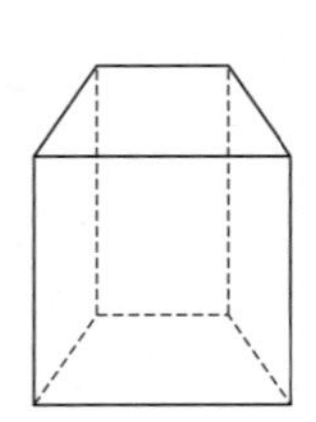

(　　　　　　　　　　)

■각기둥의 꼭짓점의 수는 ■×2예요.

STEP 1 교과 개념

3. 각기둥의 전개도

각기둥의 전개도 알아보기

- **각기둥의 전개도**: 각기둥의 모서리를 잘라서 평면 위에 펼쳐 놓은 그림

㉠ 삼각기둥의 전개도

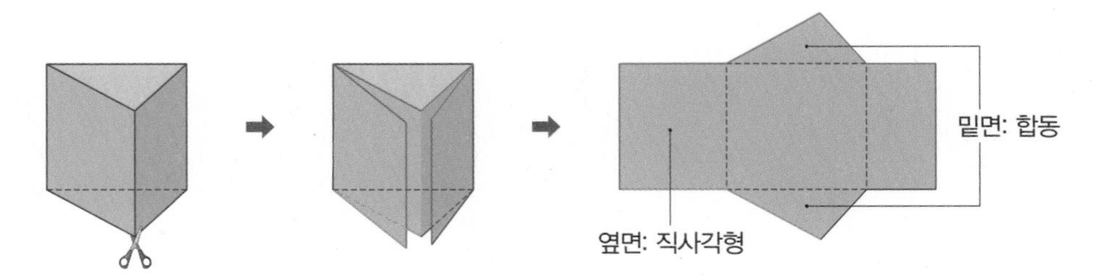

㉠ 사각기둥의 전개도

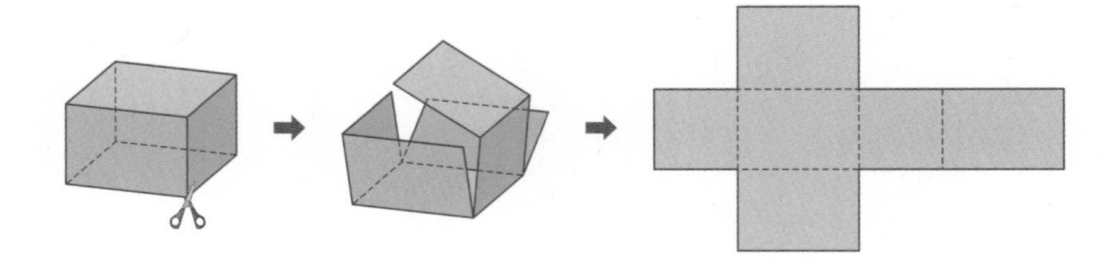

각기둥의 전개도 그리기

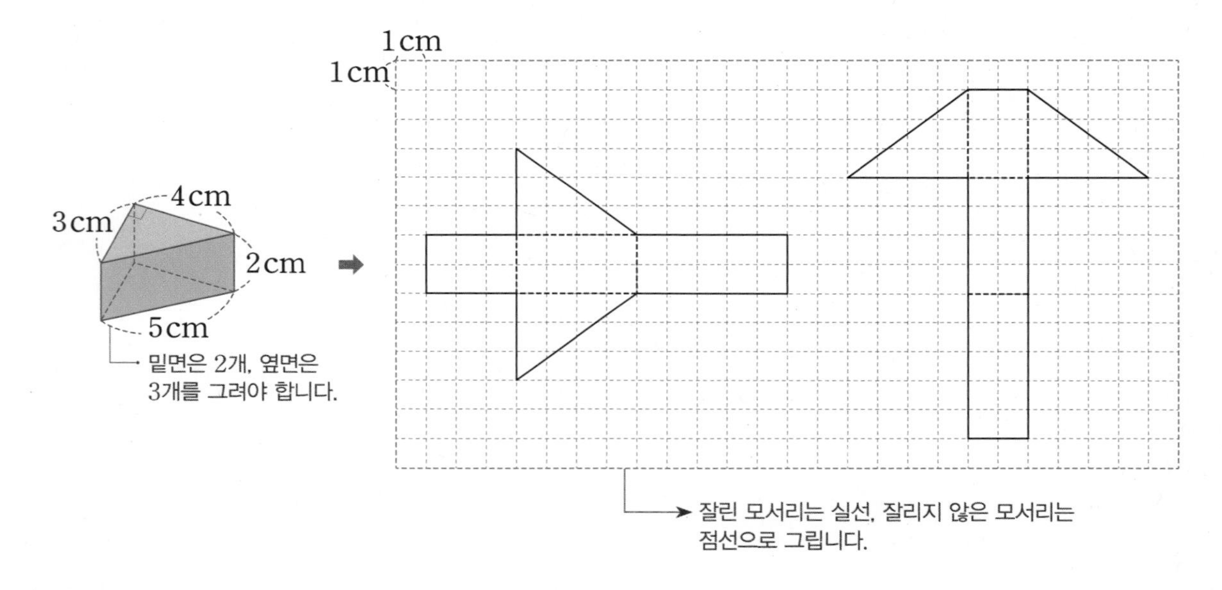

개념 자세히 보기

- 전개도는 어느 모서리를 자르는가에 따라 여러 가지 모양이 나올 수 있어요!

㉠

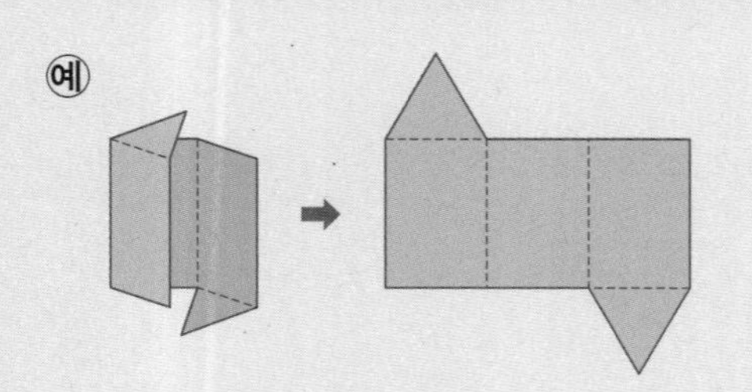

㉠

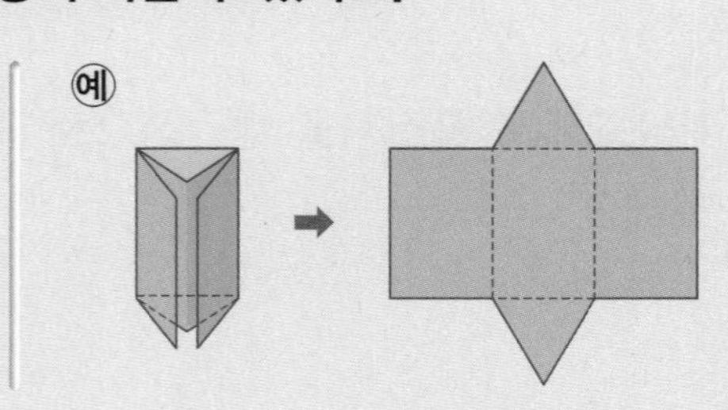

정답과 풀이 12쪽

1 어떤 도형의 전개도인지 알아보려고 합니다. 물음에 답하세요.

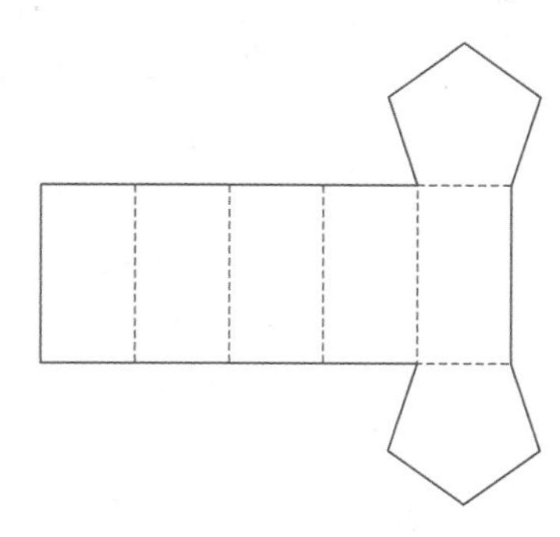

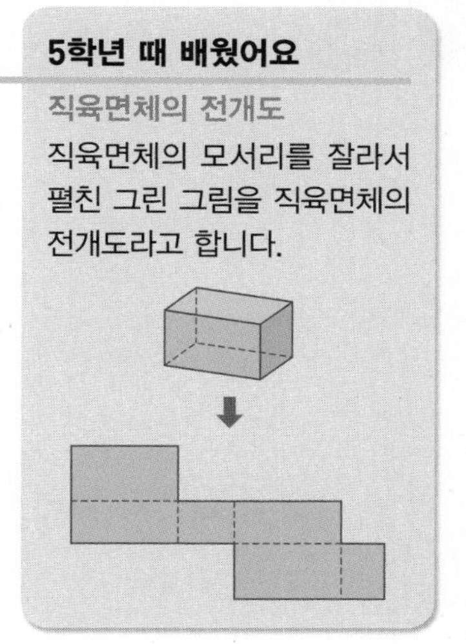

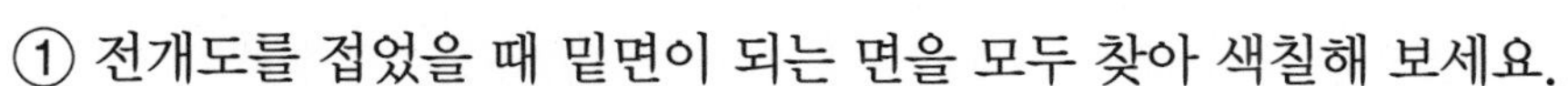

① 전개도를 접었을 때 밑면이 되는 면을 모두 찾아 색칠해 보세요.

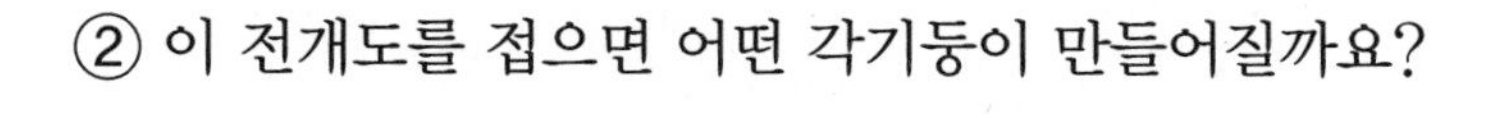

② 이 전개도를 접으면 어떤 각기둥이 만들어질까요?

( )

2 전개도를 접어서 각기둥을 만들었습니다. □ 안에 알맞은 수를 써넣으세요.

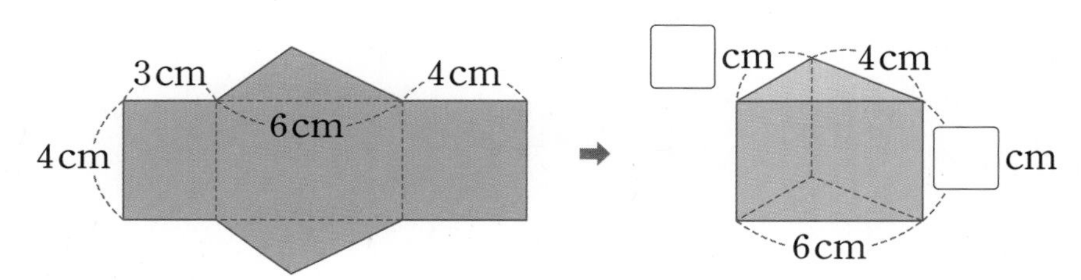

3 밑면이 사다리꼴인 사각기둥의 전개도를 완성해 보세요.

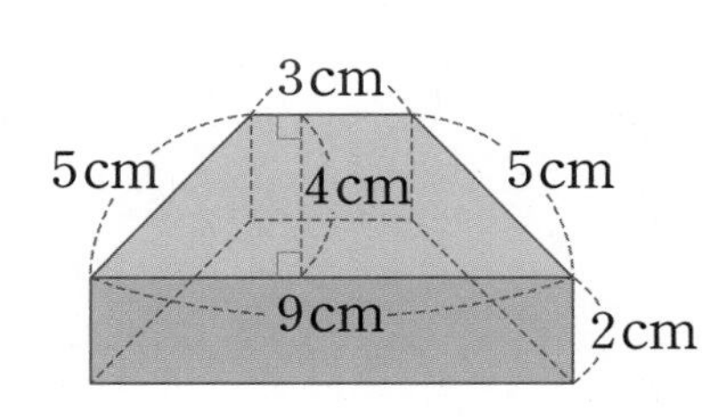

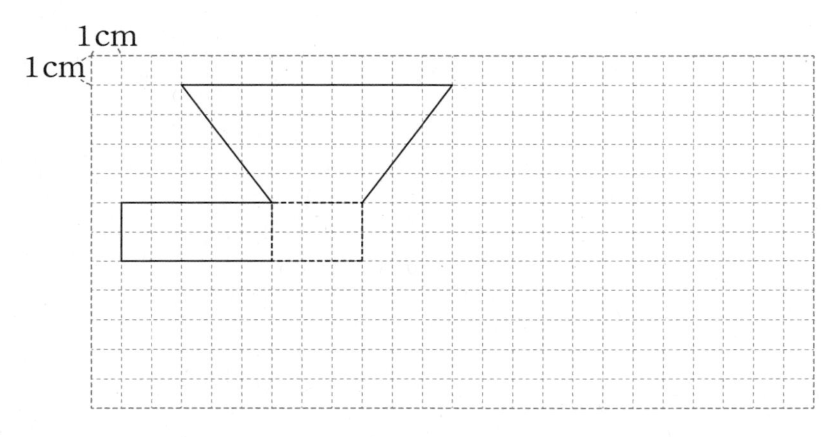

STEP 1 교과 개념

4. 각뿔 알아보기(1)

● 각뿔 알아보기

• 각뿔: 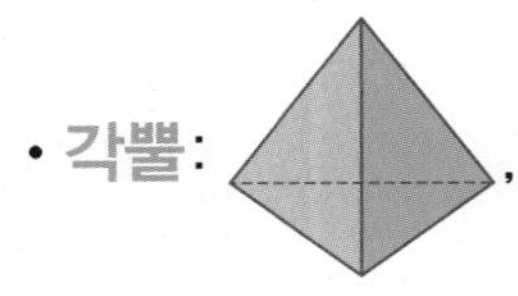, 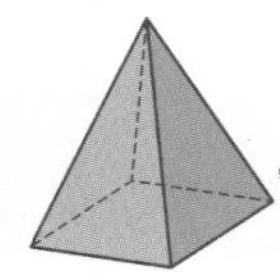, 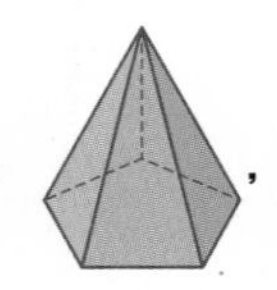, 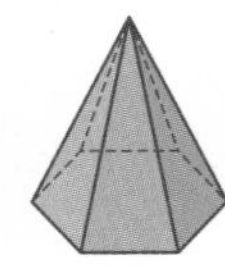 등과 같은 입체도형

● 각뿔의 밑면과 옆면 알아보기

• 밑면: 각뿔에서 면 ㄴㄷㄹㅁ과 같은 면 ⟶ 각뿔의 밑면은 1개입니다.

• 옆면: 각뿔에서 면 ㄱㄴㄷ, 면 ㄱㄷㄹ, 면 ㄱㄹㅁ, 면 ㄱㅁㄴ과 같이 밑면과 만나는 면
각뿔의 옆면은 모두 삼각형입니다.

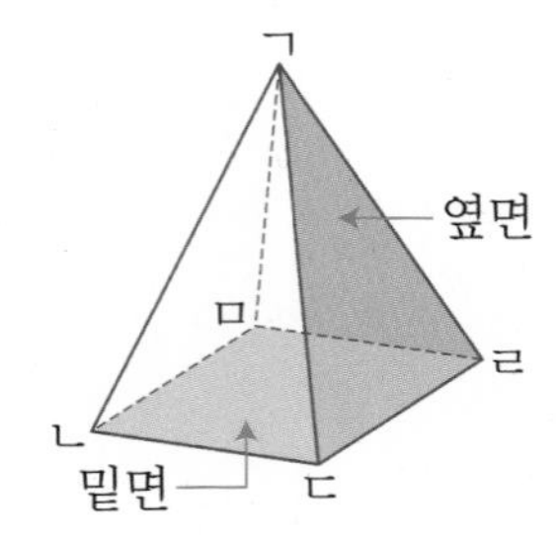

● 각기둥과 각뿔의 비교

도형	밑면의 모양	옆면의 모양	밑면의 수(개)
(육각기둥)	육각형	직사각형	2
(육각뿔)		삼각형	1

개념 자세히 보기

• **각뿔이 되려면 밑에 놓인 면이 다각형이고 옆으로 둘러싼 면이 삼각형이어야 해요!**

예 각뿔이 아닌 경우

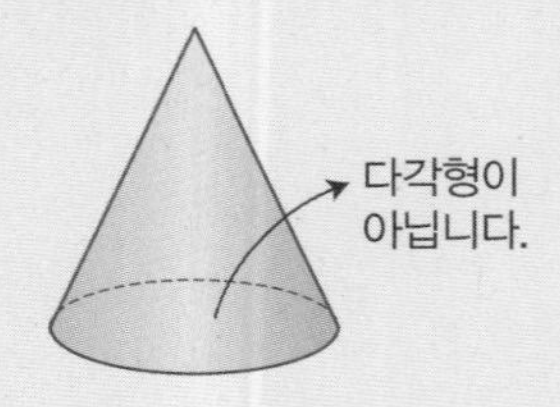

➡ 밑에 놓인 면이 다각형이 아닙니다.

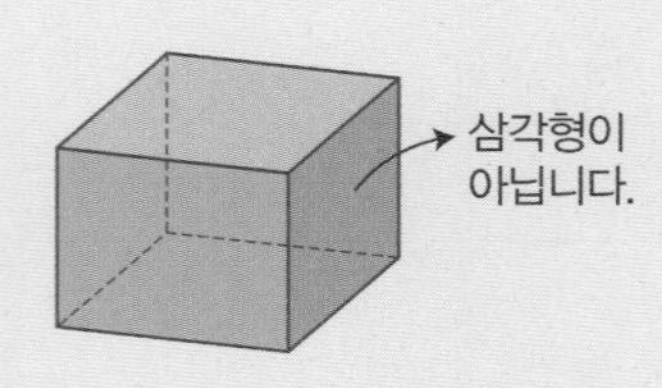

➡ 옆으로 둘러싼 면이 삼각형이 아닙니다.

➔ 정답과 풀이 13쪽

1 **입체도형 중 옆으로 둘러싼 면이 모두 삼각형인 도형을 모두 찾아 기호를 써 보세요.**

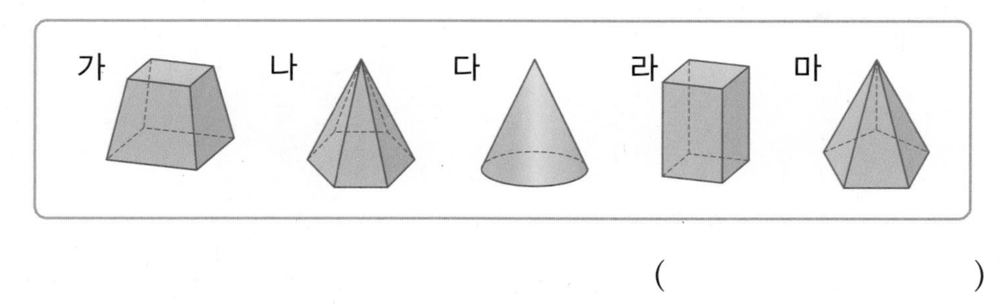

( )

2 **입체도형을 보고 물음에 답하세요.**

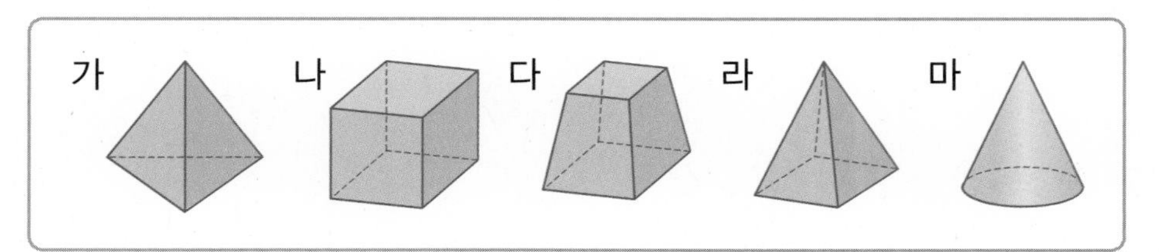

① 밑면이 다각형인 도형을 모두 찾아 기호를 써 보세요.

( )

② 옆면이 삼각형인 도형을 모두 찾아 기호를 써 보세요.

( )

③ 밑면이 다각형이고 옆면이 삼각형인 도형을 모두 찾아 기호를 써 보세요.

( )

④ 각뿔을 모두 찾아 기호를 써 보세요.

( )

각뿔은 밑면이 다각형이고 옆면이 모두 삼각형인 입체도형이에요.

3 **각뿔을 보고 물음에 답하세요.**

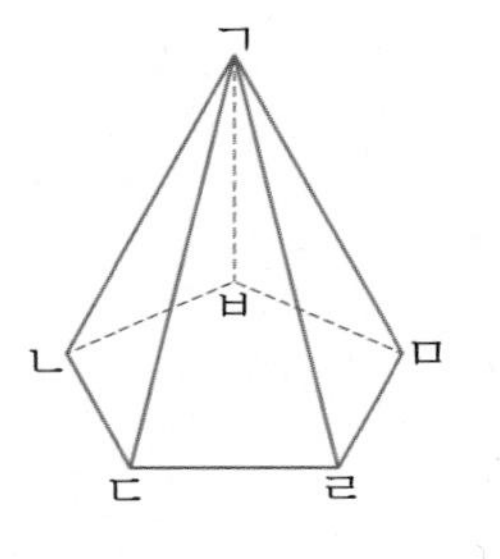

① 밑면에 색칠해 보세요.

② 밑면과 만나는 면은 몇 개일까요?

( )

③ 옆면을 모두 찾아 써 보세요.

( )

각뿔에서 옆으로 둘러싼 면을 옆면이라고 해요.

2

STEP 1 교과 개념

5. 각뿔 알아보기(2)

● 각뿔의 이름 알아보기

각뿔은 밑면의 모양이 삼각형, 사각형, 오각형, ...일 때 **삼각뿔**, **사각뿔**, **오각뿔**, ...이라고 합니다.

각뿔			
밑면의 모양	삼각형	사각형	오각형
옆면의 모양	삼각형	삼각형	삼각형
각뿔의 이름	**삼각뿔**	**사각뿔**	**오각뿔**

→ 각뿔의 옆면의 모양은 모두 삼각형입니다.

● 각뿔의 구성 요소 알아보기

- **모서리**: 면과 면이 만나는 선분
- **꼭짓점**: 모서리와 모서리가 만나는 점
- **각뿔의 꼭짓점**: 꼭짓점 중에서도 옆면이 모두 만나는 점
- **높이**: 각뿔의 꼭짓점에서 밑면에 수직인 선분의 길이

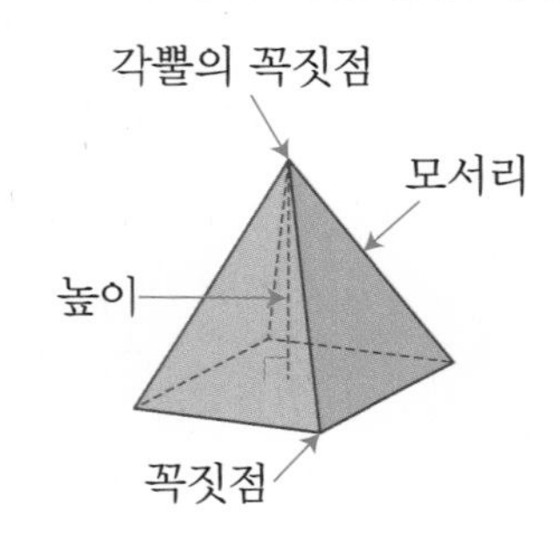

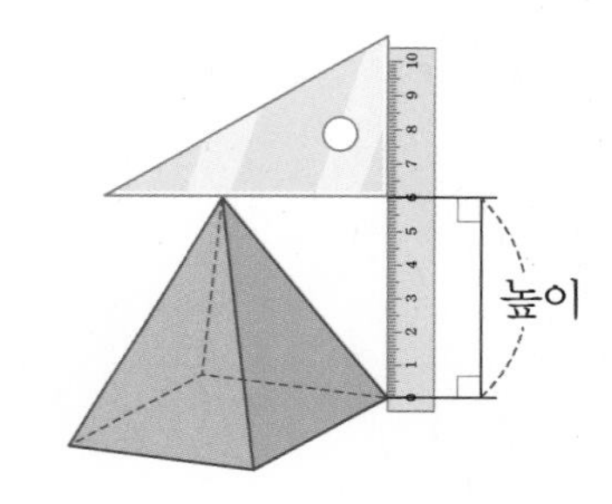

● 각뿔의 구성 요소의 수

각뿔	밑면의 변의 수(개)	꼭짓점의 수(개)	면의 수(개)	모서리의 수(개)
삼각뿔	3	$3+1=4$	$3+1=4$	$3\times2=6$
사각뿔	4	$4+1=5$	$4+1=5$	$4\times2=8$
■각뿔	■	■$+1$	■$+1$	■$\times2$

개념 자세히 보기

• **각기둥에는 높이와 길이가 같은 모서리가 항상 있지만 각뿔에는 항상 있지는 않아요!**

예

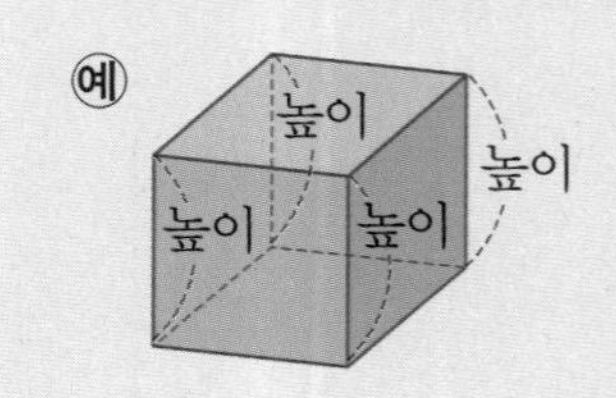

예

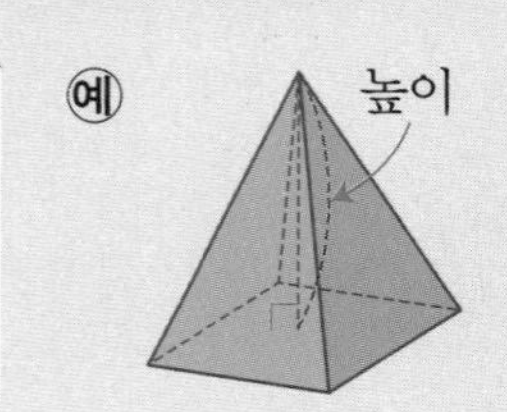

➲ 정답과 풀이 13쪽

1 **오른쪽 각뿔을 보고 물음에 답하세요.**

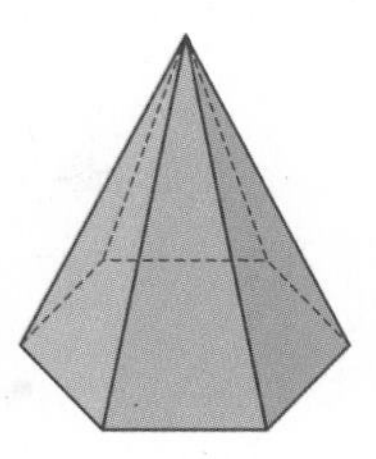

① 밑면은 어떤 모양일까요?

(   )

② 각뿔의 이름을 써 보세요.

(   )

각뿔의 이름은 밑면의 모양에 따라 정해져요.

2 **오른쪽 각뿔을 보고 물음에 답하세요.**

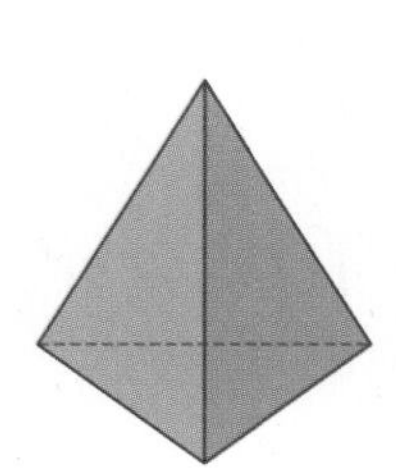

① 면과 면이 만나는 선분은 모두 몇 개일까요?

(   )

② 모서리와 모서리가 만나는 점은 모두 몇 개일까요?

(   )

3 **보기 에서 알맞은 말을 골라 ☐ 안에 써넣으세요.**

보기

높이   꼭짓점   각뿔의 꼭짓점   밑면   옆면   모서리

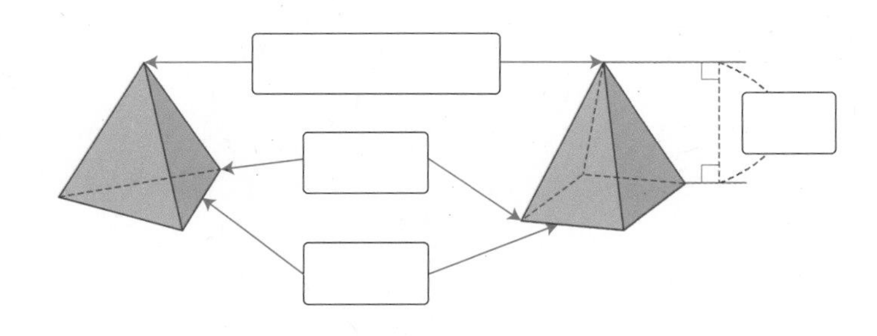

꼭짓점 중에서도 옆면을 이루는 삼각형이 모두 만나는 점을 각뿔의 꼭짓점이라고 해요.

4 **각뿔의 겨냥도에서 모서리는 파란색으로, 꼭짓점은 빨간색으로 표시해 보세요.**

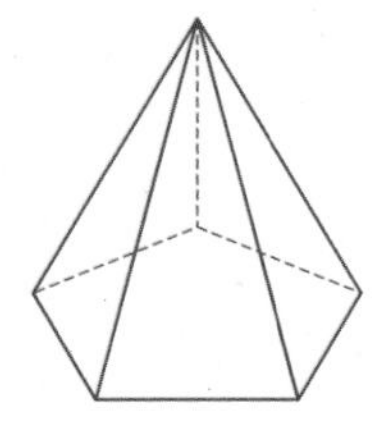

각뿔에서 면과 면이 만나는 선분을 모서리, 모서리와 모서리가 만나는 점을 꼭짓점이라고 해요.

STEP 2 꼭 나오는 유형

1 각기둥 알아보기

1 도형을 보고 물음에 답하세요.

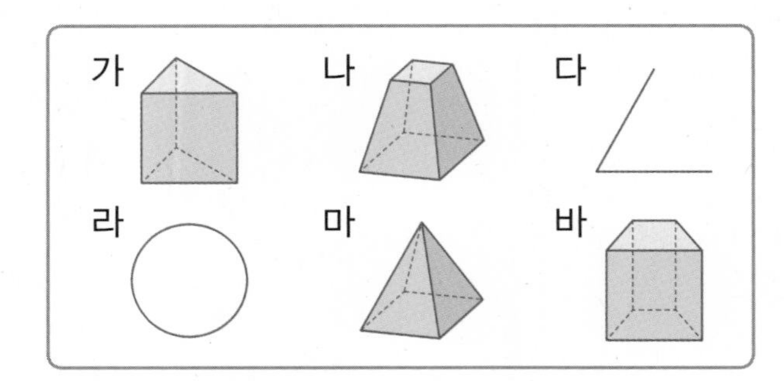

(1) 입체도형을 모두 찾아 기호를 써 보세요.

( )

(2) 서로 평행한 두 다각형이 있는 입체도형을 모두 찾아 기호를 써 보세요.

( )

(3) 서로 평행하고 합동인 두 다각형이 있는 입체도형을 모두 찾아 기호를 써 보세요.

( )

(4) 각기둥을 모두 찾아 기호를 써 보세요.

( )

서술형

2 오른쪽 입체도형이 각기둥이 아닌 이유를 써 보세요.

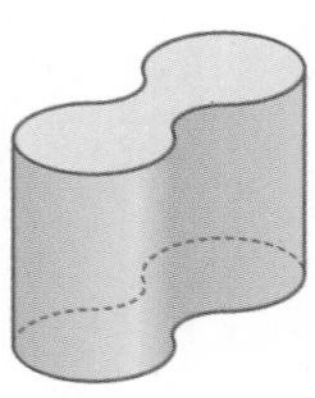

이유 ....

....

....

3 각기둥에서 밑면을 모두 찾아 색칠해 보세요.

(1)

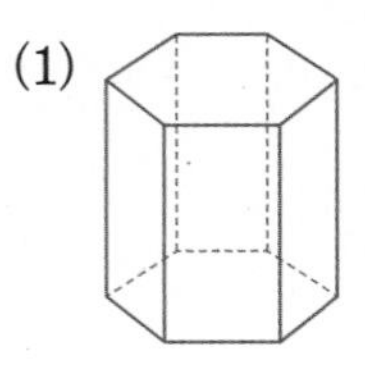

(2)

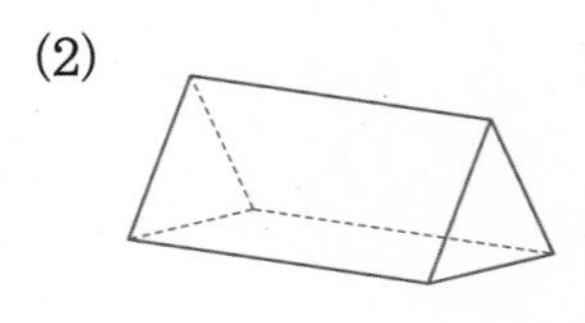

4 각기둥의 겨냥도를 완성해 보세요.

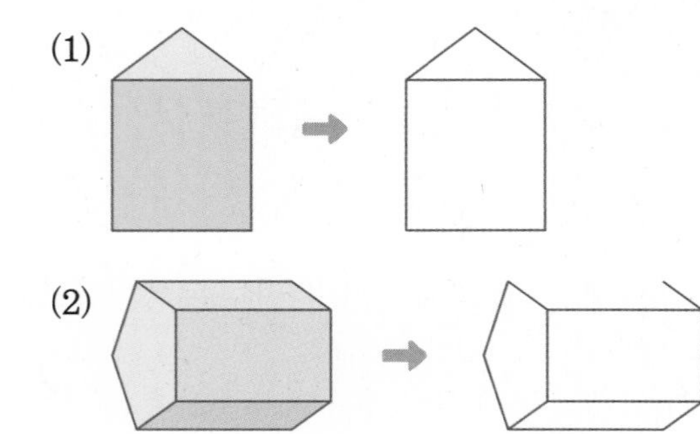

5 오른쪽 각기둥에서 색칠한 면이 밑면일 때 옆면을 모두 찾아 써 보세요.

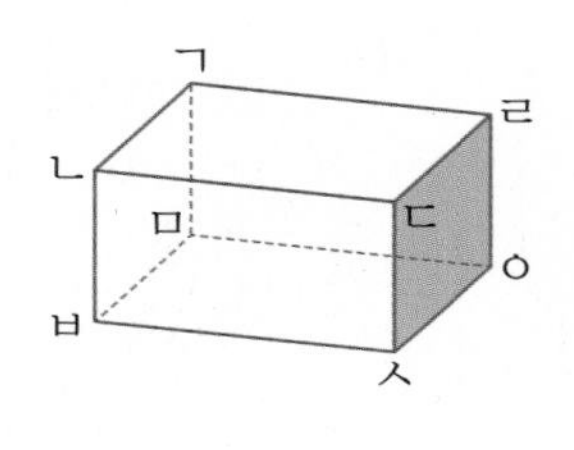

( )

6 각기둥의 특징을 잘못 설명한 것을 찾아 기호를 써 보세요.

㉠ 각기둥의 밑면은 2개입니다.
㉡ 두 밑면은 서로 평행하고 합동입니다.
㉢ 밑면과 옆면은 서로 수직입니다.
㉣ 밑면의 모양은 항상 직사각형입니다.

( )

2 각기둥의 이름

7 보기 에서 알맞은 말을 골라 □ 안에 써넣으세요.

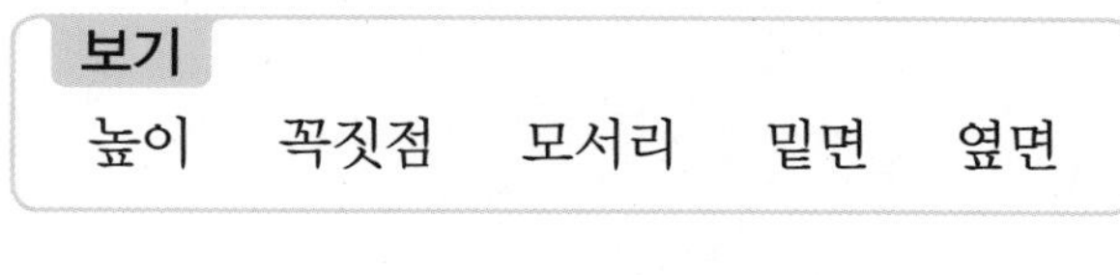

보기
높이 꼭짓점 모서리 밑면 옆면

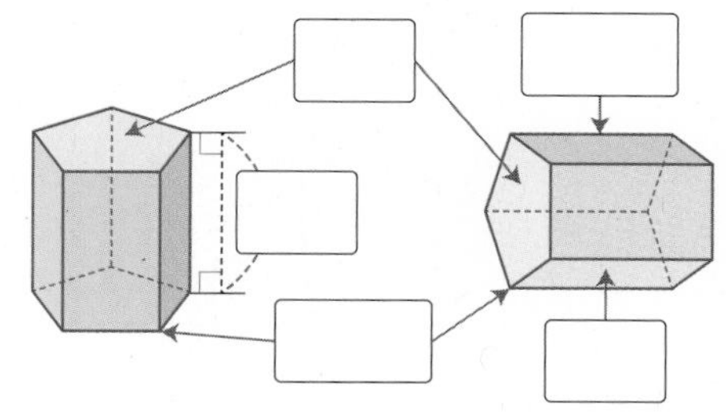

8 다음에서 설명하는 입체도형의 이름을 써 보세요.

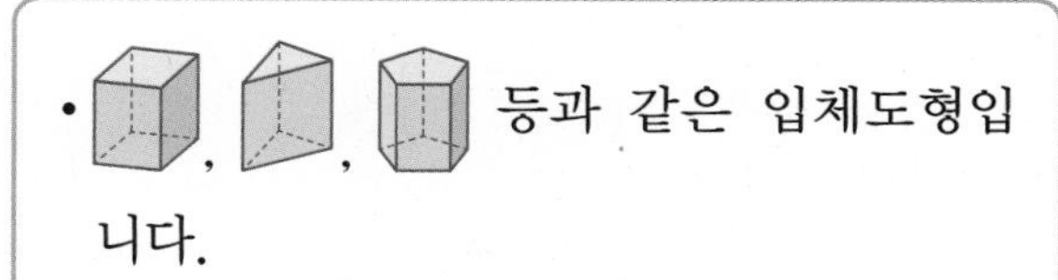

- 등과 같은 입체도형입니다.
- 옆면은 직사각형이고 밑면에 수직입니다.
- 밑면의 모양은 육각형입니다.

( )

9 표를 완성해 보세요.

도형	꼭짓점의 수(개)	면의 수(개)
삼각기둥		
사각기둥		

3 각기둥의 전개도 알아보기

10 삼각기둥의 전개도를 찾아 기호를 써 보세요.

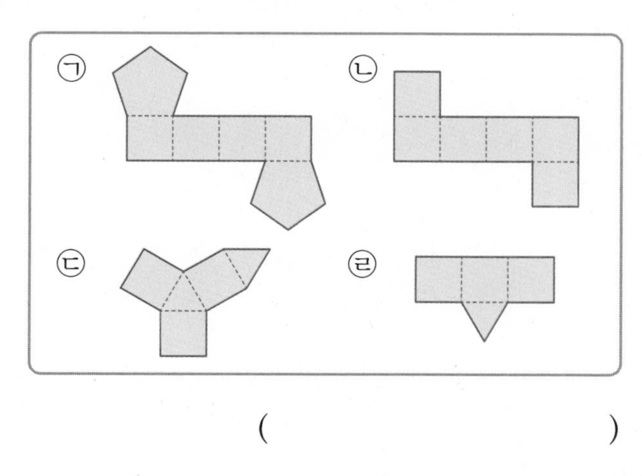

( )

11 전개도를 접었을 때 만들어지는 입체도형의 이름을 쓰고 색칠한 면과 평행한 면에 ○표 하세요.

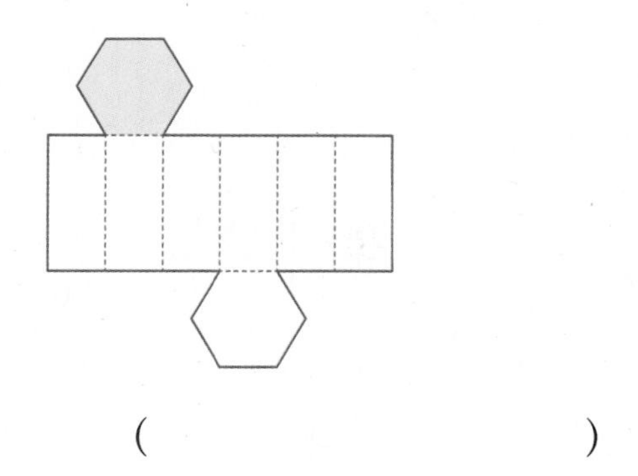

( )

서술형

12 오른쪽 그림은 사각기둥의 전개도가 아닙니다. 그 이유를 써 보세요.

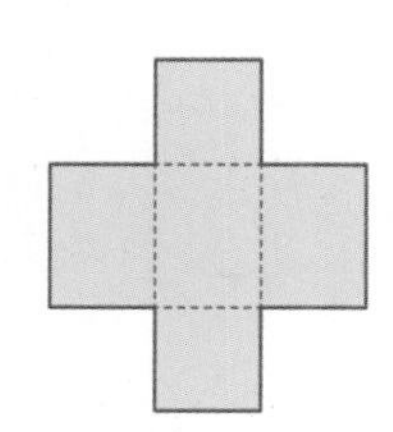

이유

13 전개도를 보고 물음에 답하세요.

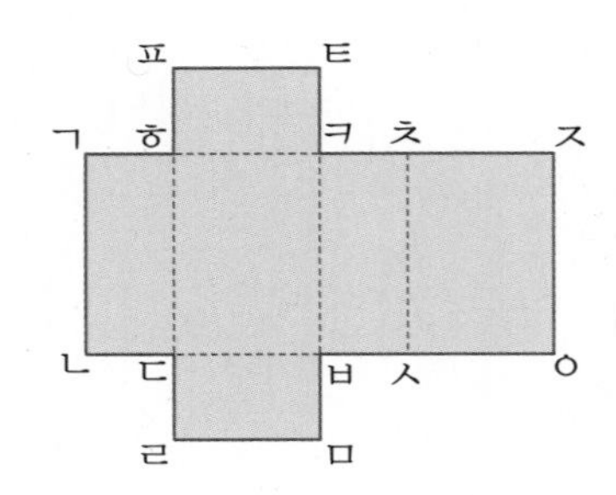

(1) 전개도를 접었을 때 점 ㅌ과 만나는 점을 써 보세요.

( )

(2) 전개도를 접었을 때 선분 ㄴㄷ과 맞닿는 선분을 찾아 써 보세요.

( )

14 전개도를 접어서 각기둥을 만들었습니다. □ 안에 알맞은 수를 써넣으세요.

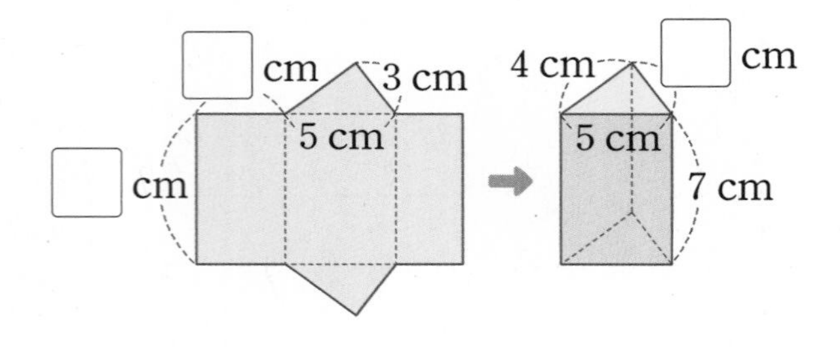

15 전개도를 보고 물음에 답하세요.

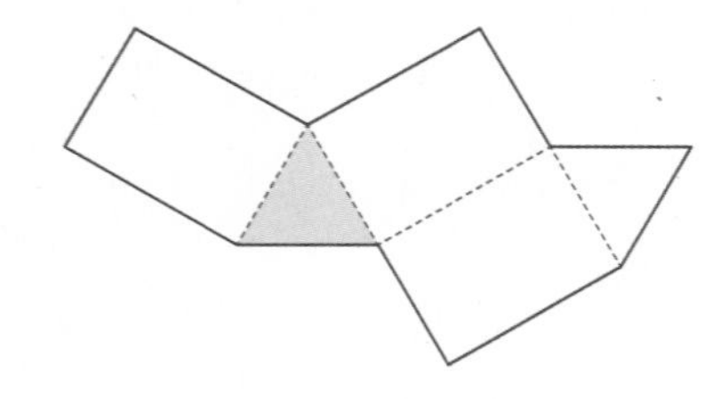

(1) 각기둥의 전개도를 접었을 때 색칠한 면과 수직인 면을 모두 찾아 △표 하세요.

(2) 각기둥의 전개도를 접었을 때 높이가 될 수 있는 선분을 모두 찾아 ○표 하세요.

4 각기둥의 전개도 그리기

16 각기둥의 전개도를 잘못 그린 것에 ○표 하세요.

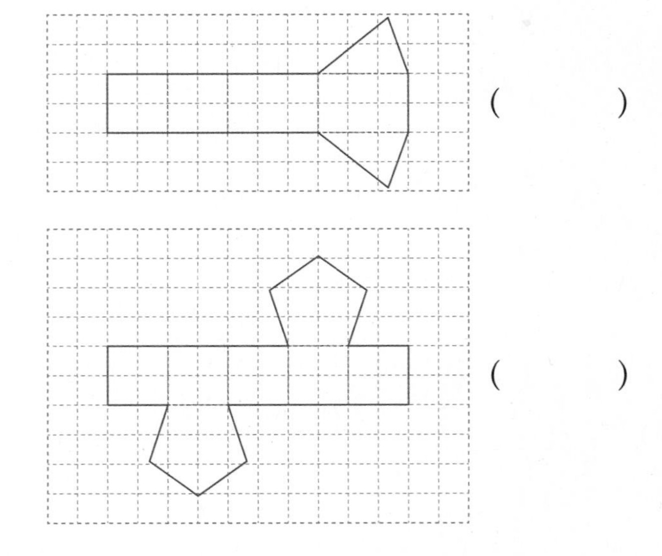

( )

( )

17 사각기둥의 전개도를 2개 그리려고 합니다. 전개도를 완성해 보세요.

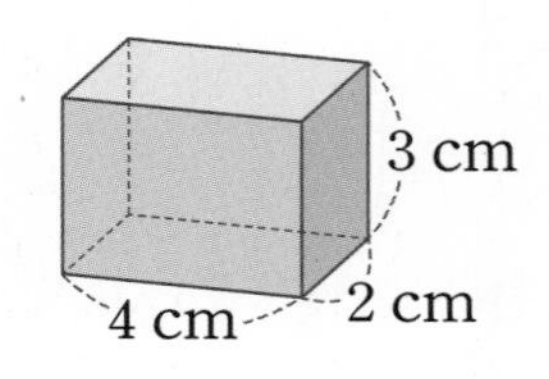

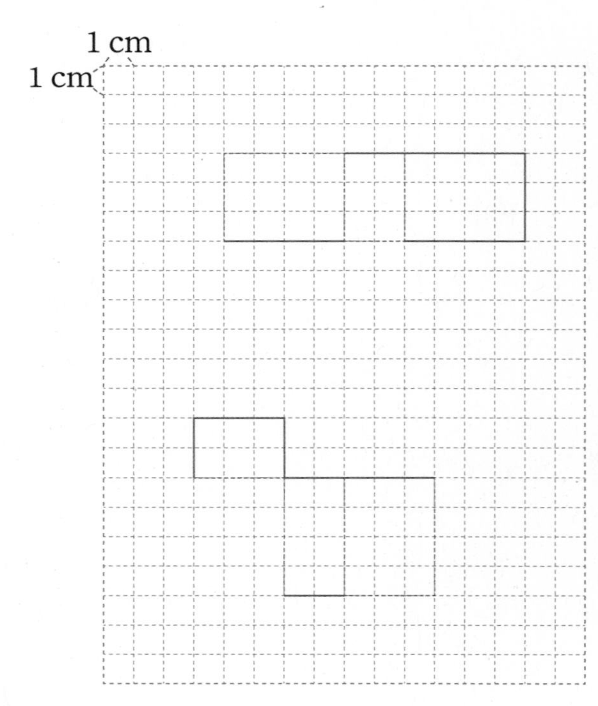

18 삼각기둥의 전개도를 완성해 보세요.

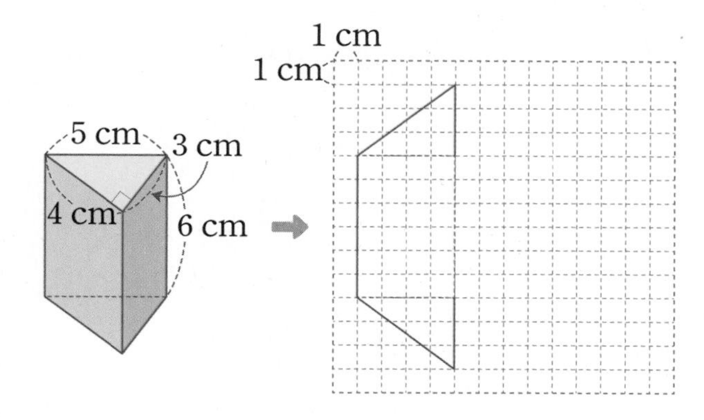

19 육각기둥의 겨냥도를 보고 전개도를 완성해 보세요.

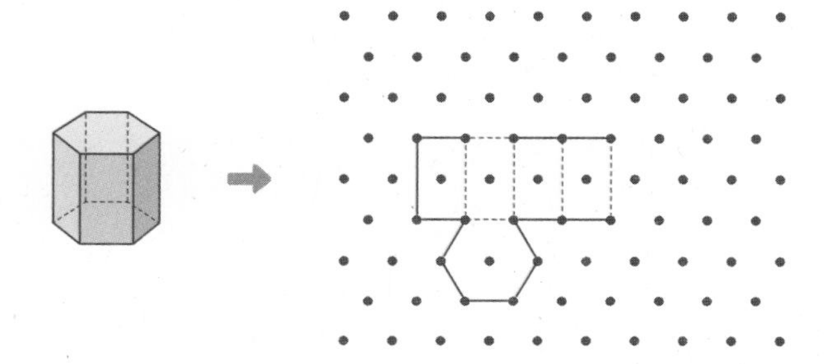

20 밑면이 오른쪽 그림과 같고, 높이가 5 cm인 삼각기둥의 전개도를 그려 보세요.

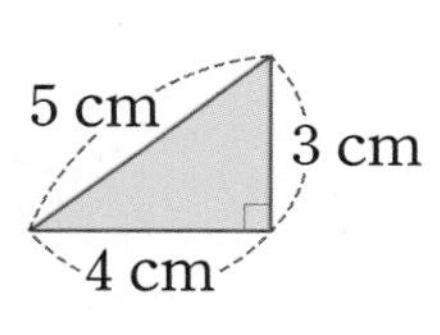

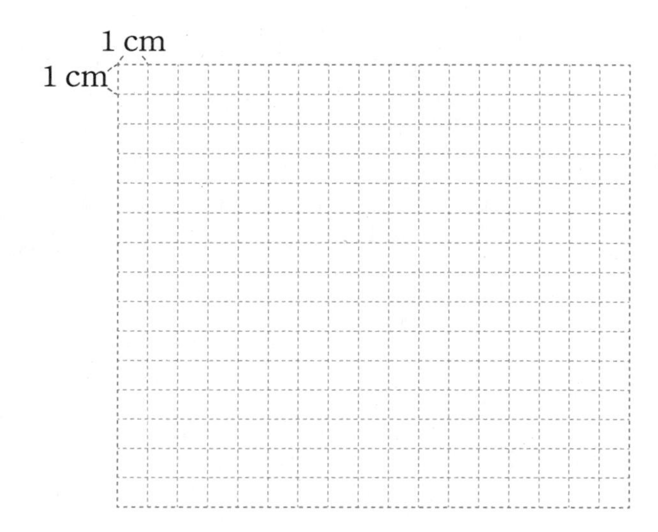

5 각뿔 알아보기

변의 수에 따라 이름이 정해져.

준비 다각형을 모두 찾아 ○표 하세요.

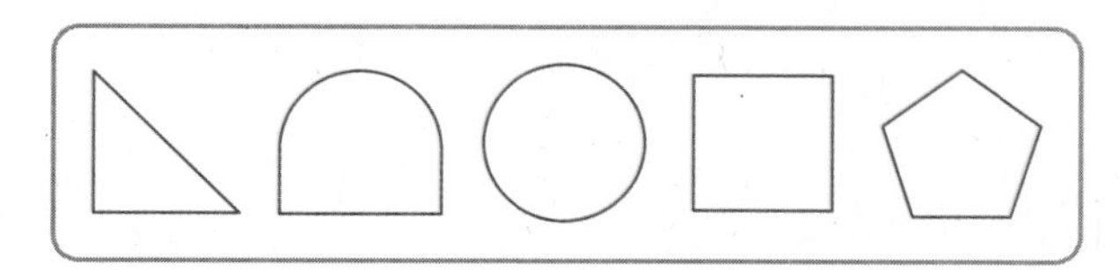

21 입체도형을 보고 물음에 답하세요.

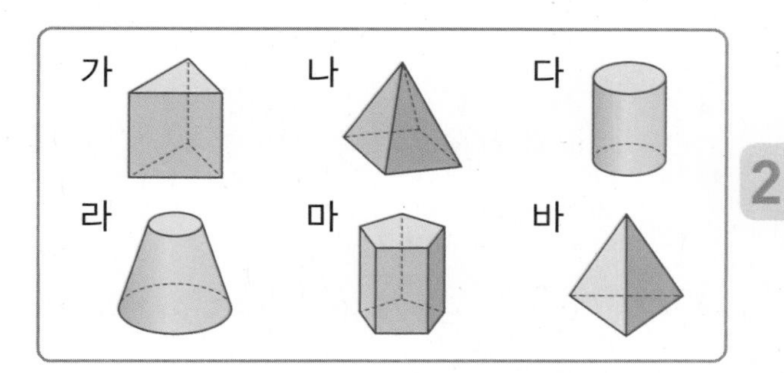

(1) 밑면이 다각형인 도형을 모두 찾아 기호를 써 보세요.

( )

(2) 밑면이 다각형이고 옆면이 삼각형인 입체도형을 모두 찾아 기호를 써 보세요.

( )

(3) 각뿔을 모두 찾아 기호를 써 보세요.

( )

22 입체도형을 보고 표를 완성해 보세요.

가

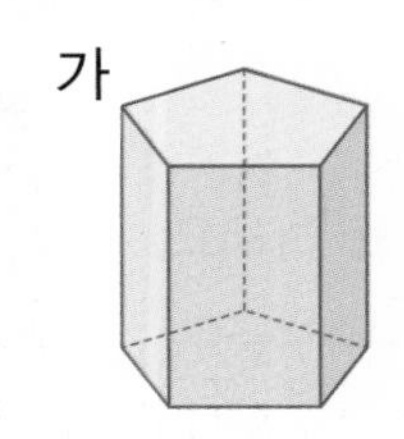

나

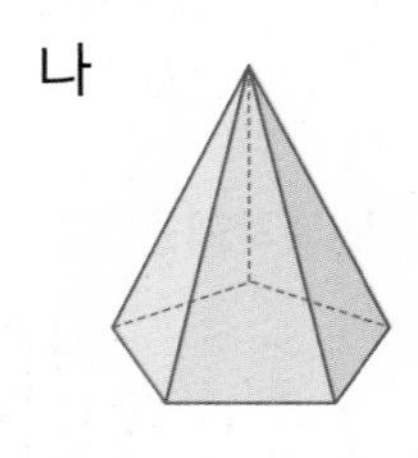

도형	밑면의 모양	옆면의 모양	밑면의 수(개)
가			
나		삼각형	

23 각뿔의 특징을 잘못 설명한 것을 찾아 기호를 써 보세요.

㉠ 각뿔의 밑면은 다각형입니다.
㉡ 각뿔의 옆면은 모두 사각형입니다.
㉢ 각뿔의 밑면은 1개입니다.

(   )

서술형
24 다음 입체도형이 각뿔이 아닌 이유를 써 보세요.

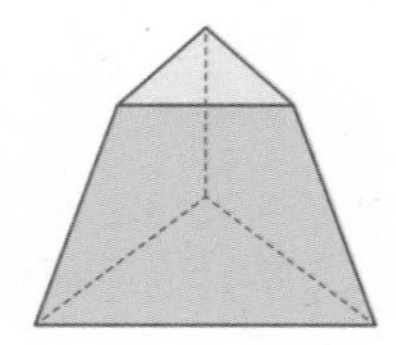

이유 ....

6 각뿔의 이름

25 각뿔에서 모서리를 모두 찾아 ○표 하고, 꼭짓점을 모두 찾아 • 으로 표시하세요.

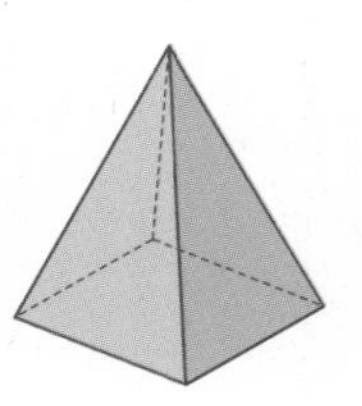

내가 만드는 문제
26 밑면이 다각형이고 옆면의 모양이 다음과 같은 입체도형이 있습니다. 빈칸에 밑면으로 하고 싶은 다각형을 그리고, 이 입체도형의 이름을 써 보세요.

밑면의 모양	옆면의 모양

(   )

27 각뿔을 보고 표를 완성해 보세요.

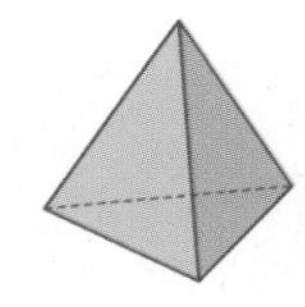

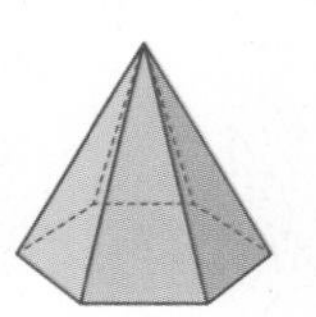

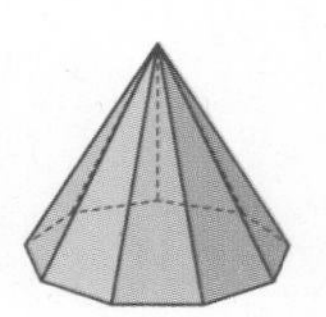

도형	밑면의 변의 수(개)	꼭짓점의 수(개)	면의 수(개)	모서리의 수(개)
삼각뿔	3	4		
육각뿔				12
구각뿔			10	

STEP 3 자주 틀리는 유형

응용 유형 중 자주 틀리는 유형을 집중학습함으로써 실력을 한 단계 높여 보세요.

각기둥과 각뿔의 같은 점과 다른 점

1 육각기둥과 육각뿔의 같은 점을 찾아 기호를 써 보세요.

㉠ 밑면의 모양	㉡ 옆면의 모양

(　　　　　　　　　　)

2 오각기둥과 오각뿔의 다른 점을 찾아 기호를 써 보세요.

㉠ 옆면의 수	㉡ 모서리의 수

(　　　　　　　　　　)

3 두 입체도형의 같은 점을 모두 찾아 기호를 써 보세요.

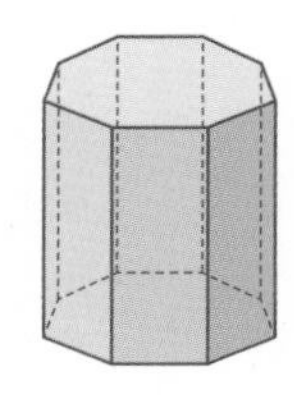
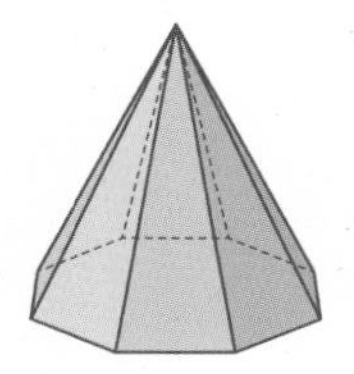

㉠ 옆면의 모양	㉡ 밑면의 수
㉢ 옆면의 수	㉣ 밑면의 모양

(　　　　　　　　　　)

각기둥의 높이

4 각기둥의 높이는 몇 cm인지 구해 보세요.

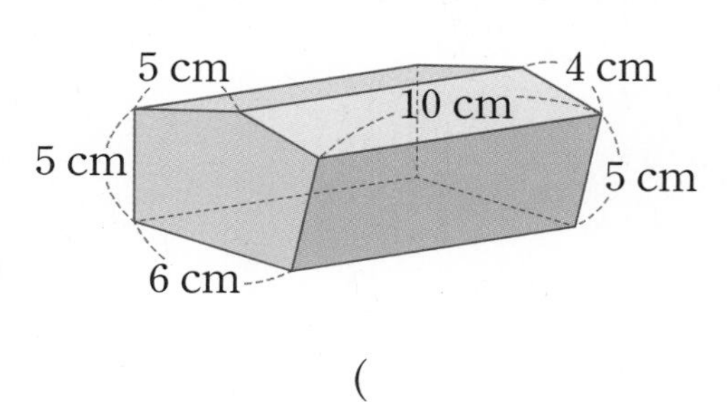

(　　　　　　　　　　)

[5~6] 각기둥의 높이는 몇 cm인지 구해 보세요.

5

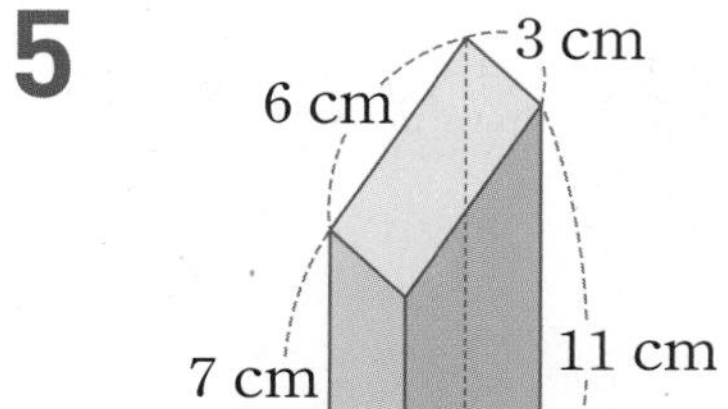

(　　　　　　　　　　)

6

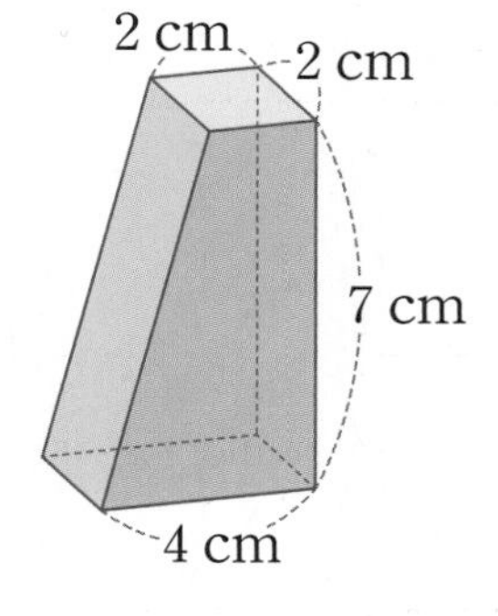

(　　　　　　　　　　)

2

전개도에서 맞닿는 선분

7 전개도를 접었을 때 선분 ㄱㅎ과 맞닿는 선분을 찾아 써 보세요.

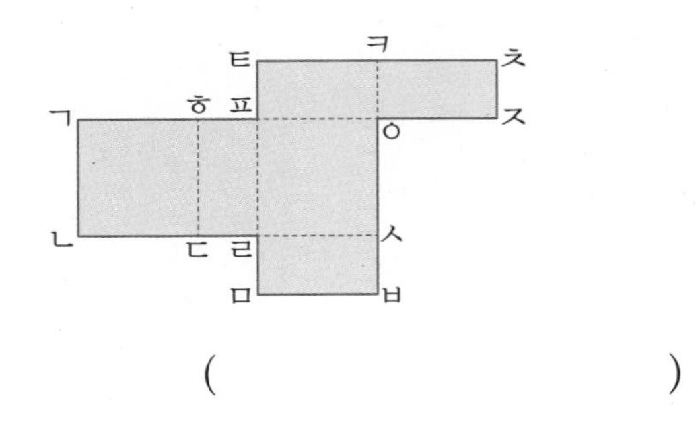

(　　　　　　　　)

8 오른쪽 전개도를 접었을 때 선분 ㄱㄴ과 맞닿는 선분을 찾아 써 보세요.

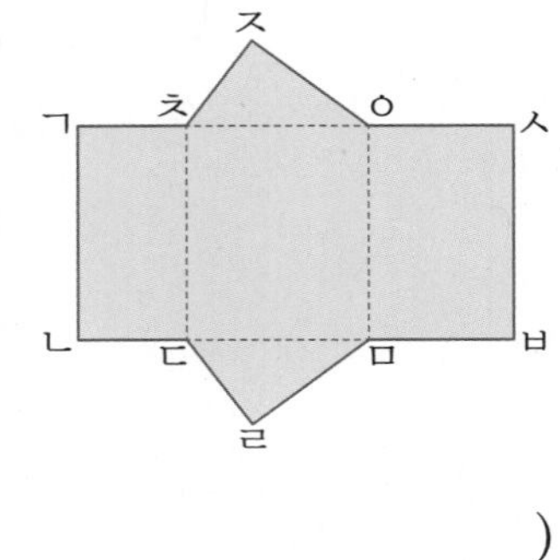

(　　　　　　　　)

9 오른쪽 전개도를 접었을 때 선분 ㄷㄹ과 맞닿는 선분을 찾아 써 보세요.

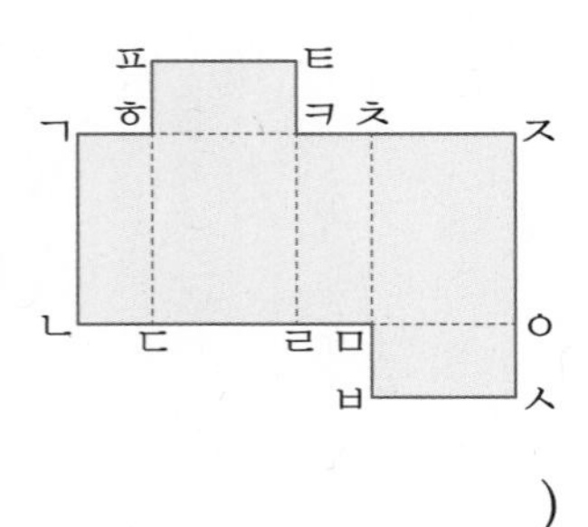

(　　　　　　　　)

각기둥의 전개도 그리기

10 오른쪽 사각기둥의 전개도를 그려 보세요.

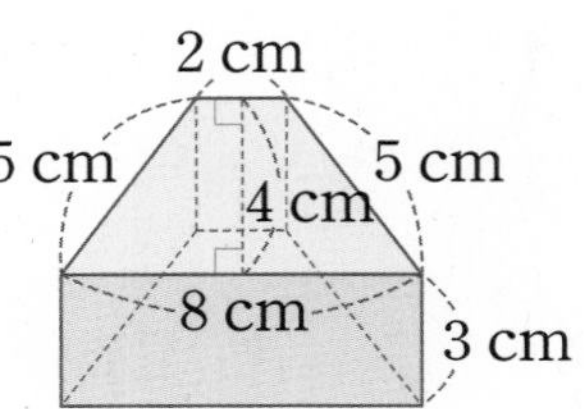

1 cm
1 cm

11 오른쪽 삼각기둥의 전개도를 그려 보세요.

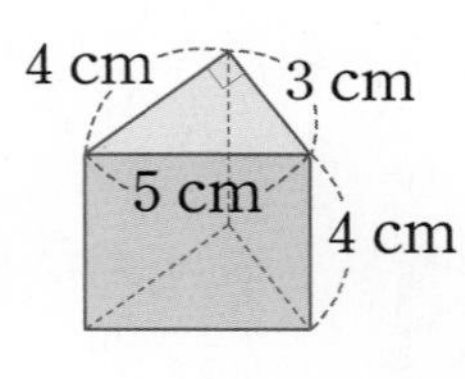

1 cm
1 cm

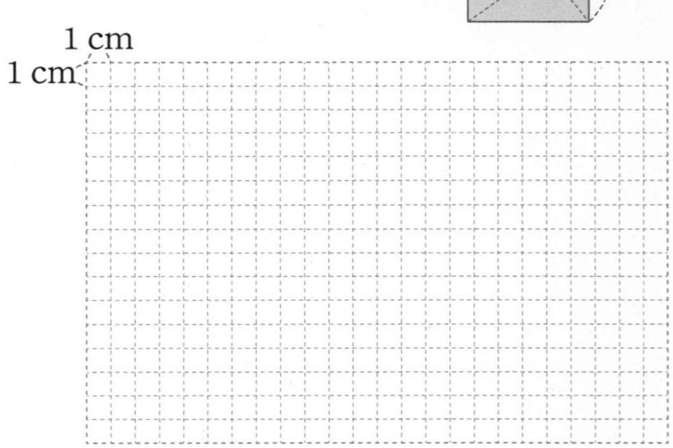

각기둥과 각뿔의 구성 요소의 수

12 개수가 가장 많은 것을 찾아 기호를 써 보세요.

㉠ 칠각기둥의 꼭짓점의 수
㉡ 팔각기둥의 면의 수
㉢ 육각기둥의 모서리의 수

( )

13 개수가 가장 적은 것을 찾아 기호를 써 보세요.

㉠ 구각뿔의 면의 수
㉡ 십각뿔의 꼭짓점의 수
㉢ 육각뿔의 모서리의 수

( )

14 개수가 많은 것부터 차례로 기호를 써 보세요.

㉠ 육각기둥의 꼭짓점의 수
㉡ 칠각뿔의 모서리의 수
㉢ 구각기둥의 면의 수

( )

전개도로 만든 각기둥의 꼭짓점의 수

15 오른쪽 전개도를 접었을 때 만들어지는 각기둥의 꼭짓점은 몇 개인지 구해 보세요.

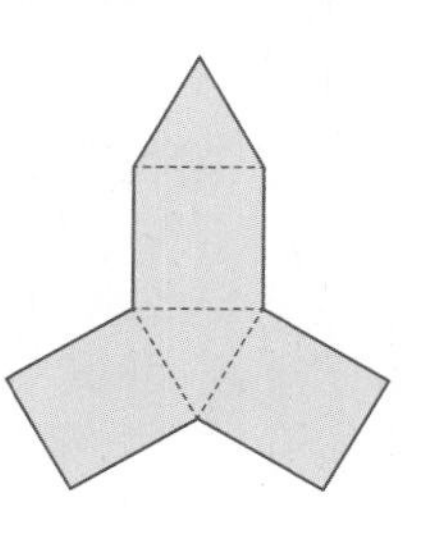

( )

16 전개도를 접었을 때 만들어지는 각기둥의 꼭짓점은 몇 개인지 구해 보세요.

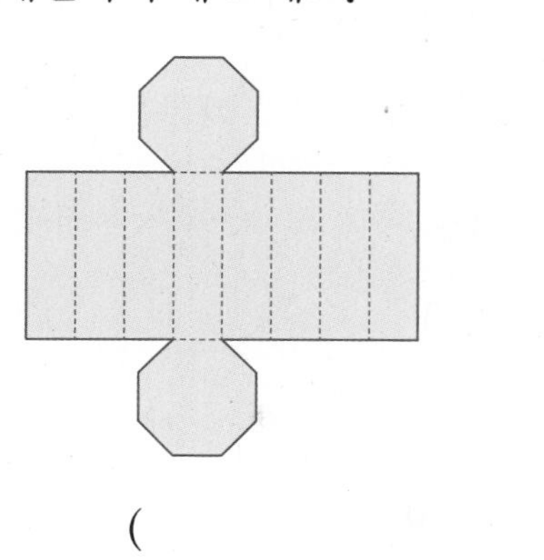

( )

17 전개도를 접었을 때 만들어지는 각기둥의 꼭짓점은 몇 개인지 구해 보세요.

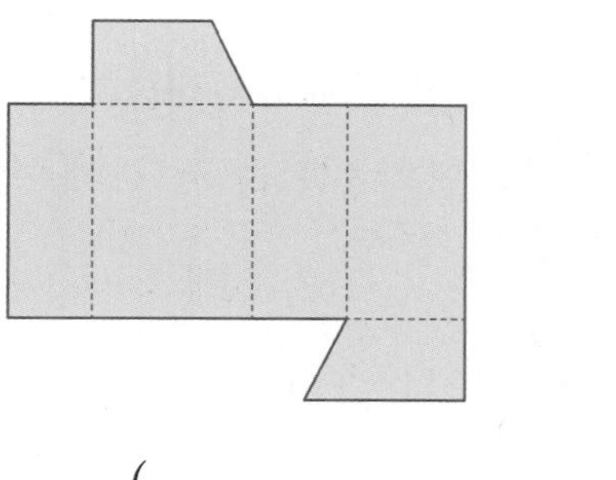

( )

2

STEP 4 최상위 도전 유형

도전1 밑면과 옆면의 모양으로 입체도형의 이름 알아보기

1 어떤 입체도형의 밑면과 옆면의 모양입니다. 이 입체도형의 이름을 써 보세요.

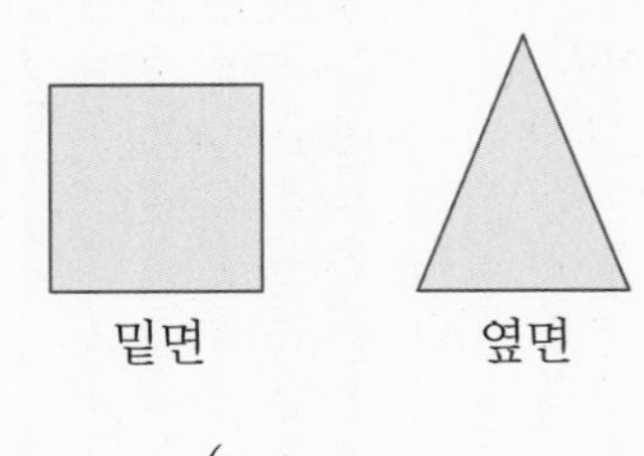

( )

핵심 NOTE

옆면의 모양이 직사각형이면 각기둥, 삼각형이면 각뿔입니다.

2 어떤 입체도형의 밑면과 옆면의 모양입니다. 이 입체도형의 이름을 써 보세요.

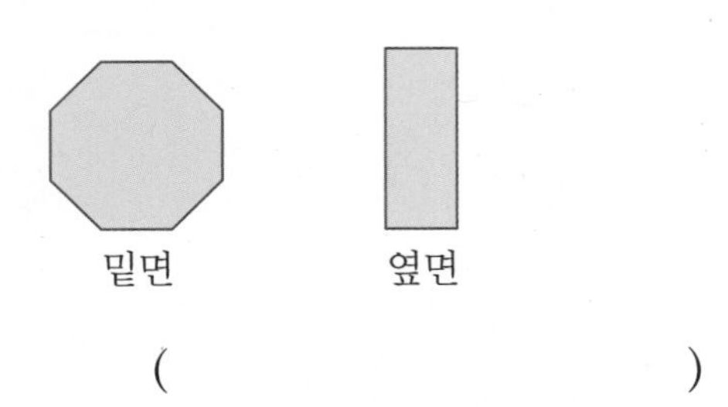

( )

3 밑면이 다각형이고 옆면이 오른쪽과 같은 삼각형 6개로 이루어진 입체도형의 이름을 써 보세요.

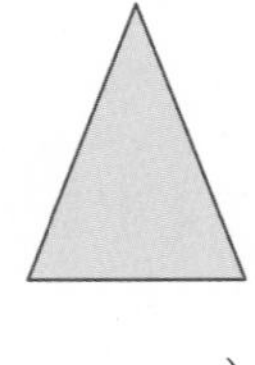

( )

도전2 각기둥과 각뿔의 구성 요소의 수로 이름 알아보기

4 꼭짓점이 10개인 각기둥과 각뿔의 이름을 각각 써 보세요.

각기둥 ( )

각뿔 ( )

핵심 NOTE

밑면의 변의 수를 ▲개라 하면

도형	꼭짓점의 수(개)	면의 수(개)	모서리의 수(개)
▲각기둥	▲×2	▲+2	▲×3
▲각뿔	▲+1	▲+1	▲×2

5 꼭짓점의 수와 모서리의 수의 합이 30개인 각기둥의 이름을 써 보세요.

( )

6 십이각뿔과 모서리의 수가 같은 각기둥의 이름을 써 보세요.

( )

도전3 **밑면과 옆면의 모양으로 각기둥과 각뿔의 구성 요소의 수 구하기**

7 서로 평행한 두 면이 오른쪽 도형과 합동인 입체도형이 있습니다. 이 입체도형의 꼭짓점은 몇 개인지 구해 보세요.

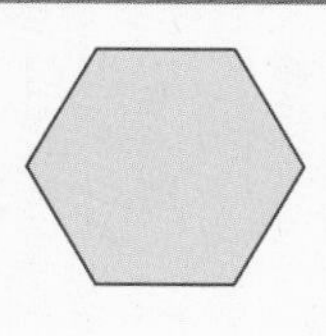

( )

핵심 NOTE

서로 평행하고 합동인 두 다각형이 있는 입체도형은 각기둥입니다.

8 밑면과 옆면의 모양이 오른쪽 도형과 같은 입체도형의 꼭짓점은 몇 개인지 구해 보세요.

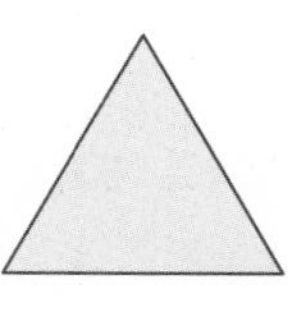

( )

9 서로 평행한 두 면이 오른쪽 도형과 합동인 입체도형의 모서리는 몇 개인지 구해 보세요.

( )

도전4 **전개도에서 선분의 길이 구하기**

10 사각기둥의 전개도에서 선분 ㄱㄹ의 길이는 몇 cm인지 구해 보세요.

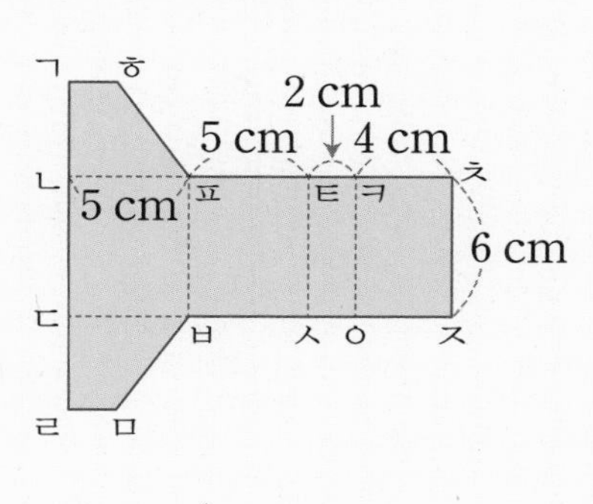

( )

핵심 NOTE

전개도에서 길이가 같은 선분을 각각 찾아 주어진 선분의 길이를 구합니다.

11 사각기둥의 전개도에서 선분 ㄷㄹ과 선분 ㅋㅊ의 길이의 합은 몇 cm인지 구해 보세요.

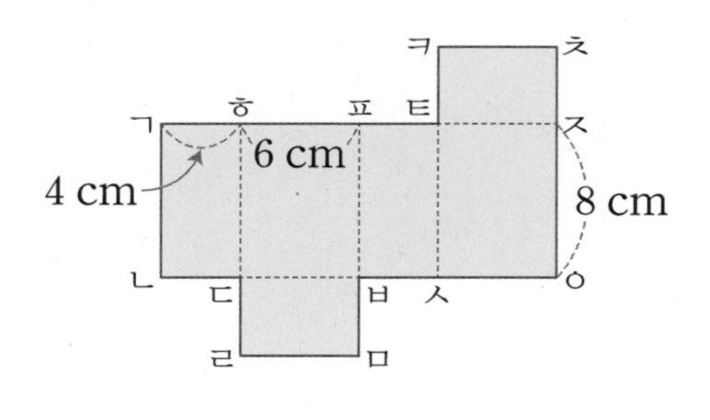

( )

도전 최상위

12 밑면이 직각삼각형인 각기둥의 전개도를 그린 것입니다. 각기둥의 한 밑면의 넓이는 몇 cm^2인지 구해 보세요.

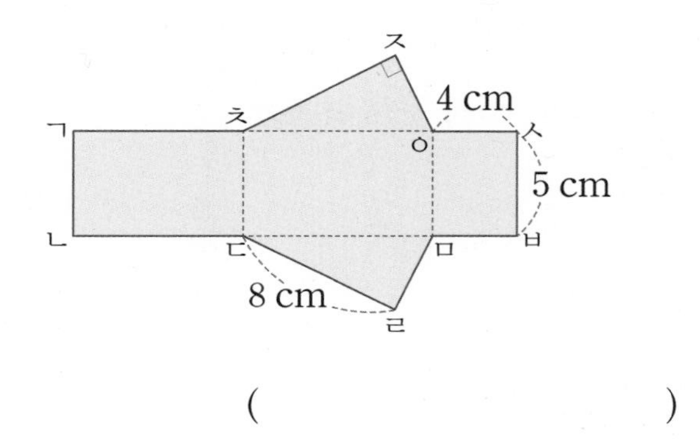

( )

도전5 모든 모서리의 길이의 합 구하기

13 각기둥의 모든 모서리의 길이의 합은 몇 cm인지 구해 보세요.

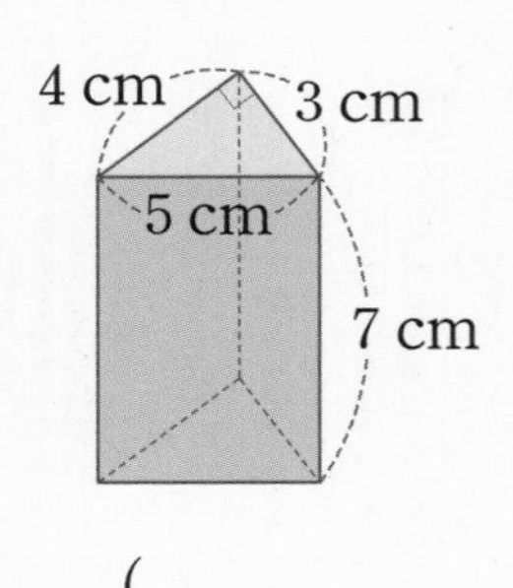

( )

핵심 NOTE

각기둥의 두 밑면이 서로 합동임을 이용하여 각 모서리의 길이를 구합니다.

14 옆면이 오른쪽과 같은 정사각형 5개로 이루어진 각기둥이 있습니다. 이 각기둥의 모든 모서리의 길이의 합은 몇 cm인지 구해 보세요.

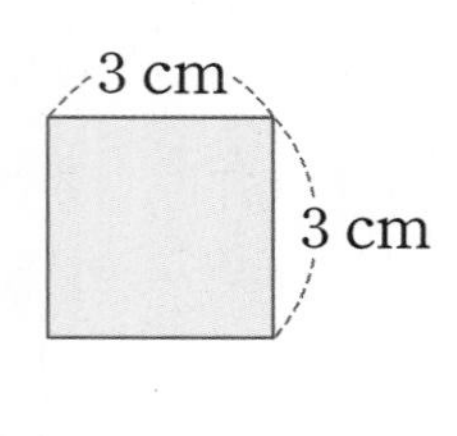

( )

15 옆면이 오른쪽과 같은 삼각형 4개로 이루어진 각뿔이 있습니다. 이 각뿔의 모든 모서리의 길이의 합은 몇 cm인지 구해 보세요.

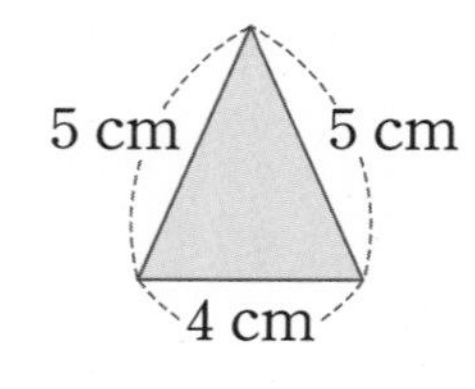

( )

도전6 전개도의 둘레를 이용하여 길이 구하기

16 밑면의 모양이 정육각형인 각기둥의 전개도입니다. 전개도의 둘레가 92 cm일 때 각기둥의 높이는 몇 cm인지 구해 보세요.

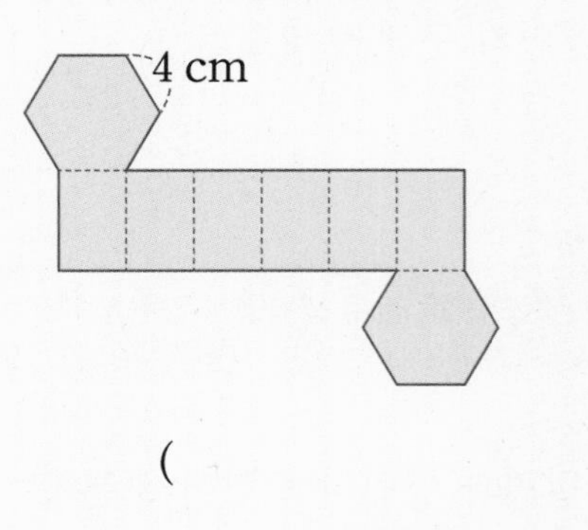

( )

핵심 NOTE

각기둥의 높이를 □cm라고 하여 전개도의 둘레를 □를 사용한 식으로 나타냅니다.

17 밑면의 모양이 사각형인 각기둥의 전개도입니다. 전개도의 둘레가 52 cm일 때 각기둥의 높이는 몇 cm인지 구해 보세요.

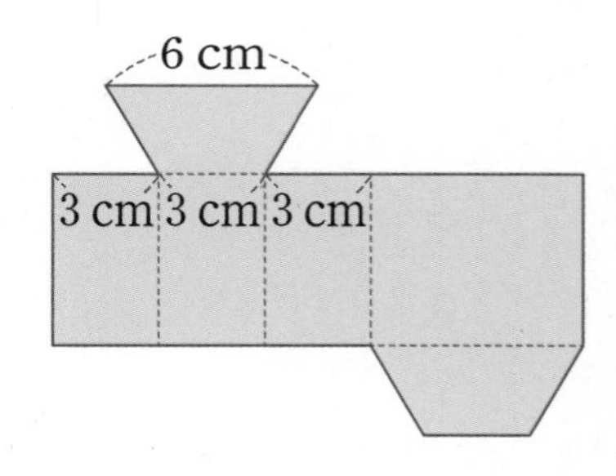

( )

도전 최상위

18 밑면의 모양이 정삼각형인 각기둥의 전개도입니다. 전개도의 둘레가 66 cm일 때 선분 ㅂㅅ의 길이는 몇 cm인지 구해 보세요.

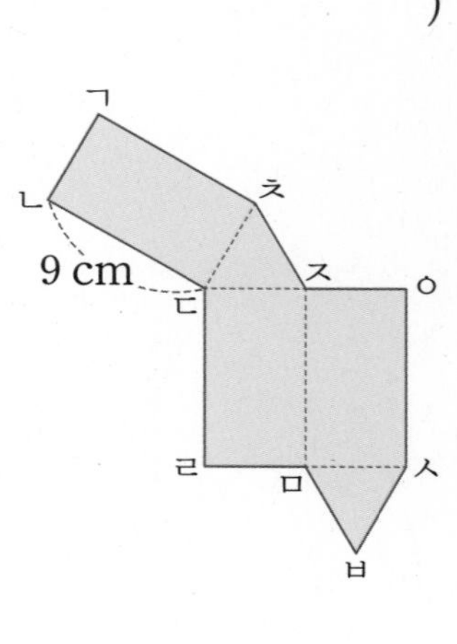

( )

수시 평가 대비 Level 1

2. 각기둥과 각뿔

점수

확인

[1~2] 입체도형을 보고 물음에 답하세요.

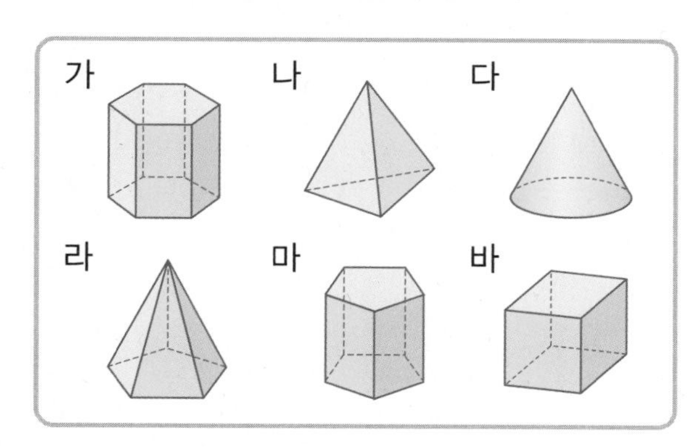

1 각기둥을 모두 찾아 기호를 써 보세요.

( )

2 각뿔을 모두 찾아 기호를 써 보세요.

( )

3 오른쪽 각기둥에서 높이를 나타내는 모서리는 모두 몇 개일까요?

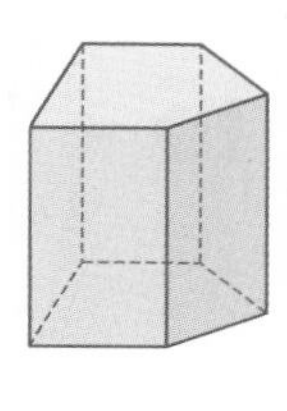

( )

4 다음에서 설명하는 입체도형의 이름을 써 보세요.

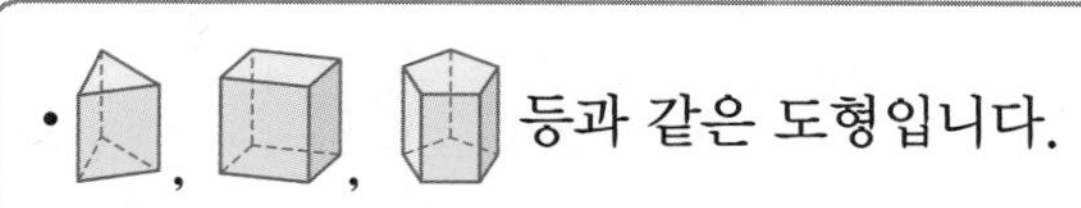

• , , 등과 같은 도형입니다.
• 밑면의 모양은 구각형입니다.
• 옆면의 모양은 직사각형입니다.

( )

5 오른쪽 각기둥에서 높이는 몇 cm일까요?

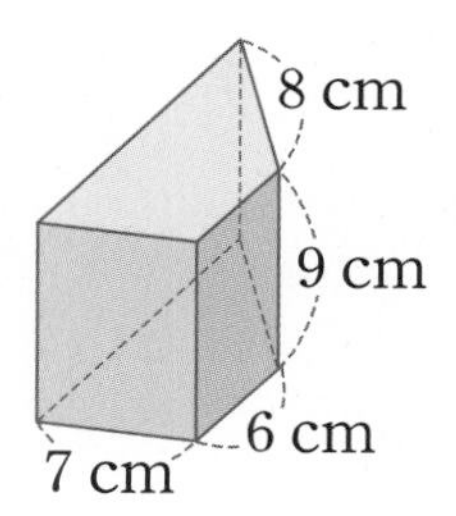

( )

6 밑면과 옆면의 모양이 다음과 같은 기둥 모양의 입체도형의 이름을 써 보세요.

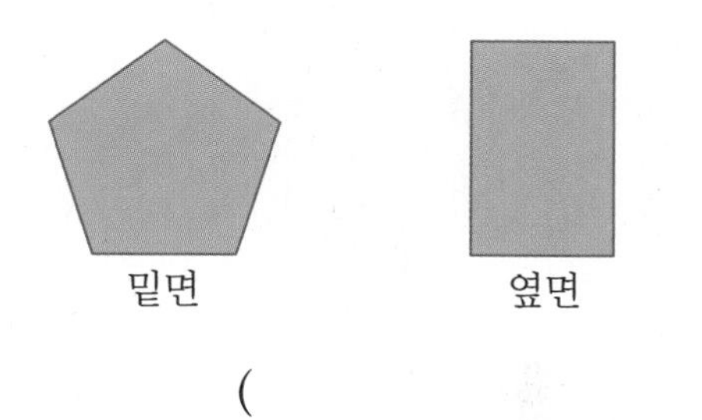

( )

7 각기둥에 대한 설명으로 틀린 것을 찾아 기호를 써 보세요.

㉠ 밑면의 모양이 삼각형인 각기둥도 있습니다.
㉡ 옆면이 2개인 각기둥도 있습니다.
㉢ 모든 면이 직사각형인 각기둥도 있습니다.
㉣ 밑면의 모양은 항상 다각형입니다.

( )

8 사각기둥의 전개도를 모두 찾아 기호를 써 보세요.

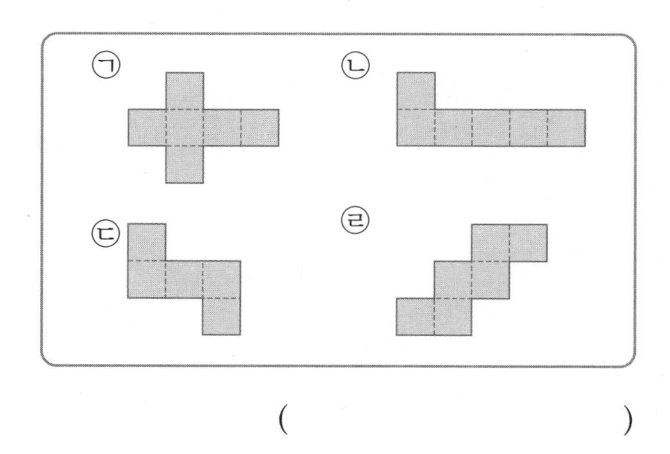

( )

9 각뿔에 대한 설명으로 <u>틀린</u> 것을 찾아 기호를 써 보세요.

> ㉠ 밑면은 항상 1개입니다.
> ㉡ 밑면의 모양은 다각형입니다.
> ㉢ 옆면의 수는 적어도 4개입니다.

(　　　　　　　　　　)

10 두 도형 가와 나에 대한 설명으로 <u>틀린</u> 것은 어느 것일까요? (　　　　)

가
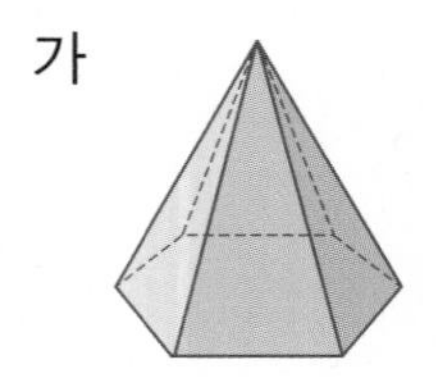

나
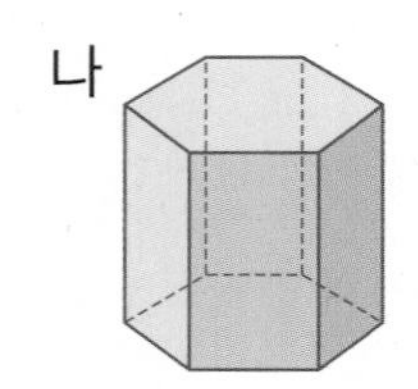

① 가는 육각뿔이고 나는 육각기둥입니다.
② 가와 나는 밑면의 수가 다릅니다.
③ 가의 꼭짓점의 수는 7개입니다.
④ 나의 옆면의 수는 6개입니다.
⑤ 나의 모서리의 수는 12개입니다.

11 두 수의 크기를 비교하여 ○ 안에 >, =, <를 알맞게 써넣으세요.

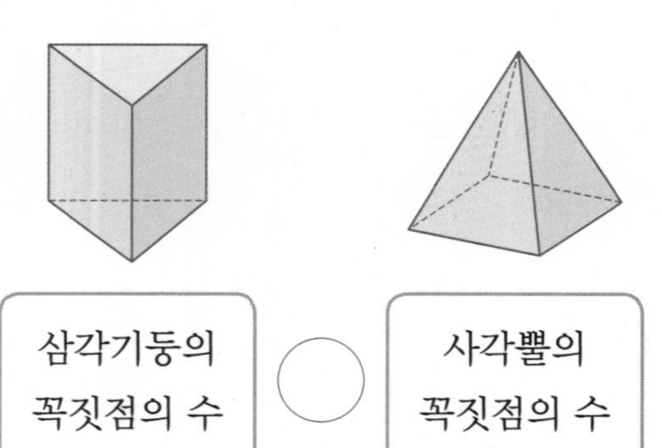

12 밑면의 모양이 오른쪽과 같은 각뿔의 모서리는 몇 개일까요?

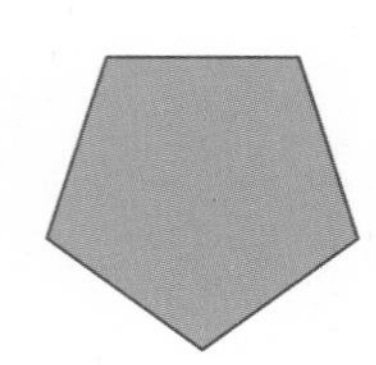

(　　　　　　　　　　)

13 칠각뿔에서 수가 같은 것 2개를 찾아 기호를 써 보세요.

> ㉠ 밑면의 변의 수　　㉡ 꼭짓점의 수
> ㉢ 면의 수　　㉣ 모서리의 수

(　　　　　　　　　　)

14 전개도를 접었을 때 점 ㅈ과 만나는 점을 모두 찾아 써 보세요.

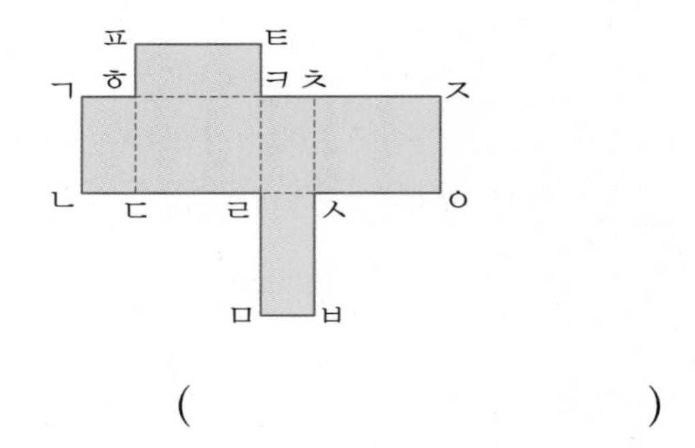

(　　　　　　　　　　)

15 밑면이 사다리꼴인 사각기둥의 전개도를 그려 보세요.

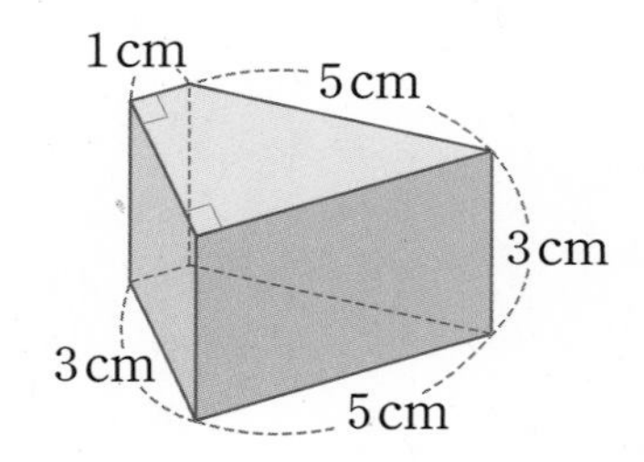

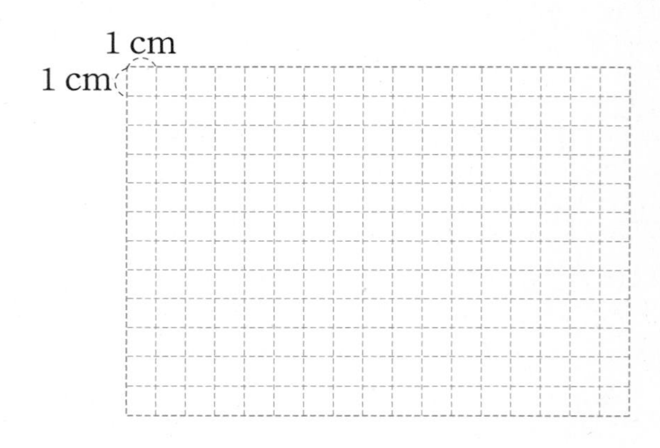

정답과 풀이 17쪽

16 전개도를 접었을 때 선분 ㄱㄴ과 맞닿는 선분을 찾아 써 보세요.

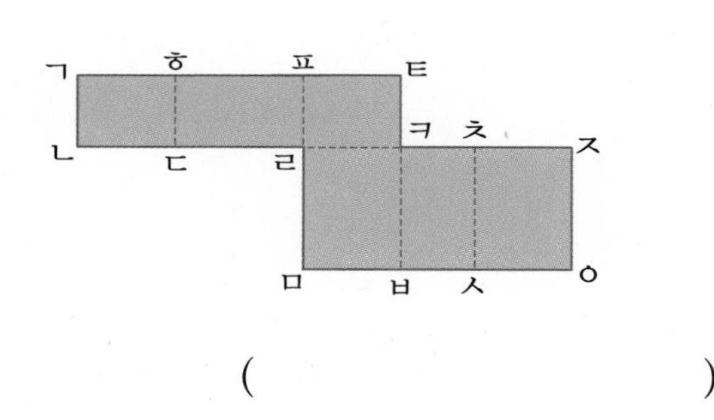

(　　　　　　　　　　)

17 수가 많은 것부터 차례로 기호를 써 보세요.

㉠ 칠각뿔의 면의 수
㉡ 사각기둥의 모서리의 수
㉢ 구각기둥의 꼭짓점의 수
㉣ 팔각뿔의 모서리의 수

(　　　　　　　　　　)

18 모서리의 수가 14개인 각뿔과 밑면의 모양이 같은 각기둥의 꼭짓점, 면, 모서리의 수의 합은 몇 개인지 구해 보세요.

(　　　　　　　　　　)

서술형

19 밑면의 모양이 오른쪽과 같은 각기둥과 각뿔이 있습니다. 두 입체도형의 옆면의 수의 합은 몇 개인지 풀이 과정을 쓰고 답을 구해 보세요.

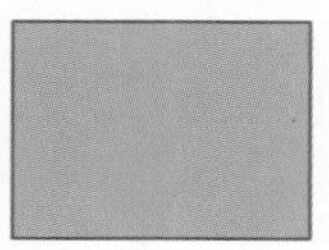

풀이 ....

답 ....

서술형

20 전개도에서 면 ㅈㅊㅇ의 넓이가 $6\,cm^2$일 때, 전개도의 둘레는 몇 cm인지 풀이 과정을 쓰고 답을 구해 보세요.

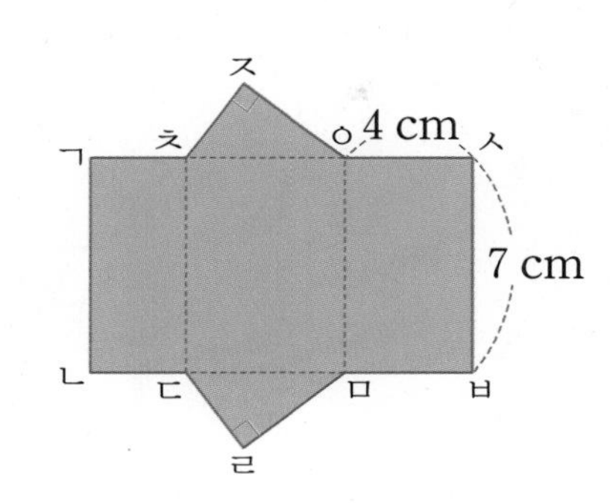

풀이 ....

답 ....

수시 평가 대비 Level 2

점수

확인

1 도형을 분류하려고 합니다. 빈칸에 알맞은 기호를 써넣으세요.

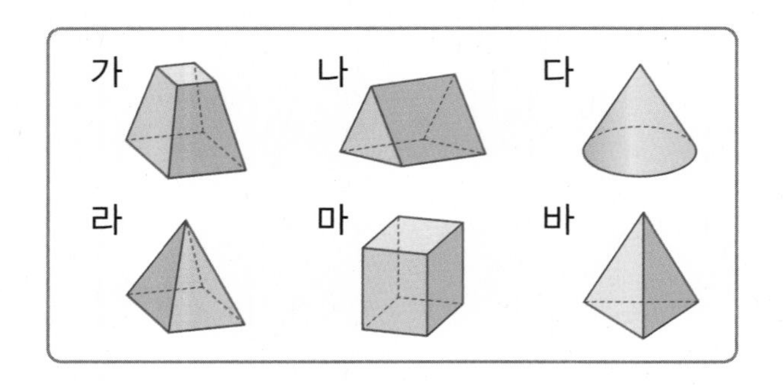

각기둥	각뿔

2 보기 에서 알맞은 말을 골라 □ 안에 써넣으세요.

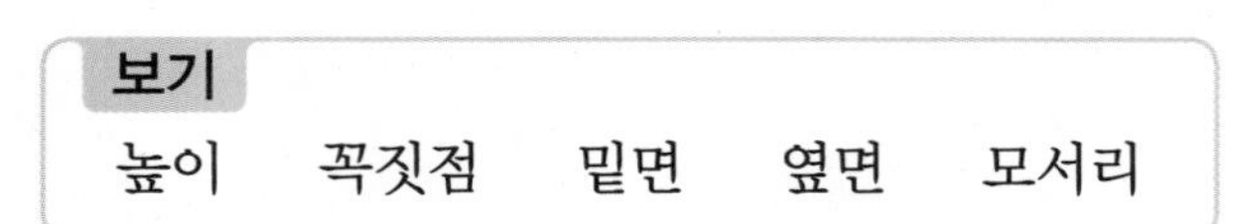

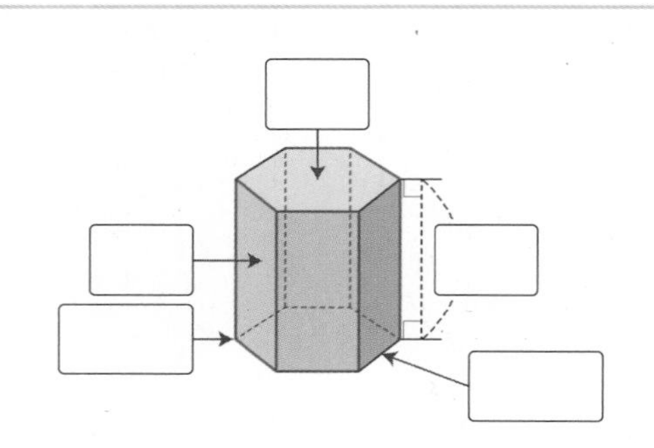

3 삼각뿔의 높이를 바르게 잰 것을 찾아 기호를 써 보세요.

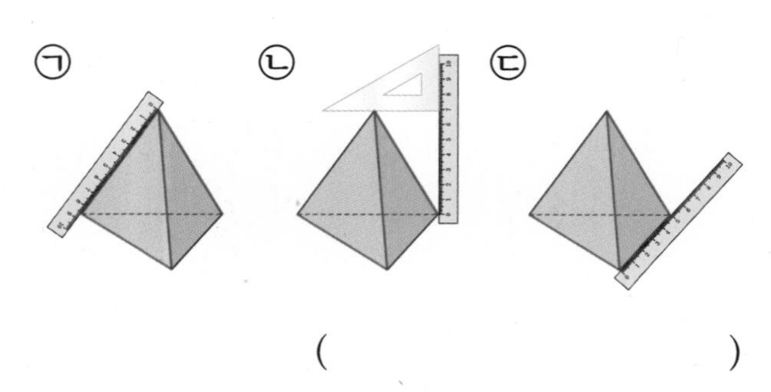

( )

4 각뿔의 이름과 밑면의 모양이 바르게 짝 지어지지 않은 것을 찾아 ○표 하세요.

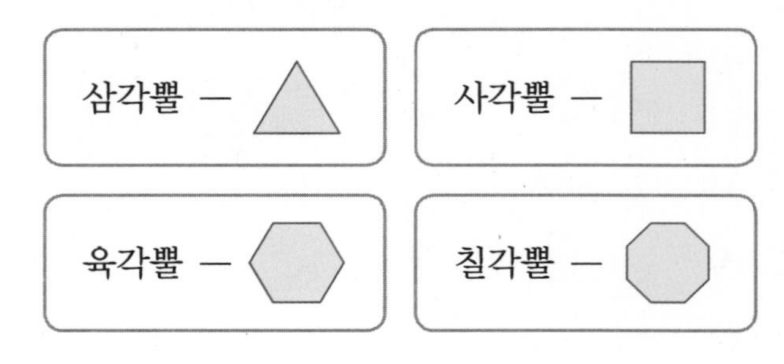

5 각뿔의 밑면에 ○표, 옆면에 △표 하세요.

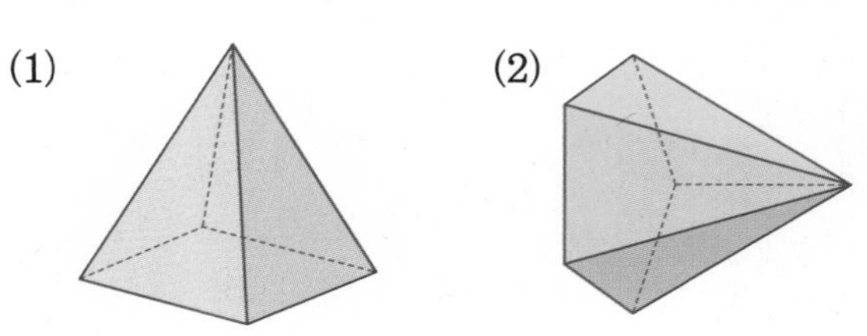

6 각기둥의 옆면의 모양을 그려 보고 각기둥의 옆면은 어떤 도형인지 써 보세요.

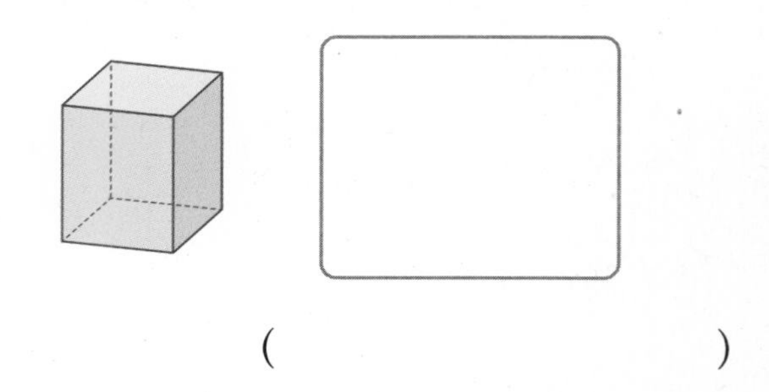

( )

7 표를 완성해 보세요.

도형	꼭짓점의 수(개)	면의 수 (개)	모서리의 수(개)
구각기둥			
팔각뿔			

8 조건을 모두 만족하는 입체도형의 이름을 써 보세요.

- 밑면은 1개입니다.
- 옆면은 모두 삼각형입니다.
- 밑면의 모양이 구각형입니다.

( )

9 전개도를 접었을 때 점 ㄱ과 만나는 점을 모두 찾아 써 보세요.

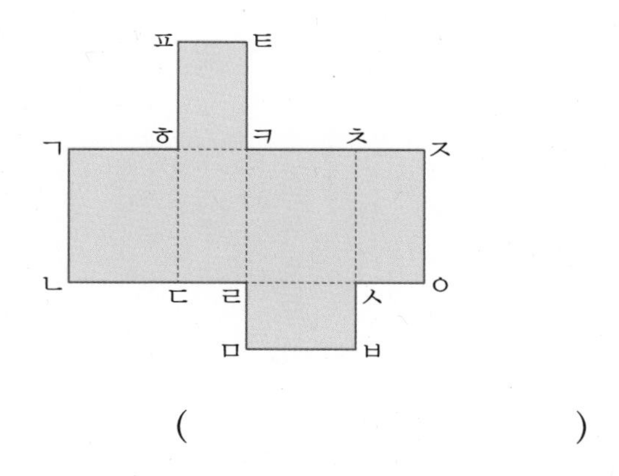

( )

10 삼각기둥과 삼각뿔의 같은 점을 찾아 기호를 써 보세요.

㉠ 면의 수	㉡ 밑면의 수
㉢ 옆면의 수	㉣ 모서리의 수

( )

11 전개도를 접어서 각기둥을 만들었습니다. □ 안에 알맞은 수를 써넣으세요.

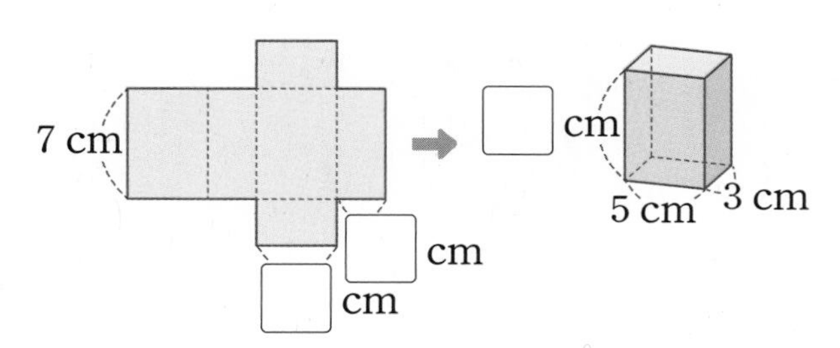

12 사각기둥의 전개도에서 선분 ㅊㅈ의 길이는 몇 cm인지 구해 보세요.

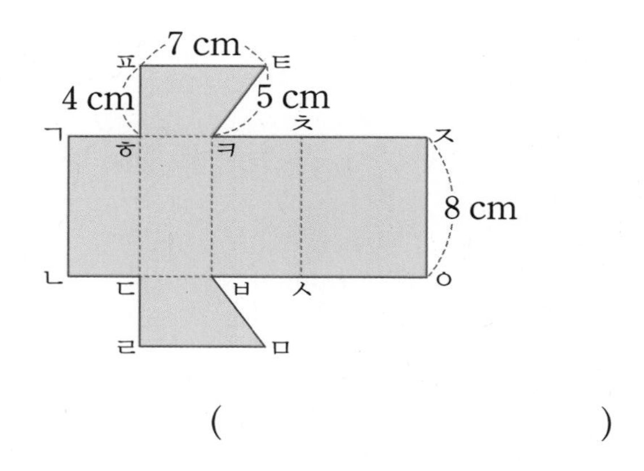

( )

13 오른쪽 각기둥의 전개도를 완성해 보세요.

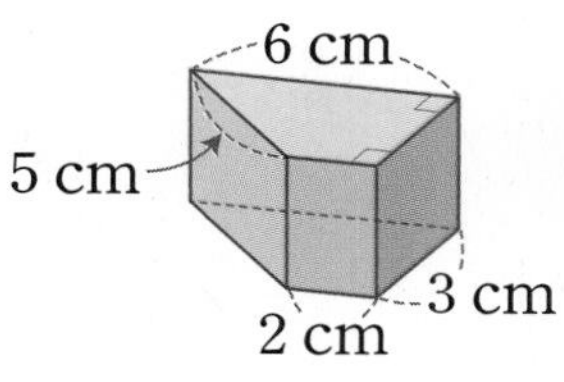

1 cm

1 cm

14 개수가 적은 것부터 차례로 기호를 써 보세요.

㉠ 오각기둥의 모서리의 수
㉡ 구각뿔의 꼭짓점의 수
㉢ 팔각뿔의 면의 수

( )

정답과 풀이 18쪽

15 전개도를 접었을 때 만들어지는 각기둥의 꼭짓점은 몇 개인지 구해 보세요.

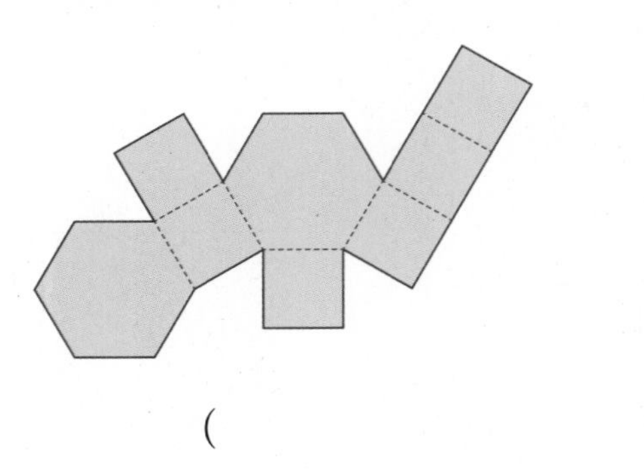

(　　　　　　　　　　　)

16 옆면이 오른쪽과 같은 직사각형 5개로 이루어진 각기둥의 이름을 써 보세요.

(　　　　　　　　　　　)

17 꼭짓점이 18개인 각기둥의 면의 수와 모서리의 수의 합은 몇 개인지 구해 보세요.

(　　　　　　　　　　　)

18 밑면의 모양이 정오각형인 각기둥의 전개도입니다. 전개도의 둘레가 90 cm일 때 각기둥의 높이는 몇 cm인지 구해 보세요.

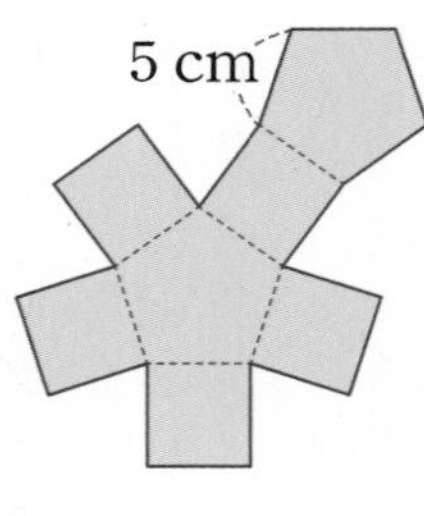

(　　　　　　　　　　　)

서술형

19 밑면과 옆면의 모양이 다음과 같은 입체도형의 이름은 무엇인지 풀이 과정을 쓰고 답을 구해 보세요.

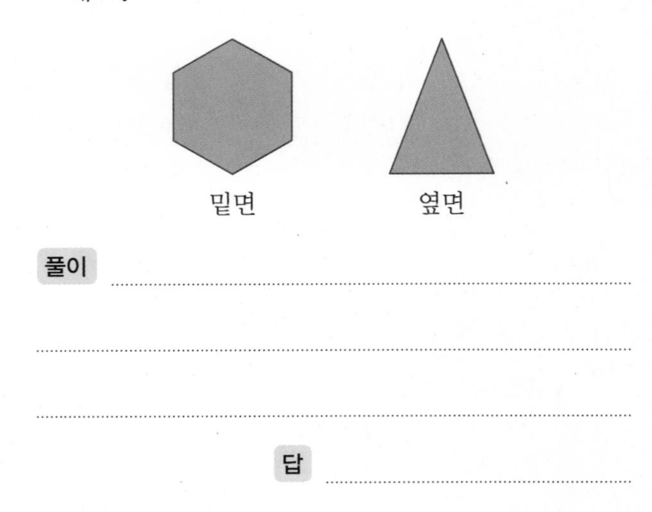

풀이

답

서술형

20 옆면이 오른쪽과 같은 삼각형 8개로 이루어진 각뿔이 있습니다. 이 각뿔의 모든 모서리의 길이의 합은 몇 cm인지 풀이 과정을 쓰고 답을 구해 보세요.

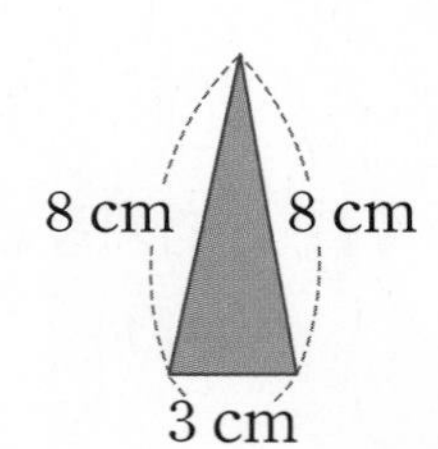

풀이

답

3 소수의 나눗셈

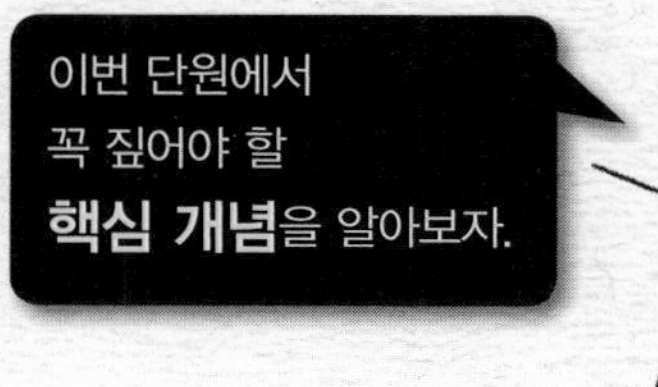

핵심 1 **(소수)÷(자연수) (1)**

나누는 수가 같을 때 나누어지는 수가 $\frac{1}{100}$배가 되면 몫도 □배가 된다.

핵심 2 **(소수)÷(자연수) (2)**

나누어지는 수의 자연수 부분이 나누는 수보다 작을 때에는 몫의 일의 자리에 0을 쓴다.

```
     □
6 ) 4.8
     □
     0
```

핵심 3 **(소수)÷(자연수) (3)**

소수점 아래에서 나누어떨어지지 않는 경우 0을 내려 계산한다.

```
     □
5 ) 0.6 0
      5
      1 0
      1 0
        0
```

핵심 4 **(소수)÷(자연수) (4)**

수를 하나 내렸음에도 나누어야 할 수가 나누는 수보다 작은 경우 몫에 0을 쓰고 수를 하나 더 내린다.

```
       □
5 ) 3 5.2 0
    3 5
        2 0
        2 0
          0
```

핵심 5 **(자연수)÷(자연수)**

몫의 소수점은 자연수 바로 뒤에서 올려 찍고 소수점 아래에서 받아내릴 수가 없는 경우 0을 받아내려 계산한다.

```
     □
5 ) 9.0
    5
    4 0
    4 0
      0
```

답 1. $\frac{1}{100}$ 2. 0.8, 48 3. 0.12 4. 7.04 5. 1.8

STEP 1 교과 개념

1. (소수) ÷ (자연수)(1)

● **단위를 변환하여** $63.9 \div 3$ **계산하기**

1 cm=10 mm이므로 63.9 cm=639 mm입니다.
639÷3=213, 213 mm=21.3 cm입니다.

$$639 \div 3 = 213 \rightarrow 63.9 \div 3 = 21.3$$

(639 → 63.9: $\frac{1}{10}$배, 213 → 21.3: $\frac{1}{10}$배)

● **단위를 변환하여** $6.39 \div 3$ **계산하기**

1 m=100 cm이므로 6.39 m=639 cm입니다.
639÷3=213, 213 cm=2.13 m입니다.

$$639 \div 3 = 213 \rightarrow 6.39 \div 3 = 2.13$$

(639 → 6.39: $\frac{1}{100}$배, 213 → 2.13: $\frac{1}{100}$배)

● **자연수의 나눗셈을 이용하여** $63.9 \div 3$, $6.39 \div 3$ **계산하기**

$$639 \div 3 = 213$$

↓ $\frac{1}{10}$배 ↓ $\frac{1}{10}$배

$$63.9 \div 3 = 21.3$$

↓ $\frac{1}{10}$배 ↓ $\frac{1}{10}$배

$$6.39 \div 3 = 2.13$$

(639 → 6.39: $\frac{1}{100}$배, 213 → 2.13: $\frac{1}{100}$배)

나누어지는 수가 $\frac{1}{10}$배가 되면 몫도 $\frac{1}{10}$배가 되므로 소수점이 왼쪽으로 한 칸 이동하고,

나누어지는 수가 $\frac{1}{100}$배가 되면 몫도 $\frac{1}{100}$배가 되므로 소수점이 왼쪽으로 두 칸 이동합니다.

정답과 풀이 20쪽

1 1 g 분동 4개와 0.1 g 분동 2개를 페트리 접시 2개에 똑같이 나누어 담으려고 합니다. 접시 1개에 몇 g을 담을 수 있는지 알아보세요.

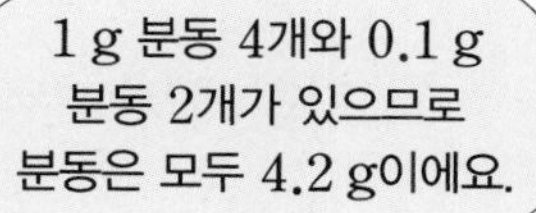

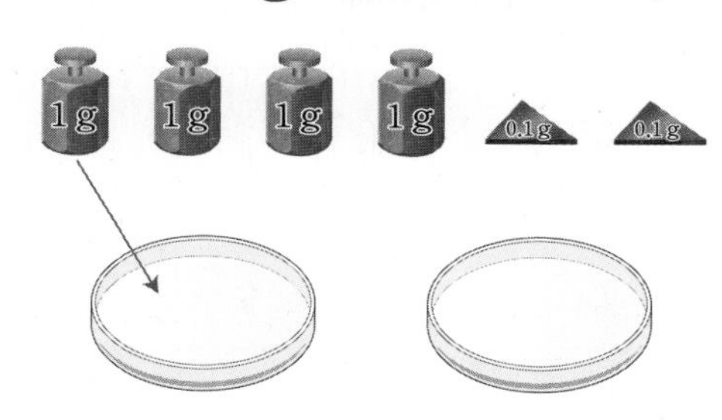

① 분동을 페트리 접시 2개에 똑같이 나누어 보세요.

② 접시 1개에 담을 수 있는 분동은 몇 g인지 구해 보세요.

$4.2 \div 2 = \square$ (g)

2 □ 안에 알맞은 수를 써넣으세요.

1 m=100 cm이므로 3.99 m=399 cm입니다.

$399 \div 3 = \square$ ➡ $3.99 \div 3 = \square$

3 □ 안에 알맞은 수를 써넣으세요.

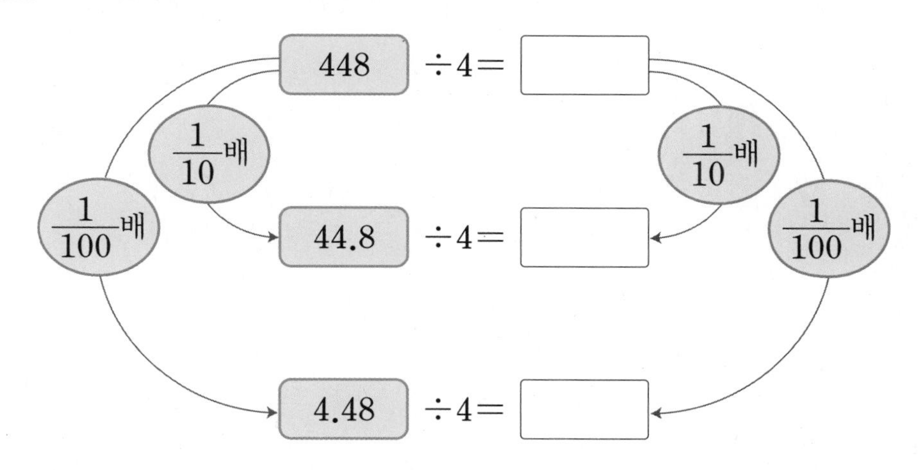

5학년 때 배웠어요

자연수에 0.1, 0.01, 0.001 곱하기

곱하는 수의 소수점 아래 자리 수가 하나씩 늘어날 때마다 곱의 소수점이 왼쪽으로 한 칸씩 옮겨집니다.

예 $448 \times 0.1 = 44.8$
$448 \times 0.01 = 4.48$
$448 \times 0.001 = 0.448$

4 자연수의 나눗셈을 이용하여 소수의 나눗셈을 해 보세요.

① $286 \div 2 = 143$

$28.6 \div 2 = \square$

$2.86 \div 2 = \square$

② $933 \div 3 = 311$

$93.3 \div 3 = \square$

$9.33 \div 3 = \square$

3

STEP 1 교과 개념

2. (소수)÷(자연수)(2)

● 각 자리에서 나누어떨어지지 않는 (소수)÷(자연수)

• $19.74 \div 3$의 계산

방법 1 분수의 나눗셈으로 바꾸어 계산하기

$$19.74 \div 3 = \frac{1974}{100} \div 3 = \frac{1974 \div 3}{100} = \frac{658}{100} = 6.58$$

방법 2 자연수의 나눗셈을 이용하여 계산하기

$\frac{1}{100}$배

$$1974 \div 3 = 658 \rightarrow 19.74 \div 3 = 6.58$$

$\frac{1}{100}$배

나누어지는 수가 $\frac{1}{100}$배가 되면 몫도 $\frac{1}{100}$배가 됩니다.

방법 3 세로로 계산하기

$$\begin{array}{r} 658 \\ 3\overline{)1974} \\ 18 \\ \hline 17 \\ 15 \\ \hline 24 \\ 24 \\ \hline 0 \end{array} \rightarrow \begin{array}{r} 6.58 \\ 3\overline{)19.74} \\ 18 \\ \hline 1\,7 \\ 1\,5 \\ \hline 24 \\ 24 \\ \hline 0 \end{array}$$

자연수의 나눗셈과 같은 방법으로 구한 뒤, 몫의 소수점은 나누어지는 수의 소수점의 자리에 맞추어 찍습니다.

정답과 풀이 20쪽

소수의 나눗셈을 분수의 나눗셈으로 바꾸어 계산하려고 합니다. □ 안에 알맞은 수를 써넣으세요.

소수 두 자리 수는 분모가 100인 분수로 고쳐서 계산해요.

① $7.38 \div 3 = \dfrac{\square}{100} \div 3 = \dfrac{\square \div 3}{100} = \dfrac{\square}{100} = \square$

② $31.44 \div 6 = \dfrac{\square}{100} \div 6 = \dfrac{\square \div 6}{100} = \dfrac{\square}{100} = \square$

□ 안에 알맞은 수를 써넣으세요.

$\dfrac{1}{100}$배

$7165 \div 5 = 1433 \Rightarrow 71.65 \div 5 = \square$

$\dfrac{1}{100}$배

3

다음은 나눗셈을 계산한 식입니다. 알맞은 위치에 소수점을 찍어 보세요.

몫의 소수점은 나누어지는 수의 소수점의 위치에 맞추어 찍어요.

①

```
      1□5□4
  8)1 2.3 2
    8
    4 3
    4 0
      3 2
      3 2
        0
```

②

```
     2□3□6
  4)9 4.4
    8
    1 4
    1 2
      2 4
      2 4
        0
```

4

□ 안에 알맞은 수를 써넣으세요.

①

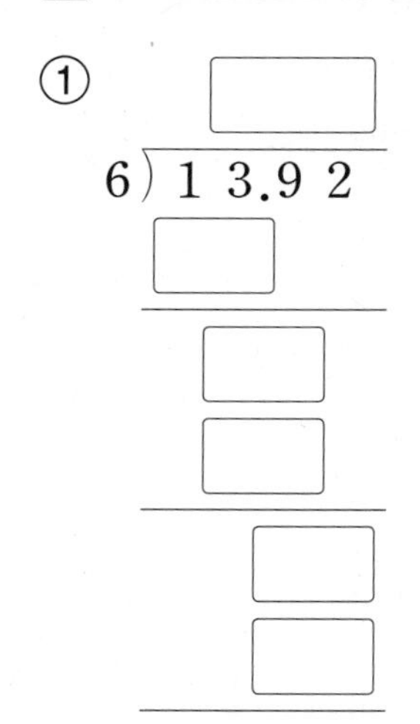

②

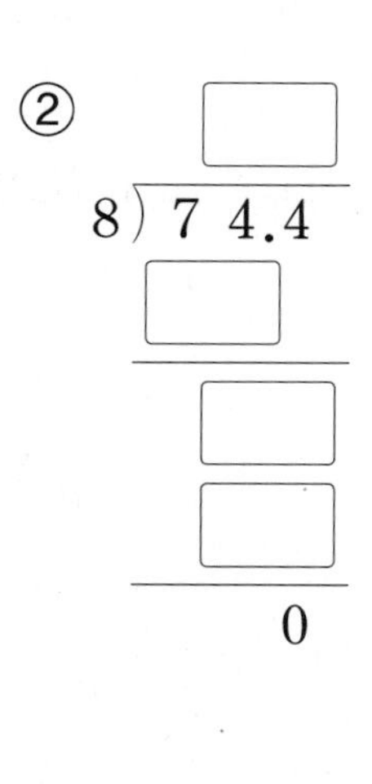

STEP 1 교과 개념

3. (소수)÷(자연수)(3)

● 몫이 1보다 작은 소수인 (소수)÷(자연수)

• 2.38÷7의 계산

방법 1 분수의 나눗셈으로 바꾸어 계산하기

$$2.38 \div 7 = \frac{238}{100} \div 7 = \frac{238 \div 7}{100} = \frac{34}{100} = 0.34$$

방법 2 자연수의 나눗셈을 이용하여 계산하기

$\frac{1}{100}$배

$$238 \div 7 = 34 \rightarrow 2.38 \div 7 = 0.34$$

$\frac{1}{100}$배

나누어지는 수가 $\frac{1}{100}$배가 되면 몫도 $\frac{1}{100}$배가 됩니다.

방법 3 세로로 계산하기

$$\begin{array}{r} 34 \\ 7\overline{)238} \\ \underline{21} \\ 28 \\ \underline{28} \\ 0 \end{array} \rightarrow \begin{array}{r} 0.34 \\ 7\overline{)2.38} \\ \underline{2\,1} \\ 28 \\ \underline{28} \\ 0 \end{array}$$

몫의 소수점은 나누어지는 수의 소수점을 올려 찍고, 자연수 부분이 비어 있을 경우 일의 자리에 0을 씁니다.

개념 자세히 보기

• **(소수)÷(자연수)에서 소수가 자연수보다 작으면 몫의 일의 자리는 0이에요!**

(소수)÷(자연수)에서 (소수)<(자연수)일 때 (자연수)÷(자연수)와 같은 방법으로 계산한 다음 몫에 소수점을 찍으면 자연수 부분이 비어 있으므로 일의 자리에 0을 씁니다.

예 4.2÷7에서 4.2<7이므로 몫이 1보다 작습니다. ➡ 4.2÷7=0.6

➲ 정답과 풀이 20쪽

1 소수의 나눗셈을 분수의 나눗셈으로 바꾸어 계산하려고 합니다. □ 안에 알맞은 수를 써넣으세요.

소수를 분수로 고쳐서 계산할 때에는 분모를 10, 100, 1000, ...인 분수로 나타내요.

① $2.12 \div 4 = \dfrac{\square}{100} \div 4 = \dfrac{\square \div \square}{100} = \dfrac{\square}{100} = \square$

② $0.96 \div 8 = \dfrac{\square}{100} \div 8 = \dfrac{\square \div \square}{100} = \dfrac{\square}{100} = \square$

2 자연수의 나눗셈을 이용하여 소수의 나눗셈을 해 보세요.

① $456 \div 6 = 76$ ➡ $4.56 \div 6 = \square$

② $342 \div 9 = 38$ ➡ $3.42 \div 9 = \square$

3 다음은 나눗셈을 계산한 식입니다. 알맞은 위치에 소수점을 찍어 보세요.

①
```
    0□6□9
8 ) 5.5 2
    4 8
      7 2
      7 2
        0
```

②
```
    0□1□3
7 ) 0.9 1
      7
      2 1
      2 1
        0
```

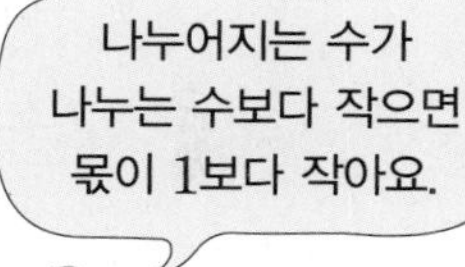

4 □ 안에 알맞은 수를 써넣으세요.

①

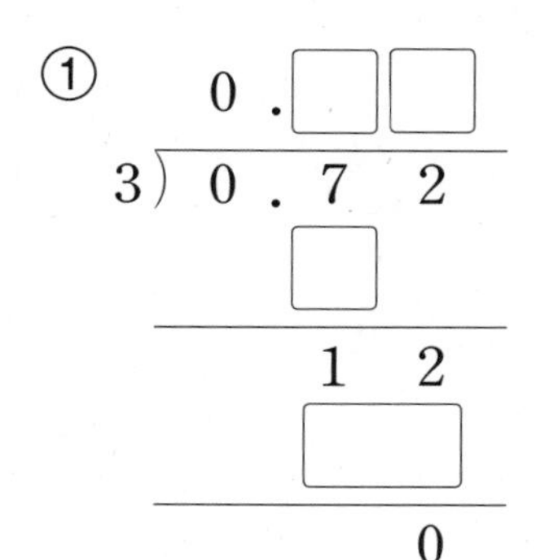

②

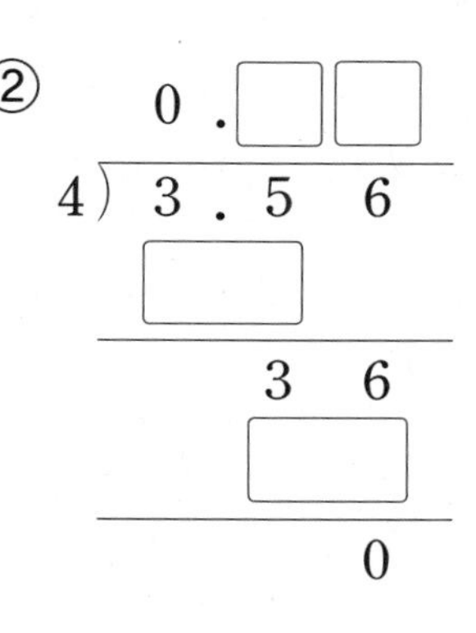

STEP 1 교과개념

4. (소수) ÷ (자연수)(4)

● 소수점 아래 0을 내려 계산해야 하는 (소수) ÷ (자연수)

• $9.7 \div 5$의 계산

방법 1 분수의 나눗셈으로 바꾸어 계산하기

$$9.7 \div 5 = \frac{970}{100} \div 5 = \frac{970 \div 5}{100} = \frac{194}{100} = 1.94$$

→ $\frac{97}{10} \div 5$로 바꾸면 $97 \div 5$가 자연수로 나누어떨어지지 않으므로 계산할 수 없습니다.

방법 2 자연수의 나눗셈을 이용하여 계산하기

$$970 \div 5 = 194 \rightarrow 9.7 \div 5 = 1.94$$

(970 → 9.7: $\frac{1}{100}$배, 194 → 1.94: $\frac{1}{100}$배)

나누어지는 수가 $\frac{1}{100}$배가 되면 몫도 $\frac{1}{100}$배가 됩니다.

방법 3 세로로 계산하기

```
      1 9 4               1.9 4
  5 ) 9 7 0    →      5 ) 9.7 0
      5                   5
      ----                ----
      4 7                 4 7
      4 5                 4 5
      ----                ----
        2 0                 2 0
        2 0                 2 0
      ----                ----
          0                   0
```

나누어떨어지지 않을 때에는 나누어지는 소수의 오른쪽 끝자리에 0이 계속 있는 것으로 생각하고 0을 내려 계산합니다.

정답과 풀이 21쪽

1 소수의 나눗셈을 분수의 나눗셈으로 바꾸어 계산하려고 합니다. □ 안에 알맞은 수를 써넣으세요.

① $9.9 \div 6 = \frac{\square}{100} \div 6 = \frac{\square \div 6}{100} = \frac{\square}{100} = \square$

② $2.3 \div 5 = \frac{\square}{100} \div 5 = \frac{\square \div 5}{100} = \frac{\square}{100} = \square$

소수 한 자리 수를 분모가 10인 분수로 바꾸어 계산할 수 없으면 분모가 100인 분수로 바꾸어야 해요.

2 자연수의 나눗셈을 이용하여 소수의 나눗셈을 해 보세요.

① $90 \div 2 = 45$ ➡ $0.9 \div 2 = \square$

② $430 \div 5 = 86$ ➡ $4.3 \div 5 = \square$

3 □ 안에 알맞은 수를 써넣으세요.

①
```
      □
 6 ) 4 . 5 0
     □
     ------
       3 0
       □
     ------
         0
```

②
```
      □
 4 ) 9 . 4 0
     8
     ------
     1 4
     □
     ------
       2 0
       □
     ------
         0
```


소수는 필요한 경우 오른쪽 끝자리에 0을 붙여서 나타낼 수 있으므로 4.5는 4.50과 같아요.

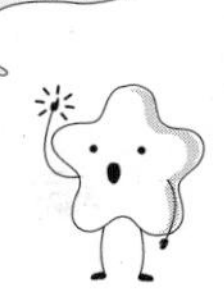

4 보기 와 같이 계산해 보세요.

보기
```
     1.8 5
 2 ) 3.7 0
     2
     ----
     1 7
     1 6
     ----
       1 0
       1 0
     ----
         0
```

① $5\overline{)6.8}$

② $8\overline{)7.6}$

나누어떨어지지 않을 때는 나누어지는 소수의 오른쪽 끝자리에 0이 있는 것으로 생각하고 0을 내려 계산해요.

STEP 1 교과 개념

5. (소수) ÷ (자연수)(5)

● 몫의 소수 첫째 자리에 0이 있는 (소수)÷(자연수)

• $4.2 \div 4$의 계산

방법 1 분수의 나눗셈으로 바꾸어 계산하기

$$4.2 \div 4 = \frac{420}{100} \div 4 = \frac{420 \div 4}{100} = \frac{105}{100} = 1.05$$

방법 2 자연수의 나눗셈을 이용하여 계산하기

$$420 \div 4 = 105 \Rightarrow 4.2 \div 4 = 1.05$$

($420 \rightarrow 4.2$: $\frac{1}{100}$배, $105 \rightarrow 1.05$: $\frac{1}{100}$배)

나누어지는 수가 $\frac{1}{100}$배가 되면 몫도 $\frac{1}{100}$배가 됩니다.

방법 3 세로로 계산하기

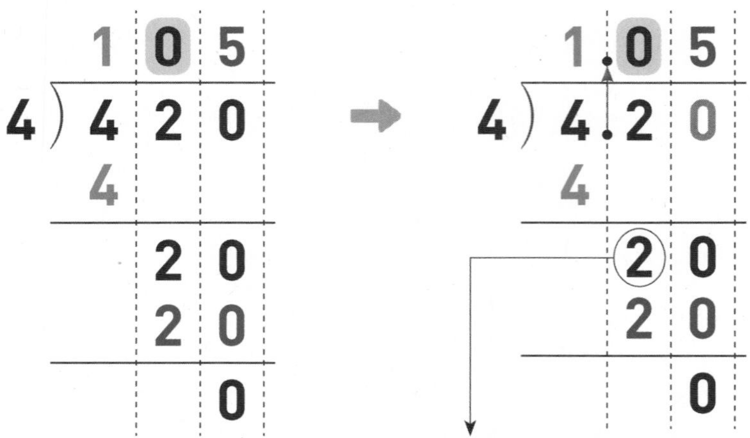

2가 나누는 수 4보다 작아 나누기를 계속할 수 없으므로 몫의 소수 첫째 자리에 0을 쓴 다음 나누어지는 소수의 오른쪽 끝자리에 0이 계속 있는 것으로 생각하고 0을 내려 계산합니다.

나누어지는 수가 나누는 수보다 작아 나누기를 계속할 수 없으면 몫에 0을 쓰고 수를 하나 더 내려 계산합니다.

➔ 정답과 풀이 21쪽

1 보기 와 같은 방법으로 계산해 보세요.

보기

$$6.1 \div 2 = \frac{610}{100} \div 2 = \frac{610 \div 2}{100} = \frac{305}{100} = 3.05$$

① $7.56 \div 7$

② $8.4 \div 8$

2 자연수의 나눗셈을 이용하여 소수의 나눗셈을 해 보세요.

① $624 \div 3 = 208$ ➡ $6.24 \div 3 =$ ☐

② $520 \div 5 = 104$ ➡ $5.2 \div 5 =$ ☐

3 ☐ 안에 알맞은 수를 써넣으세요.

①

```
      ☐
6 ) 6 . 5 4
    ☐
    -------
        5 4
       ☐
    -------
          0
```

②

```
      ☐
2 ) 8 . 1 0
    ☐
    -------
        1 0
       ☐
    -------
          0
```

4 보기 와 같이 계산해 보세요.

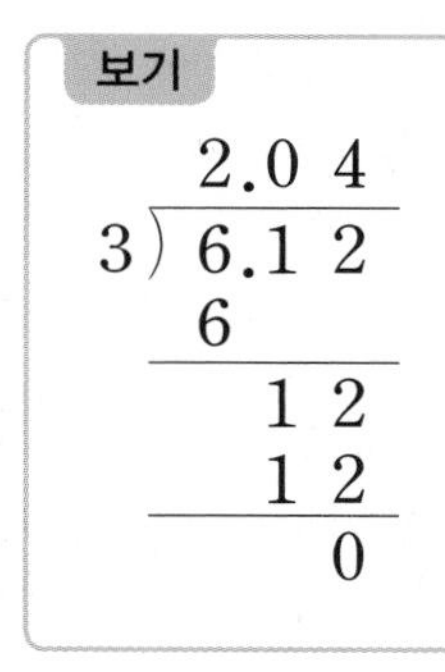

① $7\overline{)7.49}$

② $6\overline{)6.3}$

나누어지는 수가 나누는 수보다 작으면 몫에 0을 쓰고 수를 하나 더 내려요.

6. (자연수)÷(자연수), 몫의 소수점 위치 확인하기

● (자연수)÷(자연수)의 몫을 소수로 나타내기

• $3 \div 4$의 계산

방법 1 분수로 나타내어 계산하기

$$3 \div 4 = \frac{3}{4} = \frac{3 \times 25}{4 \times 25} = \frac{75}{100} = 0.75$$

방법 2 자연수의 나눗셈을 이용하여 계산하기

$$300 \div 4 = 75 \rightarrow 3 \div 4 = 0.75$$

($300 \rightarrow 3$: $\frac{1}{100}$배, $75 \rightarrow 0.75$: $\frac{1}{100}$배)

방법 3 세로로 계산하기

$$\begin{array}{r} 75 \\ 4\overline{)300} \\ 28 \\ \hline 20 \\ 20 \\ \hline 0 \end{array} \rightarrow \begin{array}{r} 0.75 \\ 4\overline{)3.00} \\ 2\,8 \\ \hline 20 \\ 20 \\ \hline 0 \end{array}$$

→ 몫의 소수점은 자연수 바로 뒤에서 올려 찍습니다.

더 이상 계산할 수 없을 때까지 받아내림을 하며, 받아내릴 수가 없을 경우 0을 받아내려 계산합니다.

● 어림을 통해 몫의 소수점 위치 확인하기

• $18.3 \div 6$을 어림하여 계산하여 몫의 소수점 위치 확인하기

어림 $18.3 \div 6 \rightarrow 18 \div 6 = 3 \rightarrow$ 약 3

(소수 첫째 자리에서 반올림합니다.)

몫 3.05

➡ 나누어지는 수를 간단한 자연수로 반올림하여 계산한 후 어림한 결과와 계산한 결과의 크기를 비교하여 소수점의 위치가 맞는지 확인합니다.

1 **나눗셈의 몫을 분수로 나타낸 다음 소수로 나타내려고 합니다. □ 안에 알맞은 수를 써넣으세요.**

분모가 10, 100, 1000이 되도록 분모와 분자에 같은 수를 곱해요.

① $12 \div 5 = \frac{\square}{5} = \frac{\square}{10} = \square$

② $9 \div 4 = \frac{\square}{4} = \frac{\square}{100} = \square$

2 **계산해 보세요.**

소수점 아래에서 받아내릴 수가 없는 경우 0을 받아내려 계산해요.

① $6\overline{)9}$　② $8\overline{)3\ 0}$　③ $25\overline{)8}$

3 **어림을 이용하여 몫의 소수점의 위치를 맞게 찍었는지 확인하려고 합니다. 물음에 답하세요.**

소수 첫째 자리에서 반올림하여 소수를 자연수로 만든 후 몫을 어림한 결과와 계산한 결과의 크기를 비교해 봐요.

① 보기 와 같이 소수를 소수 첫째 자리에서 반올림하여 어림한 식으로 나타내어 보세요.

보기
$19.8 \div 4$ ➡ $20 \div 4$

$71.6 \div 8$ ➡ (　　　　　　)

② 알맞은 식에 ○표 하세요.

$71.6 \div 8 = 89.5$　$71.6 \div 8 = 8.95$　$71.6 \div 8 = 0.895$

4 **어림셈하여 몫의 소수점의 위치를 찾아 표시해 보세요.**

① $25.8 \div 5$

어림 $\square \div 5$ ➡ 약 $\square$

몫 5□1□6

② $41.1 \div 3$

어림 $\square \div 3$ ➡ 약 $\square$

몫 1□3□7

STEP 2 꼭 나오는 유형

1 자연수의 나눗셈을 이용한 (소수) ÷ (자연수)

1 그림을 보고 □ 안에 알맞은 수를 써넣으세요.

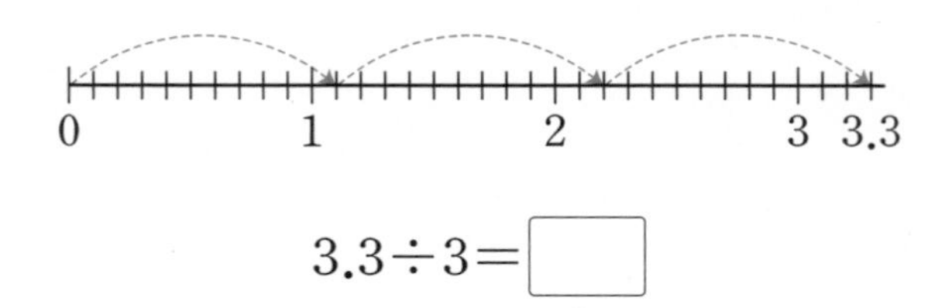

$3.3 \div 3 =$ □

2 끈 8.48 m를 4명에게 똑같이 나누어 주려고 합니다. □ 안에 알맞은 수를 써넣으세요.

1 m=100 cm이므로
8.48 m= □ cm입니다.
$848 \div 4 =$ □, 한 명에게 줄 수 있는 끈은 □ cm이므로 □ m 입니다.

3 □ 안에 알맞은 수를 써넣으세요.

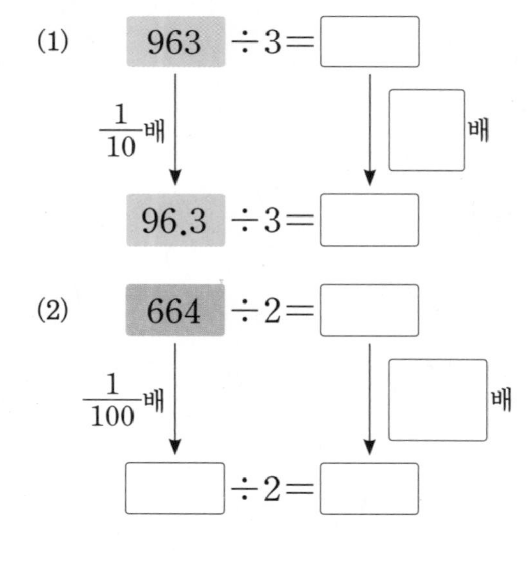

4 자연수의 나눗셈을 이용하여 소수의 나눗셈을 계산해 보세요.

$884 \div 4 = 221$
$88.4 \div 4 =$ □
$8.84 \div 4 =$ □

5 연날리기는 음력 정월 초하루부터 보름까지 하던 민속놀이로 연을 바람을 이용하여 하늘에 띄우는 것입니다. 지수는 다음과 같은 직사각형 모양 종이의 가로를 똑같이 3등분하여 방패연 3개를 만들려고 합니다. 방패연 한 개의 가로는 몇 cm인지 구해 보세요.

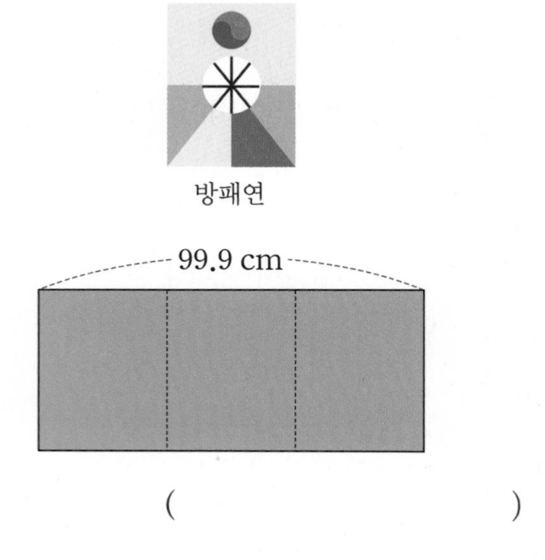

(　　　　　　　　)

내가 만드는 문제

6 $282 \div 2 = 141$을 이용하여 계산할 수 있는 (소수) ÷ (자연수)를 2개 만들고, 계산해 보세요.

□ ÷ □ = □
□ ÷ □ = □

➔ 정답과 풀이 22쪽

2 각 자리에서 나누어떨어지지 않는 (소수)÷(자연수)

소수의 곱셈과 나눗셈은 분수의 곱셈과 나눗셈으로!

준비 보기 와 같은 방법으로 계산해 보세요.

> **보기**
>
> $2.43\times5=\dfrac{243}{100}\times5=\dfrac{243\times5}{100}$
>
> $=\dfrac{1215}{100}=12.15$

$8.24\times3=$

7 보기 와 같은 방법으로 계산해 보세요.

> **보기**
>
> $19.36\div8=\dfrac{1936}{100}\div8=\dfrac{1936\div8}{100}$
>
> $=\dfrac{242}{100}=2.42$

$27.35\div5=$

8 다음은 $30.15\div9$를 계산한 식입니다. 알맞은 위치에 소수점을 찍어 보세요.

```
     3□3□5
  9)3 0.1 5
    2 7
    ─────
      3 1
      2 7
    ─────
        4 5
        4 5
    ─────
          0
```

9 빈칸에 알맞은 수를 써넣으세요.

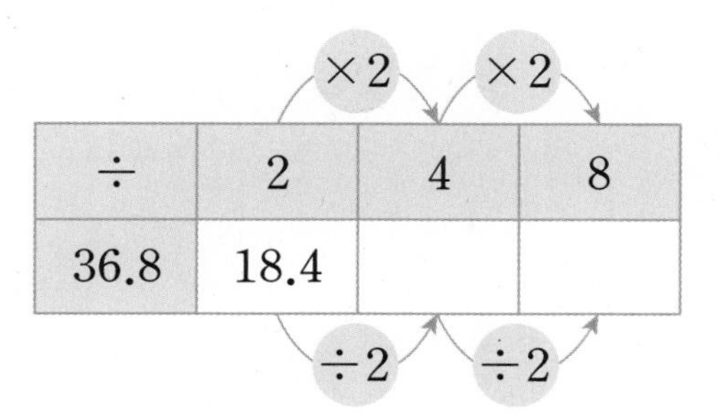

÷	2	4	8
36.8	18.4		

10 계산 결과가 가장 큰 것을 찾아 기호를 써 보세요.

> ㉠ $8.34\div6$
> ㉡ $7.25\div5$
> ㉢ $9.59\div7$

(　　　　　　　　)

서술형

11 어떤 수에 8을 곱했더니 43.68이 되었습니다. 어떤 수는 얼마인지 풀이 과정을 쓰고 답을 구해 보세요.

풀이

답

3 몫이 1보다 작은 소수인 (소수)÷(자연수)

12 계산이 잘못된 곳을 찾아 바르게 계산해 보세요.

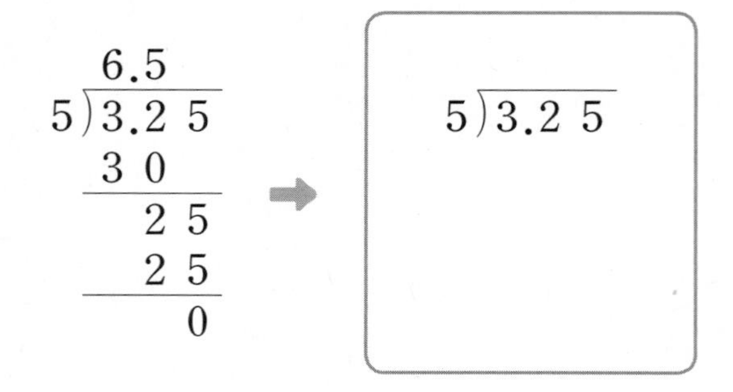

13 계산해 보세요.

(1) $4\overline{)2.1\ 6}$

(2) $8\overline{)6.1\ 6}$

14 계산 결과를 비교하여 ○ 안에 >, =, <를 알맞게 써넣으세요.

0.87÷3 ○ 2.34÷9

15 고양이의 몸무게는 5.52 kg이고, 강아지의 몸무게는 8 kg입니다. 고양이의 몸무게는 강아지의 몸무게의 몇 배인지 구해 보세요.

(　　　　　　　　)

내가 만드는 문제

16 몫이 1보다 작은 소수가 되도록 □ 안에 한 자리 수를 자유롭게 써넣고 ⬭ 안에 몫을 써넣으세요.

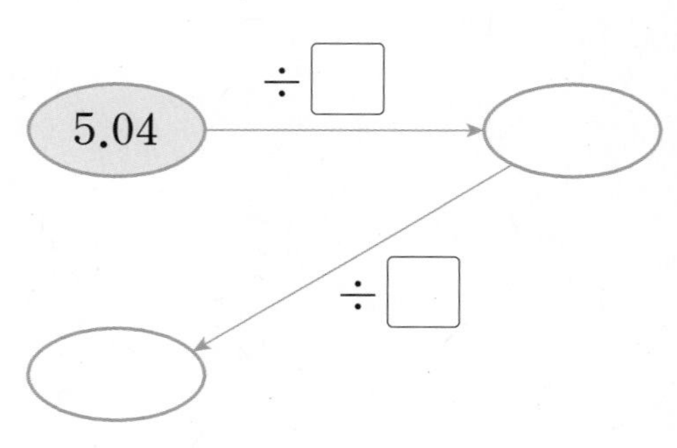

17 그림과 같이 넓이가 2.72 m^2인 직사각형 모양의 종이를 4칸으로 똑같이 나누었습니다. 색칠한 부분의 넓이는 몇 m^2일까요?

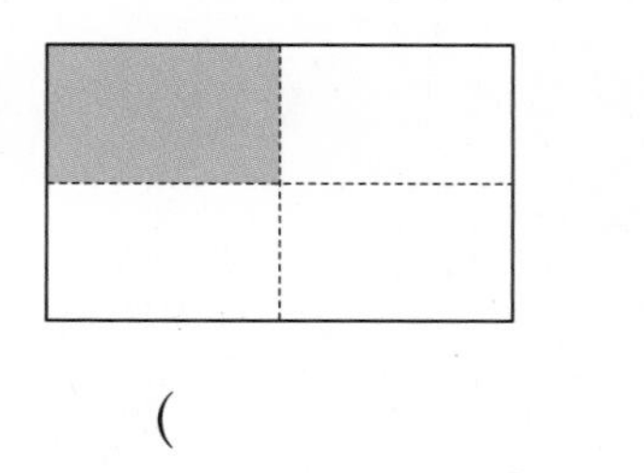

(　　　　　　　　)

서술형

18 □ 안에 알맞은 수를 써넣고, 348÷4를 이용하여 3.48÷4를 계산하는 방법을 설명해 보세요.

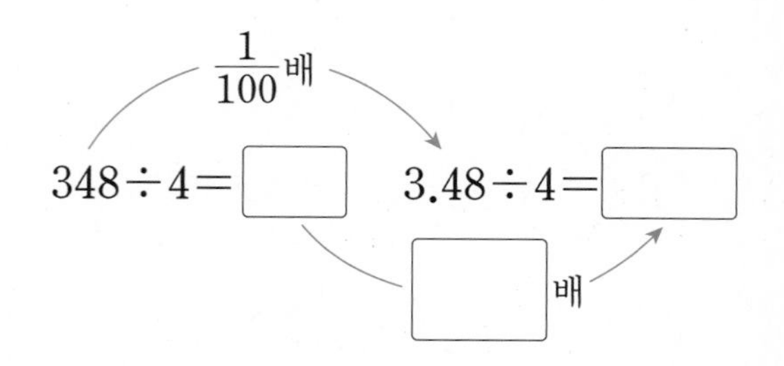

방법 ....

4 소수점 아래 0을 내려 계산해야 하는 (소수)÷(자연수)

19 자연수의 나눗셈을 이용하여 소수의 나눗셈을 계산해 보세요.

(1) $1260 \div 4 = 315$ ➡ $12.6 \div 4 =$ □

(2) $450 \div 6 = 75$ ➡ $4.5 \div 6 =$ □

20 계산해 보세요.

(1) $4\overline{)37.8}$　　(2) $8\overline{)65.2}$

21 □ 안에 알맞은 수를 써넣으세요.

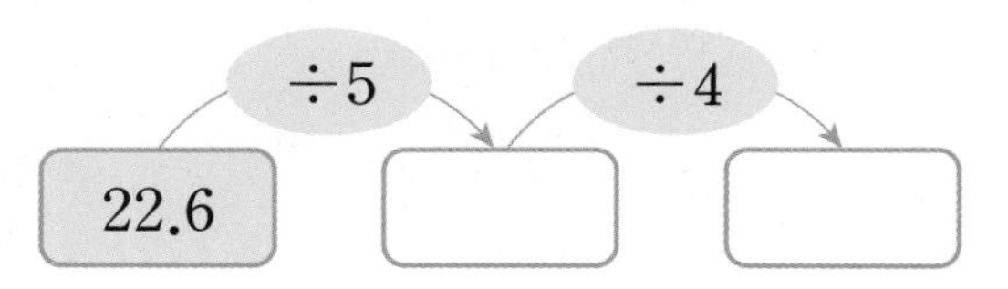

22 나눗셈의 몫이 가장 큰 것을 찾아 기호를 써 보세요. (단, 직접 계산하지 않습니다.)

㉠ $25.2 \div 8$
㉡ $34.8 \div 8$
㉢ $40.4 \div 8$

(　　　　　　　　)

준비 □ 안에 알맞은 수를 써넣으세요.

□ $\times 3 = 21$

23 □ 안에 알맞은 수를 써넣으세요.

□ $\times 8 = 58.8$

내가 만드는 문제

24 같은 도형에 적힌 두 수를 골라 큰 수를 작은 수로 나눈 몫을 구해 보세요.

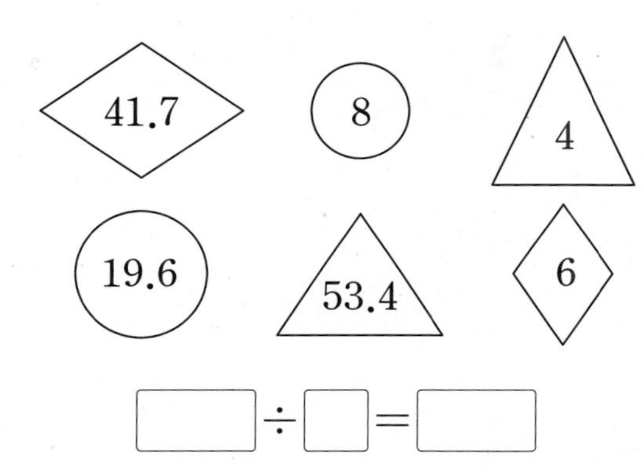

□ ÷ □ = □

서술형

25 정오각형의 둘레는 29.8 cm입니다. 이 정오각형의 한 변의 길이는 몇 cm인지 풀이 과정을 쓰고 답을 구해 보세요.

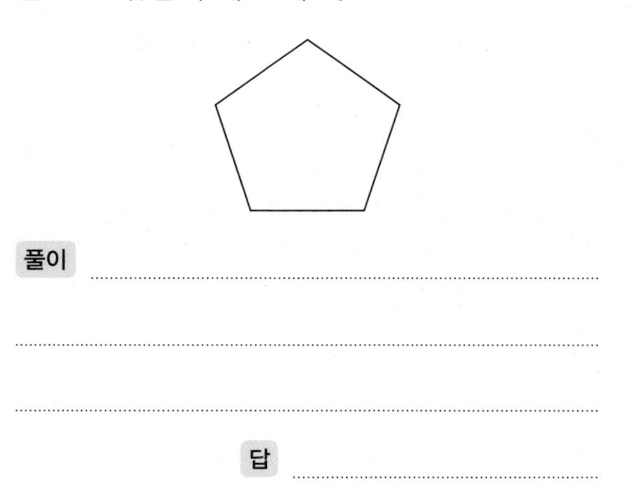

풀이

답

5 몫의 소수 첫째 자리에 0이 있는 (소수)÷(자연수)

26 4.24÷4를 분수의 나눗셈으로 바꾸어 계산한 것입니다. ㉠, ㉡, ㉢에 알맞은 수를 각각 구해 보세요.

$$4.24 \div 4 = \frac{㉠}{100} \div 4 = \frac{㉠ \div 4}{100} = \frac{㉡}{100} = ㉢$$

㉠ (　　　　　　　　)

㉡ (　　　　　　　　)

㉢ (　　　　　　　　)

27 계산해 보세요.

(1) $5\overline{)5.4}$　　(2) $6\overline{)54.3}$

서술형

28 계산이 잘못된 곳을 찾아 바르게 계산하고, 그 이유를 써 보세요.

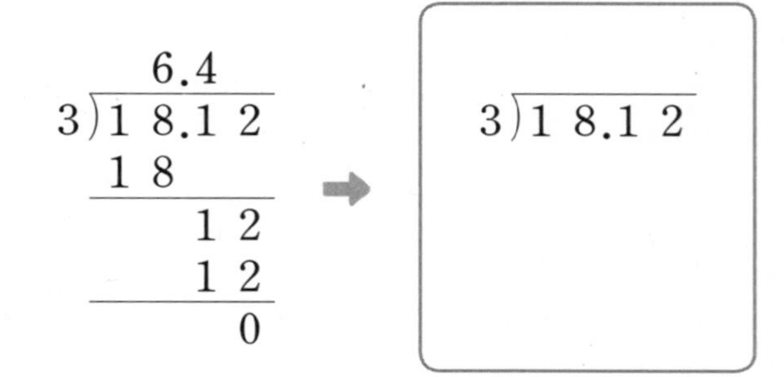

이유

29 몫이 큰 순서대로 ◯ 안에 번호를 써넣으세요.

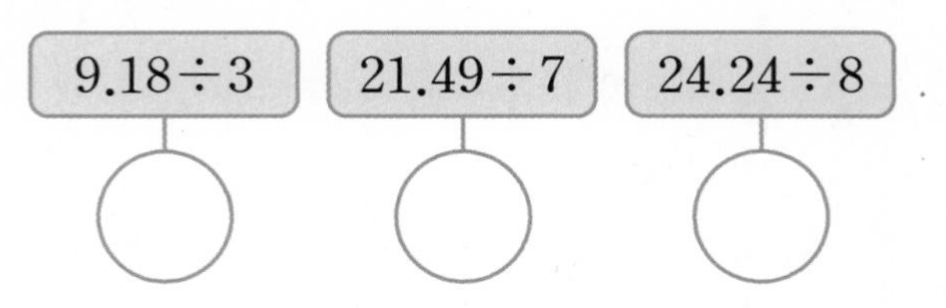

30 ♥에 알맞은 수를 구해 보세요.

36.2÷♥=4

(　　　　　　　　)

31 무게가 48.48 kg인 고구마를 8상자에 똑같이 나누어 담았습니다. 한 상자에 담은 고구마는 몇 kg일까요?

식

답

32 그림과 같이 6개의 점이 일정한 간격으로 놓여 있습니다. 점들을 이은 선의 전체 길이가 15.4 cm일 때 이웃한 두 점 사이의 간격은 몇 cm인지 구해 보세요. (단, 점의 두께는 생각하지 않습니다.)

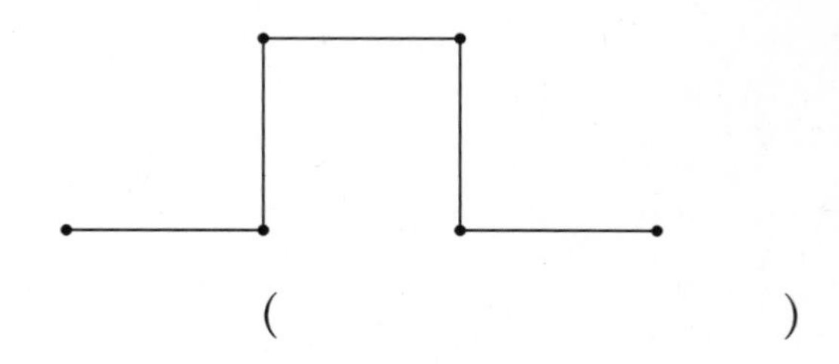

(　　　　　　　　)

6 (자연수)÷(자연수)의 몫을 소수로 나타내기

분수를 소수로 나타낼 때
분모가 10, 100인 분수로 나타낸 후 소수로!

준비 분수를 소수로 나타내려고 합니다. □ 안에 알맞은 수를 써넣으세요.

(1) $\frac{3}{5}=\frac{3\times\square}{5\times\square}=\frac{\square}{10}=\square$

(2) $\frac{5}{4}=\frac{5\times\square}{4\times\square}=\frac{\square}{100}=\square$

33 □ 안에 알맞은 수를 써넣으세요.

(1) $8\div5=\frac{8}{5}=\frac{8\times\square}{5\times\square}=\frac{\square}{10}$
$=\square$

(2) $15\div4=\frac{\square}{4}=\frac{\square\times\square}{4\times\square}$
$=\frac{\square}{100}=\square$

34 계산해 보세요.

(1) $6\overline{)1\ 5}$ (2) $4\overline{)1\ 1}$

35 큰 수를 작은 수로 나눈 몫을 소수로 나타내어 보세요.

( )

36 □ 안에 알맞은 수를 써넣으세요.

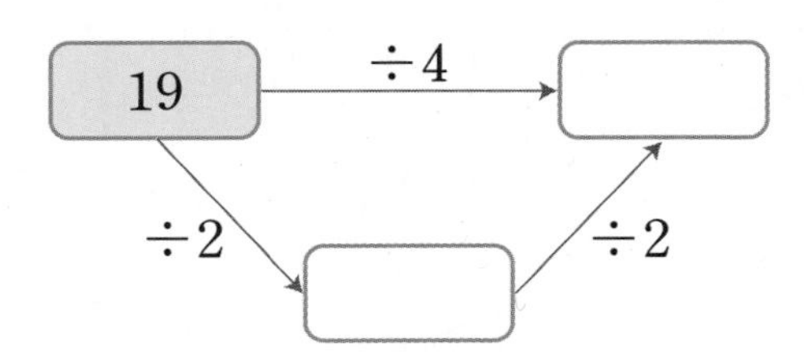

내가 만드는 문제

37 21÷6에 알맞은 문제를 만들고, 문제에 대한 답을 구해 보세요.

문제

답

서술형

38 감자 4봉지의 무게는 9 kg입니다. 감자 한 봉지의 무게는 몇 kg인지 풀이 과정을 쓰고 답을 구해 보세요.

풀이

답

7 몫의 소수점 위치 확인하기

39 소수를 반올림하여 일의 자리까지 나타내어 어림한 식으로 표현하려고 합니다. □ 안에 알맞은 수를 써넣고, 어림셈을 이용하여 올바른 식에 ○표 하세요.

$24.4 \div 8$ ➡ □ $\div 8$

$24.4 \div 8 = 30.5$
$24.4 \div 8 = 3.05$
$24.4 \div 8 = 0.305$

40 어림셈하여 몫의 소수점 위치를 찾아 표시해 보세요.

(1) $6.48 \div 3$

어림 □ ÷ □ ➡ 약 □

몫 2□1□6

(2) $47.1 \div 6$

어림 □ ÷ □ ➡ 약 □

몫 7□8□5

41 어림셈하여 몫의 소수점 위치가 올바른 식을 찾아 ○표 하세요.

$7.76 \div 8 = 970$	$7.76 \div 8 = 97$
(　　)	(　　)
$7.76 \div 8 = 9.7$	$7.76 \div 8 = 0.97$
(　　)	(　　)

서술형

42 은지는 주말에 아버지와 함께 벽화 그리기 봉사 활동에 참여하였습니다. 페인트 17.2 L를 4명이 똑같이 나누어 벽화를 그리려고 합니다. 은지의 계산을 보고, 은지가 어떤 실수를 했는지 쓰고 바르게 고쳐 보세요.

은지가 한 실수 ....

바르게 고치기 ....

43 어림셈을 이용하여 몫의 크기를 비교하려고 합니다. ○ 안에 >, =, <를 알맞게 써넣으세요.

$15.4 \div 5$ ○ $37.44 \div 8$

내가 만드는 문제

44 수 카드 6장에 적힌 수 중에서 소수와 자연수를 각각 하나씩 골라 몫의 자연수 부분이 0인 (소수) ÷ (자연수)를 만들어 보세요.

3.4	3	2.1
2	8.34	4

□ ÷ □

자주 틀리는 유형

응용 유형 중 자주 틀리는 유형을 집중학습함으로써 실력을 한 단계 높여 보세요.

몫이 1보다 작은(큰) 나눗셈

1 몫이 1보다 작은 나눗셈을 찾아 기호를 써 보세요.

㉠ $7.2 \div 4$
㉡ $4.3 \div 5$
㉢ $10.53 \div 9$

(　　　　　　　)

2 몫이 1보다 큰 나눗셈을 찾아 기호를 써 보세요.

㉠ $2.34 \div 6$　　㉡ $5.18 \div 7$
㉢ $3.8 \div 4$　　㉣ $16.4 \div 8$

(　　　　　　　)

3 몫이 2보다 큰 나눗셈은 모두 몇 개인지 구해 보세요.

$2.64 \div 3$	$4.45 \div 5$	$10.08 \div 8$
$7.35 \div 7$	$6.03 \div 3$	$13.44 \div 4$

(　　　　　　　)

어림셈을 이용한 몫의 크기 비교

4 어림셈을 이용하여 몫이 가장 큰 사람의 이름을 써 보세요.

$4.6 \div 5$	$32.4 \div 8$	$14.14 \div 7$
준혁	은서	찬우

(　　　　　　　)

5 어림셈을 이용하여 몫이 가장 작은 사람의 이름을 써 보세요.

$15.21 \div 3$	$15.6 \div 4$	$63.09 \div 9$
윤화	지훈	세인

(　　　　　　　)

6 어림셈을 이용하여 몫이 큰 것부터 차례로 기호를 써 보세요.

㉠ $11.52 \div 6$　　㉡ $37.8 \div 4$
㉢ $35.64 \div 9$　　㉣ $41.8 \div 5$

(　　　　　　　)

도형에서 변 또는 모서리의 길이

7 한 변의 길이가 4.2 cm인 정사각형이 있습니다. 이 정사각형과 둘레가 같은 정삼각형의 한 변의 길이는 몇 cm일까요?

( )

8 길이가 97.2 cm인 철사를 모두 사용하여 크기가 같은 정육각형 모양을 5개 만들었습니다. 이 정육각형의 한 변의 길이는 몇 cm일까요?

( )

9 모든 모서리의 길이가 같은 삼각뿔이 있습니다. 모든 모서리의 길이의 합이 24.3 cm일 때 한 모서리의 길이는 몇 cm일까요?

( )

□ 안에 들어갈 수 있는 수

10 1부터 9까지의 자연수 중에서 □ 안에 들어갈 수 있는 수를 모두 구해 보세요.

$\square < 41.36 \div 8$

( )

11 □ 안에 들어갈 수 있는 자연수 중에서 가장 작은 수를 구해 보세요.

$\square > 30.15 \div 9$

( )

12 □ 안에 들어갈 수 있는 자연수는 모두 몇 개인지 구해 보세요.

$23.1 \div 6 < \square < 28.92 \div 4$

( )

물건 한 개의 무게

13 농구공 8개를 상자에 담아 무게를 재었더니 4.9 kg이었습니다. 빈 상자의 무게가 0.5 kg이라면 농구공 한 개의 무게는 몇 kg일까요? (단, 농구공의 무게는 각각 같습니다.)

(　　　　　　　　　　)

14 멜론 5개를 바구니에 담아 무게를 재었더니 6.6 kg이었습니다. 빈 바구니의 무게가 0.4 kg이라면 멜론 한 개의 무게는 몇 kg일까요? (단, 멜론의 무게는 각각 같습니다.)

(　　　　　　　　　　)

15 바구니에 배 2개와 복숭아 9개를 담아 무게를 재었더니 3.27 kg이었습니다. 빈 바구니의 무게가 0.3 kg이고, 배 한 개의 무게가 0.45 kg이라면 복숭아 한 개의 무게는 몇 kg일까요? (단, 배와 복숭아의 무게는 각각 같습니다.)

(　　　　　　　　　　)

수직선에서 작은 눈금 한 칸의 크기

16 수직선에서 작은 눈금 한 칸의 크기를 구해 보세요.

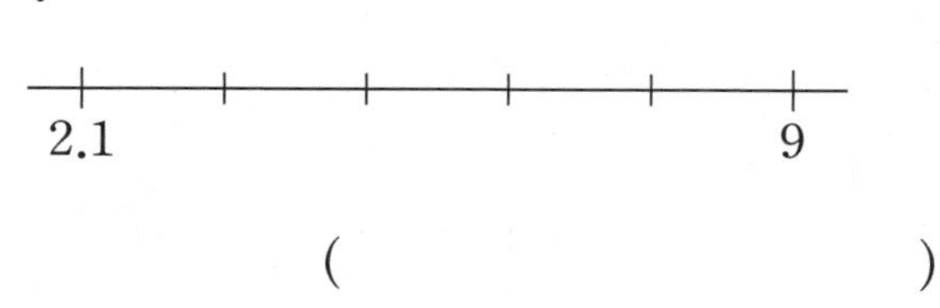

(　　　　　　　　　　)

17 수직선에서 작은 눈금 한 칸의 크기를 구해 보세요.

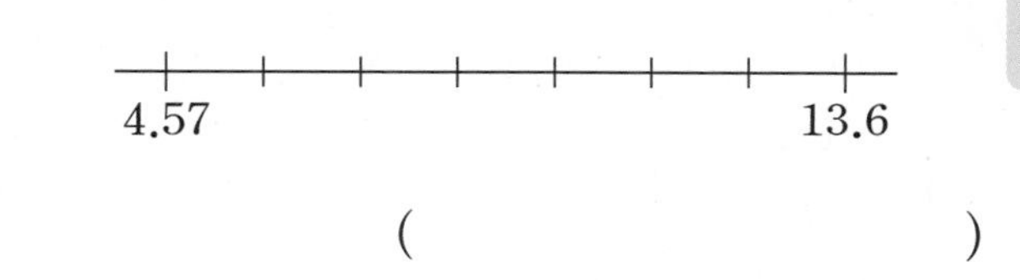

(　　　　　　　　　　)

18 수직선에서 ㉠에 알맞은 수를 구해 보세요.

17.64　　　　　　㉠ 45.8

(　　　　　　　　　　)

3

STEP 4 최상위 도전 유형

도전1 도형에서 변의 길이(넓이) 구하기

1 밑변의 길이가 6 cm, 넓이가 30.6 cm^2인 평행사변형이 있습니다. 이 평행사변형의 높이는 밑변의 길이의 몇 배인지 구해 보세요.

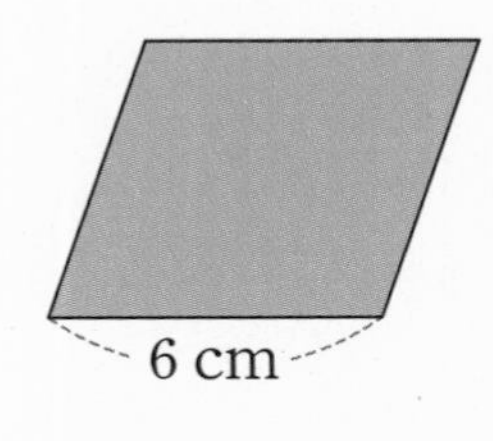

( )

핵심 NOTE

(평행사변형의 넓이) = (밑변의 길이) × (높이)

➡ (평행사변형의 높이) = (넓이) ÷ (밑변의 길이)

2 정사각형 가와 직사각형 나의 넓이는 같습니다. 직사각형 나의 가로는 세로의 몇 배인지 구해 보세요.

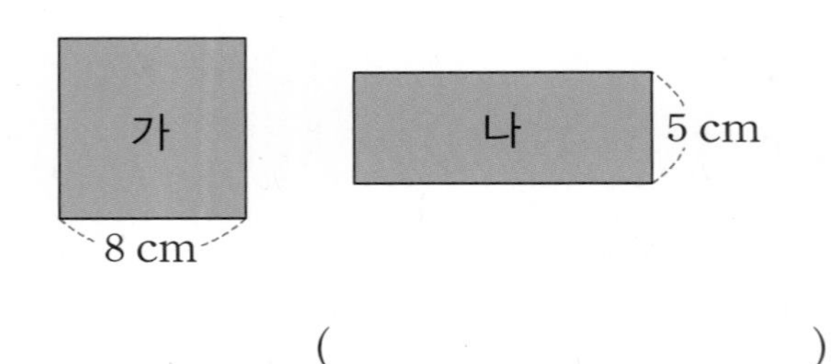

( )

3 가로가 세로의 3배인 직사각형 모양의 땅이 있습니다. 이 땅의 둘레가 21.6 m일 때 넓이는 몇 m^2인지 구해 보세요.

( )

도전2 일정한 간격 구하기

4 길이가 17.4 cm인 리본에 누름 못 5개를 같은 간격으로 꽂으려고 합니다. 리본의 처음과 끝에 모두 누름 못을 꽂는다면 누름 못 사이의 간격을 몇 cm로 해야 할까요? (단, 누름 못의 두께는 생각하지 않습니다.)

( )

핵심 NOTE

(누름 못 사이의 간격 수) = (누름 못의 수) − 1

(누름 못 사이의 간격) = (전체 리본의 길이) ÷ (간격 수)

5 길이가 4.48 m인 길 한쪽에 봉숭아 모종 9개를 같은 간격으로 심으려고 합니다. 길의 처음과 끝에 모두 봉숭아 모종을 심는다면 봉숭아 모종 사이의 간격을 몇 m로 해야 할까요? (단, 봉숭아 모종의 두께는 생각하지 않습니다.)

( )

6 길이가 9.65 m인 도로의 양쪽에 가로등 12개를 같은 간격으로 세우려고 합니다. 도로의 처음과 끝에 모두 가로등을 세운다면 가로등 사이의 간격을 몇 m로 해야 할까요? (단, 가로등의 두께는 생각하지 않습니다.)

( )

도전3 **한 바퀴 도는 데 걸린 시간**

7 수빈이가 자전거를 타고 일정한 빠르기로 공원을 15바퀴 돌았더니 11분 36초가 걸렸습니다. 수빈이가 같은 빠르기로 공원을 한 바퀴 도는 데 걸린 시간은 몇 초일까요?

( )

핵심 NOTE

1분 = 60초임을 이용하여 11분 36초를 ■초로 나타내어 나눗셈식을 세워봅니다.

8 은호 아버지께서는 오토바이를 타고 일정한 빠르기로 어느 섬의 해안 도로를 따라 8바퀴 도는 데 3시간 32분이 걸렸습니다. 은호 아버지께서 같은 빠르기로 이 섬의 해안 도로를 따라 한 바퀴 도는 데 걸린 시간은 몇 분일까요?

( )

9 지수가 운동장을 일정한 빠르기로 6바퀴 도는 데 1시간 18분이 걸렸습니다. 같은 빠르기로 운동장을 반 바퀴 도는 데 걸리는 시간은 몇 분일까요?

( )

도전4 **수 카드로 몫이 가장 큰(작은) 나눗셈식 만들기**

10 수 카드 4장을 한 번씩 모두 사용하여 몫이 가장 큰 나눗셈식을 만들고 계산해 보세요.

( )

핵심 NOTE

몫이 가장 크려면 (가장 큰 수)÷(가장 작은 수)의 식을 만들어야 합니다.

11 수 카드 4장 중 2장을 사용하여 몫이 가장 작은 나눗셈식을 만들고 계산해 보세요.

( )

도전 최상위

12 수 카드 3장을 한 번씩 모두 사용하여 다음 나눗셈식을 만들려고 합니다. 몫이 가장 크게 될 때와 가장 작게 될 때 두 몫의 차를 구해 보세요.

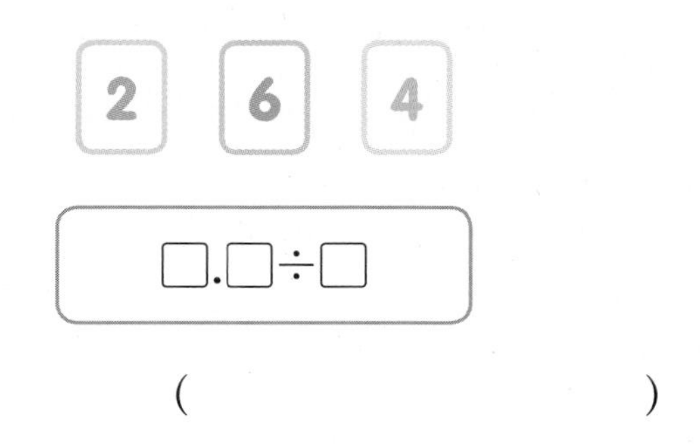

( )

도전5 겹쳐진 색 테이프에서 길이 구하기

13 길이가 8.2 cm인 색 테이프 4장을 같은 길이씩 겹쳐지게 이어 붙였습니다. 몇 cm씩 겹쳤는지 구해 보세요.

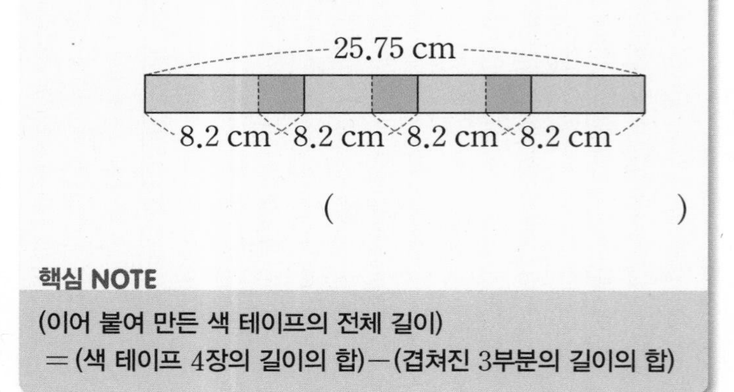

(　　　　　　)

핵심 NOTE
(이어 붙여 만든 색 테이프의 전체 길이)
=(색 테이프 4장의 길이의 합)−(겹쳐진 3부분의 길이의 합)

14 길이가 15 cm인 색 테이프 5장을 같은 길이씩 겹쳐지게 이어 붙였습니다. 몇 cm씩 겹쳤는지 구해 보세요.

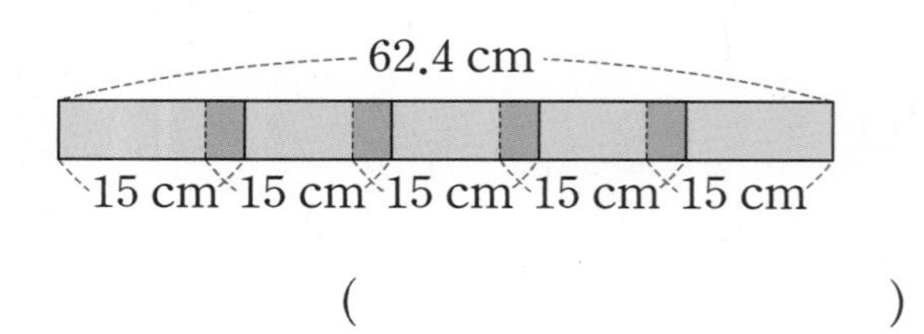

(　　　　　　)

도전 최상위

15 길이가 같은 색 테이프 6장을 2.2 cm씩 겹쳐지게 이어 붙였습니다. 색 테이프 한 장의 길이는 몇 cm인지 구해 보세요.

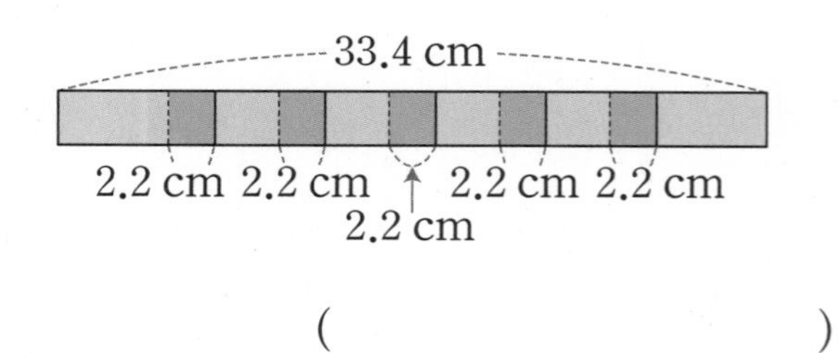

(　　　　　　)

도전6 어떤 수를 구하여 바르게 계산하기

16 어떤 수를 3으로 나누어야 할 것을 잘못하여 3을 더했더니 56.7이 되었습니다. 바르게 계산하면 얼마인지 구해 보세요.

(　　　　　　)

핵심 NOTE
먼저 어떤 수를 □라고 하여 잘못 계산한 식을 세웁니다.

17 어떤 수를 5로 나누어야 할 것을 잘못하여 곱했더니 7이 되었습니다. 바르게 계산하면 얼마인지 구해 보세요.

(　　　　　　)

18 어떤 수를 6으로 나누어야 할 것을 잘못하여 9로 나누었더니 1.3이 되었습니다. 바르게 계산한 값과 잘못 계산한 값의 차를 구해 보세요.

(　　　　　　)

수시 평가 대비 Level 1

3. 소수의 나눗셈

점수

확인

1 자연수의 나눗셈을 이용하여 소수의 나눗셈을 계산해 보세요.

$842 \div 2 = 421$

$84.2 \div 2 = \square$

$8.42 \div 2 = \square$

2 □ 안에 알맞은 수를 써넣으세요.

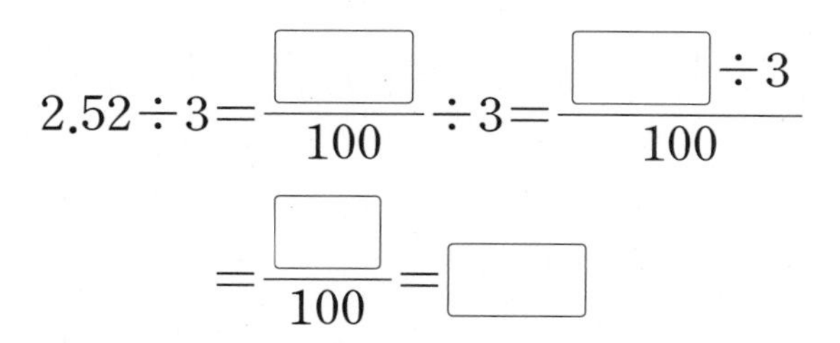

$2.52 \div 3 = \frac{\square}{100} \div 3 = \frac{\square \div 3}{100} = \frac{\square}{100} = \square$

3 □ 안에 알맞은 수를 써넣으세요.

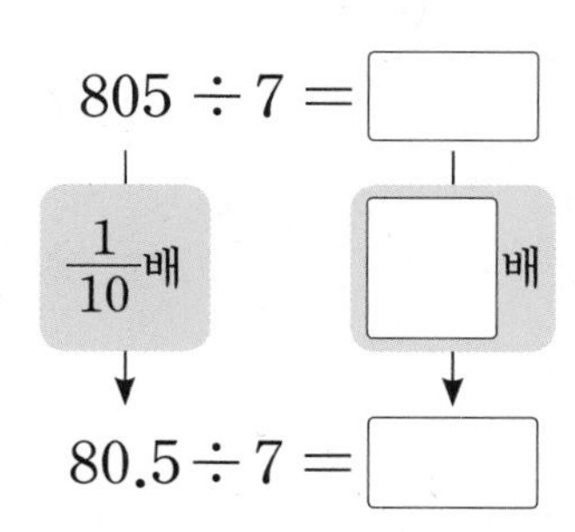

4 계산해 보세요.

(1) $5\overline{)18.65}$ (2) $4\overline{)8.2}$

5 계산이 잘못된 곳을 찾아 바르게 계산해 보세요.

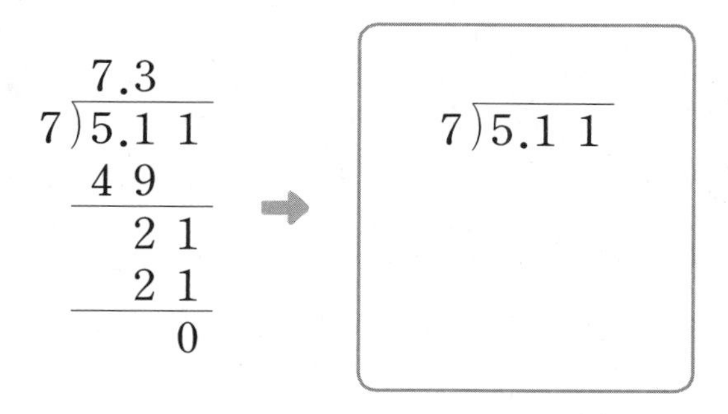

6 빈칸에 알맞은 수를 써넣으세요.

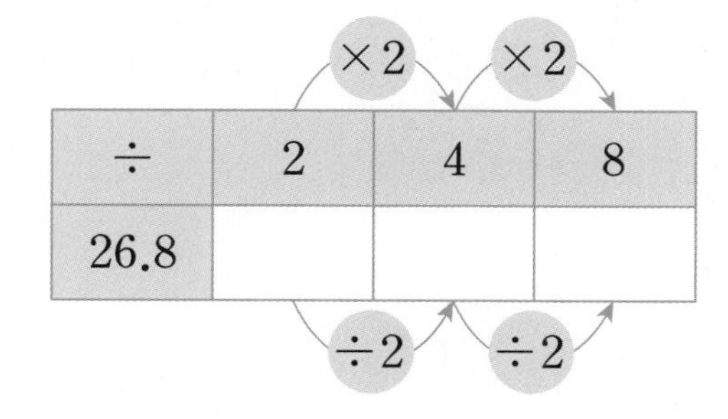

÷	2	4	8
26.8			

7 어림셈하여 몫의 소수점 위치를 찾아 표시해 보세요.

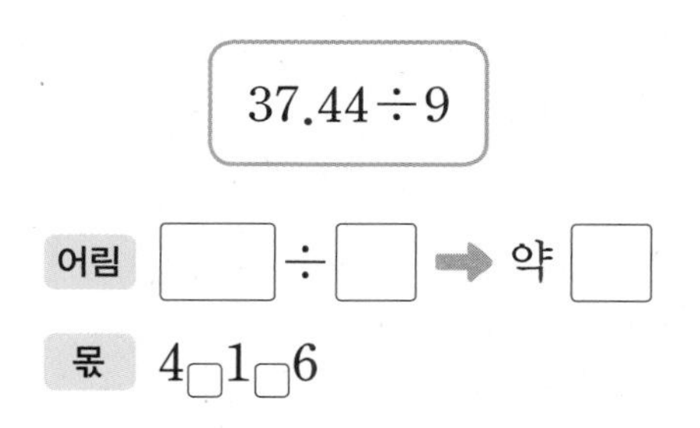

8 몫이 1보다 작은 소수가 되도록 □ 안에 한 자리 수를 자유롭게 써넣고 ◯ 안에 몫을 써넣으세요.

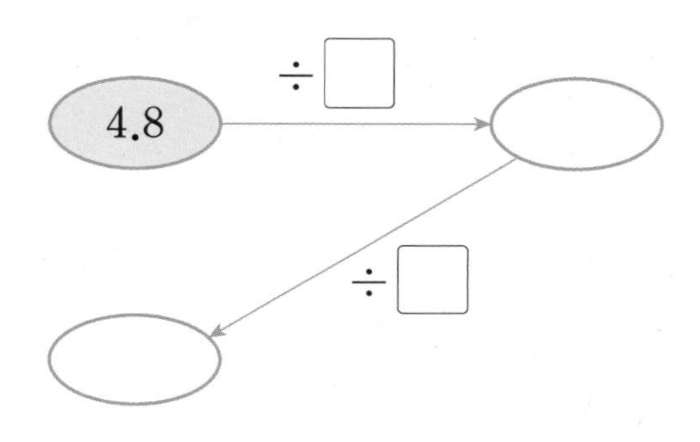

9 정육각형의 둘레는 0.78 m입니다. 이 정육각형의 한 변의 길이는 몇 m일까요?

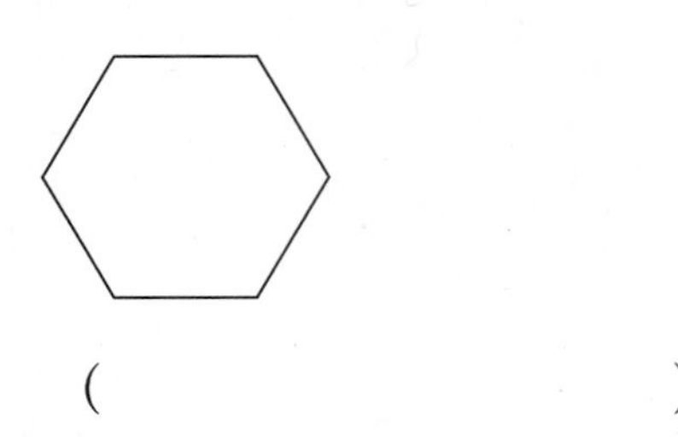

( )

10 어림셈하여 몫의 크기를 비교하려고 합니다. ◯ 안에 >, =, <를 알맞게 써넣으세요.

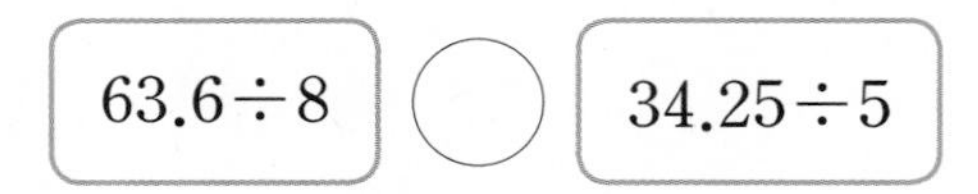

11 나눗셈의 몫이 1보다 작은 것을 찾아 기호를 써 보세요.

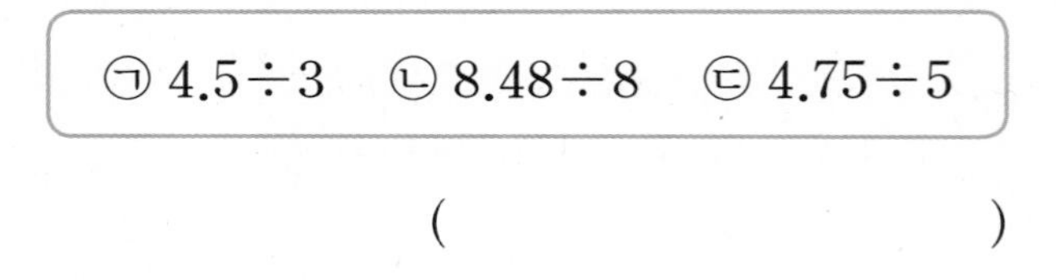

( )

12 넓이가 38 cm^2인 도형을 5칸으로 똑같이 나누었습니다. 색칠한 부분의 넓이는 몇 cm^2일까요?

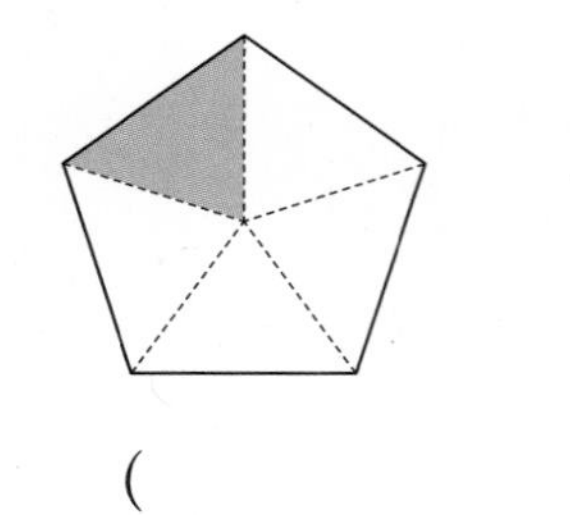

( )

13 ★에 알맞은 수를 구해 보세요.

13÷★=4

( )

14 넓이가 48.3 cm^2인 직사각형의 가로가 6 cm라면 세로는 몇 cm일까요?

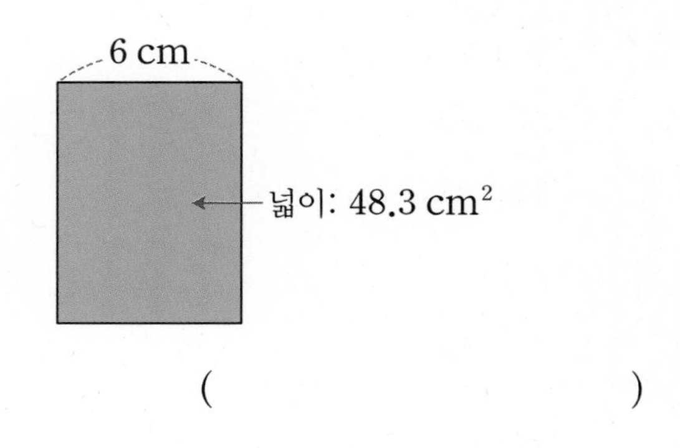

( )

15 모든 모서리의 길이가 같은 삼각기둥이 있습니다. 모든 모서리의 길이의 합이 2.88 m일 때 한 모서리의 길이는 몇 m일까요?

( )

정답과 풀이 27쪽

16 1부터 9까지의 자연수 중에서 □ 안에 들어갈 수 있는 수를 모두 구해 보세요.

$27 \div 4 < 6.\square 8$

( )

17 8, 6, 2, 5 의 수 카드를 한 번씩 사용하여 다음과 같은 나눗셈식을 만들려고 합니다. 몫이 가장 작은 나눗셈식을 만들고 몫을 구해 보세요.

□.□□÷□

몫 ( )

18 휘발유 3 L로 39.24 km를 달리는 자동차가 있습니다. 이 자동차가 휘발유 5 L로 달릴 수 있는 거리는 몇 km일까요?

( )

서술형

19 똑같은 음료수 7병을 담은 상자의 무게가 5.11 kg입니다. 빈 상자의 무게가 0.7 kg이라면 음료수 한 병의 무게는 몇 kg인지 풀이 과정을 쓰고 답을 구해 보세요.

풀이

답

서술형

20 길이가 49.8 m인 도로의 한쪽에 일정한 간격으로 깃발 13개를 세웠습니다. 도로의 처음과 끝에도 깃발을 세웠다면 깃발 사이의 거리는 몇 m인지 풀이 과정을 쓰고 답을 구해 보세요.

(단, 깃발의 두께는 생각하지 않습니다.)

풀이

답

수시 평가 대비 Level 2

3. 소수의 나눗셈

점수

확인

1 □ 안에 알맞은 수를 써넣으세요.

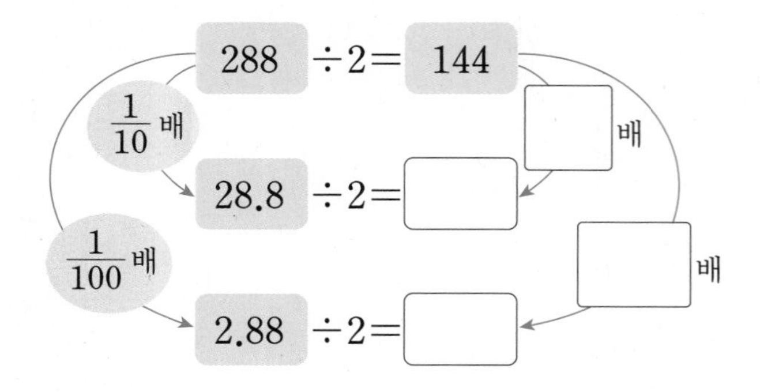

2 보기 와 같은 방법으로 계산해 보세요.

보기

$$20.51 \div 7 = \frac{2051}{100} \div 7 = \frac{2051 \div 7}{100}$$

$$= \frac{293}{100} = 2.93$$

$34.12 \div 4 =$

3 □ 안에 알맞은 수를 써넣으세요.

$\frac{1}{10}$배

$615 \div 5 =$ □ $\quad 61.5 \div 5 =$ □

□배

4 계산해 보세요.

(1) $6\overline{)5.7}$

(2) $5\overline{)18.6}$

5 계산이 잘못된 곳을 찾아 바르게 계산해 보세요.

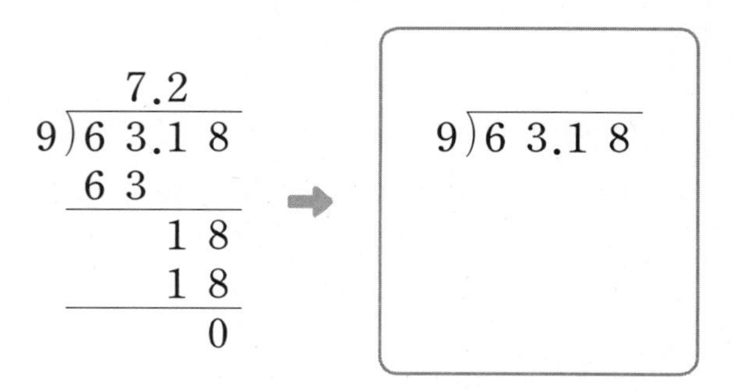

6 관계있는 것끼리 이어 보세요.

7.77÷7 •	• 0.87
2.61÷3 •	• 1.11
8.1÷6 •	• 1.35

7 □ 안에 알맞은 수를 써넣으세요.

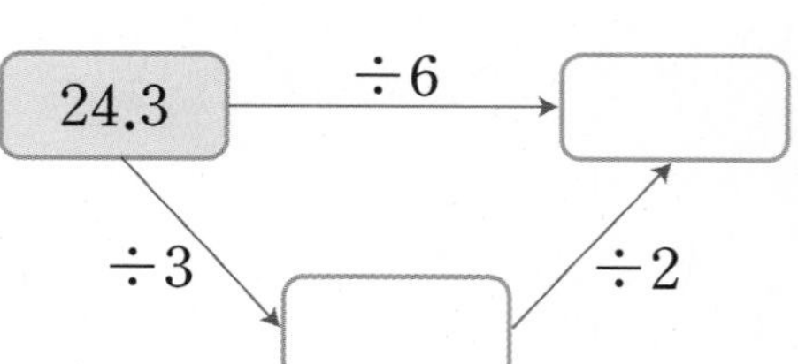

➔ 정답과 풀이 29쪽

8 빈칸에 알맞은 수를 써넣으세요.

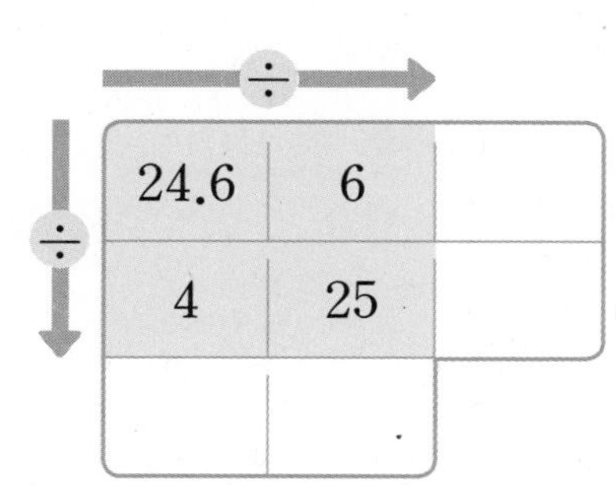

9 어림셈하여 몫의 소수점 위치를 찾아 표시해 보세요.

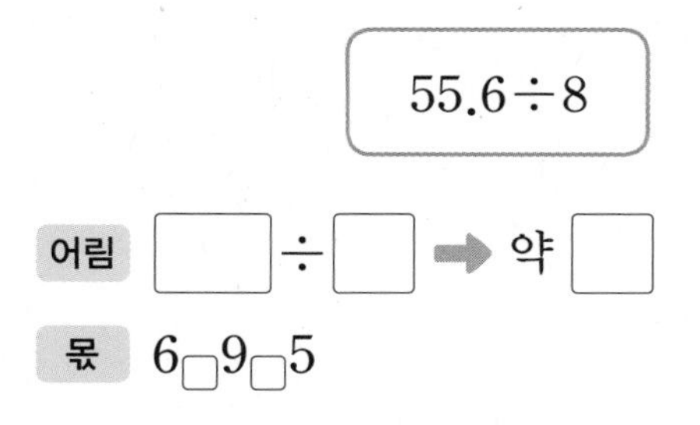

10 몫이 1보다 작은 나눗셈을 찾아 ○표 하세요.

5.4÷5	3.7÷2	6.86÷7
(　　)	(　　)	(　　)

11 □ 안에 알맞은 수를 써넣으세요.

$33.03 \div \square = 9$

12 리본 5.08 m를 모두 사용하여 똑같은 크기의 선물 상자 4개를 포장하였습니다. 선물 상자 한 개를 포장하는 데 사용한 리본의 길이는 몇 m일까요?

(　　　　　　　　)

13 넓이가 40.3 cm^2인 도형을 똑같이 5개로 나누었습니다. 색칠한 부분의 넓이는 몇 cm^2일까요?

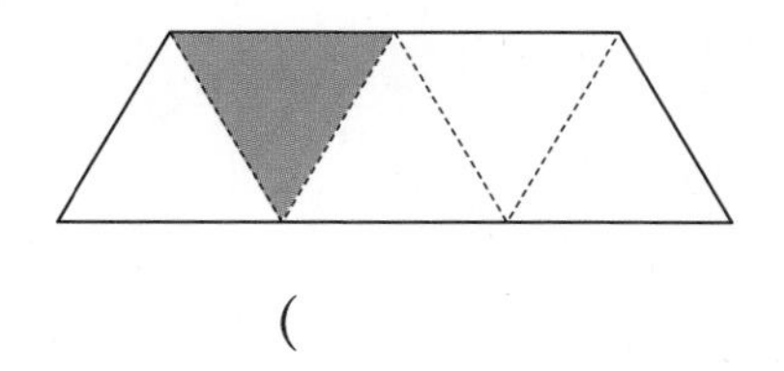

(　　　　　　　　)

14 몫이 큰 것부터 차례로 기호를 써 보세요.

㉠ 42.15÷3　　㉡ 66÷5
㉢ 28.92÷4　　㉣ 59.2÷8

(　　　　　　　　)

3

정답과 풀이 29쪽

15 0부터 9까지의 수 중에서 □ 안에 들어갈 수 있는 수를 모두 구해 보세요.

$16.32 \div 3 > 5.\square 5$

( )

16 길이가 6.02 m인 도로의 한쪽에 나무 8그루를 같은 간격으로 심으려고 합니다. 도로의 처음과 끝에 모두 나무를 심는다면 나무 사이의 간격을 몇 m로 해야 할까요? (단, 나무의 두께는 생각하지 않습니다.)

( )

17 수 카드 4장을 한 번씩 모두 사용하여 몫이 가장 작은 나눗셈식을 만들고 계산해 보세요.

6 3 8 2

$\square\square.\square \div \square$

( )

18 ㉠♥㉡을 다음과 같이 약속할 때 7.8♥2.8을 계산해 보세요.

㉠♥㉡=(㉠+㉡)÷(㉠−㉡)

( )

서술형

19 휘발유 9 L로 117.45 km를 갈 수 있는 자동차가 있습니다. 이 자동차가 휘발유 4 L로 갈 수 있는 거리는 몇 km인지 풀이 과정을 쓰고 답을 구해 보세요.

풀이

답

서술형

20 38.4를 어떤 수로 나누었더니 6이 되었습니다. 어떤 수를 5로 나눈 몫과 8로 나눈 몫의 차는 얼마인지 풀이 과정을 쓰고 답을 구해 보세요.

풀이

답

4 비와 비율

핵심 1 두 수 비교하기

두 수를 비교할 때에는 뺄셈이나 □으로 비교한다.

핵심 2 비

$3:4$ ➡
- 3 대 4
- 3과 4의 비
- □에 대한 3의 비
- 3의 □에 대한 비

핵심 3 비율

$3:4$

비교하는 양 ↗ ↖ 기준량

(비율)＝(비교하는 양)÷(기준량)

$=\dfrac{(\square)}{(\text{기준량})}$

핵심 4 백분율

기준량을 □으로 할 때의 비율

비율 $\dfrac{35}{100}$ ➡
- 35 %
- 35퍼센트

핵심 5 백분율 구하기

비율에 100을 곱해서 나온 값에 기호 %를 붙인다.

비율 $\dfrac{27}{100}$ ➡ $\dfrac{27}{100}\times\square=27\,(\%)$

답 1. 나눗셈 2. 4, 4 3. 비교하는 양 4. 100 5. 100

STEP 1 교과 개념

1. 두 수 비교하기

한 모둠에 남학생 6명, 여학생 3명이 있습니다.

두 양의 크기를 뺄셈과 나눗셈으로 비교하기

- 뺄셈으로 비교하기

$6-3=3$

남학생은 여학생보다 3명 더 많습니다.
여학생은 남학생보다 3명 더 적습니다.

- 나눗셈으로 비교하기

$6\div3=2$

남학생 수는 여학생 수의 2배입니다.
여학생 수는 남학생 수의 $\frac{1}{2}$배입니다.

변하는 두 양의 관계 알아보기

모둠 수	1	2	3	4	5
남학생 수(명)	6	12	18	24	30
여학생 수(명)	3	6	9	12	15

- 뺄셈으로 비교하기

$6-3=3$(명), $12-6=6$(명), $18-9=9$(명), $24-12=12$(명), $30-15=15$(명)으로 모둠 수에 따라 남학생이 여학생보다 3명, 6명, 9명, 12명, 15명 더 많습니다.
➡ 모둠 수에 따라 남학생 수와 여학생 수의 **관계가 변합니다.**

- 나눗셈으로 비교하기

$6\div3=2$(배), $12\div6=2$(배), $18\div9=2$(배), $24\div12=2$(배), $30\div15=2$(배)로 항상 남학생 수가 여학생 수의 2배입니다.
➡ 모둠 수에 따라 남학생 수와 여학생 수의 **관계가 변하지 않습니다.**

개념 자세히 보기

• 두 양의 크기를 뺄셈으로 비교하는 상황과 나눗셈으로 비교하는 상황이 다를 수 있어요!

두 사람의 나이 차를 비교하는 경우에는 뺄셈으로 비교합니다.
1000원짜리 물건은 500원짜리 물건에 비해 가격이 몇 배인지 구하는 경우에는 나눗셈으로 비교합니다.

• 절대적 비교와 상대적 비교에 대해 알아보아요!

- 절대적 비교: 두 사람의 나이 차를 비교하는 것
  예 10살 다은이는 8살 정민이보다 2살 더 많습니다.
- 상대적 비교: 가격이 다른 두 물건을 비교하는 것
  예 20000원짜리 신발은 40000원짜리 신발에 비해 가격이 절반입니다.

1 **운동장에 있는 학생은 24명, 선생님은 4명입니다. 물음에 답하세요.**

① 학생 수와 선생님 수를 뺄셈으로 비교해 보세요.

$24-4=$ □

학생은 선생님보다 □명 더 많습니다.

학생 수와 선생님 수를 뺄셈과 나눗셈으로 비교해 보아요.

② 학생 수와 선생님 수를 나눗셈으로 비교해 보세요.

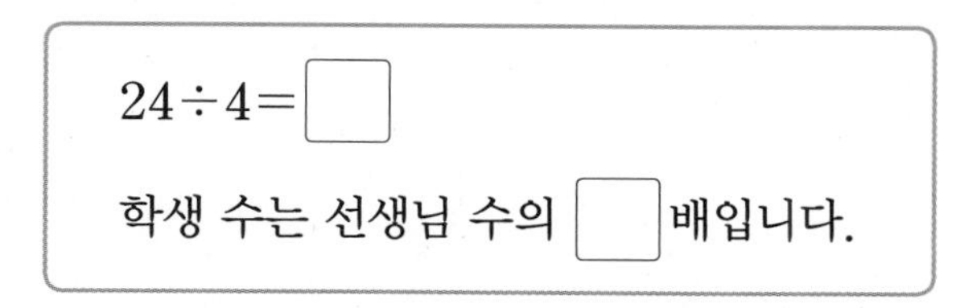

$24\div4=$ □

학생 수는 선생님 수의 □배입니다.

2 **한 모둠은 3명씩이고 한 모둠에 빵을 6개씩 나누어 주었습니다. 물음에 답하세요.**

① 모둠 수에 따른 모둠원 수와 빵 수를 구해 표를 완성해 보세요.

모둠 수	1	2	3	4	5	…
모둠원 수(명)	3	6	9	12	15	…
빵 수(개)	6	12				…

② 모둠 수에 따른 모둠원 수와 빵 수를 비교해 보세요.

뺄셈으로 비교하기	나눗셈으로 비교하기
모둠 수에 따라 빵 수는 모둠원 수보다 각각 3, 6, □, □, □ 더 많습니다.	빵 수는 항상 모둠원 수의 □배입니다.

모둠 수에 따른 모둠원 수와 빵 수를 각각 뺄셈과 나눗셈을 이용하여 비교해요.

3 **색종이 5장으로 리본 1개를 만들었습니다. 만든 리본 수와 색종이 수를 나눗셈으로 비교해 보세요.**

리본 수(개)	1	2	3	4	5
색종이 수(장)	5	10	15	20	25

➡ 색종이 수는 리본 수의 □배입니다.

리본 1개를 만드는 데 색종이가 몇 장을 사용했는지 생각해요.

STEP 1 교과 개념

2. 비 알아보기

● 물의 양과 매실 원액의 양을 비교하기

물 5컵과 매실 원액 2컵을 넣어 매실주스 1병을 만들려고 합니다.

(1) 매실주스 병 수에 따른 물의 양과 매실 원액의 양을 표로 나타내어 비교하기

물의 양(컵)	5	10	15	20	25
매실 원액의 양(컵)	2	4	6	8	10

➡ 물의 양과 매실 원액의 양을 나눗셈으로 비교하면 물의 양은 매실 원액의 양의 $\frac{5}{2}$배입니다.

(2) 비로 나타내기

• **비**: 두 수를 나눗셈으로 비교하기 위해 기호 :을 사용하여 나타낸 것

• 두 수 5와 2의 비교

쓰기	읽기
5 : 2	**5 대 2**

• 5 : 2를 여러 가지로 읽기

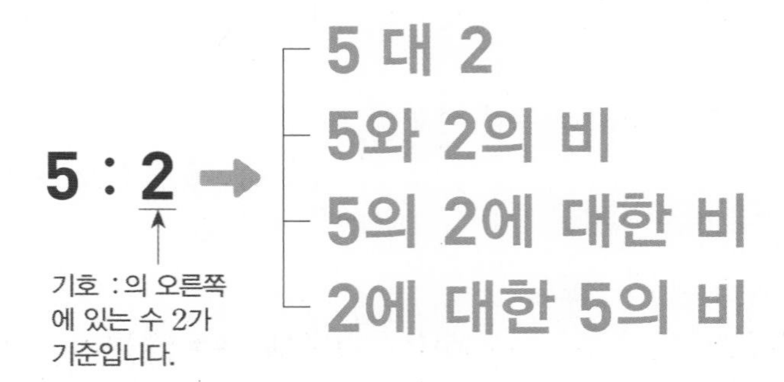

개념 자세히 보기

• **4 : 5와 5 : 4는 달라요!**

➲ 정답과 풀이 31쪽

1 □ 안에 알맞은 수를 써넣으세요.

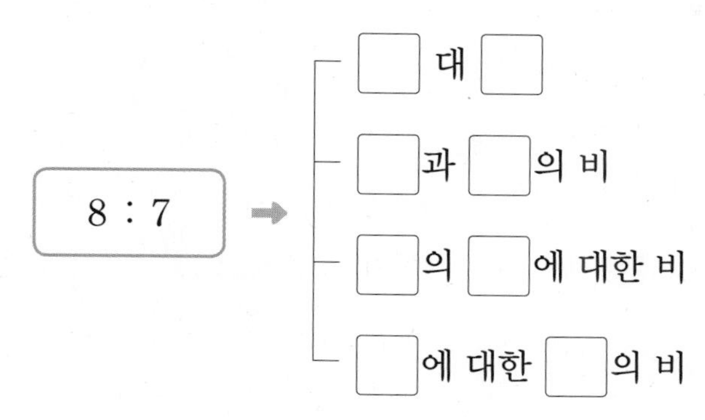

2 그림을 보고 □ 안에 알맞은 수를 써넣으세요.

① 축구공 수와 야구공 수의 비 ➡ 6 : □

② 야구공 수에 대한 축구공 수의 비 ➡ □ : □

③ 축구공 수에 대한 야구공 수의 비 ➡ □ : □

3 □ 안에 알맞은 수를 써넣으세요.

① 9 대 8 ➡ □ : □

② 5와 7의 비 ➡ □ : □

③ 4의 7에 대한 비 ➡ □ : □

④ 3에 대한 2의 비 ➡ □ : □

4 그림을 보고 전체에 대한 색칠한 부분의 비를 써 보세요.

전체에 대한
색칠한 부분의 비는
(색칠한 부분) : (전체)예요.

①

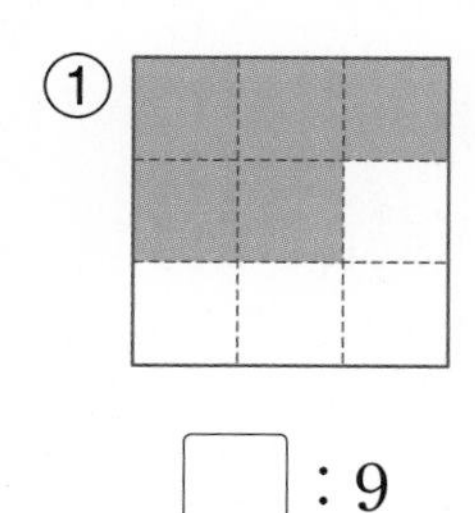

□ : 9

②

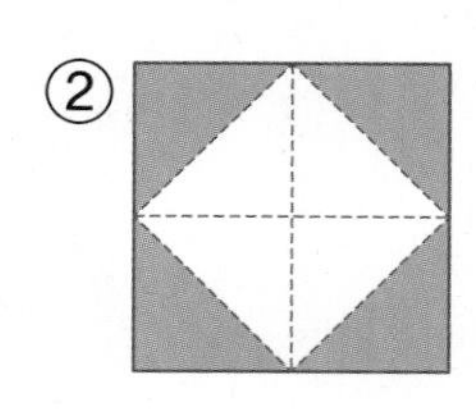

4 : □

STEP 1 교과 개념

3. 비율 알아보기, 비율이 사용되는 경우 알아보기

● 비율 알아보기

• 비 12 : 20에서 기호 : 의 오른쪽에 있는 20은 **기준량**이고, 왼쪽에 있는 12는 **비교하는 양**입니다.

12 : 20

비교하는 양 (12) — 기준량 (20)

• 기준량에 대한 비교하는 양의 크기를 **비율**이라고 합니다.

$$(\text{비율}) = (\text{비교하는 양}) \div (\text{기준량}) = \frac{(\text{비교하는 양})}{(\text{기준량})}$$

비 **12 : 20**을 비율로 나타내면 $\frac{12}{20}\left(=\frac{3}{5}\right)$ 또는 **0.6**입니다.

● 비율이 사용되는 경우 알아보기

• 걸린 시간에 대한 간 거리의 비율 알아보기

기차를 타고 5시간 동안 서울에서 부산까지 약 400 km를 갔습니다.

➡ (걸린 시간에 대한 간 거리의 비율) $=\frac{(\text{간 거리})}{(\text{걸린 시간})}=\frac{400}{5}(=80)$

• 넓이에 대한 인구의 비율 알아보기

서울의 인구는 9497000명이고, 넓이는 605 km^2입니다.

➡ (넓이에 대한 인구의 비율) $=\frac{(\text{인구})}{(\text{넓이})}=\frac{9497000}{605}$(=15697.5⋯ → 약 15698)

• 흰색 물감 양에 대한 파란색 물감 양의 비율 알아보기

흰색 물감 200 mL에 파란색 물감 10 mL를 섞어 하늘색을 만들었습니다.

➡ (흰색 물감 양에 대한 파란색 물감 양의 비율) $=\frac{(\text{파란색 물감 양})}{(\text{흰색 물감 양})}=\frac{10}{200}\left(=\frac{1}{20}=0.05\right)$

개념 자세히 보기

• 비율의 크기를 알아보아요!

(기준량) < (비교하는 양)
➡ 비율은 1보다 큽니다.

(기준량) = (비교하는 양)
➡ 비율은 1과 같습니다.

(기준량) > (비교하는 양)
➡ 비율은 1보다 작습니다.

➲ 정답과 풀이 31쪽

1 □ 안에 알맞은 수나 말을 써넣으세요.

비 3:4에서 3은 □(이)고, 4는 □입니다.

비 3:4를 비율로 나타내면 $\frac{(\text{비교하는 양})}{(\text{기준량})} = \frac{\square}{4} = \square$입니다.

기준량에 대한 비교하는 양의 크기를 비율이라고 해요.

2 비교하는 양과 기준량을 찾아 쓰고 비율을 구해 보세요.

비	비교하는 양	기준량	비율
9 : 30	9		
18과 45의 비			
7의 4에 대한 비			

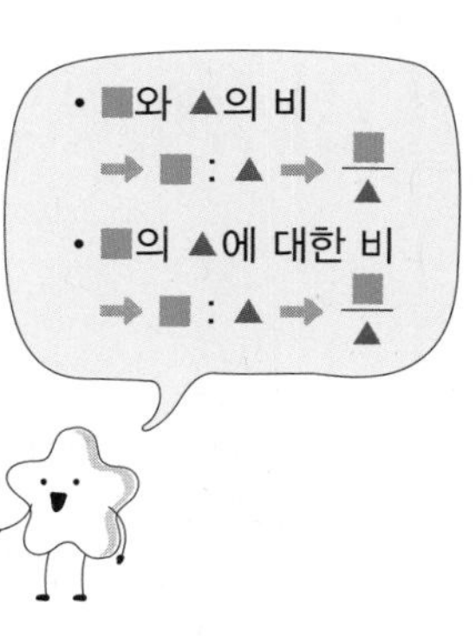

3 기준량을 나타내는 수가 다른 하나는 어느 것일까요? (   )

① 5와 8의 비
② 9 : 8
③ 8의 11에 대한 비
④ 11의 8에 대한 비
⑤ 3의 8에 대한 비

4 달빛 마을과 태양 마을의 넓이에 대한 인구의 비율을 각각 구해 보세요.

마을	달빛 마을	태양 마을
인구(명)	10480	9750
넓이(km^2)	4	3

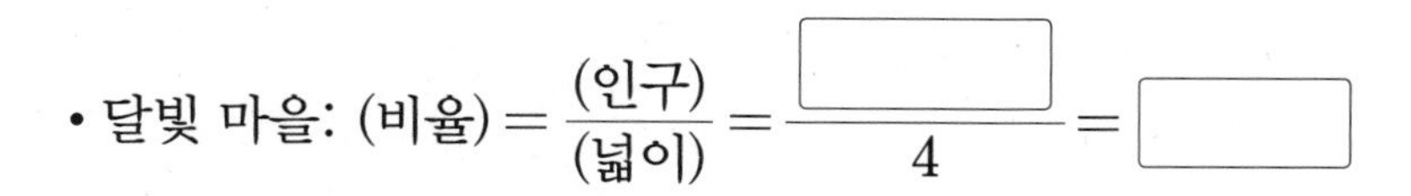
• 달빛 마을: (비율) $= \frac{(\text{인구})}{(\text{넓이})} = \frac{\square}{4} = \square$

• 태양 마을: (비율) $= \frac{(\text{인구})}{(\text{넓이})} = \frac{\square}{3} = \square$

4

STEP 1 교과 개념

4. 백분율 알아보기, 백분율이 사용되는 경우 알아보기

● 백분율 알아보기

- 기준량을 100으로 할 때의 비율을 백분율이라고 합니다.
- 백분율은 기호 %를 사용하여 나타냅니다.
- 비율 $\frac{82}{100}$를 82 %라 쓰고 82퍼센트라고 읽습니다.

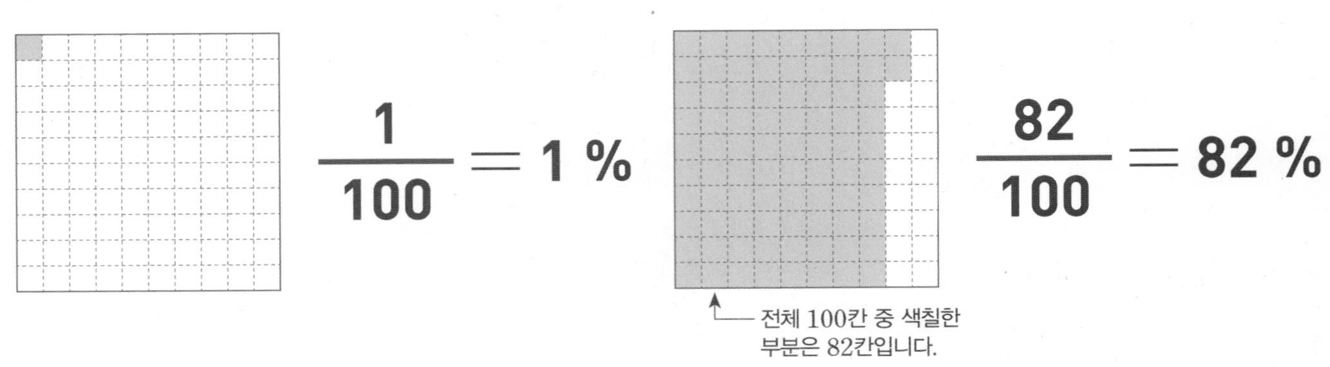

● 비율을 백분율로 나타내기

- 비율 $\frac{3}{4}$을 백분율로 나타내기

$$\frac{3}{4}=\frac{75}{100}=75\ \%,\ \frac{3}{4}\times 100=75\ (\%)$$

● 백분율이 사용되는 경우 알아보기

- 두 물건의 할인율을 백분율로 나타내고 비교하기

1000원짜리 공책은 750원에 팔고 3000원짜리 필통은 2400원에 팝니다.

〈공책의 할인율〉

방법 1 할인된 판매 가격이 원래 가격의 $\frac{750}{1000}\times 100=75\ (\%)$이므로 할인율은 $100-75=25\ (\%)$입니다.

방법 2 (할인한 가격)$=1000-750=250$(원)이므로 (할인율)$=\frac{250}{1000}\times 100=25\ (\%)$입니다.

〈필통의 할인율〉

방법 1 할인된 판매 가격이 원래 가격의 $\frac{2400}{3000}\times 100=80\ (\%)$이므로 (할인율)$=100-80=20\ (\%)$입니다.

방법 2 (할인한 가격)$=3000-2400=600$(원)이므로 (할인율)$=\frac{600}{3000}\times 100=20\ (\%)$입니다.

➡ $25\ \% > 20\ \%$이므로 공책과 필통 중 할인율이 더 높은 것은 공책입니다.

➲ 정답과 풀이 31쪽

① 체험 학습에 참가한 학생 50명 중 남학생은 27명입니다. □ 안에 알맞은 수를 써넣으세요.

① 참가한 학생 수에 대한 남학생 수의 비율은 $\frac{\square}{50}$입니다.

② 참가한 학생 수에 대한 남학생 수의 비율을 백분율로 나타내면

$\frac{\square}{50} \times 100 = \square$ (%)입니다.

② 그림을 보고 전체에 대한 색칠한 부분의 비율을 백분율로 나타내어 보세요.

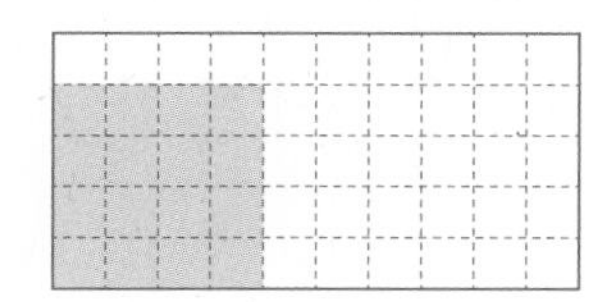

$\frac{\square}{50} \times 100 = \square$ (%)

전체 칸 수에 대한 색칠한 부분의 칸 수의 비율을 구한 다음 백분율로 나타내요.

③ 빈칸에 알맞은 수를 써넣으세요.

분수	소수	백분율(%)
$\frac{67}{100}$		67
	0.24	

4

④ 윤서네 반 회장 선거에서 30명이 투표에 참여했습니다. 어느 후보의 득표율이 더 높은지 알아보려고 합니다. □ 안에 알맞은 수나 말을 써넣으세요.

후보	민우	서현
득표 수(표)	12	18

① (민우의 득표율) $= \frac{\square}{30} \times 100 = \square$ (%)

(서현이의 득표율) $= \frac{18}{\square} \times 100 = \square$ (%)

② □ % < □ %이므로 □(이)의 득표율이 더 높습니다.

STEP 2 꼭 나오는 유형

1 두 수를 비교하기

1 빨간색 구슬 수와 노란색 구슬 수를 비교하려고 합니다. □ 안에 알맞은 수를 써넣으세요.

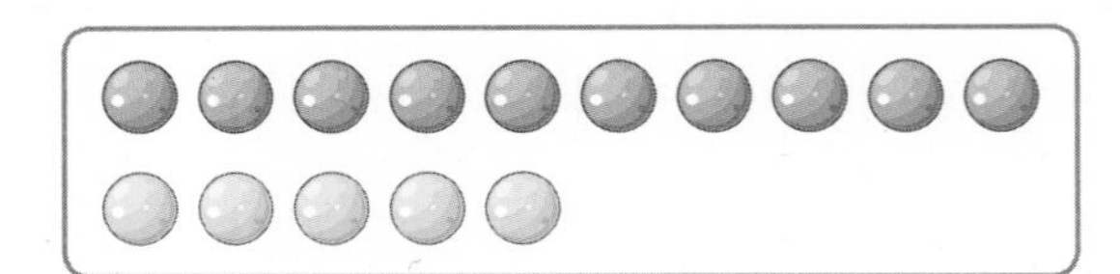

(1) 빨간색 구슬은 노란색 구슬보다 □개 더 많습니다.

(2) 빨간색 구슬 수는 노란색 구슬 수의 □배입니다.

변화하는 두 양이 일정하게 더해지는지 곱해지는지 찾아봐.

준비 표를 완성하여 세발자전거 수와 바퀴 수 사이의 대응 관계를 알아보세요.

세발자전거 수(대)	1	2	3	4
바퀴 수(개)	3			

2 500원짜리 동전을 100원짜리 동전으로 바꾸려고 합니다. 물음에 답하세요.

500원짜리 동전 수(개)	1	2	3	4
100원짜리 동전 수(개)	5	10		

(1) 표를 완성해 보세요.

(2) 100원짜리 동전 수와 500원짜리 동전 수를 뺄셈으로 비교해 보세요.

100원짜리 동전은 500원짜리 동전보다 □개, □개, □개, □개 더 많습니다.

(3) 100원짜리 동전 수와 500원짜리 동전 수를 나눗셈으로 비교해 보세요.

100원짜리 동전 수는 항상 500원짜리 동전 수의 □배입니다.

(4) 알맞은 말에 ○표 하세요.

100원짜리 동전 수와 500원짜리 동전 수의 관계가 변하지 않는 것은 (뺄셈 , 나눗셈)으로 비교하는 경우입니다.

서술형

3 어느 시각 키가 400 cm인 기린의 그림자 길이를 재어 보니 800 cm입니다. 기린의 그림자 길이와 기린 키를 뺄셈과 나눗셈으로 비교해 보세요.

뺄셈으로 비교하기

나눗셈으로 비교하기

2 비 알아보기

4 그림을 보고 □ 안에 알맞은 수를 써넣으세요.

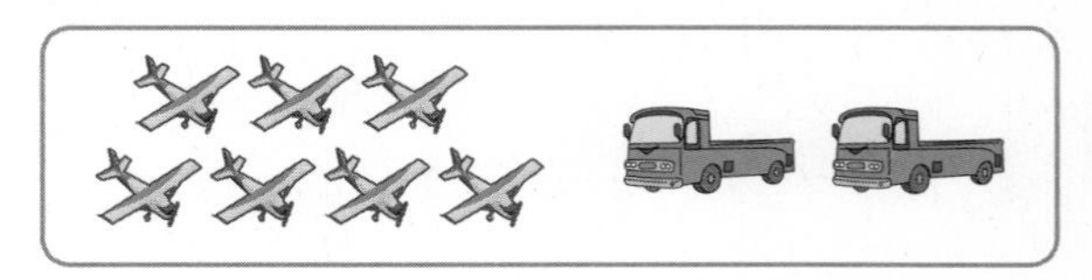

(1) 비행기 수와 트럭 수의 비 ➡ □ : □

(2) 트럭 수와 비행기 수의 비 ➡ □ : □

5 □ 안에 알맞은 수를 써넣으세요.

(1) 4에 대한 9의 비 ➡ □ : □

(2) 4의 9에 대한 비 ➡ □ : □

6 4 : 11을 잘못 읽은 것은 어느 것일까요?

( )

① 4의 11에 대한 비
② 4와 11의 비
③ 11에 대한 4의 비
④ 4에 대한 11의 비
⑤ 4 대 11

7 그림을 보고 전체에 대한 색칠한 부분의 비를 써 보세요.

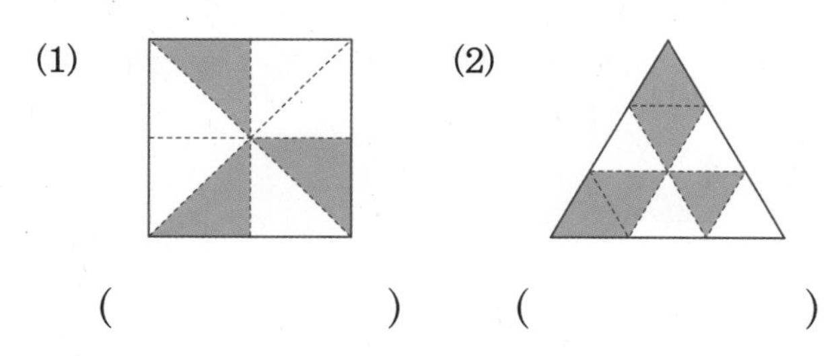

( ) ( )

8 초록색 테이프 길이에 대한 노란색 테이프 길이의 비를 구해 보세요.

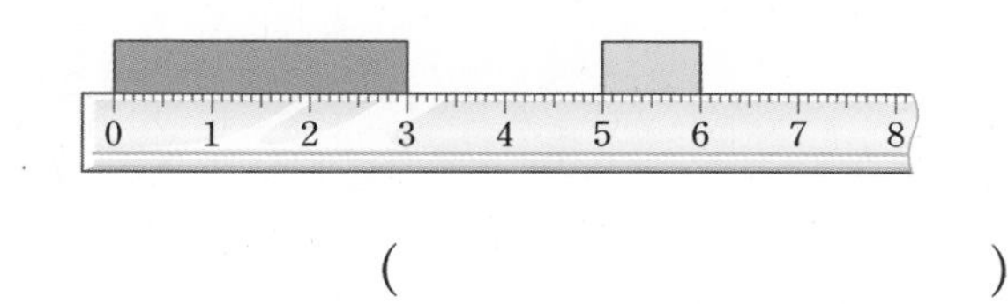

( )

서술형

9 알맞은 말에 ○표 하여 문장을 완성하고, 그 이유를 써 보세요.

6 : 4와 4 : 6은 (같습니다 , 다릅니다).

이유

10 토끼와 거북이가 60 m 달리기를 하고 있습니다. 물음에 답하세요. (단, 각 칸의 크기는 같습니다.)

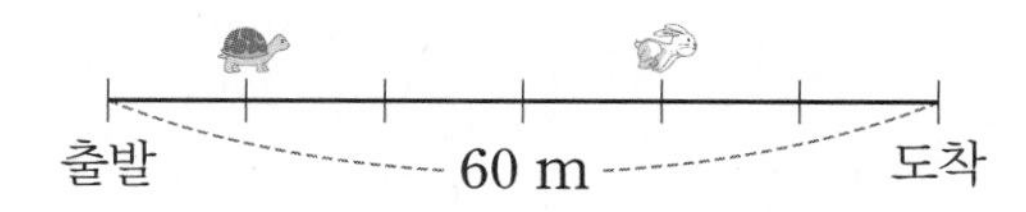

(1) 거북이가 출발점에서부터 달린 거리와 전체 거리의 비를 구해 보세요.

( )

(2) 토끼가 출발점에서부터 달린 거리와 도착점까지 남은 거리의 비를 구해 보세요.

( )

내가 만드는 문제

11 주어진 비 중에서 하나를 골라 ○표 하고, 전체에 대한 색칠한 부분의 비가 되도록 색칠해 보세요.

1:5 2:5 3:5 4:5

12 딸기우유와 흰 우유가 모두 13개 있습니다. 딸기우유가 7개일 때 전체 우유 수에 대한 흰 우유 수의 비를 구해 보세요.

( )

3 비율 알아보기

13 비교하는 양과 기준량을 찾아 쓰고 비율을 분수로 나타내어 보세요.

비	비교하는 양	기준량	비율
1 : 10			
7 : 20			
14 : 3			

분수를 소수로 나타낼 때
먼저 분모가 10, 100, 1000인 분수로 나타내야 해.

준비 분수를 소수로, 소수를 분수로 나타내어 보세요.

(1) $\frac{4}{5}$ ➡ (　　　　　　　　)

(2) 0.03 ➡ (　　　　　　　　)

14 비 3 : 12를 비율로 잘못 나타낸 사람의 이름을 써 보세요.

$\frac{1}{4}$ 연주　　0.25 인우　　$\frac{12}{3}$ 승엽

(　　　　　　　　)

15 나타내는 비율이 다른 하나를 찾아 기호를 써 보세요.

㉠ 7의 5에 대한 비　　㉡ $\frac{30}{20}$

㉢ $\frac{35}{25}$　　㉣ 1.4

(　　　　　　　　)

16 전체 사각형에 대한 각 도형의 비율을 분수로 나타내어 보세요.

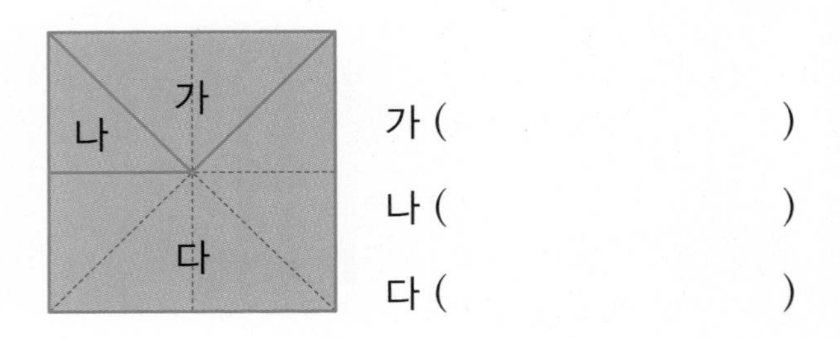

가 (　　　　　　　　)
나 (　　　　　　　　)
다 (　　　　　　　　)

17 두 직사각형의 가로에 대한 세로의 비율을 비교하려고 합니다. 가로에 대한 세로의 비율을 분수와 소수로 각각 나타내고 알맞은 말에 ○표 하세요.

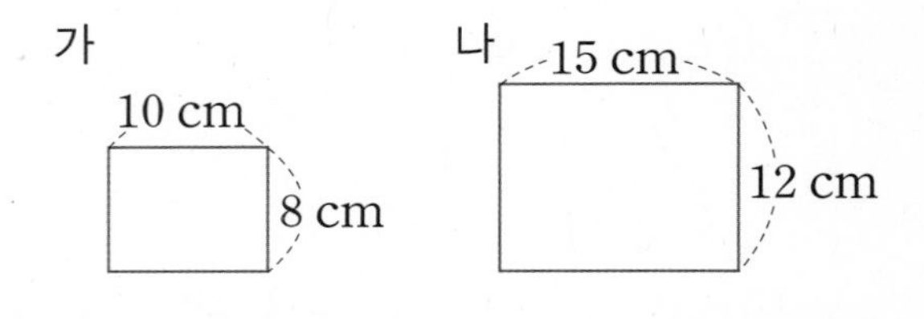

비율	가	나
분수		
소수		

두 직사각형의 가로에 대한 세로의 비율은 (같습니다 , 다릅니다).

[18~19] 100원짜리 동전을 20번 던져서 나온 면을 표로 나타낸 것입니다. 물음에 답하세요.

회차	1회	2회	3회	4회	5회	6회	7회	8회	9회	10회
나온 면	그림	숫자	그림	숫자	숫자	그림	그림	그림	숫자	숫자

회차	11회	12회	13회	14회	15회	16회	17회	18회	19회	20회
나온 면	숫자	숫자	그림	숫자	그림	그림	숫자	그림	숫자	숫자

(그림): 그림 면 (100): 숫자 면

18 동전을 던진 횟수에 대한 그림 면이 나온 횟수의 비를 써 보세요.

( )

19 동전을 던진 횟수에 대한 그림 면이 나온 횟수의 비율을 분수와 소수로 각각 나타내어 보세요.

분수 ( )
소수 ( )

20 비율이 높은 것부터 차례로 기호를 써 보세요.

㉠ 15 : 21
㉡ 8에 대한 4의 비
㉢ 4와 3의 비

( )

21 무선이네 가족과 은정이네 가족은 고깃집에 갔습니다. 돼지고기를 무선이네 가족 3명은 600 g 먹었고, 은정이네 가족 4명은 1000 g 먹었습니다. 가족 수에 대한 먹은 돼지고기 양의 비율이 더 높은 가족은 어느 가족일까요?

( )

4 비율이 사용되는 경우

22 트럭이 400 km를 달리는 데 5시간이 걸렸습니다. 이 트럭이 400 km를 달리는 데 걸린 시간에 대한 달린 거리의 비율을 구해 보세요.

( )

23 두 마을의 인구와 넓이를 조사한 표입니다. 물음에 답하세요.

마을	인구(명)	넓이(km^2)
가	750000	2500
나	6300	30

(1) 두 마을의 넓이에 대한 인구의 비율을 각각 구해 보세요.

가 ( )
나 ( )

(2) 두 마을 중 인구가 더 밀집한 곳은 어디인지 써 보세요.

( )

24 흰색 물감 200 mL에 검은색 물감 10 mL를 섞어 회색 물감을 만들었습니다. 흰색 물감 양에 대한 검은색 물감 양의 비율을 소수로 나타내어 보세요.

( )

서술형

25 타율은 전체 타수에 대한 안타 수의 비율입니다. 어느 야구 감독은 타율이 가장 높은 선수를 1번 타자로 선발하려고 합니다. 누가 1번 타자가 되는지 풀이 과정을 쓰고 답을 구해 보세요.

선수	김지환	정민	양재혁
전체 타수	20	15	27
안타 수	10	6	9

풀이

답

26 물 150 g에 소금 50 g을 녹여 소금물을 만들었습니다. 만든 소금물에서 소금물 양에 대한 소금 양의 비율을 소수로 나타내어 보세요.

( )

27 은정이는 흰색 물감 360 mL에 파란색 물감 40 mL를, 시영이는 흰색 물감 400 mL에 파란색 물감 80 mL를 섞어 하늘색 물감을 만들었습니다. 만든 하늘색 물감에서 하늘색 물감 양에 대한 파란색 물감 양의 비율을 비교하여 누가 만든 하늘색 물감이 더 진한지 구해 보세요.

( )

5 백분율 알아보기

28 비율을 백분율로 잘못 나타낸 것은 어느 것일까요? ( )

① $\frac{7}{10}$ ➡ 70 %　② $\frac{24}{50}$ ➡ 48 %
③ 1.04 ➡ 140 %　④ 0.76 ➡ 76 %
⑤ 0.08 ➡ 8 %

29 색칠한 부분을 보고 색칠하지 않은 부분을 백분율로 나타내어 보세요.

(1)
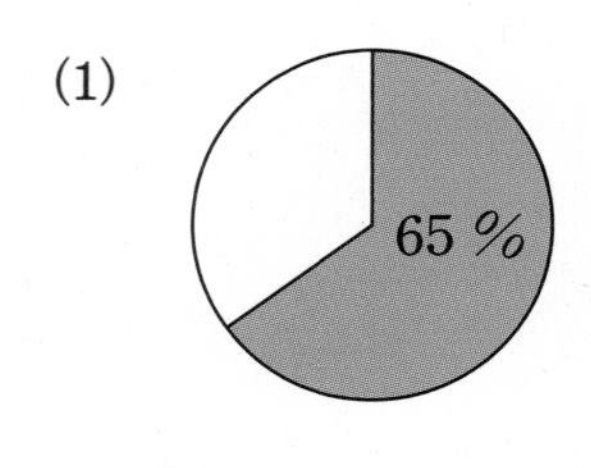

(2)
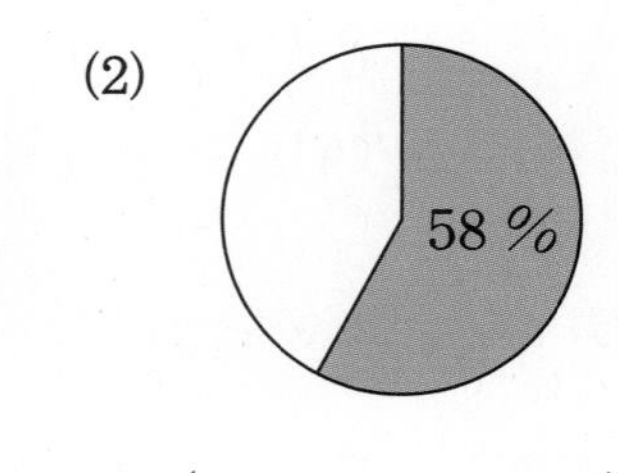

( )　( )

전체 칸 수는 분모, 색칠한 칸 수는 분자가 돼.

준비 색칠한 부분을 분수로 나타내어 보세요.

(1)
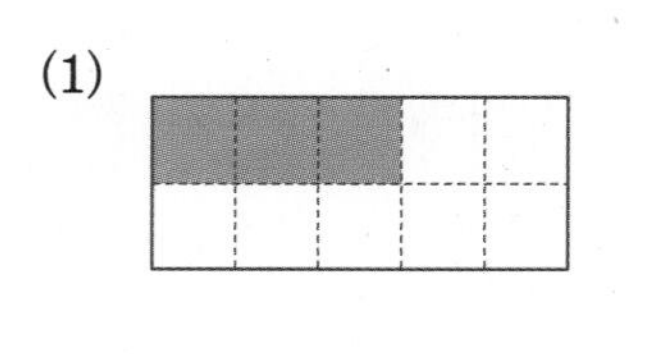

(2)
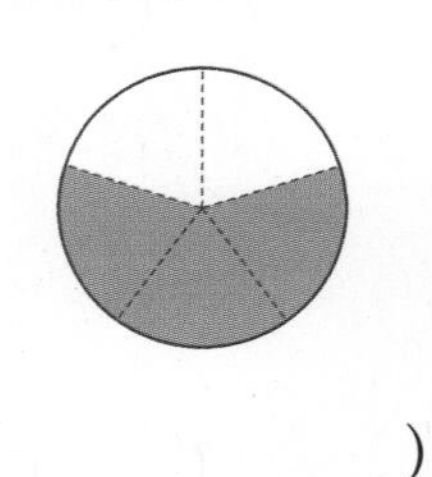

( )　( )

30 전체에 대한 색칠한 부분의 비율을 백분율로 나타내어 보세요.

(1)
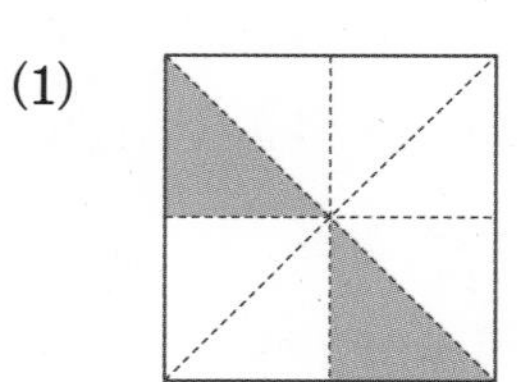

(2)
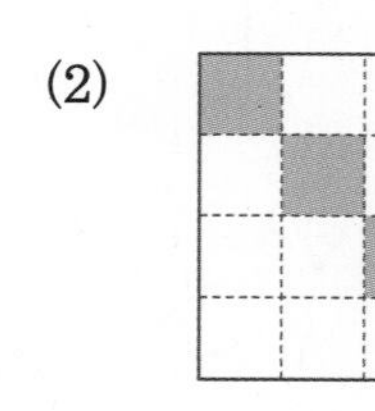

( )　( )

내가 만드는 문제

31 원하는 만큼 색칠하고 전체에 대한 색칠한 부분의 비율을 백분율로 나타내어 보세요.

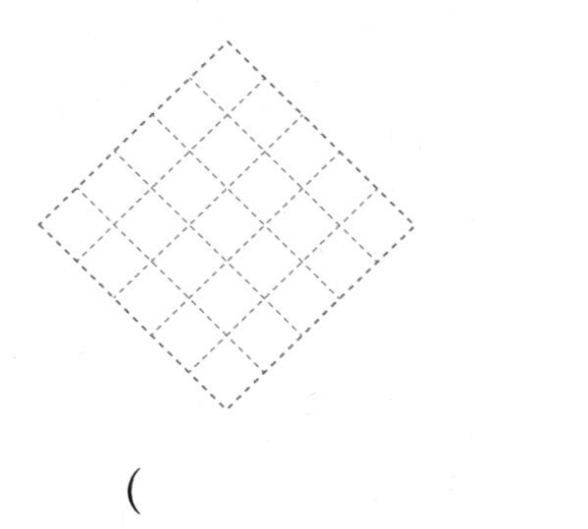

(　　　　　　　　)

32 표를 완성해 보세요.

비 \ 비율	기약분수	소수	백분율
7 : 35			
40에 대한 24의 비			

33 두 비율의 크기를 비교하여 ◯ 안에 >, =, <를 알맞게 써넣으세요.

(1) 15 % ◯ 0.24

(2) $\frac{101}{100}$ ◯ 108 %

서술형

34 백분율에 대한 설명이 맞는지 틀린지 쓰고, 그 이유를 써 보세요.

> 비율 $\frac{13}{25}$을 소수로 나타내면 0.52이고 이것을 백분율로 나타내면 5.2 %입니다.

답

이유

35 비율의 크기를 비교하여 □ 안에 알맞게 써넣으세요.

> $\frac{42}{100}$　　4.2　　0.42 %

□ < □ < □

6 백분율이 사용되는 경우

36 전교 학생 회장 선거 투표에 400명이 참여했고 희준이는 140표를 득표했습니다. 희준이의 득표율은 몇 %인지 구해 보세요.

(　　　　　　　　)

[37~38] 물 95 g에 소금 5 g을 녹여 소금물을 만들었습니다. 물음에 답하세요.

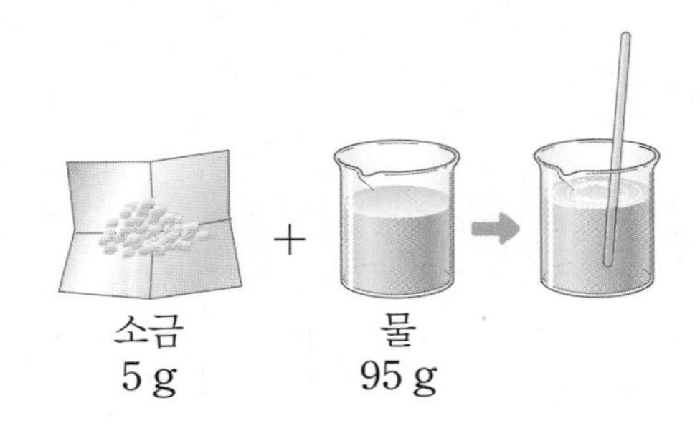

37 소금물 양에 대한 소금 양의 비율은 몇 %인지 구해 보세요.

( )

38 이 소금물에 소금 25 g을 더 넣었습니다. 새로 만든 소금물 양에 대한 소금 양의 비율은 몇 %일까요?

( )

서술형

39 어느 가게에서 8000원짜리 세제를 6800원에 할인하여 판매합니다. 이 세제의 할인율은 몇 %인지 풀이 과정을 쓰고 답을 구해 보세요.

풀이 ......

......

......

답 ......

40 준수는 수학 시험에서 25개의 문제 중 21개를 맞혔고, 국어 시험에서 20개의 문제 중 16개를 맞혔습니다. 준수는 수학과 국어 중에서 어느 과목의 시험을 더 잘 보았을까요?

( )

41 은아는 대한 은행과 민국 은행에 다음과 같이 같은 기간 동안 예금하였습니다. 은아가 받을 이자가 더 많은 은행은 어디인지 구해 보세요.

은행	예금한 돈(원)	이자율(%)
대한 은행	5000	6
민국 은행	8000	4

( )

42 스포츠용품 전문점에서 축구공을 12.5 % 할인하여 42000원에 판매한다고 합니다. 이 축구공의 원래 가격은 얼마인지 구해 보세요.

( )

STEP 3 자주 틀리는 유형

응용 유형 중 자주 틀리는 유형을 집중학습함으로써 실력을 한 단계 높여 보세요.

비교하는 양과 기준량

1 비교하는 양이 9인 것을 모두 찾아 기호를 써 보세요.

㉠ 7과 5의 비　　㉡ 9 대 5
㉢ 15의 9에 대한 비　　㉣ 9 : 12

(　　　　　　　　)

2 비교하는 양이 다른 하나는 어느 것일까요? (　　　)

① 4 : 12　　② 4와 9의 비
③ 3 대 4　　④ 25에 대한 4의 비
⑤ 4의 3에 대한 비

3 기준량이 큰 것부터 차례로 기호를 써 보세요.

㉠ 4 대 7　　㉡ 4에 대한 3의 비
㉢ 2 : 5　　㉣ 4와 11의 비

(　　　　　　　　)

비, 비율, 백분율

4 비와 백분율을 보고 비율을 기약분수로 나타내어 보세요.

(1) 2 대 3　(　　　　)
(2) 5에 대한 7의 비　(　　　　)
(3) 35 %　(　　　　)
(4) 113 %　(　　　　)

5 수아네 학교에는 남자 선생님이 9명, 여자 선생님이 25명 있습니다. 물음에 답하세요.

(1) 남자 선생님 수와 여자 선생님 수의 비를 구해 보세요.

(　　　　　　　　)

(2) 여자 선생님 수에 대한 남자 선생님 수의 비율을 분수로 나타내어 보세요.

(　　　　　　　　)

6 ■의 수에 대한 ▲의 수의 비율을 구하려고 합니다. 빈칸에 알맞게 써넣으세요.

■ ■ ▲ ▲ ■ ■ ▲	비	비율 (분수)	백분율

기준량이 비교하는 양보다 큰(작은) 것

7 기준량이 비교하는 양보다 큰 것을 찾아 기호를 써 보세요.

㉠ 1.15	㉡ $\frac{7}{6}$
㉢ 3 : 2	㉣ 0.3

(　　　　　　　　)

8 기준량이 비교하는 양보다 작은 것을 찾아 기호를 써 보세요.

㉠ 10 : 7	㉡ 13에 대한 6의 비
㉢ $\frac{8}{11}$	㉣ 4와 21의 비

(　　　　　　　　)

9 비율이 1보다 높은 것을 모두 찾아 기호를 써 보세요.

㉠ 5 대 12	㉡ 10의 9에 대한 비
㉢ 17에 대한 8의 비	㉣ 140 %

(　　　　　　　　)

물건의 판매 가격

10 문구점에서 8000원짜리 학용품 세트를 20 % 할인하여 판매한다고 합니다. 이 학용품 세트의 판매 가격은 얼마인지 구해 보세요.

(　　　　　　　　)

11 민지는 가게에서 14000원에 팔고 있는 인형을 15 % 할인받아 샀습니다. 민지가 산 인형의 판매 가격은 얼마인지 구해 보세요.

(　　　　　　　　)

12 신발 가게에서 원가가 12000원인 운동화에 10 %의 이익을 붙여서 판매하려고 합니다. 이 운동화의 판매 가격은 얼마인지 구해 보세요.

(　　　　　　　　)

경쟁률

13 어느 회사의 하반기 공채 경쟁률은 4 : 1이고 지원자 수는 1840명입니다. 합격자 수는 몇 명인지 구해 보세요.

( )

14 승아의 언니는 경쟁률이 8 : 1인 대학에 합격했습니다. 지원자 수가 1760명이라면 합격자 수는 몇 명인지 구해 보세요.

( )

15 선주의 삼촌은 경쟁률이 12 : 1인 공무원 시험에 합격했습니다. 합격자 수가 350명이라면 시험에 지원한 사람은 모두 몇 명인지 구해 보세요.

( )

빠르기

16 자동차는 3시간에 204 km를 달렸고, 버스는 2시간에 120 km를 달렸습니다. 자동차와 버스 중 어느 것이 더 빠를까요?

( )

17 두 자동차가 달린 거리와 걸린 시간입니다. 두 자동차 중 더 느린 자동차를 찾아 기호를 써 보세요.

자동차	가	나
걸린 시간	30분	5시간
달린 거리	34 km	315 km

( )

18 가 자동차는 4시간에 260000 m를 달렸고, 나 자동차는 5분에 5 km를 달렸습니다. 두 자동차 중 어느 것이 더 빠를까요?

( )

STEP 4 최상위 도전 유형

도전1 도형에서 변의 길이 구하기

1 오른쪽 직사각형의 가로를 20 % 늘여서 새로운 직사각형을 만들었습니다. 새로 만든 직사각형의 넓이는 몇 cm^2인지 구해 보세요.

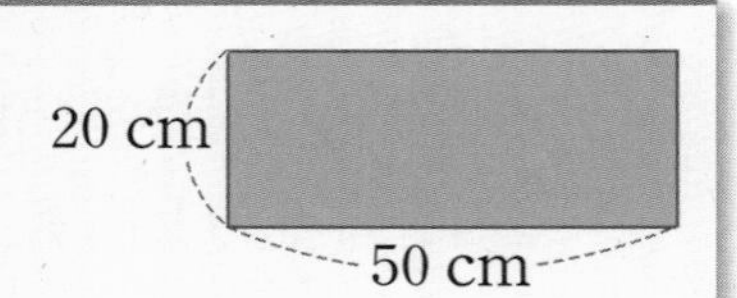

(   )

핵심 NOTE

새로 만든 직사각형의 가로를 구한 다음 새로 만든 직사각형의 넓이를 구합니다.

2 오른쪽 마름모의 대각선 ㄱㄷ의 길이를 15 % 줄여서 새로운 마름모를 만들었습니다. 새로 만든 마름모의 넓이는 몇 cm^2인지 구해 보세요.

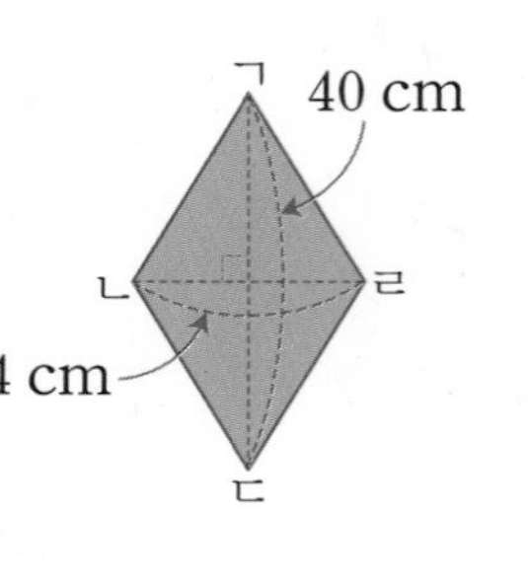

(   )

3 오른쪽 삼각형의 밑변의 길이와 높이를 각각 25 %씩 줄여서 새로운 삼각형을 만들었습니다. 새로 만든 삼각형의 넓이는 몇 cm^2인지 구해 보세요.

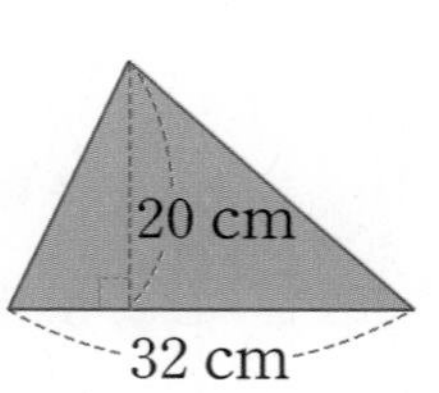

(   )

도전2 비율을 구하여 기준량 구하기

4 현수는 국어 시험에서 20문제 중 16개를 맞혔고 4개를 틀렸습니다. 수학 시험에서 맞힌 문제 수와 틀린 문제 수의 비율은 국어 시험과 같습니다. 수학 시험에서 맞힌 문제가 20개라면 틀린 문제는 몇 개인지 구해 보세요.

(   )

핵심 NOTE

① 국어 시험에서 맞힌 문제 수와 틀린 문제 수의 비율을 구합니다.
② ①에서 구한 비율을 이용하여 수학 시험에서 틀린 문제 수를 구합니다.

5 같은 시각에 같은 장소에서 키와 그림자 길이의 비율은 같습니다. 민수와 아랑이가 같은 시각에 같은 장소에서 키를 재었다면 아랑이의 그림자 길이는 몇 cm인지 구해 보세요.

이름	민수	아랑
키(cm)	130	120
그림자 길이(cm)	156	

(   )

6 초록색 물감 20 mL와 노란색 물감 15 mL를 섞어서 연두색 물감을 만들었습니다. 같은 비율로 연두색 물감을 만들려면 초록색 물감 60 mL와 노란색 물감 몇 mL를 섞어야 할까요?

(   )

도전3 비율의 크기 비교하기

7 □ 안에 들어갈 수 있는 가장 작은 자연수를 써넣으세요.

(1) $28\,\% < \frac{\square}{100}$

(2) $\frac{12}{40} < \square\,\%$

핵심 NOTE

◆<♥일 때, ◆ %, $\frac{♥}{100}$의 크기를 비교하면

$\frac{♥}{100} \times 100 =$ ♥ (%)이고 ◆<♥이므로 ◆ %< $\frac{♥}{100}$

8 희진이와 채령이가 농구공을 던져 골대에 넣었습니다. 희진이의 성공률이 더 높을 때 □ 안에 들어갈 수 있는 가장 큰 수를 구해 보세요.

> 희진이의 성공률은 65 %입니다. 채령이는 30개의 공을 던져 □개를 넣었습니다.

( )

9 인우와 승엽이가 축구공을 차서 골대에 넣고 있습니다. □ 안에 들어갈 수 있는 가장 작은 수를 써넣으세요.

> 인우는 공을 9번 차서 5번 넣었습니다.
> 승엽이가 이기려면 공을 15번 차서 □번 이상 넣어야 합니다.

도전4 이자율 비교하기

10 표를 보고 두 은행 중 어느 은행의 1개월 이자율이 더 높은지 구해 보세요. (단, 두 은행의 이자는 매월 같습니다.)

은행	예금한 돈(원)	예금한 기간(개월)	이자(원)
가	20000	1	200
나	30000	3	1080

( )

핵심 NOTE

$(\text{이자율}) = \frac{(\text{이자})}{(\text{예금한 돈})} \times 100\,(\%)$

11 표를 보고 두 은행 중 어느 은행의 1개월 이자율이 더 높은지 구해 보세요. (단, 두 은행의 이자는 매월 같습니다.)

은행	예금한 돈(원)	예금한 기간(개월)	이자(원)
햇빛	80000	5	5200
희망	90000	6	8100

( )

도전 최상위

12 표를 보고 아라가 100000원을 은행에 1년 동안 예금할 때 두 은행 중 어느 은행에 예금하는 것이 얼마나 더 이익인지 구해 보세요. (단, 두 은행의 이자는 매년 같습니다.)

은행	예금한 돈(원)	예금한 기간(년)	이자(원)
성실	50000	2	8000
사랑	70000	3	12600

( ), ( )

4

도전5 비율의 활용 (1)

13 문구점에서 물건을 다음과 같이 할인하여 판매합니다. 할인율이 가장 높은 물건을 구해 보세요.

물건	정가(원)	판매 가격(원)
색연필	2000	1600
공책	1500	1050
크레파스	4000	3000

(   )

핵심 NOTE

• (할인 금액) $=$ (정가) $-$ (판매 가격)

• (할인율) $= \frac{\text{(할인 금액)}}{\text{(정가)}} \times 100\,(\%)$

14 가 문구점과 나 문구점에서 파는 연필 1타의 정가와 할인율을 나타낸 표입니다. 어느 문구점에서 연필 1타를 더 싸게 살 수 있을까요?

문구점	가	나
정가(원)	6800	7500
할인율	$\frac{1}{8}$	20 %

(   )

15 어느 모자 가게에서 원가가 10000원인 모자에 40 %의 이익을 붙여 정가를 정하였습니다. 이 모자를 정가의 20 %를 할인하여 판매한다면 이 모자의 판매 가격은 얼마일까요?

(   )

도전6 비율의 활용 (2)

16 어느 농장에서 가축을 750마리 기르고 있습니다. 그중에서 20 %는 오리이고, 나머지의 $\frac{9}{20}$는 닭입니다. 닭은 몇 마리인지 구해 보세요.

(   )

핵심 NOTE

① 오리 수를 구합니다.

② 나머지 가축 수를 구하여 닭 수를 구합니다.

17 어느 인형 공장에서 생산한 인형은 800개 중에서 불량품이 12 %라고 합니다. 불량품을 제외한 인형의 25 %를 불우한 이웃에게 기부하려고 합니다. 이 공장에서 생산한 인형 800개 중에서 기부할 수 있는 인형은 몇 개일까요?

(   )

도전 최상위

18 넓이가 500 m^2인 밭의 30 %에는 옥수수를 심었고, 나머지의 0.54에는 고구마를 심었습니다. 옥수수와 고구마를 심고 남은 부분에 파를 심었다면 파를 심은 밭의 넓이는 몇 m^2인지 구해 보세요.

(   )

수시 평가 대비 Level 1

점수

확인

[1~2] 한 상자에 사과가 4개씩 담겨 있습니다. 상자의 수와 사과의 수 사이의 관계를 알아보려고 합니다. 물음에 답하세요.

1 표를 완성하고 상자의 수와 사과의 수를 뺄셈과 나눗셈으로 비교해 보세요.

상자의 수(상자)	1	2	3	4	5
사과의 수(개)	4	8	12		

뺄셈으로 비교하기

사과의 수는 상자의 수보다 3개, ☐개, ☐개, ☐개, ☐개 더 많습니다.

나눗셈으로 비교하기

사과의 수는 항상 상자의 수의 ☐배입니다.

2 뺄셈과 나눗셈 중 상자의 수와 사과의 수의 관계가 변하지 않는 것은 무엇인지 써 보세요.

( )

3 비 7 : 3을 잘못 읽은 것은 어느 것일까요?

( )

① 7 대 3 ② 7과 3의 비
③ 3의 7에 대한 비 ④ 3에 대한 7의 비
⑤ 7의 3에 대한 비

4 다음을 비로 나타낼 때 기준량과 비교하는 양을 각각 써 보세요.

5와 8의 비

기준량 ( )
비교하는 양 ( )

5 전체에 대한 색칠한 부분의 비를 써 보세요.

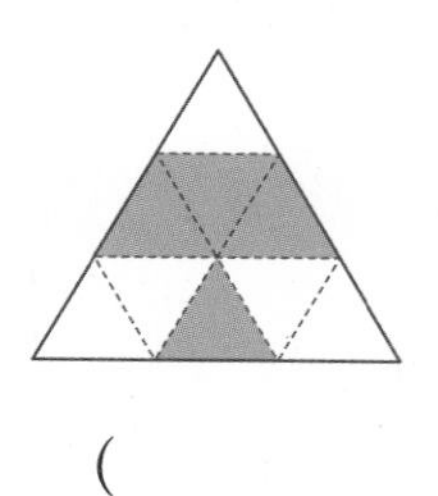

( )

6 비교하는 양을 나타내는 수가 나머지와 다른 하나를 찾아 기호를 써 보세요.

㉠ 3 : 8 ㉡ 5에 대한 3의 비
㉢ 5와 3의 비 ㉣ 3의 8에 대한 비

( )

7 노란 도화지와 초록 도화지가 합하여 30장 있습니다. 노란 도화지가 18장일 때 전체 도화지 수에 대한 초록 도화지 수의 비를 구해 보세요.

( )

8 6 : 8의 비율을 모두 고르세요. ( )

① $\frac{1}{4}$ ② 0.75 ③ $\frac{3}{4}$
④ 0.6 ⑤ $\frac{8}{6}$

4

9 비율이 같은 것끼리 이어 보세요.

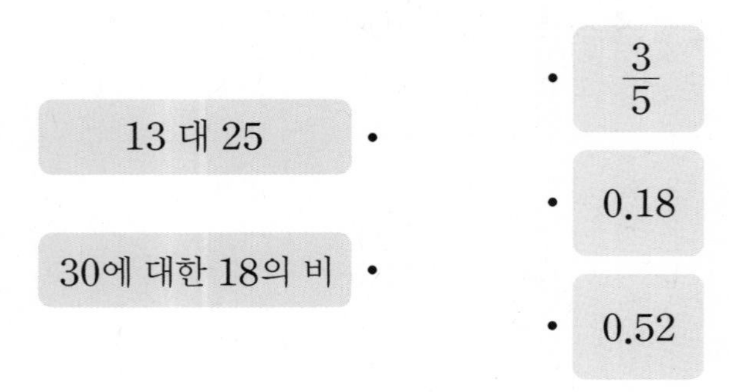

10 색종이가 100장 있습니다. 윤하는 미술 시간에 전체 색종이의 32 %를 사용했습니다. 윤하가 사용한 색종이는 몇 장일까요?

( )

11 비율의 크기를 비교하여 □ 안에 알맞게 써넣으세요.

42 %　　4.2　　$\frac{4}{10}$

□ < □ < □

12 어느 가게에서 15000원짜리 인형을 12300원에 할인하여 판매합니다. 이 인형의 할인율은 몇 %일까요?

( )

13 어느 도시의 넓이는 4000 km^2이고 인구는 800000명입니다. 이 도시의 넓이에 대한 인구의 비율을 구해 보세요.

( )

14 어느 초등학교 전교 어린이 회장 선거의 투표 결과입니다. 어린이 회장으로 당선된 후보의 득표율은 몇 %일까요?

	유민	성욱	무효표
득표 수(표)	160	220	20

( )

15 기준량이 비교하는 양보다 큰 것을 모두 찾아 기호를 써 보세요.

㉠ $\frac{6}{7}$　　㉡ $\frac{10}{9}$

㉢ 1.5　　㉣ 91 %

( )

➔ 정답과 풀이 37쪽

16 수학 문제를 정우는 80개 중에서 68개를 풀었고, 혜빈이는 50개 중에서 44개를 풀었습니다. 전체 수학 문제 수에 대한 푼 수학 문제 수의 비율이 더 높은 사람은 누구일까요?

(　　　　　　　　)

17 그림과 같은 정사각형의 각 변을 15 %씩 늘여서 새로운 정사각형을 만들었습니다. 새로 만든 정사각형의 둘레는 몇 cm일까요?

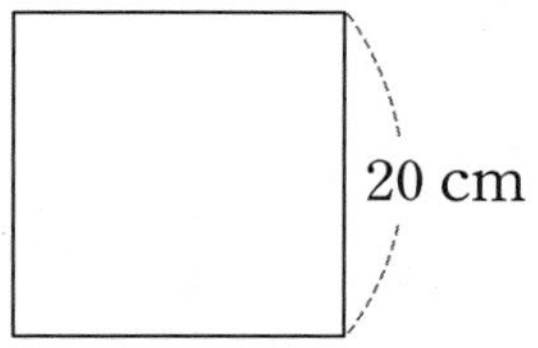

20 cm

(　　　　　　　　)

18 소금물 양에 대한 소금 양의 비율이 12 %인 소금물이 500 g 있습니다. 이 소금물에 소금 50 g을 더 넣었을 때 새로 만든 소금물 양에 대한 소금 양의 비율은 몇 %일까요?

(　　　　　　　　)

서술형

19 다음 비에 대한 설명이 맞는지 틀린지 ○표 하고, 그 이유를 써 보세요.

9 : 15와 15 : 9는 같습니다.

(맞습니다 , 틀립니다).

이유 ……………………………………

……………………………………

……………………………………

서술형

20 수지는 은행에 80000원을 1년 동안 예금하였더니 예금한 돈의 4 %만큼 이자가 붙었습니다. 수지가 예금한 지 1년 후에 찾을 수 있는 돈은 얼마인지 풀이 과정을 쓰고 답을 구해 보세요.

풀이 ……………………………………

……………………………………

……………………………………

……………………………………

답 ……………………

4

수시 평가 대비 Level 2

점수

확인

1 사과 수와 복숭아 수를 비교하려고 합니다. □ 안에 알맞은 수를 써넣으세요.

(1) 복숭아는 사과보다 □개 더 많습니다.

(2) 복숭아 수는 사과 수의 □배입니다.

2 그림을 보고 □ 안에 알맞은 수를 써넣으세요.

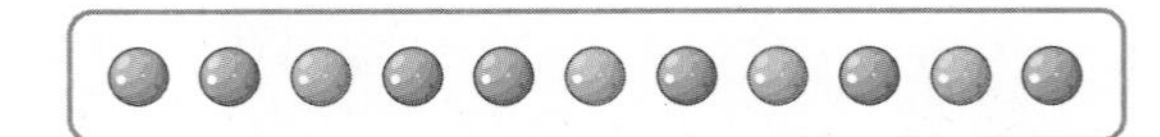

파란색 구슬 수에 대한 빨간색 구슬 수의 비

➡ □ : □

3 6 : 11을 잘못 읽은 것을 찾아 기호를 써 보세요.

㉠ 6 대 11
㉡ 6의 11에 대한 비
㉢ 6에 대한 11의 비
㉣ 6과 11의 비

( )

4 다음 비에서 기준량과 비교하는 양을 각각 찾아 써 보세요.

15 : 17

기준량 ( )
비교하는 양 ( )

5 관계있는 것끼리 이어 보세요.

$\frac{3}{4}$ •	• 1.75 •	• 100 %
$\frac{4}{4}$ •	• 1 •	• 175 %
$\frac{7}{4}$ •	• 0.75 •	• 75 %

6 그림을 보고 전체에 대한 색칠한 부분의 비를 써 보세요.

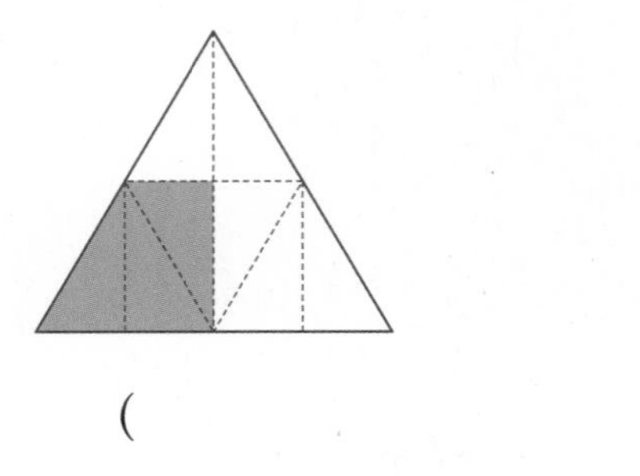

( )

7 기준량이 비교하는 양보다 작은 것을 찾아 기호를 써 보세요.

㉠ 6 : 10
㉡ 17에 대한 20의 비
㉢ 0.3

( )

정답과 풀이 38쪽

8 자동차의 위치를 보고 전체 거리에 대한 간 거리의 비율을 분수로 나타내어 보세요.

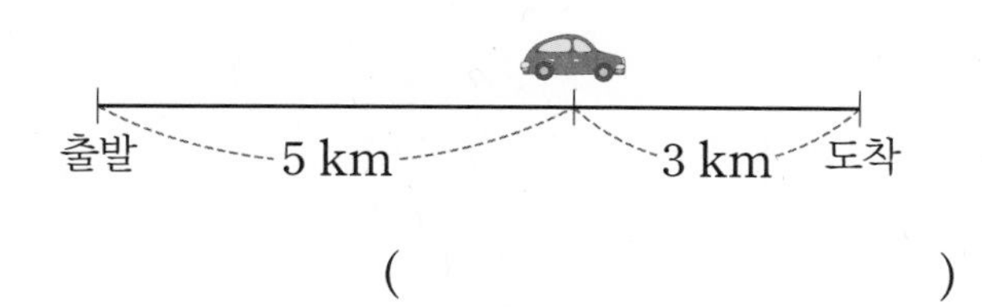

( )

9 신발 가게에서 45000원짜리 신발을 사고 900원을 적립하였습니다. 신발을 산 가격에 대한 적립 금액의 비율은 몇 %인지 구해 보세요.

( )

10 비율을 백분율로 잘못 나타낸 것을 찾아 기호를 써 보세요.

㉠ $\frac{1}{5}$ ➡ 20 %	㉡ $\frac{6}{24}$ ➡ 25 %
㉢ 0.42 ➡ 42 %	㉣ 0.3 ➡ 3 %

( )

11 백분율만큼 색칠해 보세요.

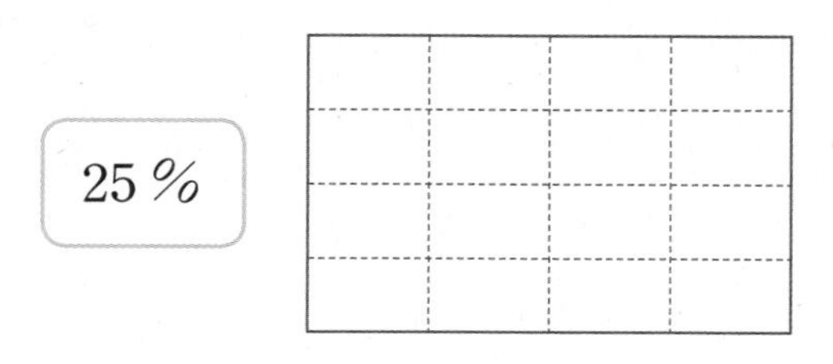

12 비율이 높은 것부터 차례로 기호를 써 보세요.

㉠ $\frac{7}{12}$	㉡ 48 %
㉢ 0.72	㉣ 1 : 3

( )

13 경연이는 가게에서 8000원에 팔고 있는 아이스크림을 17 % 할인받아 샀습니다. 경연이가 아이스크림을 사는 데 낸 돈은 얼마인지 구해 보세요.

( )

14 연주와 승욱이 중에서 시험을 더 잘 본 사람은 누구인지 구해 보세요.

연주: 30명 중 18등을 하였습니다.
승욱: 25명 중 16등을 하였습니다.

( )

정답과 풀이 38쪽

15 어느 문구점에서 정가가 4400원인 물감을 한 개 팔면 정가의 25 %의 이익이 생깁니다. 이 물감 5개를 팔았을 때 생기는 이익은 모두 얼마인지 구해 보세요.

( )

16 두 자동차가 달린 거리와 걸린 시간입니다. 두 자동차 중 더 느린 자동차를 찾아 기호를 써 보세요.

자동차	가	나
걸린 시간(분)	20	95
달린 거리(km)	17	114

( )

17 오른쪽 직사각형의 가로와 세로를 각각 15 % 늘여서 새로운 직사각형을 만들었습니다. 새로 만든 직사각형의 넓이는 몇 cm^2인지 구해 보세요.

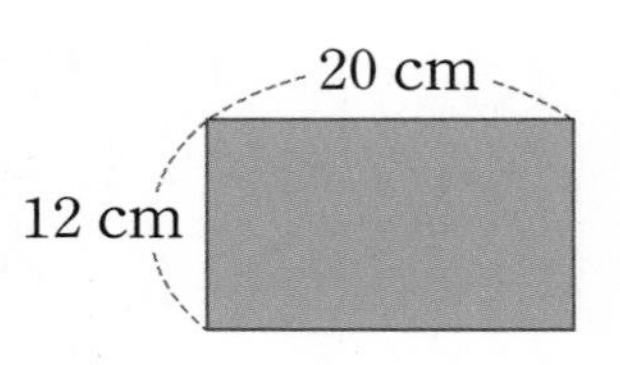

( )

18 민주는 진하기가 16 %인 소금물 400 g을 만들었고, 희영이는 진하기가 20 %인 소금물 350 g을 만들었습니다. 누가 만든 소금물에 녹아 있는 소금의 양이 몇 g 더 많은지 구해 보세요.

( ), ( )

서술형

19 넓이에 대한 인구의 비율이 310인 마을이 있습니다. 이 마을의 넓이가 24 km^2일 때 인구는 몇 명인지 풀이 과정을 쓰고 답을 구해 보세요.

풀이

답

서술형

20 다음과 같이 미래 은행과 디딤 은행에 같은 기간 동안 예금하였습니다. 두 은행에 같은 기간 동안 같은 금액을 예금할 때 이자를 더 많이 받을 수 있는 은행은 어디인지 풀이 과정을 쓰고 답을 구해 보세요.

은행	예금한 돈(원)	이자(원)
미래 은행	64000	1920
디딤 은행	42000	1680

풀이

답

5 여러 가지 그래프

이번 단원에서
꼭 짚어야 할
핵심 개념을 알아보자.

핵심 1 그림그래프

- □의 크기로 많고 적음을 알 수 있다.
- 그림그래프는 복잡한 자료를 간단하게 보여준다.

핵심 2 띠그래프

전체에 대한 각 부분의 비율을 띠 모양에 나타낸 그래프를 □라고 한다.

핵심 3 띠그래프로 나타내기

① 띠그래프로 나타낼 때 각 항목의 백분율을 구한 다음 백분율의 합계가 □ %인지 확인한다.

② 각 항목이 차지하는 백분율의 크기만큼 선을 그어 띠를 나눈다.

③ 나눈 부분에 각 항목의 내용과 백분율을 쓰고 제목을 쓴다.

핵심 4 원그래프

전체에 대한 각 부분의 비율을 원 모양에 나타낸 그래프를 □라고 한다.

핵심 5 원그래프로 나타내기

① 원그래프로 나타낼 때 각 항목의 백분율을 구한 다음 □의 합계가 100 %인지 확인한다.

② 각 항목이 차지하는 백분율의 크기만큼 선을 그어 원을 나눈다.

③ 나눈 부분에 각 항목의 내용과 백분율을 쓰고 제목을 쓴다.

답 1. 그림 2. 띠그래프 3. 100 4. 원그래프 5. 백분율

STEP 1 교과 개념

1. 그림그래프로 나타내기

● 그림그래프를 보고 알 수 있는 사실 알아보기

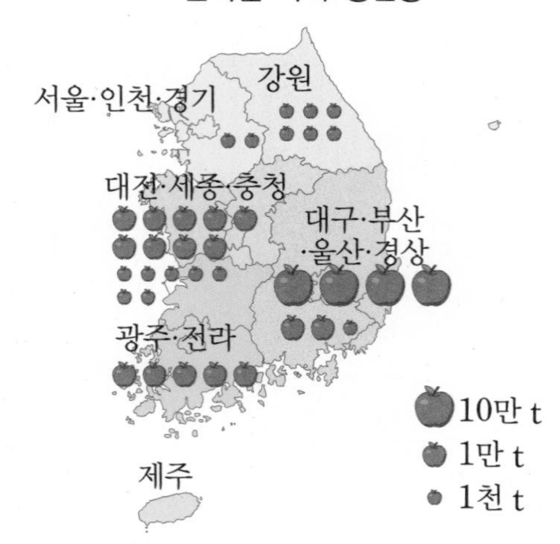

- 사과 생산량이 가장 많은 권역은 대구 · 부산 · 울산 · 경상 권역입니다.
- 강원 권역의 사과 생산량은 서울 · 인천 · 경기 권역의 사과 생산량의 3배입니다.
  - 강원 권역의 사과 생산량 → 6000 t
  - 서울 · 인천 · 경기 권역의 사과 생산량 → 2000 t

● 표를 보고 그림그래프로 나타내기

권역별 공공의료기관 수

권역	공공의료기관 수(개소)
서울 · 인천 · 경기	58
대전 · 세종 · 충청	31
광주 · 전라	41
강원	20
대구 · 부산 · 울산 · 경상	65
제주	5

- 자료를 **표**로 나타내면 **정확한 수치**를 알 수 있습니다.
- 자료를 **그림그래프**로 나타내면 권역별로 **많고 적음**을 한눈에 알 수 있습니다.
- 그림그래프에서 **큰 단위**를 나타내는 **그림의 수가 많을수록 자료 값이 큰 것**입니다.

1 그림그래프를 보고 물음에 답하세요.

권역별 강수량

① 강원 권역의 강수량은 몇 mm일까요?

( )

② 강수량이 가장 많은 권역은 어디일까요?

( )

③ 강수량이 가장 적은 권역은 어디일까요?

( )

큰 단위를 나타내는 그림의 개수가 많을수록 자료 값이 큰 것이에요.

5

2 어느 해 국가별 출생아 수를 조사한 표입니다. 그림그래프로 나타내어 보세요.

국가별 출생아 수

국가	한국	캐나다	이탈리아	프랑스
출생아 수(만 명)	36	28	46	73

국가별 출생아 수

국가	출생아 수
한국	
캐나다	
이탈리아	
프랑스	

10만 명
1만 명

출생아 28만 명을 2개, 8개로 나타내었어요.

2. 띠그래프 알아보기, 띠그래프로 나타내기

● 띠그래프 알아보기

• **띠그래프**: 전체에 대한 각 부분의 비율을 띠 모양에 나타낸 그래프

좋아하는 음식별 학생 수

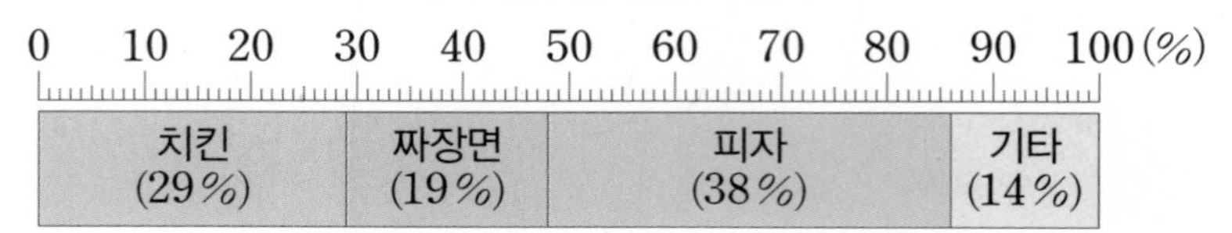

① **작은 눈금 한 칸은 1 %**를 나타냅니다.
② **가장 많은** 학생들이 좋아하는 음식은 **피자**입니다.
③ **피자**를 좋아하는 학생 수는 **짜장면**을 좋아하는 학생 수의 $38 \div 19 = 2$**(배)**입니다.

• 띠그래프의 특징
① **전체에 대한 각 부분의 비율을 한눈**에 알아보기 쉽습니다.
② **각 항목끼리의 비율을 쉽게 비교**할 수 있습니다.

● 띠그래프로 나타내기

• 띠그래프로 나타내는 방법
① 자료를 보고 **각 항목의 백분율**을 구합니다.
② 각 항목의 **백분율의 합계가 100 %**가 되는지 확인합니다.
③ 각 항목이 차지하는 **백분율의 크기만큼 선을 그어 띠를 나눕니다.**
④ 나눈 부분에 **각 항목의 내용과 백분율을 씁니다.**
⑤ 띠그래프의 **제목**을 씁니다.

• 띠그래프로 나타내기

학급문고의 종류별 책의 수

종류	동화책	위인전	참고서	만화책	합계
책의 수(권)	96	48	60	36	240
백분율(%)	40	20	25	15	100

→ 동화책: $\frac{96}{240} \times 100 = 40$ (%)
위인전: $\frac{48}{240} \times 100 = 20$ (%)
참고서: $\frac{60}{240} \times 100 = 25$ (%)
만화책: $\frac{36}{240} \times 100 = 15$ (%)

학급문고의 종류별 책의 수

0 10 20 30 40 50 60 70 80 90 100(%)

동화책 (40%) | 위인전 (20%) | 참고서 (25%) | 만화책 (15%)

① 띠그래프의 **작은 눈금 한 칸은 5 %**를 나타냅니다.
② **가장 많은** 책은 **동화책**입니다.
③ **동화책** 수는 **위인전** 수의 $40 \div 20 = 2$**(배)**입니다.

➲ 정답과 풀이 40쪽

1 **지아네 학교 학생들의 혈액형을 조사하여 나타낸 그래프입니다. 물음에 답하세요.**

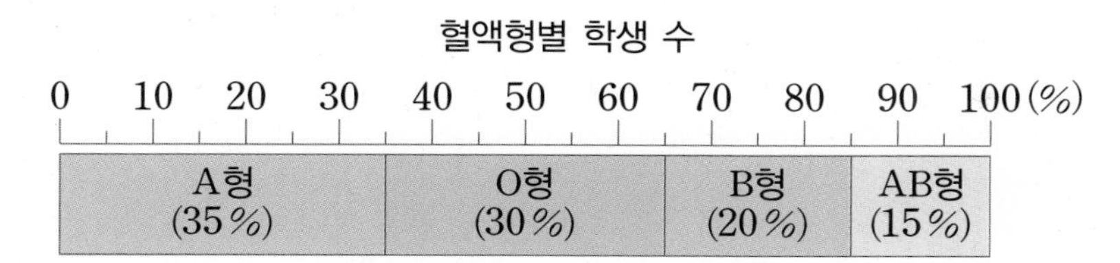

① 위와 같은 그래프를 무엇이라고 할까요?

( )

② O형인 학생은 전체 학생 수의 몇 %일까요?

( )

전체에 대한 각 부분의 비율을 띠 모양에 나타낸 그래프예요.

2 **윤서네 학교 학생들의 취미 생활을 조사하여 나타낸 표입니다. 물음에 답하세요.**

취미 생활별 학생 수

취미 생활	운동	독서	노래 부르기	보드 게임	기타	합계
학생 수(명)	360	300	240	180	120	1200
백분율(%)	30				10	100

① □ 안에 알맞은 수를 써넣으세요.

- 독서: $\frac{300}{1200} \times 100 = \square$ (%)
- 노래 부르기: $\frac{\square}{1200} \times 100 = \square$ (%)
- 보드게임: $\frac{\square}{1200} \times 100 = \square$ (%)

비율에 100을 곱해서 나온 값에 %를 붙여서 백분율로 나타내요.

② □ 안에 알맞은 수를 써넣으세요.

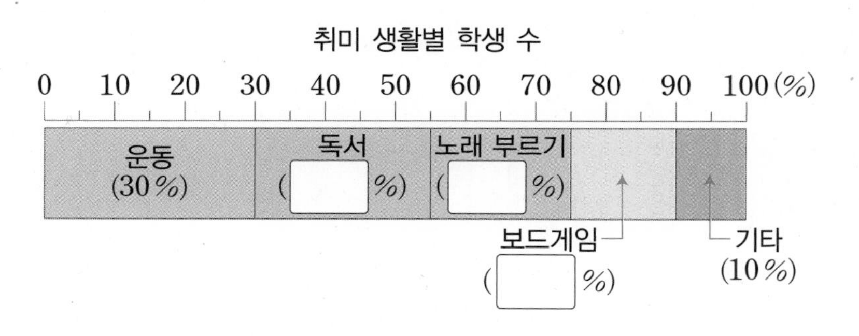

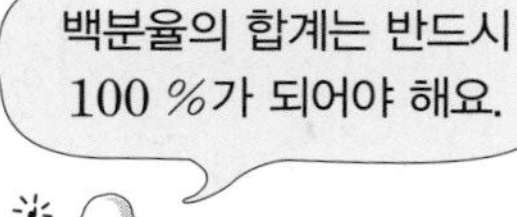

STEP 1 교과 개념

3. 원그래프 알아보기, 원그래프로 나타내기

● 원그래프 알아보기

• 원그래프: 전체에 대한 각 부분의 비율을 원 모양에 나타낸 그래프

좋아하는 운동별 학생 수

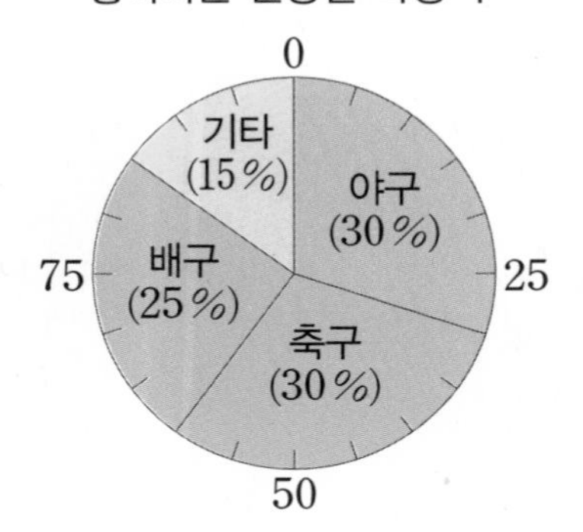

① **작은 눈금 한 칸은 5 %**를 나타냅니다.
② **야구**를 좋아하는 학생 수는 **축구**를 좋아하는 학생 수와 **같습니다.**
③ **축구**를 좋아하는 학생 수는 **기타**에 속하는 학생 수의 **2배**입니다.

• 원그래프의 특징
① 전체에 대한 각 부분의 비율을 한눈에 알아보기 쉽습니다.
② 각 항목끼리의 비율을 쉽게 비교할 수 있습니다.
③ 작은 비율까지도 비교적 쉽게 나타낼 수 있습니다.

● 원그래프로 나타내기

• 원그래프로 나타내는 방법
① 자료를 보고 **각 항목의 백분율**을 구합니다.
② 각 항목의 **백분율의 합계가 100 %**가 되는지 확인합니다.
③ 각 항목이 차지하는 **백분율의 크기만큼 선을 그어 원을 나눕니다.**
④ 나눈 부분에 **각 항목의 내용과 백분율을 씁니다.**
⑤ 원그래프의 **제목**을 씁니다.

• 원그래프로 나타내기

좋아하는 과목별 학생 수

과목	국어	수학	과학	사회	기타	합계
학생 수(명)	15	18	12	6	9	60
백분율(%)	25	30	20	10	15	100

→ 국어: $\frac{15}{60}\times100=25(\%)$

수학: $\frac{18}{60}\times100=30(\%)$

과학: $\frac{12}{60}\times100=20(\%)$

사회: $\frac{6}{60}\times100=10(\%)$

기타: $\frac{9}{60}\times100=15(\%)$

좋아하는 과목별 학생 수

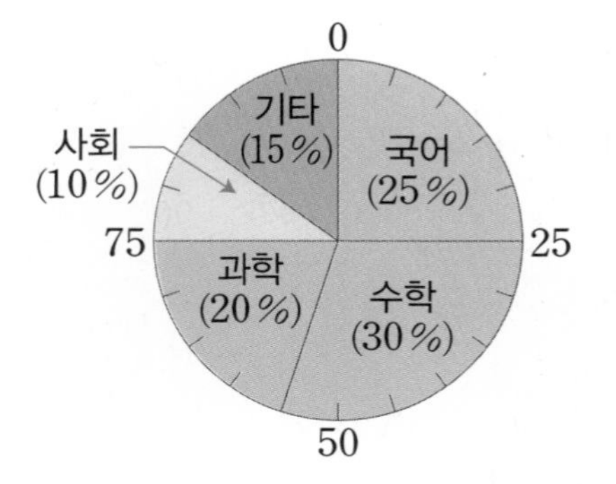

정답과 풀이 40쪽

1 **오른쪽은 세훈이네 반 학생들의 장래 희망을 조사하여 나타낸 그래프입니다. 물음에 답하세요.**

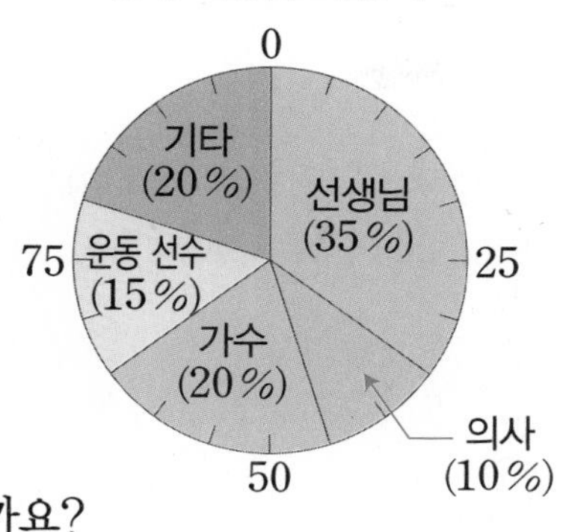

① 오른쪽과 같은 그래프를 무엇이라고 할까요?

( )

② 가장 많은 학생들의 장래 희망은 무엇일까요?

( )

전체에 대한 각 부분의 비율을 원 모양에 나타낸 그래프예요.

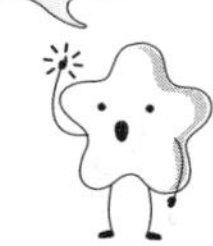

2 **민주네 반 학생들이 좋아하는 음식을 조사하여 나타낸 표입니다. 물음에 답하세요.**

좋아하는 음식별 학생 수

음식	피자	떡볶이	김밥	짜장면	기타	합계
학생 수(명)	12	10	4	8	6	40
백분율(%)	30					100

① □ 안에 알맞은 수를 써넣으세요.

- 떡볶이: $\frac{10}{40} \times 100 = \square$ (%)
- 김밥: $\frac{\square}{40} \times 100 = \square$ (%)
- 짜장면: $\frac{\square}{40} \times 100 = \square$ (%)
- 기타: $\frac{\square}{40} \times 100 = \square$ (%)

백분율을 구한 후 모두 더하여 100 %인지 확인해요.

② 원그래프를 완성해 보세요.

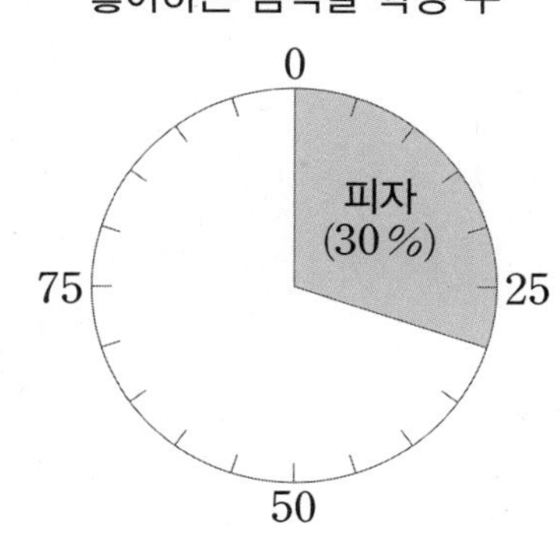

원그래프로 나타낼 때 비율이 낮은 항목은 화살표를 사용하여 그래프 밖에 내용과 백분율을 쓸 수 있어요.

5

4. 그래프 해석하기

● 띠그래프 해석하기

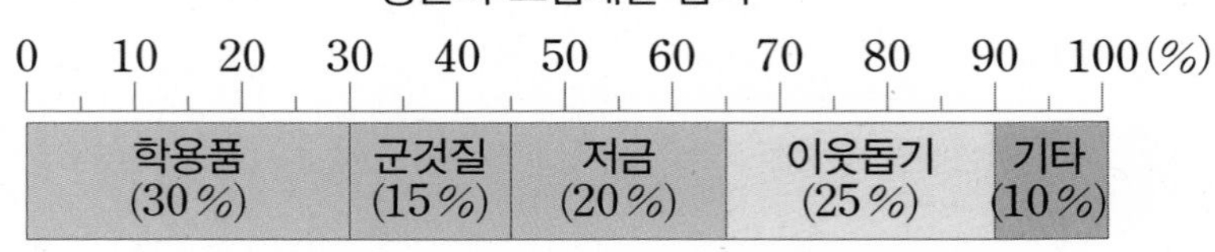

① 가장 높은 비율을 차지하는 항목은 비율이 30 %인 학용품입니다.
② 학용품에 지출하는 금액은 군것질에 지출하는 금액의 $30\div15=2$(배)입니다.
③ 저금 또는 이웃돕기에 지출하는 금액의 비율은 $20+25=45$ (%)입니다.
④ 저금한 금액이 4000원이면 기타 지출한 금액은 2000원입니다.
→ 저금한 금액은 기타 지출한 금액의 2배입니다.

● 원그래프 해석하기

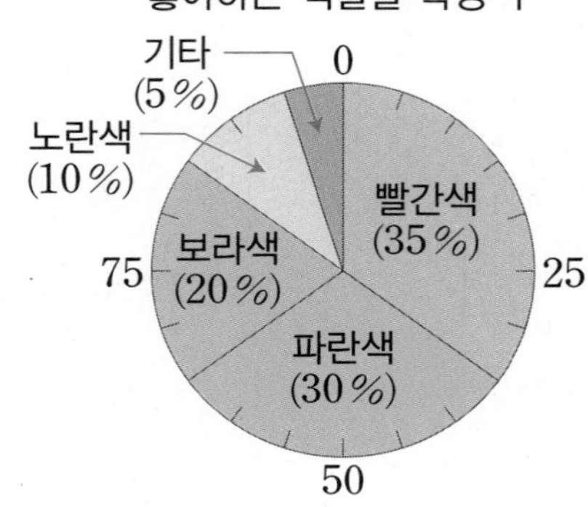

① 가장 높은 비율을 차지하는 항목은 비율이 35 %인 빨간색입니다.
② 파란색을 좋아하는 학생 수는 노란색을 좋아하는 학생 수의 $30\div10=3$(배)입니다.
③ 빨간색 또는 파란색을 좋아하는 학생 수의 비율은 $35+30=65$ (%)입니다.
④ 보라색을 좋아하는 학생이 8명이면 노란색을 좋아하는 학생은 4명입니다.
보라색을 좋아하는 학생 수는 노란색을 좋아하는 학생 수의 2배입니다.

개념 자세히 보기

• 전체가 100 %임을 이용하여 모르는 항목의 비율이나 수량을 알 수 있어요!

예 좋아하는 꽃의 종류별 학생 수

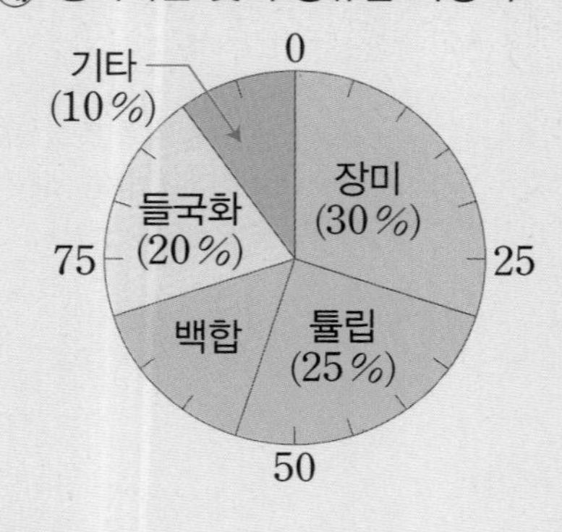

• 백합의 백분율은 $100-(30+25+20+10)=15$ (%)입니다.
• 조사한 학생 수가 40명이면
튤립을 좋아하는 학생은 $40\times\frac{25}{100}=10$(명)입니다.

➲ 정답과 풀이 40쪽

1 **민지네 반 학생들이 가고 싶은 나라를 조사하여 나타낸 띠그래프입니다. □ 안에 알맞은 수나 말을 써넣으세요.**

가고 싶은 나라별 학생 수

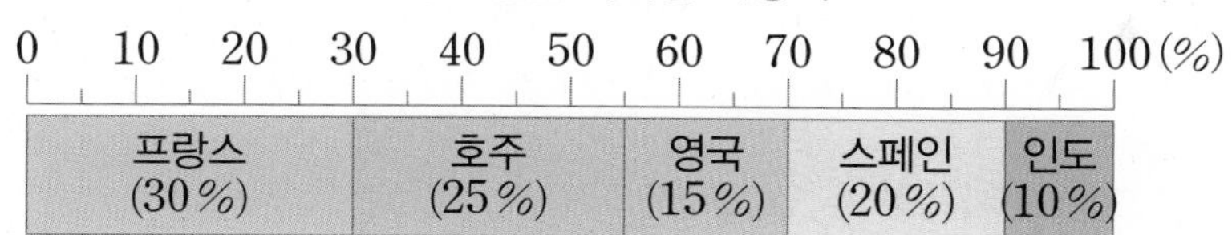

① 가장 높은 비율을 차지하는 나라는 □ 입니다.

② 프랑스에 가고 싶은 학생 수는 인도에 가고 싶은 학생 수의 □ 배입니다.

2 **수진이네 아파트에서 하루 동안 발생하는 종류별 쓰레기의 양을 조사하여 나타낸 원그래프입니다. □ 안에 알맞은 수나 말을 써넣으세요.**

종류별 쓰레기 양

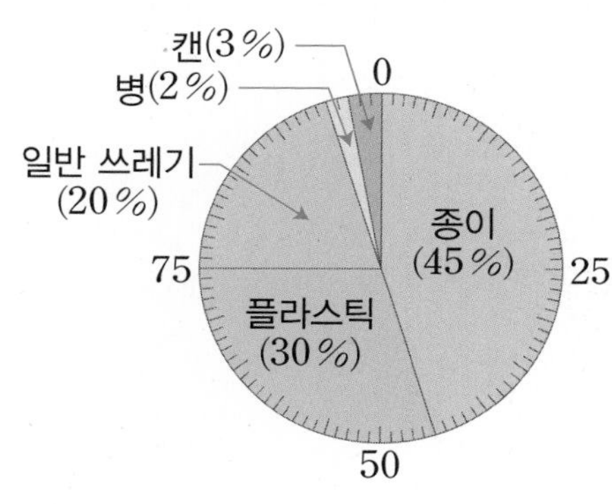

분리배출한 쓰레기의 양을 원그래프로 나타내어 원그래프에서 여러 가지 사실을 알 수 있어요.

① 가장 많이 발생하는 쓰레기는 □ 입니다.

② 일반 쓰레기의 양은 병의 양의 □ 배입니다.

3 **오른쪽은 수연이네 반 학생들이 태어난 계절을 조사하여 나타낸 원그래프입니다. 물음에 답하세요.**

계절별 태어난 학생 수

0 / 겨울 (15%) / 봄 (35%) / 75 / 가을 (30%) / 25 / 여름 (20%) / 50

① 가장 많은 학생들이 태어난 계절은 언제일까요?

( )

② 태어난 학생 수가 겨울에 태어난 학생 수의 2배인 계절은 언제일까요?

( )

STEP 1 교과 개념

5. 여러 가지 그래프 비교하기

● 그래프의 종류와 특징 알아보기

종류	특징
그림그래프	그림의 크기와 수로 수량의 많고 적음을 쉽게 알 수 있습니다. 자료에 따라 상징적인 그림을 사용할 수 있어서 재미있게 나타낼 수 있습니다.
막대그래프	수량의 많고 적음을 한눈에 비교하기 쉽습니다. 각각의 크기를 비교할 때 편리합니다.
꺾은선그래프	수량의 변화하는 모습과 정도를 쉽게 알 수 있습니다. 시간에 따라 연속적으로 변하는 양을 나타내는 데 편리합니다.
띠그래프	전체에 대한 각 부분의 비율을 한눈에 알아보기 쉽습니다. 각 항목끼리의 비율을 쉽게 비교할 수 있습니다. 여러 개의 띠그래프를 사용하여 비율의 변화 상황을 나타내는 데 편리합니다.
원그래프	전체에 대한 각 부분의 비율을 한눈에 알아보기 쉽습니다. 각 항목끼리의 비율을 쉽게 비교할 수 있습니다. 작은 비율까지 비교적 쉽게 나타낼 수 있습니다.

● 주어진 자료를 나타내기에 알맞은 그래프 알아보기

• 마을별, 지역별 학생 수를 나타내기에 알맞은 그래프는 그림그래프, 막대그래프, 띠그래프, 원그래프입니다.

마을별 학생 수

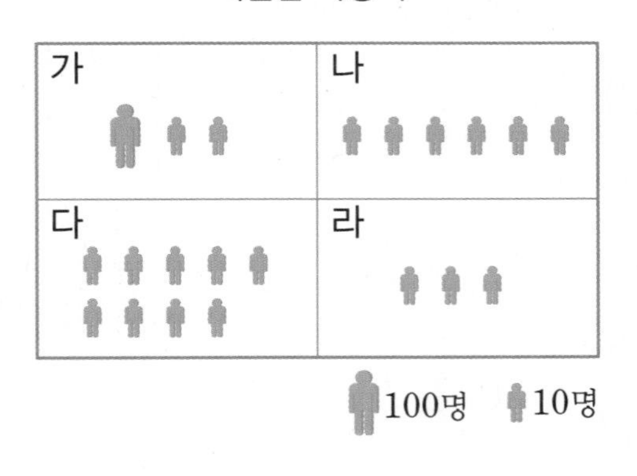

마을별 학생 수

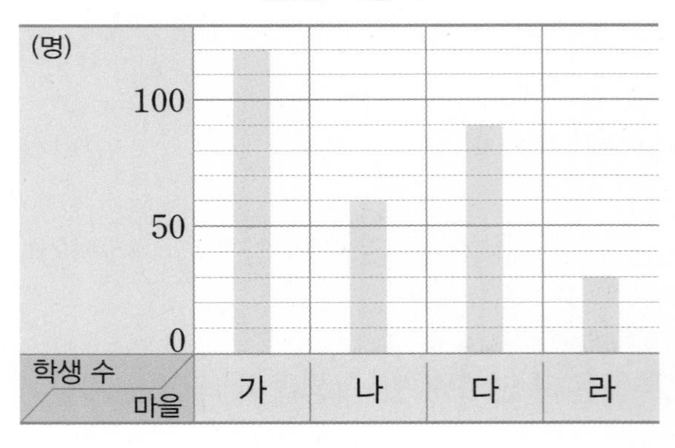

마을별 학생 수

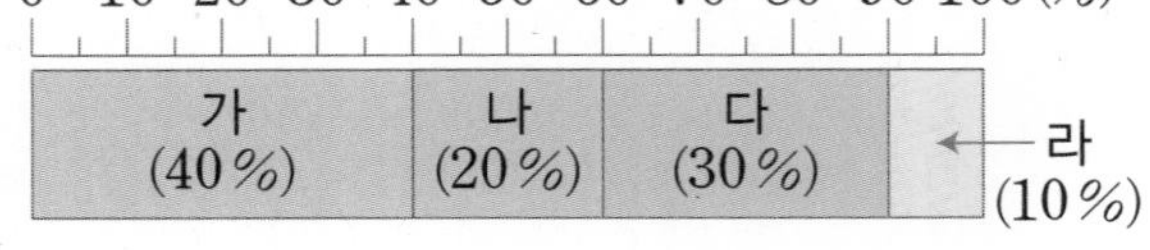

마을별 학생 수

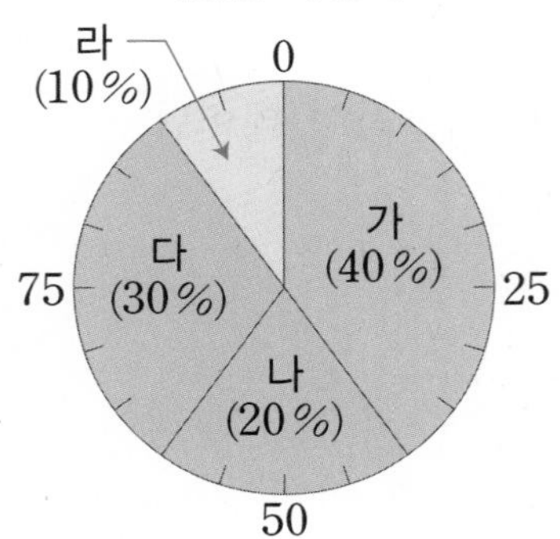

➲ 정답과 풀이 40쪽

1 **띠그래프 또는 원그래프를 이용하면 편리하게 알 수 있는 것을 모두 찾아 기호를 써 보세요.**

㉠ 우리나라의 계절별 강수량의 비율
㉡ 은정이의 방의 온도 변화
㉢ 월별 미영이 수학 점수의 평균
㉣ 우리나라 국토 이용 현황

(　　　　　　　　　　)

비율 그래프는 주로 백분율을 활용하여 나타내요.

2 **어느 지역의 마을별 기르는 돼지 수를 조사하여 나타낸 그림그래프입니다. 물음에 답하세요.**

마을별 기르는 돼지 수

아름	푸른
햇살	별빛

100마리　10마리

① 표를 완성해 보세요.

마을별 기르는 돼지 수

마을	아름	푸른	햇살	별빛	합계
돼지 수(마리)	100		150	200	500
백분율(%)	20	10		40	100

마을별 기르는 돼지 수를 나타내기에 알맞은 그래프는 그림그래프, 막대그래프, 띠그래프, 원그래프예요.

② 원그래프를 완성해 보세요.

마을별 기르는 돼지 수

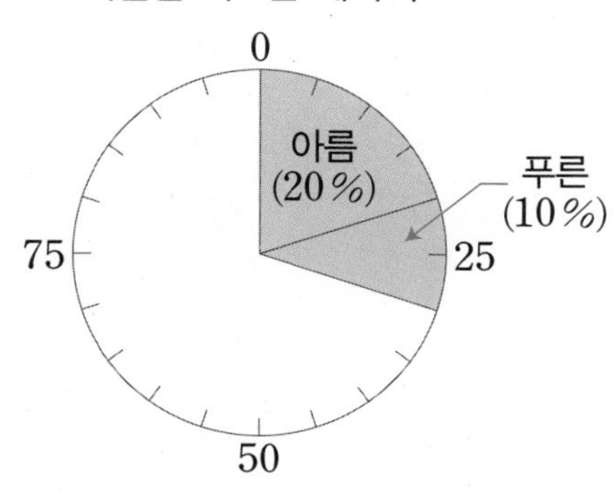

STEP 2 꼭 나오는 유형

1 그림그래프로 나타내기

큰 그림이 나타내는 수와 작은 그림이 나타내는 수를 구분하자.

준비 수애네 학교 6학년 학생들이 좋아하는 꽃을 조사하여 나타낸 그림그래프입니다. 가장 많은 학생이 좋아하는 꽃은 무엇일까요?

좋아하는 꽃별 학생 수

꽃	학생 수
장미	🟤🟤🟤🟤•••
튤립	🟤🟤🟤••
국화	🟤🟤•••••

(큰 그림) 10명, (작은 그림) 1명

( )

[1~2] 우리나라의 권역별 고인돌 수를 조사하여 나타낸 그림그래프입니다. 물음에 답하세요.

권역별 고인돌 수

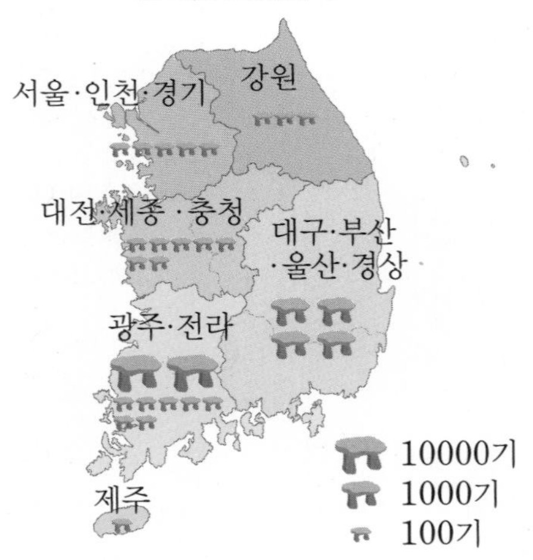

1 대구·부산·울산·경상 권역의 고인돌은 몇 기일까요?

( )

2 광주·전라 권역의 고인돌은 서울·인천·경기 권역의 고인돌보다 몇 기 더 많을까요?

( )

[3~5] 국가별 1인당 이산화 탄소 배출량을 조사하여 나타낸 표입니다. 물음에 답하세요.

국가별 1인당 이산화 탄소 배출량

국가	캐나다	대한민국	미국	폴란드
배출량(t)	15.1	11.3	14.4	7.5

3 국가별 1인당 이산화 탄소 배출량을 반올림하여 일의 자리까지 나타내어 보세요.

국가별 1인당 이산화 탄소 배출량

국가	캐나다	대한민국	미국	폴란드
배출량(t)				

4 3의 표를 보고 그림그래프로 나타내어 보세요.

국가별 1인당 이산화 탄소 배출량

국가	배출량
캐나다	◯○○○○○
대한민국	
미국	
폴란드	

◯ 10 t ○ 1 t

5 국가별 1인당 이산화 탄소 배출량이 가장 많은 국가부터 순서대로 써 보세요.

( )

2 띠그래프 알아보기

[6~9] 한주네 학교 6학년 학생들이 좋아하는 동물을 조사하여 나타낸 표와 띠그래프입니다. 물음에 답하세요.

좋아하는 동물별 학생 수

동물	호랑이	토끼	코끼리	기린	합계
학생 수(명)	180	108	84	28	
백분율(%)	45	27	21	7	100

좋아하는 동물별 학생 수

0 10 20 30 40 50 60 70 80 90 100 (%)

호랑이 (45 %) | 토끼 (27 %) | 코끼리 (21 %) | 기린(7 %)

6 한주네 학교 6학년 학생은 모두 몇 명일까요?

( )

7 가장 많은 학생이 좋아하는 동물은 무엇일까요?

( )

8 코끼리를 좋아하는 학생 수는 기린을 좋아하는 학생 수의 몇 배일까요?

( )

서술형

9 띠그래프를 보고 더 알 수 있는 내용을 두 가지 써 보세요.

3 띠그래프로 나타내기

[10~11] 재우네 학교 6학년 학생들이 좋아하는 채소를 조사하여 나타낸 표입니다. 물음에 답하세요.

좋아하는 채소별 학생 수

채소	감자	오이	고구마	호박	합계
학생 수(명)	75	100	50	25	250
백분율(%)					

10 표를 완성해 보세요.

11 띠그래프로 나타내어 보세요.

좋아하는 채소별 학생 수

0 10 20 30 40 50 60 70 80 90 100 (%)

12 시영이네 학교 6학년 학생들이 좋아하는 과목을 조사하여 나타낸 표입니다. 표를 완성하고 띠그래프로 나타내어 보세요.

좋아하는 과목별 학생 수

과목	국어	수학	영어	과학	합계
학생 수(명)	100	140	120		400
백분율(%)		35	30		100

좋아하는 과목별 학생 수

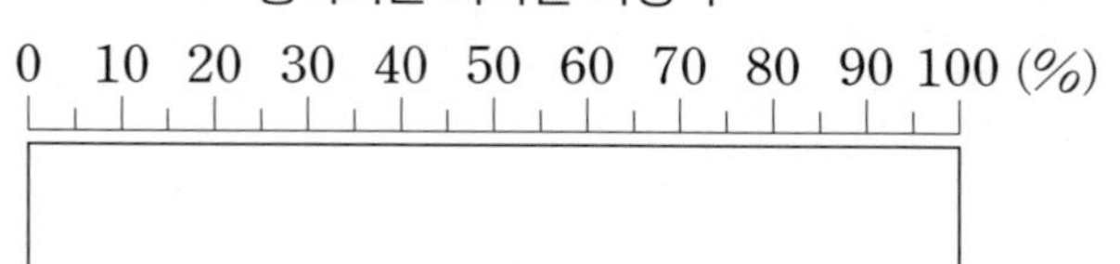

5

[13~15] 글을 읽고 물음에 답하세요.

소라네 학교 학생들의 취미를 조사하였더니 컴퓨터가 48명, 운동이 30명, 독서가 36명, 기타는 6명이었습니다.

13 표로 나타내어 보세요.

취미별 학생 수

취미	컴퓨터	운동	독서	기타	합계
학생 수(명)					
백분율(%)					

14 표를 보고 띠그래프로 나타내어 보세요.

취미별 학생 수

0 10 20 30 40 50 60 70 80 90 100 (%)

서술형

15 표를 보고 백분율과 학생 수 사이의 관계를 설명해 보세요.

설명

4 원그래프 알아보기

[16~18] 지희네 학교 6학년 학생들이 좋아하는 과일을 조사하여 나타낸 표와 원그래프입니다. 물음에 답하세요.

좋아하는 과일별 학생 수

과일	사과	딸기	배	포도	합계
학생 수(명)	120	75	60	45	300
백분율(%)	40	25	20	15	100

좋아하는 과일별 학생 수

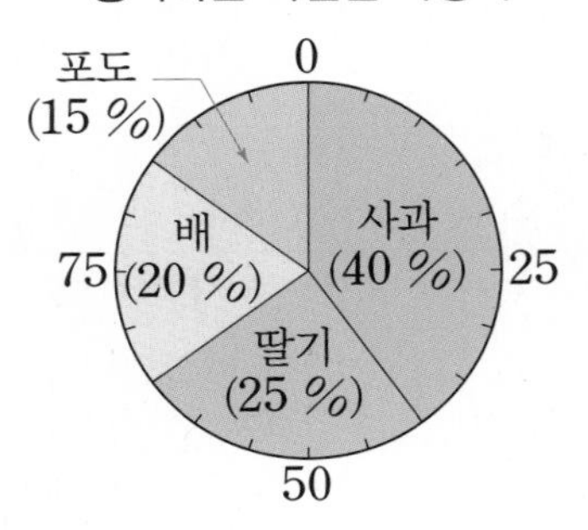

16 가장 많은 학생이 좋아하는 과일은 무엇일까요?

(　　　　　　)

17 배 또는 포도를 좋아하는 학생 수는 전체의 몇 %일까요?

(　　　　　　)

18 전체에서 차지하는 비율이 25 % 이상인 과일을 모두 써 보세요.

(　　　　　　)

[19~21] 은지네 학교 6학년 학생들이 좋아하는 운동을 조사하여 나타낸 원그래프입니다. 물음에 답하세요.

좋아하는 운동별 학생 수

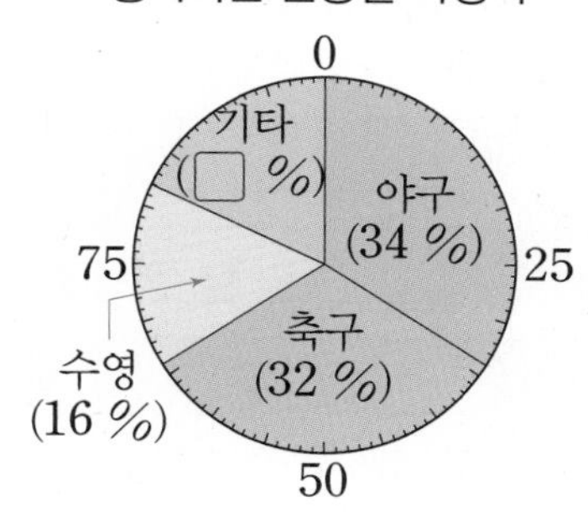

19 축구를 좋아하는 학생 수는 수영을 좋아하는 학생 수의 몇 배일까요?

( )

20 원그래프를 보고 옳은 것에는 ○표, 틀린 것에는 ×표 하세요.

(1) 학생들이 좋아하는 운동 중 기타는 전체의 18 %입니다. ( )

(2) 가장 많은 학생이 좋아하는 운동은 야구입니다. ( )

(3) 수영 또는 축구를 좋아하는 학생은 48명입니다. ( )

내가 만드는 문제

21 조사한 학생 수를 보기 에서 골라 ○표 한 후 야구를 좋아하는 학생은 몇 명인지 구해 보세요.

보기
200명 300명 400명 500명 600명

( )

5 원그래프로 나타내기

[22~23] 송철이네 학급 문고에 있는 책의 종류를 조사한 것입니다. 대화를 읽고 물음에 답하세요.

송철: 학급 문고에 있는 책의 종류는 동화책, 위인전, 과학책, 그리고 기타로 분류할 수 있어.
민희: 동화책은 70권, 위인전은 50권이야.
해주: 과학책은 위인전보다 10권 적어.
정이: 기타로 분류한 책은 40권이야.

22 표로 나타내어 보세요.

학급 문고에 있는 책의 종류별 권수

종류	동화책	위인전	과학책	기타	합계
권수(권)					
백분율(%)					

23 원그래프로 나타내어 보세요.

학급 문고에 있는 책의 종류별 권수

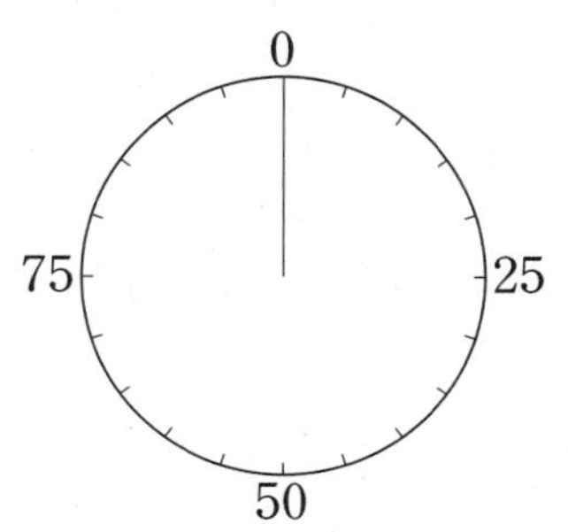

6 그래프 해석하기

[24~27] 행복 마을과 사랑 마을에서 하루 동안 발생하는 쓰레기 양을 조사하여 나타낸 원그래프입니다. 물음에 답하세요.

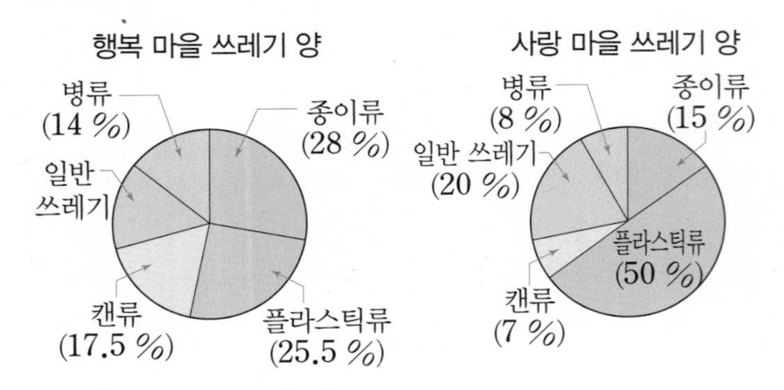

24 두 마을에서 가장 많이 발생하는 쓰레기는 각각 무엇일까요?

행복 마을 (　　　　　　　　)
사랑 마을 (　　　　　　　　)

25 행복 마을에서 하루 동안 발생하는 쓰레기 중에서 일반 쓰레기는 재활용할 수 없습니다. 행복 마을에서 재활용할 수 있는 쓰레기가 차지하는 비율은 모두 몇 %일까요?

(　　　　　　　　)

26 두 마을에서 같은 비율로 발생하는 쓰레기는 각각 무엇인지 써 보세요.

행복 마을 (　　　　　　　　)
사랑 마을 (　　　　　　　　)

27 두 마을에서 하루 동안 발생하는 쓰레기 양이 같다면 사랑 마을의 플라스틱류의 비율은 행복 마을의 플라스틱류의 비율의 약 몇 배일까요?

약 (　　　　　　　　)

[28~30] 어느 농장에서 2007년부터 2022년까지의 가축별 마릿수의 변화를 나타낸 띠그래프입니다. 물음에 답하세요.

가축별 마릿수의 변화

	소	돼지	염소
2007년	46 %	42 %	12 %
2012년	37 %	35 %	28 %
2017년	36 %	30 %	34 %
2022년	32 %	32 %	36 %

28 2022년에는 2007년에 비해 염소 수의 비율이 몇 배로 늘었을까요?

(　　　　　　　　)

29 시간이 지날수록 전체에서 차지하는 비율이 점점 줄어드는 가축은 무엇일까요?

(　　　　　　　　)

서술형
30 띠그래프를 보고 이 농장의 2027년의 가축 수가 어떻게 될지 예상하여 보세요.

예상 ....

7 여러 가지 그래프 비교하기

[31~35] 마을별 쓰레기 배출량을 나타낸 그림그래프입니다. 물음에 답하세요.

마을별 쓰레기 배출량

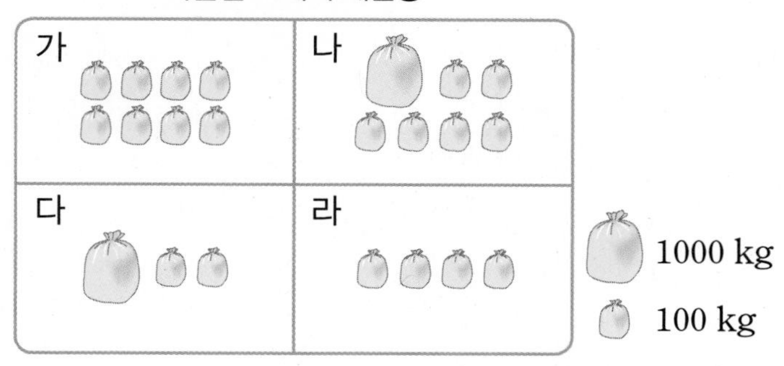

31 표를 완성해 보세요.

마을별 쓰레기 배출량

마을	가	나	다	라	합계
배출량(kg)	800		1200	400	4000
백분율(%)	20	40			100

32 막대그래프로 나타내어 보세요.

마을별 쓰레기 배출량

33 띠그래프로 나타내어 보세요.

마을별 쓰레기 배출량

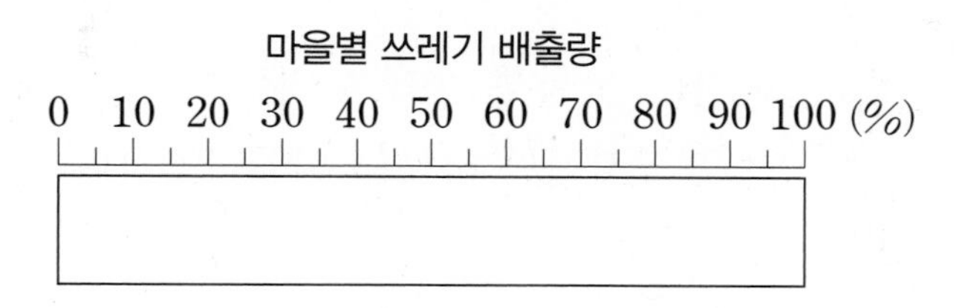

34 원그래프로 나타내어 보세요.

마을별 쓰레기 배출량

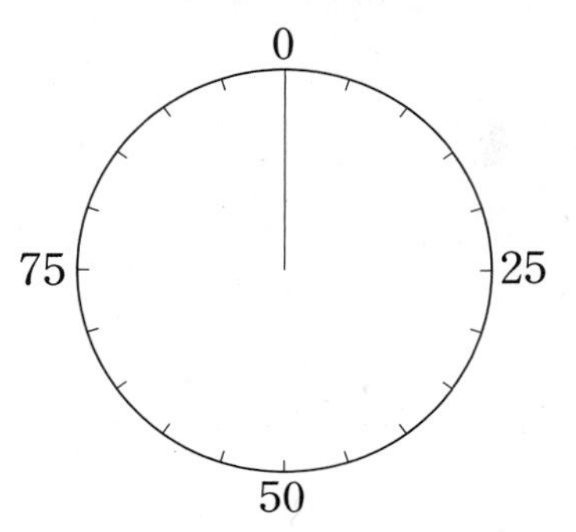

서술형

35 마을별 쓰레기 배출량을 비교하려고 합니다. 그림그래프, 막대그래프, 띠그래프, 원그래프 중 어느 그래프로 나타내면 가장 좋을지 쓰고, 그 이유를 써 보세요.

답

이유

STEP 3 자주 틀리는 유형

비율그래프에서 항목의 수

1 윤지네 반 학생 40명을 대상으로 좋아하는 과목을 조사하여 나타낸 띠그래프입니다. 미술을 좋아하는 학생은 몇 명일까요?

좋아하는 과목별 학생 수

0 10 20 30 40 50 60 70 80 90 100 (%)

체육 (35 %)	국어 (20 %)	음악 (20 %)	미술 (15 %)	

기타(10 %)

(　　　　　　　　　　)

2 승현이네 학교 6학년 학생 500명이 가고 싶은 체험 학습 장소를 조사하여 나타낸 원그래프입니다. 박물관에 가고 싶은 학생은 몇 명일까요?

체험 학습 장소별 학생 수

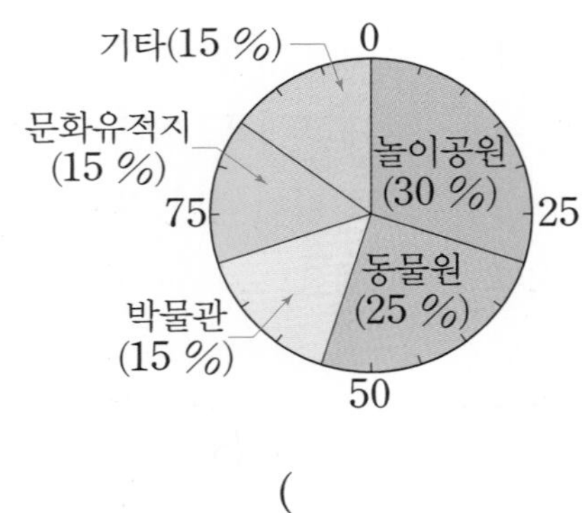

(　　　　　　　　　　)

비율그래프에서 가장(두 번째로) 많은 항목

3 어느 도시에서 한 달 동안 발생하는 쓰레기의 양을 조사하여 나타낸 원그래프입니다. 가장 많이 발생하는 쓰레기는 무엇일까요?

종류별 쓰레기의 양

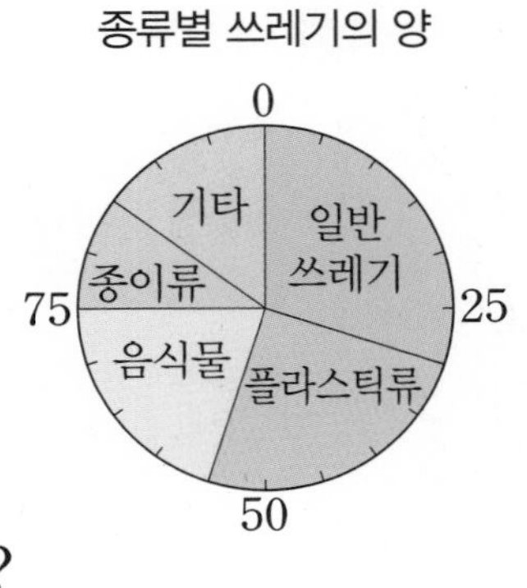

(　　　　　　　　　　)

4 예지가 한 달에 쓴 용돈의 쓰임새를 나타낸 원그래프입니다. 두 번째로 많이 사용한 항목은 무엇일까요?

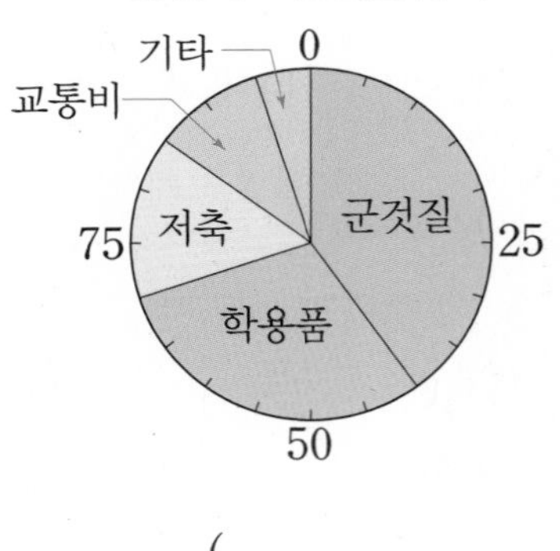

(　　　　　　　　　　)

항목별 백분율

5 현수네 학교 학생들이 좋아하는 색깔을 조사하여 나타낸 표입니다. 표를 완성해 보세요.

좋아하는 색깔별 학생 수

색깔	빨강	파랑	노랑	초록	기타	합계
학생 수(명)	210	150	120	60	60	600
백분율(%)						

6 수희네 학교 학생들이 학교 도서관에서 한 달 동안 빌린 책의 종류를 조사하여 나타낸 표입니다. 표를 완성해 보세요.

빌린 책의 종류별 권수

종류	동화책	위인전	과학책	만화책	기타	합계
권수(권)	240	120	80	280	80	800
백분율(%)						

표 또는 자료를 보고 나타내는 원그래프

7 표를 보고 원그래프로 나타내어 보세요.

등교 방법별 학생 수

등교 방법	버스	도보	자전거	기타	합계
백분율(%)	21	62	11	6	100

등교 방법별 학생 수

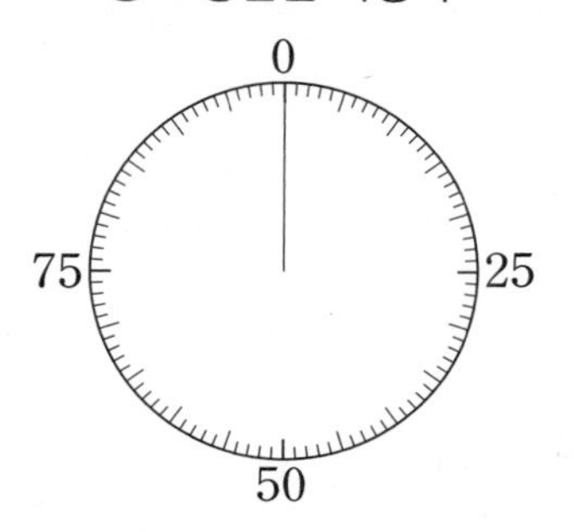

8 글을 읽고 기르는 동물별 학생 수의 백분율을 원그래프로 나타내어 보세요.

> 시영이네 반 학생들이 기르는 동물은 강아지가 40 %, 고양이가 20 %, 햄스터가 10 %, 물고기와 기타의 비율은 같습니다.

기르는 동물별 학생 수

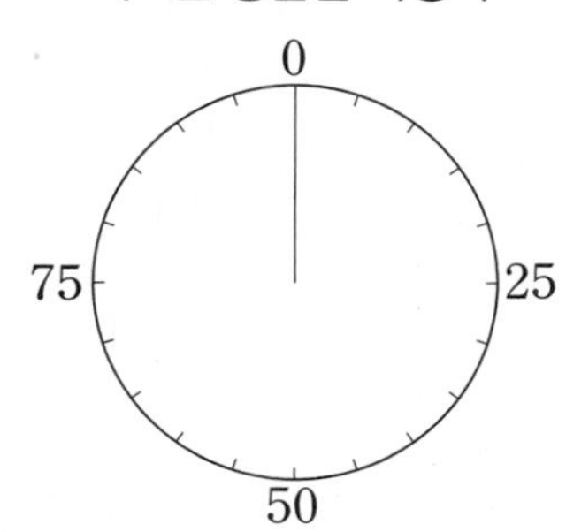

STEP 4 최상위 도전 유형

도전1 항목 수로 전체 수 구하기

1 동건이네 학교 학생들이 동물원에서 보고 싶은 동물을 조사하여 나타낸 띠그래프입니다. 호랑이를 보고 싶은 학생이 150명일 때 동건이네 학교 학생은 모두 몇 명일까요?

보고 싶은 동물별 학생 수

사자 (35 %)	호랑이 (25 %)	기린 (15 %)	곰(10 %)	기타 (15 %)

(   )

핵심 NOTE
호랑이를 보고 싶은 학생 수와 비율을 이용하여 전체 학생 수를 구하는 식을 만듭니다.

2 도전 최상위

어느 지역의 학교별 학생 수를 조사하여 나타낸 원그래프입니다. 이 지역의 초등학생이 525명일 때 전체 학생은 몇 명일까요?

학교별 학생 수

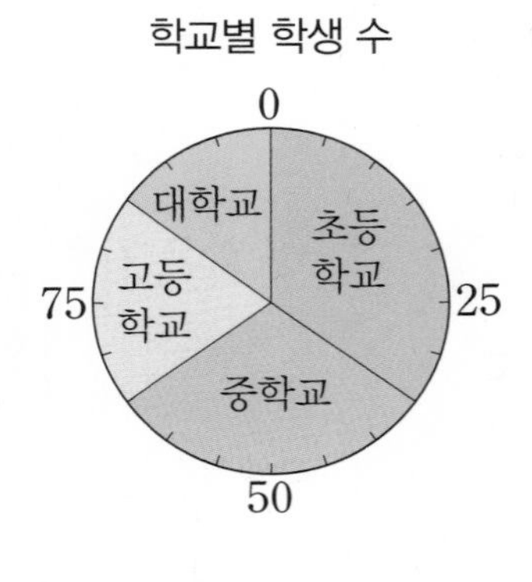

(   )

3 승연이네 학교 학생들의 취미를 조사하여 원그래프로 나타내었더니 농구가 취미인 학생이 240명이고 전체의 40 %였습니다. 승연이네 학교 학생은 모두 몇 명일까요?

(   )

도전2 띠그래프의 길이 구하기

4 희선이가 한 달에 쓴 용돈의 쓰임새를 전체 길이가 20 cm인 띠그래프로 나타낸 것입니다. 학용품이 차지하는 부분의 길이는 몇 cm일까요?

용돈의 쓰임새별 금액

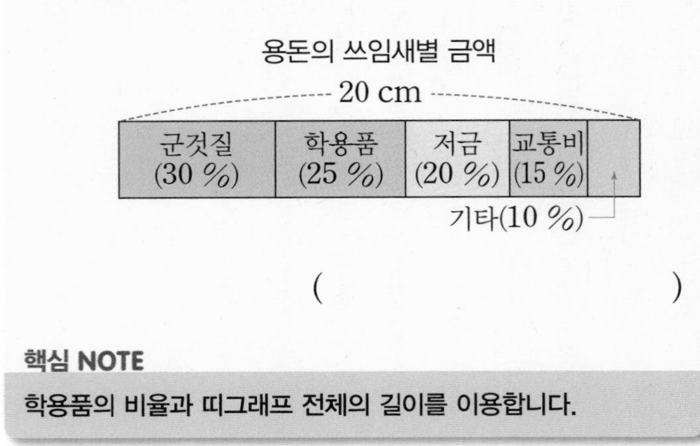

(   )

핵심 NOTE
학용품의 비율과 띠그래프 전체의 길이를 이용합니다.

5 재석이네 학교 학생들이 좋아하는 연예인을 조사하여 나타낸 띠그래프입니다. 개그맨이 차지하는 부분의 길이가 5 cm일 때 띠그래프의 전체 길이는 몇 cm일까요?

좋아하는 연예인별 학생 수

가수 (35 %)	연기자 (30 %)	개그맨	기타 (15 %)
		5 cm	

(   )

6 어느 지역의 토지의 용도별 넓이를 길이가 20 cm인 띠그래프로 나타낸 것입니다. 주거용 토지의 넓이가 140 km^2일 때 공공시설용 토지의 넓이는 몇 km^2일까요?

토지의 용도별 넓이

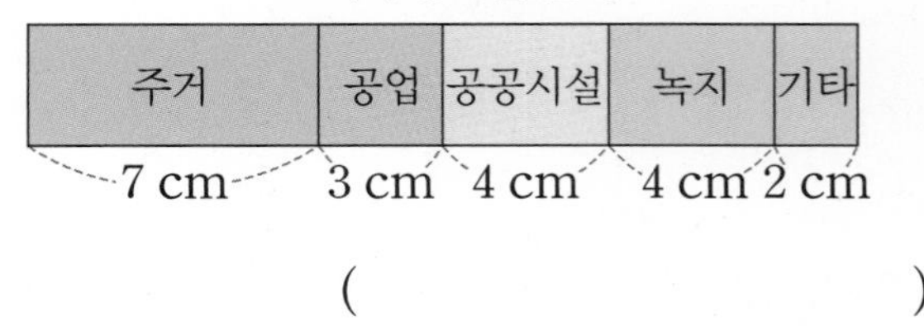

(   )

도전3 **항목 수 구하기**

7 마을별 참외 수확량을 조사했더니 가 마을이 21 %, 나 마을이 26 %, 다 마을이 13 %, 라 마을이 28 %, 마 마을이 12 %였습니다. 다 마을의 참외 수확량이 520 kg이라면 라 마을의 참외 수확량은 몇 kg일까요?

( )

핵심 NOTE

① 전체 수확량의 1 %는 몇 kg인지 구합니다.
② 라 마을의 참외 수확량을 구합니다.

8 한 달 동안의 공장별 자전거 생산량을 나타낸 띠그래프입니다. 한 달 동안 나 공장의 자전거 생산량이 1500대일 때 가 공장의 자전거 생산량은 몇 대일까요?

공장별 자전거 생산량

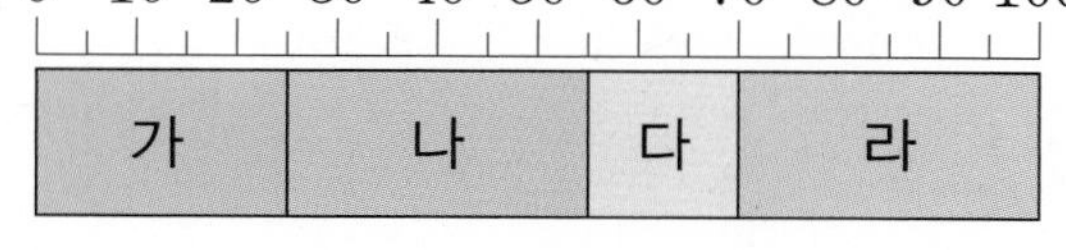

( )

9 준호네 학교 학생들이 가고 싶은 나라를 조사하여 나타낸 원그래프입니다. 일본에 가고 싶은 학생이 84명일 때 중국에 가고 싶은 학생은 몇 명일까요?

가고 싶은 나라별 학생 수

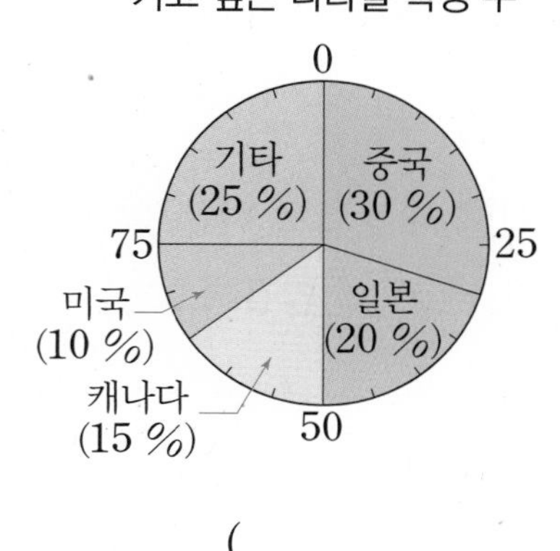

( )

10 수빈이가 한 달에 쓴 용돈의 쓰임새를 나타낸 띠그래프입니다. 한 달 용돈은 6만 원이고 저금에 사용한 금액과 교통비에 사용한 금액의 비는 4 : 3입니다. 교통비에 사용한 금액은 얼마일까요?

용돈의 쓰임새별 금액

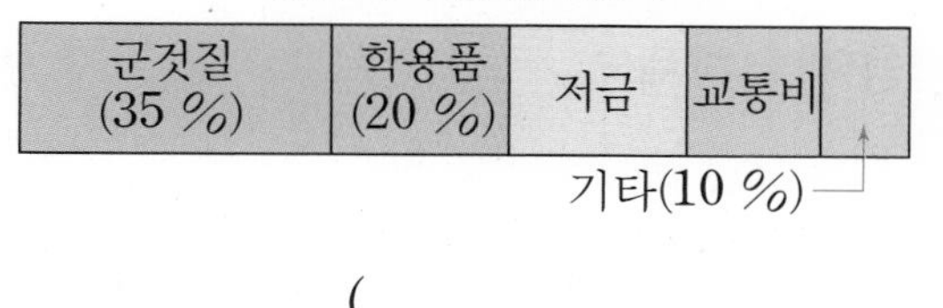

( )

11 주아네 학교 학생들이 좋아하는 급식을 조사하여 나타낸 띠그래프입니다. 표를 완성해 보세요.

좋아하는 급식별 학생 수

튀김 (28 %) | 피자 | 김밥 (15 %) | 카레(12 %) | 기타 (25 %)

좋아하는 급식별 학생 수

급식	튀김	피자	김밥	카레	기타	합계
학생 수 (명)		80				

12 연주네 학교 학생들이 존경하는 위인을 조사하여 나타낸 원그래프입니다. 신사임당을 존경하는 학생 수가 이순신을 존경하는 학생 수의 2배일 때 세종대왕을 존경하는 학생은 몇 명일까요?

존경하는 위인별 학생 수

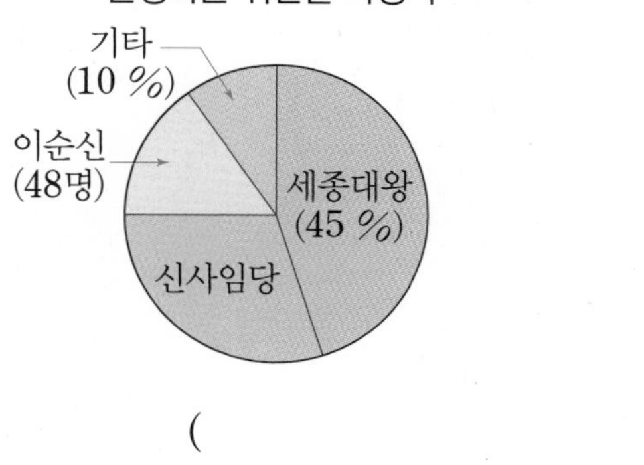

( )

도전4 비율그래프의 활용

[13~14] 학생 400명을 대상으로 운동회 참가 여부와 참가 종목을 조사하여 나타낸 그래프입니다. 물음에 답하세요.

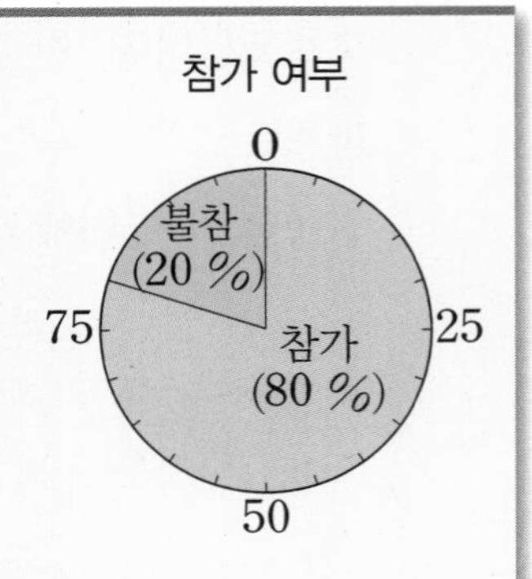

참가 종목별 학생 수

0 10 20 30 40 50 60 70 80 90 100 (%)

달리기	줄다리기	축구	기타

13 축구에 참가하는 학생은 몇 명일까요?

(   )

14 운동회에 참가하지 않는 학생의 30 %는 아파서 참가하지 못한다고 합니다. 아파서 참가하지 못하는 학생은 몇 명일까요?

(   )

핵심 NOTE

운동회에 참가하는 학생 수를 구한 다음 축구에 참가하는 학생 수를 구합니다.

도전 최상위

15 어느 카페에서 하루 동안 판매한 음료 200잔을 종류별로 조사하여 나타낸 원그래프입니다. 라테의 판매량은 몇 잔일까요?

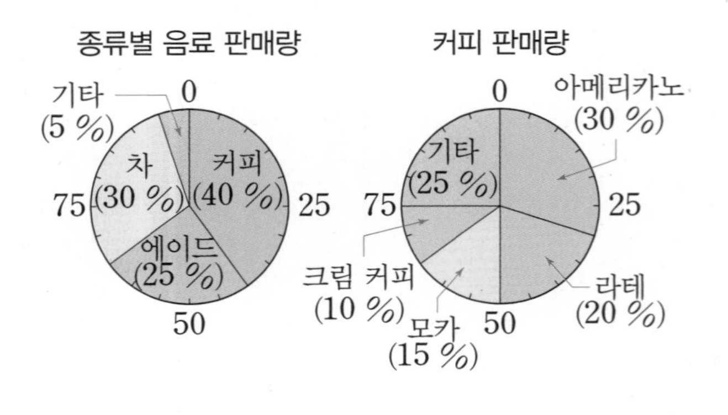

(   )

16 성우네 학교 학생 500명의 남녀 학생 수와 오늘 여학생이 신고 온 신발의 종류를 조사하여 나타낸 그래프입니다. 오늘 운동화를 신고 온 여학생은 몇 명일까요?

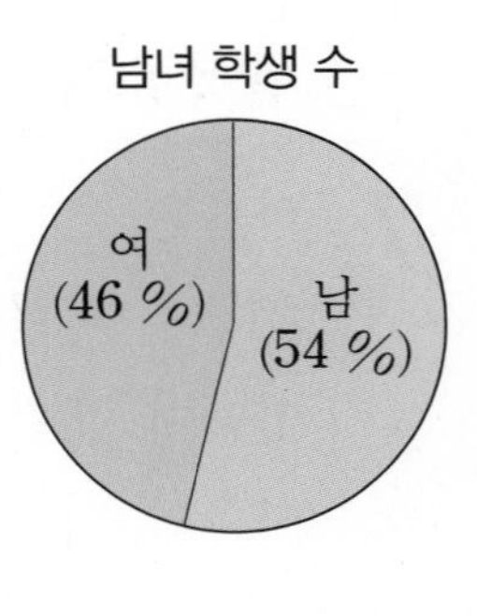

여학생이 신고 온 신발의 종류

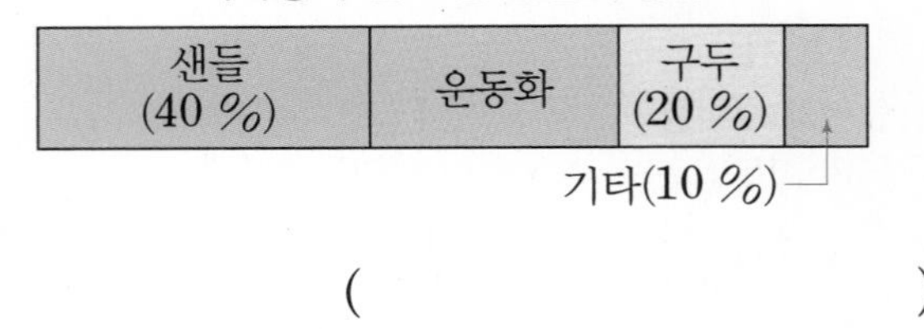

(   )

[17~18] 어느 문화센터의 500개 강좌의 대상 연령과 어린이를 대상으로 하는 종류별 강좌 수를 조사하여 나타낸 원그래프입니다. 물음에 답하세요.

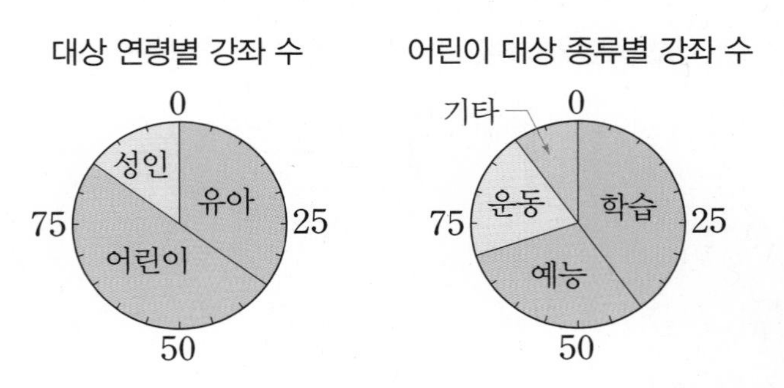

17 어린이를 대상으로 하는 운동 강좌는 몇 개일까요?

(   )

18 어린이를 대상으로 하는 학습 강좌는 예능 강좌보다 몇 개 더 많을까요?

(   )

수시 평가 대비 Level 1

점수

확인

[1~2] 마을별 기르는 돼지의 수를 나타낸 그림그래프입니다. 물음에 답하세요.

마을별 기르는 돼지의 수

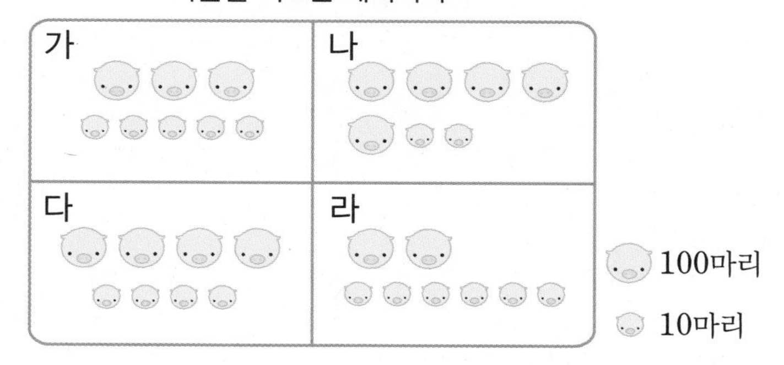

1 나 마을에서 기르는 돼지는 몇 마리일까요?

(   )

2 기르는 돼지의 수가 가장 적은 마을은 어느 마을일까요?

(   )

[3~4] 수하네 반 학생들이 연주할 수 있는 악기를 조사하여 나타낸 띠그래프입니다. 물음에 답하세요.

연주할 수 있는 악기별 학생 수

0 10 20 30 40 50 60 70 80 90 100 (%)

피아노 (60 %)	리코더		

단소(5 %)
기타(5 %)

3 리코더를 연주할 수 있는 학생의 비율은 전체 학생의 몇 %일까요?

(   )

4 가장 많은 학생이 연주할 수 있는 악기는 무엇일까요?

(   )

[5~6] 성우네 학교 6학년 학생 120명이 좋아하는 과일을 조사하여 나타낸 표입니다. 물음에 답하세요.

좋아하는 과일별 학생 수

과일	귤	사과	배	포도	합계
학생 수(명)	48	36	24	12	120
백분율(%)	40				

5 위 표의 빈칸에 알맞은 수를 써넣으세요.

6 위의 표를 보고 띠그래프로 나타내어 보세요.

좋아하는 과일별 학생 수

0 10 20 30 40 50 60 70 80 90 100 (%)

[7~8] 현준이네 반 학생들이 좋아하는 과목을 조사하여 나타낸 원그래프입니다. 물음에 답하세요.

좋아하는 과목별 학생 수

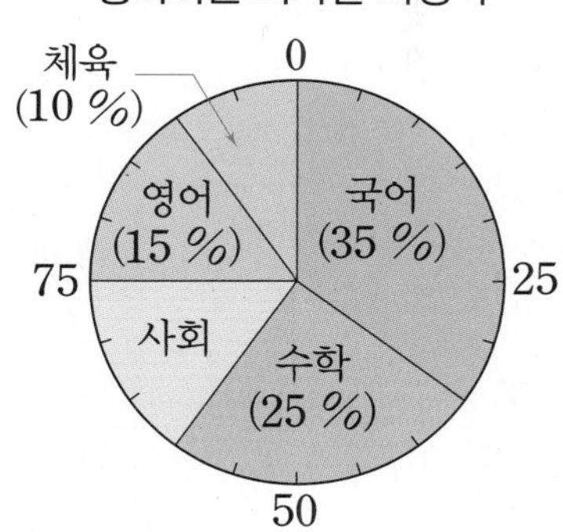

7 좋아하는 학생 수가 가장 적은 과목을 써 보세요.

(   )

8 좋아하는 학생 수가 같은 과목을 써 보세요.

(,   )

5

[9～10] 시청자를 대상으로 좋아하는 프로그램을 설문 조사하여 띠그래프로 나타낸 것입니다. 물음에 답하세요.

좋아하는 프로그램별 시청자 수

드라마 (34 %)	예능 (20 %)	스포츠	뉴스 (17 %)	기타(10 %)

9 스포츠를 좋아하는 시청자의 비율은 전체 시청자의 몇 %일까요?

( )

10 드라마를 좋아하는 시청자는 뉴스를 좋아하는 시청자의 몇 배일까요?

( )

[11～12] 시아네 학교 학생 400명이 좋아하는 음식을 조사하여 나타낸 표입니다. 물음에 답하세요.

좋아하는 음식별 학생 수

음식	짜장면	라면	떡볶이	햄버거	기타	합계
학생 수(명)	120	100		60		400
백분율(%)			20		10	100

11 위 표의 빈칸에 알맞은 수를 써넣으세요.

12 위의 표를 보고 원그래프로 나타내어 보세요.

좋아하는 음식별 학생 수

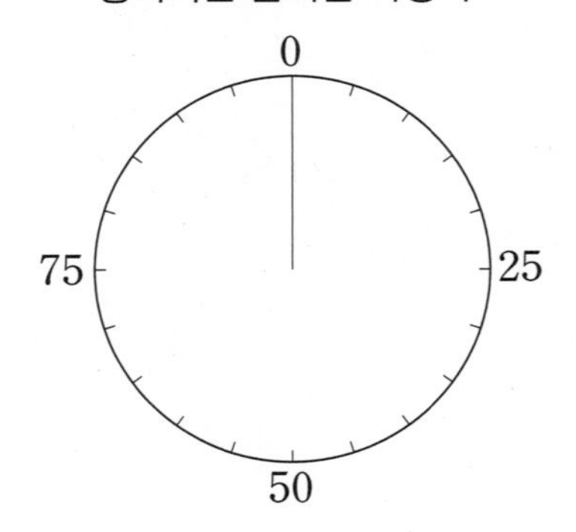

13 민재네 학교 6학년 학생 240명이 살고 있는 마을을 조사하여 나타낸 띠그래프입니다. 푸름 마을에 사는 학생은 몇 명일까요?

마을별 학생 수

0 10 20 30 40 50 60 70 80 90 100 (%)

생생 마을	하늘 마을	가람 마을	푸름 마을

( )

[14～15] 어느 문구점에서 한 달 동안 팔린 종류별 문구 수를 조사하여 나타낸 원그래프입니다. 물음에 답하세요.

팔린 종류별 문구 수

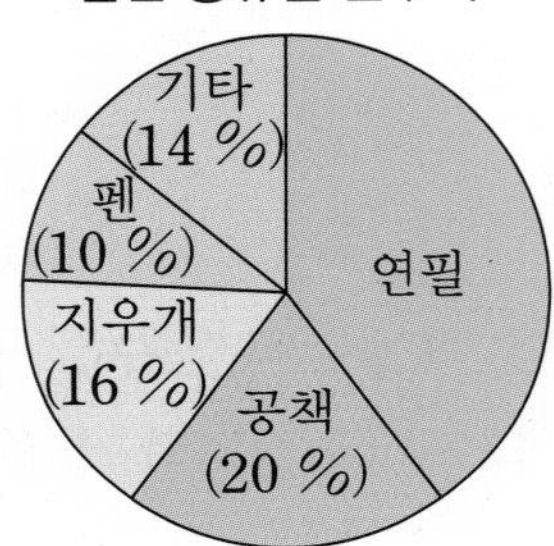

14 한 달 동안 팔린 연필의 비율은 전체 팔린 문구의 몇 %일까요?

( )

15 한 달 동안 팔린 공책이 90권이라고 하면 한 달 동안 팔린 문구의 수는 얼마일까요?

( )

정답과 풀이 45쪽

[16~17] 오른쪽은 수혁이네 마을 800가구가 구독하는 신문을 조사하여 나타낸 원그래프입니다. 라 신문을 구독하는 가구가 다 신문을 구독하는 가구의 2배일 때, 물음에 답하세요.

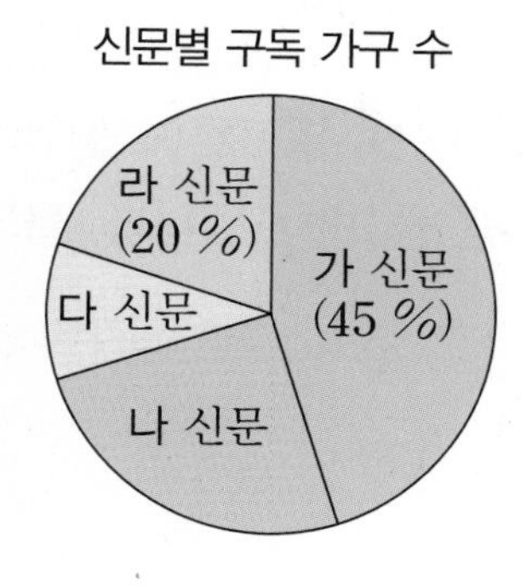

16 나 신문을 구독하는 가구의 비율은 몇 %일까요?

( )

17 가 신문을 구독하는 가구는 몇 가구일까요?

( )

18 학교 운동장의 온도를 2시간마다 재어 나타낸 표입니다. 운동장의 온도를 알맞은 그래프로 나타내어 보세요.

운동장의 온도

시각	오전 9시	오전 11시	오후 1시	오후 3시	오후 5시
온도(°C)	8	15	18	14	12

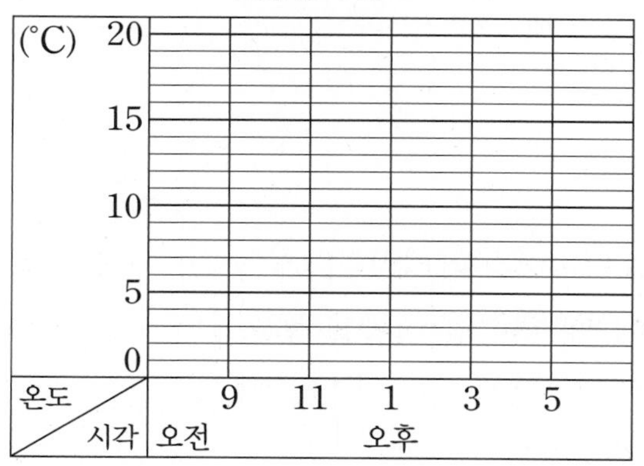

서술형

19 유나가 오늘 먹은 음식의 영양소를 조사하여 나타낸 띠그래프입니다. 유나가 섭취한 단백질이 240 g일 때 지방은 몇 g인지 풀이 과정을 쓰고 답을 구해 보세요.

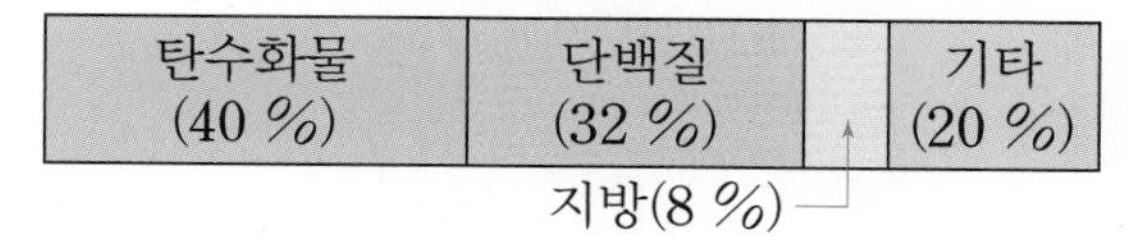

풀이

답

서술형

20 재우네 학교의 5학년 학생 500명과 6학년 학생 600명의 등교 방법을 조사하여 나타낸 원그래프입니다. 도보로 등교하는 학생은 어느 학년이 몇 명 더 많은지 풀이 과정을 쓰고 답을 구해 보세요.

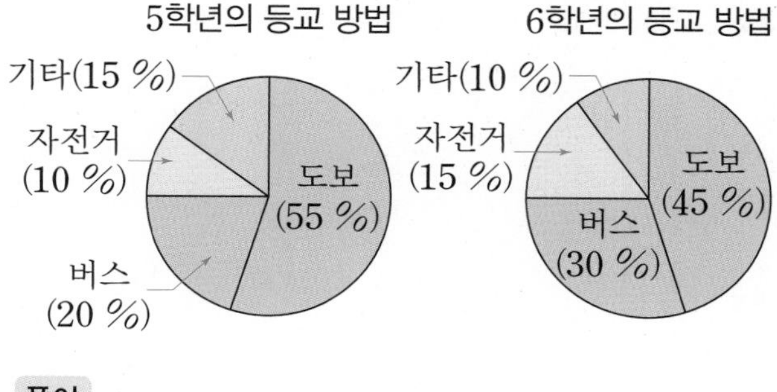

풀이

답 ,

수시 평가 대비 Level 2

점수

확인

5. 여러 가지 그래프

[1~3] 어느 자동차 회사의 권역별 자동차 판매량을 조사하여 나타낸 그림그래프입니다. 물음에 답하세요.

1 대구·부산·울산·경상 권역에서 판매된 자동차는 몇 대일까요?

(　　　　　　　　　　)

2 자동차 판매량이 가장 많은 권역은 어디일까요?

(　　　　　　　　　　)

3 대전·세종·충청 권역의 자동차 판매량은 제주 권역의 자동차 판매량의 몇 배일까요?

(　　　　　　　　　　)

[4~5] 밀가루에 들어 있는 영양소를 조사하여 나타낸 원그래프입니다. 물음에 답하세요.

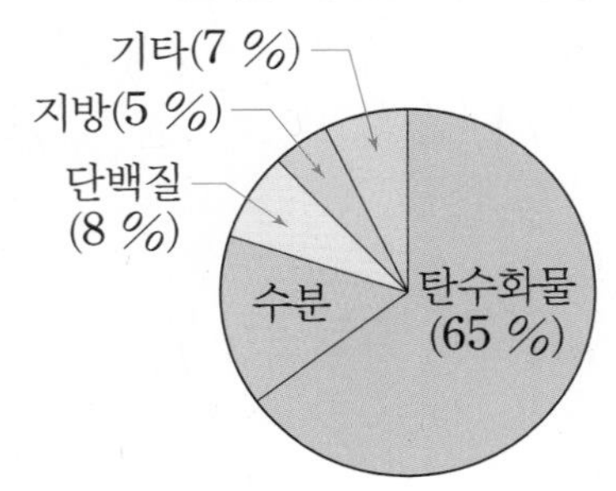

4 밀가루에 들어 있는 수분은 몇 %일까요?

(　　　　　　　　　　)

5 밀가루 500 g을 섭취하면 탄수화물 몇 g을 섭취하게 될까요?

(　　　　　　　　　　)

[6~7] 휘재네 반의 학급 문고에 있는 책의 종류를 조사하여 나타낸 띠그래프입니다. 물음에 답하세요.

학급 문고에 있는 책의 종류별 권수

0 10 20 30 40 50 60 70 80 90 100 (%)

동화책 (40 %)	위인전 (25 %)	과학책 (20 %)	기타 (15 %)

6 전체에서 차지하는 비율이 25 % 이상인 책의 종류를 모두 써 보세요.

(　　　　　　　　　　)

7 휘재네 반의 학급 문고에 책이 모두 80권 있다면 위인전은 몇 권일까요?

(　　　　　　　　　　)

정답과 풀이 46쪽

[8~10] 도형이네 반 학생들이 태어난 계절을 조사하여 나타낸 표입니다. 물음에 답하세요.

태어난 계절별 학생 수

계절	봄	여름	가을	겨울	합계
학생 수(명)	10	10	12	8	40
백분율(%)					

8 표를 완성해 보세요.

9 표를 보고 띠그래프로 나타내어 보세요.

태어난 계절별 학생 수

0 10 20 30 40 50 60 70 80 90 100 (%)

10 표를 보고 원그래프로 나타내어 보세요.

태어난 계절별 학생 수

11 용화가 한 달에 쓴 용돈 25000원의 쓰임새를 조사하여 나타낸 원그래프입니다. 용화가 가장 많이 사용한 항목의 금액은 얼마일까요?

용돈의 쓰임새별 금액

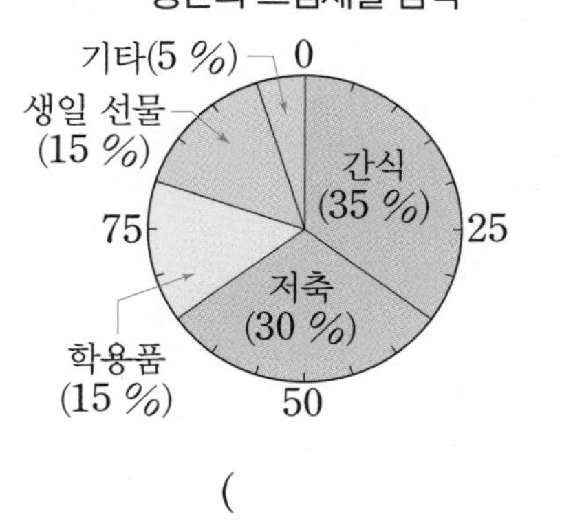

( )

[12~13] 어느 도시에 등록되어 있는 자동차를 제조사별로 조사하여 나타낸 표입니다. 물음에 답하세요.

제조사별 자동차 수

제조사	A사	B사	C사	D사	기타	합계
자동차 수(대)	980	420		140	700	2800
백분율(%)			20			

12 표를 완성해 보세요.

13 표를 보고 원그래프로 나타내어 보세요.

제조사별 자동차 수

0 25 50 75

[14~15] 민혁이네 학교 5학년과 6학년 학생들이 좋아하는 과목을 조사하여 나타낸 띠그래프입니다. 물음에 답하세요.

좋아하는 과목별 학생 수

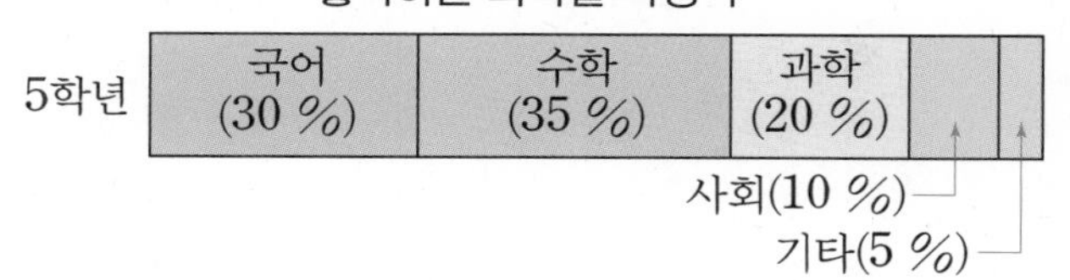

6학년: 국어 (35 %), 수학 (30 %), 과학 (15 %), 사회(10 %), 기타(10 %)

14 5학년 학생 중 과학을 좋아하는 학생이 68명일 때 5학년 학생은 모두 몇 명일까요?

( )

15 5학년 학생이 460명이고 6학년 학생이 500명일 때 수학을 좋아하는 학생은 어느 학년이 몇 명 더 많을까요?

( ), ( )

➔ 정답과 풀이 46쪽

[16~17] 주찬이네 반 학생들이 기르는 애완동물을 조사하여 나타낸 원그래프입니다. 물음에 답하세요.

기르는 애완동물별 학생 수

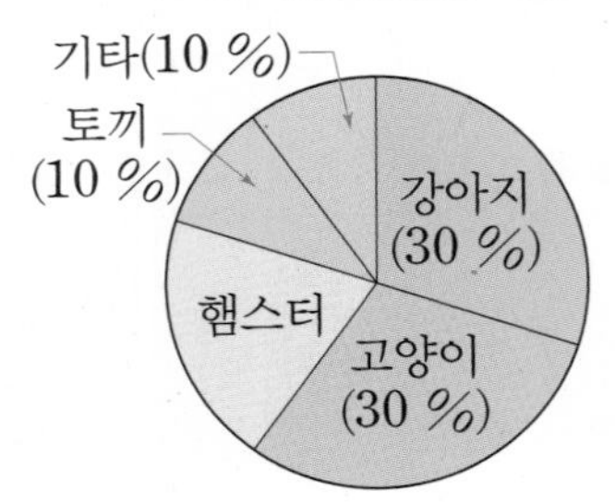

16 원그래프를 전체 길이가 15 cm인 띠그래프로 나타낸다면 햄스터가 차지하는 부분의 길이는 몇 cm일까요?

(　　　　　　　　　　)

17 원그래프를 전체 길이가 40 cm인 띠그래프로 나타낸다면 강아지가 차지하는 부분은 토끼가 차지하는 부분보다 몇 cm 더 길게 그려야 할까요?

(　　　　　　　　　　)

18 순호네 마을에서 정유 공장 건립에 대한 의견과 반대 이유를 조사하여 나타낸 그래프입니다. 순호네 마을 사람이 모두 800명일 때 소음을 이유로 반대하는 사람은 몇 명일까요?

의견별 사람 수

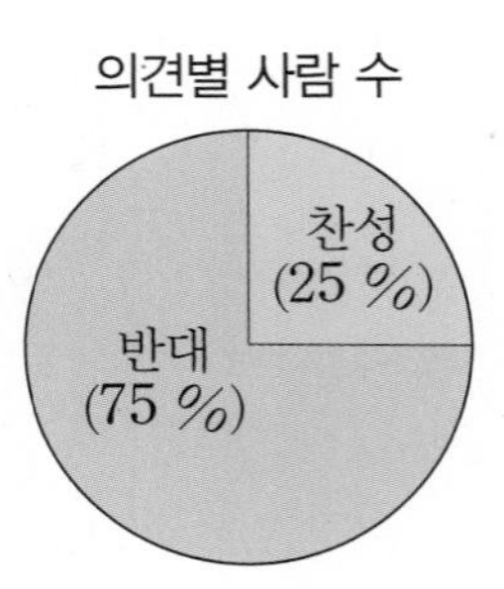

반대 이유별 사람 수

0 10 20 30 40 50 60 70 80 90 100 (%)

소음 (34 %)	공기오염 (22 %)	수질오염 (18 %)	기타 (26 %)

(　　　　　　　　　　)

서술형

19 2020년부터 2022년까지 선주네 마을의 학교별 학생 수의 변화를 나타낸 띠그래프입니다. 앞으로 선주네 마을의 학교별 학생 수가 어떻게 변할지 설명해 보세요.

학교별 학생 수의 변화

	초등학생	중학생	고등학생
2020년	42 %	37 %	21 %
2021년	45 %	35 %	20 %
2022년	52 %	30 %	18 %

설명 ....

서술형

20 태희네 반 학생들이 좋아하는 음악을 조사하여 나타낸 원그래프입니다. 팝송을 좋아하는 학생이 72명일 때 가요를 좋아하는 학생은 몇 명인지 풀이 과정을 쓰고 답을 구해 보세요.

좋아하는 음악 종류별 학생 수

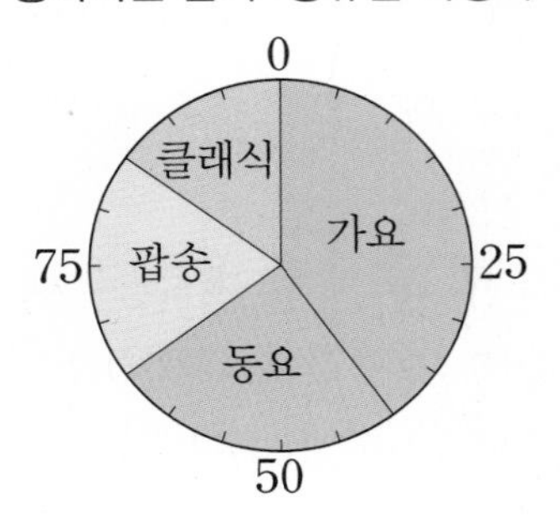

풀이 ....

답 ....

6 직육면체의 부피와 겉넓이

이번 단원에서
꼭 짚어야 할
핵심 개념을 알아보자.

핵심 1 부피의 단위

- 한 모서리의 길이가 $1\,\text{cm}$인 정육면체의 부피를 □ 라 쓰고 1세제곱센티미터라고 읽는다.
- 한 모서리의 길이가 $1\,\text{m}$인 정육면체의 부피를 □ 라 쓰고 1세제곱미터라고 읽는다.

핵심 2 직육면체와 정육면체의 부피

(직육면체의 부피)
=(가로)×(□)×(높이)
(정육면체의 부피)
=(한 모서리의 길이)×(한 모서리의 길이)
×(한 모서리의 길이)

핵심 3 직육면체의 겉넓이

(직육면체의 겉넓이)
=(여섯 면의 넓이의 합)
=(한 밑면의 넓이)×□+(옆면의 넓이)
=(합동인 세 면의 넓이의 합)×2

핵심 4 정육면체의 겉넓이

(정육면체의 겉넓이)
=(여섯 면의 넓이의 합)
=(한 모서리의 길이)
×(한 모서리의 길이)×□

답 **1.** $1\,\text{cm}^3$, $1\,\text{m}^3$ **2.** 세로 **3.** 2 **4.** 6

STEP 1 교과 개념

1. 직육면체의 부피 비교하기

● 상자의 부피를 직접 비교

• 직접 **면끼리 맞대어 비교**하려면 **두 곳의 길이가 같아야** 합니다.

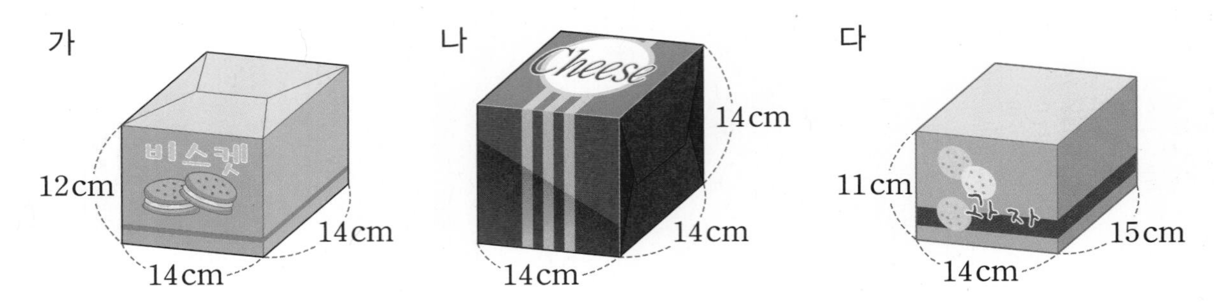

• 가 상자와 나 상자를 맞대어 부피 비교하기
  두 상자의 가로와 세로가 같으므로 높이를 비교하면 나 상자의 부피가 더 큽니다.
• 가 상자와 다 상자를 맞대어 부피 비교하기
  가로만 길이가 같기 때문에 부피를 비교하기 어렵습니다.
  └→ 직접 맞대어 비교하려면 가로, 세로, 높이 중에서 두 종류 이상의 길이가 같아야 합니다.

● 타일을 사용하여 상자의 부피 비교

• 상자 속을 **크기와 모양이 같은 물건**으로 채워서 비교합니다.

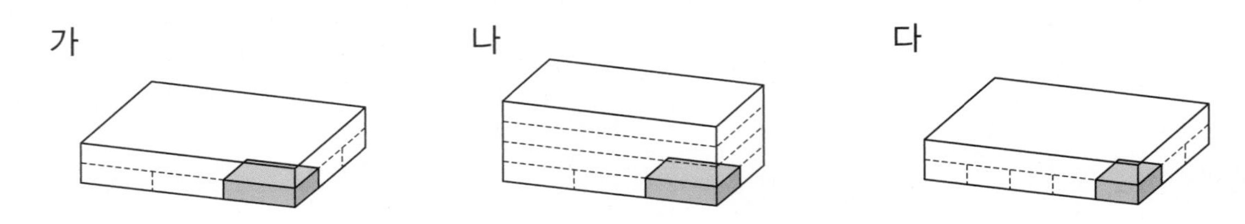

• 가와 나의 부피 비교하기
  가의 타일의 수: $3\times3\times2=18$(개), 나의 타일의 수: $3\times2\times4=24$(개)
  ➡ 나의 타일의 수가 더 많으므로 나의 부피가 더 큽니다.
• 가와 다의 부피 비교하기
  가와 다의 타일은 크기가 다르기 때문에 부피를 비교하기 어렵습니다.
  └→ 임의 단위를 사용하여 부피를 비교하려면 크기와 모양이 같아야 합니다.

● 쌓기나무를 사용하여 직육면체의 부피 비교

• **쌓기나무의 수**를 세어 비교합니다.

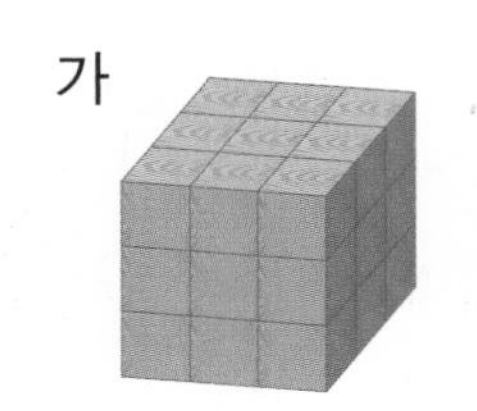

나

가의 쌓기나무의 수: $3\times3\times3=27$(개)   나의 쌓기나무의 수: $5\times2\times2=20$(개)

➡ 가의 쌓기나무의 수가 더 많으므로 가의 부피가 더 큽니다.

정답과 풀이 48쪽

1 가와 나를 맞대어 부피를 비교하려고 합니다. 물음에 답하세요.

가

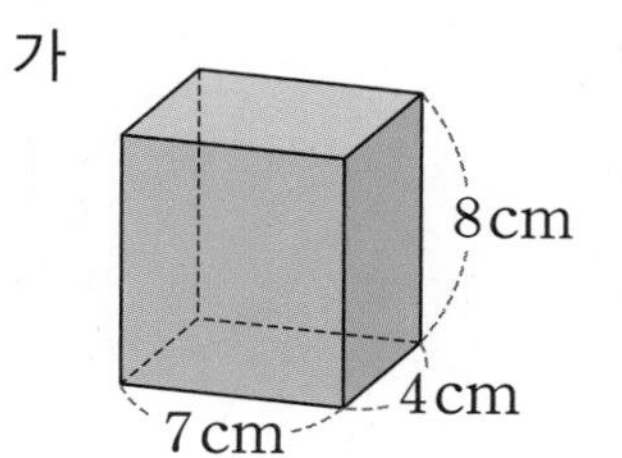

나

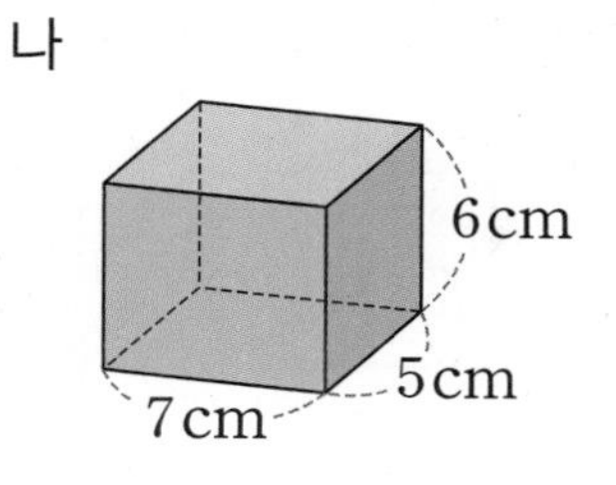

가로, 세로, 높이 중에서 두 종류 이상 길이가 같아야 직접 맞대어 두 직육면체의 부피를 비교할 수 있어요.

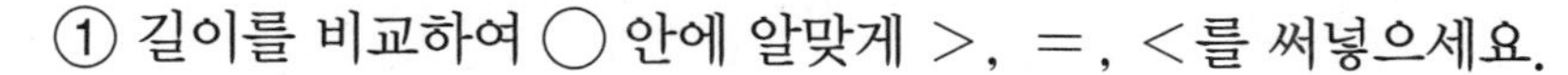
① 길이를 비교하여 ○ 안에 알맞게 >, =, <를 써넣으세요.

(가의 가로) 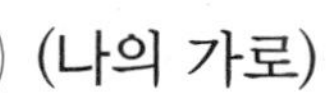 (나의 가로)

(가의 세로) ○ (나의 세로)

(가의 높이) 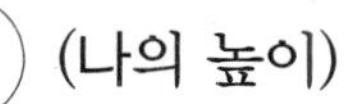 (나의 높이)

② 가와 나의 부피를 정확하게 비교할 수 있을까요? 없을까요?

( )

2 가와 나 중에서 부피가 더 큰 직육면체를 찾아 기호를 써 보세요.

가

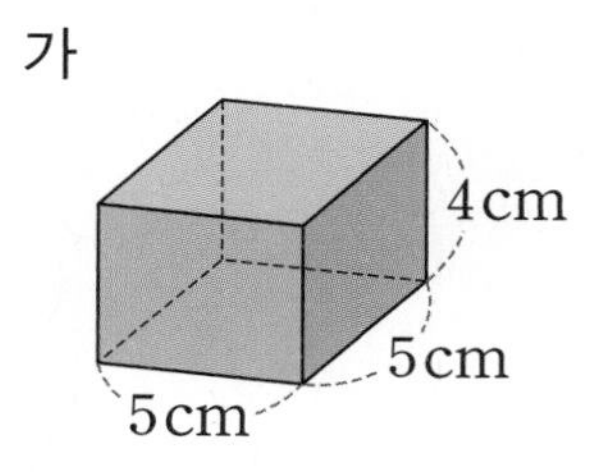

나

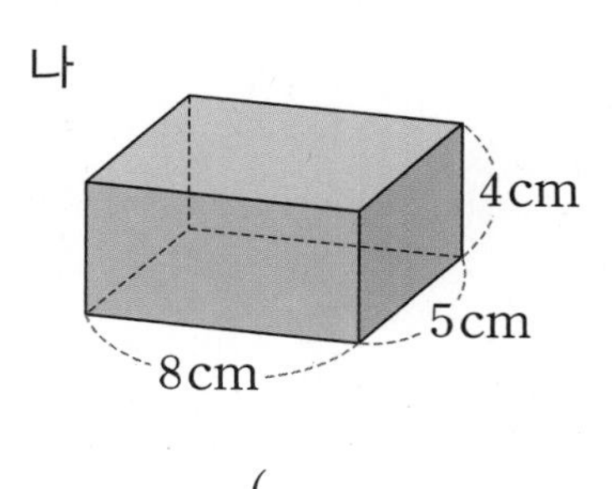

두 직육면체의 가로, 세로, 높이를 각각 비교해요.

( )

3 쌓기나무를 사용하여 상자의 부피를 비교하려고 합니다. 물음에 답하세요.

가

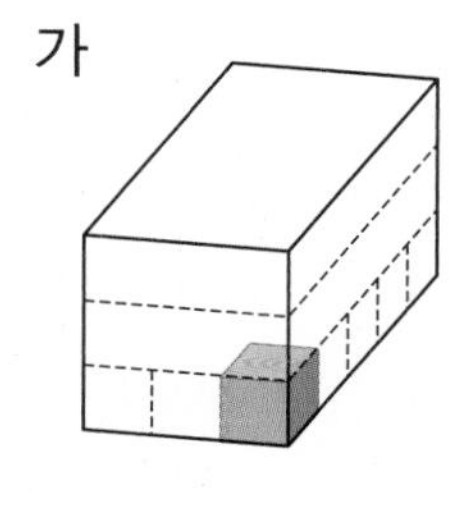

나

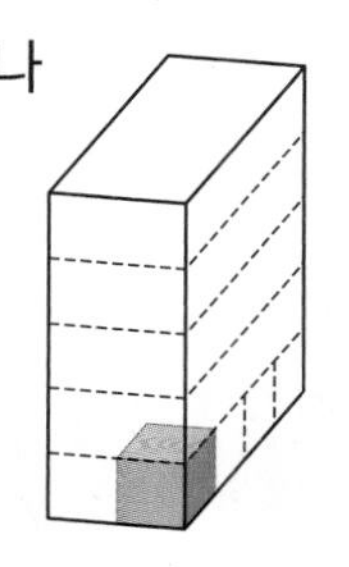

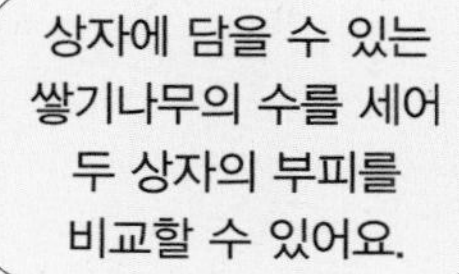

① 상자에 담을 수 있는 쌓기나무는 각각 몇 개일까요?

가 ( ), 나 ( )

② 부피가 더 큰 상자의 기호를 써 보세요.

( )

2. 직육면체의 부피 구하는 방법 알아보기

● $1\ \mathrm{cm}^3$ 알아보기

• **$1\ \mathrm{cm}^3$**: 한 모서리의 길이가 $1\ \mathrm{cm}$인 정육면체의 부피

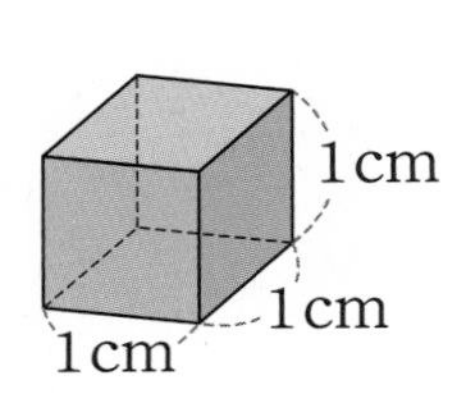

쓰기	읽기
$1\ \mathrm{cm}^3$	**1 세제곱센티미터**

● **부피가 $1\ \mathrm{cm}^3$인 쌓기나무를 사용하여 직육면체의 부피 구하기**

(쌓기나무의 수)$=5\times3\times2=30$(개)

➡ (직육면체의 부피)$=30\ \mathrm{cm}^3$

└➤ 부피가 $1\ \mathrm{cm}^3$인 쌓기나무 ■개의 부피는 ■ cm^3입니다.

● **직육면체의 부피 구하는 방법 알아보기**

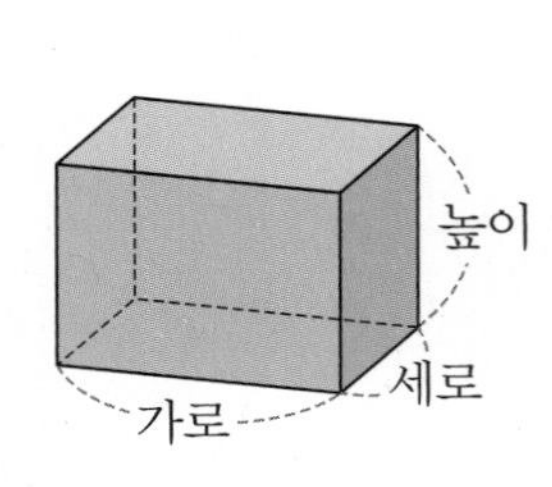

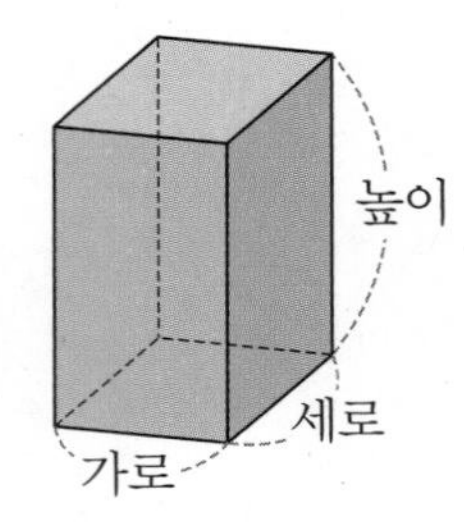

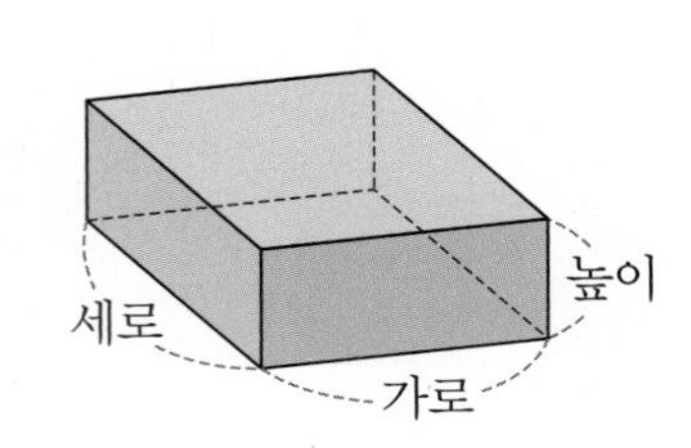

(직육면체의 부피) $=$ (가로) $\times$ (세로) $\times$ (높이)

$=$ (밑면의 넓이) $\times$ (높이)

● **정육면체의 부피 구하는 방법 알아보기**

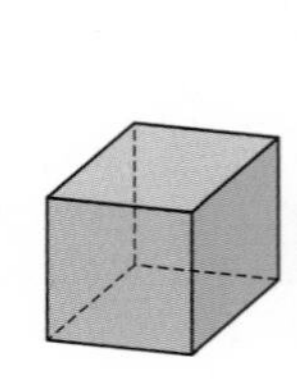

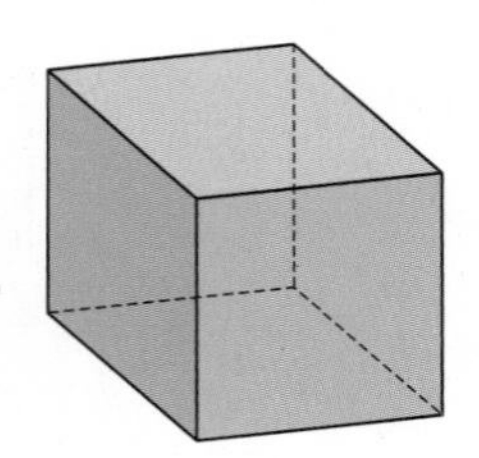

(정육면체의 부피)

$=$ (한 모서리의 길이) $\times$ (한 모서리의 길이) $\times$ (한 모서리의 길이)

정답과 풀이 48쪽

1

부피가 $1\ \mathrm{cm}^3$인 쌓기나무로 다음과 같이 직육면체를 만들었습니다. 물음에 답하세요.

부피가 $1\ \mathrm{cm}^3$인 쌓기나무 ■개의 부피는 ■ cm^3예요.

가

나

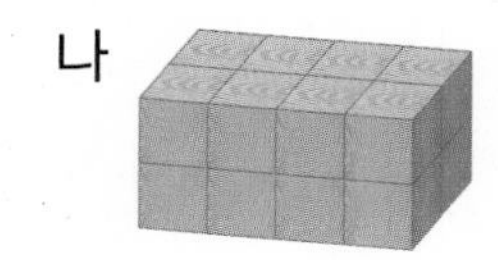

① □ 안에 알맞은 수를 써넣으세요.

가: (쌓기나무의 수) = □개 ➡ (부피) = □ cm^3

나: (쌓기나무의 수) = □개 ➡ (부피) = □ cm^3

② 직육면체 나는 직육면체 가보다 부피가 얼마나 큽니까?

( )

2

부피가 $1\ \mathrm{cm}^3$인 쌓기나무를 다음과 같이 쌓았습니다. 쌓기나무의 수를 곱셈식으로 나타내고 직육면체의 부피를 구해 보세요.

부피가 $1\ \mathrm{cm}^3$인 쌓기나무의 수가 직육면체의 부피가 돼요.

가

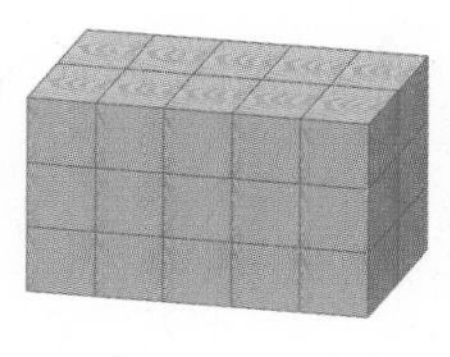

나

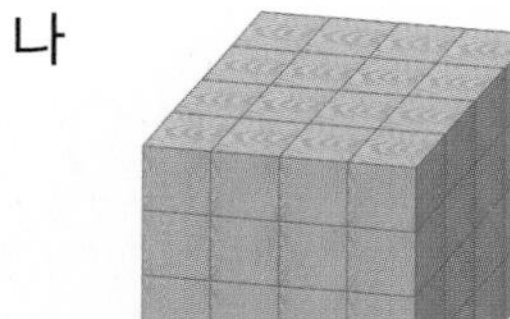

다

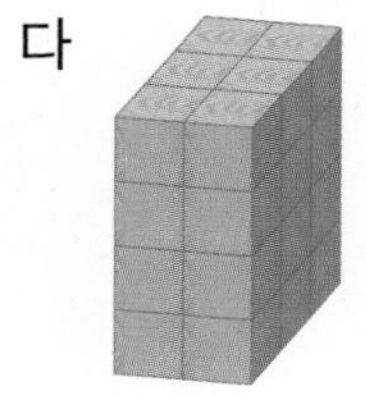

직육면체	가	나	다
쌓기나무의 수(개)	□×□×□	□×□×□	□×□×□
부피(cm^3)			

3

직육면체 모양의 물건들이 있습니다. 부피를 구해 보세요.

정육면체의 한 모서리의 길이가 ▲ cm이면 정육면체의 부피는 (▲×▲×▲) cm^3예요.

①

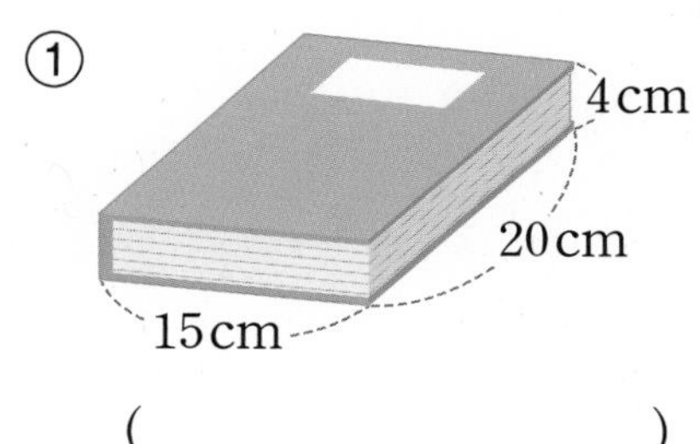

( )

②

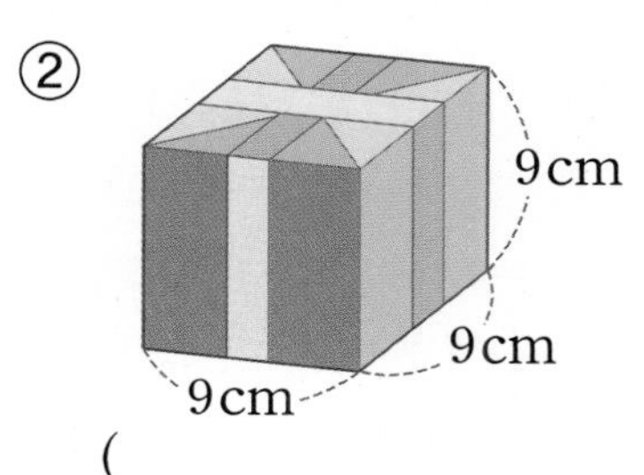

( )

STEP 1 교과 개념

3. m^3 알아보기

● m^3 알아보기

- $1\ m^3$: 한 모서리의 길이가 1 m인 정육면체의 부피

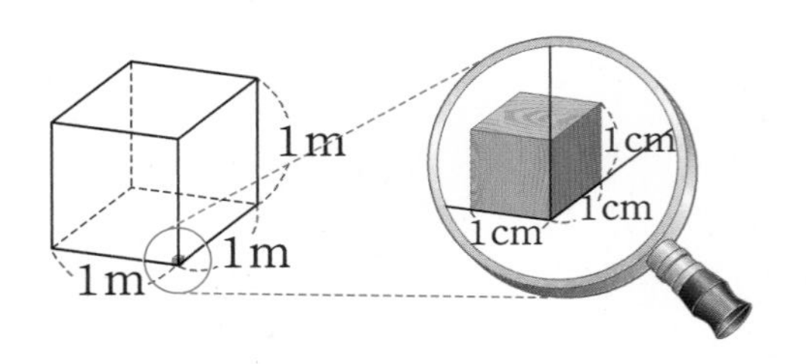

쓰기	읽기
$1\ m^3$	1 세제곱미터

● $1\ m^3$와 $1\ cm^3$의 관계

- 부피가 $1\ cm^3$인 쌓기나무를 부피가 $1\ m^3$인 정육면체의 가로에 100개, 세로에 100개, 높이에 100층을 쌓아야 하므로 부피가 $1\ m^3$인 정육면체를 쌓는 데 부피가 $1\ cm^3$인 쌓기나무가 1000000개 필요합니다.
  따라서 $1\ m^3$는 $1000000\ cm^3$라고 할 수 있습니다.

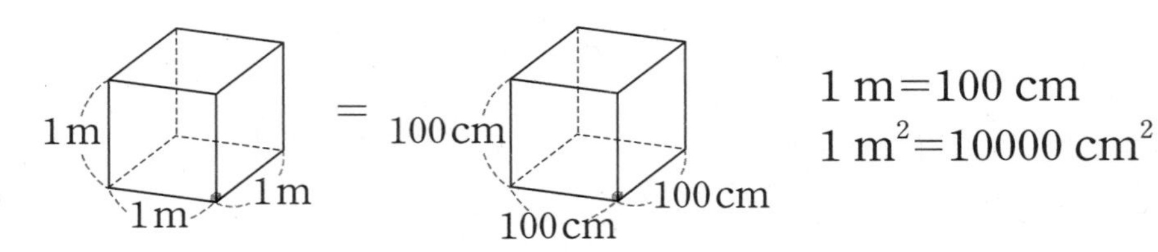

1 m=100 cm
$1\ m^2=10000\ cm^2$

$$1\ m^3 = 1000000\ cm^3$$

개념 자세히 보기

● 부피의 단위 cm^3, m^3에 대해 알아보아요!

- 작은 부피를 잴 때에는 $1\ cm^3$를 사용합니다.
  예 필통의 부피, 상자의 부피, ...
- 큰 부피를 잴 때에는 $1\ m^3$를 사용합니다.
  예 컨테이너의 부피, 방의 부피, ...

● 가로, 세로, 높이가 cm 단위인 직육면체의 부피를 m^3 단위로 나타낼 수 있어요!

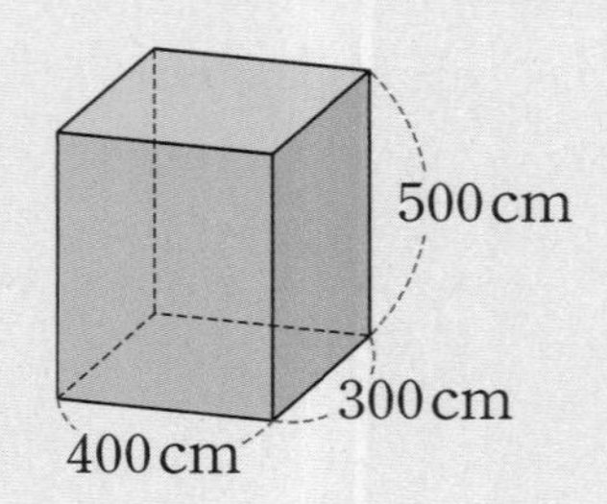

방법 1 (직육면체의 부피) $= 400 \times 300 \times 500$
$= 60000000\ (cm^3)$ ➡ $60\ m^3$

방법 2 (가로) = 400 cm = 4 m
(세로) = 300 cm = 3 m
(높이) = 500 cm = 5 m
➡ (직육면체의 부피) $= 4 \times 3 \times 5 = 60\ (m^3)$

정답과 풀이 48쪽

1 그림을 보고 □ 안에 알맞게 써넣으세요.

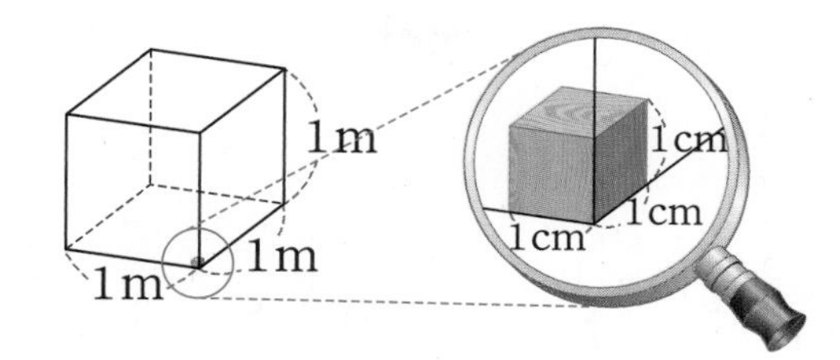

한 모서리의 길이가 1 m인 정육면체를 쌓는 데 부피가 1 cm^3인 쌓기나무가 □개 필요합니다.

따라서 1 m^3는 □ cm^3라고 할 수 있습니다.

2 직육면체를 보고 물음에 답하세요.

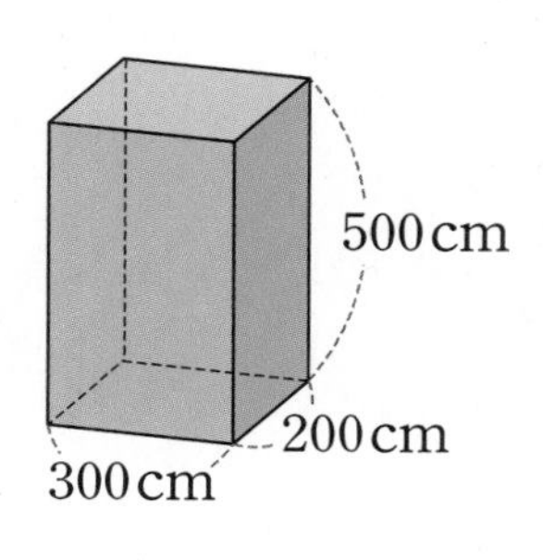

① 직육면체의 가로, 세로, 높이를 m로 나타내어 보세요.

가로 (　　　　)

세로 (　　　　)

높이 (　　　　)

② 직육면체의 부피는 몇 m^3일까요?

(　　　　)

cm 단위를 m 단위로 바꾸면 직육면체의 부피를 m^3 단위로 나타낼 수 있어요.

3 □ 안에 알맞은 수를 써넣으세요.

① $2\text{ m}^3 =$ □ cm^3 ② $7000000\text{ cm}^3 =$ □ m^3

③ $4.9\text{ m}^3 =$ □ cm^3 ④ $800000\text{ cm}^3 =$ □ m^3

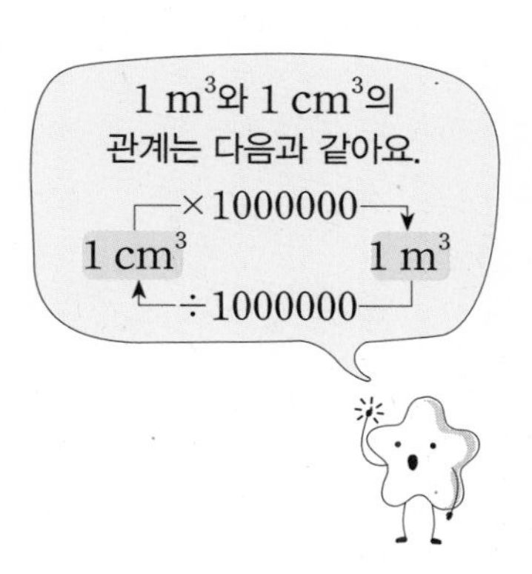

4 직육면체의 부피는 몇 m^3인지 구해 보세요.

①

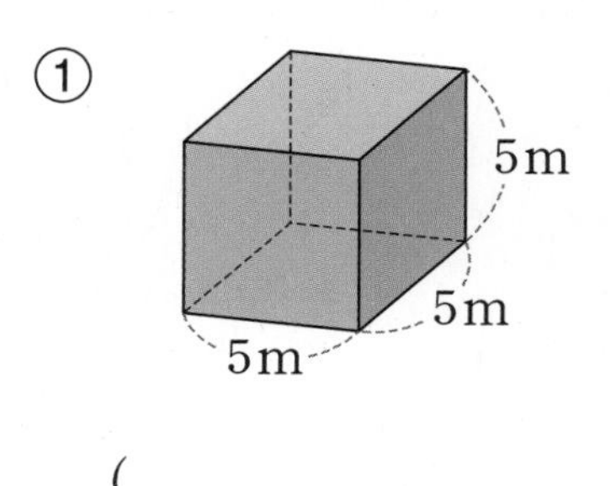

(　　　　)

②

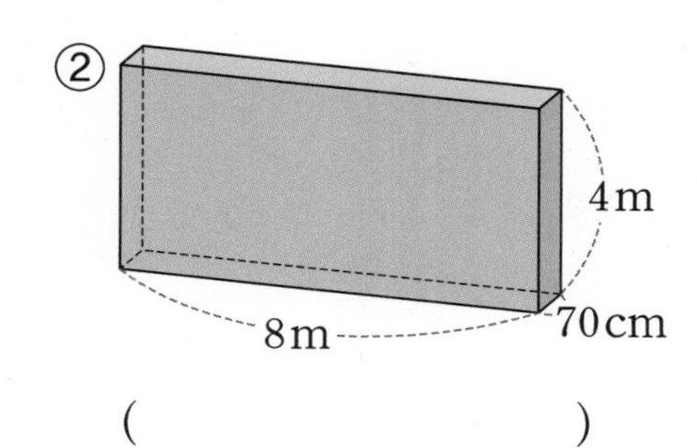

(　　　　)

4. 직육면체의 겉넓이 구하는 방법 알아보기

● **직육면체의 겉넓이 구하는 방법 알아보기**

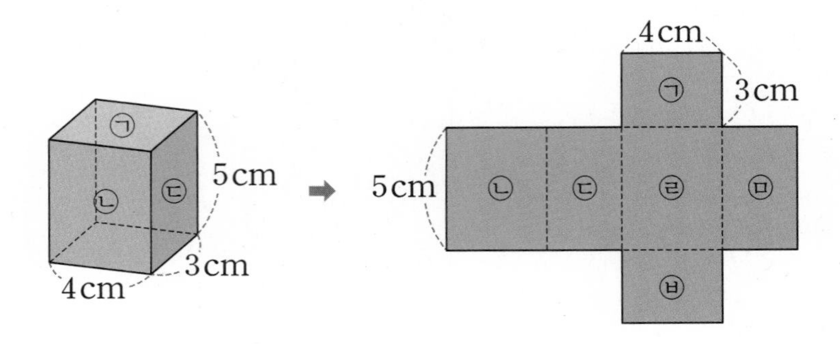

방법 1 여섯 면의 넓이를 각각 구하여 모두 더합니다.

(여섯 면의 넓이의 합)
=㉠+㉡+㉢+㉣+㉤+㉥ → (㉠의 넓이)=(㉥의 넓이), (㉡의 넓이)=(㉣의 넓이), (㉢의 넓이)=(㉤의 넓이)
$=4\times3+4\times5+3\times5+4\times5+3\times5+4\times3$
$=94\,(\mathrm{cm}^2)$

방법 2 합동인 면이 3쌍이므로 세 면의 넓이를 각각 2배하여 더합니다.

(한 꼭짓점에서 만나는 세 면의 넓이의 합)×2
=(㉠+㉡+㉢)×2
$=(4\times3+4\times5+3\times5)\times2=94\,(\mathrm{cm}^2)$

방법 3 두 밑면의 넓이와 옆면의 넓이를 더합니다.

(한 밑면의 넓이)×2+(옆면의 넓이)
=㉠×2+(㉡+㉢+㉣+㉤)
$=(4\times3)\times2+(4+3+4+3)\times5=94\,(\mathrm{cm}^2)$

● **정육면체의 겉넓이 구하는 방법 알아보기**

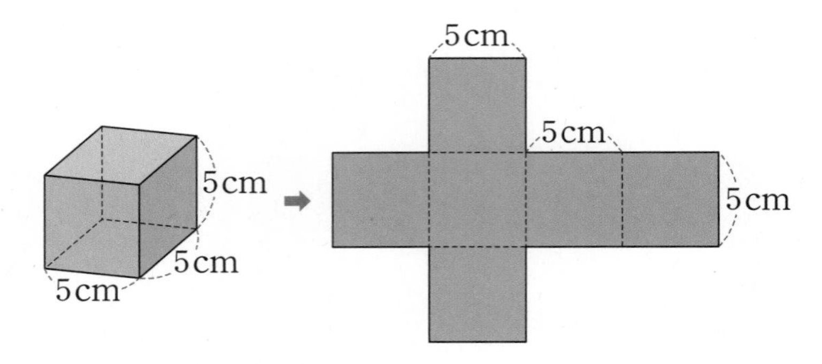

(정육면체의 겉넓이)
= (한 모서리의 길이)×(한 모서리의 길이)×6
$\mathbf{=5\times5\times6=150\,(cm^2)}$

➲ 정답과 풀이 49쪽

1 **직육면체의 겉넓이를 여러 가지 방법으로 구하려고 합니다. □ 안에 알맞은 수를 써넣으세요.**

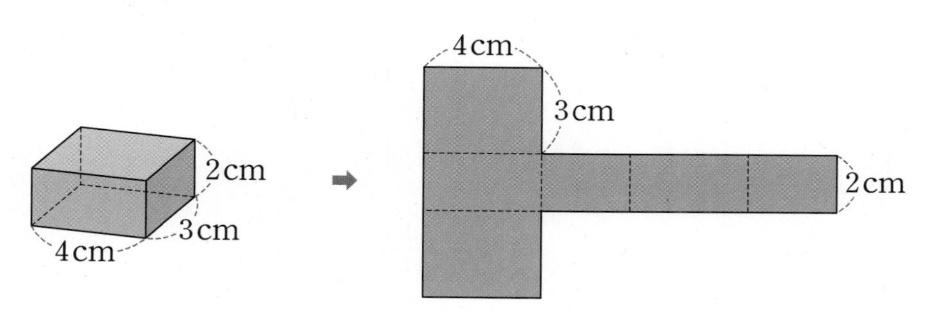

① (여섯 면의 넓이의 합)

$=12+8+6+\square+6+\square=\square(\text{cm}^2)$

② (한 꼭짓점에서 만나는 세 면의 넓이의 합) × 2

$=(4\times3+4\times\square+\square\times\square)\times2$

$=(12+\square+\square)\times2=\square(\text{cm}^2)$

③ (한 밑면의 넓이) × 2 + (옆면의 넓이)

$=(4\times3)\times2+(4+\square+4+\square)\times2=\square(\text{cm}^2)$

2 **정육면체의 전개도를 그리고 겉넓이를 구해 보세요.**

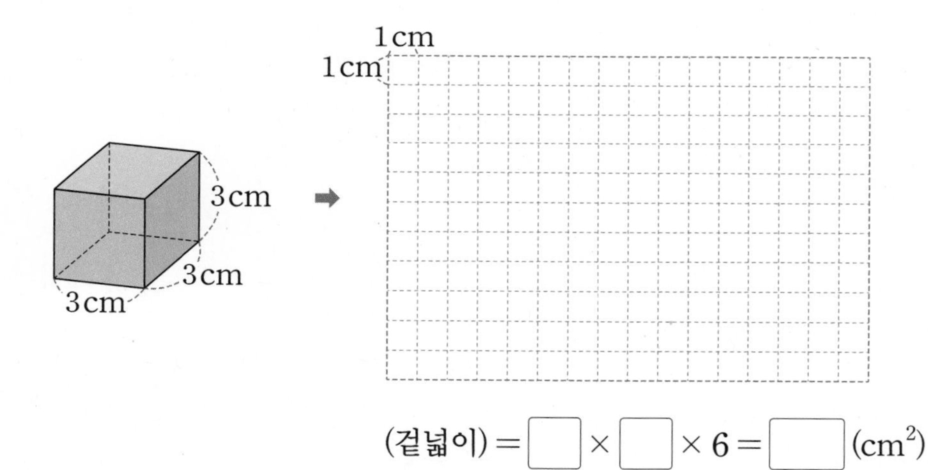

(겉넓이) $=\square\times\square\times6=\square(\text{cm}^2)$

3 **직육면체의 겉넓이를 구해 보세요.**

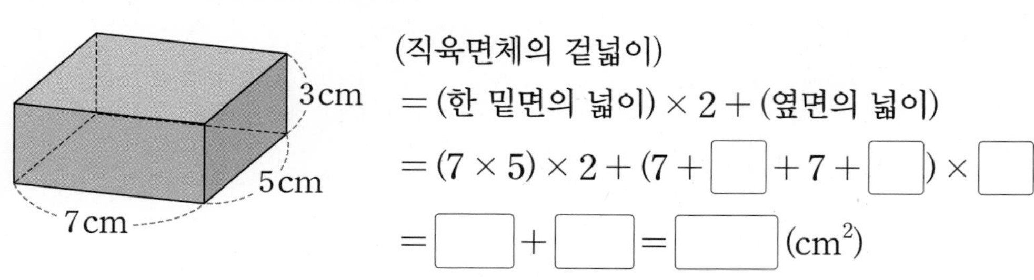

(직육면체의 겉넓이)

= (한 밑면의 넓이) × 2 + (옆면의 넓이)

$=(7\times5)\times2+(7+\square+7+\square)\times\square$

$=\square+\square=\square(\text{cm}^2)$

STEP 2 꼭 나오는 유형

1 직육면체의 부피 비교

1 세 직육면체의 부피를 잘못 비교한 친구의 이름을 써 보세요.

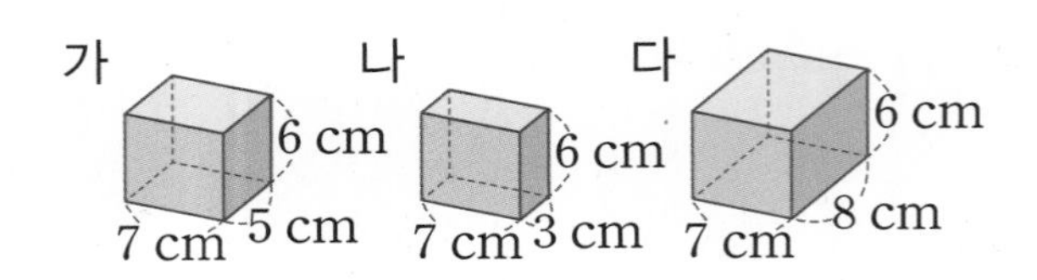

소진: 부피가 가장 큰 것은 다야.
유빈: 부피가 가장 작은 것은 가야.

( )

서술형
2 상자에 들어 있는 벽돌과 타일의 수를 세어 상자의 부피를 비교할 수 있는지 말하고 그 이유를 써 보세요.

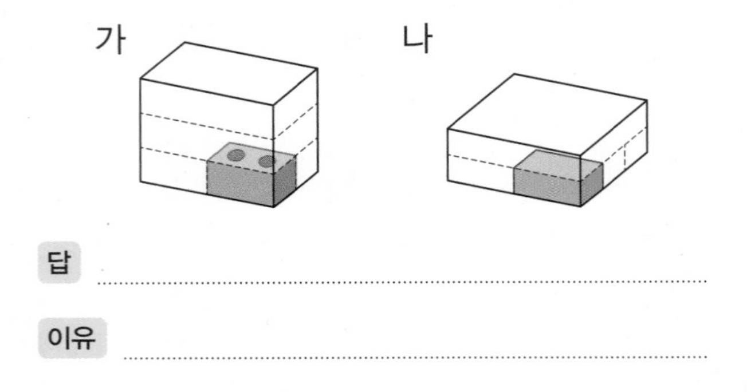

답

이유

3 크기가 같은 쌓기나무를 사용하여 두 직육면체의 부피를 비교하고, ◯ 안에 >, =, <를 알맞게 써넣으세요.

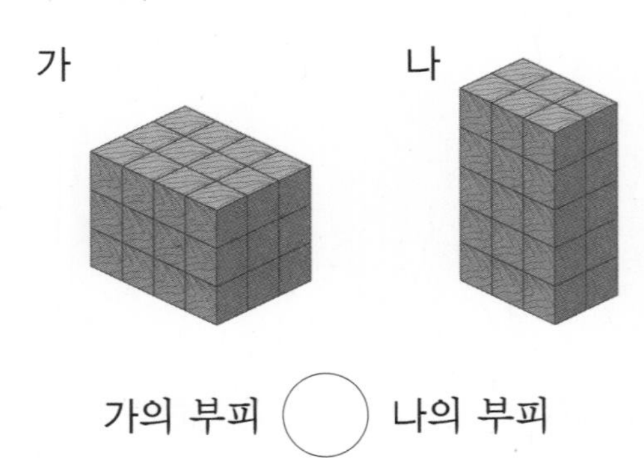

가의 부피 ◯ 나의 부피

4 두 상자에 크기가 같은 주사위를 담아 두 상자의 부피를 비교하려고 합니다. 물음에 답하세요.

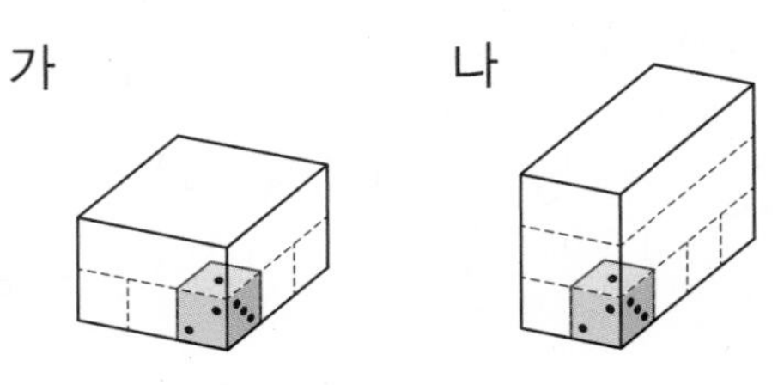

(1) 상자 가에 담을 수 있는 주사위는 몇 개일까요?

( )

(2) 상자 나에 담을 수 있는 주사위는 몇 개일까요?

( )

(3) 상자 가와 나 중에서 부피가 더 작은 상자는 어느 것일까요?

( )

[5~6] 은서는 쌓기나무를 사용하여 오른쪽과 같은 직육면체를 만들었습니다. 물음에 답하세요.

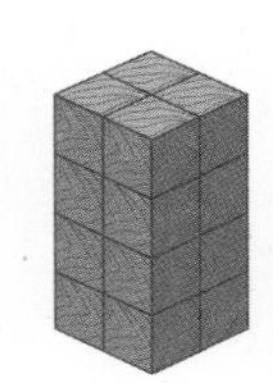

5 은서가 사용한 쌓기나무는 몇 개일까요?

( )

내가 만드는 문제
6 쌓기나무를 직접 쌓아 은서가 만든 직육면체보다 부피가 더 큰 직육면체를 만들어 보세요. 사용한 쌓기나무는 몇 개일까요?

( )

2 직육면체의 부피

7 그림을 보고 □ 안에 알맞게 써넣으세요.

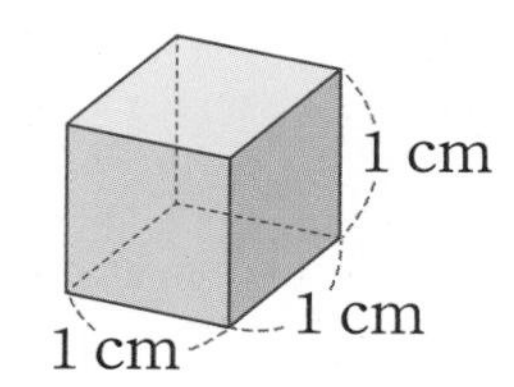

한 모서리의 길이가 1 cm인 정육면체의 부피를 □(이)라 쓰고, □(이)라고 읽습니다.

8 부피가 1 cm^3인 쌓기나무로 다음과 같이 직육면체를 만들었습니다. 쌓기나무의 수를 세어 직육면체의 부피를 구해 보세요.

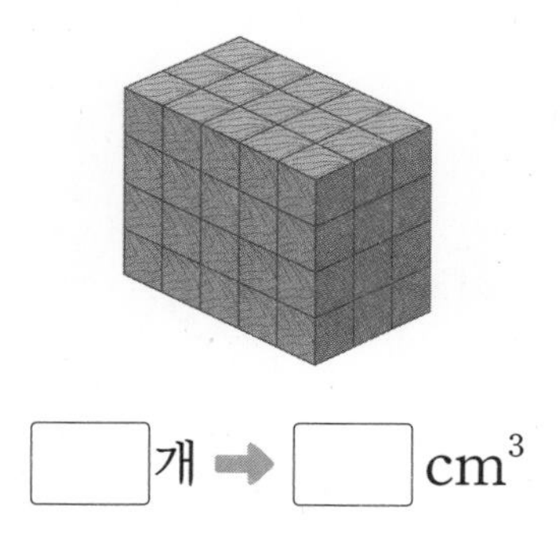

□개 ➡ □cm^3

9 부피가 1 cm^3인 쌓기나무로 다음과 같이 직육면체를 만들었습니다. 직육면체 나의 부피는 직육면체 가의 부피보다 몇 cm^3 더 큰지 구해 보세요.

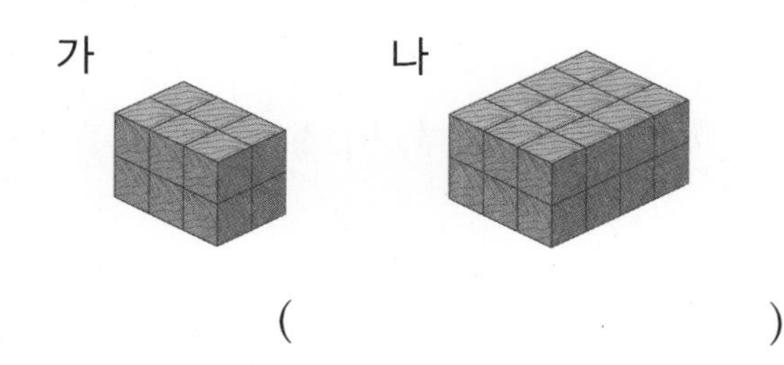

( )

10 부피가 1 cm^3인 정육면체 모양의 각설탕을 쌓아 다음과 같이 정육면체를 만들었습니다. 각설탕의 수를 세어 정육면체의 부피를 구해 보세요.

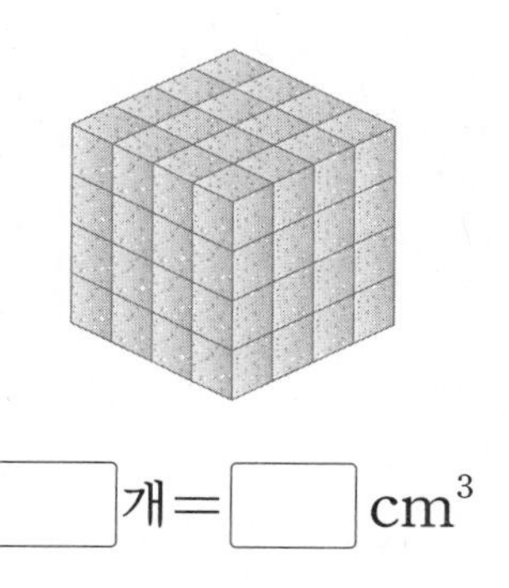

□개=□cm^3

11 부피가 1 cm^3인 쌓기나무로 다음과 같이 직육면체를 만들었습니다. □ 안에 알맞은 수를 써넣으세요.

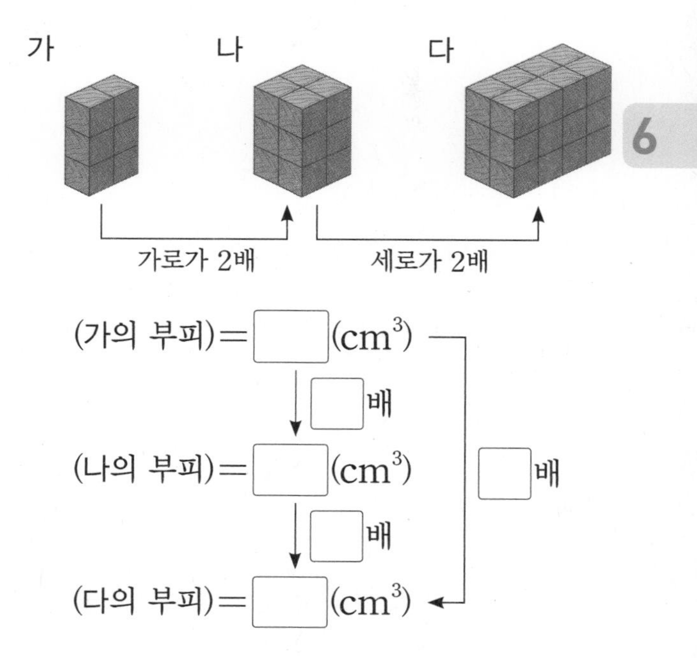

(가의 부피)=□(cm^3)
□배
(나의 부피)=□(cm^3) □배
□배
(다의 부피)=□(cm^3)

12 상자 속을 부피가 1 cm^3인 정육면체 모양의 쌓기나무로 빈틈없이 가득 채웠습니다. 상자를 가득 채운 쌓기나무의 부피는 몇 cm^3일까요? (단, 상자의 두께는 생각하지 않습니다.)

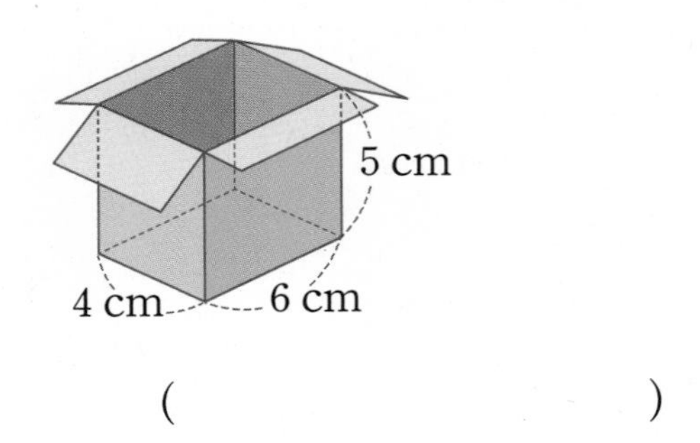

(　　　　　　　　)

[13~14] 직육면체의 부피를 구해 보세요.

13

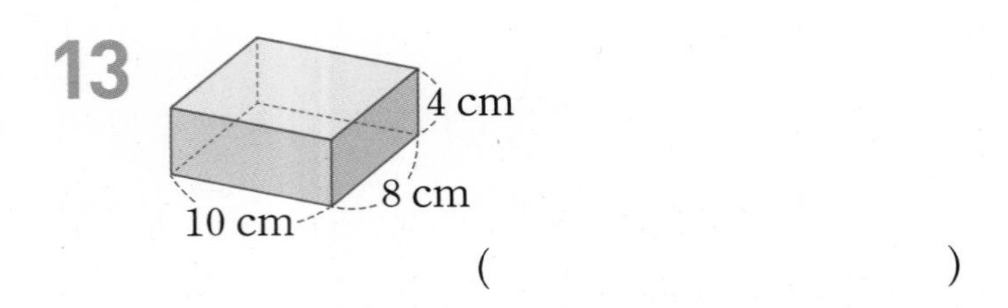

(　　　　　　　　)

14

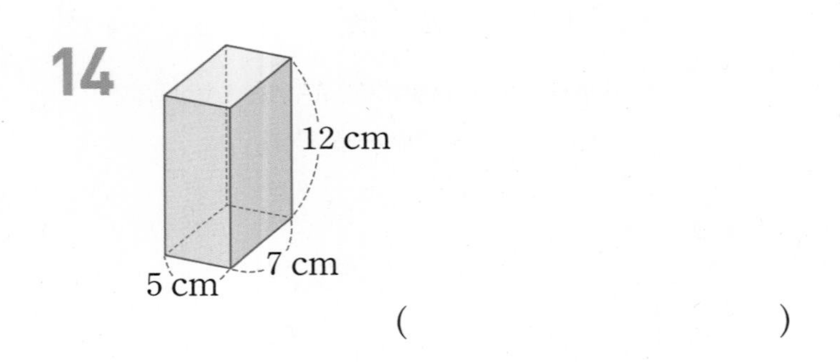

(　　　　　　　　)

15 진욱이는 가로가 20 cm, 세로가 9 cm, 높이가 6 cm인 직육면체 모양의 필통을 샀습니다. 진욱이가 산 필통의 부피는 몇 cm^3일까요?

(　　　　　　　　)

16 다음 직육면체의 부피가 240 cm^3일 때 색칠한 면의 넓이는 몇 cm^2인지 구해 보세요.

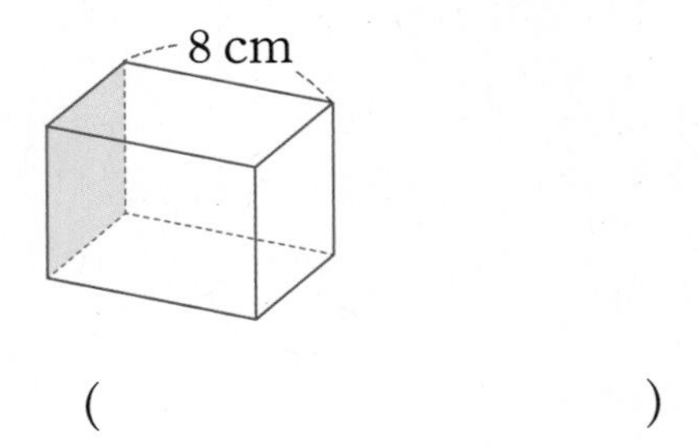

(　　　　　　　　)

내가 만드는 문제

17 다음 직육면체 모양의 물건들 중에서 하나를 골라 기호를 쓰고, 부피를 구해 보세요.

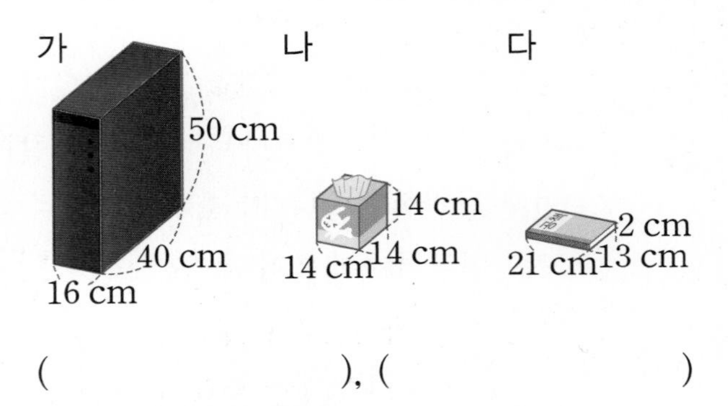

(　　　　　　), (　　　　　　)

18 다음 정육면체의 부피는 몇 cm^3인지 구해 보세요.

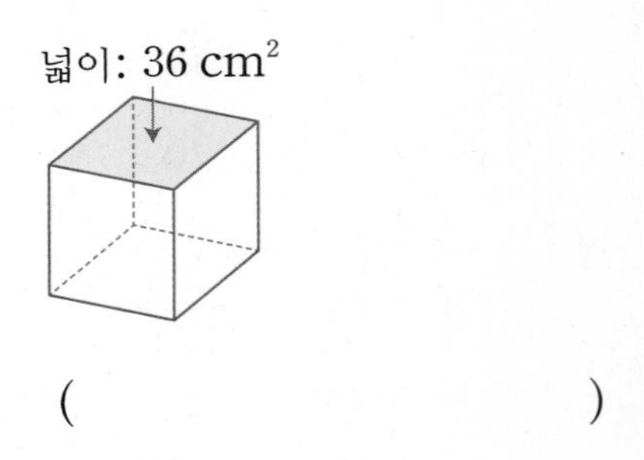

(　　　　　　　　)

19 모든 모서리의 길이의 합이 84 cm인 정육면체가 있습니다. 이 정육면체의 부피는 몇 cm^3일까요?

(　　　　　　　　)

서술형

20 두 직육면체의 부피가 같을 때 □ 안에 알맞은 수는 얼마인지 풀이 과정을 쓰고 답을 구해 보세요.

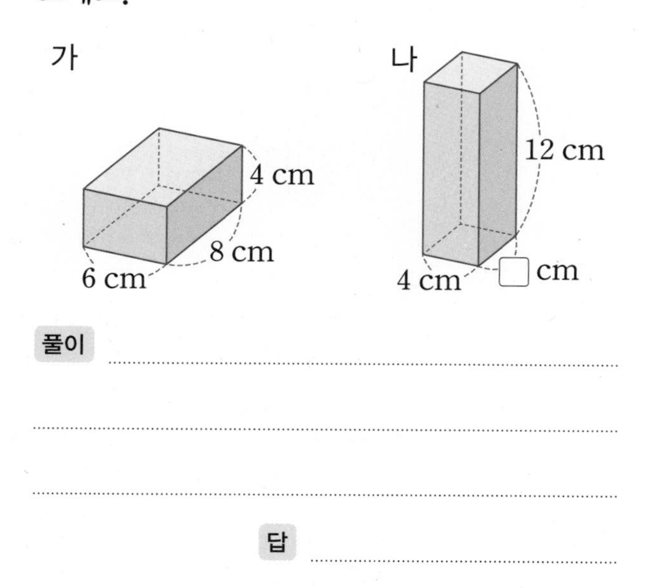

풀이 ....

....

....

답 ....

21 다음 직육면체의 각 모서리의 길이를 2배 늘인 직육면체의 부피를 구하려고 합니다. □ 안에 알맞은 수를 써넣으세요.

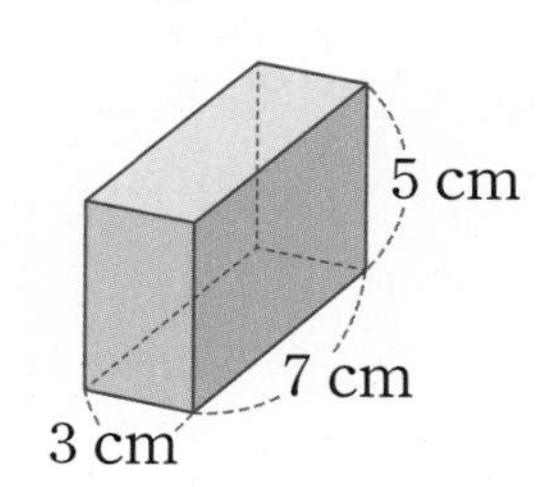

처음 직육면체의 부피

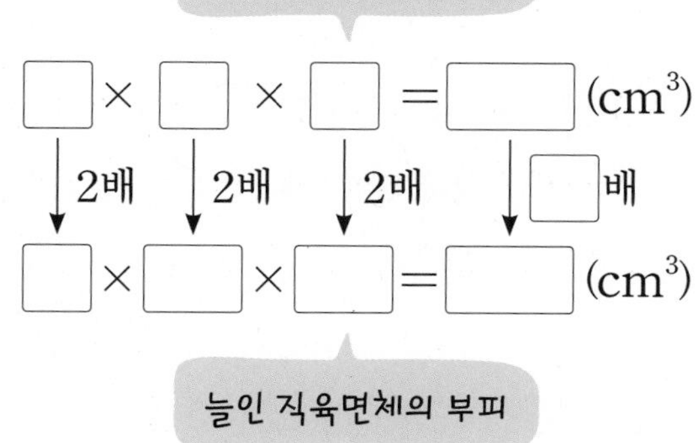

3 m^3 알아보기

22 부피에 대한 설명입니다. 맞으면 ○표, 틀리면 ×표 하세요.

(1) 한 모서리의 길이가 1 m인 정육면체의 부피는 1 m^3입니다. (　　)

(2) 한 모서리의 길이가 1 m인 정육면체를 쌓는 데 부피가 1 cm^3인 쌓기나무가 1000개 필요합니다. (　　)

23 오른쪽 직육면체를 보고 물음에 답하세요.

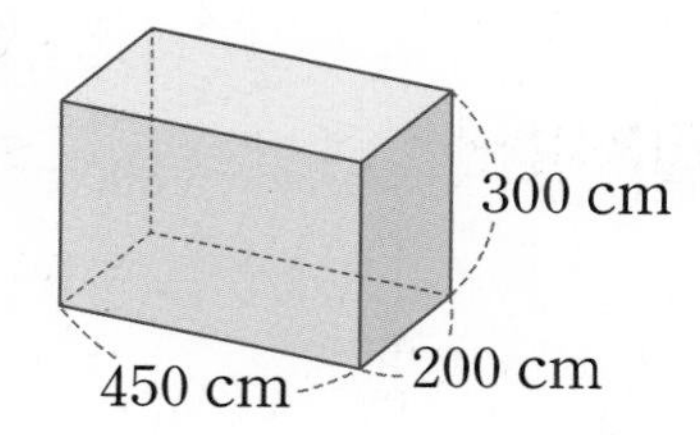

(1) 직육면체의 가로, 세로, 높이를 m로 나타내어 보세요.

가로 (　　　　) m
세로 (　　　　) m
높이 (　　　　) m

(2) 직육면체의 부피는 몇 m^3인지 구해 보세요.

(　　　　　　)

$1 m^2 = 10000 cm^2$, $1 m^3 = 1000000 cm^3$야!

준비 넓이를 비교하여 ○ 안에 >, =, <를 알맞게 써넣으세요.

$4 m^2$ ○ $5000 cm^2$

24 부피를 비교하여 ○ 안에 >, =, <를 알맞게 써넣으세요.

$8500000 cm^3$ ○ $70 m^3$

25 지민이네 집에 있는 서랍장의 부피는 $1\ m^3$이고 세탁기의 부피는 $676000\ cm^3$입니다. 서랍장과 세탁기의 부피의 차는 몇 cm^3일까요?

(　　　　　　　　)

26 다음 컨테이너의 부피는 몇 m^3일까요?

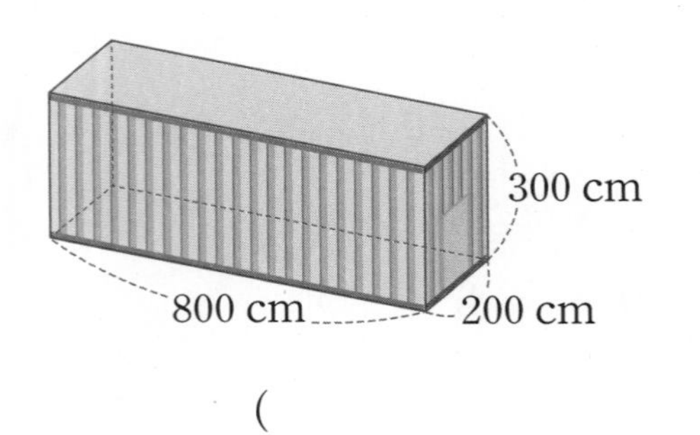

(　　　　　　　　)

27 다음 직육면체의 부피보다 부피가 더 작은 부피와 더 큰 부피를 각각 구하려고 합니다. □ 안에 알맞은 수를 써넣으세요.

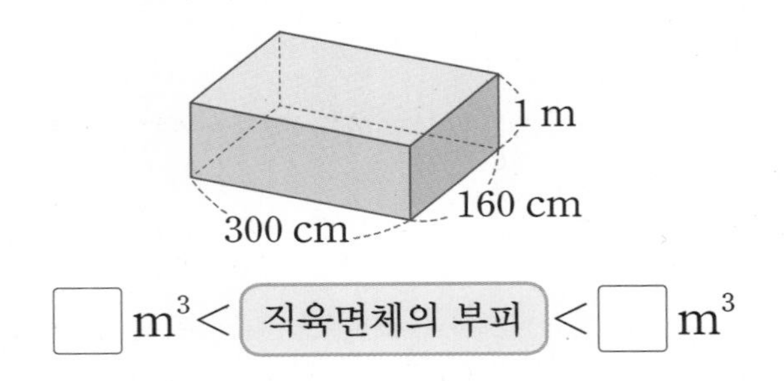

□ m^3 < 직육면체의 부피 < □ m^3

28 부피가 큰 것부터 차례로 기호를 써 보세요.

㉠ $3.2\ m^3$
㉡ $680000\ cm^3$
㉢ 한 모서리의 길이가 300 cm인 정육면체의 부피

(　　　　　　　　)

4 직육면체의 겉넓이

29 표를 완성하고 직육면체의 겉넓이를 세 가지 방법으로 구해 보세요.

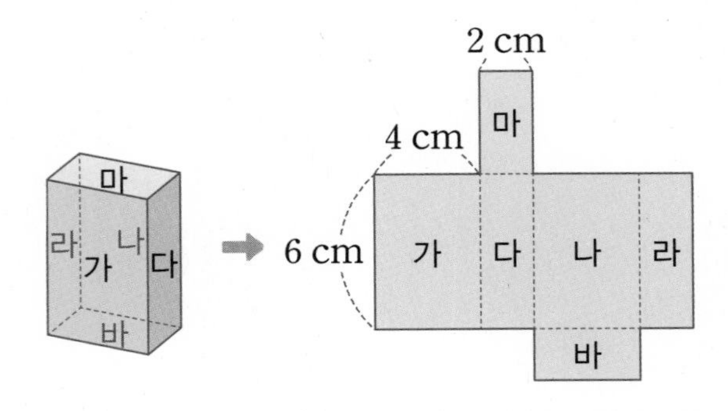

면	가로(cm)	세로(cm)	넓이(cm^2)
가	4		
나	4		
다	2		
라	2		
마	2		
바	4		

방법 1

(여섯 면의 넓이의 합)
=가+나+다+라+마+바
=□+□+□+□+□
　+□
=□(cm^2)

방법 2

(한 꼭짓점에서 만나는 세 면의 넓이의 합)×2
=(가+다+마)×2
=(□+□+□)×2
=□(cm^2)

30 다음 직육면체의 겉넓이는 몇 cm^2인지 구해 보세요.

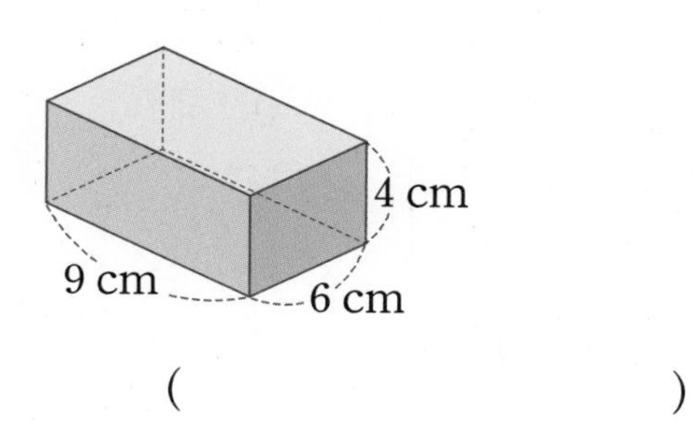

( )

31 다음 전개도를 이용하여 정육면체 모양의 상자를 만들었습니다. 이 상자의 겉넓이는 몇 cm^2인지 구해 보세요.

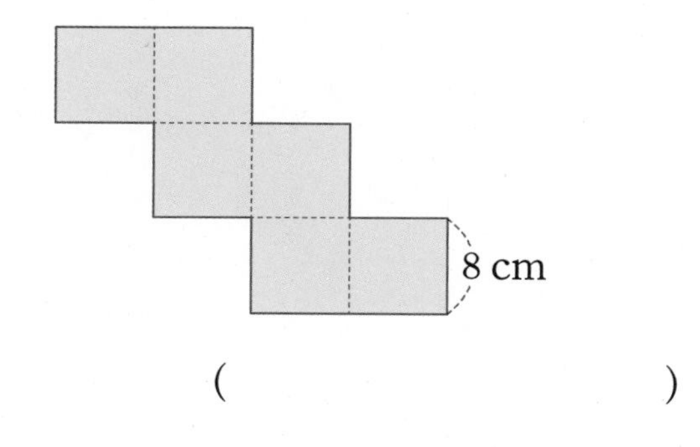

( )

32 다음 정육면체에서 색칠한 면의 넓이가 $9\ cm^2$일 때 이 정육면체의 겉넓이는 몇 cm^2일까요?

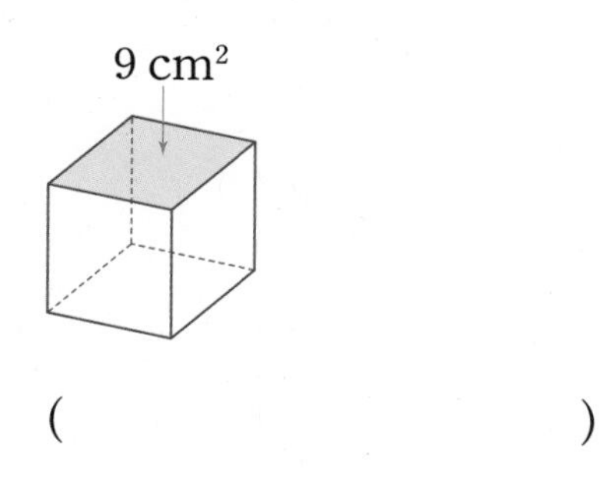

( )

33 오른쪽 정육면체의 각 모서리의 길이를 2배 늘인 정육면체의 겉넓이를 구하려고 합니다. □ 안에 알맞은 수를 써넣으세요.

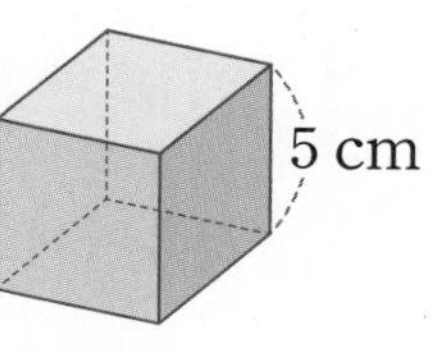

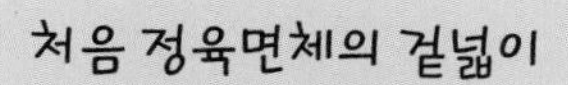

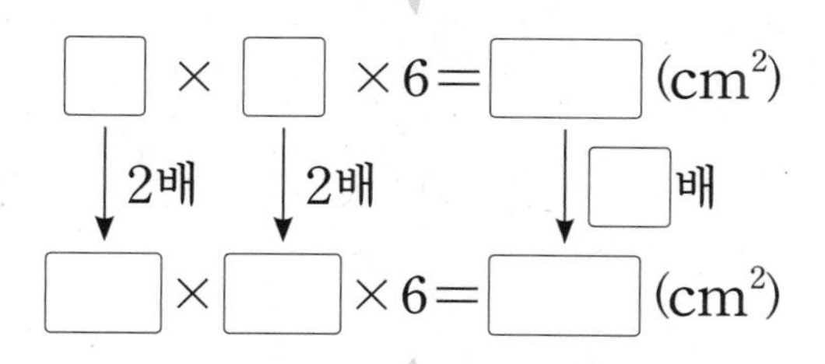

34 직육면체 가와 정육면체 나 중에서 겉넓이가 더 큰 것의 기호를 써 보세요.

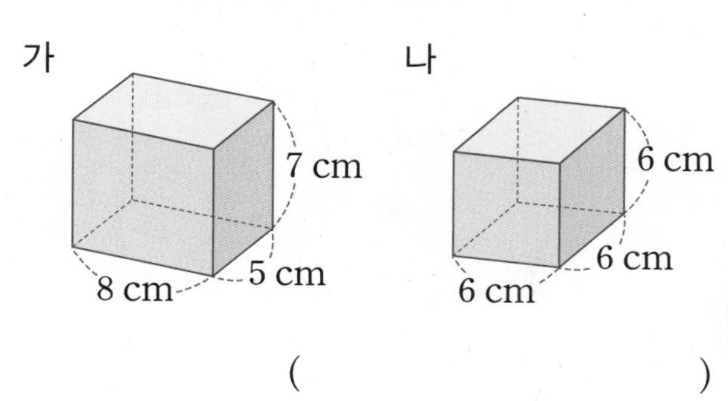

( )

서술형

35 직육면체의 부피가 $60\ cm^3$일 때 겉넓이는 몇 cm^2인지 풀이 과정을 쓰고 답을 구해 보세요.

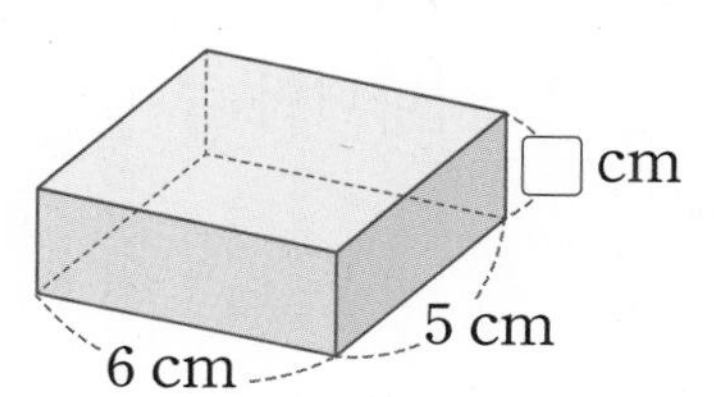

풀이

답

STEP 3

자주 틀리는 유형

두 가지 단위(cm^3, m^3)로 나타내는 직육면체의 부피

1 직육면체의 부피는 몇 m^3일까요?

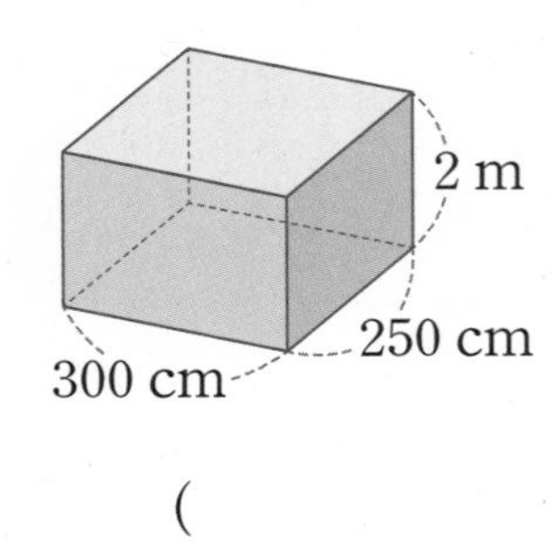

( )

2 직육면체의 부피는 몇 cm^3일까요?

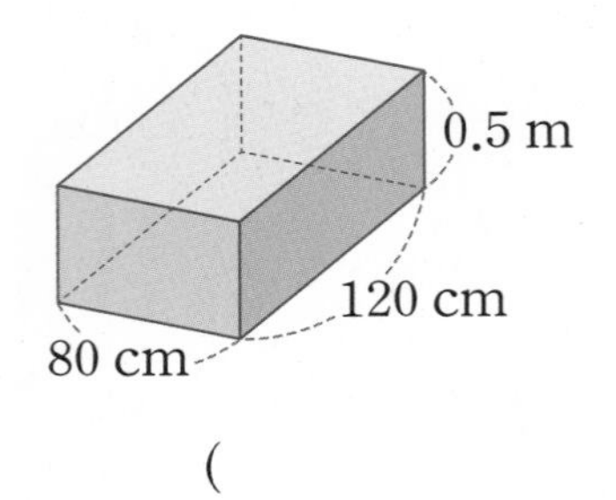

( )

3 오른쪽 직육면체의 부피를 cm^3 단위와 m^3 단위로 각각 나타내어 보세요.

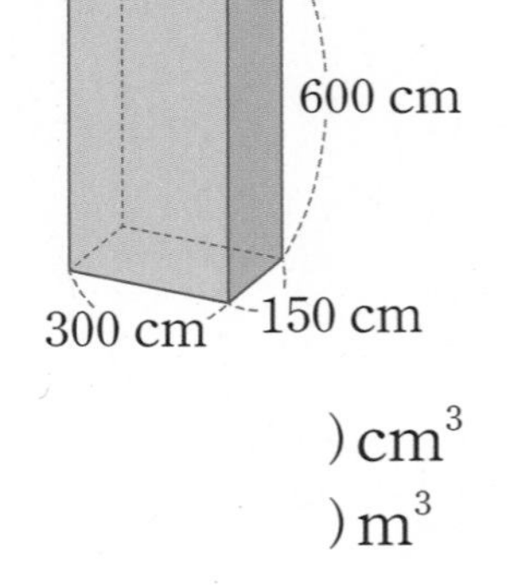

( ) cm^3

( ) m^3

직육면체의 모서리의 길이

4 직육면체의 부피는 $270\ cm^3$입니다. □ 안에 알맞은 수를 써넣으세요.

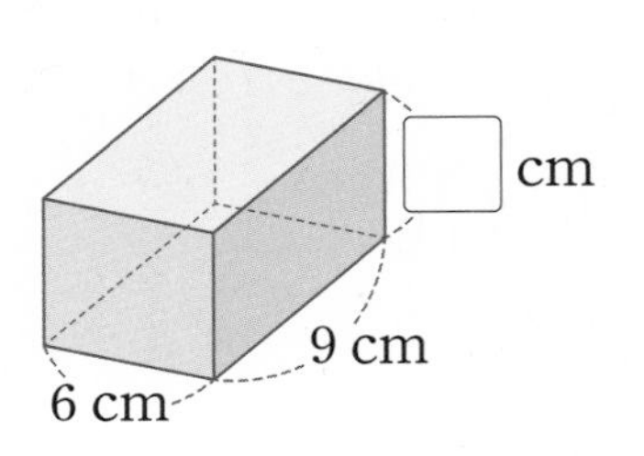

5 직육면체의 부피는 $224\ cm^3$입니다. □ 안에 알맞은 수를 써넣으세요.

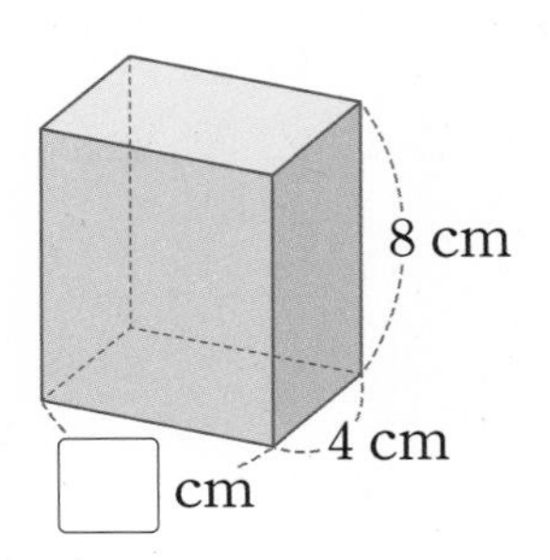

6 색칠한 면의 둘레가 $34\ cm$이고 직육면체의 부피가 $840\ cm^3$일 때 □ 안에 알맞은 수를 써넣으세요.

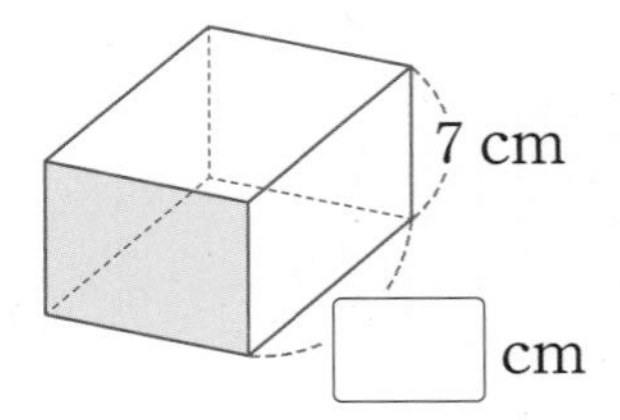

➔ 정답과 풀이 51쪽

전개도를 이용하여 만든 직육면체의 부피

7 전개도를 이용하여 만든 직육면체의 부피가 $2400\ cm^3$일 때 □ 안에 알맞은 수를 써넣으세요.

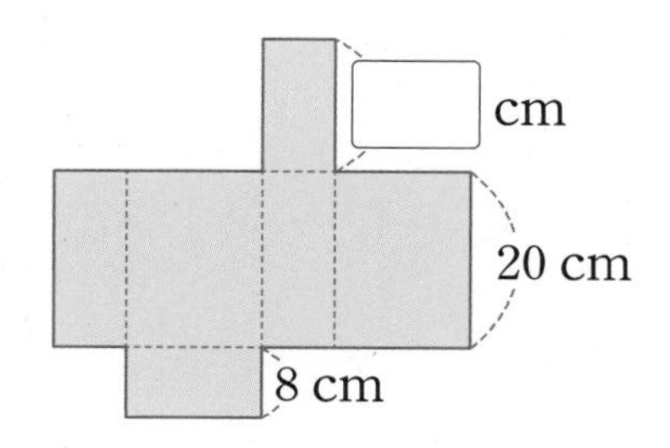

8 전개도를 이용하여 만든 직육면체의 부피가 $420\ cm^3$일 때 □ 안에 알맞은 수를 써넣으세요.

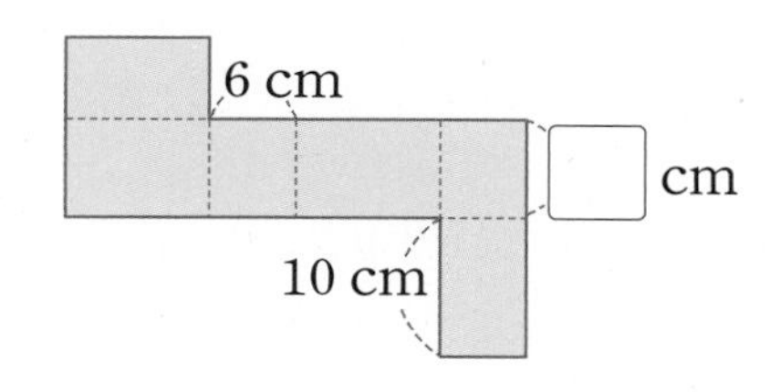

9 정사각형 6개로 그린 전개도를 이용하여 상자를 만들 때 이 상자의 부피는 몇 cm^3일까요?

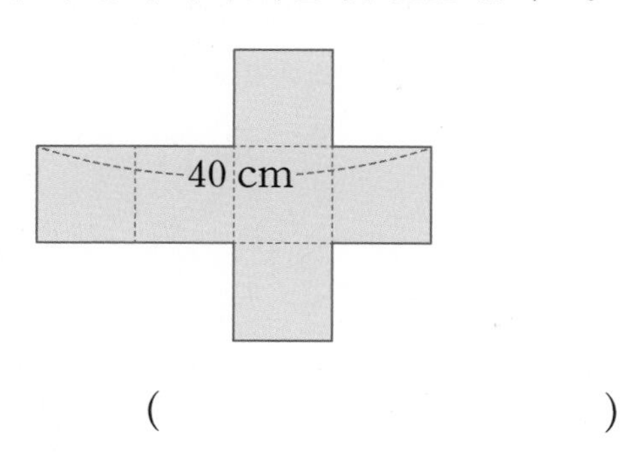

(　　　　　　　　　　)

직육면체를 잘라 만든 가장 큰 정육면체의 부피

10 직육면체 모양의 떡을 잘라서 정육면체 모양으로 만들려고 합니다. 가장 큰 정육면체 모양의 부피는 몇 cm^3일까요?

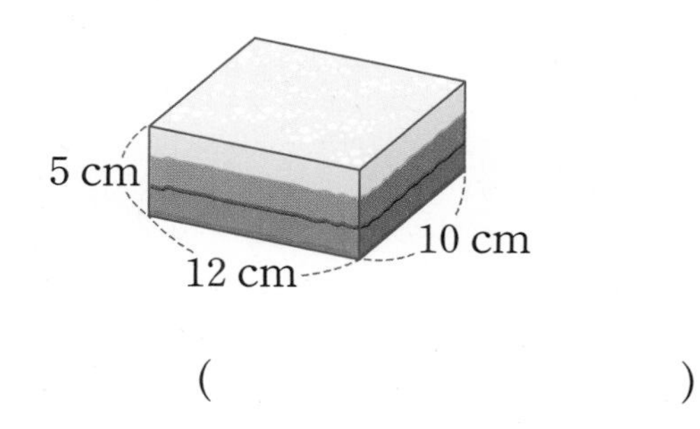

(　　　　　　　　　　)

11 오른쪽과 같은 직육면체 모양의 나무 도막을 잘라서 정육면체 모양으로 만들려고 합니다. 가장 큰 정육면체 모양의 부피는 몇 cm^3일까요?

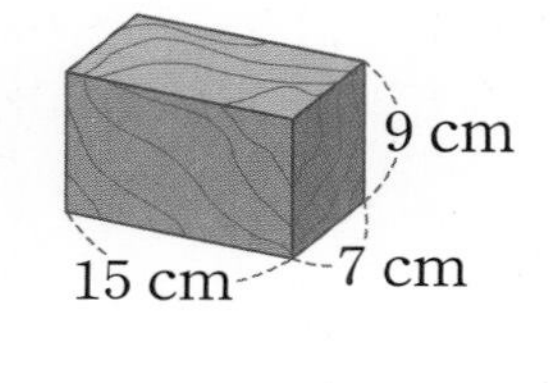

(　　　　　　　　　　)

12 오른쪽과 같은 직육면체 모양의 두부를 잘라서 정육면체 모양으로 만들려고 합니다. 가장 큰 정육면체 모양을 잘라 내고 남은 두부의 부피는 몇 cm^3일까요?

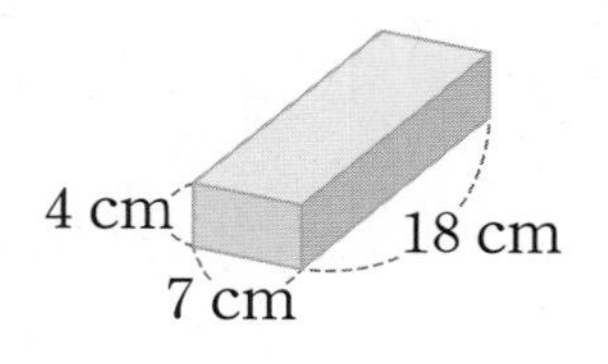

(　　　　　　　　　　)

6

단위가 다른 부피 비교

13 부피가 큰 것부터 차례로 기호를 써 보세요.

㉠ $85\ cm^3$	㉡ $60\ cm^3$
㉢ $0.04\ m^3$	㉣ $110\ cm^3$

( )

14 부피가 작은 것부터 차례로 기호를 써 보세요.

㉠ $0.7\ m^3$	㉡ $30\ m^3$
㉢ $650000\ cm^3$	㉣ $8000000\ cm^3$

( )

15 부피가 큰 것부터 차례로 기호를 써 보세요.

㉠ $0.002\ m^3$
㉡ 한 밑면의 넓이가 $28\ cm^2$이고 높이가 $20\ cm$인 직육면체의 부피
㉢ 한 모서리의 길이가 $9\ cm$인 정육면체의 부피

( )

밑면의 넓이, 둘레, 높이가 주어질 때 직육면체의 겉넓이

16 높이가 $5\ cm$이고, 한 밑면의 넓이가 $36\ cm^2$인 직육면체가 있습니다. 한 밑면의 둘레가 $26\ cm$일 때 직육면체의 겉넓이는 몇 cm^2일까요?

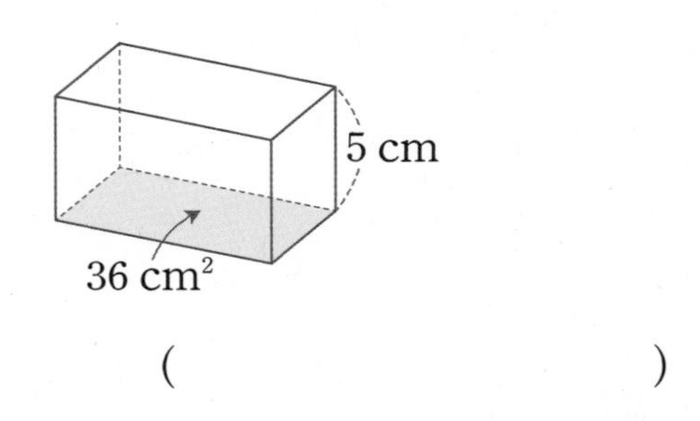

( )

17 높이가 $4\ cm$이고, 한 밑면의 넓이가 $70\ cm^2$인 직육면체가 있습니다. 한 밑면의 둘레가 $34\ cm$일 때 직육면체의 겉넓이는 몇 cm^2일까요?

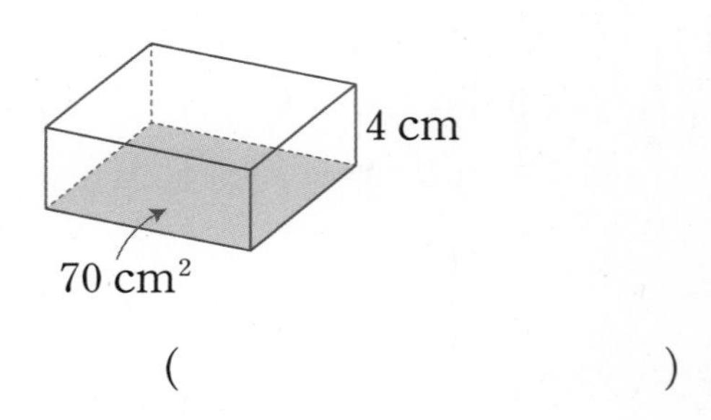

( )

겉넓이가 주어질 때 정육면체의 부피

18 오른쪽 정육면체의 겉넓이는 $54\ \mathrm{cm}^2$입니다. 이 정육면체의 부피는 몇 cm^3일까요?

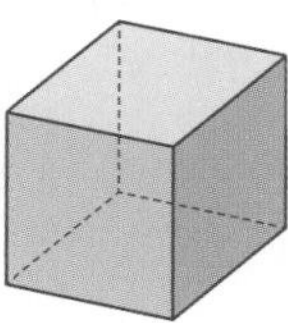

( )

19 다음 정육면체 모양 상자의 겉넓이가 $150\ \mathrm{cm}^2$입니다. 이 상자의 부피는 몇 cm^3일까요?

( )

20 지수는 다음 전개도를 이용하여 정육면체를 만들었습니다. 이 정육면체의 겉넓이가 $600\ \mathrm{cm}^2$일 때 부피는 몇 cm^3일까요?

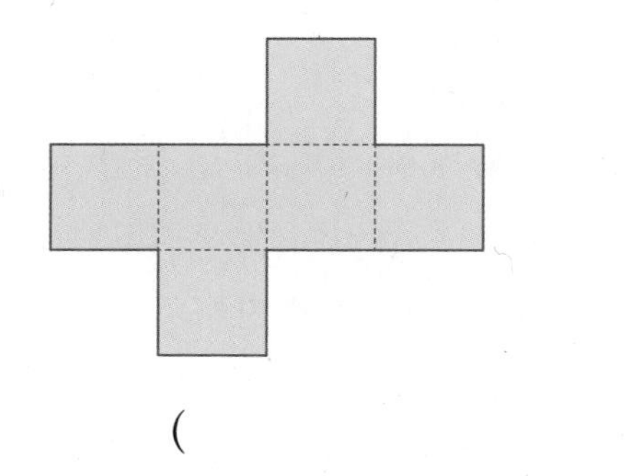

( )

똑같이 잘랐을 때 늘어난 겉넓이

21 직육면체 모양의 비누를 똑같이 2조각으로 자르면 비누 2조각의 겉넓이의 합은 처음 비누의 겉넓이보다 $64\ \mathrm{cm}^2$ 늘어납니다. 비누를 똑같이 4조각으로 자르면 비누 4조각의 겉넓이의 합은 처음 비누의 겉넓이보다 몇 cm^2 늘어날까요?

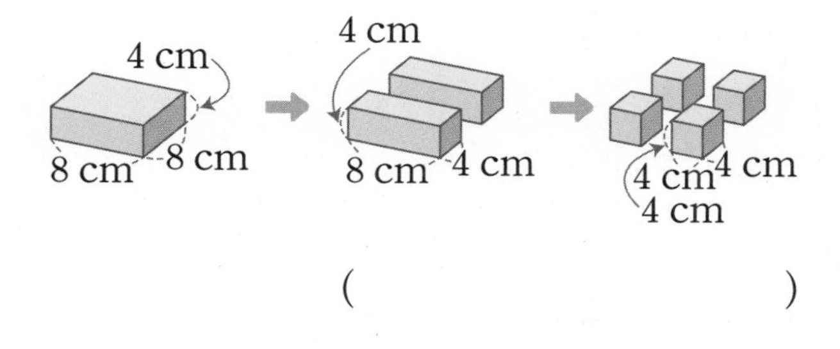

( )

22 직육면체 모양의 카스텔라를 똑같이 2조각으로 자르면 카스텔라 2조각의 겉넓이의 합은 처음 카스텔라의 겉넓이보다 $1600\ \mathrm{cm}^2$ 늘어납니다. 카스텔라를 똑같이 4조각으로 자르면 카스텔라 4조각의 겉넓이의 합은 처음 카스텔라의 겉넓이보다 몇 cm^2 늘어날까요?

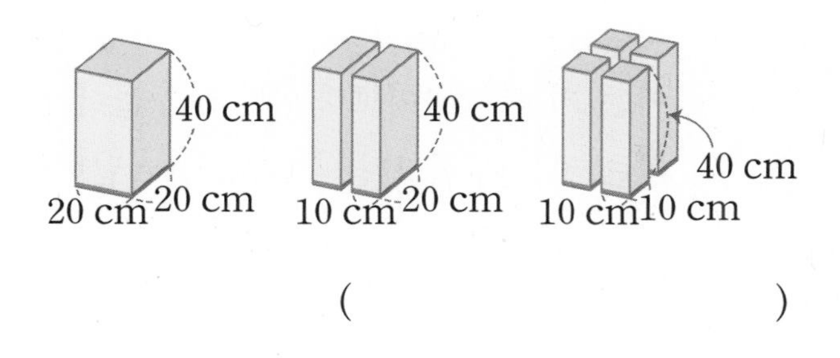

( )

STEP 4 최상위 도전 유형

도전1 길이의 변화에 따른 부피(겉넓이)의 변화

1 다음 직육면체의 각 모서리의 길이를 2배로 늘인 직육면체의 부피는 처음 직육면체의 부피보다 몇 cm^3 늘어날까요?

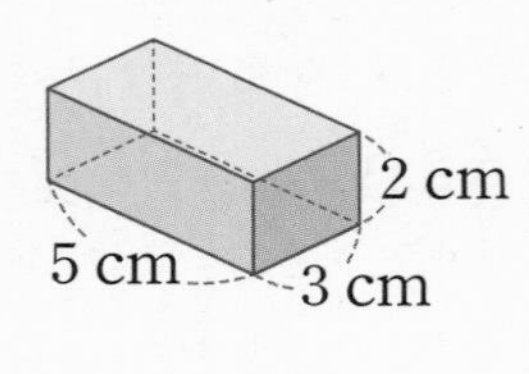

( )

핵심 NOTE

늘인 직육면체의 각 모서리의 길이를 구한 다음 늘인 직육면체의 부피를 구해 봅니다.

2 오른쪽 직육면체의 각 모서리의 길이를 2배로 늘인 직육면체의 부피는 처음 직육면체의 부피보다 몇 cm^3 늘어날까요?

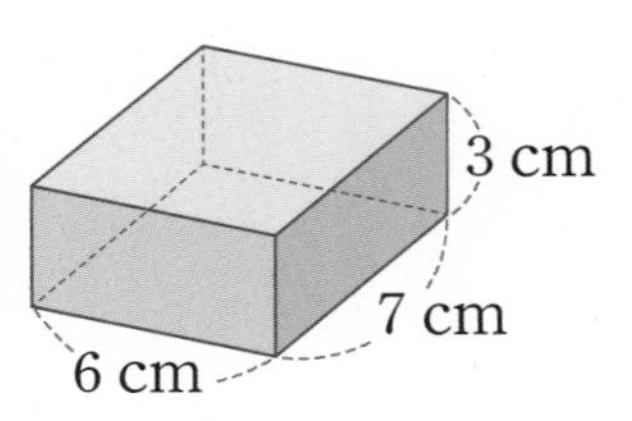

( )

3 한 모서리의 길이가 4 cm인 정육면체의 각 모서리의 길이를 3배로 늘인 정육면체의 겉넓이는 처음 겉넓이보다 ㉠ cm^2 늘어나고, 부피는 처음 부피보다 ㉡ cm^3 늘어납니다. ㉠, ㉡의 값을 각각 구해 보세요.

㉠ ( )

㉡ ( )

도전2 직육면체 모양의 물건을 빈틈없이 채우기

4 직육면체 모양의 컨테이너에 한 모서리의 길이가 40 cm인 정육면체 모양의 상자를 빈틈없이 쌓으려고 합니다. 정육면체 모양의 상자를 몇 개까지 쌓을 수 있을까요?

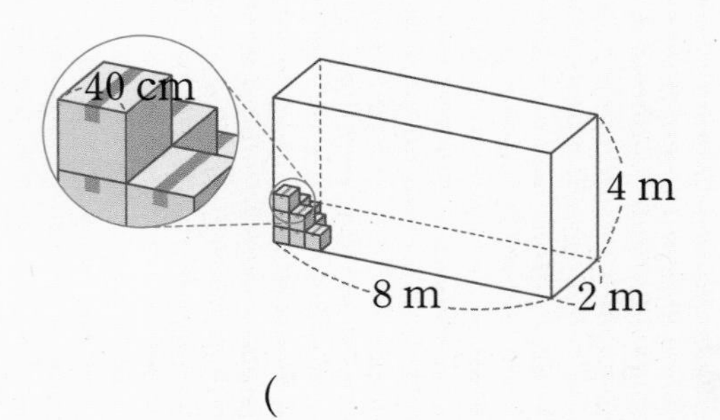

( )

핵심 NOTE

① 가로, 세로, 높이에 쌓을 수 있는 상자의 수를 각각 구합니다.

② 전체 쌓을 수 있는 상자의 수를 구합니다.

5 직육면체 모양의 창고에 한 모서리의 길이가 50 cm인 정육면체 모양의 상자를 빈틈없이 쌓으려고 합니다. 정육면체 모양의 상자를 몇 개까지 쌓을 수 있을까요?

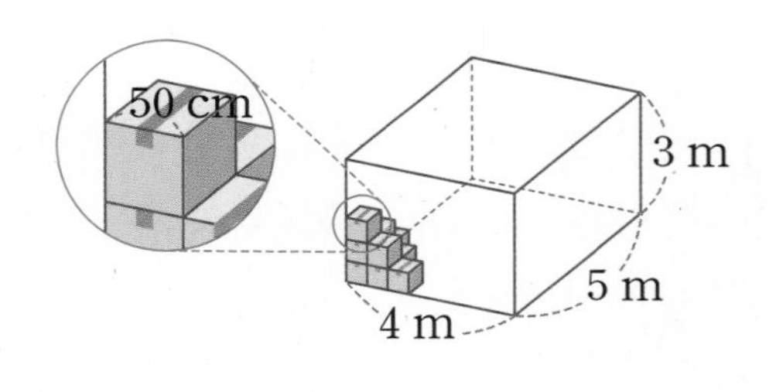

( )

6 직육면체 모양의 상자에 직육면체 모양의 타일을 빈틈없이 쌓으려고 합니다. 직육면체 모양의 타일을 몇 장까지 쌓을 수 있을까요?

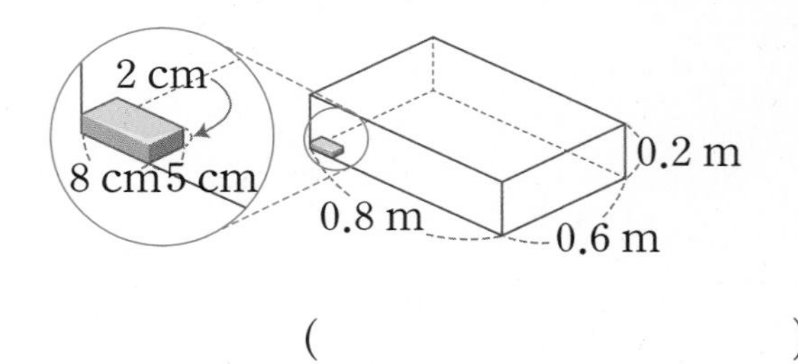

( )

도전3 전개도를 이용한 직육면체의 겉넓이 구하기

7 전개도를 이용하여 만든 직육면체의 겉넓이는 몇 cm^2인지 구해 보세요.

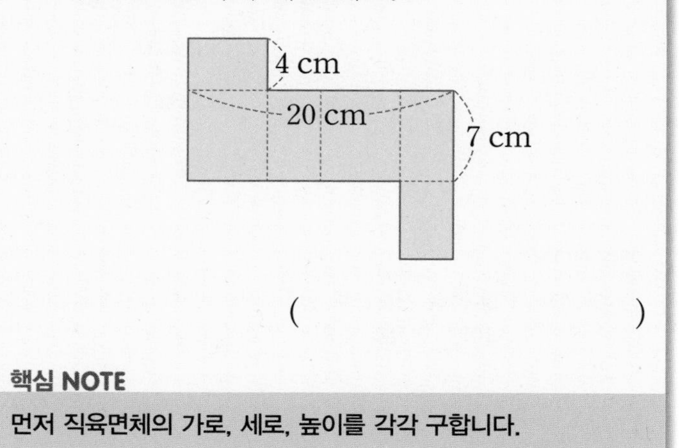

( )

핵심 NOTE
먼저 직육면체의 가로, 세로, 높이를 각각 구합니다.

8 전개도를 이용하여 만든 직육면체의 겉넓이는 몇 cm^2인지 구해 보세요.

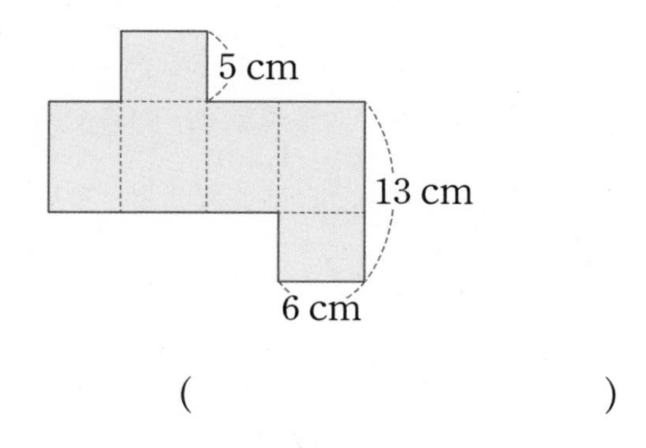

( )

9 전개도를 이용하여 만든 직육면체의 겉넓이는 몇 cm^2인지 구해 보세요.

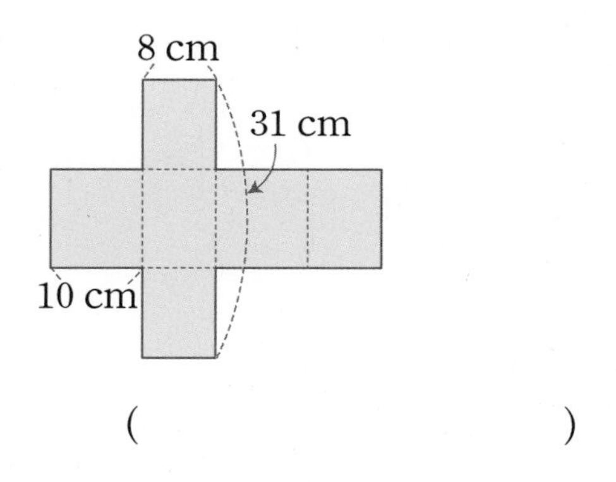

( )

도전4 돌의 부피 구하기

10 오른쪽과 같은 직육면체 모양의 수조에 돌을 넣었더니 물의 높이가 4 cm 높아졌습니다. 돌의 부피는 몇 cm^3일까요? (단, 수조의 두께는 생각하지 않습니다.)

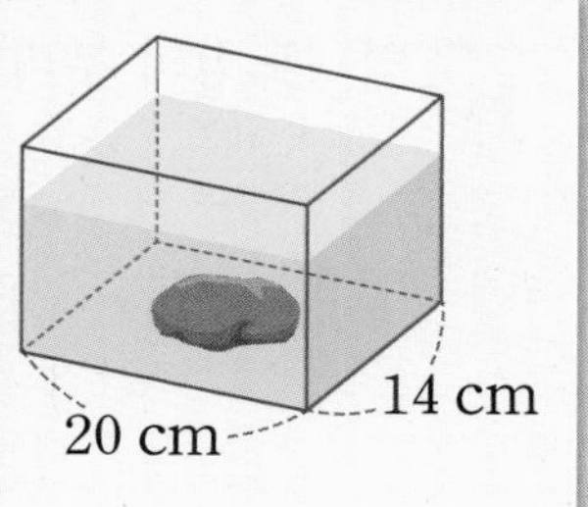

( )

핵심 NOTE
돌을 물에 잠기게 넣으면 돌의 부피만큼 전체 부피가 늘어납니다.

도전 최상위

11 오른쪽과 같은 직육면체 모양의 수조에 돌을 넣었더니 돌이 물속에 완전히 잠기면서 물의 높이가 12 cm가 되었습니다. 돌의 부피는 몇 cm^3일까요? (단, 수조의 두께는 생각하지 않습니다.)

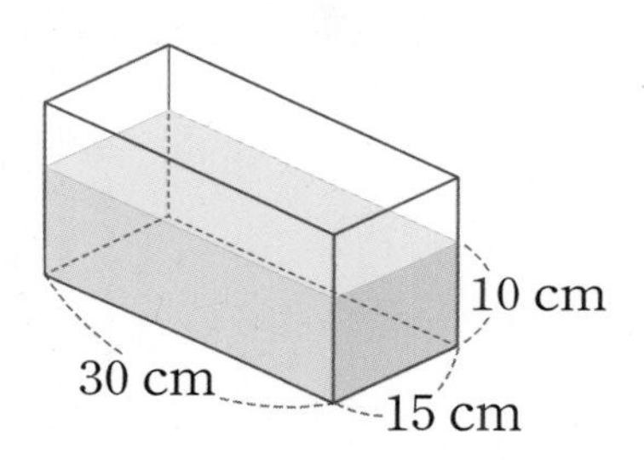

( )

12 오른쪽과 같이 돌이 들어 있는 직육면체 모양의 수조에서 돌을 꺼냈더니 물의 높이가 돌이 들어 있을 때 물의 높이의 $\frac{4}{5}$가 되었습니다. 돌의 부피는 몇 cm^3일까요? (단, 수조의 두께는 생각하지 않습니다.)

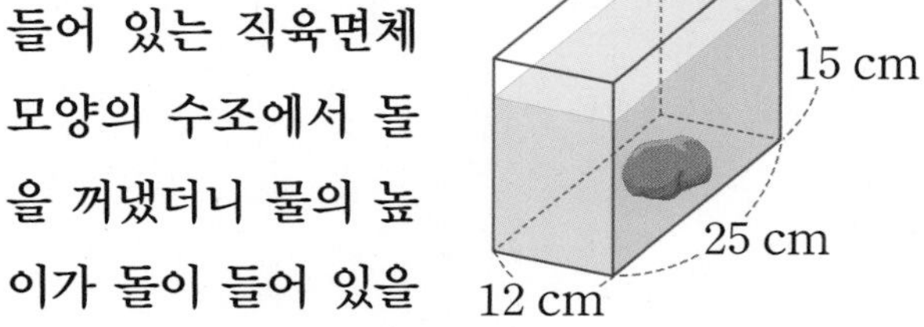

( )

도전5 여러 가지 입체도형의 부피 구하기

13 입체도형의 부피는 몇 cm^3일까요?

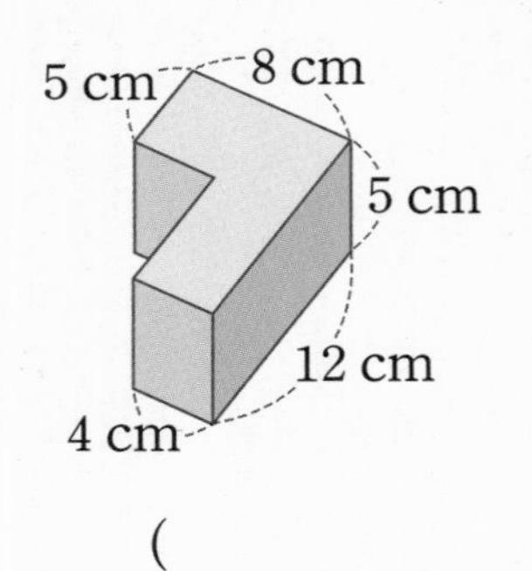

( )

핵심 NOTE

입체도형을 여러 개의 직육면체로 나누어 부피의 합을 구하거나 큰 직육면체의 부피에서 작은 직육면체의 부피를 빼어 구합니다.

14 입체도형의 부피는 몇 cm^3일까요?

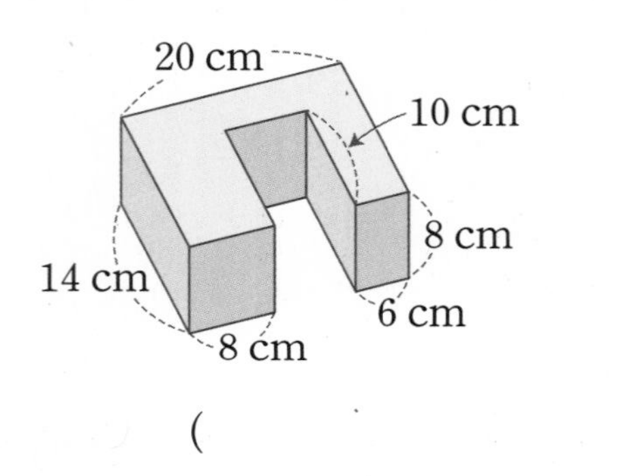

( )

15 다음은 속이 뚫린 입체도형입니다. 이 입체도형의 부피는 몇 cm^3일까요?

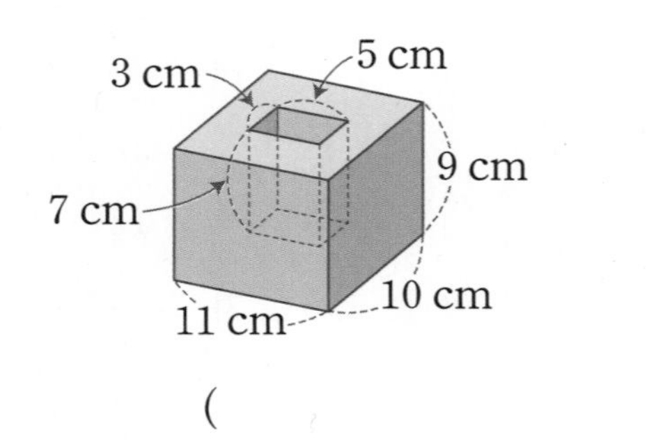

( )

도전6 여러 가지 입체도형의 겉넓이 구하기

16 입체도형의 겉넓이는 몇 cm^2일까요?

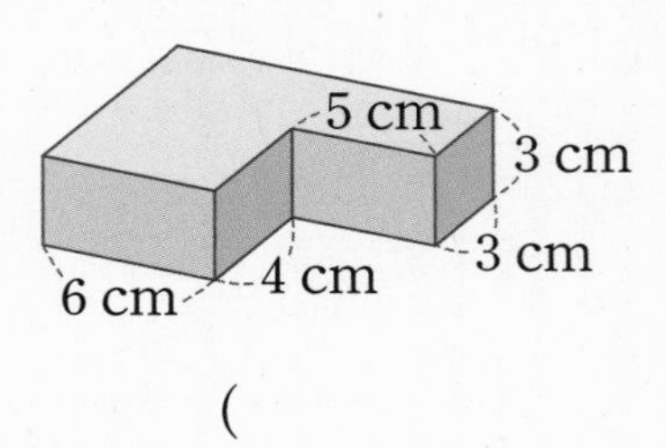

( )

핵심 NOTE

입체도형에서 한 면을 기준으로 정한 다음 위와 아래에 놓인 합동인 두 면의 넓이와 옆으로 둘러싼 면의 넓이를 각각 구해서 더합니다.

도전 최상위

17 입체도형의 겉넓이는 몇 cm^2일까요?

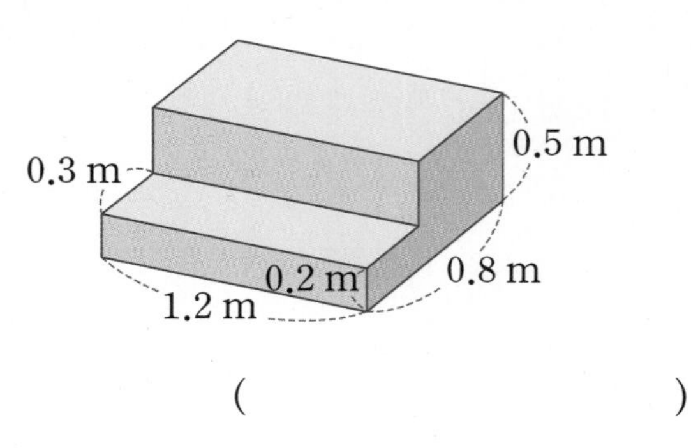

( )

18 다음은 정육면체 6개를 빈틈없이 이어 붙여 만든 입체도형입니다. 정육면체 한 개의 겉넓이가 96 cm^2일 때 이 입체도형의 겉넓이는 몇 cm^2일까요?

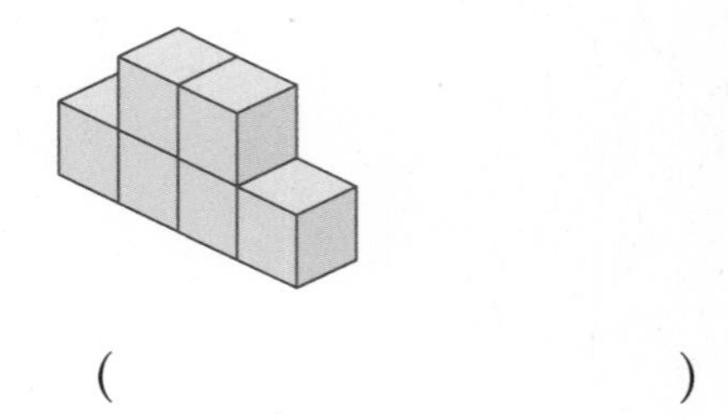

( )

수시 평가 대비 Level 1

6. 직육면체의 부피와 겉넓이

점수

확인

1 크기가 같은 쌓기나무를 사용하여 두 직육면체의 부피를 비교하려고 합니다. 가, 나 중 어느 것의 부피가 더 큰지 기호를 써 보세요.

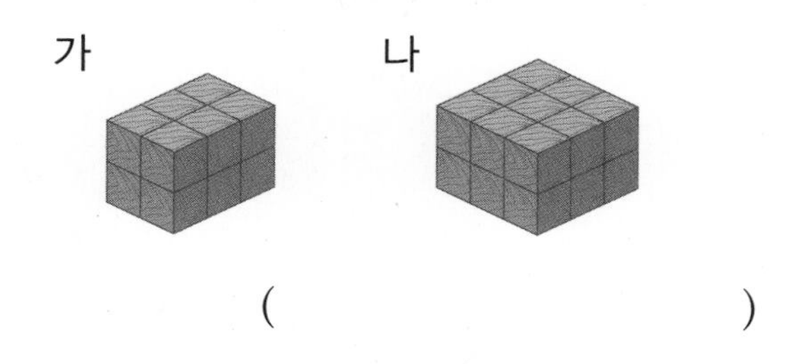

( )

2 쌓기나무 한 개의 부피가 1 cm^3일 때 직육면체의 부피는 몇 cm^3일까요?

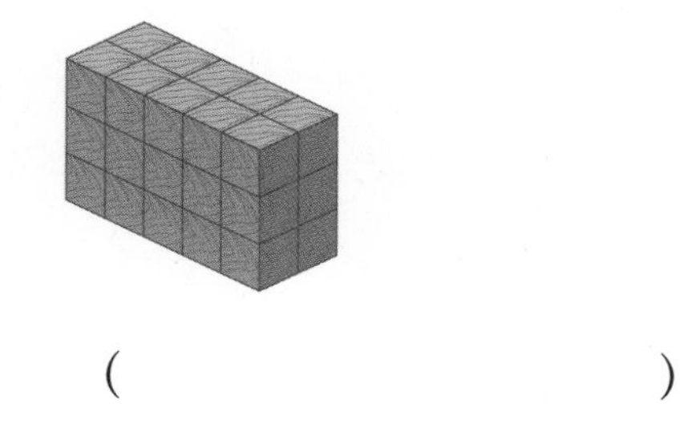

( )

3 □ 안에 알맞은 수를 써넣으세요.

(1) $2\text{ m}^3=$ □ cm^3

(2) $30000000\text{ cm}^3=$ □ m^3

4 직육면체에서 색칠한 면의 넓이가 35 cm^2일 때 직육면체의 부피는 몇 cm^3일까요?

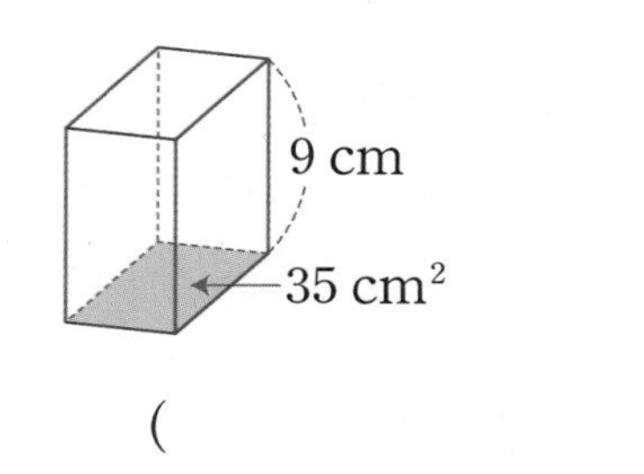

( )

5 정육면체의 부피는 몇 cm^3일까요?

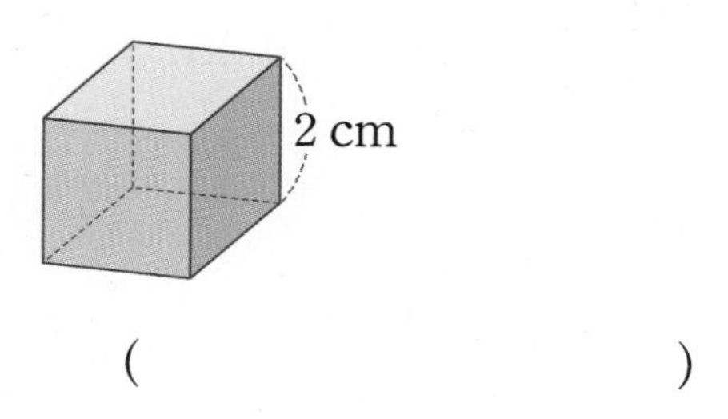

( )

6 직육면체의 겉넓이는 몇 cm^2일까요?

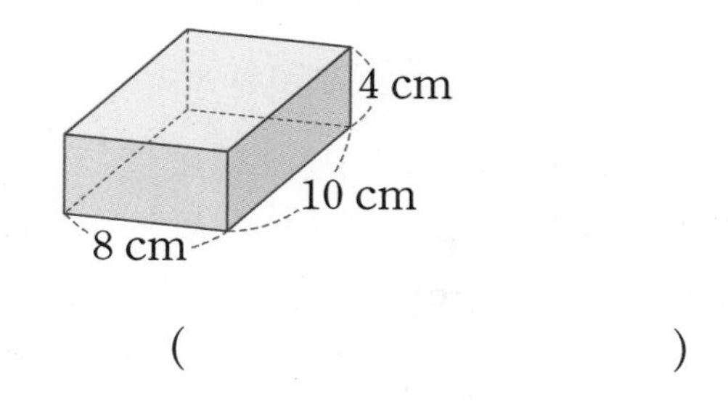

( )

7 부피를 비교하여 ○ 안에 >, =, <를 알맞게 써넣으세요.

1.5 m^3 ○ 500000 cm^3

8 전개도로 만들 수 있는 정육면체의 겉넓이는 몇 cm^2일까요?

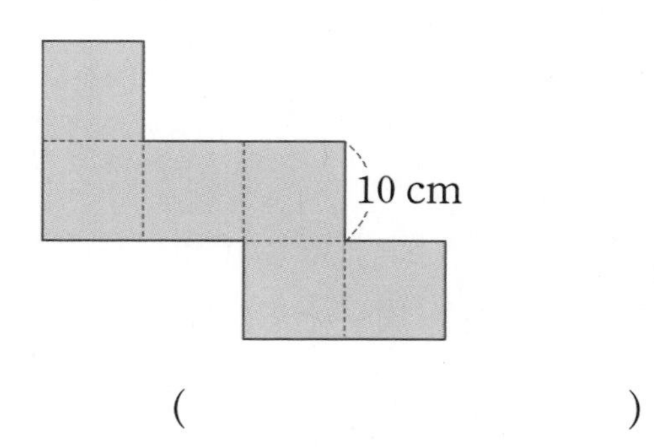

( )

6

9 다음과 같은 직사각형 모양의 종이를 2장씩 사용하여 직육면체를 만들었습니다. 이 직육면체의 겉넓이는 몇 cm^2일까요?

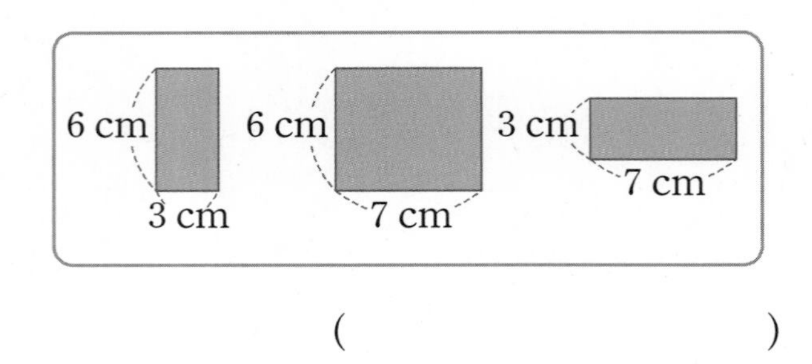

(　　　　　　　　　)

10 직육면체의 부피가 288 cm^3일 때 □ 안에 알맞은 수를 써넣으세요.

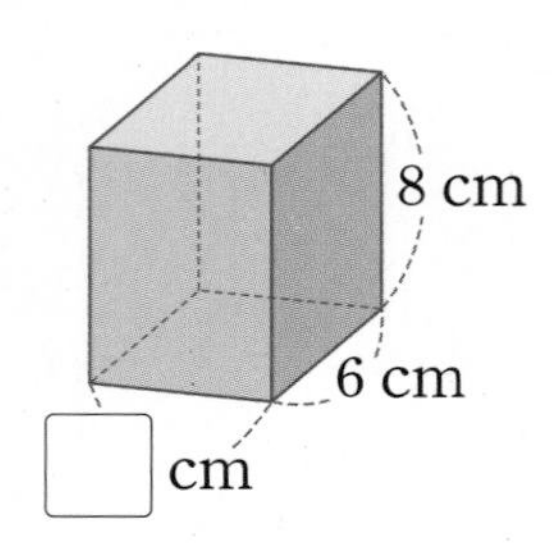

11 직육면체의 부피는 몇 cm^3일까요?

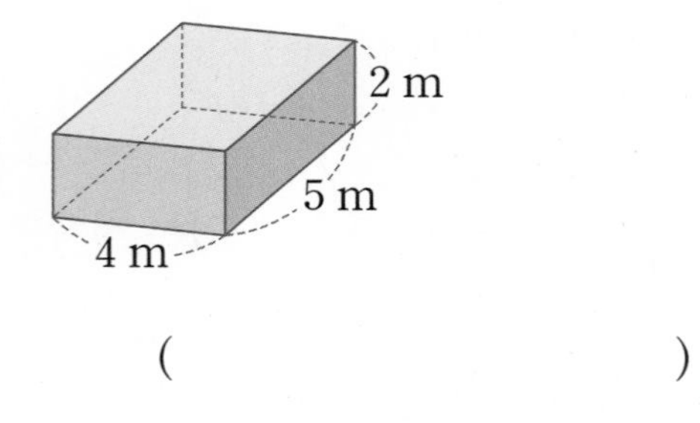

(　　　　　　　　　)

12 겉넓이가 150 cm^2인 정육면체의 한 모서리의 길이는 몇 cm일까요?

(　　　　　　　　　)

13 정육면체 가의 부피는 정육면체 나의 부피의 몇 배일까요?

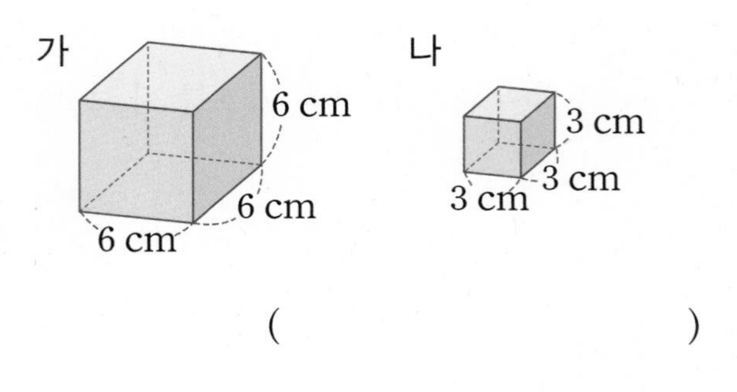

(　　　　　　　　　)

14 모든 모서리의 길이의 합이 60 cm인 정육면체의 부피는 몇 cm^3일까요?

(　　　　　　　　　)

15 색칠한 면의 넓이가 63 cm^2일 때 직육면체의 겉넓이는 몇 cm^2일까요?

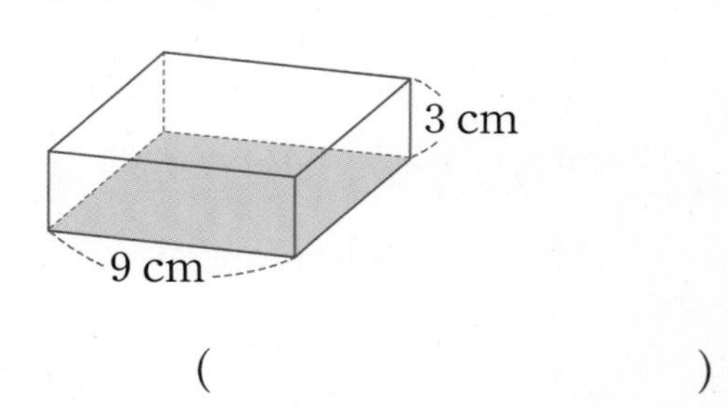

(　　　　　　　　　)

정답과 풀이 54쪽

16 다음과 같이 직육면체 모양의 수조에 돌이 잠겨 있습니다. 돌을 꺼내었더니 물의 높이가 11 cm가 되었습니다. 돌의 부피는 몇 cm^3일까요?

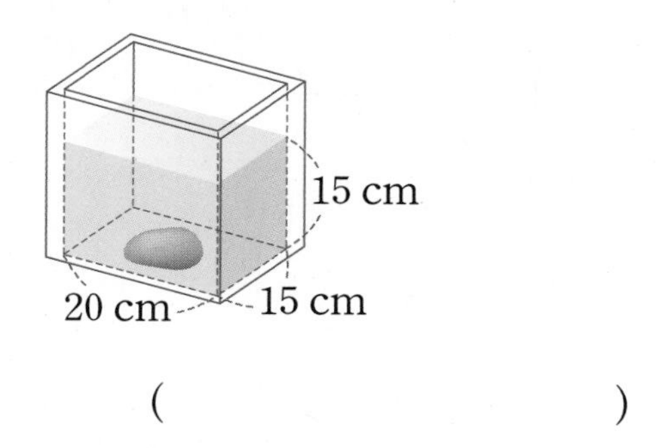

(   )

17 입체도형의 부피는 몇 cm^3일까요?

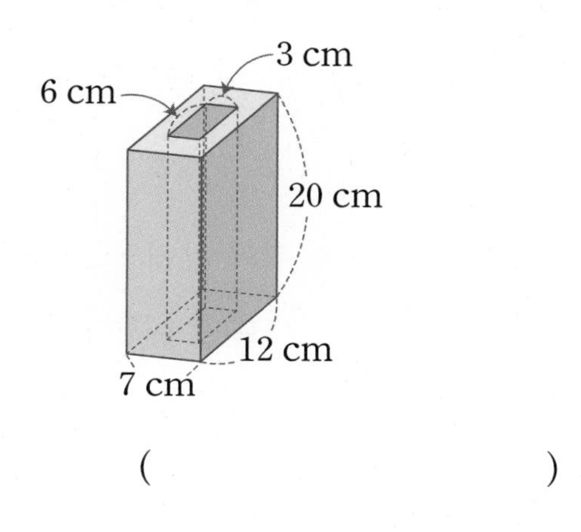

(   )

18 정육면체를 그림과 같이 빨간색 점선을 따라 반으로 잘랐습니다. 잘린 2개의 직육면체의 겉넓이의 합은 몇 cm^2일까요?

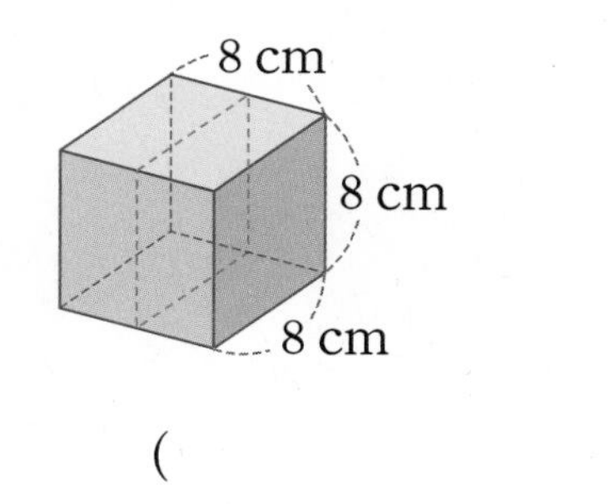

(   )

서술형

19 한 개의 부피가 1 cm^3인 쌓기나무를 쌓아 부피가 120 cm^3인 직육면체를 만들었습니다. 가로로 5줄, 세로로 8줄로 놓았다면 몇 층으로 쌓은 것인지 풀이 과정을 쓰고 답을 구해 보세요.

풀이

답

서술형

20 직육면체의 부피가 560 cm^3일 때, 직육면체의 겉넓이는 몇 cm^2인지 풀이 과정을 쓰고 답을 구해 보세요.

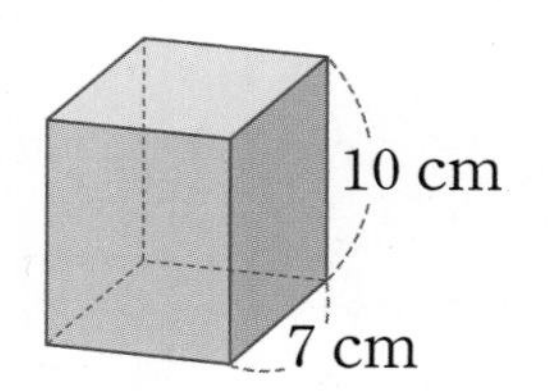

풀이

답

6

수시 평가 대비 Level 2

점수

확인

1 부피가 큰 직육면체부터 차례로 기호를 써 보세요.

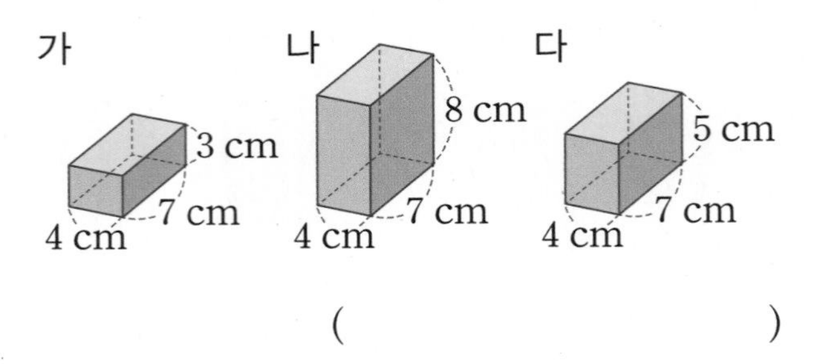

( )

2 크기가 같은 쌓기나무로 쌓은 직육면체입니다. 부피가 다른 것을 찾아 기호를 써 보세요.

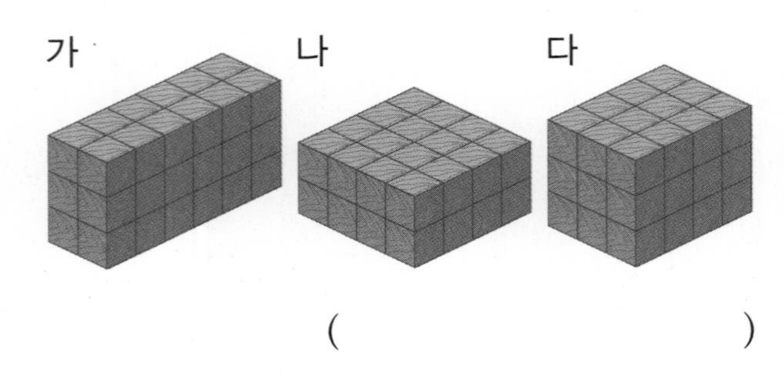

( )

3 부피를 비교하여 ○ 안에 >, =, <를 알맞게 써넣으세요.

$1.9\,\text{m}^3$ ○ $1200000\,\text{cm}^3$

4 직육면체의 부피를 cm^3 단위와 m^3 단위로 각각 나타내어 보세요.

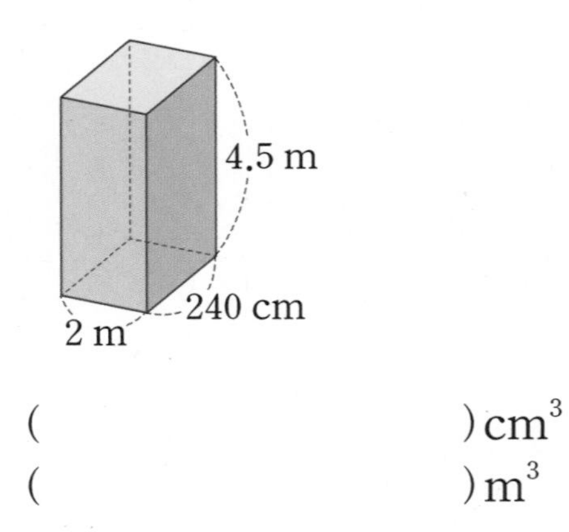

( ) cm^3

( ) m^3

5 직육면체의 겉넓이는 몇 cm^2일까요?

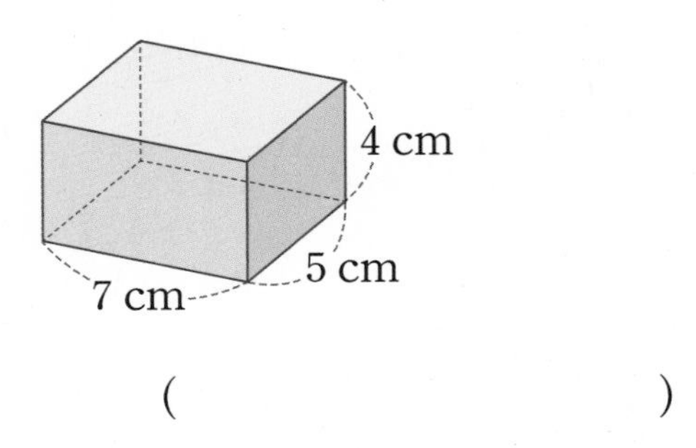

( )

6 직육면체의 부피가 $320\,\text{cm}^3$일 때 □ 안에 알맞은 수를 써넣으세요.

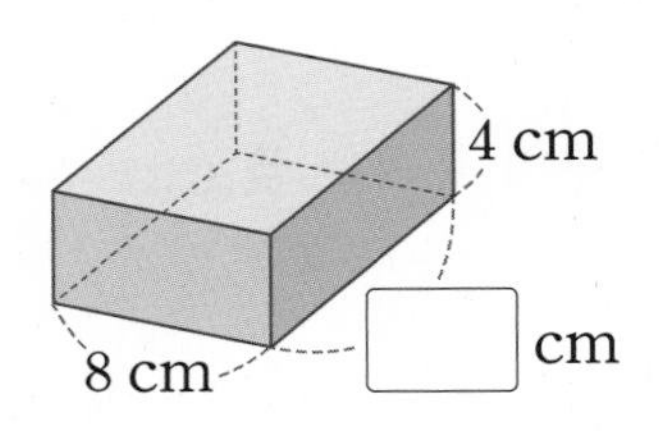

7 직육면체를 위와 앞에서 본 모양입니다. 이 직육면체의 부피는 몇 cm^3일까요?

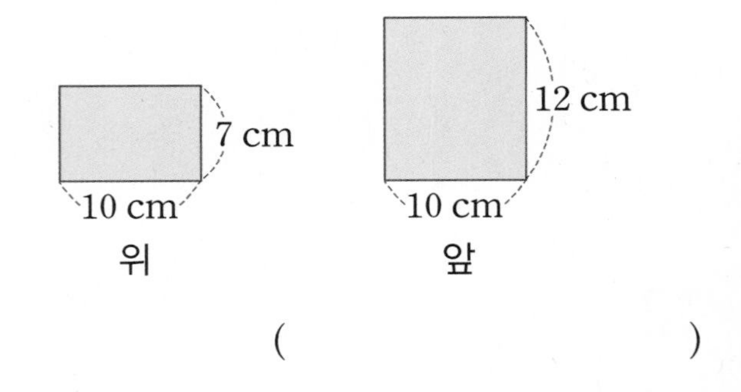

( )

8 두 직육면체의 부피의 차는 몇 m^3일까요?

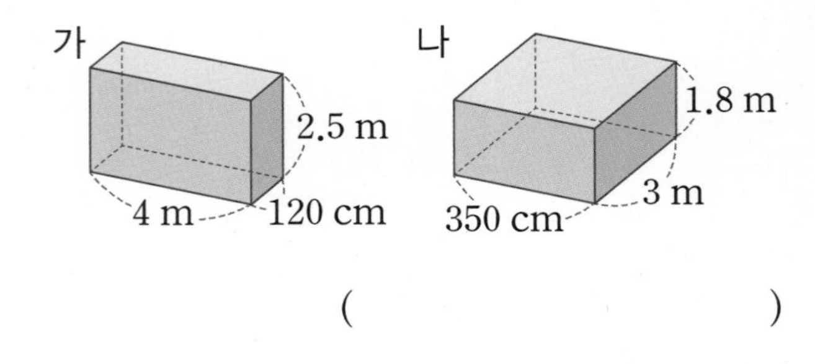

( )

정답과 풀이 55쪽

9 정육면체 모양의 상자 여러 개를 다음과 같이 쌓았습니다. 쌓은 정육면체의 부피가 $729\ cm^3$일 때 상자의 한 모서리의 길이는 몇 cm일까요?

( )

10 전개도를 이용하여 정육면체를 만들려고 합니다. 이 정육면체의 부피는 몇 cm^3일까요?

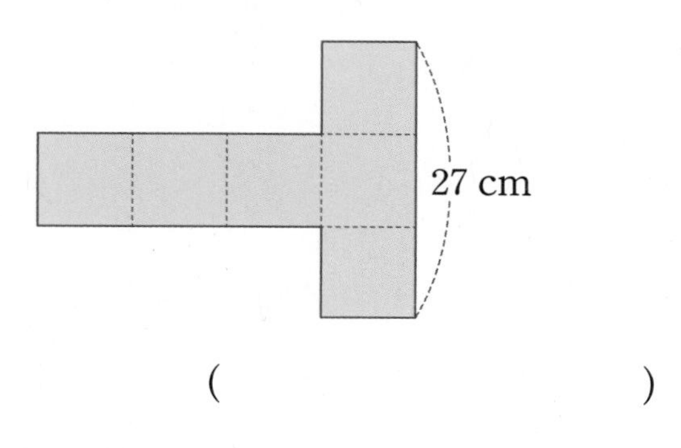

( )

11 한 면의 둘레가 44 cm인 정육면체의 겉넓이는 몇 cm^2일까요?

( )

12 직육면체의 겉넓이가 $332\ cm^2$일 때 □ 안에 알맞은 수를 써넣으세요.

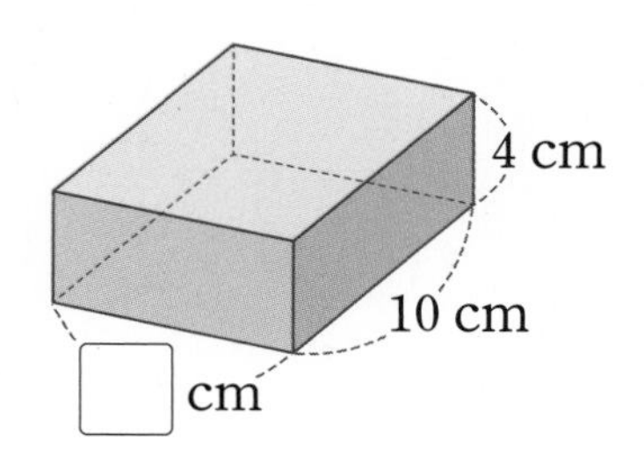

13 부피가 가장 작은 것의 기호를 써 보세요.

> ㉠ 한 밑면의 넓이가 $24\ cm^2$이고, 높이가 13 cm인 직육면체의 부피
> ㉡ 한 면의 넓이가 $49\ cm^2$인 정육면체의 부피
> ㉢ 모든 모서리의 길이의 합이 108 cm인 정육면체의 부피

( )

14 직육면체의 부피가 $288\ cm^3$일 때 겉넓이는 몇 cm^2일까요?

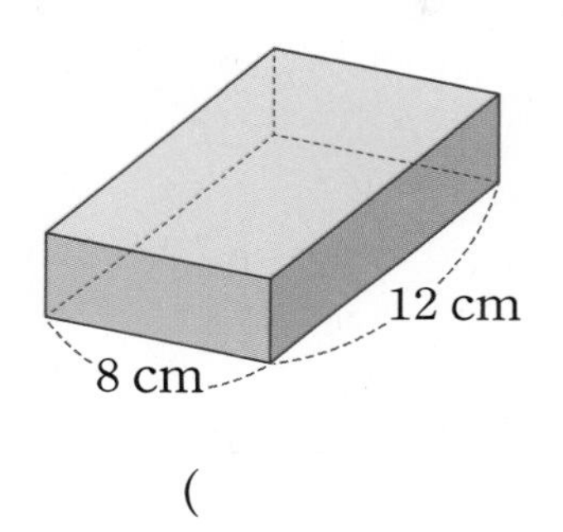

( )

15 부피가 $1\ cm^3$인 쌓기나무로 다음과 같은 직육면체를 만들었습니다. 이 직육면체의 부피의 8배인 직육면체를 만드는 데 필요한 쌓기나무는 모두 몇 개일까요?

( )

정답과 풀이 56쪽

16 왼쪽과 같은 크기의 지우개를 오른쪽 직육면체 모양의 상자에 빈틈없이 쌓으려고 합니다. 지우개를 몇 개까지 쌓을 수 있을까요?

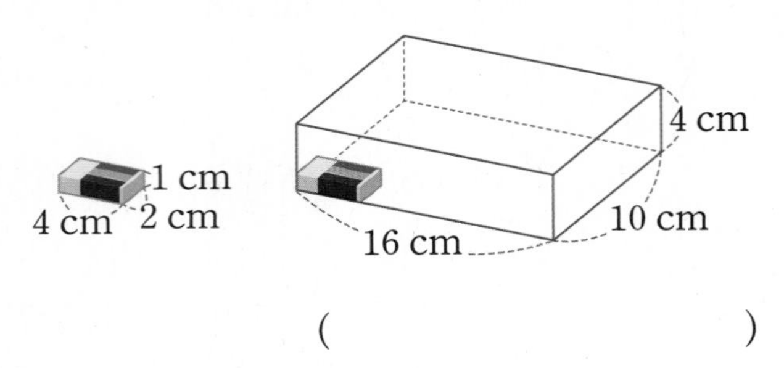

(　　　　　　　　　)

17 입체도형의 부피는 몇 cm^3일까요?

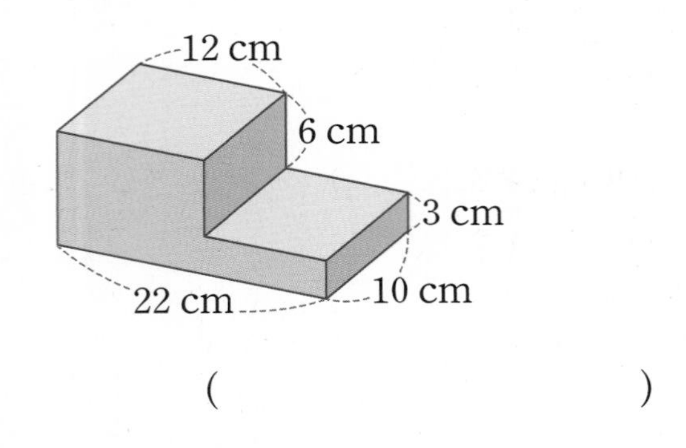

(　　　　　　　　　)

18 다음은 한 모서리의 길이가 3 cm인 정육면체 모양의 상자 9개를 쌓아 만든 입체도형입니다. 이 입체도형의 모든 면에 포장지를 붙인다면 포장지는 적어도 몇 cm^2 필요할까요?

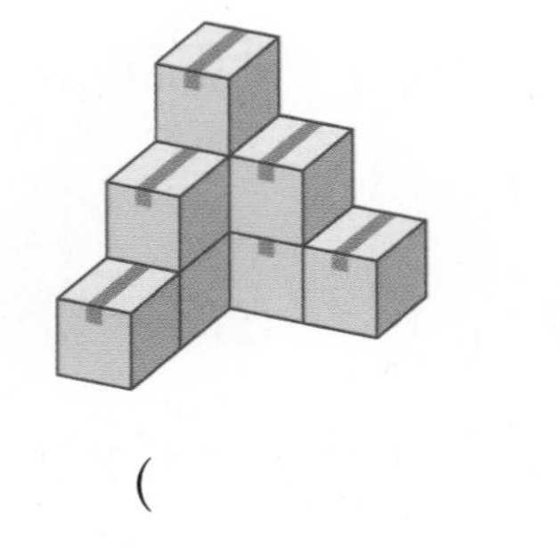

(　　　　　　　　　)

서술형

19 직육면체 모양의 떡케이크를 잘라 정육면체 모양을 만들려고 합니다. 만들 수 있는 가장 큰 정육면체의 부피는 몇 cm^3인지 풀이 과정을 쓰고 답을 구해 보세요.

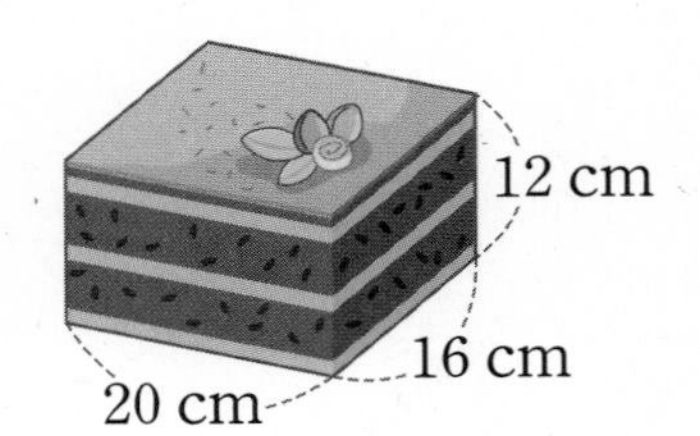

풀이

답

서술형

20 전개도를 이용하여 직육면체를 만들려고 합니다. 면 ㉠은 정사각형이고 색칠한 부분의 넓이는 192 cm^2일 때 직육면체의 겉넓이는 몇 cm^2인지 풀이 과정을 쓰고 답을 구해 보세요.

㉠

8 cm

풀이

답

계산이 아닌 개념을 깨우치는

상위권의 기준

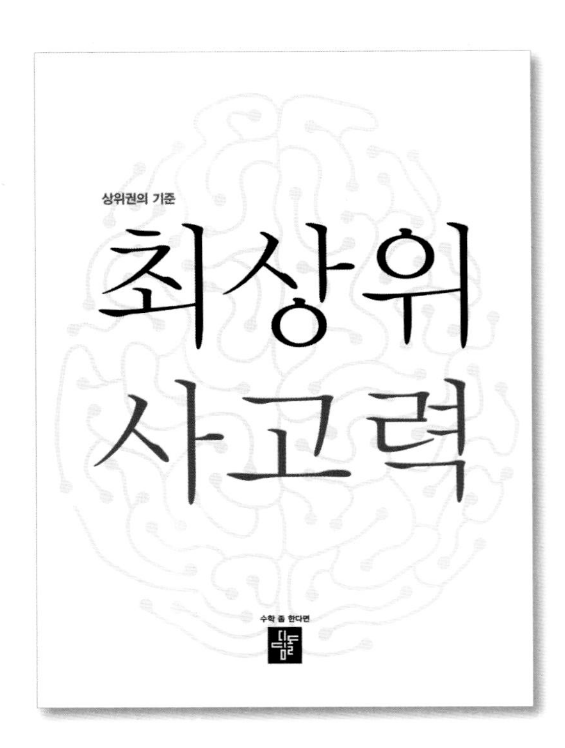

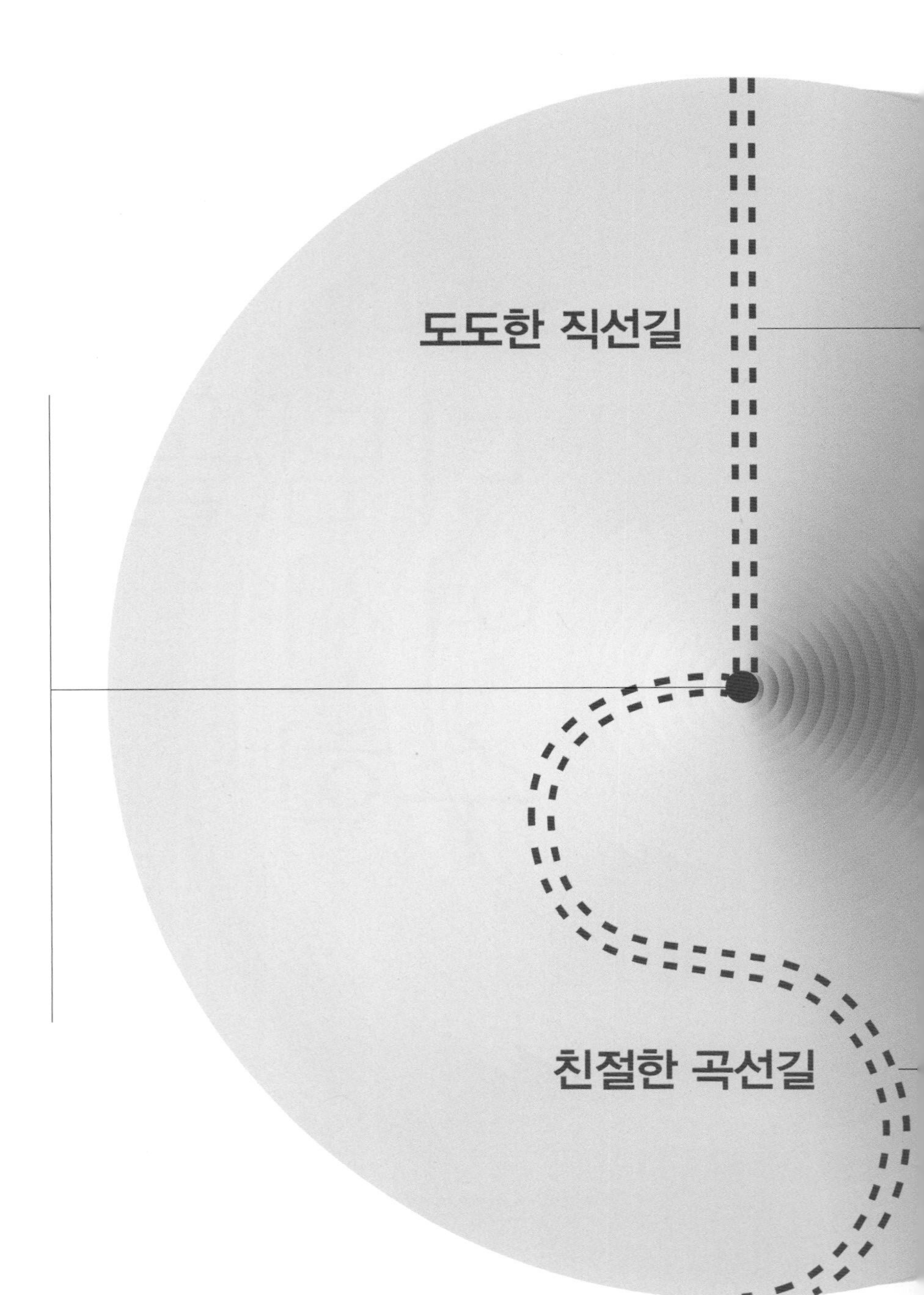

수학 좀 한다면 디딤돌

수시 평가 자료집

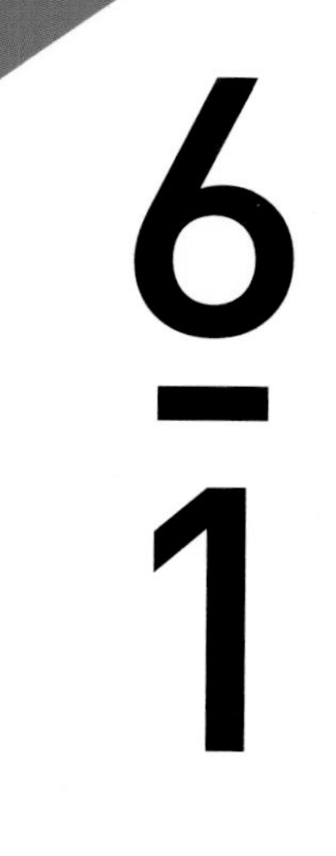

수학 좀 한다면

디딤돌

초등수학 기본+유형

수시평가 자료집

6

—

1

다시 점검하는 수시 평가 대비 Level 1

점수

확인

1. 분수의 나눗셈

※ 계산 과정에서 약분이 될 때에는 약분하여 답을 기약분수로 나타냅니다.

1 □ 안에 알맞은 수를 써넣으세요.

$$\frac{4}{7}\div5=\frac{4}{7}\times\frac{\square}{\square}=\square$$

2 바르게 계산한 것을 모두 고르세요.

(　　　　　)

① $1\div7=\frac{1}{7}$　② $10\div3=\frac{3}{10}$

③ $8\div5=1\frac{3}{5}$　④ $13\div4=1\frac{3}{4}$

⑤ $11\div9=1\frac{1}{9}$

3 나타내는 값이 다른 하나를 찾아 기호를 써 보세요.

㉠ $\frac{8}{3}\div4$　㉡ $\frac{8}{3}\times\frac{1}{4}$

㉢ $2\frac{2}{3}\div4$　㉣ $1\frac{2}{3}$

(　　　　　)

4 계산해 보세요.

(1) $\frac{15}{16}\div6$

(2) $3\frac{5}{9}\div12$

5 빈칸에 알맞은 수를 써넣으세요.

$\frac{21}{8}$	$\div14$	

6 관계있는 것끼리 선으로 이어 보세요.

$3\frac{1}{8}\div15$ •　　• $\frac{3}{40}$

$1\frac{7}{20}\div18$ •　　• $\frac{5}{24}$

　　• $\frac{3}{20}$

7 ○ 안에 >, =, <를 알맞게 써넣으세요.

$$3\frac{5}{9}\div8 \bigcirc \frac{4}{15}$$

8 가장 큰 수를 6으로 나눈 몫을 기약분수로 나타내어 보세요.

$3\frac{4}{5}$　$4\frac{5}{7}$　$3\frac{3}{7}$

(　　　　　)

9 나눗셈의 몫이 1보다 큰 것은 어느 것일까요?

(　　　)

① $3\div7$　② $9\div11$　③ $11\div10$
④ $15\div16$　⑤ $12\div17$

10 □ 안에 알맞은 수를 써넣으세요.

$$2\frac{4}{25}\div\square=6$$

11 ㉠에 알맞은 수를 구해 보세요.

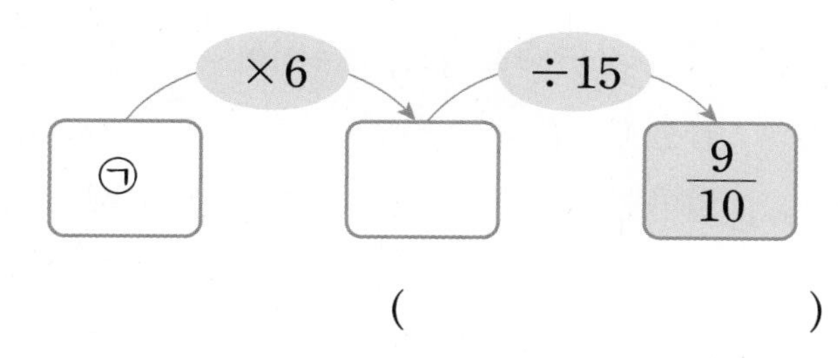

(　　　　　)

12 길이가 3 m인 색 테이프를 7도막으로 똑같이 나누었습니다. 한 도막의 길이는 몇 m일까요?

(　　　　　)

13 넓이가 $18\frac{1}{5}$ cm^2인 평행사변형입니다. 이 평행사변형의 높이가 7 cm라면 밑변의 길이는 몇 cm일까요?

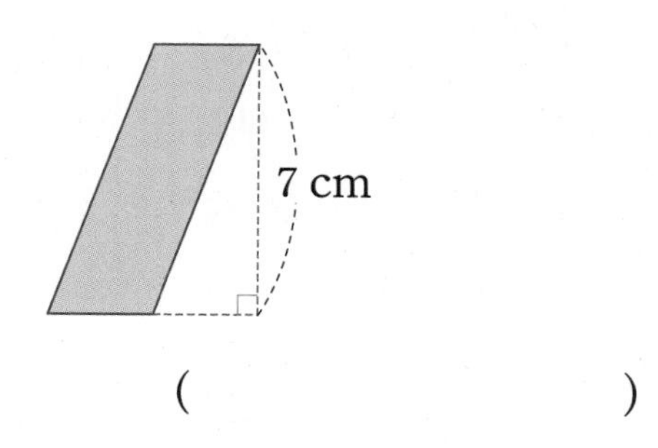

(　　　　　)

14 우유 $2\frac{2}{15}$ L를 친구 12명이 똑같이 나누어 마셨습니다. 한 사람이 마신 우유는 몇 L일까요?

(　　　　　)

15 은주는 자전거를 타고 6분 동안 $3\frac{3}{20}$ km를 달렸습니다. 같은 빠르기로 자전거를 타고 달린다면 15분 동안 달린 거리는 몇 km일까요?

(　　　　　)

1

16 길이가 $121\frac{3}{5}$ m인 직선 도로의 한쪽에 나무 13그루를 일정한 간격으로 심으려고 합니다. 도로의 처음과 끝에도 나무를 심는다면 나무와 나무 사이의 간격은 몇 m일까요?

(단, 나무의 굵기는 생각하지 않습니다.)

(　　　　　　　　)

17 4장의 수 카드 중에서 3장을 골라 대분수를 만들려고 합니다. 만들 수 있는 가장 작은 대분수를 나머지 수 카드의 수로 나눈 몫을 구해 보세요.

5　3　7　6

(　　　　　　　　)

18 직사각형을 똑같이 나눈 후 색칠한 것입니다. 색칠한 부분의 넓이는 몇 cm^2일까요?

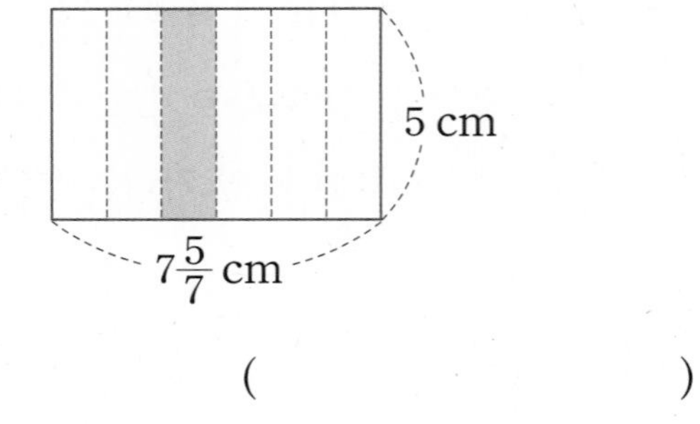

(　　　　　　　　)

서술형 문제

정답과 풀이 58쪽

19 계산이 잘못된 곳을 찾아 이유를 쓰고 바르게 계산해 보세요.

$$1\frac{8}{9} \div 4 = 1\frac{\overset{2}{\cancel{8}}}{9} \times \frac{1}{\underset{1}{\cancel{4}}} = 1\frac{2}{9}$$

이유

20 어떤 자연수를 7로 나누어야 할 것을 잘못하여 곱했더니 56이 되었습니다. 바르게 계산하면 얼마인지 풀이 과정을 쓰고 답을 구해 보세요.

풀이

답

점수

확인

※ 계산 과정에서 약분이 될 때에는 약분하여 답을 기약분수로 나타냅니다.

1 5÷12와 몫이 같은 것을 모두 고르세요.

( )

① $\frac{12}{5}$ ② $5\times\frac{1}{12}$ ③ $\frac{1}{5}\times12$

④ $2\frac{2}{5}$ ⑤ $\frac{5}{12}$

2 나눗셈을 곱셈으로 잘못 나타낸 것은 어느 것일까요? ( )

① $\frac{4}{5}\div6=\frac{4}{5}\times\frac{1}{6}$

② $4\div7=4\times\frac{1}{7}$

③ $\frac{8}{9}\div8=\frac{8}{9}\times\frac{1}{8}$

④ $\frac{11}{15}\div12=\frac{11}{15}\times\frac{1}{12}$

⑤ $\frac{20}{3}\div15=\frac{3}{20}\times\frac{1}{15}$

3 나눗셈의 몫을 분수로 바르게 나타낸 것을 찾아 ○표 하세요.

$2\div5=\frac{5}{2}$	$5\div8=\frac{5}{8}$	$10\div9=\frac{9}{10}$
( )	( )	( )

4 계산해 보세요.

(1) $\frac{4}{5}\div8$

(2) $\frac{10}{7}\div5$

5 계산이 잘못된 곳을 찾아 바르게 계산해 보세요.

$$\frac{9}{10}\div5=\frac{9}{10\div5}=\frac{9}{2}=4\frac{1}{2}$$

$\frac{9}{10}\div5$ ....

6 빈칸에 알맞은 수를 써넣으세요.

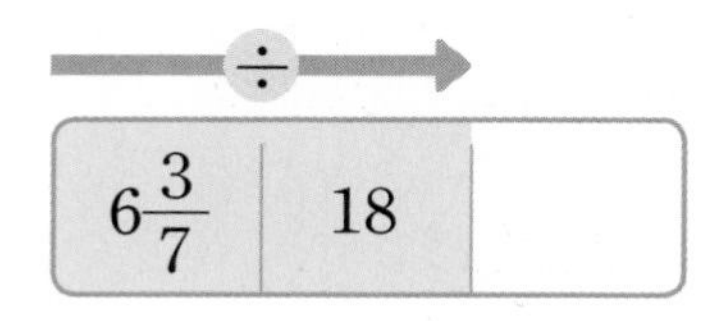

7 빈칸에 알맞은 수를 써넣으세요.

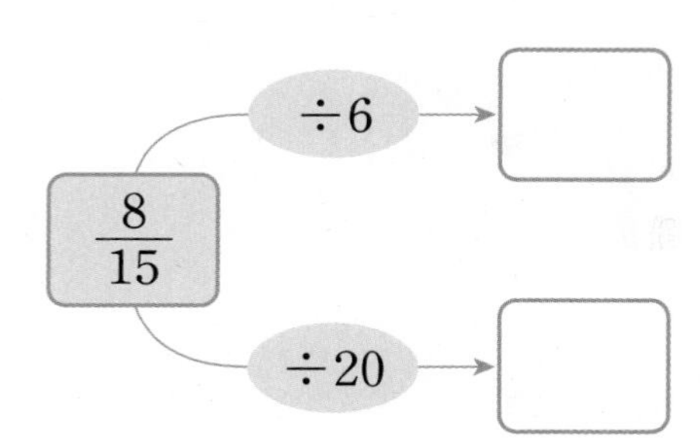

8 작은 수를 큰 수로 나눈 몫을 구해 보세요.

10 $\frac{25}{9}$

( )

1

9 사다리를 따라 내려 가서 만나는 빈칸에 몫을 써넣으세요.

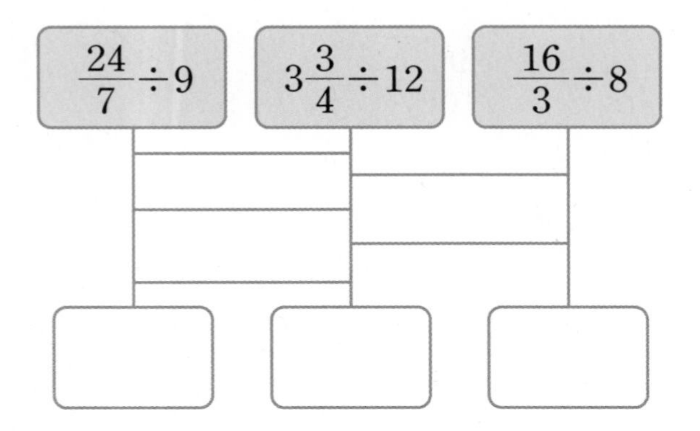

10 몫이 더 큰 것의 기호를 써 보세요.

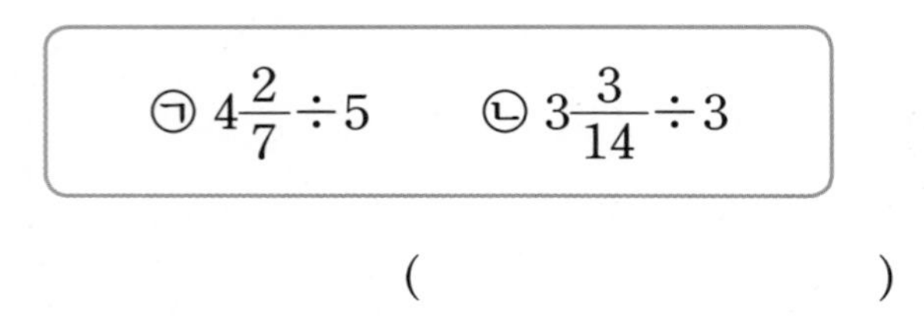

(　　　　　　　　)

11 빈칸에 알맞은 수를 써넣으세요.

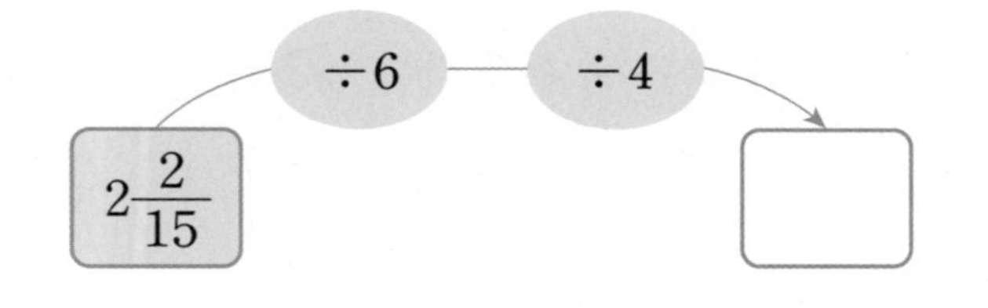

12 둘레가 $1\frac{5}{8}$ m인 정사각형입니다. 한 변의 길이는 몇 m일까요?

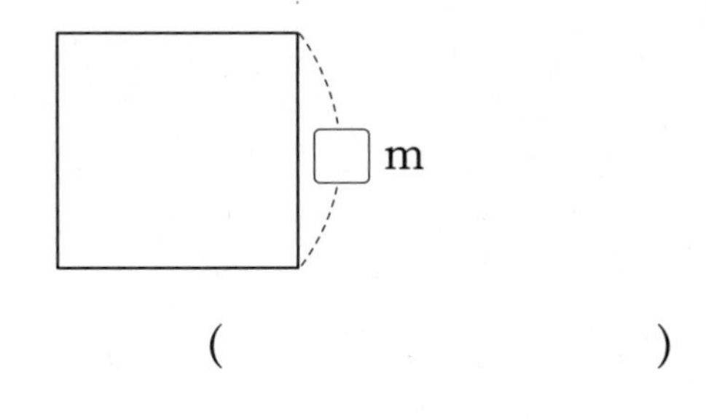

(　　　　　　　　)

13 □ 안에 알맞은 수를 구해 보세요.

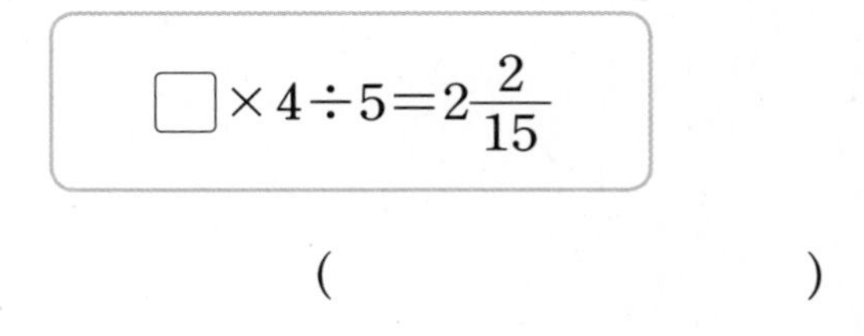

(　　　　　　　　)

14 딸기 5 kg을 상자 8개에 똑같이 나누어 담으려고 합니다. 한 상자에 담아야 할 딸기는 몇 kg인지 분수로 나타내어 보세요.

(　　　　　　　　)

15 지성이는 지점토 $\frac{14}{15}$ kg을 7명의 친구들에게 똑같이 나누어 주려고 합니다. 한 사람에게 몇 kg씩 줄 수 있습니까?

(　　　　　　　　)

16 □ 안에 들어갈 수 있는 가장 작은 자연수를 구해 보세요.

$25\frac{1}{3} \div 8 < \square$

(　　　　　　　　)

17 길이가 $3\frac{1}{8}$ m인 색 테이프를 5등분 한 것입니다. 색칠한 부분의 길이는 몇 m일까요?

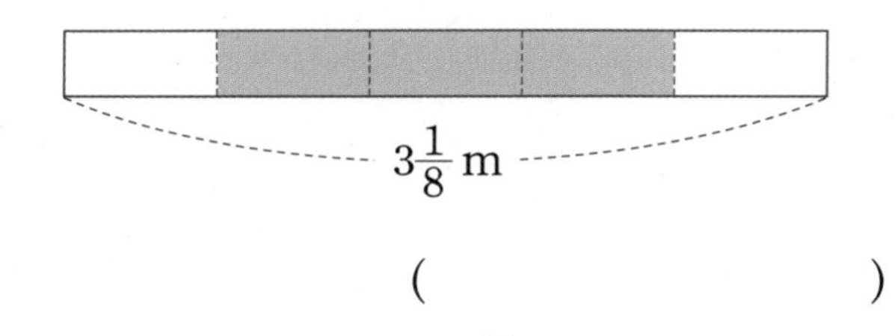

(　　　　　　　　)

18 3장의 수 카드 5, 3, 8 중에서 2장을 골라 ★, ▲에 한 번씩 넣어 계산하려고 합니다. 계산 결과가 가장 클 때의 값을 구해 보세요.

$5\frac{1}{10} \div ★ \times ▲$

(　　　　　　　　)

서술형 문제

정답과 풀이 59쪽

19 3 L의 휘발유로 $26\frac{1}{4}$ km를 갈 수 있는 자동차가 있습니다. 이 자동차가 1 L의 휘발유로 갈 수 있는 거리는 몇 km인지 풀이 과정을 쓰고 답을 구해 보세요.

풀이 ……………………

답 ……………………

20 어떤 수를 9로 나누어야 할 것을 잘못하여 곱했더니 $7\frac{5}{7}$가 되었습니다. 바르게 계산한 값은 얼마인지 풀이 과정을 쓰고 답을 구해 보세요.

풀이 ……………………

답 ……………………

1

[1~2] 도형을 보고 물음에 답하세요.

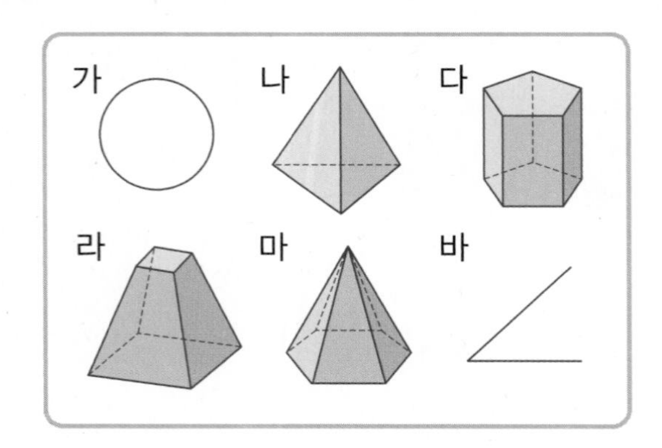

1 입체도형을 모두 찾아 기호를 써 보세요.

( )

2 각뿔을 모두 찾아 기호를 써 보세요.

( )

3 오른쪽 각기둥의 밑면에 색칠하고 각기둥의 이름을 써 보세요.

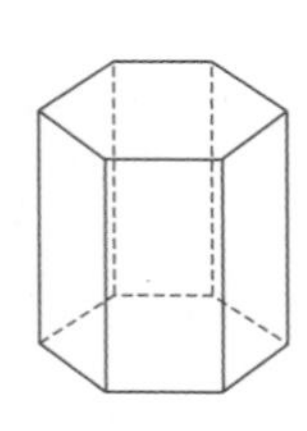

( )

4 오른쪽 각기둥에서 옆면을 모두 찾아 써 보세요.

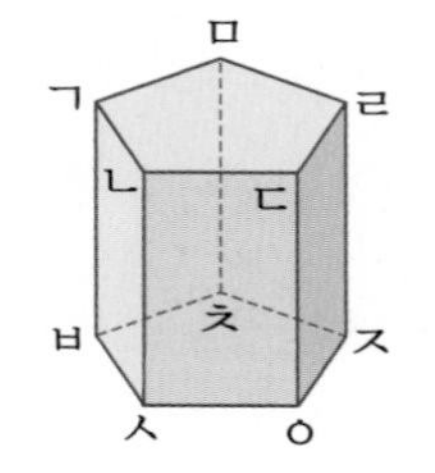

5 오른쪽 각기둥의 높이는 몇 cm일까요?

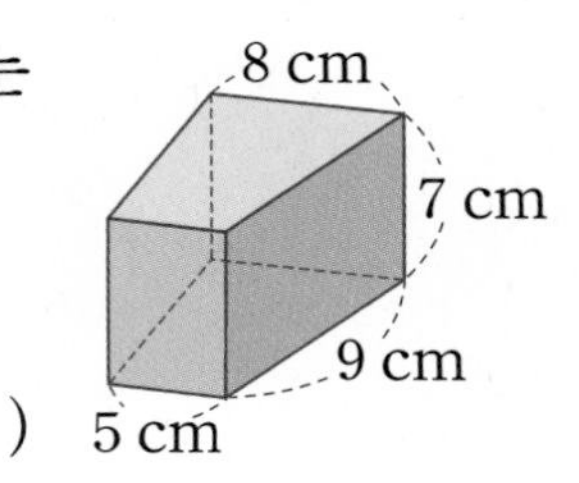

( )

6 각뿔의 무엇을 재는 그림일까요?

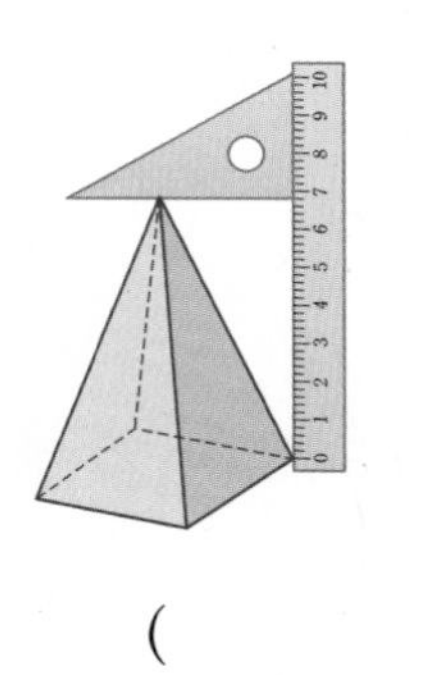

( )

7 오른쪽 그림을 보고 빈칸에 알맞은 수를 써넣으세요.

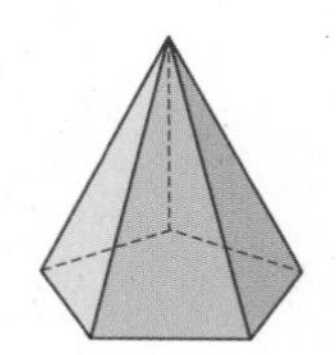

꼭짓점의 수(개)	면의 수(개)	모서리의 수(개)

8 두 도형 가와 나에 대한 설명으로 잘못된 것은 어느 것일까요? ( )

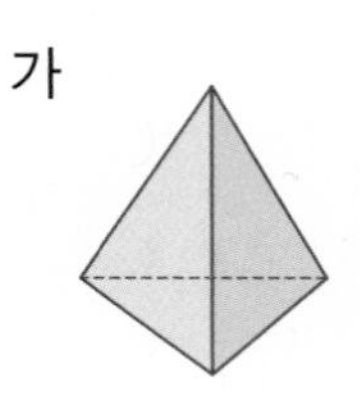

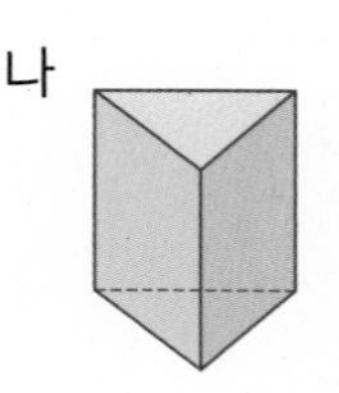

① 가는 삼각뿔이고 나는 삼각기둥입니다.
② 가와 나는 밑면의 수가 다릅니다.
③ 가의 면의 수는 4입니다.
④ 나의 모서리의 수는 6입니다.
⑤ 가의 옆면의 모양은 삼각형입니다.

9 삼각기둥의 전개도를 찾아 기호를 써 보세요.

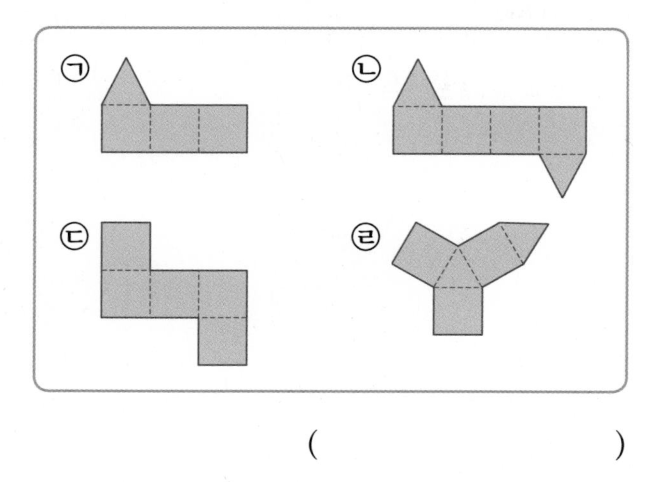

(　　　　　　　　)

10 어떤 입체도형에 대한 설명일까요?

- 서로 평행한 두 면이 합동인 다각형으로 이루어진 입체도형입니다.
- 밑면의 모양이 칠각형입니다.

(　　　　　　　　)

11 어떤 입체도형의 전개도일까요?

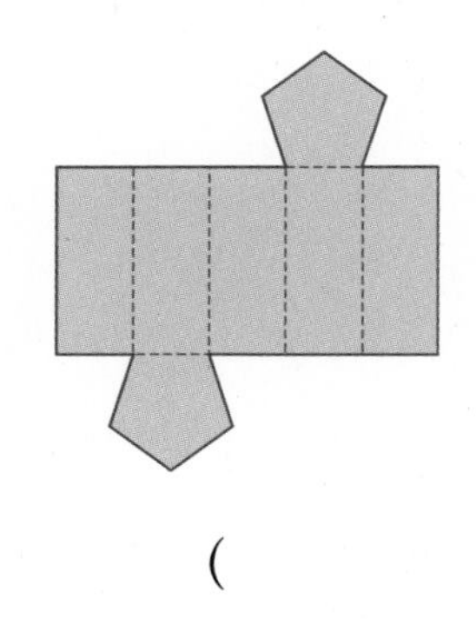

(　　　　　　　　)

12 전개도를 접었을 때 점 ㄴ과 만나는 점을 모두 찾아 써 보세요.

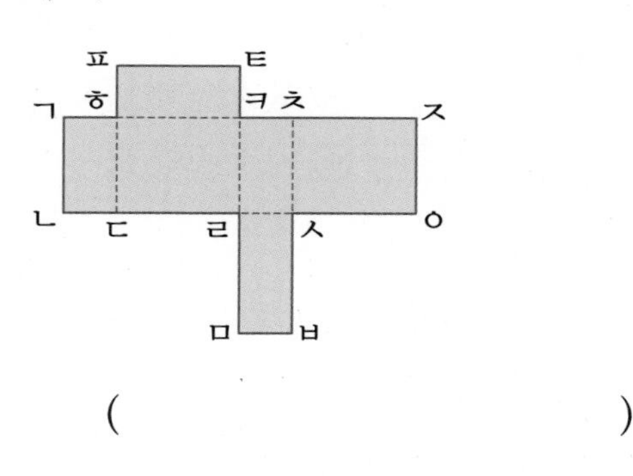

(　　　　　　　　)

13 오른쪽 각기둥의 전개도를 그려 보세요.

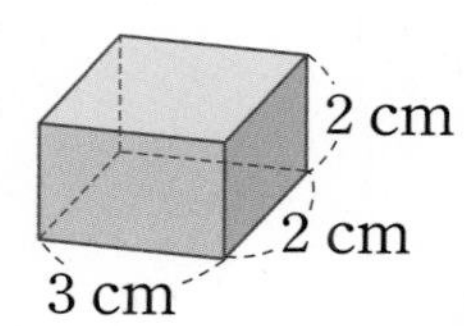

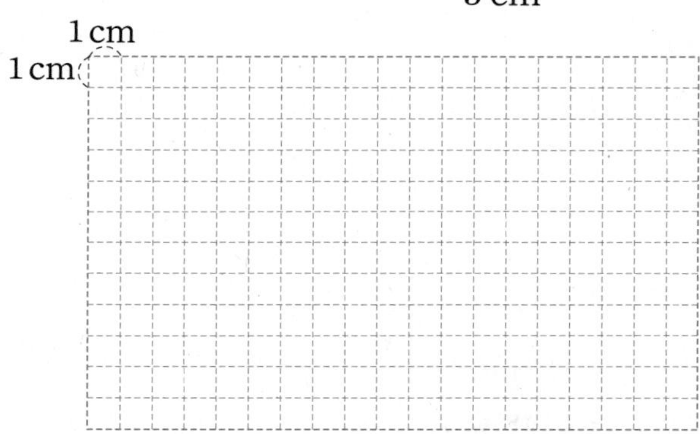

14 전개도를 접었을 때 선분 ㅈㅇ과 맞닿는 선분을 찾아 써 보세요.

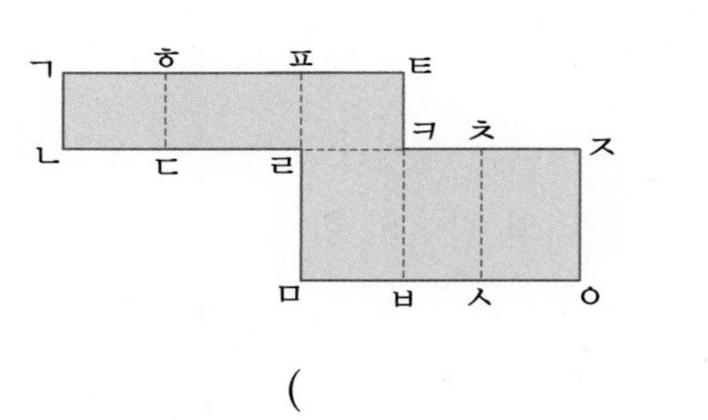

(　　　　　　　　)

15 개수가 적은 것부터 차례로 기호를 써 보세요.

㉠ 오각기둥의 꼭짓점의 수
㉡ 육각뿔의 면의 수
㉢ 사각뿔의 모서리의 수

( )

16 삼각기둥의 전개도가 되도록 밑면을 1개 더 그려 넣어 보세요.

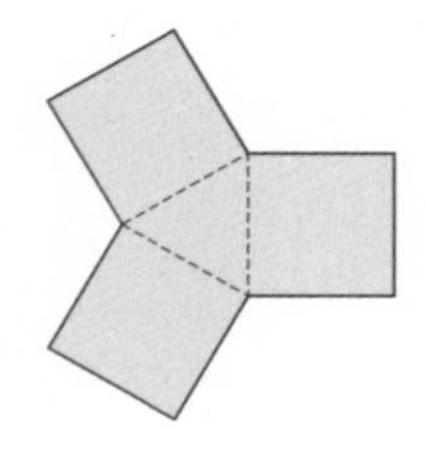

17 오른쪽 각뿔은 밑면이 정오각형이고 옆면이 이등변삼각형입니다. 이 각뿔의 모든 모서리의 길이의 합은 몇 cm일까요?

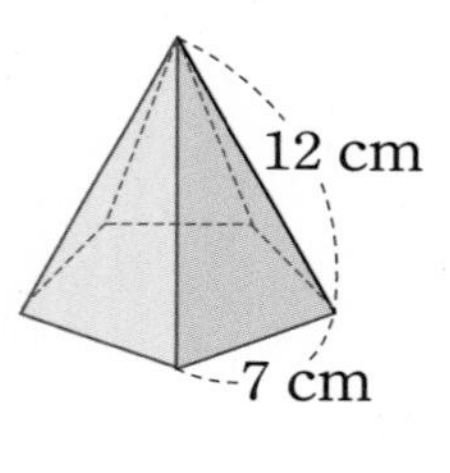

( )

18 모서리의 길이가 모두 같은 오각기둥의 모든 모서리의 길이의 합이 120 cm입니다. 한 모서리의 길이는 몇 cm일까요?

( )

서술형 문제

정답과 풀이 61쪽

19 어떤 입체도형의 밑면과 옆면의 모양입니다. 이 입체도형의 이름은 무엇인지 풀이 과정을 쓰고 답을 구해 보세요.

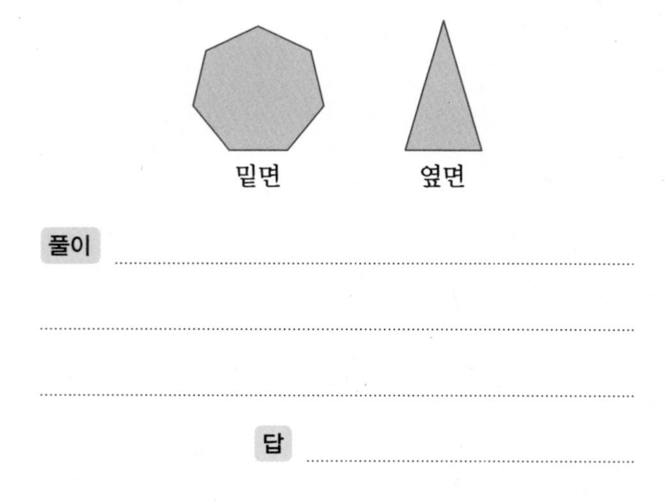

풀이

답

20 꼭짓점이 24개인 각기둥이 있습니다. 이 각기둥의 면의 수와 모서리의 수의 합은 몇 개인지 풀이 과정을 쓰고 답을 구해 보세요.

풀이

답

점수 ______
확인 ______

[1~2] 입체도형을 보고 물음에 답하세요.

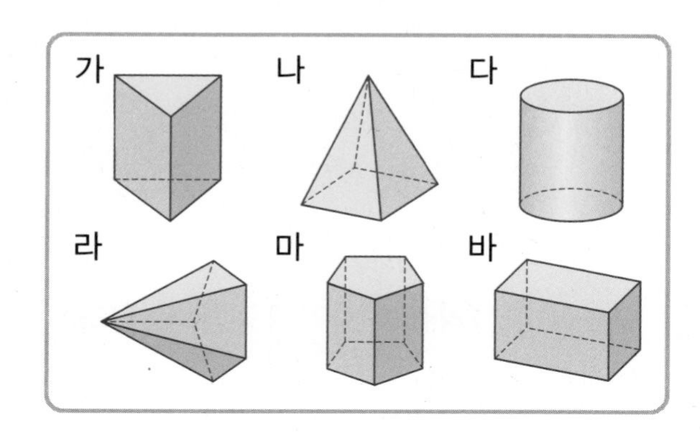

1 각기둥을 모두 찾아 기호를 써 보세요.

( )

2 각뿔은 모두 몇 개일까요?

( )

3 입체도형의 이름을 써 보세요.

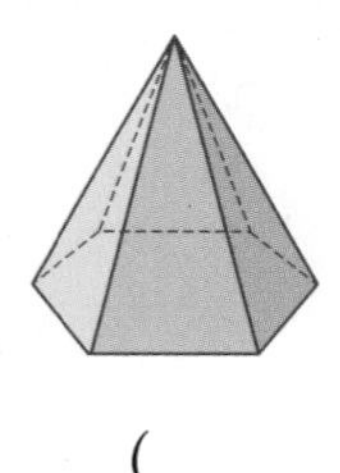

( )

4 오른쪽 각기둥에서 높이를 나타내는 모서리에 모두 ○표 하세요.

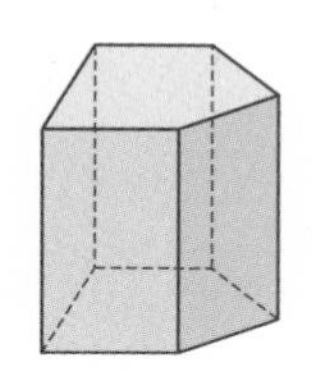

5 각기둥에 대한 설명으로 잘못된 것은 어느 것일까요? ( )

① 밑면은 2개입니다.
② 밑면의 모양에 따라 각기둥의 이름이 정해집니다.
③ 두 밑면 사이의 거리를 높이라고 합니다.
④ 옆면의 모양은 모두 삼각형입니다.
⑤ 옆면의 수는 한 밑면의 변의 수와 같습니다.

6 사각기둥의 전개도를 모두 찾아 기호를 써 보세요.

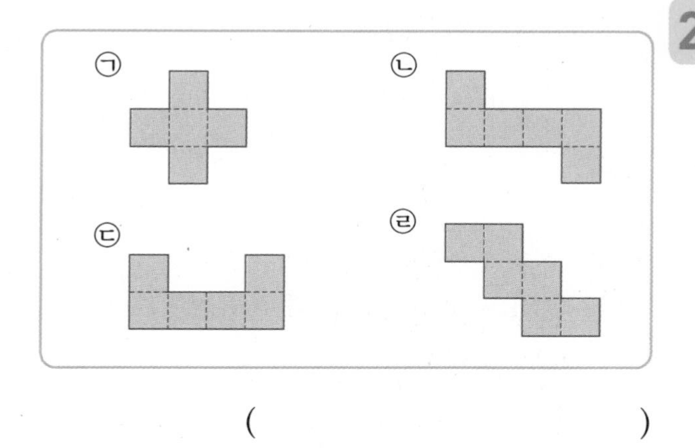

( )

7 오른쪽 입체도형을 보고 빈칸에 알맞은 수를 써넣으세요.

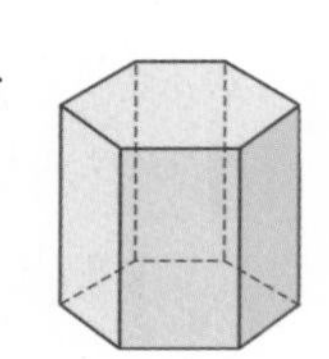

꼭짓점의 수(개)	면의 수(개)	모서리의 수(개)

[8~9] 전개도를 보고 물음에 답하세요.

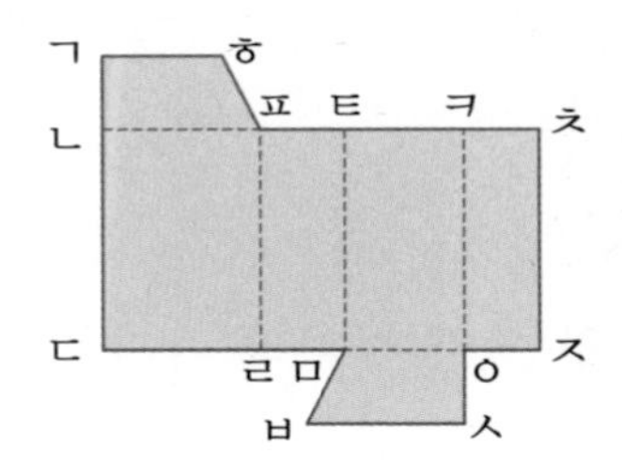

8 전개도를 접었을 때 만들어지는 입체도형의 이름을 써 보세요.

( )

9 전개도를 접었을 때 선분 ㄴㄷ과 맞닿는 선분을 찾아 써 보세요.

( )

10 밑면의 모양이 오른쪽과 같은 각뿔의 모서리는 몇 개일까요?

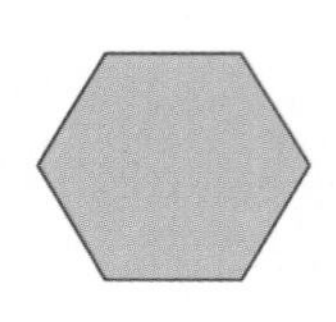

( )

11 전개도를 접어 각기둥을 만들었습니다. □ 안에 알맞은 수를 써넣으세요.

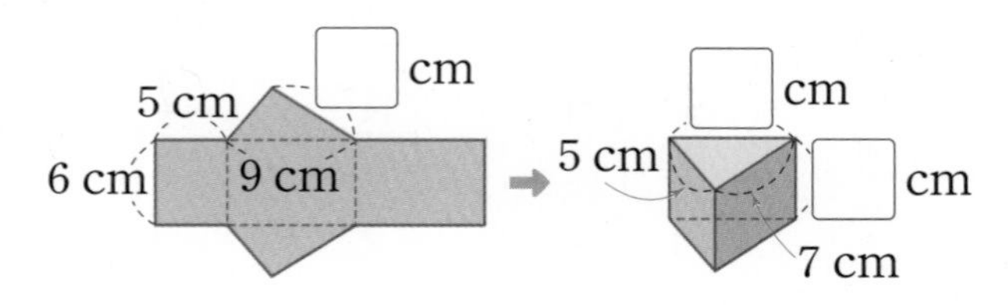

12 개수가 가장 많은 것을 찾아 기호를 써 보세요.

㉠ 삼각기둥의 모서리의 수
㉡ 사각기둥의 꼭짓점의 수
㉢ 오각뿔의 모서리의 수

( )

13 밑면이 사다리꼴인 사각기둥의 전개도를 그려 보세요.

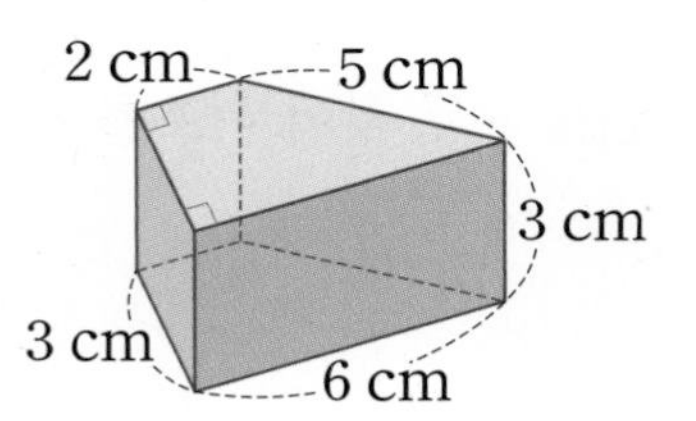

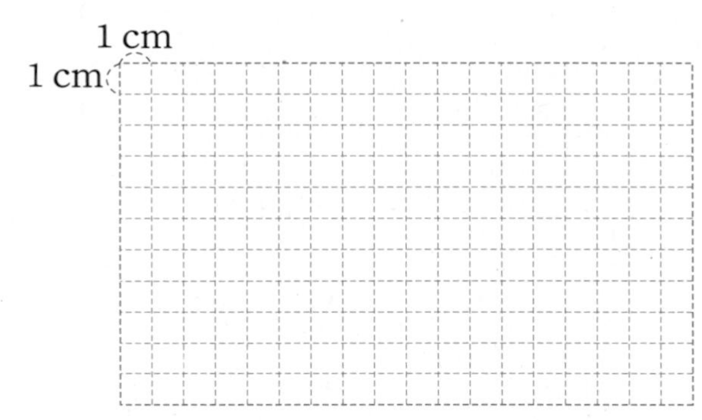

14 옆면이 오른쪽과 같은 삼각형 8개로 이루어진 입체도형의 이름을 써 보세요.

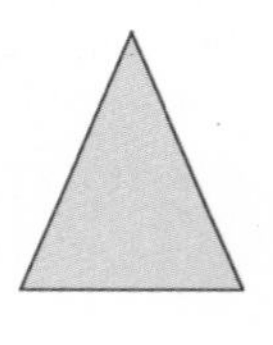

( )

15 사각기둥의 전개도를 접었을 때 점 ㄱ과 만나는 점을 모두 찾아 써 보세요.

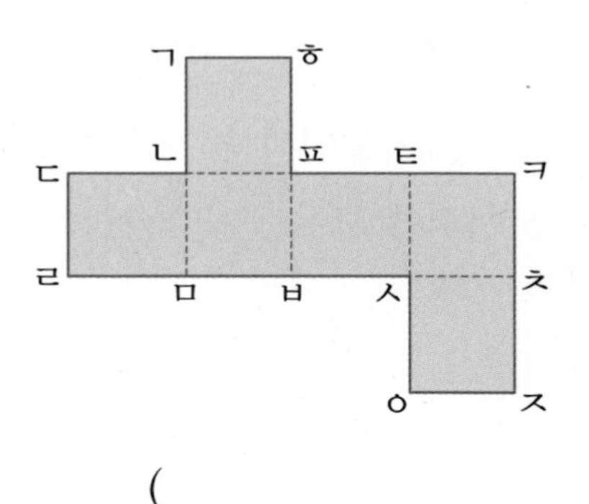

( )

16 전개도를 접었을 때 만들어지는 각기둥의 모든 모서리의 길이의 합은 몇 cm일까요?

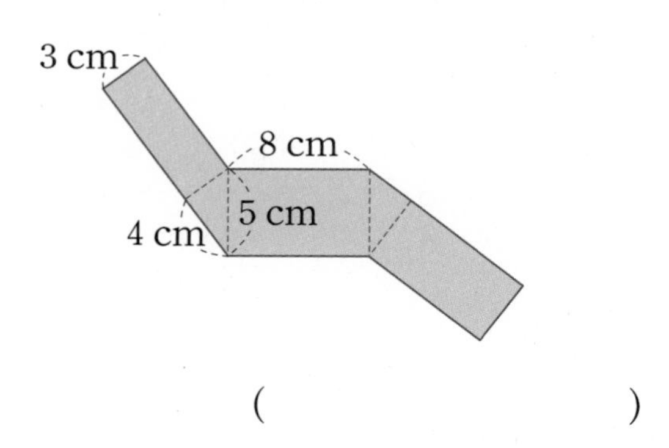

( )

17 각뿔의 구성 요소 사이의 관계를 나타낸 것 중 옳지 않은 것은 어느 것일까요? ( )

① (면의 수)=(꼭짓점의 수)
② (모서리의 수)=(밑면의 변의 수)×2
③ (꼭짓점의 수)>(밑면의 변의 수)
④ (모서리의 수)<(꼭짓점의 수)
⑤ (옆면의 수)<(꼭짓점의 수)

18 모서리가 16개인 각뿔과 밑면의 모양이 같은 각기둥의 꼭짓점의 수, 면의 수, 모서리의 수의 합은 몇 개일까요?

( )

서술형 문제

정답과 풀이 62쪽

19 밑면의 모양이 오른쪽과 같은 각기둥과 각뿔이 있습니다. 두 입체도형의 꼭짓점의 수의 합은 몇 개인지 풀이 과정을 쓰고 답을 구해 보세요.

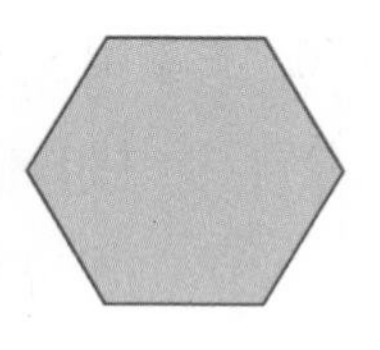

풀이

답

20 전개도에서 면 ㄷㄹㅁ의 넓이가 36 cm^2일 때, 전개도의 둘레는 몇 cm인지 풀이 과정을 쓰고 답을 구해 보세요.

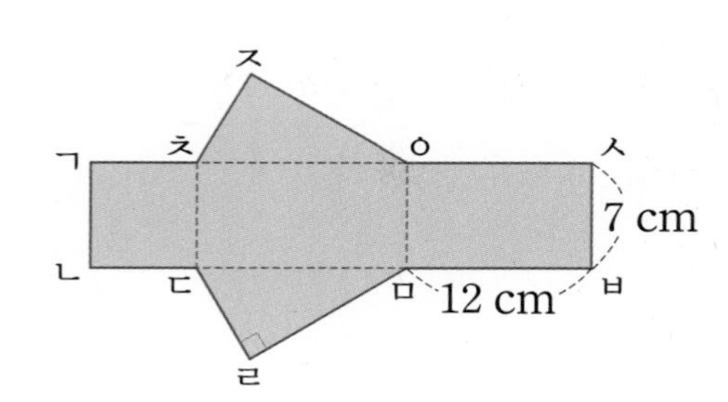

풀이

답

2

다시 점검하는 수시 평가 대비 Level 1

점수

확인

3. 소수의 나눗셈

1 □ 안에 알맞은 수를 써넣으세요.

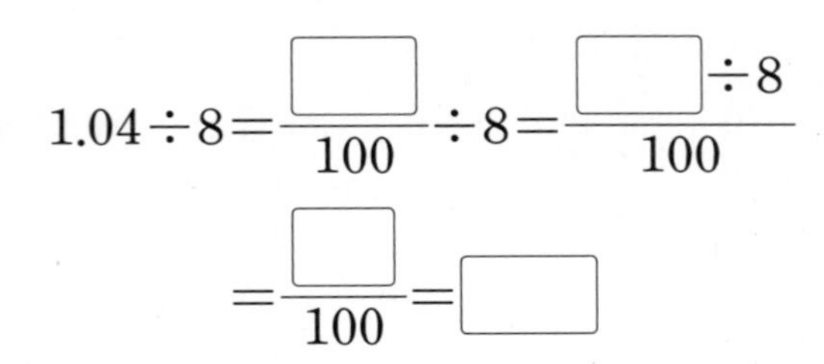

$$1.04 \div 8 = \frac{\square}{100} \div 8 = \frac{\square \div 8}{100}$$

$$= \frac{\square}{100} = \square$$

2 자연수의 나눗셈을 이용하여 소수의 나눗셈을 해 보세요.

$468 \div 2 = \square$

$46.8 \div 2 = \square$

$4.68 \div 2 = \square$

3 계산해 보세요.

(1) $8\overline{)31.28}$ (2) $25\overline{)8.5}$

4 계산을 잘못한 곳을 찾아 바르게 계산해 보세요.

```
   1.9
8)8.7 2
  8
  ---
    7 2
    7 2
    ---
      0
```

→ $8\overline{)8.72}$

5 빈칸에 알맞은 수를 써넣으세요.

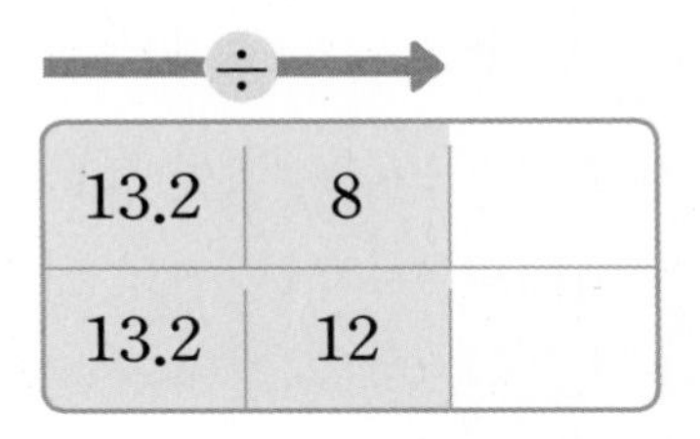

÷ →

13.2	8	
13.2	12	

6 어림셈하여 몫의 소수점의 위치를 찾아 표시해 보세요.

$36.05 \div 7$

어림 □ ÷ □ → 약 □

몫 5□1□5

7 가장 큰 수를 가장 작은 수로 나눈 몫을 구해 보세요.

14	105	30	27

( )

8 몫이 더 작은 것을 찾아 기호를 써 보세요.

㉠ $144.8 \div 16$ ㉡ $111.8 \div 13$

( )

9 식용유 27.25 L를 25개의 병에 똑같이 나누어 담으려고 합니다. 식용유를 한 병에 몇 L씩 담을 수 있을까요?

( )

10 □ 안에 알맞은 수를 구해 보세요.

$11 \times \square = 5.17$

( )

11 넓이가 $35.2\ cm^2$인 도형을 5칸으로 똑같이 나누었습니다. 색칠된 부분의 넓이는 몇 cm^2일까요?

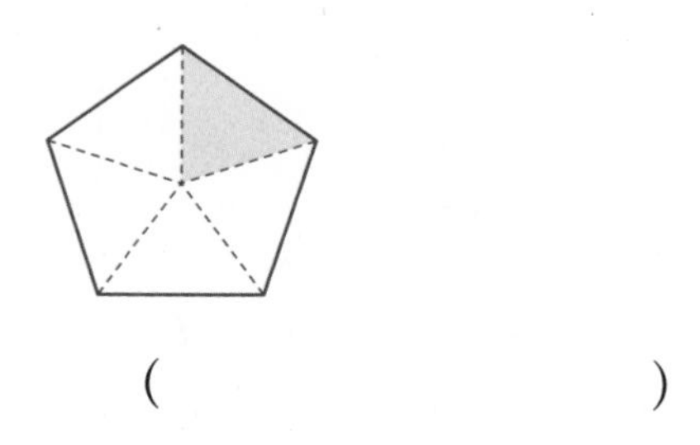

( )

12 1부터 9까지의 자연수 중에서 □ 안에 들어갈 수 있는 수를 모두 구해 보세요.

$29.55 \div 15 < 1.9\square$

( )

13 무게가 같은 연필 1타의 무게는 27 g입니다. 연필 한 자루의 무게는 몇 g인지 소수로 나타내어 보세요. (단, 연필 1타는 12자루입니다.)

( )

14 모든 모서리의 길이가 같은 삼각기둥이 있습니다. 모든 모서리의 길이의 합이 7.65 m일 때 한 모서리의 길이는 몇 m일까요?

식 ....

답 ....

15 마름모의 넓이는 $92.8\,cm^2$입니다. 한 대각선의 길이가 16 cm라면 다른 대각선의 길이는 몇 cm일까요?

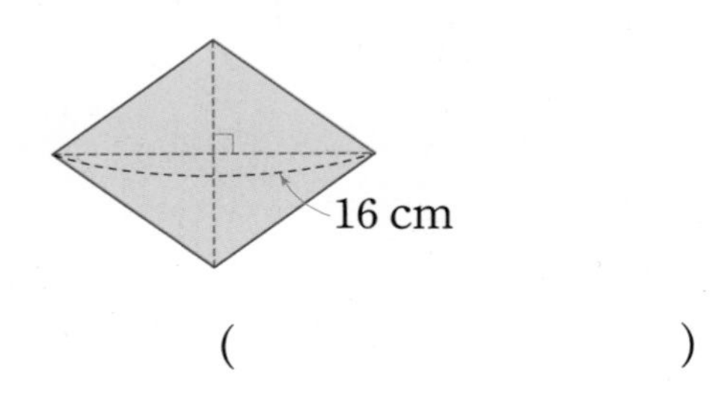

(　　　　　　　　)

16 휘발유 3 L로 36.27 km를 달리는 자동차가 있습니다. 이 자동차가 같은 빠르기로 휘발유 5 L로 달릴 수 있는 거리는 몇 km일까요?

(　　　　　　　　)

17 ㉠에 알맞은 수를 구해 보세요.

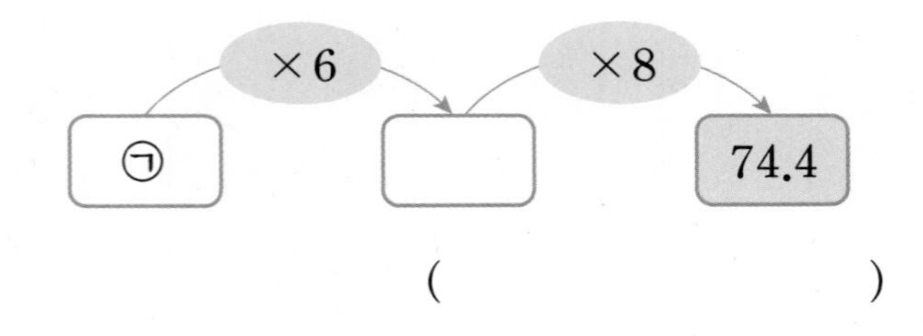

(　　　　　　　　)

18 3, 2, 9, 4 의 수 카드를 한 번씩 사용하여 다음과 같은 나눗셈식을 만들려고 합니다. 몫이 가장 작은 나눗셈식을 만들고 몫을 구해 보세요.

□.□□÷□

(　　　　　　　　)

서술형 문제

정답과 풀이 63쪽

19 길이가 61.2 m인 도로의 한쪽에 일정한 간격으로 화분 21개를 놓았습니다. 도로의 처음과 끝에도 화분을 놓았다면 화분 사이의 거리는 몇 m인지 풀이 과정을 쓰고 답을 구해 보세요.

(단, 화분의 두께는 생각하지 않습니다.)

풀이

답

20 선화네 가족은 귤 10 kg 중에서 3.8 kg을 먹고 나머지는 4봉지에 똑같이 나누어 담았습니다. 한 봉지에 귤을 몇 kg씩 담았는지 풀이 과정을 쓰고 답을 구해 보세요.

풀이

답

다시 점검하는 수시 평가 대비 Level 2

점수

확인

3. 소수의 나눗셈

1 끈 13.8 cm를 6명에게 똑같이 나누어 주려고 합니다. □ 안에 알맞은 수를 써넣으세요.

> 1 cm=10 mm이므로
> 13.8 cm=□mm입니다.
> 138÷6=□, 한 사람이 가지게 될 끈 한 도막은 □mm이므로 □cm입니다.

2 보기 와 같은 방법으로 계산해 보세요.

> 보기
>
> $16.4\div8=\dfrac{1640}{100}\div8=\dfrac{1640\div8}{100}$
>
> $=\dfrac{205}{100}=2.05$

35.2÷5 ....

....

3 계산해 보세요.

(1) $6\overline{)3.36}$

(2) $15\overline{)39.3}$

4 관계있는 것끼리 선으로 이어 보세요.

20.4÷5 •	• 3.05
36.6÷12 •	• 4.05
	• 4.08

5 빈칸에 큰 수를 작은 수로 나눈 몫을 써넣으세요.

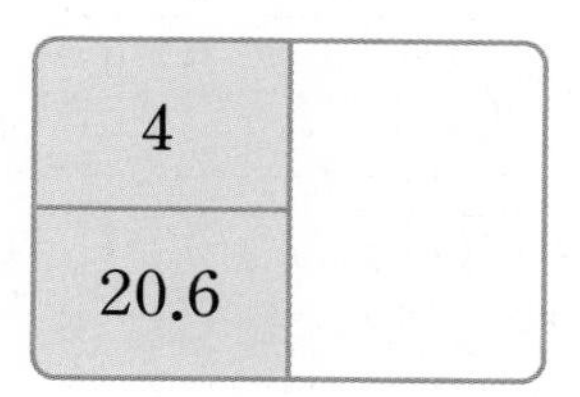

6 몫을 어림하여 올바른 식을 찾아 기호를 써 보세요.

> ㉠ 81.92÷8=1.024
> ㉡ 81.92÷8=10.24
> ㉢ 81.92÷8=102.4

( )

7 나눗셈의 몫이 1보다 작은 것을 찾아 기호를 써 보세요.

> ㉠ 7.63÷7
> ㉡ 8.46÷9
> ㉢ 15.86÷13

( )

8 계산 결과를 비교하여 ○ 안에 >, =, <를 알맞게 써넣으세요.

$8.58 \div 13$ ○ $12.39 \div 21$

9 빈칸에 알맞은 수를 써넣으세요.

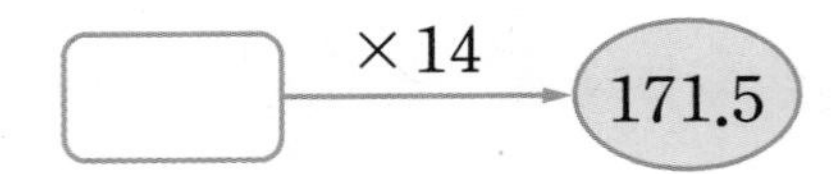

10 아버지의 몸무게는 어머니의 몸무게의 몇 배인지 소수로 나타내어 보세요.

아버지	어머니
70 kg	56 kg

(　　　　　　　　)

11 넓이가 $162.9\ \text{cm}^2$인 직사각형의 가로가 18 cm라면 세로는 몇 cm일까요?

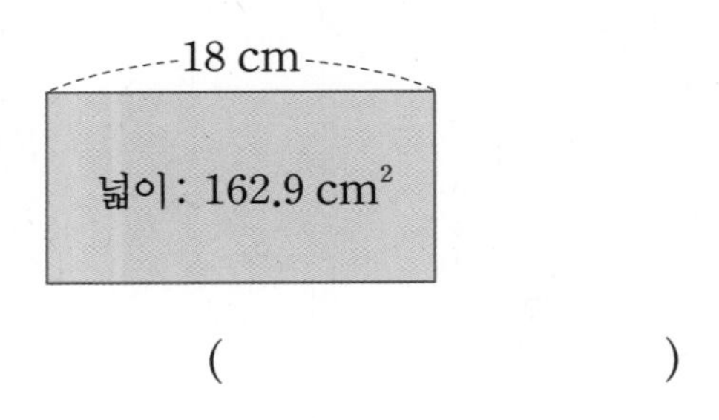

(　　　　　　　　)

12 □ 안에 알맞은 수를 써넣고 알 수 있는 사실을 써 보세요.

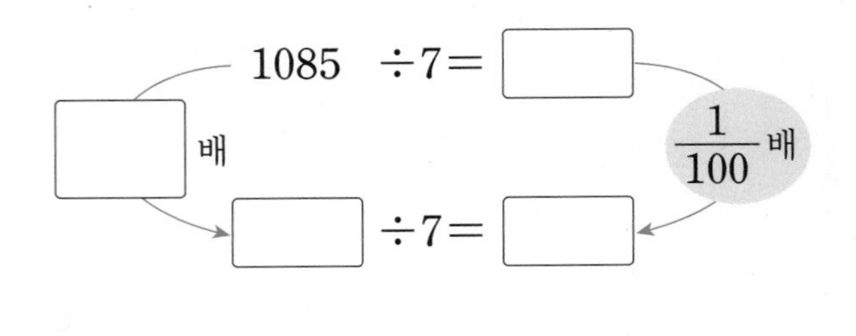

....

....

13 몫이 큰 것부터 차례로 기호를 써 보세요.

㉠ $30.33 \div 9$
㉡ $64.8 \div 16$
㉢ $14 \div 4$

(　　　　　　　　)

14 똑같은 지우개 8개의 무게가 89.2 g입니다. 이 지우개 5개의 무게는 몇 g일까요?

(　　　　　　　　)

15 삼각형과 평행사변형의 넓이는 같습니다. 삼각형의 높이가 8 cm라면 밑변의 길이는 몇 cm일까요?

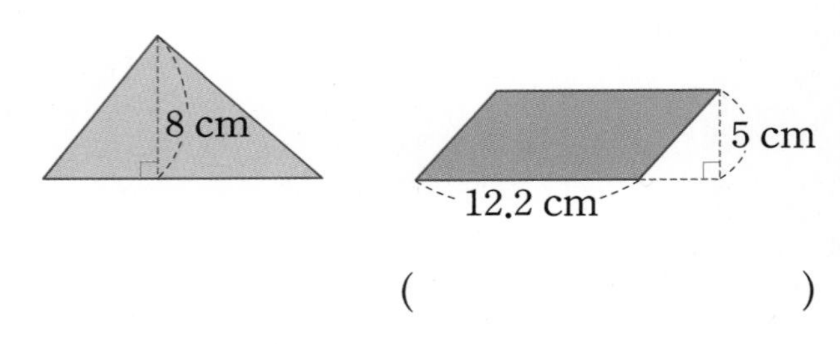

(　　　　　　　　)

서술형 문제

정답과 풀이 64쪽

16 수직선을 똑같은 간격으로 나눈 것입니다. ㉠이 나타내는 수를 구해 보세요.

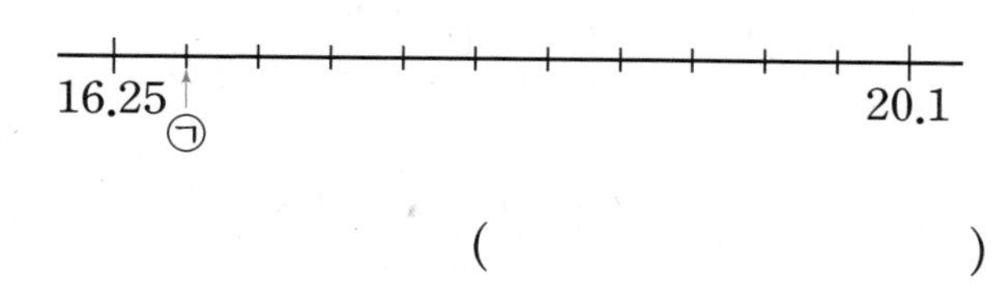

( )

17 민서가 인라인스케이트를 타고 일정한 빠르기로 원 모양의 공원을 8바퀴 도는 데 1시간 6분이 걸렸습니다. 공원을 한 바퀴 도는 데 걸린 시간은 몇 분일까요?

( )

18 6분에 8.28 km를 가는 ㉮ 자동차와 8분에 11.6 km를 가는 ㉯ 자동차가 있습니다. 두 자동차가 동시에 같은 곳에서 출발하여 같은 방향으로 간다면 1분 후에는 어느 것이 몇 km 더 앞서 갈까요? (단, 두 자동차는 각각 일정한 빠르기로 갑니다.)

( ), ( )

19 똑같은 음료수 12병을 담은 상자의 무게가 5.63 kg입니다. 빈 상자의 무게가 0.23 kg이라면 음료수 한 병의 무게는 몇 kg인지 풀이 과정을 쓰고 답을 구해 보세요.

풀이

답

20 어떤 수를 12로 나누어야 할 것을 잘못하여 곱했더니 122.4가 되었습니다. 바르게 계산한 값은 얼마인지 풀이 과정을 쓰고 답을 구해 보세요.

풀이

답

서술형 50% 중간 단원 평가

1. 분수의 나눗셈 ~ 3. 소수의 나눗셈

점수

확인

1 각뿔의 이름을 써 보세요.

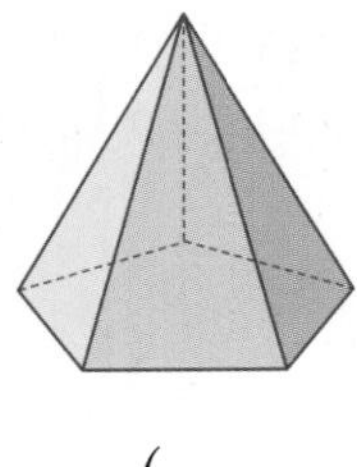

(　　　　　　　　)

2 □에 알맞은 수를 구해 보세요.

$1 \div \square = \frac{1}{3}$

(　　　　　　　　)

3 계산 결과를 비교하여 ○ 안에 >, =, <를 알맞게 써넣으세요.

$3.5 \div 5$  $4.8 \div 8$

4 다음 중 나눗셈의 몫이 진분수가 아닌 것은 어느 것일까요? (　　　)

① $1 \div 9$　② $5 \div 6$　③ $10 \div 7$
④ $8 \div 11$　⑤ $14 \div 19$

5 밑면과 옆면의 모양이 다음과 같은 뿔 모양의 입체도형의 이름을 써 보세요.

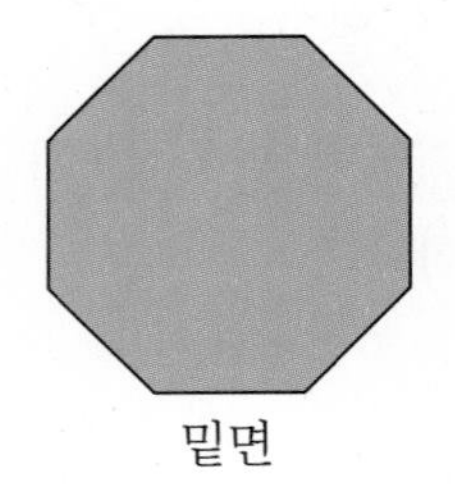
밑면

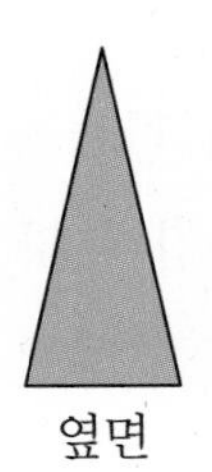
옆면

(　　　　　　　　)

6 어떤 도형의 전개도일까요?

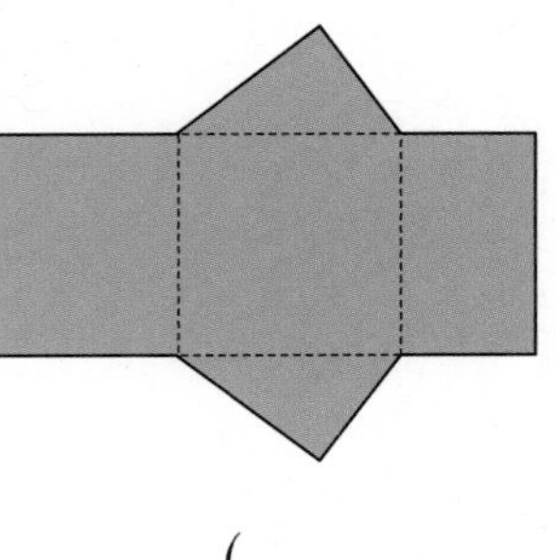

(　　　　　　　　)

정답과 풀이 66쪽

7 가장 큰 수를 가장 작은 수로 나눈 몫은 얼마인지 풀이 과정을 쓰고 답을 구해 보세요.

15	43.2	19	36.8

풀이

답

8 나눗셈의 몫을 나누어떨어질 때까지 구하려고 합니다. 소수점 아래 0을 몇 번 내려 계산해야 할까요?

$77 \div 4$

(　　　　　　)

9 넓이가 29 m^2인 직사각형 모양의 밭을 만들려고 합니다. 세로를 4 m로 한다면 가로는 몇 m로 해야 하는지 풀이 과정을 쓰고 답을 구해 보세요.

풀이

답

10 넓이가 $\frac{15}{8}$ cm^2인 정오각형을 5등분 하였습니다. 색칠한 부분의 넓이는 몇 cm^2인지 기약분수로 나타내려고 합니다. 풀이 과정을 쓰고 답을 구해 보세요.

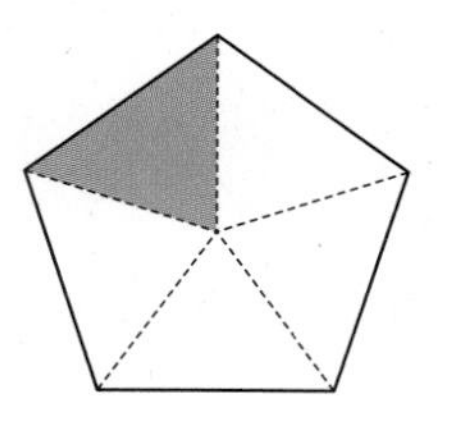

풀이

답

11 개수가 가장 많은 것을 찾아 기호를 쓰려고 합니다. 풀이 과정을 쓰고 답을 구해 보세요.

㉠ 팔각기둥의 면의 수
㉡ 팔각뿔의 꼭짓점의 수
㉢ 오각기둥의 모서리의 수

풀이

답

12 우유 $\frac{8}{9}$ L를 6명이 똑같이 나누어 마셨습니다. 한 사람이 마신 우유는 몇 L인지 구해 보세요.

( )

13 각기둥의 밑면이 정육각형일 때 모든 모서리의 길이의 합은 몇 cm인지 풀이 과정을 쓰고 답을 구해 보세요.

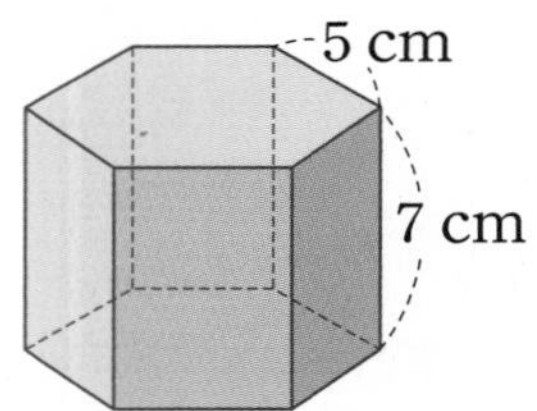

풀이

답

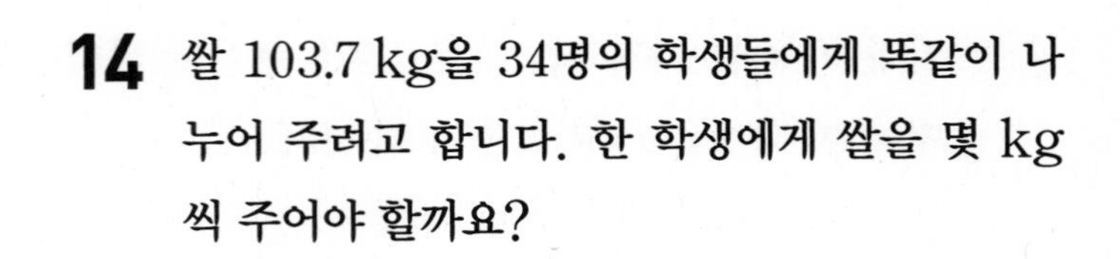

14 쌀 103.7 kg을 34명의 학생들에게 똑같이 나누어 주려고 합니다. 한 학생에게 쌀을 몇 kg씩 주어야 할까요?

( )

15 길이가 $6\frac{2}{5}$ m인 철사를 7번 잘라 길이가 같은 철사 도막을 만들었습니다. 잘라 만든 철사 한 도막의 길이는 몇 m인지 구해 보세요.

( )

16 어떤 수에 25를 곱했더니 70이 되었습니다. 어떤 수를 5로 나눈 몫을 소수로 나타내려고 합니다. 풀이 과정을 쓰고 답을 구해 보세요.

풀이

답

정답과 풀이 66쪽

17 밑면의 모양이 다음과 같은 각기둥의 꼭짓점의 수, 면의 수, 모서리의 수의 합은 몇 개인지 풀이 과정을 쓰고 답을 구해 보세요.

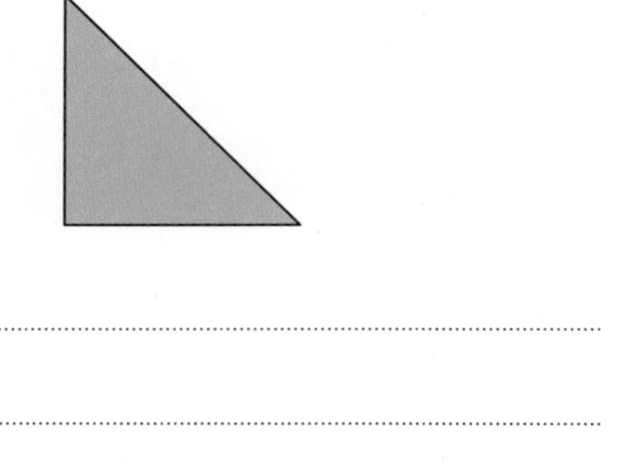

풀이

답

18 어떤 수에 8을 곱했더니 $\frac{4}{11}$가 되었습니다. 어떤 수에 2를 곱하면 얼마인지 풀이 과정을 쓰고 답을 구해 보세요.

풀이

답

19 길이가 105.3 m인 도로의 한쪽에 같은 간격으로 나무 16그루를 심으려고 합니다. 도로의 처음과 끝에도 나무를 심는다면 나무 사이의 간격은 몇 m로 해야 하는지 풀이 과정을 쓰고 답을 구해 보세요. (단, 나무의 굵기는 생각하지 않습니다.)

풀이

답

20 □ 안에 들어갈 수 있는 가장 큰 자연수를 구하려고 합니다. 풀이 과정을 쓰고 답을 구해 보세요.

$\square < 8\frac{1}{10} \div 3$

풀이

답

점수

확인

1 □ 안에 알맞은 수를 써넣으세요.

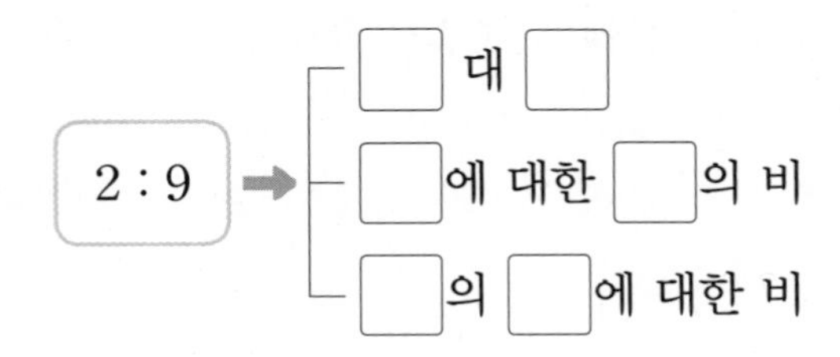

2 다음을 비로 나타낼 때 기준량과 비교하는 양을 각각 써 보세요.

7과 12의 비

기준량 (　　　　　　)

비교하는 양 (　　　　　　)

3 21 : 25의 비율을 분수와 소수로 각각 나타내어 보세요.

분수 (　　　　　　)

소수 (　　　　　　)

4 전체에 대한 색칠한 부분의 비를 써 보세요.

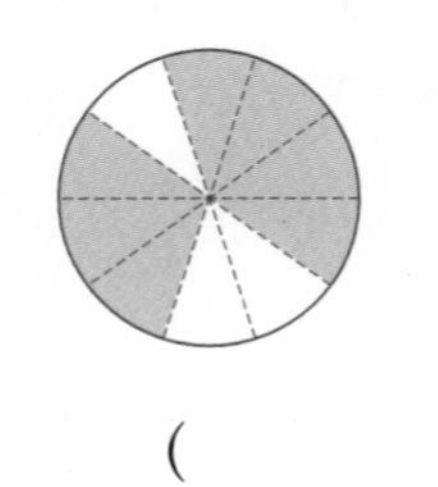

(　　　　　　)

5 기준량을 나타내는 수가 다른 하나는 어느 것일까요? (　　　　)

① 9 : 5　② 9에 대한 5의 비

③ 9와 5의 비　④ 9 대 5

⑤ 9의 5에 대한 비

6 백분율을 소수로 바르게 나타낸 것은 어느 것일까요? (　　　　)

① 92 % ➡ 9.2　② 4 % ➡ 0.4

③ 263 % ➡ 26.3　④ 149 % ➡ 1.49

⑤ 70 % ➡ 7

7 비율이 같은 것끼리 선으로 이어 보세요.

7 대 8 •	• $\frac{4}{5}$
20에 대한 16의 비 •	• 1.25
	• 0.875

8 비율만큼 색칠해 보세요.

9 비율이 1보다 작은 것을 찾아 기호를 써 보세요.

㉠ $\frac{6}{5}$ ㉡ 10.8 % ㉢ 1.23

(　　　　　　　　)

10 전교 어린이 회장 선거에서 500명이 투표에 참여했습니다. 어린이 회장으로 당선된 후보의 득표율은 몇 %일까요?

	정민	진하	무효표
득표수(표)	245	178	77

(　　　　　　　　)

11 물 240 g에 소금 60 g이 녹아 있습니다. 소금물의 양에 대한 소금의 양의 비율을 기약분수로 나타내어 보세요.

(　　　　　　　　)

12 어느 도시의 넓이는 150 km^2이고 인구는 450000명입니다. 이 도시의 넓이에 대한 인구의 비율을 구해 보세요.

(　　　　　　　　)

13 비율이 가장 큰 것을 찾아 기호를 써 보세요.

㉠ 0.45 ㉡ 7.2 %
㉢ $\frac{109}{125}$ ㉣ $\frac{3}{4}$

(　　　　　　　　)

14 450 km를 가는 데 5시간이 걸리는 자동차가 있습니다. 이 자동차의 걸린 시간에 대한 간 거리의 비율을 구해 보세요.

(　　　　　　　　)

15 현규는 가방 가게에서 20000원짜리 가방을 할인 받아 17000원에 샀습니다. 이 가방의 할인율은 몇 %일까요?

(　　　　　　　　)

16 수학 문제를 현아는 200개 중에서 127개를 풀었고, 수정이는 150개 중에서 93개를 풀었습니다. 전체 수학 문제 수에 대한 푼 수학 문제 수의 비율이 더 높은 사람은 누구일까요?

( )

17 경민이는 국어 문제집 156쪽 중에서 117쪽을 풀었습니다. 경민이가 풀지 않은 국어 문제집의 쪽수의 비율은 전체의 몇 %일까요?

( )

18 그림과 같은 정사각형의 각 변을 25 %씩 늘여서 새로운 정사각형을 만들었습니다. 새로 만든 정사각형의 둘레는 몇 cm일까요?

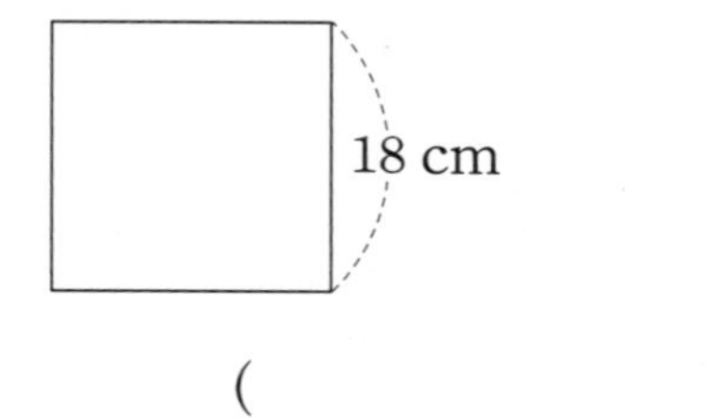

( )

서술형 문제

정답과 풀이 67쪽

19 다음 비에 대한 설명이 맞는지 틀린지 표시하고, 그 이유를 써 보세요.

16 : 25와 25 : 16은 같습니다.

(맞습니다 , 틀립니다)

이유

20 민하는 은행에 70000원을 1년 동안 예금하였더니 예금한 돈의 3.5 %만큼 이자가 붙었습니다. 민하가 예금한 지 1년 후에 찾을 수 있는 돈은 얼마인지 풀이 과정을 쓰고 답을 구해 보세요.

풀이

답

다시 점검하는 수시 평가 대비 Level 2

점수
확인

1 그림을 보고 남학생 수에 대한 여학생 수의 비를 써 보세요.

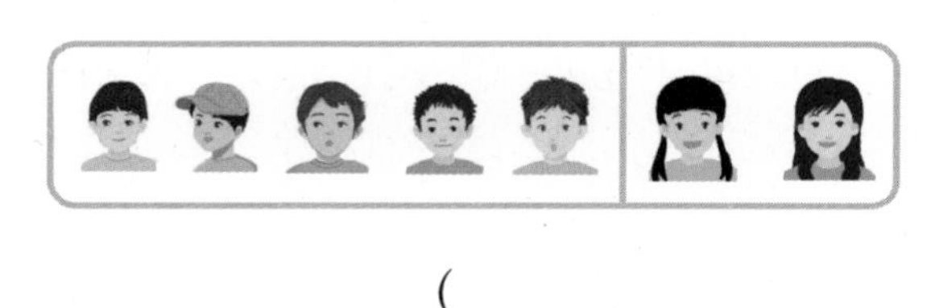

( )

2 비를 잘못 읽은 것은 어느 것일까요? ( )

7 : 18

① 7 대 18 ② 7과 18의 비
③ 7의 18에 대한 비 ④ 18에 대한 7의 비
⑤ 18의 7에 대한 비

3 비율이 다른 하나는 어느 것일까요? ( )

① 45 % ② 0.45 ③ $\frac{45}{100}$
④ 4.5 ⑤ $\frac{9}{20}$

4 기준량을 나타내는 수가 다른 하나를 찾아 기호를 써 보세요.

㉠ 5와 17의 비
㉡ 9에 대한 17의 비
㉢ 11의 17에 대한 비

( )

5 빈칸에 알맞은 수를 써넣으세요.

비 \ 비율	분수	소수
27 : 50		
4에 대한 3의 비		

6 비율을 비교하여 ○ 안에 >, =, <를 알맞게 써넣으세요.

$\frac{17}{25}$ ○ 71 %

7 전체에 대한 색칠한 부분의 비율을 백분율로 나타내어 보세요.

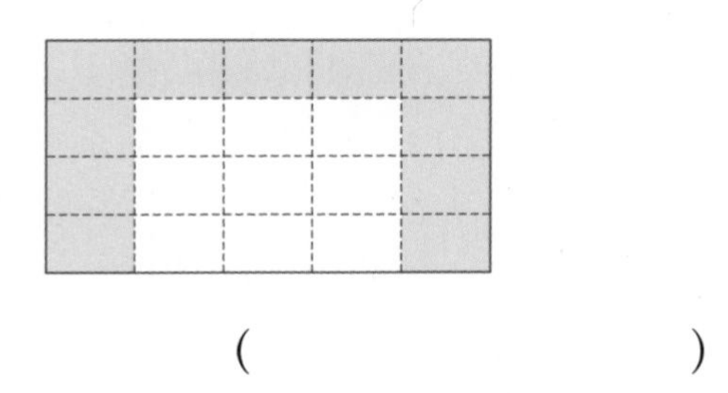

( )

8 표를 완성하고 메뚜기의 수와 메뚜기 다리의 수 사이의 관계를 설명해 보세요.

메뚜기의 수(마리)	1	2	3	4	5
다리의 수(개)	6	12			

( )

9 도서관에 남자가 16명, 여자가 13명 있습니다. 도서관에 있는 사람 수에 대한 여자 수의 비를 구해 보세요.

( )

10 기준량이 비교하는 양보다 작은 것을 찾아 기호를 써 보세요.

㉠ 7 대 12 ㉡ 5에 대한 6의 비
㉢ 8 : 13 ㉣ 7의 9에 대한 비

( )

11 넓이가 80 m^2인 밭의 42 %에 상추를 심었습니다. 상추를 심은 밭의 넓이는 몇 m^2일까요?

( )

12 빵 200 g에 들어 있는 탄수화물의 양은 142 g입니다. 빵에 들어 있는 탄수화물의 비율은 몇 %일까요? ( )

① 14.2 % ② 142 % ③ 7.1 %
④ 71 % ⑤ 710 %

13 행복 은행에 50000원을 1년 동안 예금하였더니 1750원의 이자가 붙었습니다. 이 은행의 원금에 대한 1년 이자의 비율을 소수로 나타내어 보세요.

( )

14 어느 야구 선수가 올해 320타수 중에서 120개의 안타를 쳤습니다. 이 선수의 타율을 소수로 나타내어 보세요.

( )

15 두 마을의 넓이에 대한 인구의 비율을 나타낸 표입니다. 빈칸에 알맞은 수를 써넣으세요.

마을	넓이(km^2)	인구(명)	비율
햇빛 마을	12	10200	
달빛 마을	8	9600	

서술형 문제

정답과 풀이 68쪽

16 소금물의 양에 대한 소금 양의 비율이 10 %인 소금물 200 g이 있습니다. 이 소금물에 소금 40 g을 더 넣었을 때 새로 만든 소금물의 양에 대한 소금의 양의 비율은 몇 %일까요?

( )

17 삼각형의 밑변의 길이와 높이를 각각 25 %씩 늘여서 새로운 삼각형을 만들었습니다. 새로 만든 삼각형의 넓이는 몇 cm^2일까요?

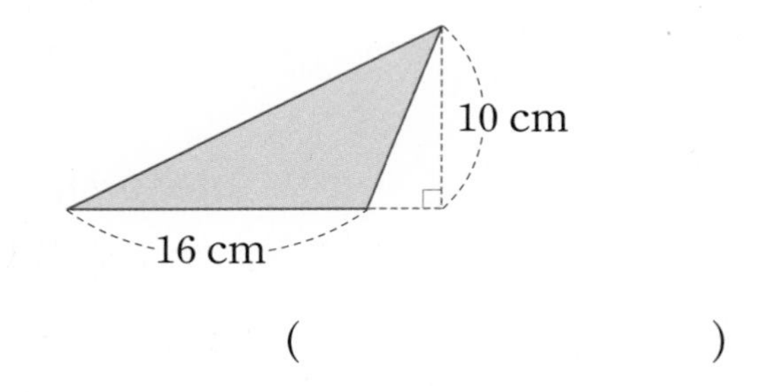

( )

18 가 자동차는 45 km를 달리는 데 25분이 걸렸고, 나 자동차는 49 km를 달리는 데 28분이 걸렸습니다. 어느 자동차가 더 빠를까요?

( )

19 백분율에 대한 설명이 맞는지 틀린지 표시하고, 그 이유를 써 보세요.

> 비율 $\frac{9}{25}$를 소수로 나타내면 0.36이고, 이것을 백분율로 나타내면 3.6 %입니다.

(맞습니다 , 틀립니다)

이유

20 놀이동산에 입장한 입장객 500명 중에서 74 %는 어린이이고, 어린이의 40 %는 남자입니다. 놀이동산에 입장한 남자 어린이는 몇 명인지 풀이 과정을 쓰고 답을 구해 보세요.

풀이

답

4

5. 여러 가지 그래프

[1~2] 마을별 기르는 닭의 수를 나타낸 그림그래프입니다. 물음에 답하세요.

마을별 기르는 닭의 수

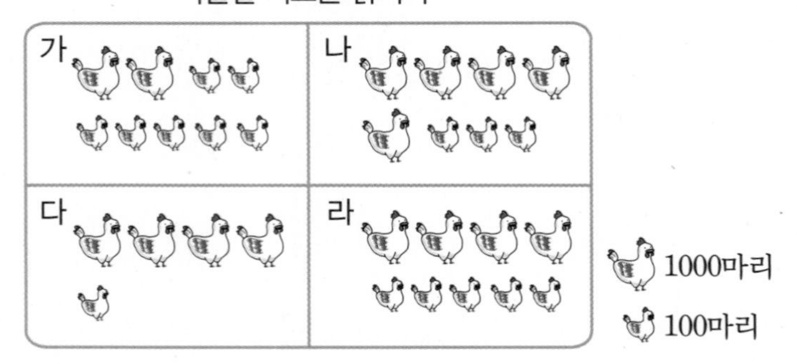

1 나 마을에서 기르는 닭은 몇 마리일까요?

( )

2 기르는 닭의 수가 가장 많은 마을은 어느 마을일까요?

( )

[3~4] 병호네 반 학생들이 연주할 수 있는 악기를 조사하여 나타낸 띠그래프입니다. 물음에 답하세요.

연주할 수 있는 악기별 학생 수

0 10 20 30 40 50 60 70 80 90 100 (%)

피아노 (55 %)	리코더 (25 %)	단소	기타(10 %)

3 단소를 연주할 수 있는 학생의 비율은 전체 학생의 몇 %일까요?

( )

4 가장 많은 학생들이 연주할 수 있는 악기는 무엇일까요?

( )

[5~6] 혜빈이네 학교 6학년 학생 80명이 좋아하는 과일을 조사하여 나타낸 표입니다. 물음에 답하세요.

좋아하는 과일별 학생 수

과일	감	사과	배	귤	합계
학생 수(명)	28	16	24	12	80
백분율(%)	35	20			

5 위 표의 빈칸에 알맞은 수를 써넣으세요.

6 위의 표를 보고 띠그래프로 나타내어 보세요.

좋아하는 과일별 학생 수

0 10 20 30 40 50 60 70 80 90 100 (%)

[7~8] 경율이네 반 학생들이 좋아하는 과목을 조사하여 나타낸 원그래프입니다. 물음에 답하세요.

좋아하는 과목별 학생 수

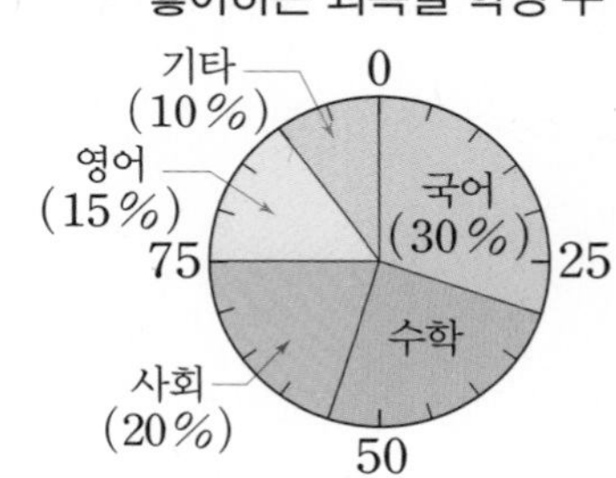

7 경율이네 반 학생들이 세 번째로 좋아하는 과목은 무엇일까요?

( )

8 국어를 좋아하는 학생 수는 영어를 좋아하는 학생 수의 몇 배일까요? ( )

① 2배 ② 2.5배 ③ 3배
④ 4배 ⑤ 5배

[9~10] 시청자를 대상으로 좋아하는 프로그램을 설문 조사하여 띠그래프로 나타낸 것입니다. 물음에 답하세요.

좋아하는 프로그램별 시청자 수

드라마 (30%)	예능 (25%)	스포츠	뉴스 (15%)	

기타(10%)

9 스포츠를 좋아하는 시청자의 비율은 전체 시청자의 몇 %일까요?

( )

10 드라마를 좋아하는 시청자는 뉴스를 좋아하는 시청자의 몇 배일까요?

( )

[11~12] 혜진이네 학교 학생 360명이 좋아하는 면 요리를 조사하여 나타낸 표입니다. 물음에 답하세요.

좋아하는 면 요리별 학생 수

면 요리	짜장면	라면	짬뽕	국수	기타	합계
학생 수(명)	108	90		54	36	360
백분율(%)			20			100

11 위 표의 빈칸에 알맞은 수를 써넣으세요.

12 위의 표를 보고 원그래프로 나타내어 보세요.

좋아하는 면 요리별 학생 수

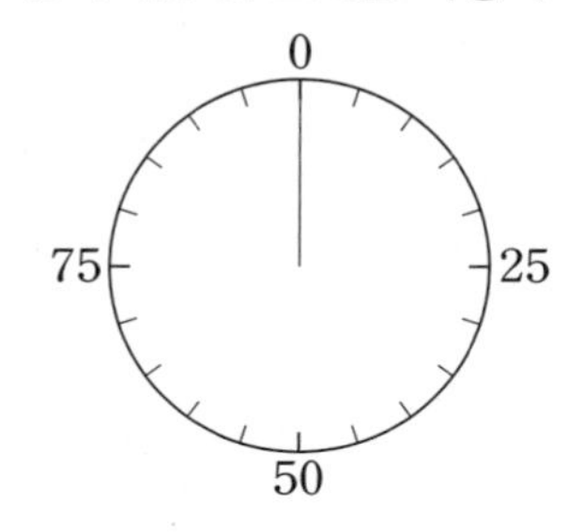

13 태환이네 학교 6학년 학생 400명이 살고 있는 마을을 조사하여 나타낸 띠그래프입니다. 별빛 마을에 사는 학생은 몇 명일까요?

마을별 학생 수

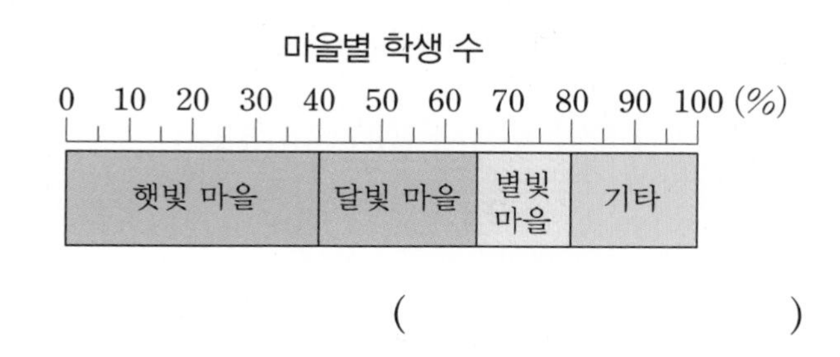

( )

[14~15] 어느 문구점에서 한 달 동안 팔린 펜의 색깔을 조사하여 나타낸 원그래프입니다. 물음에 답하세요.

팔린 펜의 색깔

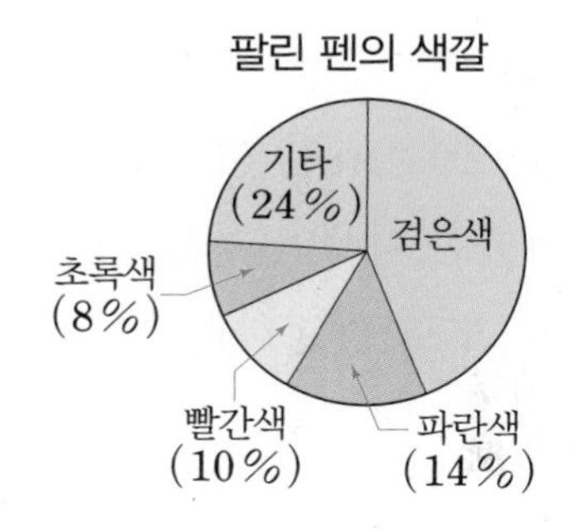

14 한 달 동안 팔린 검은색 펜의 비율은 전체 팔린 펜의 몇 %일까요?

( )

15 한 달 동안 팔린 빨간색 펜이 250자루라고 하면 한 달 동안 팔린 파란색 펜은 몇 자루일까요?

( )

서술형 문제

정답과 풀이 70쪽

16 현성이네 반 학생들이 좋아하는 색깔을 조사하여 나타낸 표입니다. 좋아하는 색깔별 학생 수를 알맞은 그래프로 나타내어 보세요.

좋아하는 색깔별 학생 수

색깔	빨강	노랑	파랑	초록	보라
학생 수 (명)	5	2	9	7	4

좋아하는 색깔별 학생 수

(명)					
10					
5					
0					
학생 수 / 색깔	빨강	노랑	파랑	초록	보라

17 진이네 학교 학생들의 통학 방법을 조사하여 전체 길이가 20 cm인 띠그래프로 그렸더니 도보로 등교하는 학생이 차지하는 부분이 12 cm입니다. 도보로 등교하는 학생의 비율은 전체 학생의 몇 %일까요?

( )

18 어느 도시의 2011년부터 2015년까지 한국 영화와 외국 영화 상영작 수의 비율을 조사하여 나타낸 띠그래프입니다. 2013년에 전체 영화 상영작이 250편일 때 한국 영화는 몇 편일까요?

영화 상영작

	한국 영화	외국 영화
2011년	32.5 %	67.5 %
2013년	38 %	62 %
2015년	41.4 %	58.6 %

( )

19 희정이가 오늘 먹은 음식의 영양소를 조사하여 나타낸 띠그래프입니다. 희정이가 섭취한 단백질이 160 g일 때 지방은 몇 g인지 풀이 과정을 쓰고 답을 구해 보세요.

섭취한 영양소

탄수화물 (42 %)	단백질 (32 %)	지방 (8 %)	기타 (18 %)

풀이

답

20 진수네 반 학생들이 방학 동안 읽은 책을 조사하여 나타낸 원그래프입니다. 이 원그래프를 전체 길이가 25 cm인 띠그래프로 나타낼 때, 동화책이 차지하는 부분의 길이는 몇 cm인지 풀이 과정을 쓰고 답을 구해 보세요.

방학 동안 읽은 책

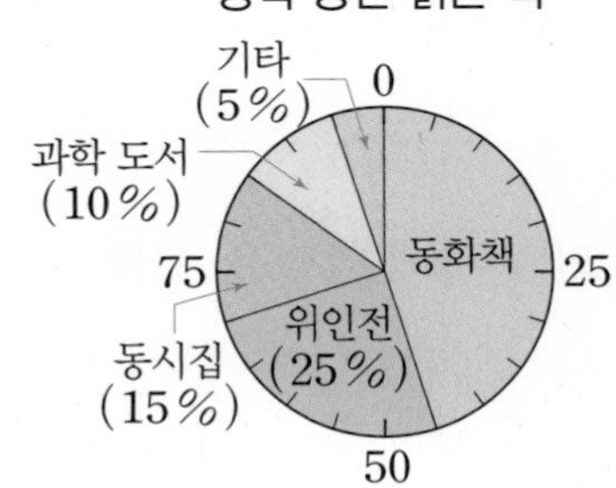

풀이

답

[1~2] 도별 옥수수 생산량을 나타낸 그림그래프입니다. 물음에 답하세요.

1 경상도의 옥수수 생산량은 몇 t일까요?

( )

2 옥수수 생산량이 가장 많은 도와 가장 적은 도의 옥수수 생산량의 차는 몇 t일까요?

( )

3 승호네 반 학생들이 좋아하는 꽃을 조사하여 나타낸 띠그래프입니다. 코스모스를 좋아하는 학생 수는 해바라기를 좋아하는 학생 수의 몇 배일까요?

좋아하는 꽃별 학생 수

0 10 20 30 40 50 60 70 80 90 100 (%)

코스모스 | 튤립 | 장미 | 해바라기 | 기타

( )

[4~6] 주미네 학교 6학년 학생 200명이 휴가를 갈 때 타고 싶은 교통 수단을 조사하여 나타낸 띠그래프입니다. 물음에 답하세요.

타고 싶은 교통 수단별 학생 수

0 10 20 30 40 50 60 70 80 90 100 (%)

기차 (35 %) | 승용차 (25 %) | 비행기 (20 %) | 배 (15 %) | 버스(5 %)

4 많은 학생이 타고 싶은 교통 수단부터 차례로 써 보세요.

( )

5 승용차를 타고 싶어 하는 학생 수는 버스를 타고 싶어 하는 학생 수의 몇 배일까요?

( )

6 휴가를 갈 때 배를 타고 싶은 학생은 몇 명일까요?

( )

7 혜수네 마을의 토지 이용도를 나타낸 표입니다. 표를 완성하고 띠그래프로 나타내어 보세요.

토지 이용도

종류	밭	논	산림	기타	합계
넓이(km^2)	175	150	125	50	500
백분율(%)					

토지 이용도

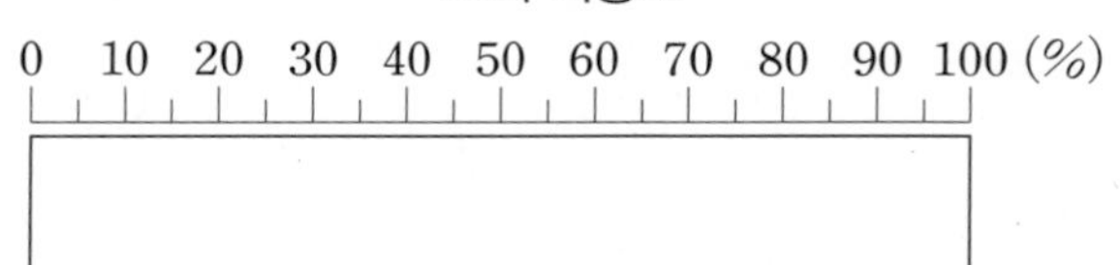

5

[8~11] 상훈이네 학교 6학년 학생 300명이 방학 동안 하고 싶은 일을 조사하여 나타낸 원그래프입니다. 여행의 비율이 친척집 방문의 비율의 4배일 때, 물음에 답하세요.

방학 동안 하고 싶은 일

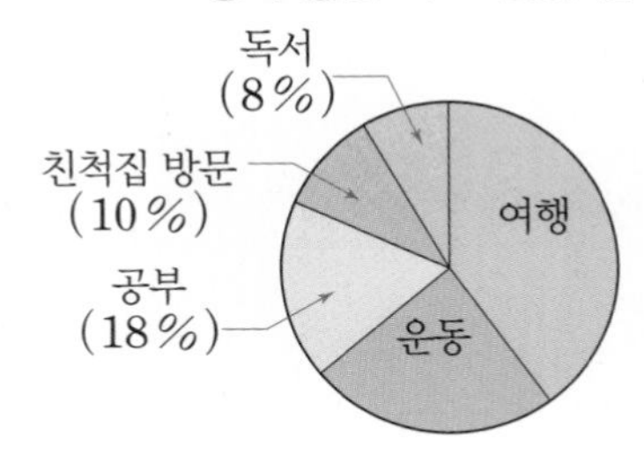

8 방학 동안 여행을 하고 싶은 학생은 몇 명일까요?

(　　　　　　　　)

9 운동을 하고 싶은 학생의 비율은 전체 학생의 몇 %일까요?

(　　　　　　　　)

10 운동을 하고 싶은 학생 수는 독서를 하고 싶은 학생 수의 몇 배일까요?

(　　　　　　　　)

11 위의 원그래프를 전체 길이가 20 cm인 띠그래프로 나타내려고 합니다. 공부가 차지하는 부분의 길이는 몇 cm일까요?

(　　　　　　　　)

[12~13] 어느 아이스크림 가게에서 오늘 팔린 아이스크림의 맛별 판매량을 조사하여 나타낸 표입니다. 물음에 답하세요.

아이스크림의 맛별 판매량

맛	콜라 맛	초콜릿 맛	딸기 맛	포도 맛	합계
판매량(kg)	160		80	20	
백분율(%)				5	

12 위 표의 빈칸에 알맞은 수를 써넣으세요.

13 위의 표를 보고 원그래프로 나타내어 보세요.

아이스크림의 맛별 판매량

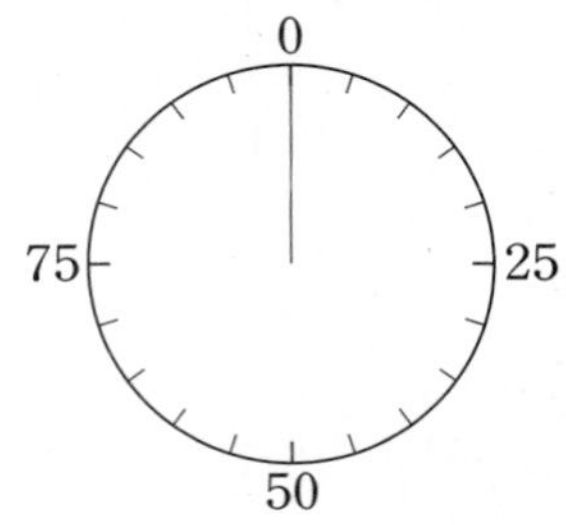

[14~15] 채원이가 한 달에 쓴 용돈의 쓰임새를 조사하여 나타낸 표입니다. 물음에 답하세요.

용돈의 쓰임새별 금액

용돈의 쓰임새	학용품	군것질	저금	기타	합계
금액(원)	4200	3600	2400		
백분율(%)			20		100

14 채원이의 한 달 용돈은 얼마일까요?

(　　　　　　　　)

15 위 표의 빈칸에 알맞은 수를 써넣고, 위의 표를 보고 띠그래프로 나타내어 보세요.

용돈의 쓰임새별 금액

0　10　20　30　40　50　60　70　80　90　100 (%)

[16~17] 정우네 마을 사람 600 가구가 구독하는 신문을 조사하여 나타낸 원그래프입니다. 다 신문을 구독하는 가구가 라 신문을 구독하는 가구의 2배일 때, 물음에 답하세요.

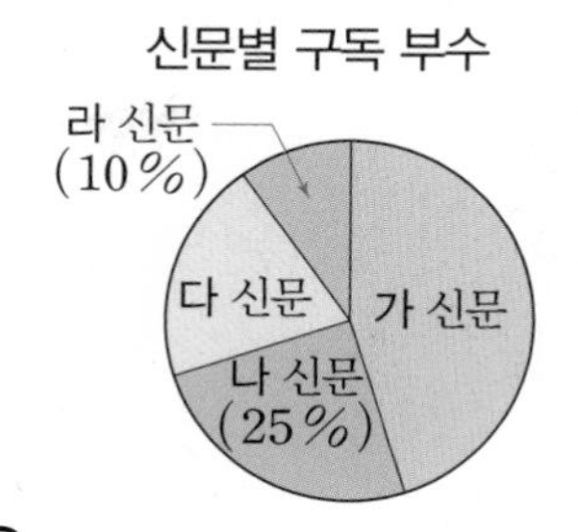

16 가 신문을 구독하는 가구의 비율은 몇 %일까요?

( )

17 나 신문을 구독하는 가구는 몇 가구일까요?

( )

18 영호네 교실의 온도를 나타낸 표입니다. 교실의 온도를 알맞은 그래프로 나타내어 보세요.

교실의 온도

시각	오전 9시	오전 11시	오후 1시	오후 3시	오후 5시
온도 (℃)	10	15	18	17	14

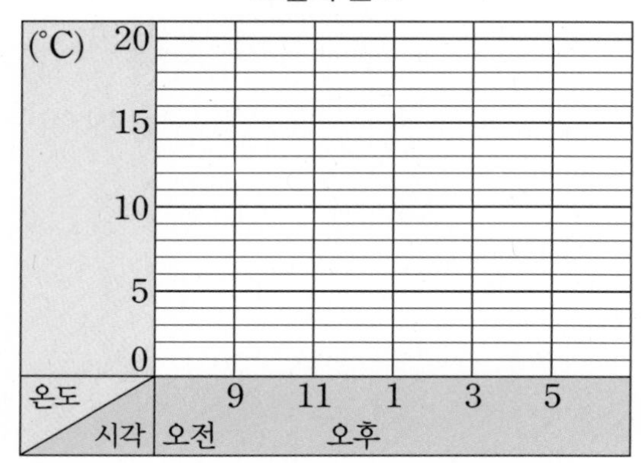

서술형 문제

정답과 풀이 71쪽

19 어느 음식에 들어 있는 영양소를 조사하여 나타낸 띠그래프입니다. 이 음식을 3 kg 먹으면 단백질은 몇 g 섭취할 수 있는지 풀이 과정을 쓰고 답을 구해 보세요.

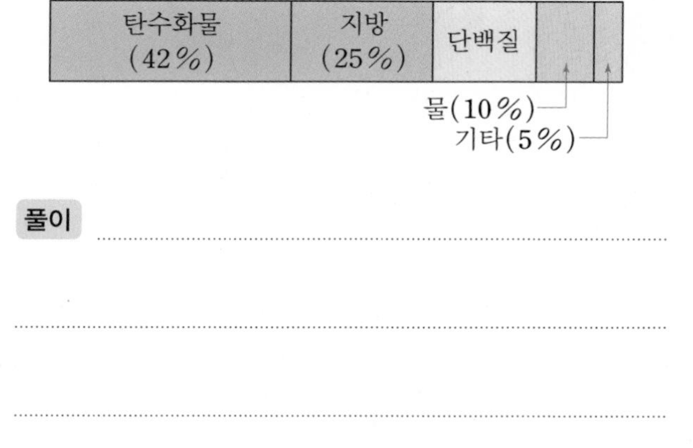

풀이

답

20 민선이네 학교의 4학년 학생 400명과 6학년 학생 600명의 등교 방법을 조사하여 나타낸 원그래프입니다. 도보로 등교하는 학생이 더 많은 학년은 어느 학년인지 풀이 과정을 쓰고 답을 구해 보세요.

4학년의 등교 방법

자전거 (10 %), 기타 (20 %), 도보 (55 %), 버스 (15 %)

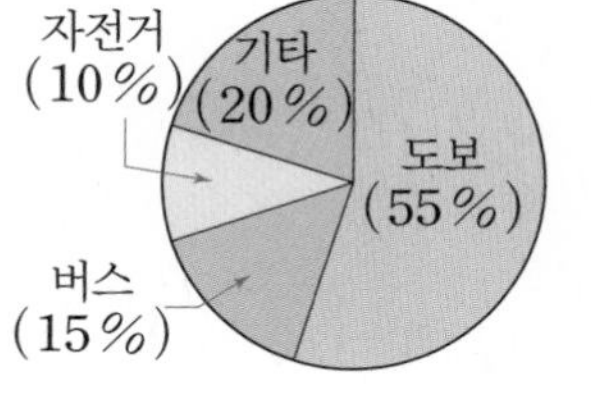

풀이

답

5

점수

확인

1 쌓기나무 한 개의 부피가 1 cm^3일 때 직육면체의 부피를 구해 보세요.

(　　　　　　　　)

2 오른쪽 직육면체의 색칠한 면의 넓이가 48 cm^2입니다. 이 직육면체의 부피를 구해 보세요.

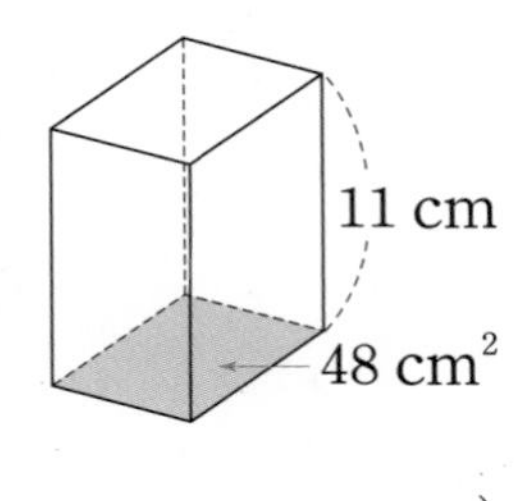

(　　　　　　　　)

3 정육면체의 부피를 구해 보세요.

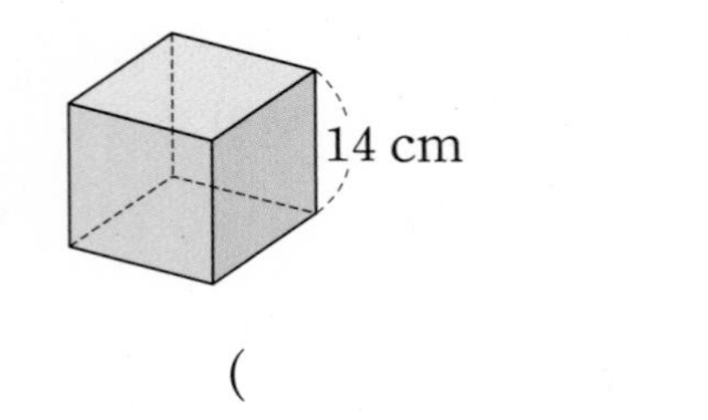

(　　　　　　　　)

4 직육면체의 겉넓이를 구해 보세요.

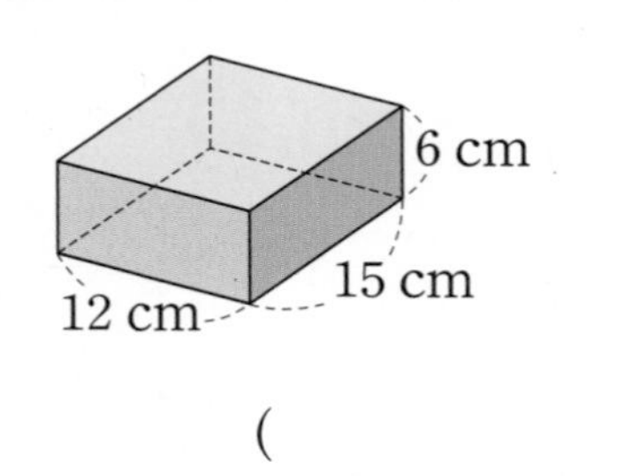

(　　　　　　　　)

5 한 모서리의 길이가 13 cm인 정육면체의 겉넓이는 몇 cm^2일까요?

(　　　　　　　　)

6 전개도를 접어서 만들 수 있는 직육면체의 부피는 몇 cm^3일까요?

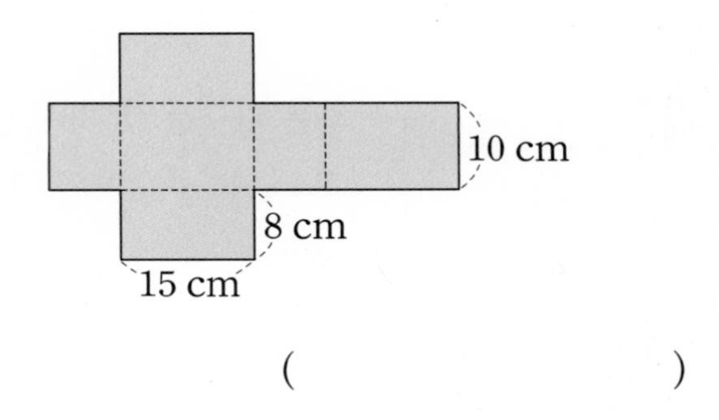

(　　　　　　　　)

7 전개도를 접어서 만들 수 있는 직육면체의 겉넓이를 구해 보세요.

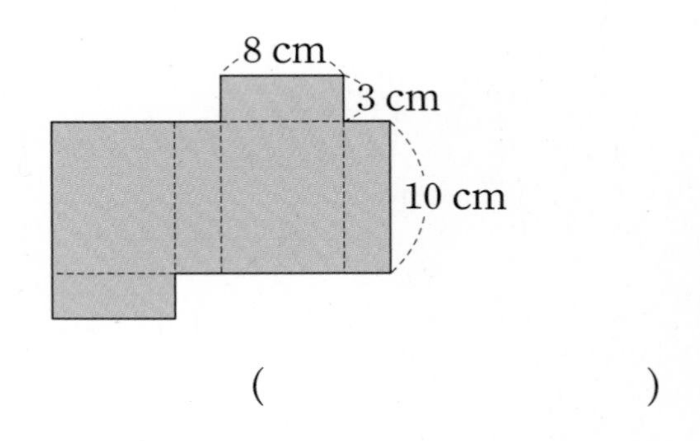

(　　　　　　　　)

8 직육면체의 부피가 $1872\ cm^3$일 때 □ 안에 알맞은 수를 써넣으세요.

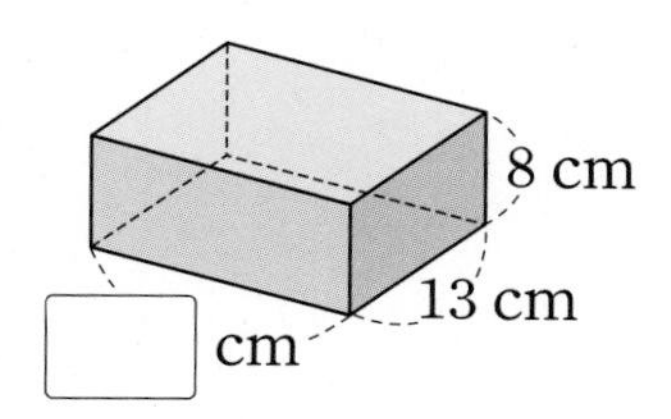

9 겉넓이가 $384\ cm^2$인 정육면체의 한 모서리의 길이는 몇 cm일까요?

( )

10 부피를 비교하여 ○ 안에 >, =, <를 알맞게 써넣으세요.

$2.4\ m^3$ ○ $4200000\ cm^3$

11 직육면체의 부피는 몇 cm^3일까요?

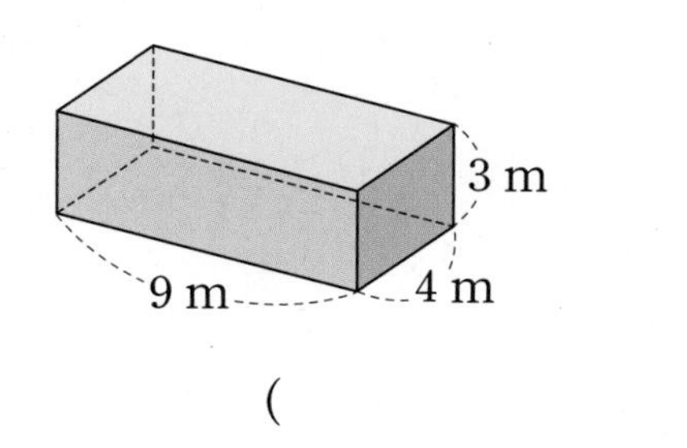

( )

12 모든 모서리의 길이의 합이 108 cm인 정육면체의 부피는 몇 cm^3일까요?

( )

13 직육면체의 부피는 몇 m^3일까요?

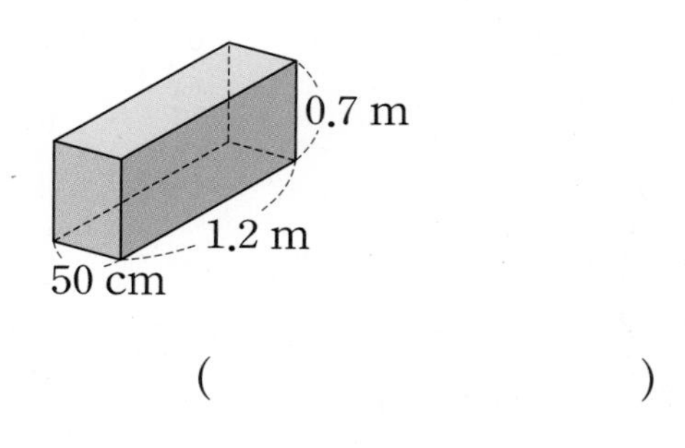

( )

14 두 직육면체 가와 나의 부피가 같을 때, 직육면체 나의 높이는 몇 cm일까요?

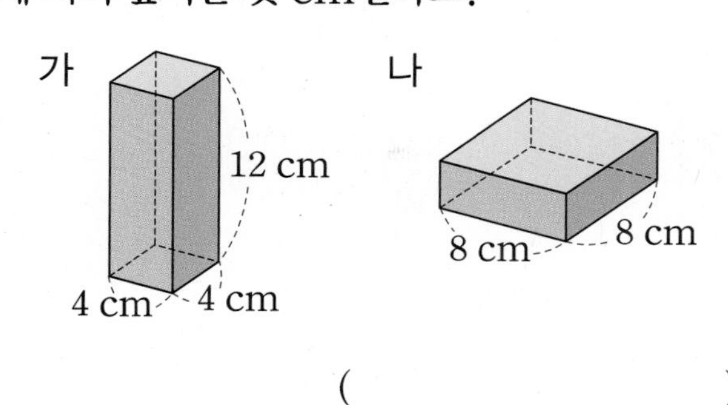

( )

15 정육면체의 겉넓이가 $294\ cm^2$일 때 정육면체의 부피는 몇 cm^3일까요?

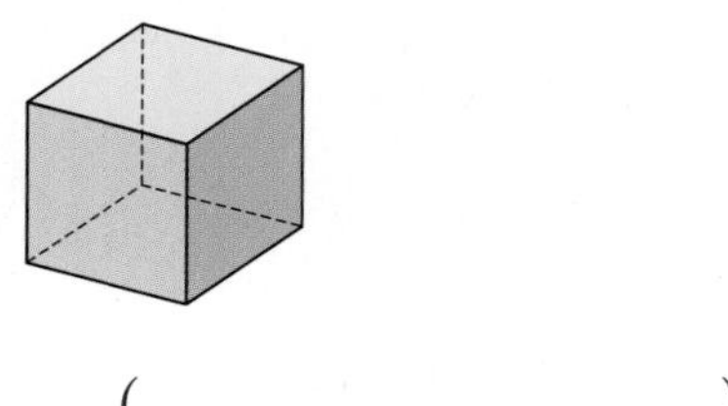

( )

서술형 문제

정답과 풀이 72쪽

16 작은 정육면체 여러 개를 정육면체 모양으로 쌓은 것입니다. 쌓은 정육면체 모양의 부피가 216 cm^3일 때, 작은 정육면체의 한 모서리의 길이는 몇 cm일까요?

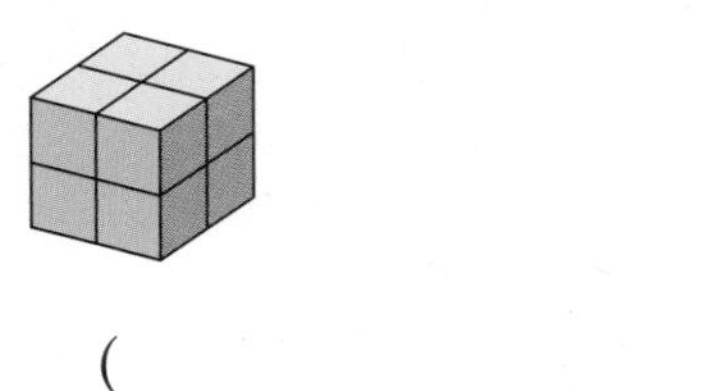

( )

17 다음과 같은 직육면체 모양의 수조에 돌이 잠겨 있습니다. 돌을 꺼내었더니 물의 높이가 21 cm가 되었습니다. 돌의 부피는 몇 cm^3일까요?

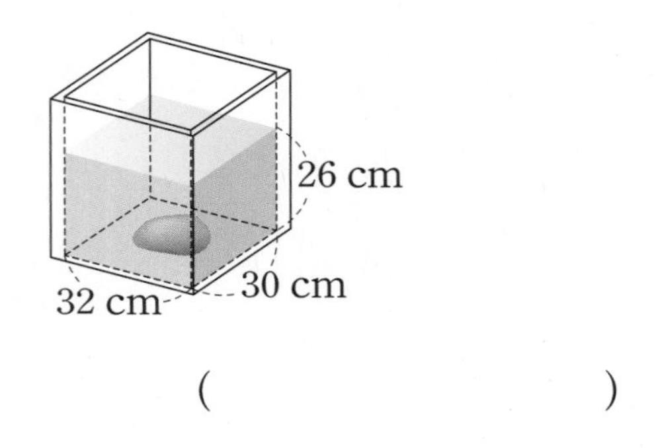

( )

18 입체도형의 부피를 구해 보세요.

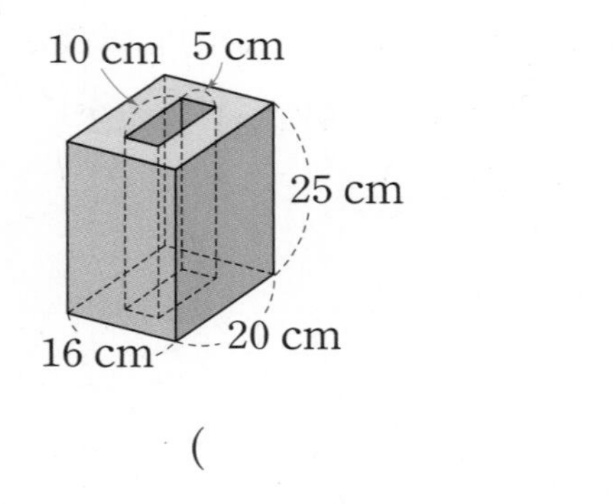

( )

19 직육면체 가와 정육면체 나의 겉넓이의 차는 몇 cm^2인지 풀이 과정을 쓰고 답을 구해 보세요.

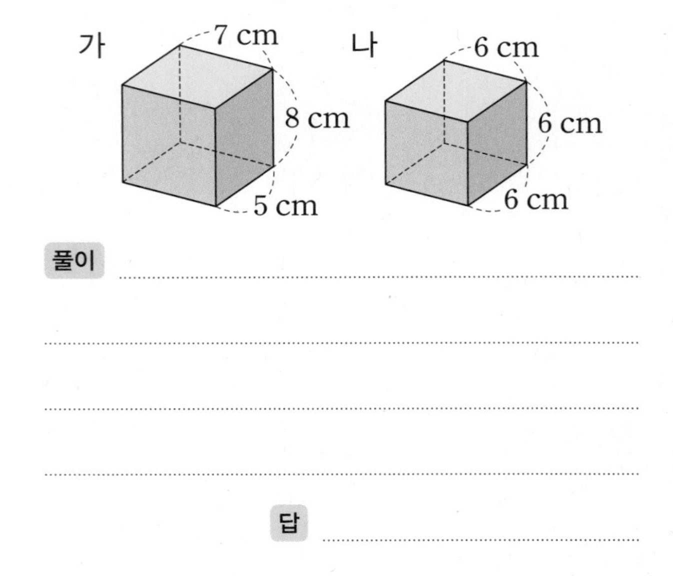

풀이

답

20 오른쪽 직육면체를 잘라서 가장 큰 정육면체를 만들었습니다. 만든 정육면체의 겉넓이는 몇 cm^2인지 풀이 과정을 쓰고 답을 구해 보세요.

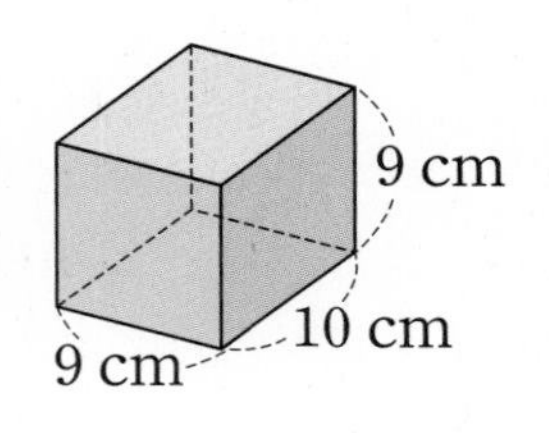

풀이

답

1 두 직육면체의 부피를 비교하려고 합니다. 부피가 더 큰 직육면체의 기호를 써 보세요.

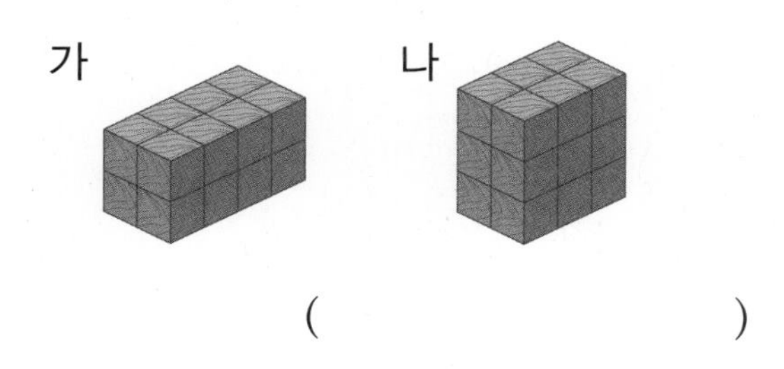

( )

2 □ 안에 알맞은 수를 써넣으세요.

(1) $7\ m^3 =$ □ cm^3

(2) $6100000\ cm^3 =$ □ m^3

3 쌓기나무 1개의 부피가 $1\ cm^3$일 때 다음 직육면체의 부피를 구해 보세요.

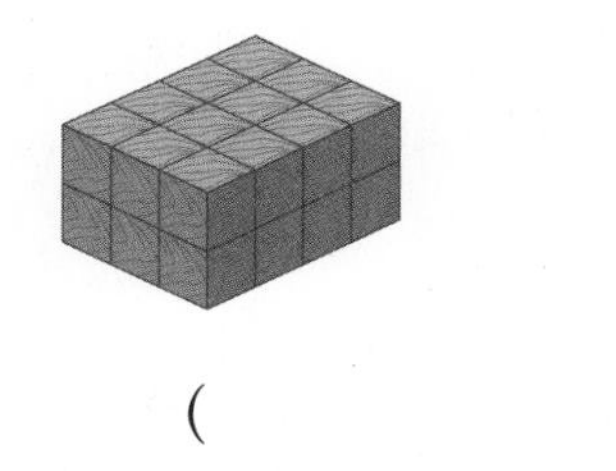

( )

4 직육면체의 부피를 구해 보세요.

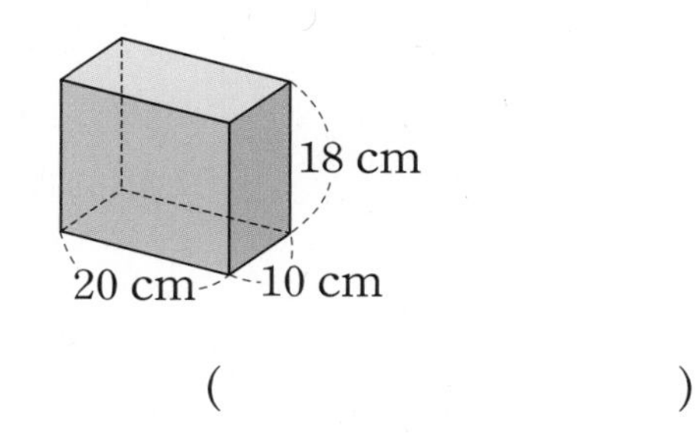

( )

5 정육면체 모양 상자의 모든 면에 종이를 겹치지 않게 빈틈없이 덮으려고 합니다. 필요한 종이의 넓이는 몇 cm^2일까요?

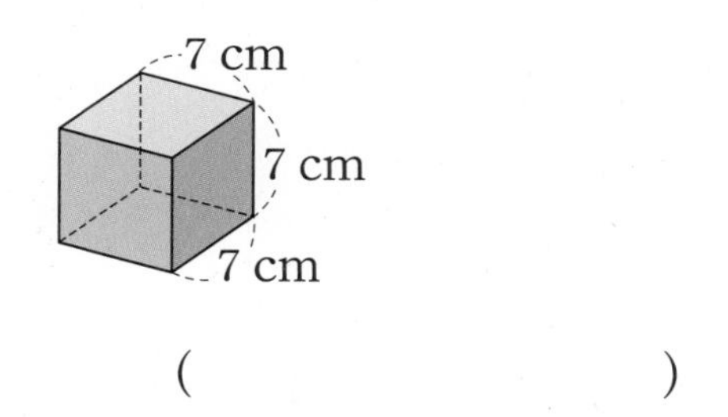

( )

6 가로가 5 cm, 세로가 4 cm, 높이가 9 cm인 직육면체의 겉넓이는 몇 cm^2일까요?

( )

7 전개도로 만들 수 있는 정육면체의 겉넓이는 몇 cm^2일까요?

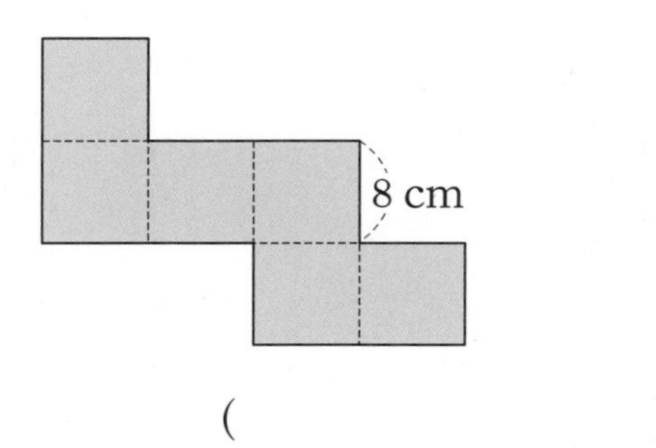

( )

8 다음과 같은 직사각형 모양의 종이를 2장씩 사용하여 직육면체를 만들었습니다. 이 직육면체의 겉넓이는 몇 cm^2일까요?

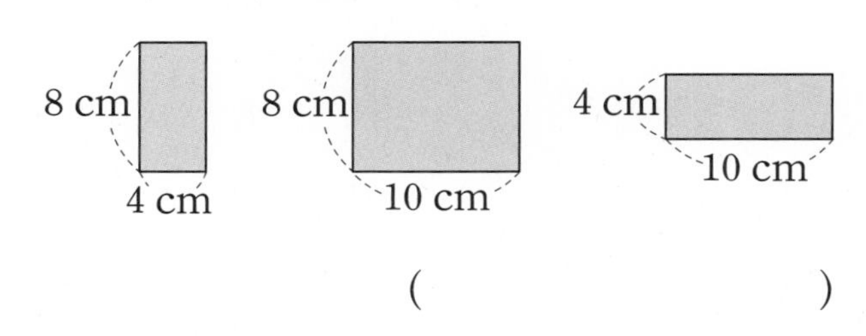

( )

9 직육면체의 부피가 280 cm^3일 때 색칠한 면의 넓이는 몇 cm^2일까요?

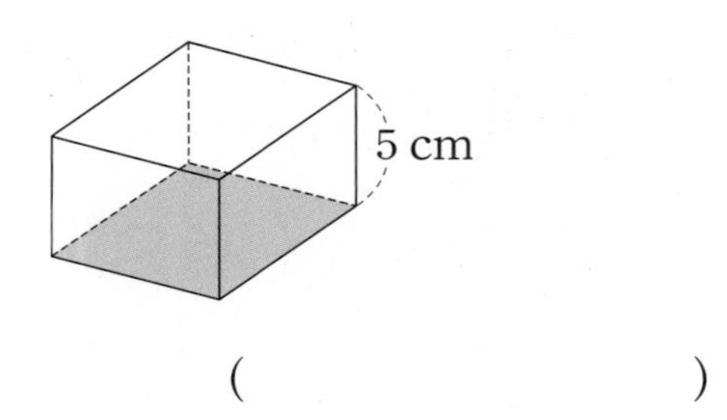

(   )

10 부피가 큰 것부터 차례로 기호를 써 보세요.

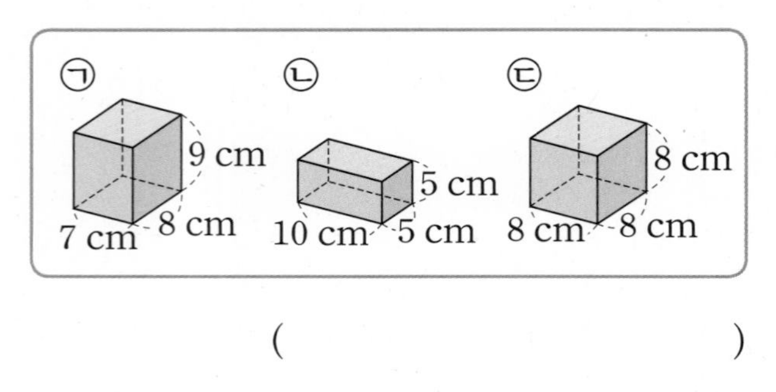

(   )

11 부피를 비교하여 ○ 안에 >, =, <를 알맞게 써넣으세요.

3600000 cm^3 ○ 4 m^3

12 정육면체의 부피는 몇 m^3일까요?

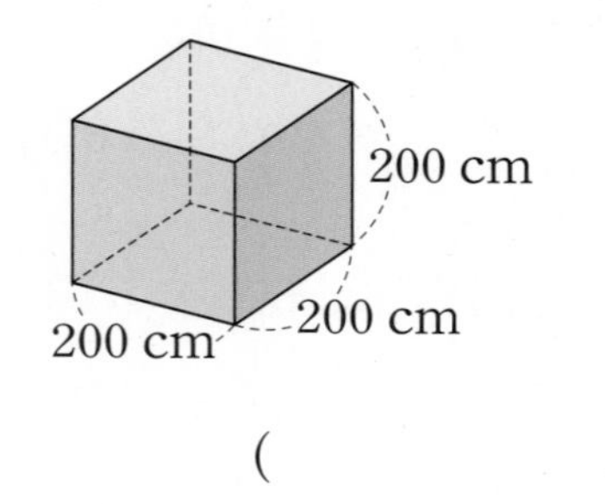

(   )

13 한 모서리의 길이가 2 cm인 정육면체의 모양 쌓기나무 27개로 쌓은 정육면체의 부피는 몇 cm^3일까요?

(   )

14 정육면체 가의 부피는 정육면체 나의 부피의 몇 배일까요?

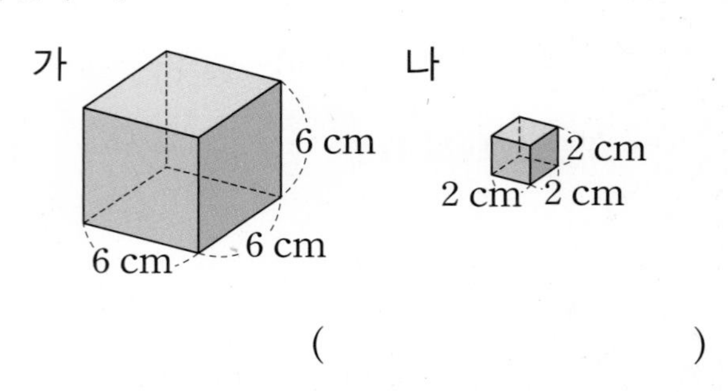

(   )

15 색칠한 면의 넓이가 54 cm^2일 때 직육면체의 겉넓이는 몇 cm^2일까요?

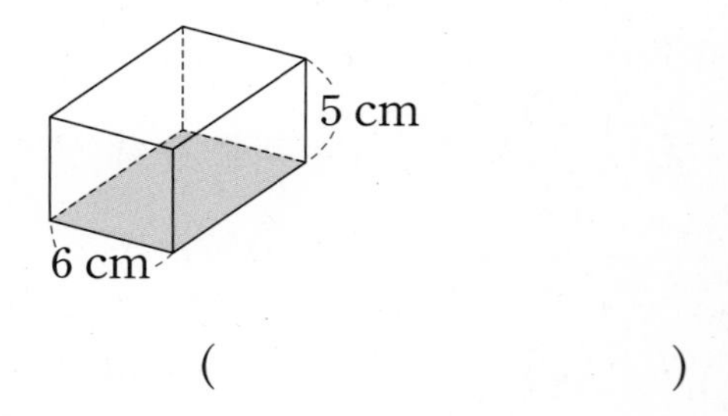

(   )

16 가로 15 cm, 세로 6 cm, 높이 4 cm인 상자가 있습니다. 이 상자에 가로 3 cm, 세로 1 cm, 높이 1 cm인 지우개가 빈틈없이 들어 있다면 상자에 들어 있는 지우개는 모두 몇 개일까요?

(　　　　　　　　)

17 정육면체를 그림과 같이 빨간색 점선을 따라 반으로 잘랐습니다. 잘린 2개의 직육면체의 겉넓이의 합은 몇 cm^2인지 구해 보세요.

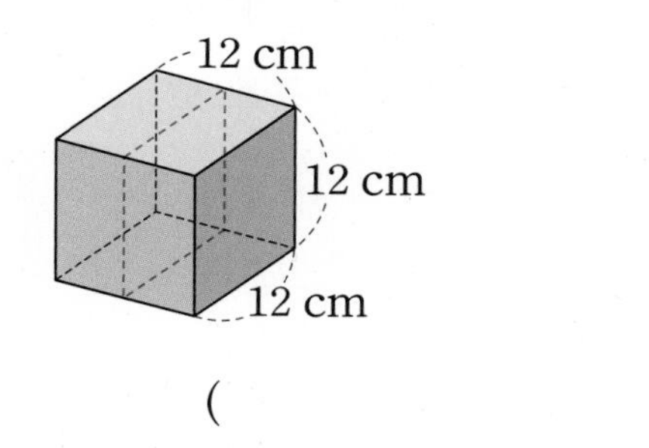

(　　　　　　　　)

18 다음 입체도형의 부피는 몇 cm^3일까요?

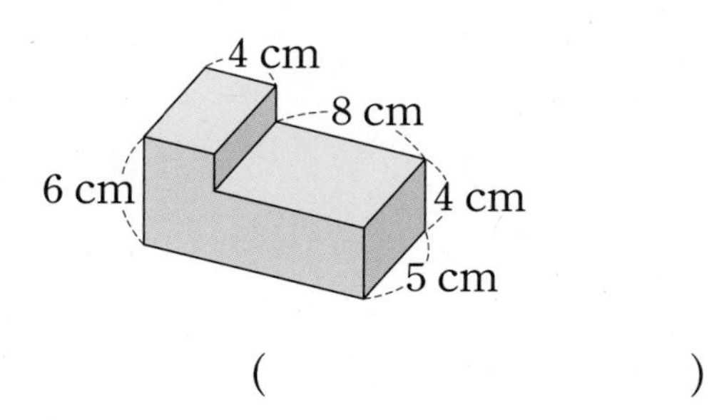

(　　　　　　　　)

서술형 문제

정답과 풀이 73쪽

19 한 개의 부피가 1 cm^3인 쌓기나무를 쌓아 부피가 210 cm^3인 직육면체를 만들었습니다. 가로로 7줄, 세로로 5줄로 쌓았다면 몇 층으로 쌓은 것인지 풀이 과정을 쓰고 답을 구해 보세요.

풀이 ....

답 ....

20 오른쪽 직육면체의 부피가 462 cm^3일 때, 직육면체의 겉넓이는 몇 cm^2인지 풀이 과정을 쓰고 답을 구해 보세요.

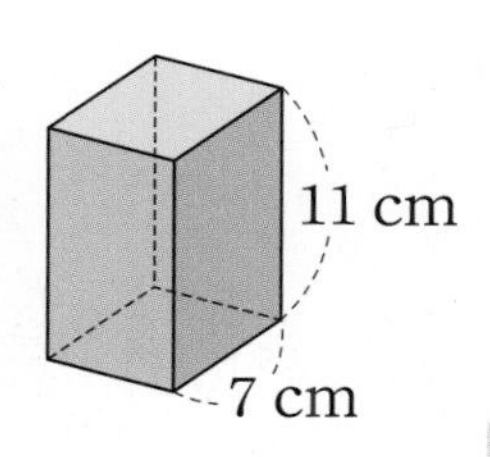

풀이 ....

답 ....

서술형 50% 기말 단원 평가

4. 비와 비율 ~ 6. 직육면체의 부피와 겉넓이

점수

확인

1 부피를 비교하여 ○ 안에 >, =, <를 알맞게 써넣으세요.

$2.8\,m^3$ ○ $5400000\,cm^3$

2 그림책 9권과 만화책 11권이 있습니다. 그림책 수의 전체 책 수에 대한 비를 구해 보세요.

(   )

[3~4] 승현이네 반 학생이 가고 싶은 체험 학습 장소를 조사하여 나타낸 원그래프입니다. 물음에 답하세요.

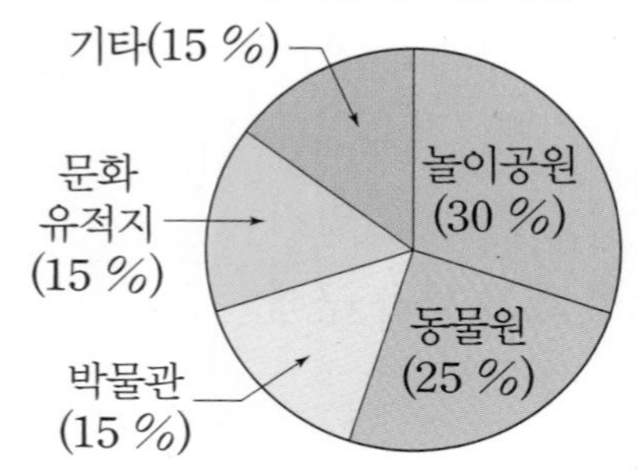

3 동물원 또는 문화 유적지에 가고 싶은 학생 수는 전체의 몇 %일까요?

(   )

4 놀이공원에 가고 싶은 학생 수는 박물관에 가고 싶은 학생 수의 몇 배일까요?

(   )

5 흰색 물감 150 mL에 빨간색 물감 6 mL를 섞어 분홍색을 만들었습니다. 흰색 물감 양에 대한 빨간색 물감 양의 비율을 소수로 나타내어 보세요.

(   )

6 지역별 고구마 수확량을 조사하여 나타낸 그림그래프입니다. 생산량이 가장 많은 마을과 가장 적은 마을의 수확량의 차는 몇 t인지 풀이 과정을 쓰고 답을 구해 보세요.

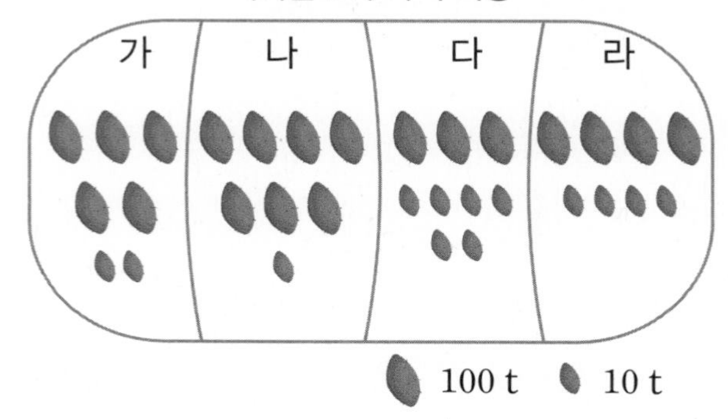

풀이 ....

....

....

....

답 ....

정답과 풀이 75쪽

7 280 km를 가는 데 4시간 걸리는 트럭이 있습니다. 이 트럭이 280 km 가는 데 걸린 시간에 대한 간 거리의 비율을 구해 보세요.

( )

[8~9] 세찬이네 학교 학생들이 생일에 받고 싶은 선물을 조사하여 나타낸 띠그래프입니다. 물음에 답하세요.

생일 선물별 학생 수

휴대 전화 (30 %)	게임기 (25 %)	옷 (25 %)	용돈 (10 %)	기타 (10 %)

8 가장 많은 학생들이 받고 싶은 생일 선물은 전체의 몇 %일까요?

( )

9 휴대 전화를 받고 싶은 학생 수는 용돈을 받고 싶은 학생 수의 몇 배인지 풀이 과정을 쓰고 답을 구해 보세요.

풀이

답

10 한 모서리의 길이가 2 cm인 쌓기나무로 만든 입체도형입니다. 입체도형의 부피는 몇 cm^3인지 풀이 과정을 쓰고 답을 구해 보세요.

풀이

답

11 마트에서 5000원짜리 장난감을 15 % 할인하여 판매한다고 합니다. 이 장난감의 판매 가격은 얼마인지 풀이 과정을 쓰고 답을 구해 보세요.

풀이

답

12 민선이가 일주일 동안 사용한 용돈의 쓰임새를 조사하여 나타낸 표입니다. 간식에 사용한 금액은 전체의 몇 %인지 풀이 과정을 쓰고 답을 구해 보세요.

용돈의 쓰임새별 금액

용돈의 쓰임새	학용품	간식	저금	기타	합계
백분율(%)	25		20	30	

풀이

답

13 승호는 국어 시험에서 25개의 문제 중 22개를 맞혔고, 영어 시험에서 20개의 문제 중 17개를 맞혔습니다. 승호는 국어와 영어 중에서 어느 과목의 시험을 더 잘 보았나요?

( )

14 한 면의 넓이가 주어진 정육면체의 겉넓이와 부피를 각각 구해 보세요.

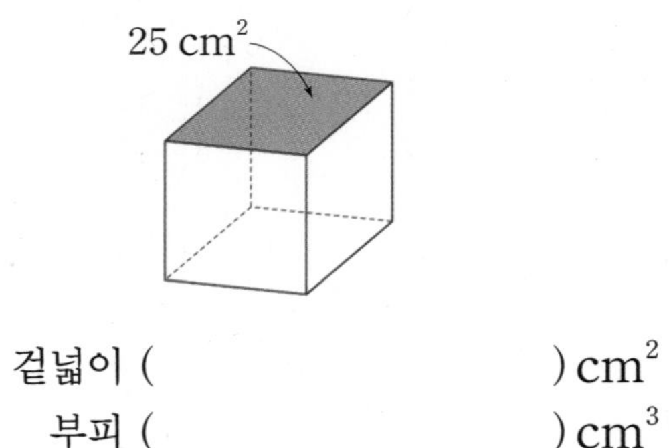

겉넓이 ( ) cm^2

부피 ( ) cm^3

15 영재는 18타수 중에서 안타 9개를 쳤고, 민지는 20타수 중에서 안타 11개를 쳤습니다. 누구의 타율이 더 높은지 풀이 과정을 쓰고 답을 구해 보세요.

풀이

답

16 가로가 4 cm, 세로가 5 cm, 높이가 7 cm인 직육면체의 겉넓이는 몇 cm^2인지 풀이 과정을 쓰고 답을 구해 보세요.

풀이

답

정답과 풀이 75쪽

17 다음 직육면체의 모든 모서리의 길이를 2배로 늘였을 때 부피는 처음 부피의 몇 배가 되는지 풀이 과정을 쓰고 답을 구해 보세요.

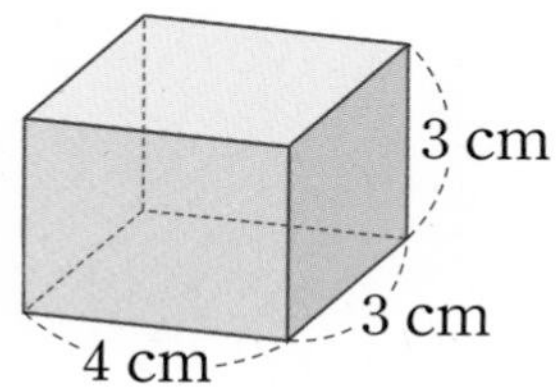

풀이

답

18 다음 직육면체의 부피가 $120\ \mathrm{cm}^3$일 때 겉넓이는 몇 cm^2일까요?

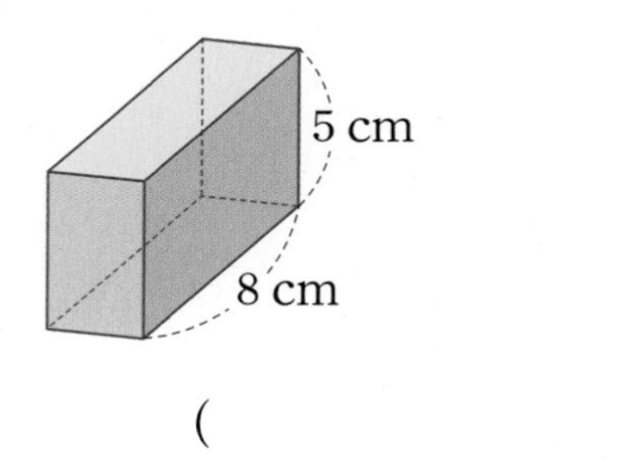

( )

19 정육면체의 전개도를 이용하여 겉넓이를 구하려고 합니다. 정육면체의 겉넓이는 몇 cm^2인지 풀이 과정을 쓰고 답을 구해 보세요.

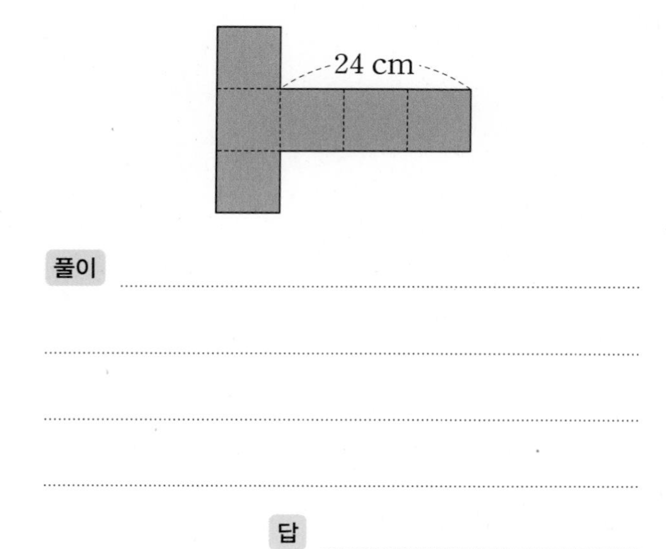

풀이

답

20 창민이는 소금 36 g과 물 364 g을 섞어 소금물을 만들었고, 수지는 소금 40 g과 물 460 g을 섞어 소금물을 만들었습니다. 창민이와 수지 중 누가 더 진한 소금물을 만들었는지 풀이 과정을 쓰고 답을 구해 보세요.

풀이

답

최상위를 위한

심화 학습 서비스 제공!

문제풀이 동영상 ⊕ 상위권 학습 자료

(QR 코드 스캔 혹은 디딤돌 홈페이지 참고)

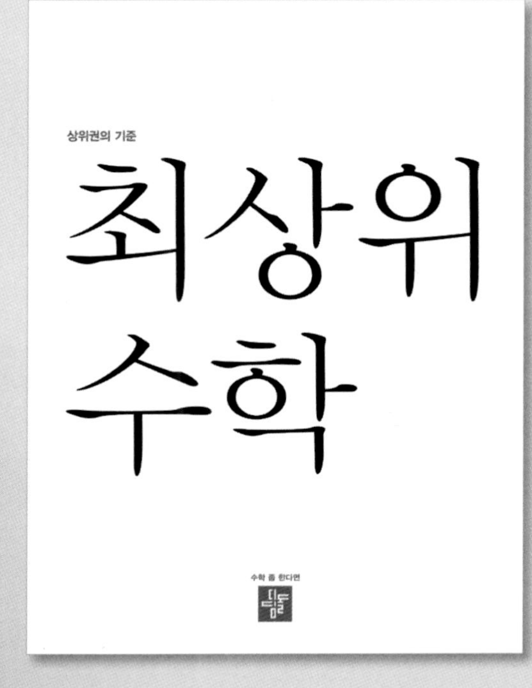

상위권의 기준

최상위

수학

S

수학 좀 한다면

디딤돌

수능까지 연결되는 독해 로드맵

디딤돌 독해력은 수능까지 연결되는 체계적인 라인업을 통하여
수능에서 요구하는 핵심 독해 원리에 대한 이해는 물론,
단계 별로 심화되며 연결되는 학습의 과정을 통해
깊이 있고 종합적인 독해 사고의 능력까지 기를 수 있도록 도와줍니다.

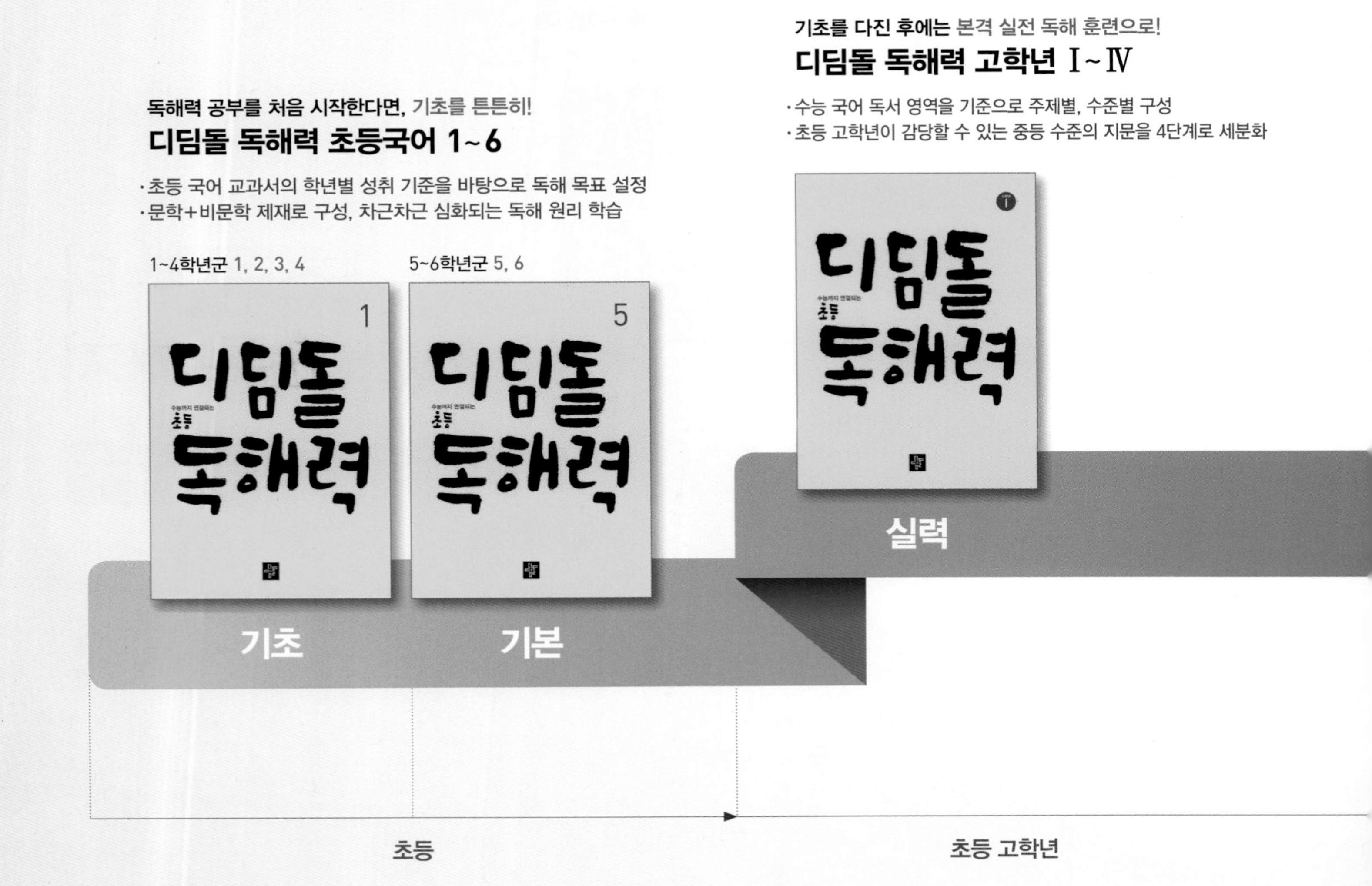

기본+유형 | 정답과 풀이

6-1

수학 좀 한다면

디딤돌

진도책 정답과 풀이

1 분수의 나눗셈

이미 학습한 분수 개념과 자연수의 나눗셈, 분수의 곱셈 등을 바탕으로 이 단원에서는 분수의 나눗셈을 배웁니다. 일상생활에서 분수의 나눗셈이 필요한 경우가 흔하지 않지만, 분수의 나눗셈은 초등학교에서 학습하는 소수의 나눗셈과 중학교에서 학습하는 유리수, 유리수의 계산, 문자와 식 등을 학습하는 데 토대가 되는 매우 중요한 내용입니다. 이 단원에서 (분수)÷(자연수)를 다음과 같이 세 가지로 생각할 수 있습니다. 첫째, 분수의 분자가 나누는 수인 자연수의 배수가 되는 경우 둘째, 분수의 분자가 나누는 수인 자연수의 배수가 되지 않는 경우 셋째, (분수)÷(자연수)를 (분수)$\times\frac{1}{(\text{자연수})}$로 나타내는 경우입니다. 이 단원을 바탕으로 소수의 나눗셈, (분수)÷(분수)를 배우게 됩니다.

STEP 1 교과 개념 1. (자연수)÷(자연수)의 몫을 분수로 나타내기(1) 7쪽

1 ① 예 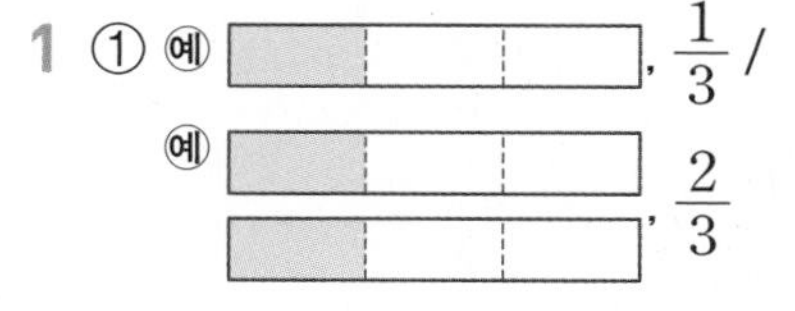 , $\frac{1}{3}$ / 예 , $\frac{2}{3}$

② $\frac{1}{3}$, $\frac{1}{3}$, 2, $\frac{2}{3}$

2 ① $\frac{1}{6}$ ② 4, $\frac{3}{4}$

3 $\frac{1}{8}$, 5, $\frac{5}{8}$

4 ① $\frac{1}{9}$ ② $\frac{8}{15}$

1 $1\div3=\frac{1}{3}$입니다. $2\div3$은 $\frac{1}{3}$이 2개이므로 $2\div3=\frac{2}{3}$입니다.

2 ① 1을 똑같이 6으로 나눈 것 중의 한 칸이므로 $1\div6$입니다. ➡ $1\div6=\frac{1}{6}$

② 사각형 3개를 각각 똑같이 4로 나눈 것 중의 한 칸이므로 $3\div4$입니다. ➡ $3\div4=\frac{3}{4}$

STEP 1 교과 개념 2. (자연수)÷(자연수)의 몫을 분수로 나타내기(2) 9쪽

1 $3\frac{1}{2}$, $\frac{7}{2}$

2 ① 예 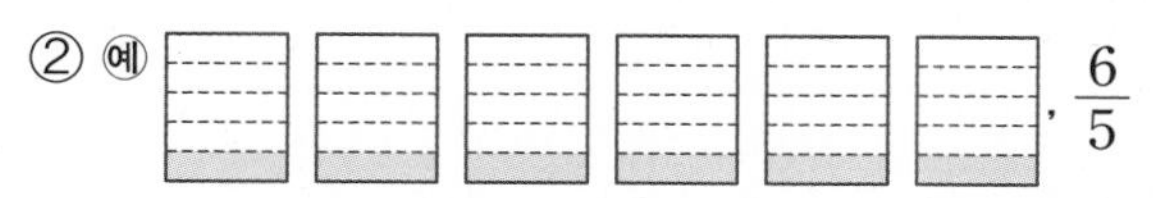 , $\frac{5}{3}$

② 예 , $\frac{6}{5}$

3 2, 2, 14

4 ① $\frac{11}{4}$, $2\frac{3}{4}$ ② $\frac{9}{7}$, $1\frac{2}{7}$

1 $7\div2=3\cdots1$이므로 3개씩 나누어 주고 나머지 1개를 2로 나누면 $\frac{1}{2}$입니다.

2 ① $5\div3$은 $\frac{1}{3}$이 5개이므로 $5\div3=\frac{5}{3}$입니다.

② $6\div5$는 $\frac{1}{5}$이 6개이므로 $6\div5=\frac{6}{5}$입니다.

STEP 1 교과 개념 3. (분수)÷(자연수) 알아보기 11쪽

1 ① 예 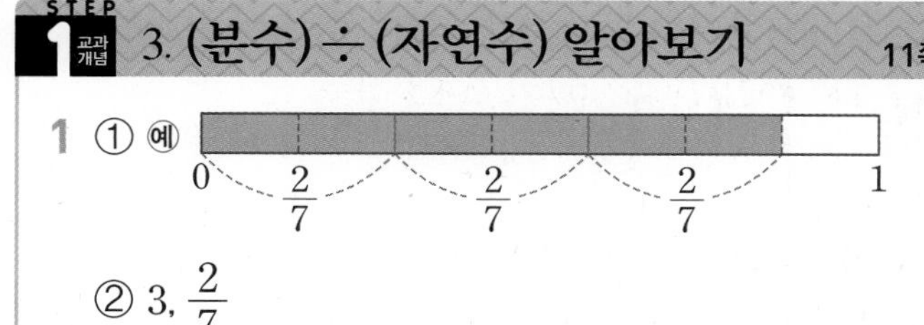

② 3, $\frac{2}{7}$

2 15, 15, 3

3 ① 18, 6 ② 7, 3

4 ① 14, 14, 2 ② 12, 12, 4

1 $6\div3=2$이므로 $\frac{6}{7}\div3=\frac{6\div3}{7}=\frac{2}{7}$입니다.

2 $\frac{3}{4}$의 분모와 분자에 각각 5를 곱하여 크기가 같은 분수를 만든 후 5로 나눕니다.

3 분자가 자연수의 배수일 때에는 분자를 자연수로 나눕니다.

4 분자가 자연수의 배수가 아닐 때에는 크기가 같은 분수 중에 분자가 자연수의 배수인 수로 바꾸어 계산합니다.

STEP 1 교과 개념 4. (분수) ÷ (자연수)를 분수의 곱셈으로 나타내기 13쪽

1 4, 4, 4, $\frac{5}{24}$

2 예 , $\frac{1}{12}$

3 ① $\frac{1}{7}$, $\frac{5}{56}$ ② $\frac{1}{6}$, $\frac{7}{54}$ ③ $\frac{1}{3}$, $\frac{7}{12}$ ④ $\frac{1}{5}$, $\frac{9}{35}$

2 $\frac{1}{4}$ ➡ $\frac{1}{4}\div 3$

STEP 1 교과 개념 5. (대분수) ÷ (자연수) 알아보기 15쪽

1 6, 6, 3 / 6, 6, 2, 6, 3

2 ① $\frac{11}{6}$, 7, $\frac{11}{6}$, 7, $\frac{11}{42}$

② $\frac{13}{3}$, 6, $\frac{13}{3}$, 6, $\frac{13}{18}$

3 5, 15, 5 / 5, 5, 3, $\frac{5}{12}$

4 ① 16, 2 ② 25, 4, $\frac{25}{36}$

1 분자가 자연수로 나누어떨어질 때에는 방법 1 이 더 편리합니다.

2 대분수를 가분수로 바꾼 후 나눗셈을 곱셈으로 나타내어 계산하는 방법입니다.

3 방법 1 $1\frac{1}{4}\div 3=\frac{5}{4}\div 3=\frac{5\times 3}{4\times 3}\div 3=\frac{15}{12}\div 3$
$=\frac{15\div 3}{12}=\frac{5}{12}$

방법 2 $1\frac{1}{4}\div 3=\frac{5}{4}\div 3=\frac{5}{4}\times\frac{1}{3}=\frac{5}{12}$

4 ① $3\frac{1}{5}\div 8=\frac{16}{5}\div 8=\frac{16\div 8}{5}=\frac{2}{5}$

② $2\frac{7}{9}\div 4=\frac{25}{9}\times\frac{1}{4}=\frac{25}{36}$

STEP 2 꼭 나오는 유형 16~20쪽

1 예 / $\frac{3}{5}$

2 (1) $\frac{1}{8}$, $\frac{3}{8}$, $\frac{5}{8}$ (2) $\frac{4}{7}$, $\frac{1}{2}\left(=\frac{4}{8}\right)$, $\frac{4}{9}$

준비 ㉡

3 ㉡

4 ㉢, ㉣

5 $\frac{3}{4}$

6 $\frac{3}{20}$ kcal

7 예 2, 3 / 4, 6

8 3, 3, 3, 3, 18

9 (1) $\frac{3}{7}$ (2) $2\frac{1}{3}\left(=\frac{7}{3}\right)$

10 (1) $1\frac{5}{6}$, $2\frac{1}{5}$, $2\frac{3}{4}$ (2) $1\frac{1}{9}$, $1\frac{2}{9}$, $1\frac{1}{3}$

11 2개

12 $1\frac{7}{9}\left(=\frac{16}{9}\right)$, $1\frac{7}{9}\left(=\frac{16}{9}\right)$

13 (1) $<$ (2) $<$

14 $9\frac{1}{5}\left(=\frac{46}{5}\right)$ g

15 (1) $\frac{3}{11}$ (2) $\frac{2}{15}$

16 (1) $\frac{7}{22}$ (2) $\frac{11}{60}$

17 $\frac{9}{14}\div 3=\frac{3}{14}$

18 (왼쪽에서부터) $\frac{2}{13}$, $\frac{8}{55}$, $\frac{1}{12}$

19 $\frac{2}{55}$, $\frac{3}{55}$

20 $\frac{5}{48}$ cm^2

21 $\frac{9}{13}\div 9$, $\frac{7}{10}\div 7$, $\frac{5}{8}\div 5$

22 예 $\frac{9}{10}$, 5, $\frac{9}{50}$

23 (1) $\frac{5}{63}$ (2) $\frac{8}{51}$ (3) $\frac{16}{81}$

24 $\frac{7}{13}\div 7=\frac{\overset{1}{\cancel{7}}}{13}\times\frac{1}{\underset{1}{\cancel{7}}}=\frac{1}{13}$

25 $\frac{7}{20}$, $\frac{7}{60}$

26 $\frac{9}{32}\left(=\frac{27}{96}\right)$ m

27 예 4

28 $\frac{5}{21}$배

29 $1\frac{4}{11}\left(=\frac{15}{11}\right)$ km

30 (위에서부터) $\frac{2}{3}\left(=\frac{8}{12}\right)$, $\frac{3}{16}\left(=\frac{9}{48}\right)$, $\frac{2}{25}\left(=\frac{6}{75}\right)$

31 $2\frac{4}{7}\div 2=\frac{18}{7}\div 2=\frac{\overset{9}{\cancel{18}}}{7}\times\frac{1}{\underset{1}{\cancel{2}}}=1\frac{2}{7}\left(=\frac{9}{7}\right)$

32 $\frac{31}{35}$ kg

33 $5\frac{1}{2}\div 3$, $4\frac{2}{5}\div 3$에 ○표

34 2, $\frac{7}{10}$

35 $2\frac{5}{6}\left(=\frac{17}{6}\right)$시간

2 (자연수)÷(자연수)의 몫은 나누어지는 수를 분자, 나누는 수를 분모로 하는 분수로 나타낼 수 있습니다.

➡ ▲÷●=$\frac{▲}{●}$

준비 ㉠ $60\div 4=15$ ㉡ $80\div 5=16$ ㉢ $90\div 6=15$

3 ㉠ $3\div 6=\frac{1}{2}\left(=\frac{3}{6}\right)$

㉡ $5\div 7=\frac{5}{7}$

㉢ $6\div 12=\frac{1}{2}\left(=\frac{6}{12}\right)$

4 $11\div 15=\frac{11}{15}$

㉡ $15\times\frac{1}{11}=\frac{15}{11}=1\frac{4}{11}$ ㉢ $11\times\frac{1}{15}=\frac{11}{15}$

5 $3\div 9=\frac{1}{3}\left(=\frac{3}{9}\right)$, $3\div 5=\frac{3}{5}$, $3\div 4=\frac{3}{4}$

➡ $\frac{3}{4}>\frac{3}{5}>\frac{1}{3}$

6 1분=60초이므로 줄넘기를 할 때 1초 동안 소모되는 열량은 $9\div 60=\frac{3}{20}$ (kcal)입니다.

8 $18\div 5$의 몫은 3이고, 나머지는 3입니다.

나머지 3을 5로 나누면 $\frac{3}{5}$입니다.

➡ $18\div 5=3\frac{3}{5}=\frac{18}{5}$

10 (1) $11\div 6=\frac{11}{6}=1\frac{5}{6}$

$11\div 5=\frac{11}{5}=2\frac{1}{5}$

$11\div 4=\frac{11}{4}=2\frac{3}{4}$

(2) $10\div 9=\frac{10}{9}=1\frac{1}{9}$

$11\div 9=\frac{11}{9}=1\frac{2}{9}$

$12\div 9=\frac{12}{9}=\frac{4}{3}=1\frac{1}{3}$

11 $2\div 7=\frac{2}{7}$, $11\div 8=1\frac{3}{8}\left(=\frac{11}{8}\right)$,

$8\div 24=\frac{1}{3}\left(=\frac{8}{24}\right)$, $10\div 4=2\frac{1}{2}\left(=\frac{5}{2}\right)$,

$9\div 12=\frac{3}{4}\left(=\frac{9}{12}\right)$, $5\div 8=\frac{5}{8}$

따라서 몫이 1보다 큰 나눗셈은 $11\div 8$, $10\div 4$이므로 모두 2개입니다.

참고 | 나누어지는 수가 나누는 수보다 크면 몫이 1보다 큽니다.

13 (1) 나누는 수가 같을 때 나누어지는 수가 클수록 몫이 더 큽니다.

(2) 나누어지는 수가 같을 때 나누는 수가 작을수록 몫이 더 큽니다.

참고 | (1) $13\div 5=\frac{13}{5}$, $17\div 5=\frac{17}{5}$ ➡ $\frac{13}{5}<\frac{17}{5}$

(2) $19\div 7=\frac{19}{7}$, $19\div 4=\frac{19}{4}$ ➡ $\frac{19}{7}<\frac{19}{4}$

14 예 (구슬 한 개의 무게)

=(구슬 5개의 무게)÷5

$=46\div 5=9\frac{1}{5}\left(=\frac{46}{5}\right)$ (g)

평가 기준
구슬 한 개의 무게를 구하는 식을 세웠나요?
구슬 한 개의 무게를 구했나요?

15 (1) $\frac{6}{11}\div 2=\frac{6\div 2}{11}=\frac{3}{11}$

(2) $\frac{8}{15}\div 4=\frac{8\div 4}{15}=\frac{2}{15}$

16 (1) $\frac{7}{11}\div2=\frac{7\times2}{11\times2}\div2=\frac{14}{22}\div2$
$=\frac{14\div2}{22}=\frac{7}{22}$

(2) $\frac{11}{15}\div4=\frac{11\times4}{15\times4}\div4=\frac{44}{60}\div4$
$=\frac{44\div4}{60}=\frac{11}{60}$

17 $\frac{9}{14}\div3=\frac{9\div3}{14}=\frac{3}{14}$

18

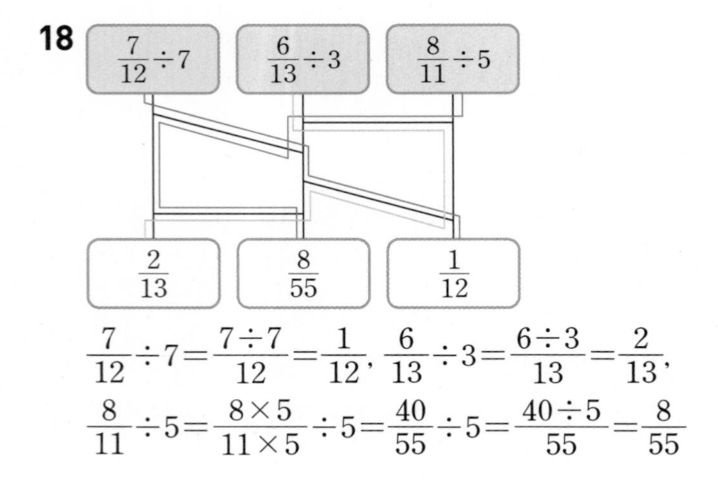

$\frac{7}{12}\div7=\frac{7\div7}{12}=\frac{1}{12}$, $\frac{6}{13}\div3=\frac{6\div3}{13}=\frac{2}{13}$,
$\frac{8}{11}\div5=\frac{8\times5}{11\times5}\div5=\frac{40}{55}\div5=\frac{40\div5}{55}=\frac{8}{55}$

19 $\frac{2}{11}\div5=\frac{2\times5}{11\times5}\div5=\frac{10}{55}\div5=\frac{10\div5}{55}=\frac{2}{55}$
$\frac{3}{11}\div5=\frac{3\times5}{11\times5}\div5=\frac{15}{55}\div5=\frac{15\div5}{55}=\frac{3}{55}$

20 $\frac{5}{8}\div6=\frac{30}{48}\div6=\frac{30\div6}{48}=\frac{5}{48}$ (cm^2)

21 $\frac{5}{8}\div5=\frac{5\div5}{8}=\frac{1}{8}$, $\frac{9}{13}\div9=\frac{9\div9}{13}=\frac{1}{13}$,
$\frac{7}{10}\div7=\frac{7\div7}{10}=\frac{1}{10}$ ➡ $\frac{1}{13}<\frac{1}{10}<\frac{1}{8}$

내가 만드는 문제
22 $\frac{9}{10}\div5=\frac{9\times5}{10\times5}\div5=\frac{45}{50}\div5=\frac{45\div5}{50}=\frac{9}{50}$
이 외에도 여러 가지 답이 나올 수 있습니다.

23 (1) $\frac{5}{9}\div7=\frac{5}{9}\times\frac{1}{7}=\frac{5}{63}$
(2) $\frac{8}{17}\div3=\frac{8}{17}\times\frac{1}{3}=\frac{8}{51}$
(3) $\frac{16}{9}\div9=\frac{16}{9}\times\frac{1}{9}=\frac{16}{81}$

24 다른 풀이
$\frac{7}{13}\div7=\frac{7\div7}{13}=\frac{1}{13}$

25 $\frac{7}{10}\div2=\frac{7}{10}\times\frac{1}{2}=\frac{7}{20}$,
$\frac{7}{20}\div3=\frac{7}{20}\times\frac{1}{3}=\frac{7}{60}$

26 (색칠한 부분의 길이)
=(전체 색 테이프의 길이)÷3
$=\frac{27}{32}\div3=\frac{\overset{9}{\cancel{27}}}{32}\times\frac{1}{\underset{1}{\cancel{3}}}=\frac{9}{32}\left(=\frac{27}{96}\right)$ (m)

내가 만드는 문제
27 나누어지는 수가 같을 때 몫이 더 크려면 나누는 수가 더 작아야 합니다.
따라서 □ 안에는 5보다 작은 수가 들어갈 수 있습니다.

28 예 (빨간색 테이프의 길이)÷(파란색 테이프의 길이)
$=\frac{20}{7}\div12=\frac{\overset{5}{\cancel{20}}}{7}\times\frac{1}{\underset{3}{\cancel{12}}}=\frac{5}{21}$(배)

평가 기준
빨간색 테이프의 길이는 파란색 테이프의 길이의 몇 배인지 구하는 식을 세웠나요?
빨간색 테이프의 길이는 파란색 테이프의 길이의 몇 배인지 기약분수로 나타냈나요?

29 (10분 동안 달린 거리)
=(한 시간 동안 달린 거리)÷6
$=\frac{90}{11}\div6=\frac{\overset{15}{\cancel{90}}}{11}\times\frac{1}{\underset{1}{\cancel{6}}}=1\frac{4}{11}\left(=\frac{15}{11}\right)$ (km)

30 $2\frac{1}{4}\div12=\frac{9}{4}\div12=\frac{\overset{3}{\cancel{9}}}{4}\times\frac{1}{\underset{4}{\cancel{12}}}=\frac{3}{16}\left(=\frac{9}{48}\right)$

$1\frac{1}{5}\div15=\frac{6}{5}\div15=\frac{\overset{2}{\cancel{6}}}{5}\times\frac{1}{\underset{5}{\cancel{15}}}=\frac{2}{25}\left(=\frac{6}{75}\right)$

$2\frac{2}{3}\div4=\frac{8}{3}\div4=\frac{\overset{2}{\cancel{8}}}{3}\times\frac{1}{\underset{1}{\cancel{4}}}=\frac{2}{3}\left(=\frac{8}{12}\right)$

31 (대분수)÷(자연수)는 먼저 대분수를 가분수로 바꾼 후 분수의 나눗셈을 분수의 곱셈으로 나타내어 계산합니다.

32 (추 한 개의 무게)

$=$(추 5개의 무게)$\div 5$

$=4\frac{3}{7}\div 5=\frac{31}{7}\div 5=\frac{31}{7}\times\frac{1}{5}=\frac{31}{35}$ (kg)

33 나누어지는 수가 나누는 수보다 크면 몫이 1보다 큽니다.

34 나누어지는 수가 같을 때 나누는 수가 작을수록 몫이 더 큽니다.

➡ $1\frac{2}{5}\div 2=\frac{7}{5}\div 2=\frac{7}{5}\times\frac{1}{2}=\frac{7}{10}$

35 예 (KTX로 서울에서 부산까지 가는 데 걸리는 시간)

$=$(무궁화호로 서울에서 부산까지 가는 데 걸리는 시간) $\div 2$

$=5\frac{2}{3}\div 2=\frac{17}{3}\div 2=\frac{17}{3}\times\frac{1}{2}$

$=2\frac{5}{6}\left(=\frac{17}{6}\right)$시간

평가 기준
KTX로 서울에서 부산까지 가는 데 걸리는 시간을 구하는 식을 세웠나요?
KTX로 서울에서 부산까지 가는 데 걸리는 시간을 구했나요?

STEP 3 자주 틀리는 유형 21~23쪽

1 ㉡ **2** ㉡

3 ㉠, ㉢

4 $4\frac{8}{9}\div 4=\frac{44}{9}\div 4=\frac{44\div 4}{9}=1\frac{2}{9}\left(=\frac{11}{9}\right)$

5 $1\frac{2}{3}\div 5=\frac{5}{3}\div 5=\frac{\overset{1}{\cancel{5}}}{3}\times\frac{1}{\underset{1}{\cancel{5}}}=\frac{1}{3}\left(=\frac{5}{15}\right)$

6 이름 누리

바른 계산 $\frac{6}{13}\div 2=\frac{6\div 2}{13}=\frac{3}{13}$

7 $3\frac{2}{5}\left(=\frac{17}{5}\right)$ **8** $\frac{3}{40}$

9 $\frac{2}{7}\left(=\frac{22}{77}\right)$ **10** $1\frac{3}{5}\left(=\frac{8}{5}\right)$ cm

11 $3\frac{3}{7}\left(=\frac{24}{7}\right)$ cm **12** $3\frac{1}{4}\left(=\frac{13}{4}\right)$ cm

13 $\frac{5}{21}$배 **14** $2\frac{3}{10}\left(=\frac{23}{10}\right)$배

15 $3\frac{1}{14}\left(=\frac{43}{14}\right)$배 **16** 수호

17 윤주 **18** 정사각형

1 나누어지는 수가 나누는 수보다 크면 몫은 1보다 큽니다.

㉠ $1<99$이므로 $1\div 99<1$입니다.

㉡ $87>17$이므로 $87\div 17>1$입니다.

㉢ $8<52$이므로 $8\div 52<1$입니다.

다른 풀이

㉠ $1\div 99=\frac{1}{99}<1$

㉡ $87\div 17=5\frac{2}{17}\left(=\frac{87}{17}\right)>1$

㉢ $8\div 52=\frac{2}{13}\left(=\frac{8}{52}\right)<1$

2 나누어지는 수가 나누는 수보다 크면 몫은 1보다 큽니다.

㉠ $\frac{7}{9}<6$이므로 $\frac{7}{9}\div 6<1$입니다.

㉡ $5\frac{2}{5}>3$이므로 $5\frac{2}{5}\div 3>1$입니다.

㉢ $2\frac{7}{9}<5$이므로 $2\frac{7}{9}\div 5<1$입니다.

3 ㉠ $\frac{11}{12}<8$이므로 $\frac{11}{12}\div 8<1$입니다.

㉡ $7\frac{5}{12}>3$이므로 $7\frac{5}{12}\div 3>1$입니다.

㉢ $3\frac{2}{13}<6$이므로 $3\frac{2}{13}\div 6<1$입니다.

㉣ $5\frac{2}{17}>2$이므로 $5\frac{2}{17}\div 2>1$입니다.

4 (대분수)$\div$(자연수)는 대분수를 가분수로 바꾸어 계산합니다.

7 $\square\times 5=17$ ➡ $\square=17\div 5=3\frac{2}{5}\left(=\frac{17}{5}\right)$

8 $\square\times 8=\frac{3}{5}$ ➡ $\square=\frac{3}{5}\div 8=\frac{3}{5}\times\frac{1}{8}=\frac{3}{40}$

9 $11\times\square=3\frac{1}{7}$

$\Rightarrow \square=3\frac{1}{7}\div 11=\frac{22}{7}\div 11=\frac{\overset{2}{\cancel{22}}}{7}\times\frac{1}{\underset{1}{\cancel{11}}}$

$=\frac{2}{7}\left(=\frac{22}{77}\right)$

10 (직사각형의 세로)$=$(넓이)$\div$(가로)

$=4\frac{4}{5}\div 3=\frac{24}{5}\div 3=\frac{\overset{8}{\cancel{24}}}{5}\times\frac{1}{\underset{1}{\cancel{3}}}$

$=1\frac{3}{5}\left(=\frac{8}{5}\right)$ (cm)

11 (직사각형의 가로)$=$(넓이)$\div$(세로)

$=13\frac{5}{7}\div 4=\frac{96}{7}\div 4=\frac{\overset{24}{\cancel{96}}}{7}\times\frac{1}{\underset{1}{\cancel{4}}}$

$=3\frac{3}{7}\left(=\frac{24}{7}\right)$ (cm)

12 (평행사변형의 높이)$=$(넓이)$\div$(밑변의 길이)

$=16\frac{1}{4}\div 5=\frac{65}{4}\div 5=\frac{\overset{13}{\cancel{65}}}{4}\times\frac{1}{\underset{1}{\cancel{5}}}$

$=3\frac{1}{4}\left(=\frac{13}{4}\right)$ (cm)

13 (집에서 문구점까지의 거리)$\div$(집에서 학교까지의 거리)

$=\frac{5}{7}\div 3=\frac{5}{7}\times\frac{1}{3}=\frac{5}{21}$(배)

14 (소방서에서 약국까지의 거리)

$\div$(약국에서 경찰서까지의 거리)

$=4\frac{3}{5}\div 2=\frac{23}{5}\div 2=\frac{23}{5}\times\frac{1}{2}$

$=2\frac{3}{10}\left(=\frac{23}{10}\right)$(배)

15 (집에서 공원까지의 거리)$=1+5\frac{1}{7}=6\frac{1}{7}$ (km)

(집에서 공원까지의 거리)$\div$(병원에서 집까지의 거리)

$=6\frac{1}{7}\div 2=\frac{43}{7}\div 2=\frac{43}{7}\times\frac{1}{2}$

$=3\frac{1}{14}\left(=\frac{43}{14}\right)$(배)

16 (수호가 하루에 마셔야 할 우유의 양)

$=\frac{12}{5}\div 3=\frac{\overset{4}{\cancel{12}}}{5}\times\frac{1}{\underset{1}{\cancel{3}}}=\frac{4}{5}$ (L)

(민지가 하루에 마셔야 할 우유의 양)$=2\div 5=\frac{2}{5}$ (L)

따라서 $\frac{4}{5}>\frac{2}{5}$이므로 하루에 마셔야 할 우유의 양이 더 많은 친구는 수호입니다.

17 (성욱이가 하루에 마셔야 할 물의 양)

$=3\div 7=\frac{3}{7}$ (L)

(윤주가 하루에 마셔야 할 물의 양)

$=\frac{30}{7}\div 6=\frac{\overset{5}{\cancel{30}}}{7}\times\frac{1}{\underset{1}{\cancel{6}}}=\frac{5}{7}$ (L)

따라서 $\frac{3}{7}<\frac{5}{7}$이므로 하루에 마셔야 할 물의 양이 더 많은 친구는 윤주입니다.

18 (정삼각형의 한 변의 길이)

$=1\frac{7}{8}\div 3=\frac{\overset{5}{\cancel{15}}}{8}\times\frac{1}{\underset{1}{\cancel{3}}}=\frac{5}{8}$ (m)

(정사각형의 한 변의 길이)

$=\frac{10}{3}\div 4=\frac{\overset{5}{\cancel{10}}}{3}\times\frac{1}{\underset{2}{\cancel{4}}}=\frac{5}{6}$ (m)

따라서 $\frac{5}{8}<\frac{5}{6}$이므로 한 변의 길이가 더 긴 것은 정사각형입니다.

STEP 4 최상위 도전 유형 24~26쪽

1 3

2 3

3 6개

4 $10\frac{1}{2}\left(=\frac{21}{2}\right)$

5 $\frac{5}{48}$

6 $\frac{13}{56}$

7 $1\frac{1}{4}\left(=\frac{5}{4}\right)$

8 $\frac{2}{21}$

9 $\frac{1}{44}\left(=\frac{15}{660}\right)$

10 $\frac{3}{5}$, 8, $\frac{3}{40}$ 또는 $\frac{3}{8}$, 5, $\frac{3}{40}$

11 $\frac{5}{7}$, 9, $\frac{5}{63}$ 또는 $\frac{5}{9}$, 7, $\frac{5}{63}$

12 2, 6, $3\frac{3}{5}\left(=\frac{18}{5}\right)$

13 $3\frac{3}{10}\left(=\frac{33}{10}\right)\text{cm}^2$

14 $8\frac{7}{8}\left(=\frac{71}{8}\right)\text{cm}^2$

15 $10\frac{5}{8}\left(=\frac{85}{8}\right)\text{cm}^2$

16 $1\frac{4}{9}\left(=\frac{13}{9}\right)\text{km}$

17 $\frac{7}{12}\left(=\frac{49}{84}\right)\text{km}$

18 $\frac{19}{100}$

1 $13\frac{1}{3}\div5=\frac{40}{3}\div5=\frac{\overset{8}{\cancel{40}}}{3}\times\frac{1}{\underset{1}{\cancel{5}}}=2\frac{2}{3}\left(=\frac{8}{3}\right)$이므로

$2\frac{2}{3}<\square$입니다.

따라서 □ 안에 들어갈 수 있는 가장 작은 자연수는 3입니다.

2 $9\frac{9}{11}\div3=\frac{108}{11}\div3=\frac{\overset{36}{\cancel{108}}}{11}\times\frac{1}{\underset{1}{\cancel{3}}}=3\frac{3}{11}\left(=\frac{36}{11}\right)$

이므로 $\square<3\frac{3}{11}$입니다.

따라서 □ 안에 들어갈 수 있는 가장 큰 자연수는 3입니다.

3 $15\frac{4}{5}\div2=\frac{79}{5}\div2=\frac{79}{5}\times\frac{1}{2}=7\frac{9}{10}\left(=\frac{79}{10}\right)$

이므로 $1\frac{3}{4}<\square<7\frac{9}{10}$입니다.

따라서 □ 안에 들어갈 수 있는 자연수는 2, 3, 4, 5, 6, 7이므로 모두 6개입니다.

4 $\frac{■}{▲}\times6=■\div▲\times6$

$=8\frac{3}{4}\div5\times6=\frac{35}{4}\div5\times6$

$=\frac{\overset{7}{\cancel{35}}}{\underset{2}{\cancel{4}}}\times\frac{1}{\underset{1}{\cancel{5}}}\times\overset{3}{\cancel{6}}=10\frac{1}{2}\left(=\frac{21}{2}\right)$

5 $\frac{■}{▲}\div▲=■\div▲\div▲$

$=\frac{15}{16}\div3\div3$

$=\frac{\overset{5}{\cancel{15}}}{16}\times\frac{1}{\underset{1}{\cancel{3}}}\times\frac{1}{3}=\frac{5}{48}$

6 $\frac{■}{▲}\div▲=■\div▲\div▲$

$=3\frac{5}{7}\div4\div4=\frac{26}{7}\div4\div4$

$=\frac{\overset{13}{\cancel{26}}}{7}\times\frac{1}{\underset{2}{\cancel{4}}}\times\frac{1}{4}=\frac{13}{56}$

7 어떤 수를 □라고 하면 $\square\times4=25$이므로

$\square=25\div4=6\frac{1}{4}\left(=\frac{25}{4}\right)$입니다.

따라서 어떤 수를 5로 나눈 몫은

$6\frac{1}{4}\div5=\frac{25}{4}\div5=\frac{\overset{5}{\cancel{25}}}{4}\times\frac{1}{\underset{1}{\cancel{5}}}$

$=1\frac{1}{4}\left(=\frac{5}{4}\right)$입니다.

8 어떤 수를 □라고 하면 $9\times\square=2\frac{4}{7}$이므로

$\square=2\frac{4}{7}\div9=\frac{18}{7}\div9=\frac{\overset{2}{\cancel{18}}}{7}\times\frac{1}{\underset{1}{\cancel{9}}}$

$=\frac{2}{7}\left(=\frac{18}{63}\right)$입니다.

따라서 어떤 수를 3으로 나눈 몫은

$\frac{2}{7}\div3=\frac{2}{7}\times\frac{1}{3}=\frac{2}{21}$입니다.

9 어떤 수를 □라고 하면 $\square\times11=3\frac{3}{4}$이므로

$\square=3\frac{3}{4}\div11=\frac{15}{4}\div11=\frac{15}{4}\times\frac{1}{11}=\frac{15}{44}$입니다.

따라서 어떤 수를 15로 나눈 몫은

$\frac{15}{44}\div15=\frac{\overset{1}{\cancel{15}}}{44}\times\frac{1}{\underset{1}{\cancel{15}}}=\frac{1}{44}\left(=\frac{15}{660}\right)$입니다.

10 몫이 가장 작은 나눗셈식을 만들려면 몫의 분모가 커지도록 식을 만들어야 합니다.

➡ $\frac{3}{5}\div 8=\frac{3}{5}\times\frac{1}{8}=\frac{3}{40}$

또는 $\frac{3}{8}\div 5=\frac{3}{8}\times\frac{1}{5}=\frac{3}{40}$

11 몫이 가장 작은 나눗셈식을 만들려면 몫의 분모가 커지도록 식을 만들어야 합니다.

➡ $\frac{5}{7}\div 9=\frac{5}{7}\times\frac{1}{9}=\frac{5}{63}$

또는 $\frac{5}{9}\div 7=\frac{5}{9}\times\frac{1}{7}=\frac{5}{63}$

12 나누는 수는 가장 작게, 곱하는 수는 가장 크게 할 때 값이 가장 크므로 ○ 안에는 2, △ 안에는 6을 써넣으면 계산 결과가 가장 큽니다.

➡ $1\frac{1}{5}\div 2\times 6=\frac{6}{5}\div 2\times 6=\frac{\overset{3}{\cancel{6}}}{5}\times\frac{1}{\underset{1}{\cancel{2}}}\times 6$

$=3\frac{3}{5}\left(=\frac{18}{5}\right)$

13 (색칠한 부분의 넓이)

$=8\frac{4}{5}\div 8\times 3=\frac{44}{5}\div 8\times 3$

$=\frac{\overset{11}{\cancel{44}}}{5}\times\frac{1}{\underset{2}{\cancel{8}}}\times 3=3\frac{3}{10}\left(=\frac{33}{10}\right)(\text{cm}^2)$

14 (색칠한 부분의 넓이)

$=14\frac{1}{5}\div 8\times 5=\frac{71}{5}\div 8\times 5$

$=\frac{71}{\underset{1}{\cancel{5}}}\times\frac{1}{8}\times\overset{1}{\cancel{5}}=8\frac{7}{8}\left(=\frac{71}{8}\right)(\text{cm}^2)$

15 (마름모의 넓이)

$=9\frac{4}{9}\times 6\div 2=\frac{85}{9}\times 6\div 2$

$=\frac{85}{\underset{3}{\cancel{9}}}\times\overset{\overset{1}{\cancel{2}}}{\cancel{6}}\times\frac{1}{\underset{1}{\cancel{2}}}=28\frac{1}{3}\left(=\frac{85}{3}\right)(\text{cm}^2)$

(색칠한 부분의 넓이)

$=28\frac{1}{3}\div 16\times 6=\frac{85}{3}\div 16\times 6$

$=\frac{85}{\underset{1}{\cancel{3}}}\times\frac{1}{\underset{8}{\cancel{16}}}\times\overset{\overset{1}{\cancel{2}}}{\cancel{6}}=10\frac{5}{8}\left(=\frac{85}{8}\right)(\text{cm}^2)$

16 (나무 사이의 간격 수)$=15-1=14$(군데)

(나무 사이의 간격)

$=$(도로의 길이)$\div$(나무 사이의 간격 수)

$=20\frac{2}{9}\div 14=\frac{182}{9}\div 14$

$=\frac{\overset{13}{\cancel{182}}}{9}\times\frac{1}{\underset{1}{\cancel{14}}}=1\frac{4}{9}\left(=\frac{13}{9}\right)(\text{km})$

17 등산로의 한쪽에 설치하려는 안내 표지판은 $30\div 2=15$(개)이므로 안내 표지판 사이의 간격은 $15-1=14$(군데)입니다.

(안내 표지판 사이의 간격)

$=8\frac{1}{6}\div 14=\frac{49}{6}\div 14$

$=\frac{\overset{7}{\cancel{49}}}{6}\times\frac{1}{\underset{2}{\cancel{14}}}=\frac{7}{12}\left(=\frac{49}{84}\right)(\text{km})$

18 (㉠과 ㉡ 사이의 간격)

$=6\frac{3}{4}-5\frac{4}{5}=6\frac{15}{20}-5\frac{16}{20}=\frac{19}{20}$

점 사이의 간격은 5군데입니다.

(이웃한 두 점 사이의 간격)

$=\frac{19}{20}\div 5=\frac{19}{20}\times\frac{1}{5}=\frac{19}{100}$

수시 평가 대비 Level ❶ 27~29쪽

1 ①, ③ **2** ( )(○)( )

3 5, 1 / 5, 1, 21 **4** $\frac{5}{9}$, $\frac{5}{9}$

5 4 **6** $\frac{6}{27}\div 3=\frac{6\div 3}{27}=\frac{2}{27}$

7 ㉡, ㉢, ㉠ **8** $\frac{2}{35}$, $\frac{3}{35}$, $\frac{1}{7}$

9 (위에서부터) $\frac{2}{5}$, $\frac{2}{20}\left(=\frac{1}{10}\right)$

10 ㉡ **11** $\frac{5}{8}$ m

12 (위에서부터) $\frac{8}{27}$, $\frac{8}{54}\left(=\frac{4}{27}\right)$

13 8, 계산 결과 $\frac{2}{5}$ **14** ㉠, ㉣

15 $\frac{15}{28}$ m

16 $\frac{3}{8}$

17 $\frac{4}{3}\left(=1\frac{1}{3}\right)$

18 4

19 $\frac{7}{3}\left(=2\frac{1}{3}\right)$

20 $\frac{58}{7}\left(=8\frac{2}{7}\right)$ km

1 $3\div4=3\times\frac{1}{4}=\frac{3}{4}$

2 $2\div7=\frac{2}{7}$, $9\div8=\frac{9}{8}=1\frac{1}{8}$, $5\div9=\frac{5}{9}$

3 21÷4의 몫은 5이고 나머지는 1입니다. 나머지 1을 다시 4로 나눕니다.

4 곱셈과 나눗셈의 관계를 이용합니다.

5 나누는 수가 작아질수록 나눗셈의 몫이 커집니다.
주어진 수 중에서 가장 작은 수가 4이므로 □ 안에 4를 넣으면 몫이 가장 큽니다.

7 ㉠ $\frac{5}{9}\div5=\frac{5\div5}{9}=\frac{1}{9}$
㉡ $\frac{4}{5}\div4=\frac{4\div4}{5}=\frac{1}{5}$
㉢ $\frac{7}{8}\div7=\frac{7\div7}{8}=\frac{1}{8}$
➡ $\frac{1}{5}>\frac{1}{8}>\frac{1}{9}$

8 $\frac{2}{7}\div5=\frac{2}{7}\times\frac{1}{5}=\frac{2}{35}$
$\frac{3}{7}\div5=\frac{3}{7}\times\frac{1}{5}=\frac{3}{35}$
$\frac{5}{7}\div5=\frac{5\div5}{7}=\frac{1}{7}$

9 $\frac{4}{5}\div2=\frac{4\div2}{5}=\frac{2}{5}$, $\frac{2}{5}\div4=\frac{\overset{1}{\cancel{2}}}{5}\times\frac{1}{\underset{2}{\cancel{4}}}=\frac{1}{10}$

10 $3\frac{1}{3}\div5=\frac{10}{3}\div5=\frac{10}{3}\times\frac{1}{5}$

11 (한 도막의 길이)=(전체 색 테이프의 길이)÷(도막 수)
$=5\div8=\frac{5}{8}$ (m)

12 $\frac{8}{9}\div3=\frac{8}{9}\times\frac{1}{3}=\frac{8}{27}$
$\frac{8}{9}\div6=\frac{\overset{4}{\cancel{8}}}{9}\times\frac{1}{\underset{3}{\cancel{6}}}=\frac{4}{27}$

13 나누어지는 수가 같을 때 나누는 수가 클수록 몫이 작아집니다.
$3\frac{1}{5}\div8=\frac{16}{5}\div8=\frac{16\div8}{5}=\frac{2}{5}$

14 대분수의 자연수 부분이 나누는 수보다 작으면 몫이 1보다 작습니다.
$5\frac{2}{9}<9$, $4\frac{1}{6}<5$이므로 나눗셈의 몫이 1보다 작은 것은 ㉠, ㉣입니다.

15 (정사각형의 한 변의 길이)=(둘레)÷4
➡ $\square=2\frac{1}{7}\div4=\frac{15}{7}\div4=\frac{15}{7}\times\frac{1}{4}=\frac{15}{28}$ (m)

16 만들 수 있는 가장 작은 대분수는 $2\frac{5}{8}$입니다.
$2\frac{5}{8}\div7=\frac{21}{8}\div7=\frac{21\div7}{8}=\frac{3}{8}$

17 ㉡$\div10=\frac{8}{15}$ ➡ ㉡$=\frac{8}{\underset{3}{\cancel{15}}}\times\overset{2}{\cancel{10}}=\frac{16}{3}$
㉠$\times4=\frac{16}{3}$ ➡ ㉠$=\frac{16}{3}\div4=\frac{16\div4}{3}=\frac{4}{3}=1\frac{1}{3}$

18 $12\frac{2}{3}\div4=\frac{38}{3}\div4=\frac{\overset{19}{\cancel{38}}}{3}\times\frac{1}{\underset{2}{\cancel{4}}}=\frac{19}{6}=3\frac{1}{6}$
$3\frac{1}{6}<\square$이므로 □ 안에 들어갈 수 있는 가장 작은 자연수는 4입니다.

서술형
19 예 어떤 수를 □라고 하면 □×3=21이므로
□=21÷3=7입니다.
따라서 바르게 계산하면 $7\div3=\frac{7}{3}=2\frac{1}{3}$입니다.

평가 기준	배점
어떤 수를 구했나요?	2점
바르게 계산한 값을 구했나요?	3점

서술형

20 예 (1 L의 휘발유로 갈 수 있는 거리)

$=$(5 L의 휘발유로 갈 수 있는 거리)$\div 5$

$=41\frac{3}{7}\div 5=\frac{290}{7}\div 5=\frac{290\div 5}{7}$

$=\frac{58}{7}=8\frac{2}{7}$ (km)

평가 기준	배점
1 L의 휘발유로 갈 수 있는 거리를 구하는 식을 세웠나요?	2점
1 L의 휘발유로 갈 수 있는 거리를 구했나요?	3점

수시 평가 대비 Level 2

30~32쪽

1 예 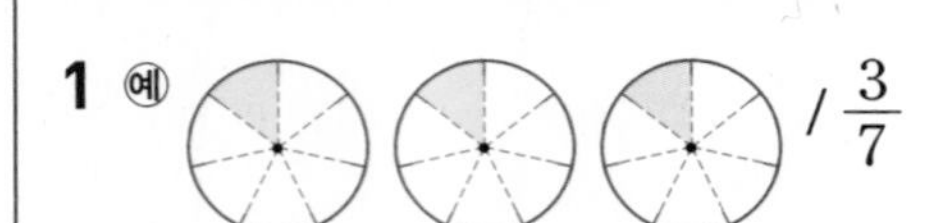 / $\frac{3}{7}$

2 4, 4, 4 / 4, 34

3 7, 7, 1 / 7, 7, 7, 7, 1

4 ㉢

5 $2\frac{5}{8}\div 5=\frac{21}{8}\div 5=\frac{21}{8}\times\frac{1}{5}=\frac{21}{40}$

6 (1) $\frac{1}{9}$ (2) $\frac{3}{10}$ (3) $\frac{1}{6}\left(=\frac{2}{12}\right)$ (4) $\frac{4}{5}\left(=\frac{44}{55}\right)$

7 ㉡

8 (1) $>$ (2) $<$

9 (위에서부터) $\frac{5}{17}$, $\frac{4}{51}$, $\frac{2}{17}\left(=\frac{6}{51}\right)$

10 $\frac{5}{21}$, $\frac{5}{84}$

11 $\frac{8}{17}\div 8$, $\frac{11}{14}\div 11$, $\frac{10}{13}\div 10$

12 $1\frac{13}{15}\left(=\frac{28}{15}\right)$ cm

13 $\frac{5}{108}$

14 $\frac{5}{36}\left(=\frac{25}{180}\right)$ kg

15 $\frac{38}{63}$ m

16 4

17 $8\frac{6}{7}$, 4, $2\frac{3}{14}\left(=\frac{31}{14}\right)$

18 $\frac{2}{5}\left(=\frac{38}{95}\right)$ km

19 $\frac{20}{27}\left(=\frac{40}{54}\right)$ cm

20 $\frac{3}{40}$

4 나누어지는 수가 나누는 수보다 크면 몫은 1보다 큽니다.
㉢ 16>7이므로 16÷7의 몫은 1보다 큽니다.

5 대분수는 가분수로 바꾸어 계산해야 하는데 바꾸지 않고 계산했습니다.

6 (3) $\frac{2}{3}\div 4=\frac{\cancel{2}^{1}}{3}\times\frac{1}{\cancel{4}_{2}}=\frac{1}{6}\left(=\frac{2}{12}\right)$

(4) $8\frac{4}{5}\div 11=\frac{\cancel{44}^{4}}{5}\times\frac{1}{\cancel{11}_{1}}=\frac{4}{5}\left(=\frac{44}{55}\right)$

7 ㉠ $2\div 6=\frac{1}{3}\left(=\frac{2}{6}\right)$ ㉡ $5\div 10=\frac{1}{2}\left(=\frac{5}{10}\right)$

㉢ $4\div 12=\frac{1}{3}\left(=\frac{4}{12}\right)$

8 (1) 나누는 수가 같을 때 나누어지는 수가 클수록 몫이 더 큽니다.
(2) 나누어지는 수가 같을 때 나누는 수가 작을수록 몫이 더 큽니다.

9 $\frac{4}{17}\div 3=\frac{4}{17}\times\frac{1}{3}=\frac{4}{51}$

$\frac{5}{\cancel{51}_{17}}\times\cancel{3}^{1}=\frac{5}{17}$

$\frac{6}{17}\div 3=\frac{\cancel{6}^{2}}{17}\times\frac{1}{\cancel{3}_{1}}=\frac{2}{17}\left(=\frac{6}{51}\right)$

10 $\frac{5}{7}\div 3=\frac{5}{7}\times\frac{1}{3}=\frac{5}{21}$

$\frac{5}{21}\div 4=\frac{5}{21}\times\frac{1}{4}=\frac{5}{84}$

11 $\frac{11}{14}\div 11=\frac{11\div 11}{14}=\frac{1}{14}$

$\frac{8}{17}\div 8=\frac{8\div 8}{17}=\frac{1}{17}$

$\frac{10}{13}\div 10=\frac{10\div 10}{13}=\frac{1}{13}$

➡ $\frac{1}{17}<\frac{1}{14}<\frac{1}{13}$

12 (직사각형의 가로)=(넓이)÷(세로)

$$=\frac{28}{5}\div 3=\frac{28}{5}\times\frac{1}{3}$$

$$=1\frac{13}{15}\left(=\frac{28}{15}\right)\text{(cm)}$$

13 $\square\times 9=\frac{5}{12}$

➡ $\square=\frac{5}{12}\div 9=\frac{5}{12}\times\frac{1}{9}=\frac{5}{108}$

14 (한 사람에게 주어야 하는 소금의 양)

=(전 체 소금의 양)÷(사람 수)

$$=\frac{25}{6}\div 30=\frac{\overset{5}{\cancel{25}}}{6}\times\frac{1}{\underset{6}{\cancel{30}}}=\frac{5}{36}\left(=\frac{25}{180}\right)\text{(kg)}$$

15 (한 사람이 가진 끈의 길이)

$$=5\frac{3}{7}\div 3=\frac{38}{7}\div 3$$

$$=\frac{38}{7}\times\frac{1}{3}=1\frac{17}{21}\left(=\frac{38}{21}\right)\text{(m)}$$

(만든 정삼각형의 한 변의 길이)

$$=\frac{38}{21}\div 3=\frac{38}{21}\times\frac{1}{3}=\frac{38}{63}\text{(m)}$$

16 $20\frac{5}{6}\div 5=\frac{125}{6}\div 5=\frac{\overset{25}{\cancel{125}}}{6}\times\frac{1}{\underset{1}{\cancel{5}}}=4\frac{1}{6}\left(=\frac{25}{6}\right)$

이므로 $4\frac{1}{6}>\square$입니다.

따라서 □ 안에 들어갈 수 있는 자연수는 1, 2, 3, 4이고 이 중에서 가장 큰 수는 4입니다.

17 몫이 가장 크려면 나누어지는 수는 가장 크게, 나누는 수는 가장 작게 해야 합니다.

➡ $8\frac{6}{7}\div 4=\frac{62}{7}\div 4=\frac{\overset{31}{\cancel{62}}}{7}\times\frac{1}{\underset{2}{\cancel{4}}}=2\frac{3}{14}\left(=\frac{31}{14}\right)$

18 (가로등 사이의 간격 수)=20−1=19(군데)

(가로등 사이의 간격)

=(길의 길이)÷(가로등 사이의 간격 수)

$$=7\frac{3}{5}\div 19=\frac{38}{5}\div 19$$

$$=\frac{\overset{2}{\cancel{38}}}{5}\times\frac{1}{\underset{1}{\cancel{19}}}=\frac{2}{5}\left(=\frac{38}{95}\right)\text{(km)}$$

서술형

19 예 (정육각형의 한 변의 길이)

=(정육각형의 둘레)÷6

$$=4\frac{4}{9}\div 6=\frac{40}{9}\div 6=\frac{\overset{20}{\cancel{40}}}{9}\times\frac{1}{\underset{3}{\cancel{6}}}$$

$$=\frac{20}{27}\left(=\frac{40}{54}\right)\text{(cm)}$$

평가 기준	배점
정육각형의 한 변의 길이를 구하는 식을 세웠나요?	3점
정육각형의 한 변의 길이를 구했나요?	2점

서술형

20 예 어떤 수를 □라고 하면 $\square\times 9=5\frac{2}{5}$이므로

$$\square=5\frac{2}{5}\div 9=\frac{27}{5}\div 9=\frac{\overset{3}{\cancel{27}}}{5}\times\frac{1}{\underset{1}{\cancel{9}}}=\frac{3}{5}\left(=\frac{27}{45}\right)$$

입니다.

따라서 어떤 수를 8로 나눈 몫은

$\frac{3}{5}\div 8=\frac{3}{5}\times\frac{1}{8}=\frac{3}{40}$입니다.

평가 기준	배점
어떤 수를 구했나요?	3점
어떤 수를 8로 나눈 몫을 구했나요?	2점

2 각기둥과 각뿔

우리는 3차원 생활 공간에서 입체도형들 속에 살아가고 있기 때문에 입체도형은 학생들의 생활과 밀접한 관련을 가지고 있습니다. 따라서 입체도형에 대한 이해는 학생들에게 매우 중요하며 공간 지각에 있어서도 유용합니다. 입체도형의 개념 중 가장 기초가 되는 것은 직육면체와 정육면체이고 학생들은 이미 1학년에서 상자 모양, 5학년에서 직육면체와 정육면체의 개념을 학습하였습니다. 이 단원에서는 여러 가지 기준에 따라 구체물을 분류해 봄으로써 평면도형과 입체도형을 구분하고, 분류된 입체도형의 공통적인 속성을 찾아 각기둥과 각뿔의 개념과 그 구성 요소의 성질을 이해할 수 있습니다. 또한 조작 활동을 통해 각기둥의 전개도를 이해하고 여러 가지 방법으로 전개도를 그려 보는 활동을 통하여 공간 지각 능력을 기를 수 있고 논리적 추론 활동을 바탕으로 각기둥과 각뿔의 구성 요소들 사이에 규칙을 발견할 수 있습니다.

STEP 1 교과개념 1. 각기둥 알아보기(1) 35쪽

1 ① 가, 나, 다, 라 ② 가, 다 ③ 가, 다

2 ① ②

3 ① ㄱㄴㄷ, ㄹㅁㅂ ② 3
③ ㄴㅁㅂㄷ, ㄷㅂㄹㄱ, ㄱㄹㅁㄴ

1 ① 위와 아래에 있는 면이 서로 평행인 입체도형은 가, 나, 다, 라입니다.
② 나: 서로 평행한 두 면이 원이므로 다각형이 아닙니다.
라: 서로 평행한 두 면이 다각형이지만 서로 합동이 아닙니다.
③ 모든 면이 다각형이고 서로 평행한 두 면이 합동인 입체도형을 각기둥이라고 합니다. ➡ 가, 다

2 서로 평행하고 합동인 두 면을 찾아서 색칠합니다.

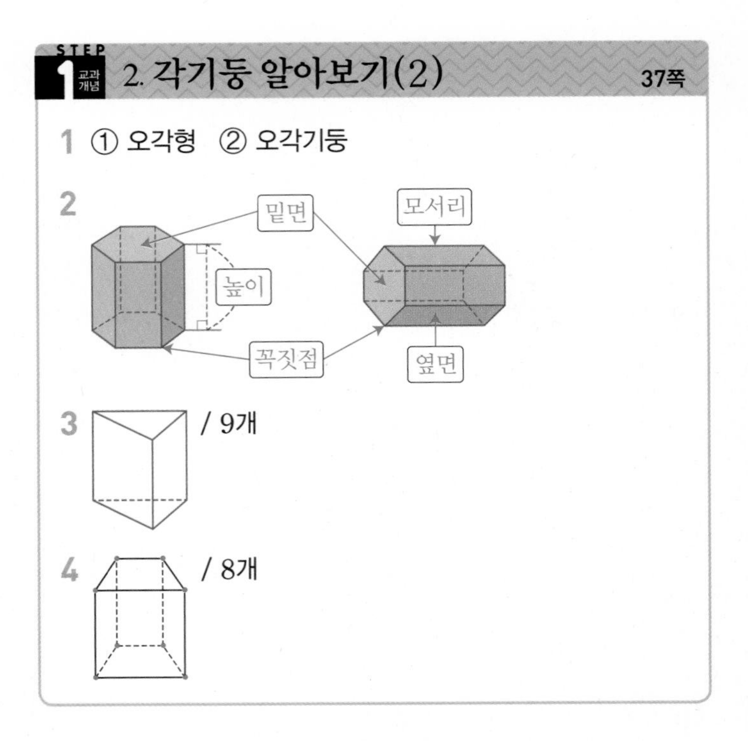

3 모서리는 면과 면이 만나는 선분입니다.
보이는 모서리는 실선으로, 보이지 않는 모서리는 점선으로 나타냅니다.

4 꼭짓점은 모서리와 모서리가 만나는 점입니다.

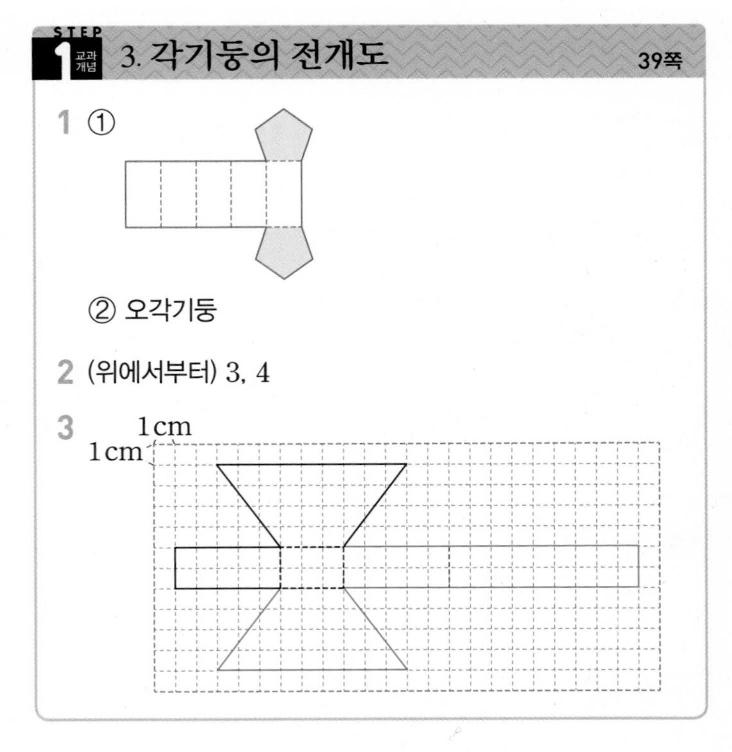

1 ② 면이 7개이므로 밑면이 2개, 옆면이 5개인 오각기둥이 됩니다.

2 삼각기둥의 밑면의 나머지 한 변의 길이는 3 cm이고, 삼각기둥의 높이는 전개도에서 옆면인 직사각형의 세로와 같으므로 4 cm입니다.

3 전개도를 접었을 때 서로 맞닿는 부분의 길이가 같도록 그립니다.

주의 점선에는 반드시 면을 그려야 합니다.

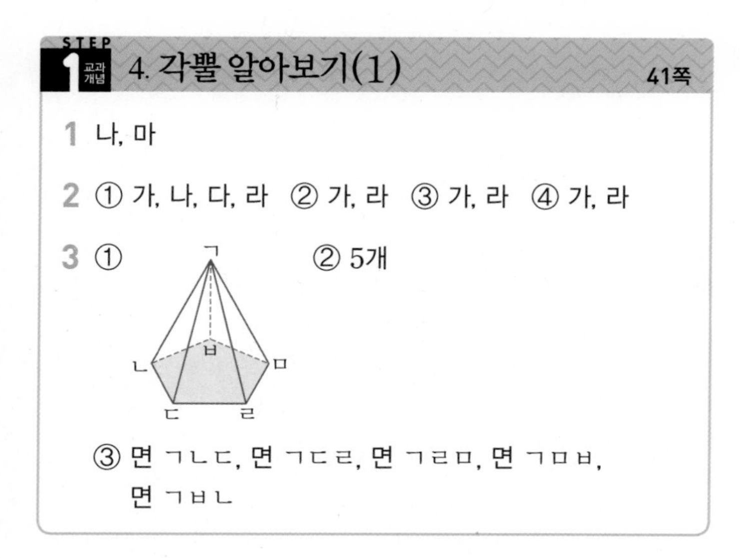

STEP 1 교과개념 4. 각뿔 알아보기(1) 41쪽

1 나, 마

2 ① 가, 나, 다, 라 ② 가, 라 ③ 가, 라 ④ 가, 라

3 ① ② 5개

③ 면 ㄱㄴㄷ, 면 ㄱㄷㄹ, 면 ㄱㄹㅁ, 면 ㄱㅁㅂ, 면 ㄱㅂㄴ

1 다는 밑면의 모양이 원입니다.

3 ② 각뿔에서 밑면과 만나는 면은 옆면입니다.

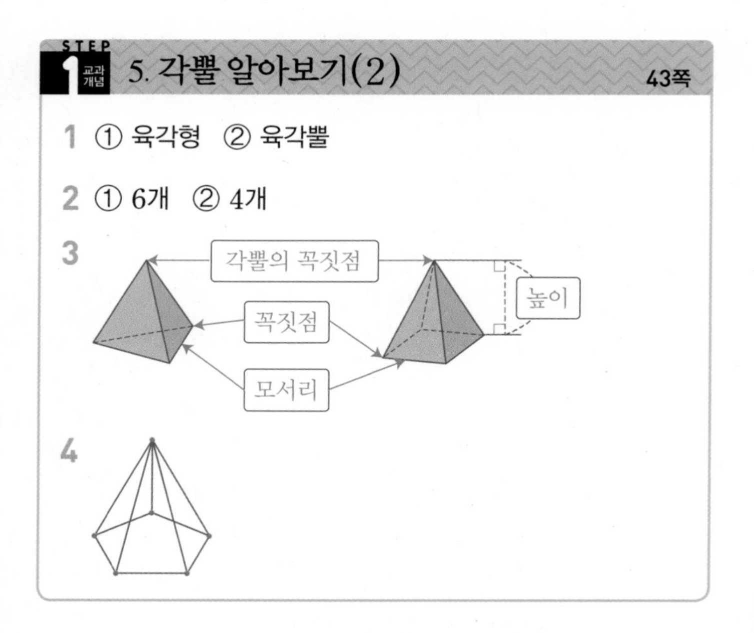

STEP 1 교과개념 5. 각뿔 알아보기(2) 43쪽

1 ① 육각형 ② 육각뿔

2 ① 6개 ② 4개

3

4

1 밑면의 모양이 육각형이므로 육각뿔입니다.

2 ① 면과 면이 만나는 선분은 모서리입니다.
② 모서리와 모서리가 만나는 점은 꼭짓점입니다.

STEP 2 꼭 나오는 유형 44~48쪽

1 (1) 가, 나, 마, 바 (2) 가, 나, 바 (3) 가, 바 (4) 가, 바

2 예 각기둥은 서로 평행하고 합동인 두 다각형이 있는 입체도형인데 주어진 입체도형은 두 면이 서로 평행하고 합동이지만 다각형이 아니므로 각기둥이 아닙니다.

3 (1) (2)

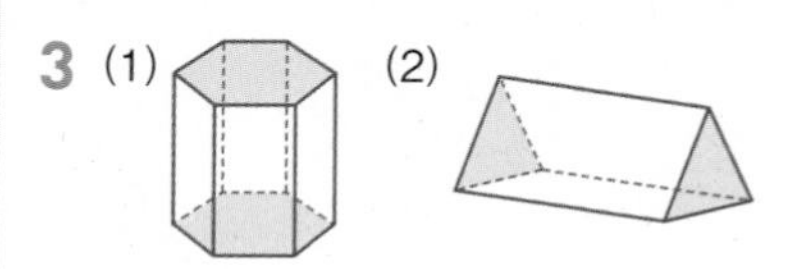

4 (1) (2)

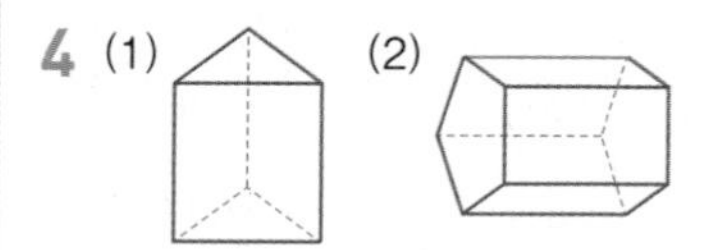

5 면 ㄱㄴㄷㄹ, 면 ㄴㅂㅅㄷ, 면 ㅁㅂㅅㅇ, 면 ㄱㅁㅇㄹ

6 ㉣

7

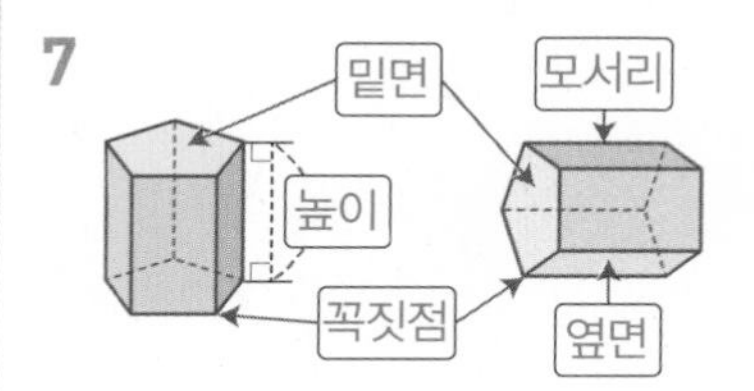

8 육각기둥

9 (위에서부터) 6, 5 / 8, 6

10 ㉢

11 육각기둥 /

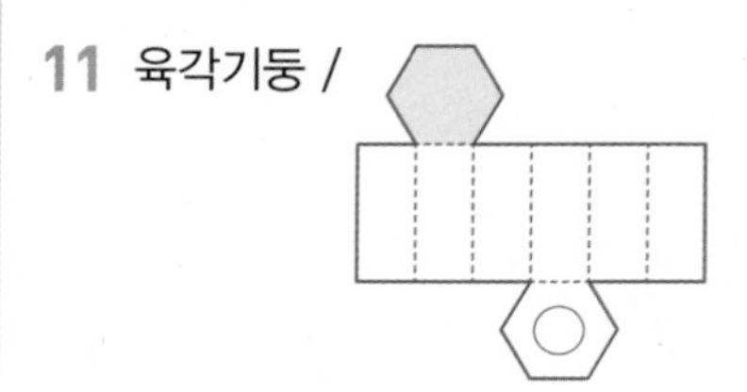

12 예 사각기둥의 전개도는 밑면이 2개, 옆면이 4개이어야 하는데 밑면이 2개, 옆면이 3개이므로 사각기둥의 전개도가 아닙니다.

13 (1) 점 ㅊ (2) 선분 ㄹㄷ

14

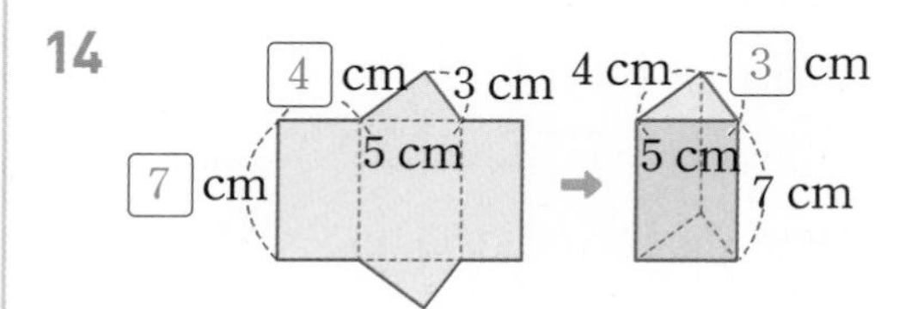

15 (1), (2)

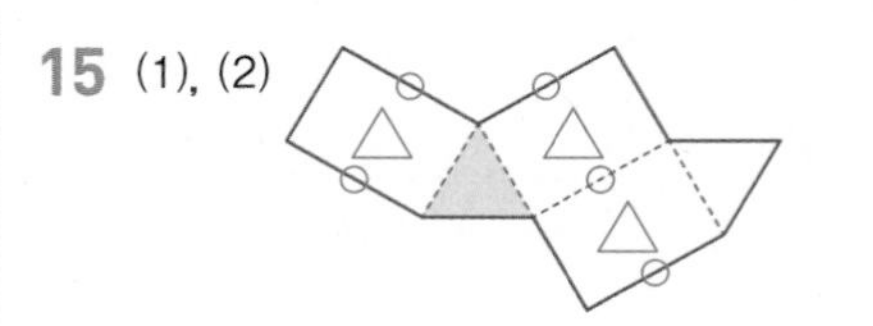

16 (○)
( )

17 1 cm 1 cm

18 1 cm 1 cm

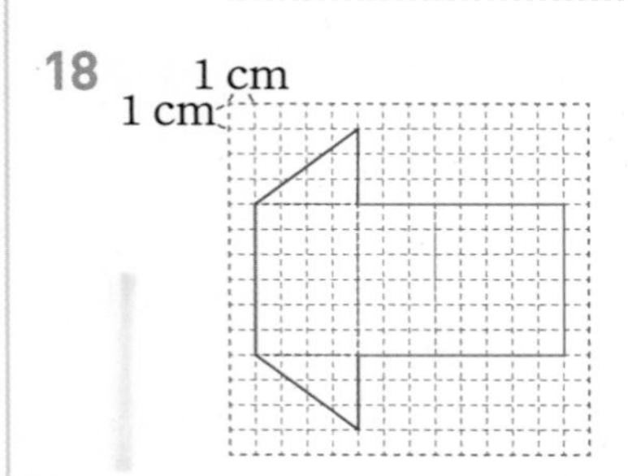

19

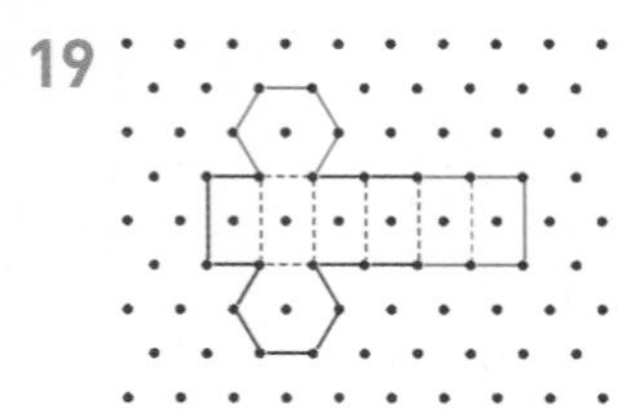

20 예 1 cm 1 cm

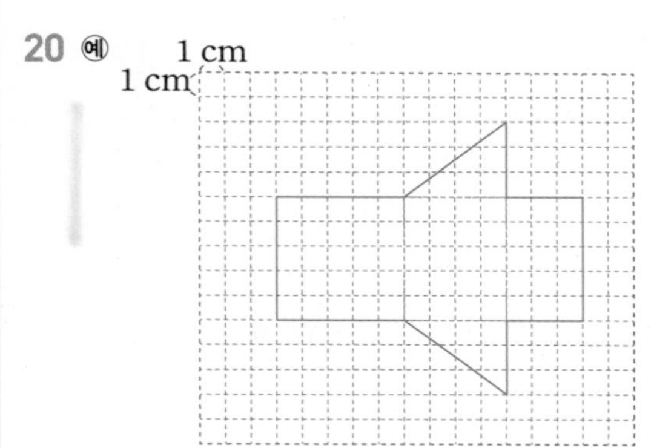

준비

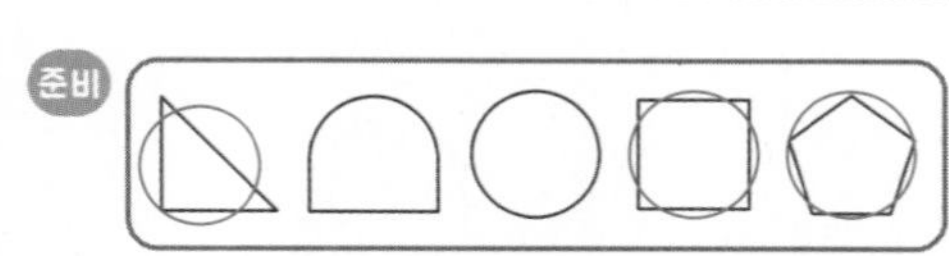

21 (1) 가, 나, 마, 바 (2) 나, 바 (3) 나, 바

22 (왼쪽에서부터) 오각형, 직사각형, 2, 1

23 ㉡

24 예 각뿔은 밑면이 다각형이고 옆면이 삼각형인 입체도형인데 주어진 입체도형은 옆면이 삼각형이 아니므로 각뿔이 아닙니다.

25

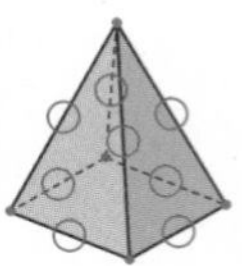

26 예  / 오각뿔

27 (위에서부터) 4, 6 / 6, 7, 7 / 9, 10, 18

1 (4) 각기둥은 서로 평행하고 합동인 두 다각형이 있는 입체도형이므로 가, 바입니다.

2

평가 기준
각기둥의 특징을 알고 있나요?
각기둥이 아닌 이유를 썼나요?

4 각기둥의 겨냥도를 그릴 때 보이는 모서리는 실선으로, 보이지 않는 모서리는 점선으로 나타냅니다.

5 색칠한 면과 수직인 면을 모두 찾습니다.

6 ㉣ 각기둥의 옆면은 항상 직사각형이지만 밑면의 모양은 여러 가지 모양의 다각형입니다.

8 밑면의 모양이 육각형인 각기둥이므로 육각기둥입니다.

9 • 삼각기둥에서
(꼭짓점의 수)$=3\times2=6$(개)
(면의 수)$=3+2=5$(개)
• 사각기둥에서
(꼭짓점의 수)$=4\times2=8$(개)
(면의 수)$=4+2=6$(개)

10 ㉠ 밑면의 모양이 삼각형이어야 하는데 오각형이므로 삼각기둥의 전개도가 아닙니다.
㉡ 밑면의 모양이 삼각형이어야 하는데 사각형이므로 삼각기둥의 전개도가 아닙니다.
㉣ 밑면인 삼각형이 1개 더 있어야 하므로 삼각기둥의 전개도가 아닙니다.

11 밑면이 육각형이고 옆면이 직사각형이므로 육각기둥의 전개도입니다.

12

평가 기준
사각기둥의 전개도를 설명했나요?
사각기둥의 전개도가 아닌 이유를 썼나요?

14 각기둥의 높이는 전개도에서 옆면인 직사각형의 세로와 같습니다.

15 (2) 전개도를 접었을 때 두 밑면과 수직으로 만나는 선분을 모두 찾습니다.

17 접는 부분은 점선으로, 자르는 부분은 실선으로 그리고 맞닿는 부분의 길이가 같게 그립니다.

20 밑면을 2개 그리고 가로가 각각 3 cm, 4 cm, 5 cm이고 세로가 5 cm인 직사각형 3개를 그립니다.

21 (3) 각뿔은 밑면이 다각형이고 옆면이 삼각형인 입체도형이므로 나, 바입니다.

22 가와 나 도형 모두 밑면의 모양은 오각형입니다.

23 ㉡ 각뿔의 옆면은 모두 삼각형입니다.

24

평가 기준
각뿔의 특징을 알고 있나요?
각뿔이 아닌 이유를 썼나요?

25 면과 면이 만나는 선분을 모두 찾아 ○표 하고, 모서리와 모서리가 만나는 점을 모두 찾아 •으로 표시합니다.

내가 만드는 문제

26 예 밑면이 다각형이고 옆면이 삼각형인 입체도형이므로 각뿔입니다.
밑면의 모양이 오각형인 각뿔이므로 오각뿔입니다.

27 • 삼각뿔에서
(면의 수)$=3+1=4$(개)
(모서리의 수)$=3\times2=6$(개)
• 육각뿔에서
(밑면의 변의 수)$=6$개
(꼭짓점의 수)$=6+1=7$(개)
(면의 수)$=6+1=7$(개)
• 구각뿔에서
(밑면의 변의 수)$=9$개
(꼭짓점의 수)$=9+1=10$(개)
(모서리의 수)$=9\times2=18$(개)

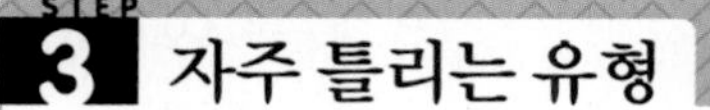

STEP 3 자주 틀리는 유형

49~51쪽

1 ㉠ **2** ㉡
3 ㉢, ㉣ **4** 10 cm
5 3 cm **6** 2 cm
7 선분 ㅋㅌ **8** 선분 ㅅㅂ
9 선분 ㅅㅂ

10 예

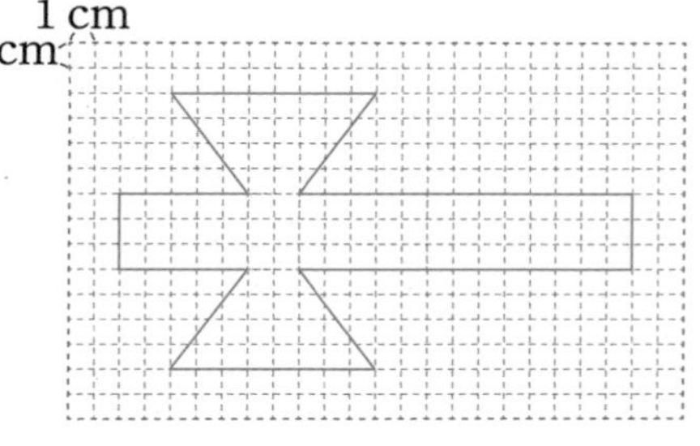

11 예

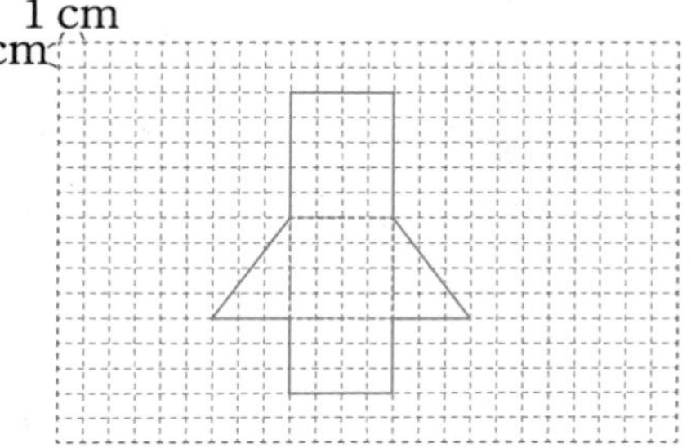

12 ㉢ **13** ㉠
14 ㉡, ㉠, ㉢ **15** 6개
16 16개 **17** 8개

1 ㉠ 육각기둥과 육각뿔의 밑면의 모양은 육각형입니다.
㉡ 육각기둥은 옆면이 직사각형, 육각뿔은 옆면이 삼각형입니다.

2 ㉠ 오각기둥과 오각뿔은 모두 옆면이 5개입니다.
㉡ 오각기둥은 모서리가 15개, 오각뿔은 모서리가 10개입니다.

3 왼쪽 입체도형은 팔각기둥, 오른쪽 입체도형은 팔각뿔입니다.
㉠ 팔각기둥은 옆면이 직사각형, 팔각뿔은 옆면이 삼각형입니다.
㉡ 팔각기둥은 밑면이 2개, 팔각뿔은 밑면이 1개입니다.

4 각기둥에서 높이는 두 밑면 사이의 거리이므로 10 cm입니다.

8 전개도를 접었을 때 점 ㄱ은 점 ㅅ과 만나고, 점 ㄴ은 점 ㅂ과 만나므로 선분 ㄱㄴ과 맞닿는 선분은 선분 ㅅㅂ입니다.

9 전개도를 접었을 때 점 ㄷ은 점 ㅅ과 만나고, 점 ㄹ은 점 ㅂ과 만나므로 선분 ㄷㄹ과 맞닿는 선분은 선분 ㅅㅂ입니다.

10 접는 부분은 점선으로, 자르는 부분은 실선으로 그리고 맞닿는 부분의 길이가 같게 그립니다.

11 접는 부분은 점선으로, 자르는 부분은 실선으로 그리고 맞닿는 부분의 길이가 같게 그립니다.

12 ㉠ (칠각기둥의 꼭짓점의 수)$=7\times2=14$(개)
㉡ (팔각기둥의 면의 수)$=8+2=10$(개)
㉢ (육각기둥의 모서리의 수)$=6\times3=18$(개)

13 ㉠ (구각뿔의 면의 수)$=9+1=10$(개)
㉡ (십각뿔의 꼭짓점의 수)$=10+1=11$(개)
㉢ (육각뿔의 모서리의 수)$=6\times2=12$(개)

14 ㉠ (육각기둥의 꼭짓점의 수)$=6\times2=12$(개)
㉡ (칠각뿔의 모서리의 수)$=7\times2=14$(개)
㉢ (구각기둥의 면의 수)$=9+2=11$(개)

15 밑면의 모양이 삼각형이므로 전개도를 접으면 삼각기둥이 됩니다.
(삼각기둥의 꼭짓점의 수)$=3\times2=6$(개)

16 밑면의 모양이 팔각형이므로 전개도를 접으면 팔각기둥이 됩니다.
(팔각기둥의 꼭짓점의 수)$=8\times2=16$(개)

17 밑면의 모양이 사각형이므로 전개도를 접으면 사각기둥이 됩니다.
(사각기둥의 꼭짓점의 수)$=4\times2=8$(개)

STEP 4 최상위 도전 유형 52~54쪽

1 사각뿔	**2** 팔각기둥
3 육각뿔	**4** 오각기둥, 구각뿔
5 육각기둥	**6** 팔각기둥
7 12개	**8** 4개
9 15개	**10** 14 cm
11 10 cm	**12** 16 cm^2
13 45 cm	**14** 45 cm
15 36 cm	**16** 6 cm
17 5 cm	**18** 5 cm

1 옆면이 삼각형이므로 각뿔입니다.
➡ 밑면의 모양이 사각형인 각뿔이므로 사각뿔입니다.

2 옆면이 직사각형이므로 각기둥입니다.
➡ 밑면의 모양이 팔각형인 각기둥이므로 팔각기둥입니다.

3 이등변삼각형인 옆면이 6개이므로 밑면의 모양은 육각형입니다.
➡ 밑면의 모양이 육각형인 각뿔이므로 육각뿔입니다.

4 • 각기둥의 한 밑면의 변의 수를 □개라고 하면 꼭짓점이 10개이므로 $\square\times2=10$, $\square=5$입니다.
따라서 한 밑면의 변이 5개인 각기둥이므로 오각기둥입니다.
• 각뿔의 밑면의 변의 수를 □개라고 하면 꼭짓점이 10개이므로 $\square+1=10$, $\square=9$입니다.
따라서 밑면의 변이 9개인 각뿔이므로 구각뿔입니다.

5 각기둥의 한 밑면의 변의 수를 □개라고 하면 꼭짓점의 수는 $(\square\times2)$개, 모서리의 수는 $(\square\times3)$개입니다.
➡ $\square\times2+\square\times3=30$, $\square\times5=30$, $\square=6$
따라서 꼭짓점의 수와 모서리의 수의 합이 30개인 각기둥은 밑면의 모양이 육각형이므로 육각기둥입니다.

6 (십이각뿔의 모서리의 수)$=12\times2=24$(개)
모서리가 24개인 각기둥의 한 밑면의 변의 수를 □개라고 하면 $\square\times3=24$, $\square=8$입니다.
따라서 십이각뿔과 모서리의 수가 같은 각기둥은 밑면의 모양이 팔각형이므로 팔각기둥입니다.

7 밑면의 모양이 육각형인 각기둥이므로 육각기둥입니다. 육각기둥의 꼭짓점은 12개입니다.

8 밑면의 모양이 삼각형이고 옆면이 삼각형이므로 삼각뿔입니다. 삼각뿔의 꼭짓점은 4개입니다.

9 밑면의 모양이 오각형인 각기둥이므로 오각기둥입니다. 오각기둥의 모서리는 15개입니다.

10 (선분 ㄱㄴ)$=$(선분 ㅋㅊ)$=4$ cm
(선분 ㄴㄷ)$=$(선분 ㅊㅈ)$=6$ cm
두 밑면은 합동이므로
(선분 ㄷㄹ)$=$(선분 ㄴㄱ)$=4$ cm입니다.
➡ (선분 ㄱㄹ)$=4+6+4=14$ (cm)

11 (선분 ㄷㄹ)$=$(선분 ㄷㄴ)$=$(선분 ㅎㄱ)$=4$ cm
(선분 ㅋㅊ)$=$(선분 ㅍㅎ)$=6$ cm
➡ (선분 ㄷㄹ)$+$(선분 ㅋㅊ)$=4+6=10$ (cm)

12 각기둥의 밑면은 면 ㅈㅊㅇ과 면 ㄷㄹㅁ입니다.
(선분 ㅈㅇ)$=$(선분 ㅅㅇ)$=4$ cm
(선분 ㅊㅈ)$=$(선분 ㄷㄹ)$=8$ cm
➡ (삼각형 ㅈㅊㅇ의 넓이)$=8\times4\div2=16$ (cm^2)

13 (모든 모서리의 길이의 합)$=(3+4+5)\times2+7\times3$
$=24+21=45$ (cm)

14 옆면이 5개인 각기둥은 오각기둥이고, 오각기둥의 한 밑면의 변은 5개입니다.
➡ (모든 모서리의 길이의 합)$=(3\times5)\times2+3\times5$
$=30+15=45$ (cm)

15 옆면이 4개인 각뿔은 사각뿔이고 사각뿔의 밑면의 변은 4개입니다.
➡ (모든 모서리의 길이의 합)$=4\times4+5\times4$
$=16+20=36$ (cm)

16 각기둥의 높이를 □ cm라고 하면
$4\times20+\square\times2=92$, $80+\square\times2=92$,
$\square\times2=12$, $\square=6$입니다.
따라서 각기둥의 높이는 6 cm입니다.

17 각기둥의 높이를 □ cm라고 하면
$\square\times2+3\times10+6\times2=52$, $\square\times2+42=52$,
$\square\times2=10$, $\square=5$입니다.
따라서 각기둥의 높이는 5 cm입니다.

18 선분 ㅂㅅ의 길이를 □ cm라고 하면
$9\times4+\square\times6=66$, $36+\square\times6=66$, $\square\times6=30$,
$\square=5$입니다.
따라서 선분 ㅂㅅ의 길이는 5 cm입니다.

수시 평가 대비 Level ❶

55~57쪽

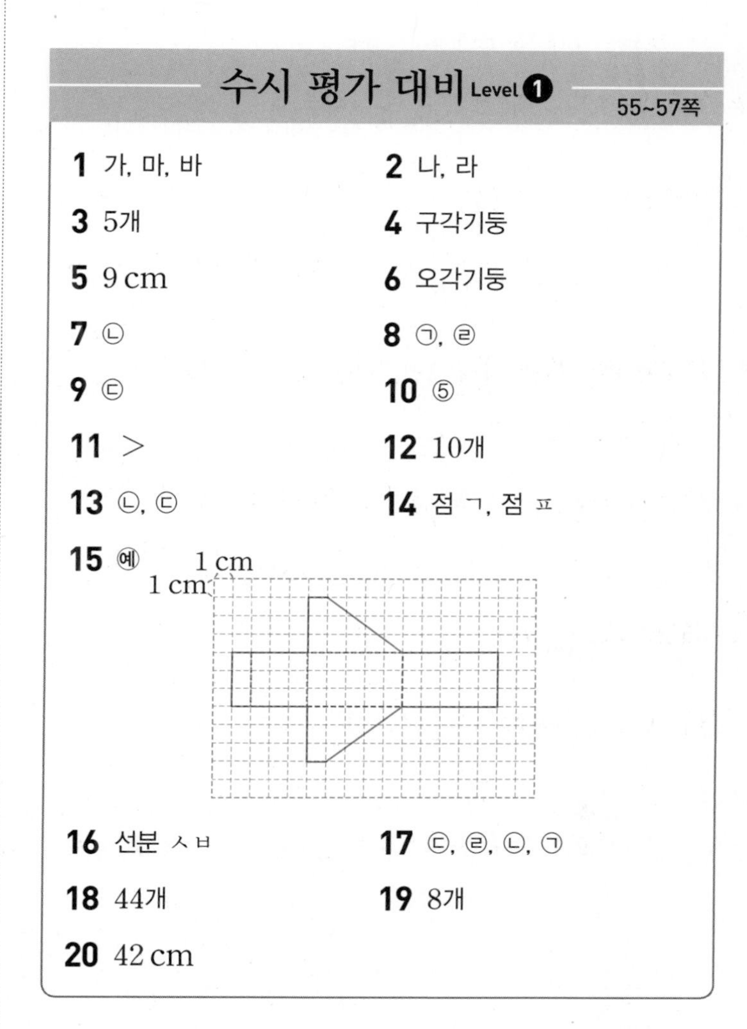

1 가, 마, 바	**2** 나, 라
3 5개	**4** 구각기둥
5 9 cm	**6** 오각기둥
7 ㉡	**8** ㉠, ㉣
9 ㉢	**10** ⑤
11 >	**12** 10개
13 ㉡, ㉢	**14** 점 ㄱ, 점 ㅍ
15 예	
16 선분 ㅅㅂ	**17** ㉢, ㉣, ㉡, ㉠
18 44개	**19** 8개
20 42 cm	

1 위와 아래에 있는 면이 서로 평행하고 합동인 다각형으로 이루어진 입체도형을 모두 찾습니다.

2 밑에 놓인 면이 다각형이고 옆으로 둘러싼 면이 모두 삼각형인 입체도형을 모두 찾습니다.

3 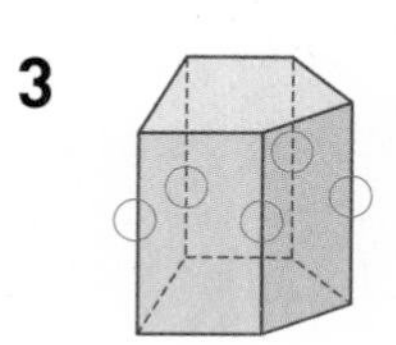
두 밑면 사이의 거리를 나타내는 모서리를 모두 찾습니다.

4 밑면의 모양이 구각형인 각기둥이므로 구각기둥입니다.

5 각기둥에서 높이는 두 밑면 사이의 거리이므로 각기둥의 높이는 9 cm입니다.

6 밑면이 오각형이고 옆면이 직사각형인 기둥 모양의 입체도형은 오각기둥입니다.

7 ㉡ 각기둥의 옆면은 적어도 3개입니다.

8 ㉡ 겹치는 면이 있으므로 사각기둥의 전개도가 아닙니다.
㉢ 면이 1개 더 있어야 합니다.

9 ㉢ 옆면의 수가 가장 적은 각뿔의 옆면은 3개입니다.

10 ⑤ 육각기둥의 모서리의 수는 $6 \times 3 = 18$(개)입니다.

11 삼각기둥의 꼭짓점의 수: 6개
사각뿔의 꼭짓점의 수: 5개

12 밑면의 모양이 오각형인 각뿔의 밑면의 변의 수는 5개입니다.
따라서 모서리는 $5 \times 2 = 10$(개)입니다.

13 ㉠ 밑면의 변의 수: 7개　　㉡ 꼭짓점의 수: 8개
㉢ 면의 수: 8개　　㉣ 모서리의 수: 14개

14 전개도를 접으면 점 ㅈ은 점 ㄱ, 점 ㅍ과 만납니다.

15 서로 맞닿는 선분의 길이를 같게 그립니다.

16 전개도를 접었을 때 점 ㄱ은 점 ㅅ과 만나고, 점 ㄴ은 점 ㅂ과 만나므로 선분 ㄱㄴ과 맞닿는 선분은 선분 ㅅㅂ입니다.

17 ㉠ (칠각뿔의 면의 수)$=7+1=8$(개)
㉡ (사각기둥의 모서리의 수)$=4 \times 3=12$(개)
㉢ (구각기둥의 꼭짓점의 수)$=9 \times 2=18$(개)
㉣ (팔각뿔의 모서리의 수)$=8 \times 2=16$(개)
➡ 18개 > 16개 > 12개 > 8개

18 모서리의 수가 14개인 각뿔을 □각뿔이라고 하면
$\square \times 2 = 14$, $\square = 7$이므로 칠각뿔입니다.
칠각뿔과 밑면의 모양이 같은 각기둥은 칠각기둥이므로 칠각기둥의 꼭짓점의 수는 $7 \times 2 = 14$(개), 면의 수는 $7+2=9$(개), 모서리의 수는 $7 \times 3 = 21$(개)입니다.
➡ $14+9+21=44$(개)

서술형
19 예 밑면의 모양이 사각형이므로 사각기둥과 사각뿔입니다.
사각기둥의 옆면의 수는 4개이고, 사각뿔의 옆면의 수도 4개입니다.
➡ $4+4=8$(개)

평가 기준	배점
두 입체도형이 사각기둥과 사각뿔임을 알았나요?	2점
두 입체도형의 옆면의 수의 합을 구했나요?	3점

서술형
20 예 면 ㅈㅊㅇ의 넓이가 $6\ cm^2$이고 (선분 ㅈㅇ)$=4$ cm이므로 (선분 ㅈㅊ)$\times 4 \div 2 = 6$,
(선분 ㅈㅊ)$\times 4 = 6 \times 2 = 12$,
(선분 ㅈㅊ)$=12 \div 4 = 3$ (cm)입니다.
따라서 전개도의 둘레는
$(3 \times 4)+(4 \times 4)+(7 \times 2)$
$=12+16+14=42$ (cm)입니다.

평가 기준	배점
선분 ㅈㅇ, 선분 ㅈㅊ의 길이를 각각 구했나요?	3점
전개도의 둘레는 몇 cm인지 구했나요?	2점

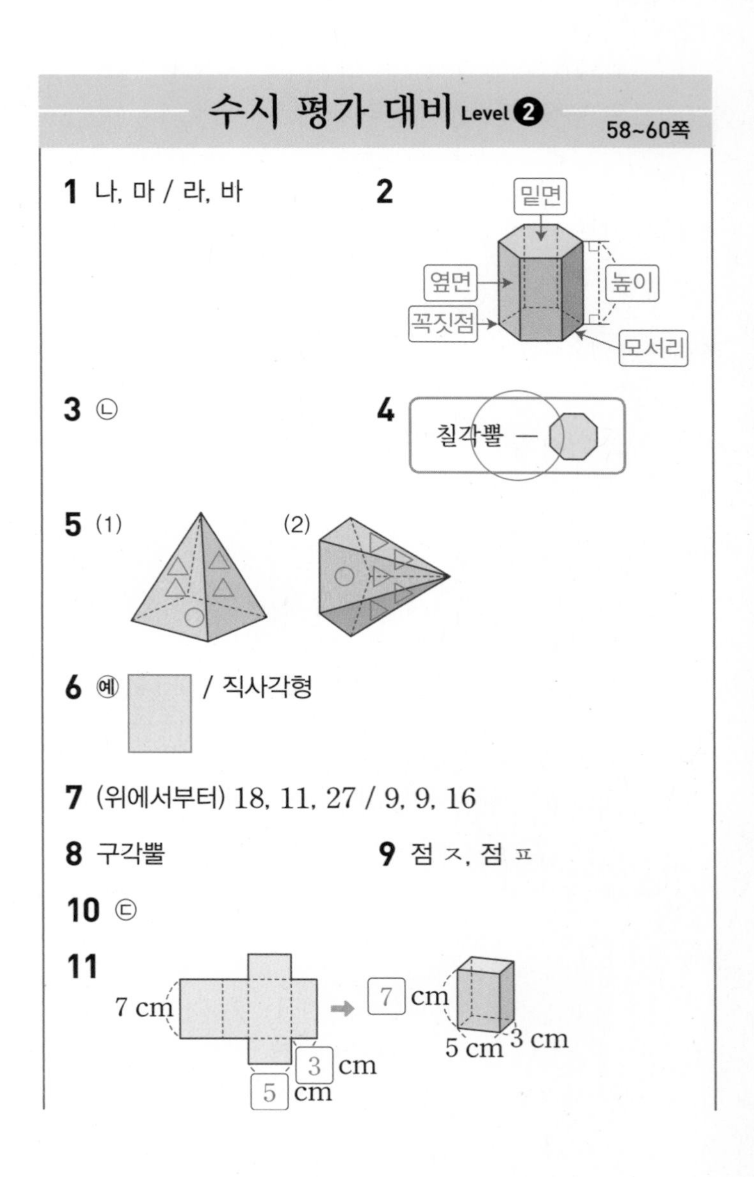

12 7 cm

13 예

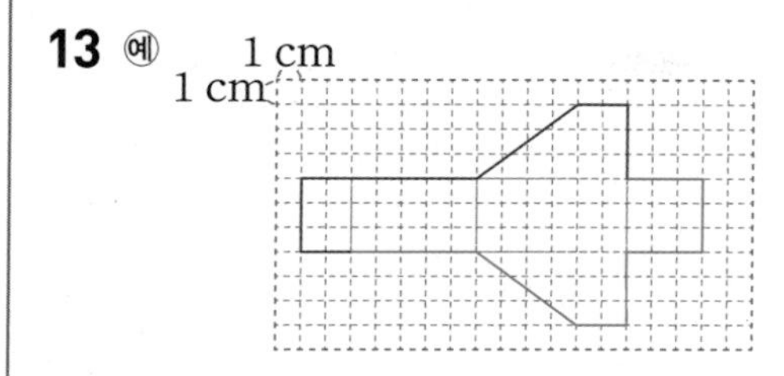

14 ㉢, ㉡, ㉠

15 12개

16 오각기둥

17 38개

18 5 cm

19 육각뿔

20 88 cm

2 면과 면이 만나는 선분은 모서리, 모서리와 모서리가 만나는 점은 꼭짓점, 두 밑면 사이의 거리는 높이입니다.

3 각뿔의 높이를 재는 것은 각뿔의 꼭짓점에서 밑면에 수직인 선분의 길이를 재는 것이므로 ㉡입니다.

4 칠각뿔의 밑면의 모양은 칠각형입니다.

5 각뿔에서 밑면과 만나는 면이 옆면입니다.

6 각기둥의 옆면은 모두 직사각형입니다.

7 • 구각기둥에서
(한 밑면의 변의 수)=9개,
(꼭짓점의 수)=$9\times2=18$(개),
(면의 수)=$9+2=11$(개),
(모서리의 수)=$9\times3=27$(개)입니다.
• 팔각뿔에서
(밑면의 변의 수)=8개,
(꼭짓점의 수)=$8+1=9$(개),
(면의 수)=$8+1=9$(개),
(모서리의 수)=$8\times2=16$(개)입니다.

8 밑면이 구각형으로 1개이고 옆면이 모두 삼각형인 입체도형은 구각뿔입니다.

9 전개도를 접으면 점 ㄱ은 점 ㅈ, 점 ㅍ과 만납니다.

10

도형	면의 수 (개)	밑면의 수 (개)	옆면의 수 (개)	모서리의 수 (개)
삼각기둥	5	2	3	9
삼각뿔	4	1	3	6

12 (선분 ㅊㅈ)=(선분 ㅌㅍ)=7 cm

13 일부분이 그려진 전개도에서 각기둥의 높이는 3 cm임을 알 수 있습니다.

14 ㉠ (오각기둥의 모서리의 수)=$5\times3=15$(개)
㉡ (구각뿔의 꼭짓점의 수)=$9+1=10$(개)
㉢ (팔각뿔의 면의 수)=$8+1=9$(개)

15 밑면의 모양이 육각형이고 옆면의 모양이 직사각형이므로 전개도를 접으면 육각기둥이 됩니다. 육각기둥의 꼭짓점은 12개입니다.

16 직사각형인 옆면이 5개이므로 밑면의 모양은 오각형입니다.
➡ 밑면의 모양이 오각형인 각기둥은 오각기둥입니다.

17 각기둥의 한 밑면의 변의 수를 □개라고 하면
$\square\times2=18$, $\square=9$이므로 구각기둥입니다.
구각기둥에서 면은 $9+2=11$(개),
모서리는 $9\times3=27$(개)입니다.
➡ $11+27=38$(개)

18 각기둥의 높이를 □ cm라고 하면
$5\times8+\square\times10=90$, $40+\square\times10=90$,
$\square\times10=50$, $\square=5$입니다.
따라서 각기둥의 높이는 5 cm입니다.

서술형

19 예 밑면의 모양이 육각형이고 옆면이 삼각형인 입체도형은 육각뿔입니다.

평가 기준	배점
입체도형의 이름을 구했나요?	5점

서술형

20 예 옆면이 8개인 각뿔은 팔각뿔입니다. 팔각뿔의 밑면의 변은 8개이므로 모든 모서리의 길이의 합은
$3\times8+8\times8=24+64=88$ (cm)입니다.

평가 기준	배점
각뿔의 이름을 구했나요?	2점
각뿔의 모든 모서리의 길이의 합을 구했나요?	3점

3 소수의 나눗셈

우리가 생활하는 주변을 살펴보면 수치가 자연수인 경우보다는 소수인 경우를 등분 해야 할 상황이 더 발생합니다. 실제 측정하여 길이나 양을 나타내는 경우 소수로 주어지는 경우가 많으므로 등분 하려면 (소수)÷(자연수)의 계산이 필요하게 됩니다. 이 단원에서는 (소수)÷(자연수)가 적용되는 실생활 상황을 식을 세워 어림해 보고 자연수의 나눗셈과 분수의 나눗셈으로 바꾸어서 계산하여 확인하는 활동을 합니다. 이를 바탕으로 (소수)÷(자연수)의 계산 원리를 이해하고, 세로 계산으로 형식화합니다. 또 몫을 어림해 보는 활동을 통하여 소수점의 위치를 바르게 표시하였는지 확인해 보도록 합니다. 이 단원의 주요 목적은 세로 계산 방법을 습득하는 과정에서 (자연수)÷(자연수)와 (소수)÷(자연수)의 나누어지는 수와 몫의 크기를 비교하는 방법 등을 통해 학생들이 세로 계산 방법의 원리를 충분히 이해하고 사용할 수 있는 데 중점을 둡니다.

STEP 1 교과 개념 1. (소수)÷(자연수)(1) 63쪽

1 ① 예

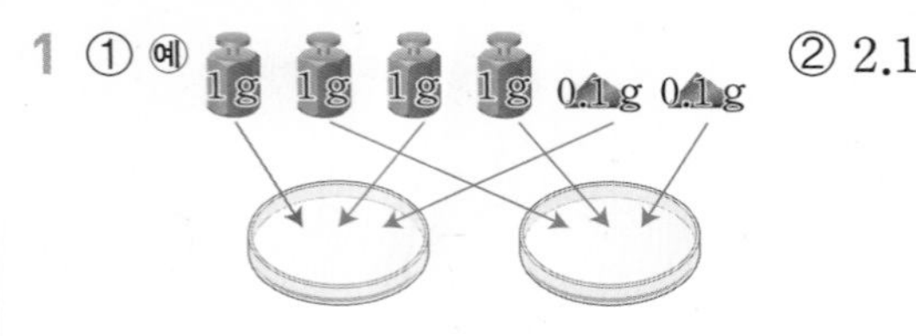

② 2.1

2 133, 1.33

3 112, 11.2, 1.12

4 ① 14.3, 1.43 ② 31.1, 3.11

1 ② 접시 1개에 담을 수 있는 분동은 1 g 분동 2개와 0.1 g 분동 1개이므로 $4.2 \div 2 = 2.1$ (g)입니다.

2 $399 \div 3 = 133$이고 1 m=100 cm이므로 133 cm=1.33 m입니다.

4 나누는 수가 같고 나누어지는 수가 자연수의 $\frac{1}{10}$배, $\frac{1}{100}$배가 되면 몫도 $\frac{1}{10}$배, $\frac{1}{100}$배가 됩니다.

STEP 1 교과 개념 2. (소수)÷(자연수)(2) 65쪽

1 ① 738, 738, 246, 2.46
② 3144, 3144, 524, 5.24

2 14.33

3 ① 1.54 ② 23.6

4 ① (위에서부터) 2.32, 12, 19, 18, 12, 12
② (위에서부터) 9.3, 72, 24, 24

1 소수를 분수로 고쳐서 계산할 때 분수의 분모는 100을 유지한 채 계산한 후 계산 결과를 소수로 나타냅니다.

2 나누어지는 수가 $\frac{1}{100}$배가 되면 몫도 $\frac{1}{100}$배가 됩니다.

3 몫의 소수점은 나누어지는 수의 소수점의 위치에 맞추어 찍습니다.

4 자연수의 나눗셈과 같은 방법으로 계산하고, 몫의 소수점은 나누어지는 수의 소수점을 올려 찍습니다.

STEP 1 교과 개념 3. (소수)÷(자연수)(3) 67쪽

1 ① 212, 212, 4, 53, 0.53 ② 96, 96, 8, 12, 0.12

2 ① 0.76 ② 0.38

3 ① 0.69 ② 0.13

4 ① (위에서부터) 2, 4, 6, 12
② (위에서부터) 8, 9, 32, 36

2 ① 4.56은 456의 $\frac{1}{100}$배이므로 $4.56 \div 6$의 몫은 76의 $\frac{1}{100}$배인 0.76입니다.
② 3.42는 342의 $\frac{1}{100}$배이므로 $3.42 \div 9$의 몫은 38의 $\frac{1}{100}$배인 0.38입니다.

4 몫의 소수점은 나누어지는 수의 소수점을 올려 찍고 자연수 부분이 비어 있을 경우 일의 자리에 0을 씁니다.

STEP 1 교과개념 4. (소수) ÷ (자연수)(4) 69쪽

1 ① 990, 990, 165, 1.65 ② 230, 230, 46, 0.46

2 ① 0.45 ② 0.86

3 ① (위에서부터) 0.75, 42, 30
② (위에서부터) 2.35, 12, 20

4 ①
```
     1.3 6
 5 )6.8 0
    5
    1 8
    1 5
      3 0
      3 0
        0
```
②
```
     0.9 5
 8 )7.6 0
    7 2
      4 0
      4 0
        0
```

2 나누어지는 수가 $\frac{1}{100}$배가 되면 몫도 $\frac{1}{100}$배가 됩니다.

3 나누어떨어지지 않을 때에는 나누어지는 소수의 오른쪽 끝자리에 0이 계속 있는 것으로 생각하고 0을 내려 계산합니다.

STEP 1 교과개념 5. (소수) ÷ (자연수)(5) 71쪽

1 ① $7.56 \div 7 = \frac{756}{100} \div 7 = \frac{756 \div 7}{100} = \frac{108}{100} = 1.08$

② $8.4 \div 8 = \frac{840}{100} \div 8 = \frac{840 \div 8}{100} = \frac{105}{100} = 1.05$

2 ① 2.08 ② 1.04

3 ① (위에서부터) 1.09, 6, 54
② (위에서부터) 4.05, 8, 10

4 ① 1.07 ② 1.05

2 ① 6.24는 624의 $\frac{1}{100}$배이므로 6.24÷3의 몫은 208의 $\frac{1}{100}$배인 2.08입니다.
② 5.2는 520의 $\frac{1}{100}$배이므로 5.2÷5의 몫은 104의 $\frac{1}{100}$배인 1.04입니다.

3 ① 받아내림한 수 5는 나누는 수 6보다 작으므로 몫의 소수 첫째 자리에 0을 쓴 다음 4를 내려 씁니다.
② 받아내림한 수 1은 나누는 수 2보다 작으므로 몫의 소수 첫째 자리에 0을 쓴 다음 나누어지는 소수의 오른쪽 끝자리에 0이 계속 있는 것으로 생각하여 0을 내려 씁니다.

4 ①
```
     1.0 7
 7 )7.4 9
    7
      4 9
      4 9
        0
```
②
```
     1.0 5
 6 )6.3 0
    6
      3 0
      3 0
        0
```

STEP 1 교과개념 6. (자연수) ÷ (자연수), 몫의 소수점 위치 확인하기 73쪽

1 ① 12, 24, 2.4 ② 9, 225, 2.25

2 ① 1.5 ② 3.75 ③ 0.32

3 ① 72÷8 ② 71.6÷8=8.95에 ○표

4 ① 예 26, 5 / 5.16 ② 예 41, 14 / 13.7

2 ①
```
     1.5
 6 )9.0
    6
    3 0
    3 0
      0
```
②
```
      3.7 5
 8 )3 0.0 0
    2 4
      6 0
      5 6
        4 0
        4 0
          0
```
③
```
      0.3 2
 25 )8.0 0
     7 5
       5 0
       5 0
         0
```

3 ② 71.6÷8을 72÷8로 어림하면 약 9이므로 71.6÷8=8.95입니다.

4 ① 25.8÷5를 26÷5로 어림하면 약 5이므로 5.16입니다.
② 41.1÷3을 41÷3으로 어림하면 약 14이므로 13.7입니다.

STEP 2 꼭 나오는 유형 74~80쪽

1 1.1

2 848, 212, 212, 2.12

3 (위에서부터) (1) 321, $\frac{1}{10}$, 32.1

(2) 332, $\frac{1}{100}$, 6.64, 3.32

4 22.1, 2.21

5 33.3 cm

6 예 28.2, 2, 14.1 / 2.82, 2, 1.41

준비 $8.24\times3=\frac{824}{100}\times3=\frac{824\times3}{100}$
$=\frac{2472}{100}=24.72$

7 $27.35\div5=\frac{2735}{100}\div5=\frac{2735\div5}{100}=\frac{547}{100}=5.47$

8 3⊡3□5

9 9.2, 4.6

10 ㉡

11 5.46

12

```
    0.6 5
 5)3.2 5
   3 0
     2 5
     2 5
       0
```

13 (1) 0.54 (2) 0.77

14 >

15 0.69배

16 (위에서부터) 예 6, 0.84 / 예 4, 0.21

17 $0.68\,m^2$

18 (위에서부터) 87, 0.87, $\frac{1}{100}$ /
예 3.48은 348의 $\frac{1}{100}$배이므로 몫도 $\frac{1}{100}$배입니다.
$348\div4=87$이므로 $3.48\div4$의 몫은 87의 $\frac{1}{100}$배인 0.87입니다.

19 (1) 3.15 (2) 0.75

20 (1) 9.45 (2) 8.15

21 4.52, 1.13

22 ㉢

준비 7

23 7.35

24 예 41.7, 6, 6.95

25 5.96 cm

26 424, 106, 1.06

27 (1) 1.08 (2) 9.05

28

```
     6.0 4
 3)1 8.1 2
   1 8
       1 2
       1 2
         0
```

/ 예 몫의 소수 첫째 자리에 0을 쓰지 않았기 때문입니다.

29 2, 1, 3

30 9.05

31 $48.48\div8=6.06$ / 6.06 kg

32 3.08 cm

준비 (1) 2, 2, 6, 0.6 (2) 25, 25, 125, 1.25

33 (1) 2, 2, 16, 1.6 (2) 15, 15, 25, 25, 375, 3.75

34 (1) 2.5 (2) 2.75

35 3.4

36 (위에서부터) 4.75, 9.5

37 예 문제 딸기 21 kg을 6명이 똑같이 나누어 가지려고 합니다. 한 사람이 가지는 딸기는 몇 kg일까요?
답 3.5 kg

38 2.25 kg

39 24 / $24.4\div8=3.05$에 ○표

40 (1) 예 6, 3, 2 / 2⊡1□6 (2) 예 47, 6, 8 / 7⊡8□5

41 ( )( )
( )(○)

42 은지가 한 실수 예 몫의 소수점 위치가 잘못되었습니다.
바르게 고치기 예 $172\div4=43$이니까 $17.2\div4=4.3$이야. 따라서 한 사람이 벽화를 그리는 데 사용할 수 있는 페인트는 4.3 L야.

43 <

44 예 3.4, 4

3 (1) 나누는 수가 같을 때 나누어지는 수가 $\frac{1}{10}$배가 되면 몫도 $\frac{1}{10}$배가 됩니다.
(2) 나누는 수가 같을 때 나누어지는 수가 $\frac{1}{100}$배가 되면 몫도 $\frac{1}{100}$배가 됩니다.

4 나누는 수가 같을 때 나누어지는 수를 $\frac{1}{10}$배, $\frac{1}{100}$배 하면 몫도 $\frac{1}{10}$배, $\frac{1}{100}$배가 됩니다.

5 (방패연 한 개의 가로)$=99.9\div3=33.3$ (cm)

7 나누어지는 소수 두 자리 수를 분모가 100인 분수로 나타낸 후 분수의 나눗셈으로 바꾸어 계산합니다.

8 자연수의 나눗셈과 같은 방법으로 계산하고, 나누어지는 수의 소수점 위치에 맞춰 결괏값에 소수점을 찍어 줍니다.

9 $36.8 \div 4 = 9.2$, $36.8 \div 8 = 4.6$

다른 풀이

나누어지는 수가 같을 때 나누는 수가 2배씩 커지면 몫은 $\frac{1}{2}$배씩 작아집니다.

➡ $18.4 \div 2 = 9.2$, $9.2 \div 2 = 4.6$

10 ㉠ $8.34 \div 6 = 1.39$ ㉡ $7.25 \div 5 = 1.45$
㉢ $9.59 \div 7 = 1.37$

따라서 $1.45 > 1.39 > 1.37$이므로 계산 결과가 가장 큰 것은 ㉡입니다.

11 예 어떤 수를 □라고 하면 $\square \times 8 = 43.68$이므로
$\square = 43.68 \div 8 = 5.46$입니다.

평가 기준
어떤 수를 구하는 식을 세웠나요?
어떤 수를 구했나요?

12 세로로 계산한 후 소수점을 올리고, 몫의 자연수 부분에 0을 씁니다.

13 (1)

```
   0.5 4
4)2.1 6
  2 0
    1 6
    1 6
      0
```

(2)

```
   0.7 7
8)6.1 6
  5 6
    5 6
    5 6
      0
```

14 $0.87 \div 3 = 0.29$, $2.34 \div 9 = 0.26$

➡ $0.29 > 0.26$

15 (고양이의 몸무게)$\div$(강아지의 몸무게)
$= 5.52 \div 8 = 0.69$(배)

내가 만드는 문제

16 몫이 1보다 작으려면 나누는 수가 나누어지는 수보다 커야 합니다.

예 $5.04 \div 6 = 0.84$, $0.84 \div 4 = 0.21$

17 (색칠한 부분의 넓이)$= 2.72 \div 4 = 0.68$ (m^2)

18

평가 기준
□ 안에 알맞은 수를 구했나요?
계산하는 방법을 설명했나요?

19 나누는 수가 같을 때 나누어지는 수를 $\frac{1}{100}$배 하면 몫도 $\frac{1}{100}$배가 됩니다.

20 소수점 아래에서 나누어떨어지지 않는 경우에는 0을 하나 더 내려 계산합니다.

(1)

```
    9.4 5
4)3 7.8 0
  3 6
    1 8
    1 6
      2 0
      2 0
        0
```

(2)

```
    8.1 5
8)6 5.2 0
  6 4
    1 2
      8
      4 0
      4 0
        0
```

21 $22.6 \div 5 = 4.52$, $4.52 \div 4 = 1.13$

22 나누는 수가 같을 때 나누어지는 수가 클수록 몫이 더 큽니다.

$25.2 < 34.8 < 40.4$이므로 몫이 가장 큰 것을 찾아 기호를 쓰면 ㉢입니다.

준비 $\square = 21 \div 3 = 7$

23 $\square = 58.8 \div 8 = 7.35$

내가 만드는 문제

24 $19.6 \div 8 = 2.45$, $53.4 \div 4 = 13.35$도 정답입니다.

25 예 정오각형은 다섯 변의 길이가 모두 같습니다.
따라서 정오각형의 한 변의 길이는
$29.8 \div 5 = 5.96$ (cm)입니다.

평가 기준
정오각형의 다섯 변의 길이가 모두 같음을 알았나요?
정오각형의 한 변의 길이를 구했나요?

26 $4.24 \div 4 = \frac{424}{100} \div 4 = \frac{424 \div 4}{100} = \frac{106}{100} = 1.06$

➡ ㉠$=424$, ㉡$=106$, ㉢$=1.06$

27 (1)

```
   1.0 8
5)5.4 0
  5
    4 0
    4 0
      0
```

(2)

```
    9.0 5
6)5 4.3 0
  5 4
      3 0
      3 0
        0
```

28

평가 기준
바르게 계산했나요?
계산이 잘못된 이유를 썼나요?

29 $9.18 \div 3 = 3.06$, $21.49 \div 7 = 3.07$, $24.24 \div 8 = 3.03$
➡ $3.07 > 3.06 > 3.03$

30 $36.2 \div ♥ = 4$, $36.2 \div 4 = ♥$, $♥ = 9.05$

31 (한 상자에 담은 고구마의 무게)
=(전체 고구마의 무게)÷(상자의 수)
$= 48.48 \div 8 = 6.06$ (kg)

32 (점 사이의 간격 수)=(점의 수)-1
$= 6 - 1 = 5$(군데)
(점 사이의 간격)
=(점들을 이은 선의 전체 길이)÷(점 사이의 간격 수)
$= 15.4 \div 5 = 3.08$ (cm)

33 몫을 분수로 나타낸 다음, 소수로 나타냅니다.

34 세로로 계산합니다. 더 이상 계산할 수 없을 때까지 내림을 하고 내릴 수가 없는 경우 0을 내려 계산합니다.

(1)
$$\begin{array}{r} 2.5 \\ 6\overline{)15.0} \\ \underline{12} \\ 3\,0 \\ \underline{3\,0} \\ 0 \end{array}$$

(2)
$$\begin{array}{r} 2.75 \\ 4\overline{)11.00} \\ \underline{8} \\ 3\,0 \\ \underline{2\,8} \\ 2\,0 \\ \underline{2\,0} \\ 0 \end{array}$$

35 $17 > 5$이므로 큰 수는 17, 작은 수는 5입니다.
➡ $17 \div 5 = 3.4$

36 $19 \div 4$의 계산은 $19 \div 2$를 계산한 후 그 몫을 다시 2로 나누는 것과 같습니다.

내가 만드는 문제
37 예 (한 사람이 가지는 딸기의 양)
=(전체 딸기의 양)÷(사람 수)
$= 21 \div 6 = 3.5$ (kg)

38 예 (감자 한 봉지의 무게)
=(감자 4봉지의 무게)÷(봉지의 수)
$= 9 \div 4 = 2.25$ (kg)

평가 기준
감자 한 봉지의 무게를 구하는 식을 세웠나요?
감자 한 봉지의 무게를 구했나요?

39 24.4를 반올림하여 일의 자리까지 나타내면 24이므로 $24 \div 8$의 몫인 3에 가까워야 합니다.

40 반올림하여 일의 자리까지 나타내어 몫을 어림하고 몫의 소수점 위치를 찾을 수 있습니다.

41 $7.76 \div 8$에서 7.76을 반올림하여 일의 자리까지 나타내면 8입니다. $8 \div 8$의 몫은 1이므로 $7.76 \div 8 = 0.97$입니다.

42

평가 기준
은지가 어떤 실수를 했는지 썼나요?
바르게 고쳤나요?

43
- $15.4 \div 5$에서 15.4를 반올림하여 일의 자리까지 나타내면 15입니다. $15 \div 5 = 3$이므로 $15.4 \div 5$의 몫은 약 3입니다.
- $37.44 \div 8$에서 37.44를 반올림하여 일의 자리까지 나타내면 37입니다. $37 \div 8$의 몫은 4보다 크고 5보다 작으므로 $37.44 \div 8$의 몫도 4보다 크고 5보다 작습니다.

➡ $15.4 \div 5 < 37.44 \div 8$

내가 만드는 문제
44 몫의 자연수 부분이 0이 되려면 나누어지는 수가 나누는 수보다 작아야 합니다. $2.1 \div 3$, $2.1 \div 4$도 정답입니다.

STEP 3 자주 틀리는 유형

81~83쪽

1 ㉡	**2** ㉣
3 2개	**4** 은서
5 지훈	**6** ㉡, ㉣, ㉢, ㉠
7 5.6 cm	**8** 3.24 cm
9 4.05 cm	**10** 1, 2, 3, 4, 5
11 4	**12** 4개
13 0.55 kg	**14** 1.24 kg
15 0.23 kg	**16** 1.38
17 1.29	**18** 42.28

1 나누어지는 수가 나누는 수보다 작으면 몫이 1보다 작습니다.
㉡ $4.3 < 5$이므로 $4.3 \div 5$의 몫이 1보다 작습니다.

2 나누어지는 수가 나누는 수보다 크면 몫이 1보다 큽니다.
㉣ $16.4>8$이므로 $16.4 \div 8$의 몫이 1보다 큽니다.

3 나누어지는 수가 나누는 수의 2배보다 크면 몫이 2보다 큽니다.
➡ $6.03>3 \times 2$, $13.44>4 \times 2$이므로 몫이 2보다 큰 나눗셈은 $6.03 \div 3$과 $13.44 \div 4$로 모두 2개입니다.

4
- 준혁: 4.6을 반올림하여 일의 자리까지 나타내면 5이고 $5 \div 5=1$이므로 $4.6 \div 5$의 몫은 약 1입니다.
- 은서: 32.4를 반올림하여 일의 자리까지 나타내면 32이고 $32 \div 8=4$이므로 $32.4 \div 8$의 몫은 약 4입니다.
- 찬우: 14.14를 반올림하여 일의 자리까지 나타내면 14이고 $14 \div 7=2$이므로 $14.14 \div 7$의 몫은 약 2입니다.

따라서 몫이 가장 큰 사람은 은서입니다.

5
- 윤화: 15.21을 반올림하여 일의 자리까지 나타내면 15이고 $15 \div 3=5$이므로 $15.21 \div 3$의 몫은 약 5입니다.
- 지훈: 15.6을 반올림하여 일의 자리까지 나타내면 16이고 $16 \div 4=4$이므로 $15.6 \div 4$의 몫은 약 4입니다.
- 세인: 63.09를 반올림하여 일의 자리까지 나타내면 63이고 $63 \div 9=7$이므로 $63.09 \div 9$의 몫은 약 7입니다.

따라서 몫이 가장 작은 사람은 지훈입니다.

6 ㉠ 11.52를 반올림하여 일의 자리까지 나타내면 12이고 $12 \div 6=2$이므로 $11.52 \div 6$의 몫은 약 2입니다.
㉡ 37.8을 반올림하여 일의 자리까지 나타내면 38입니다. $38 \div 4$의 몫은 9보다 크고 10보다 작으므로 $37.8 \div 4$의 몫도 9보다 크고 10보다 작습니다.
㉢ 35.64를 반올림하여 일의 자리까지 나타내면 36이고 $36 \div 9=4$이므로 $35.64 \div 9$의 몫은 약 4입니다.
㉣ 41.8을 반올림하여 일의 자리까지 나타내면 42입니다. $42 \div 5$의 몫은 8보다 크고 9보다 작으므로 $41.8 \div 5$의 몫도 8보다 크고 9보다 작습니다.
따라서 몫이 큰 것부터 차례로 기호를 쓰면 ㉡, ㉣, ㉢, ㉠입니다.

7 (정사각형의 둘레)$=4.2 \times 4=16.8$ (cm)
정삼각형의 둘레는 정사각형의 둘레와 같으므로 16.8 cm입니다.
➡ (정삼각형의 한 변의 길이)$=16.8 \div 3=5.6$ (cm)

8 (정육각형의 둘레)
$=$(정육각형 한 개를 만드는 데 필요한 철사의 길이)
$=97.2 \div 5=19.44$ (cm)
따라서 정육각형의 한 변의 길이는
$19.44 \div 6=3.24$ (cm)입니다.

9 (삼각뿔의 모서리의 수)$=3 \times 2=6$(개)
모든 모서리의 길이가 같으므로
(한 모서리의 길이)
$=$(모든 모서리의 길이의 합)$\div$(모서리의 수)
$=24.3 \div 6=4.05$ (cm)입니다.

10 $41.36 \div 8=5.17$이므로 $\square<5.17$입니다.
따라서 □ 안에 들어갈 수 있는 자연수는 1, 2, 3, 4, 5입니다.

11 $30.15 \div 9=3.35$이므로 $\square>3.35$입니다.
따라서 □ 안에 들어갈 수 있는 자연수는 4, 5, 6, ...이므로 이 중 가장 작은 수는 4입니다.

12 $23.1 \div 6=3.85$, $28.92 \div 4=7.23$이므로
$3.85<\square<7.23$입니다.
따라서 □ 안에 들어갈 수 있는 자연수는 4, 5, 6, 7이므로 모두 4개입니다.

13 (농구공 8개의 무게)
$=$(농구공을 담은 상자의 무게)$-$(빈 상자의 무게)
$=4.9-0.5=4.4$ (kg)
(농구공 한 개의 무게)
$=$(농구공 8개의 무게)$\div$(농구공의 수)
$=4.4 \div 8=0.55$ (kg)

14 (멜론 5개의 무게)
$=$(멜론을 담은 바구니의 무게)$-$(빈 바구니의 무게)
$=6.6-0.4=6.2$ (kg)
(멜론 한 개의 무게)
$=$(멜론 5개의 무게)$\div$(멜론의 수)
$=6.2 \div 5=1.24$ (kg)

15 (배 2개의 무게)$=0.45\times2=0.9$ (kg)
(복숭아 9개의 무게)
=(배와 복숭아를 담은 바구니의 무게)
−(빈 바구니의 무게)−(배 2개의 무게)
$=3.27-0.3-0.9=2.07$ (kg)
(복숭아 한 개의 무게)
=(복숭아 9개의 무게)÷(복숭아의 수)
$=2.07\div9=0.23$ (kg)

16 (큰 눈금 한 칸의 크기)$=9-2.1=6.9$
(작은 눈금 한 칸의 크기)
=(큰 눈금 한 칸의 크기)÷(작은 눈금의 칸 수)
$=6.9\div5=1.38$

17 (큰 눈금 한 칸의 크기)$=13.6-4.57=9.03$
(작은 눈금 한 칸의 크기)
=(큰 눈금 한 칸의 크기)÷(작은 눈금의 칸 수)
$=9.03\div7=1.29$

18 (큰 눈금 한 칸의 크기)$=45.8-17.64=28.16$
(작은 눈금 한 칸의 크기)
=(큰 눈금 한 칸의 크기)÷(작은 눈금의 칸 수)
$=28.16\div8=3.52$
따라서 ㉠에 알맞은 수는 $45.8-3.52=42.28$입니다.

STEP 4 최상위 도전 유형 84~86쪽

1 0.85배	2 2.56배
3 21.87 m^2	4 4.35 cm
5 0.56 m	6 1.93 m
7 46.4초	8 26.5분
9 6.5분	10 9, 8, 6, 5 / 19.72
11 4, 8 / 0.5	12 2.8
13 2.35 cm	14 3.15 cm
15 7.4 cm	16 17.9
17 0.28	18 0.65

1 (평행사변형의 높이)=(넓이)÷(밑변의 길이)
$=30.6\div6=5.1$ (cm)
따라서 높이는 밑변의 길이의 $5.1\div6=0.85$(배)입니다.

2 (정사각형 가의 넓이)$=8\times8=64$ (cm^2)
(직사각형 나의 가로)$=64\div5=12.8$ (cm)
따라서 직사각형 나의 가로는 세로의
$12.8\div5=2.56$(배)입니다.

3 직사각형의 둘레는 세로의 8배이므로
(세로)$=21.6\div8=2.7$ (m)입니다.
가로는 세로의 3배이므로 $2.7\times3=8.1$ (m)입니다.
따라서 땅의 넓이는 $8.1\times2.7=21.87$ (m^2)입니다.

4 (누름 못 사이의 간격 수)=(누름 못의 수)−1
$=5-1=4$(군데)
(누름 못 사이의 간격)=(전체 리본의 길이)÷(간격 수)
$=17.4\div4=4.35$ (cm)

5 (봉숭아 모종 사이의 간격 수)=(봉숭아 모종의 수)−1
$=9-1=8$(군데)
(봉숭아 모종 사이의 간격)$=4.48\div8=0.56$ (m)

6 도로의 양쪽에 가로등을 세우므로 한쪽에는
$12\div2=6$(개)를 세우게 됩니다.
(가로등 사이의 간격 수)$=6-1=5$(군데)
(가로등 사이의 간격)$=9.65\div5=1.93$ (m)

7 11분 36초=(60×11)초+36초
=660초+36초=696초
(공원을 한 바퀴 도는 데 걸린 시간)
=(전체 걸린 시간)÷(바퀴 수)
$=696\div15=46.4$(초)

8 1시간=60분이므로
3시간 32분=(3×60)분+32분=212분입니다.
(해안 도로를 따라 한 바퀴 도는 데 걸린 시간)
=(전체 걸린 시간)÷(바퀴 수)
$=212\div8=26.5$(분)

9 1시간=60분이므로
1시간 18분=60분+18분=78분입니다.
(운동장을 한 바퀴 도는 데 걸린 시간)
=(전체 걸린 시간)÷(바퀴 수)
$=78\div6=13$(분)
(운동장을 반 바퀴 도는 데 걸린 시간)
$=13\div2=6.5$(분)

10 몫이 가장 크려면 나누어지는 수는 가장 크고, 나누는 수는 가장 작아야 합니다.
$5<6<8<9$이므로 나누어지는 수는 98.6, 나누는 수는 5이어야 합니다.
➡ $98.6 \div 5 = 19.72$

11 $4<5<7<8$이므로 몫이 가장 작으려면 나누어지는 수는 가장 작은 수인 4, 나누는 수는 가장 큰 수인 8이어야 합니다.
➡ $4 \div 8 = 0.5$

12 • 몫이 가장 크려면 나누어지는 수는 가장 크고, 나누는 수는 가장 작아야 합니다.
$2<4<6$이므로 나누어지는 수는 6.4, 나누는 수는 2이어야 합니다. ➡ $6.4 \div 2 = 3.2$
• 몫이 가장 작으려면 나누어지는 수는 가장 작고, 나누는 수는 가장 커야 합니다.
$2<4<6$이므로 나누어지는 수는 2.4, 나누는 수는 6이어야 합니다. ➡ $2.4 \div 6 = 0.4$
따라서 두 몫의 차는 $3.2-0.4=2.8$입니다.

13 (색 테이프 4장의 길이의 합)$=8.2 \times 4 = 32.8$ (cm)
(겹쳐진 3부분의 길이의 합)$=32.8-25.75$
$=7.05$ (cm)
따라서 $7.05 \div 3 = 2.35$ (cm)씩 겹쳤습니다.

14 (색 테이프 5장의 길이의 합)$=15 \times 5 = 75$ (cm)
(겹쳐진 4부분의 길이의 합)$=75-62.4=12.6$ (cm)
따라서 $12.6 \div 4 = 3.15$ (cm)씩 겹쳤습니다.

15 (겹쳐진 5부분의 길이의 합)$=2.2 \times 5 = 11$ (cm)
(색 테이프 6장의 길이의 합)
=(이어 붙인 색 테이프의 전체 길이)
+(겹쳐진 5부분의 길이의 합)
$=33.4+11=44.4$ (cm)
따라서 색 테이프 한 장의 길이는 $44.4 \div 6 = 7.4$ (cm)입니다.

16 어떤 수를 □라고 하면 □$+3=56.7$,
□$=56.7-3=53.7$입니다.
따라서 바르게 계산하면 $53.7 \div 3 = 17.9$입니다.

17 어떤 수를 □라고 하면 □$\times 5=7$, □$=7 \div 5=1.4$입니다.
따라서 바르게 계산하면 $1.4 \div 5 = 0.28$입니다.

18 어떤 수를 □라고 하면 □$\div 9=1.3$,
□$=1.3 \times 9=11.7$입니다.
바르게 계산하면 $11.7 \div 6 = 1.95$입니다.
따라서 잘못 계산한 값과 바르게 계산한 값의 차는 $1.95-1.3=0.65$입니다.

수시 평가 대비 Level ❶

87~89쪽

1 42.1, 4.21
2 252, 252, 84, 0.84
3 (위에서부터) 115, $\frac{1}{10}$, 11.5
4 (1) 3.73 (2) 2.05
5
```
     0.7 3
  7)5.1 1
    4 9
    ----
      2 1
      2 1
      ----
        0
```
6 13.4, 6.7, 3.35
7 어림 예 37, 9, 4 몫 $4\boxed{.}1\boxed{\ }6$
8 예
4.8 →($\div$ 5)→ 0.96 →($\div$ 6)→ 0.16
9 0.13 m
10 $>$
11 ㉢
12 7.6 cm^2
13 3.25
14 8.05 cm
15 0.32 m
16 7, 8, 9
17 2, 5, 6, 8 / 0.32
18 65.4 km
19 0.63 kg
20 4.15 m

1 나누는 수가 같을 때 나누어지는 수를 $\frac{1}{10}$배, $\frac{1}{100}$배 하면 몫도 $\frac{1}{10}$배, $\frac{1}{100}$배가 됩니다.

2 (소수)$\div$(자연수)는 (분수)$\div$(자연수)로 바꾸어 계산할 수 있습니다.

3 80.5는 805의 $\frac{1}{10}$배이므로 계산 결과도 $\frac{1}{10}$배입니다.
$805 \div 7 = 115$이므로 $80.5 \div 7$의 계산 결과는 115의 $\frac{1}{10}$배인 11.5입니다.

4 (1)
```
      3.7 3
  5)1 8.6 5
    1 5
    -----
      3 6
      3 5
      -----
        1 5
        1 5
        ---
          0
```
(2)
```
     2.0 5
  4)8.2 0
    8
    -----
      2 0
      2 0
      ---
        0
```

5 나누어지는 수가 나누는 수보다 작으므로 몫의 자연수 부분에 0을 쓰고 계산해야 합니다.

6 $26.8 \div 2 = 13.4$, $26.8 \div 4 = 6.7$, $26.8 \div 8 = 3.35$
다른 풀이
나누어지는 수가 같을 때 나누는 수가 2배씩 커지면 몫은 $\frac{1}{2}$배씩 작아집니다.
➡ $26.8 \div 2 = 13.4$, $13.4 \div 2 = 6.7$, $6.7 \div 2 = 3.35$

7 37.44를 반올림하여 일의 자리까지 나타내어 소수를 자연수로 만들어 몫을 어림하면 몫의 소수점 위치를 쉽게 찾을 수 있습니다.

8 예 $4.8 \div 5 = 0.96$, $0.96 \div 6 = 0.16$

9 정육각형은 6개의 변의 길이가 모두 같습니다.
(정육각형의 한 변의 길이)$= 0.78 \div 6 = 0.13$ (m)

10 • $63.6 \div 8$에서 63.6을 반올림하여 일의 자리까지 나타내면 64입니다.
$64 \div 8$의 몫은 8이므로 $63.6 \div 8$의 몫은 약 8입니다.
• $34.25 \div 5$에서 34.25를 반올림하여 일의 자리까지 나타내면 34입니다.
$34 \div 5$의 몫이 6보다 크고 7보다 작으므로 $34.25 \div 5$의 몫도 6보다 크고 7보다 작습니다.
➡ $63.6 \div 8 > 34.25 \div 5$

11 (나누어지는 수)<(나누는 수)이면 몫이 1보다 작습니다.
㉠ $4.5 > 3$ ㉡ $8.48 > 8$ ㉢ $4.75 < 5$

12 (색칠한 부분의 넓이)$= 38 \div 5 = 7.6$ (cm^2)

13 $13 \div ★ = 4$
➡ $13 \div 4 = ★$, $★ = 13 \div 4 = 3.25$

14 (세로)=(직사각형의 넓이)÷(가로)
$= 48.3 \div 6 = 8.05$ (cm)

15 (삼각기둥의 모서리의 수)$= 3 \times 3 = 9$(개)
➡ (한 모서리의 길이)$= 2.88 \div 9 = 0.32$ (m)

16 $27 \div 4 = 6.75$
$6.75 < 6.\square 8$에서 □ 안에 들어갈 수 있는 자연수는 7, 8, 9입니다.

17 몫이 가장 작게 되려면 나누어지는 수는 가장 작고 나누는 수는 가장 커야 합니다.
나누는 수를 가장 큰 수인 8로 하면 나누어지는 수는 만들 수 있는 가장 작은 소수 두 자리 수인 2.56입니다.
➡ $2.56 \div 8 = 0.32$

18 (휘발유 1 L로 달릴 수 있는 거리)$= 39.24 \div 3$
$= 13.08$ (km)
(휘발유 5 L로 달릴 수 있는 거리)$= 13.08 \times 5$
$= 65.4$ (km)

서술형
19 예 (음료수 7병의 무게)$= 5.11 - 0.7 = 4.41$ (kg)
➡ (음료수 한 병의 무게)$= 4.41 \div 7 = 0.63$ (kg)

평가 기준	배점
음료수 7병의 무게를 구했나요?	2점
음료수 한 병의 무게를 구했나요?	3점

서술형
20 예 (깃발 사이의 간격의 수)$= 13 - 1 = 12$(군데)
(깃발 사이의 거리)$= 49.8 \div 12 = 4.15$ (m)

평가 기준	배점
깃발 사이의 간격의 수를 구했나요?	2점
깃발 사이의 거리를 구했나요?	3점

수시 평가 대비 Level 2

90~92쪽

1 (위에서부터) $\frac{1}{10}$, 14.4, $\frac{1}{100}$, 1.44

2 $34.12 \div 4 = \frac{3412}{100} \div 4 = \frac{3412 \div 4}{100}$
$= \frac{853}{100} = 8.53$

3 (위에서부터) 123, 12.3, $\frac{1}{10}$

4 (1) 0.95 (2) 3.72

5
$$\begin{array}{r} 7.02 \\ 9\overline{)63.18} \\ \underline{63} \\ 18 \\ \underline{18} \\ 0 \end{array}$$

6
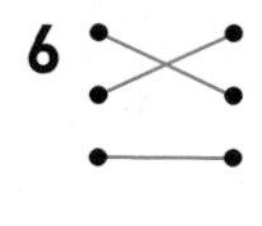

7 (위에서부터) 4.05, 8.1

8 (위에서부터) 4.1, 0.16, 6.15, 0.24

9 예 56, 8, 7 / 6$\boxed{.}$9$\square$5

10 ( )( )(○)

11 3.67

12 1.27 m

13 8.06 cm^2

14 ㉠, ㉡, ㉣, ㉢

15 0, 1, 2, 3

16 0.86 m

17 2, 3, 6, 8 / 2.95

18 2.12

19 52.2 km

20 0.48

1 나누는 수가 같을 때 나누어지는 수가 $\frac{1}{10}$배, $\frac{1}{100}$배가 되면 몫도 $\frac{1}{10}$배, $\frac{1}{100}$배가 됩니다.

2 나누어지는 소수 두 자리 수를 분모가 100인 분수로 나타낸 후 분수의 나눗셈으로 바꾸어 계산합니다.

3 나누는 수가 같을 때 나누어지는 수가 $\frac{1}{10}$배가 되면 몫도 $\frac{1}{10}$배가 됩니다.

4 (1)
$$\begin{array}{r} 0.95 \\ 6\overline{)5.70} \\ \underline{54} \\ 30 \\ \underline{30} \\ 0 \end{array}$$

(2)
$$\begin{array}{r} 3.72 \\ 5\overline{)18.60} \\ \underline{15} \\ 36 \\ \underline{35} \\ 10 \\ \underline{10} \\ 0 \end{array}$$

5 몫의 소수 첫째 자리에 0을 쓰지 않았으므로 잘못 계산하였습니다.

6 $7.77 \div 7 = 1.11$
$2.61 \div 3 = 0.87$
$8.1 \div 6 = 1.35$

7 $24.3 \div 6$의 계산은 $24.3 \div 3$을 계산한 후 그 몫을 다시 2로 나누는 것과 같습니다.
$24.3 \div 6 = 4.05$
$24.3 \div 3 = 8.1$
$8.1 \div 2 = 4.05$

8 $24.6 \div 6 = 4.1$
$4 \div 25 = 0.16$
$24.6 \div 4 = 6.15$
$6 \div 25 = 0.24$

9 $55.6 \div 8$에서 55.6을 반올림하여 일의 자리까지 나타내어 몫을 어림하고 몫의 소수점 위치를 찾을 수 있습니다.

10 나누어지는 수가 나누는 수보다 작으면 몫이 1보다 작습니다.
➡ $6.86 < 7$이므로 $6.86 \div 7$의 몫이 1보다 작습니다.

11 $\square = 33.03 \div 9 = 3.67$

12 (선물 상자 한 개를 포장하는 데 사용한 리본의 길이)
=(전체 리본의 길이)÷(상자의 수)
$= 5.08 \div 4 = 1.27$ (m)

13 (색칠한 부분의 넓이)$= 40.3 \div 5 = 8.06$ (cm^2)

14 ㉠ $42.15 \div 3 = 14.05$ ㉡ $66 \div 5 = 13.2$
㉢ $28.92 \div 4 = 7.23$ ㉣ $59.2 \div 8 = 7.4$
몫의 크기를 비교하면 $14.05 > 13.2 > 7.4 > 7.23$이므로 몫이 큰 것부터 차례로 기호를 쓰면 ㉠, ㉡, ㉣, ㉢입니다.

15 $16.32 \div 3 = 5.44$이므로 $5.44 > 5.\square 5$입니다. 소수 둘째 자리 숫자를 비교하면 $4 < 5$이므로 □ 안에 들어갈 수 있는 수는 4보다 작아야 합니다. 따라서 □ 안에 들어갈 수 있는 수는 0, 1, 2, 3입니다.

16 (나무 사이의 간격 수)$=8-1=7$(군데)
(나무 사이의 간격)$=6.02 \div 7 = 0.86$ (m)

17 몫이 가장 작으려면 나누어지는 수는 가장 작고, 나누는 수는 가장 커야 합니다.
$2<3<6<8$이므로 나누어지는 수는 23.6, 나누는 수는 8입니다.
➡ $23.6 \div 8 = 2.95$

18 $7.8 ♥ 2.8 = (7.8+2.8) \div (7.8-2.8)$
$= 10.6 \div 5 = 2.12$

서술형
19 예 (휘발유 1 L로 갈 수 있는 거리)
$=117.45 \div 9 = 13.05$ (km)
(휘발유 4 L로 갈 수 있는 거리)
$=13.05 \times 4 = 52.2$ (km)

평가 기준	배점
휘발유 1 L로 갈 수 있는 거리를 구했나요?	3점
휘발유 4 L로 갈 수 있는 거리를 구했나요?	2점

서술형
20 예 어떤 수를 □라고 하면 $38.4 \div \square = 6$,
$38.4 \div 6 = \square$, $\square = 6.4$입니다.
$6.4 \div 5 = 1.28$, $6.4 \div 8 = 0.8$이므로 어떤 수를 5로 나눈 몫과 8로 나눈 몫의 차는 $1.28-0.8=0.48$입니다.

평가 기준	배점
어떤 수를 구했나요?	2점
어떤 수를 5로 나눈 몫과 8로 나눈 몫을 각각 구했나요?	2점
어떤 수를 5로 나눈 몫과 8로 나눈 몫의 차를 구했나요?	1점

4 비와 비율

수학의 중요한 주제 중 하나인 비와 비율은 실제로 우리 생활과 밀접하게 연계되어 있기 때문에 초등학교 수학에서 의미 있게 다루어질 필요가 있습니다. 학생들은 물건의 가격 비교, 요리 재료의 비율, 물건의 할인율, 야구 선수의 타율, 농구 선수의 자유투 성공률 등 일상생활의 경험을 통해 비와 비율에 대한 비형식적 지식을 가지고 있습니다. 이 단원에서는 두 양의 크기를 뺄셈(절대적 비교, 가법적 비교)과 나눗셈(상대적 비교, 승법적 비교) 방법으로 비교해 봄으로써 두 양의 관계를 이해하고 두 양의 크기를 비교하는 방법을 이야기하게 됩니다. 또 이를 통해 비의 뜻을 알고 두 수의 비를 기호를 사용하여 나타내고 실생활에서 비가 사용되는 상황을 살펴보면서 비를 구해 보는 활동을 전개합니다. 이어서 실생활에서 비율이 사용되는 간단한 상황을 통해 비율의 뜻을 이해하고 비율을 분수와 소수로 나타내어 보도록 한 후 백분율의 뜻을 이해하고 비율을 백분율로 나타내어 보고 실생활에서 백분율이 사용되는 여러 가지 경우를 알아보도록 합니다.

STEP 1 교과 개념 1. 두 수 비교하기 95쪽

1 ① 20, 20 ② 6, 6

2 ① 18, 24, 30 ② 9, 12, 15 / 2

3 5

1 $24-4=20$ ➡ 학생은 선생님보다 20명 더 많습니다.
$24 \div 4 = 6$ ➡ 학생 수는 선생님 수의 6배입니다.

2 • 뺄셈으로 비교하기
$6-3=3$, $12-6=6$, $18-9=9$, $24-12=12$, $30-15=15$, ...이므로 빵 수는 모둠원 수보다 각각 3, 6, 9, 12, 15 더 많습니다.
• 나눗셈으로 비교하기
$6 \div 3 = 2$, $12 \div 6 = 2$, $18 \div 9 = 2$, $24 \div 12 = 2$, $30 \div 15 = 2$, ...이므로 빵 수는 항상 모둠원 수의 2배입니다.

3 $5 \div 1 = 5$, $10 \div 2 = 5$, $15 \div 3 = 5$, $20 \div 4 = 5$, $25 \div 5 = 5$이므로 색종이 수는 항상 리본 수의 5배입니다.

STEP 1 교과개념 2. 비 알아보기 97쪽

1 8, 7 / 8, 7 / 8, 7 / 7, 8

2 ① 4 ② 6, 4 ③ 4, 6

3 ① 9, 8 ② 5, 7 ③ 4, 7 ④ 2, 3

4 ① 5 ② 8

2 ② 야구공 수에 대한 축구공 수의 비는 축구공 6개를 야구공 4개를 기준으로 하여 비교한 비이므로 6 : 4입니다.
③ 축구공 수에 대한 야구공 수의 비는 야구공 4개를 축구공 6개를 기준으로 하여 비교한 비이므로 4 : 6입니다.

3 ④ 숫자만 보고 3 : 2라고 쓰지 않도록 주의합니다. 기준이 되는 수가 3이므로 비로 나타내면 2 : 3입니다.

4 ① 전체 9칸 중 색칠한 부분이 5칸이므로 5 : 9입니다.
② 전체 8칸 중 색칠한 부분이 4칸이므로 4 : 8입니다.

STEP 1 교과개념 3. 비율 알아보기, 비율이 사용되는 경우 알아보기 99쪽

1 비교하는 양, 기준량 / 3, 0.75

2 30, $\frac{9}{30}\left(=\frac{3}{10}=0.3\right)$ / 18, 45, $\frac{18}{45}\left(=\frac{2}{5}=0.4\right)$ / 7, 4, $\frac{7}{4}(=1.75)$

3 ③

4 10480, 2620 / 9750, 3250

2 $(비율)=\frac{(비교하는\ 양)}{(기준량)}$이고 분수 또는 소수로 나타낼 수 있습니다.

3 ① 5 : 8 ➡ 기준량 8 ② 9 : 8 ➡ 기준량 8
③ 8 : 11 ➡ 기준량 11 ④ 11 : 8 ➡ 기준량 8
⑤ 3 : 8 ➡ 기준량 8

STEP 1 교과개념 4. 백분율 알아보기, 백분율이 사용되는 경우 알아보기 101쪽

1 ① 27 ② 27, 54

2 16, 32

3 0.67 / $\frac{24}{100}\left(=\frac{6}{25}\right)$, 24

4 ① 12, 40, 30, 60 ② 40, 60, 서현

1 참가한 학생 수에 대한 남학생 수의 비율을 백분율로 나타내면 $\frac{27}{50}\times100=54\ (\%)$입니다.

2 전체에 대한 색칠한 부분의 비율은 $\frac{16}{50}$입니다.
➡ $\frac{16}{50}\times100=32\ (\%)$

3 • $\frac{67}{100}=0.67$ ➡ $0.67\times100=67\ (\%)$
• $0.24=\frac{24}{100}\left(=\frac{6}{25}\right)$ ➡ $\frac{24}{100}\times100=24\ (\%)$

4 ① (민우의 득표율)$=\frac{12}{30}\times100=40\ (\%)$
(서현이의 득표율)$=\frac{18}{30}\times100=60\ (\%)$
② 40 %<60 %이므로 서현이의 득표율이 더 높습니다.

STEP 2 꼭 나오는 유형 102~108쪽

1 (1) 5 (2) 2 준비 6, 9, 12

2 (1) 15, 20 (2) 4, 8, 12, 16 (3) 5 (4) 나눗셈에 ○표

3 뺄셈으로 비교하기 예 기린의 그림자 길이는 기린 키보다 400 cm 더 깁니다.
나눗셈으로 비교하기 예 기린의 그림자 길이는 기린 키의 2배입니다.

4 (1) 7, 2 (2) 2, 7

5 (1) 9, 4 (2) 4, 9

6 ④

7 (1) 3 : 8 (2) 5 : 9

8 1 : 3

9 다릅니다에 ○표 /
예 6 : 4는 기준이 4이고, 4 : 6은 기준이 6이기 때문입니다.

10 (1) 10 : 60 (2) 40 : 20

11 예 1 : 5에 ○표 / 예 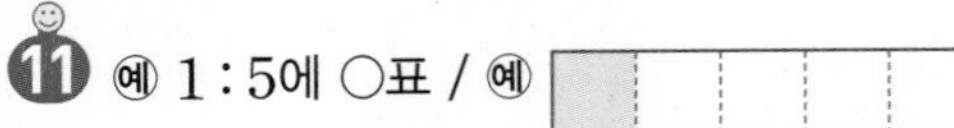

12 6 : 13

13 (위에서부터) 1, 10, $\frac{1}{10}$ / 7, 20, $\frac{7}{20}$ / 14, 3, $\frac{14}{3}$

준비 (1) 0.8 (2) $\frac{3}{100}$

14 승엽

15 ㉡

16 $\frac{2}{8}\left(=\frac{1}{4}\right)$, $\frac{1}{8}$, $\frac{5}{8}$

17 (위에서부터) $\frac{8}{10}\left(=\frac{4}{5}\right)$, $\frac{12}{15}\left(=\frac{4}{5}\right)$ / 0.8, 0.8 / 같습니다에 ○표

18 9 : 20

19 $\frac{9}{20}$, 0.45

20 ㉢, ㉠, ㉡

21 은정이네 가족

22 $\frac{400}{5}(=80)$

23 (1) $\frac{750000}{2500}(=300)$, $\frac{6300}{30}(=210)$ (2) 가 마을

24 0.05

25 김지환

26 0.25

27 시영

28 ③

29 (1) 35 % (2) 42 %

준비 (1) $\frac{3}{10}$ (2) $\frac{3}{5}$

30 (1) 25 % (2) 25 %

31 예 / 64 %

32 (위에서부터) $\frac{1}{5}$, 0.2, 20 % / $\frac{3}{5}$, 0.6, 60 %

33 (1) < (2) <

34 틀립니다. /
예 비율 $\frac{13}{25}$을 소수로 나타내면 0.52이고 이것을 백분율로 나타내면 $0.52 \times 100 = 52$ (%)입니다.

35 0.42 %, $\frac{42}{100}$, 4.2

36 35 %

37 5 %

38 24 %

39 15 %

40 수학

41 민국 은행

42 48000원

3

평가 기준
기린의 그림자 길이와 기린 키를 뺄셈으로 비교했나요?
기린의 그림자 길이와 기린 키를 나눗셈으로 비교했나요?

4 (1) (비행기 수) : (트럭 수) = 7 : 2
(2) (트럭 수) : (비행기 수) = 2 : 7

6 ④ 4에 대한 11의 비 ➡ 11 : 4

7 (1) (색칠한 칸 수) : (전체 칸 수) = 3 : 8
(2) (색칠한 칸 수) : (전체 칸 수) = 5 : 9

8 초록색 테이프 길이: 3 cm
노란색 테이프 길이: 1 cm
➡ (노란색 테이프 길이) : (초록색 테이프 길이) = 1 : 3

9

평가 기준
알맞은 말에 ○표 했나요?
이유를 썼나요?

12 (흰 우유 수) = 13 − 7 = 6(개)
➡ (흰 우유 수) : (전체 우유 수) = 6 : 13

13 1 : 10 (비교하는 양 1, 기준량 10)
7 : 20 (비교하는 양 7, 기준량 20)
14 : 3 (비교하는 양 14, 기준량 3)

14 비 3 : 12를 비율로 나타내면 $\frac{3}{12}\left(=\frac{1}{4}=0.25\right)$입니다.

15 ㉠ 7의 5에 대한 비 ➡ 7 : 5 ➡ (비율) $=\frac{7}{5}=1.4$
㉡ $\frac{30}{20}=\frac{3}{2}=1.5$ ㉢ $\frac{35}{25}=\frac{7}{5}=1.4$

18 동전을 던진 횟수: 20번, 그림 면이 나온 횟수: 9번
➡ 9 : 20

19 9 : 20 ➡ (비율) $=\frac{9}{20}=0.45$

20 ㉠ $15:21$ ➡ $(\text{비율})=\frac{15}{21}\left(=\frac{5}{7}\right)$

㉡ 8에 대한 4의 비 ➡ $4:8$ ➡ $(\text{비율})=\frac{4}{8}\left(=\frac{1}{2}\right)$

㉢ 4와 3의 비 ➡ $4:3$ ➡ $(\text{비율})=\frac{4}{3}$

➡ $\frac{4}{3}\left(=\frac{56}{42}\right)>\frac{5}{7}\left(=\frac{30}{42}\right)>\frac{1}{2}\left(=\frac{21}{42}\right)$

21 무선이네 가족: $(\text{비율})=\frac{600}{3}(=200)$

은정이네 가족: $(\text{비율})=\frac{1000}{4}(=250)$

➡ $200<250$

22 $(\text{비율})=\frac{(\text{달린 거리})}{(\text{걸린 시간})}=\frac{400}{5}(=80)$

24 $(\text{비율})=\frac{10}{200}=\frac{5}{100}=0.05$

25 예 각 선수의 타율을 구하면 다음과 같습니다.

김지환: $\frac{10}{20}\left(=\frac{1}{2}=0.5\right)$, 정민: $\frac{6}{15}\left(=\frac{2}{5}=0.4\right)$,

양재혁: $\frac{9}{27}\left(=\frac{1}{3}\right)$

따라서 타율이 가장 높은 김지환이 1번 타자가 됩니다.

평가 기준
각 선수의 타율을 구했나요?
누가 1번 타자가 되는지 구했나요?

26 $(\text{소금물 양})=150+50=200\,(g)$

$(\text{비율})=\frac{(\text{소금 양})}{(\text{소금물 양})}=\frac{50}{200}=\frac{25}{100}=0.25$

27 은정: $(\text{하늘색 물감 양})=360+40=400\,(mL)$

➡ $(\text{비율})=\frac{40}{400}\left(=\frac{1}{10}=0.1\right)$

시영: $(\text{하늘색 물감 양})=400+80=480\,(mL)$

➡ $(\text{비율})=\frac{80}{480}\left(=\frac{1}{6}\right)$

$\frac{1}{10}\left(=\frac{3}{30}\right)<\frac{1}{6}\left(=\frac{5}{30}\right)$이므로 시영이가 만든 하늘색 물감이 더 진합니다.

28 ③ $1.04\times100=104\,(\%)$

29 (1) 전체는 100 %이므로 색칠하지 않은 부분을 백분율로 나타내면 $100-65=35$, 35 %입니다.

(2) 전체는 100 %이므로 색칠하지 않은 부분을 백분율로 나타내면 $100-58=42$, 42 %입니다.

30 (1) 전체에 대한 색칠한 부분의 비율은 $\frac{2}{8}=\frac{1}{4}=\frac{25}{100}$이므로 백분율로 나타내면 25 %입니다.

(2) 전체에 대한 색칠한 부분의 비율은 $\frac{4}{16}=\frac{1}{4}=\frac{25}{100}$이므로 백분율로 나타내면 25 %입니다.

내가 만드는 문제

31 예 전체에 대한 색칠한 부분의 비율은 $\frac{16}{25}=\frac{64}{100}$이므로 백분율로 나타내면 64 %입니다.

32 $7:35$ ➡ $(\text{비율})=\frac{7}{35}=\frac{1}{5}=0.2$

➡ $0.2\times100=20\,(\%)$

40에 대한 24의 비 ➡ $(\text{비율})=\frac{24}{40}=\frac{3}{5}=0.6$

➡ $0.6\times100=60\,(\%)$

33 (1) $0.24\times100=24\,(\%)$ ➡ $15\,\%<0.24$

(2) $\frac{101}{100}=101\,\%$ ➡ $\frac{101}{100}<108\,\%$

34

평가 기준
백분율에 대한 설명이 맞는지 틀린지 썼나요?
이유를 썼나요?

35 $\frac{42}{100}=42\,\%$, $4.2\times100=420\,(\%)$

36 $(\text{득표율})=\frac{140}{400}\times100=35\,(\%)$

37 $(\text{소금물 양})=95+5=100\,(g)$

➡ $\frac{(\text{소금 양})}{(\text{소금물 양})}=\frac{5}{100}=5\,\%$

38 $(\text{새로 만든 소금물 양})=100+25=125\,(g)$

$(\text{소금 양})=5+25=30\,(g)$

➡ $\frac{(\text{소금 양})}{(\text{새로 만든 소금물 양})}=\frac{30}{125}=\frac{6}{25}$

$=\frac{24}{100}=24\,\%$

39 예 (할인된 금액)$=8000-6800=1200$(원)

➡ (할인율)$=\frac{1200}{8000}\times100=15$ (%)

평가 기준
할인된 금액을 구했나요?
세제의 할인율을 구했나요?

40 수학 시험과 국어 시험에서 전체 문제 수에 대한 맞힌 문제 수의 비율을 백분율로 각각 나타내어 봅니다.

수학: $\frac{21}{25}\times100=84$ (%)

국어: $\frac{16}{20}\times100=80$ (%)

따라서 백분율이 더 높은 수학 시험을 더 잘 보았습니다.

41 (대한 은행의 이자)$=5000\times\frac{6}{100}=300$(원)

(민국 은행의 이자)$=8000\times\frac{4}{100}=320$(원)

따라서 민국 은행에서 받을 이자가 더 많습니다.

42 $12.5\,\%=\frac{125}{1000}=\frac{1}{8}$

원래 가격의 $\frac{1}{8}$을 할인하였으므로 판매 가격은 원래 가격의 $1-\frac{1}{8}=\frac{7}{8}$입니다. 원래 가격의 $\frac{7}{8}$이 42000원이므로 원래 가격의 $\frac{1}{8}$은 6000원입니다.

따라서 원래 가격은 $6000\times8=48000$(원)입니다.

STEP 3 자주 틀리는 유형 109~111쪽

1 ㉡, ㉣ **2** ③

3 ㉣, ㉠, ㉢, ㉡

4 (1) $\frac{2}{3}$ (2) $\frac{7}{5}$ (3) $\frac{7}{20}$ (4) $\frac{113}{100}$

5 (1) 9 : 25 (2) $\frac{9}{25}$ **6** 3 : 4, $\frac{3}{4}$, 75 %

7 ㉣ **8** ㉠

9 ㉡, ㉣ **10** 6400원

11 11900원 **12** 13200원

13 460명 **14** 220명

15 4200명 **16** 자동차

17 나 **18** 가 자동차

1 ㉠ 7과 5의 비 ➡ <u>7</u> : 5 ㉡ 9 대 5 ➡ <u>9</u> : 5
㉢ 15의 9에 대한 비 ➡ <u>15</u> : 9 ㉣ <u>9</u> : 12
따라서 비교하는 양이 9인 것은 ㉡, ㉣입니다.

2 ① <u>4</u> : 12 ② <u>4</u> : 9 ③ <u>3</u> : 4 ④ <u>4</u> : 25 ⑤ <u>4</u> : 3
따라서 비교하는 양이 다른 하나는 ③입니다.

3 ㉠ 4 : <u>7</u> ㉡ 3 : <u>4</u> ㉢ 2 : <u>5</u> ㉣ 4 : <u>11</u>
$4<5<7<11$이므로 기준량이 큰 것부터 차례로 기호를 쓰면 ㉣, ㉠, ㉢, ㉡입니다.

7 ㉢ 3 : 2 ➡ (비율)$=\frac{3}{2}$

기준량이 비교하는 양보다 큰 것은 비율이 1보다 낮으므로 ㉣입니다.

8 ㉠ 10 : 7 ㉡ 6 : 13 ㉢ $\frac{8}{11}<1$ ㉣ 4 : 21

따라서 기준량이 비교하는 양보다 작은 것은 ㉠입니다.

9 ㉠ 5 : 12 ㉡ 10 : 9 ㉢ 8 : 17 ㉣ $140\,\%=\frac{140}{100}$

비율이 1보다 높으면 비교하는 양이 기준량보다 큽니다.
따라서 비율이 1보다 높은 것은 ㉡, ㉣입니다.

10 (할인 금액)$=8000\times\frac{20}{100}=1600$(원)

(판매 가격)$=$(원래 가격)$-$(할인 금액)
$=8000-1600=6400$(원)

11 (할인 금액)$=14000\times\frac{15}{100}=2100$(원)

(판매 가격)$=14000-2100=11900$(원)

12 (이익)$=12000\times\frac{10}{100}=1200$(원)

(판매 가격)$=12000+1200=13200$(원)

13 (지원자 수) : (합격자 수) ➡ 4 : 1이므로 합격자 수에 대한 지원자 수의 비율은 $\frac{4}{1}$입니다. 합격자 수를 □명이라고 하면 $\frac{1840}{\square}=\frac{4}{1}=\frac{4\times460}{1\times460}$, □$=460$입니다.

14 (지원자 수) : (합격자 수) ➡ 8 : 1이므로 합격자 수에 대한 지원자 수의 비율은 $\frac{8}{1}$입니다. 합격자 수를 □명이라고 하면 $\frac{1760}{\square}=\frac{8}{1}=\frac{8\times220}{1\times220}$, □=220입니다.

15 (지원자 수) : (합격자 수) ➡ 12 : 1이므로 합격자 수에 대한 지원자 수의 비율은 $\frac{12}{1}$입니다. 지원자 수를 □명이라고 하면 $\frac{\square}{350}=\frac{12}{1}=\frac{12\times350}{1\times350}=\frac{4200}{350}$,
□=4200입니다.

16 걸린 시간에 대한 달린 거리의 비율을 각각 구하면
자동차: $\frac{204}{3}(=68)$, 버스: $\frac{120}{2}(=60)$입니다.
68>60이므로 자동차가 더 빠릅니다.

17 1시간=60분이므로 5시간=300분입니다.
걸린 시간에 대한 달린 거리의 비율을 각각 구하면
가: $\frac{34}{30}\left(=\frac{17}{15}\right)$, 나: $\frac{315}{300}\left(=\frac{21}{20}\right)$입니다.
$\frac{17}{15}\left(=\frac{68}{60}\right)>\frac{21}{20}\left(=\frac{63}{60}\right)$이므로 더 느린 자동차는 나 자동차입니다.

18 1시간=60분이므로 4시간=240분이고,
1 km=1000 m이므로 5 km=5000 m입니다.
걸린 시간에 대한 달린 거리의 비율을 각각 구하면
가: $\frac{260000}{240}\left(=\frac{3250}{3}\right)$, 나: $\frac{5000}{5}(=1000)$입니다.
$\frac{3250}{3}>1000$이므로 가 자동차가 더 빠릅니다.

STEP 4 최상위 도전 유형 112~114쪽

1 1200 cm^2	**2** 408 cm^2
3 180 cm^2	**4** 5개
5 144 cm	**6** 45 mL
7 (1) 29 (2) 31	**8** 19
9 9	**10** 나 은행
11 희망 은행	**12** 성실 은행, 2000원
13 공책	**14** 가 문구점
15 11200원	**16** 270마리
17 176개	**18** 161 m^2

1 (새로 만든 직사각형의 가로)$=50+50\times\frac{20}{100}$
$=60$ (cm)
➡ (새로 만든 직사각형의 넓이)$=60\times20$
$=1200$ (cm^2)

2 (새로 만든 마름모의 대각선 ㄱㄷ의 길이)
$=40-40\times\frac{15}{100}=40-6=34$ (cm)
➡ (새로 만든 마름모의 넓이)$=24\times34\div2$
$=408$ (cm^2)

3 (새로 만든 삼각형의 밑변의 길이)
$=32-32\times\frac{25}{100}=32-8=24$ (cm)
(새로 만든 삼각형의 높이)
$=20-20\times\frac{25}{100}=20-5=15$ (cm)
➡ (새로 만든 삼각형의 넓이)$=24\times15\div2$
$=180$ (cm^2)

4 (국어 시험에서 맞힌 문제 수와 틀린 문제 수의 비율)
$=\frac{16}{4}(=4)$
수학 시험에서 틀린 문제 수를 □개라고 하면
$\frac{20}{\square}=\frac{4}{1}=\frac{4\times5}{1\times5}$, □=5입니다.

5 민수의 키와 그림자 길이의 비율이 $\frac{130}{156}\left(=\frac{5}{6}\right)$이므로 아랑이의 키와 그림자 길이의 비율은 $\frac{5}{6}$입니다. 아랑이의 그림자 길이를 □cm라고 하면
$\frac{120}{\square}=\frac{5}{6}=\frac{5\times24}{6\times24}$, □$=6\times24=144$입니다.

6 (초록색 물감 양과 노란색 물감 양의 비율)$=\frac{20}{15}\left(=\frac{4}{3}\right)$
섞어야 할 노란색 물감 양을 □mL라고 하면
$\frac{60}{\square}=\frac{4}{3}=\frac{4\times15}{3\times15}$, □$=3\times15=45$입니다.

7 (1) $28\% = \frac{28}{100}$

$\frac{28}{100} < \frac{\square}{100}$이므로 □ 안에 들어갈 수 있는 가장 작은 자연수는 29입니다.

(2) $\frac{12}{40} = \frac{3}{10} = \frac{30}{100} = 30\%$

$30\% < \square\%$이므로 □ 안에 들어갈 수 있는 가장 작은 자연수는 31입니다.

8 $65\% = \frac{65}{100} = \frac{13}{20}$

$\frac{\square}{30} < 65\% \Rightarrow \frac{\square}{30} < \frac{13}{20} \Rightarrow \frac{\square \times 2}{60} < \frac{39}{60}$

$\Rightarrow \square \times 2 < 39$

따라서 □ 안에 들어갈 수 있는 가장 큰 수는 19입니다.

9 $\frac{5}{9} = \frac{5 \times 5}{9 \times 5} = \frac{25}{45}$, $\frac{\square}{15} = \frac{\square \times 3}{15 \times 3} = \frac{\square \times 3}{45}$

$\frac{25}{45} < \frac{\square \times 3}{45} \Rightarrow 25 < \square \times 3$

따라서 □ 안에 들어갈 수 있는 가장 작은 수는 9입니다.

10 (가 은행의 1개월 이자율)$= \frac{200}{20000} \times 100 = 1\,(\%)$

(나 은행의 1개월 이자)$= 1080 \div 3 = 360$(원)

(나 은행의 1개월 이자율)$= \frac{360}{30000} \times 100 = 1.2\,(\%)$

따라서 $1\% < 1.2\%$이므로 나 은행의 이자율이 더 높습니다.

11 (햇빛 은행의 1개월 이자)$= 5200 \div 5 = 1040$(원)

(햇빛 은행의 1개월 이자율)

$= \frac{1040}{80000} \times 100 = 1.3\,(\%)$

(희망 은행의 1개월 이자)$= 8100 \div 6 = 1350$(원)

(희망 은행의 1개월 이자율)

$= \frac{1350}{90000} \times 100 = 1.5\,(\%)$

따라서 $1.3\% < 1.5\%$이므로 희망 은행의 이자율이 더 높습니다.

12 (성실 은행의 1년 이자)$= 8000 \div 2 = 4000$(원)

(성실 은행의 1년 이자율)$= \frac{4000}{50000} \times 100 = 8\,(\%)$

(100000원을 예금할 때 성실 은행의 1년 이자)

$= 100000 \times \frac{8}{100} = 8000$(원)

(사랑 은행의 1년 이자)$= 12600 \div 3 = 4200$(원)

(사랑 은행의 1년 이자율)$= \frac{4200}{70000} \times 100 = 6\,(\%)$

(100000원을 예금할 때 사랑 은행의 1년 이자)

$= 100000 \times \frac{6}{100} = 6000$(원)

따라서 성실 은행에 예금하는 것이

$8000 - 6000 = 2000$(원) 더 이익입니다.

13 (색연필의 할인율)$= \frac{400}{2000} \times 100 = 20\,(\%)$

(공책의 할인율)$= \frac{450}{1500} \times 100 = 30\,(\%)$

(크레파스의 할인율)$= \frac{1000}{4000} \times 100 = 25\,(\%)$

따라서 $30\% > 25\% > 20\%$이므로 공책의 할인율이 가장 높습니다.

14 (가 문구점의 할인 금액)$= 6800 \times \frac{1}{8} = 850$(원)

(가 문구점의 판매 가격)$= 6800 - 850 = 5950$(원)

(나 문구점의 할인 금액)$= 7500 \times \frac{20}{100} = 1500$(원)

(나 문구점의 판매 가격)$= 7500 - 1500 = 6000$(원)

따라서 가 문구점에서 더 싸게 살 수 있습니다.

15 (모자의 정가)$= 10000 + 10000 \times \frac{40}{100} = 14000$(원)

(모자의 판매 가격)$= 14000 - 14000 \times \frac{20}{100}$

$= 11200$(원)

16 (오리 수)$= 750 \times \frac{20}{100} = 150$(마리)

(나머지 가축 수)$= 750 - 150 = 600$(마리)

(닭 수)$= 600 \times \frac{9}{20} = 270$(마리)

17 (불량품 수)$= 800 \times \frac{12}{100} = 96$(개)

(불량품이 아닌 인형 수)$= 800 - 96 = 704$(개)

(기부할 수 있는 인형 수)$= 704 \times \frac{25}{100} = 176$(개)

18 (옥수수를 심은 밭의 넓이)$= 500 \times \frac{30}{100} = 150\,(m^2)$

(고구마를 심은 밭의 넓이)$= (500 - 150) \times 0.54$

$= 189\,(m^2)$

$\Rightarrow$ (파를 심은 밭의 넓이)$= 500 - 150 - 189$

$= 161\,(m^2)$

수시 평가 대비 Level 1

115~117쪽

1 16, 20 /

빼셈으로 비교하기 6, 9, 12, 15

나눗셈으로 비교하기 4

2 나눗셈

3 ③

4 8, 5

5 4 : 9

6 ㉢

7 12 : 30

8 ②, ③

9 (선 잇기)

10 32장

11 $\frac{4}{10}$, 42 %, 4.2

12 18 %

13 $\frac{800000}{4000}$(=200)

14 55 %

15 ㉠, ㉣

16 혜빈

17 92 cm

18 20 %

19 틀립니다에 ○표 /

이유 예 9 : 15는 기준이 15이지만 15 : 9는 기준이 9입니다.

20 83200원

3 ③ 3 : 7

4 5 : 8 (5: 비교하는 양, 8: 기준량)

5 (색칠한 부분의 칸 수) : (전체 칸 수) ➡ 4 : 9

6 ㉠ 3 : 8 ㉡ 3 : 5 ㉢ 5 : 3 ㉣ 3 : 8

7 (초록 도화지 수)=30−18=12(장)

(초록 도화지 수) : (전체 도화지 수) ➡ 12 : 30

8 6 : 8 ➡ $\frac{6}{8}=\frac{3}{4}=\frac{75}{100}=0.75$

9 13 대 25 ➡ 13 : 25 ➡ $\frac{13}{25}=\frac{52}{100}=0.52$

30에 대한 18의 비 ➡ 18 : 30 ➡ $\frac{18}{30}=\frac{3}{5}=\frac{6}{10}=0.6$

10 32 % ➡ $\frac{32}{100}$이므로 윤하가 사용한 색종이는 32장입니다.

11 비율을 모두 소수로 나타내어 비교합니다.

42 % ➡ $\frac{42}{100}=0.42$, 4.2, $\frac{4}{10}=0.4$

12 (할인된 금액)=15000−12300=2700(원)

(할인율)=$\frac{2700}{15000}\times100=18$ (%)

13 (넓이에 대한 인구의 비율)=$\frac{800000}{4000}=200$

14 (전체 득표 수)=160+220+20=400(표)

어린이 회장으로 성욱이가 당선되었으므로

(성욱이의 득표율)=$\frac{220}{400}\times100=55$ (%)입니다.

15 비율을 분수나 소수로 나타내어 1보다 작은 것을 찾습니다. ㉠ $\frac{6}{7}$ ㉡ $\frac{10}{9}=1\frac{1}{9}$ ㉢ 1.5

㉣ 91 % ➡ $\frac{91}{100}=0.91$

$\frac{6}{7}$, $1\frac{1}{9}$, 1.5, 0.91 중에서 1보다 작은 것이 $\frac{6}{7}$, 0.91이므로 기준량이 비교하는 양보다 큰 것은

㉠ $\frac{6}{7}$, ㉣ 91 %입니다.

16 • 정우가 푼 문제 수의 비율

➡ 68 : 80 ➡ $\frac{68}{80}=\frac{17}{20}=\frac{85}{100}=0.85$

• 혜빈이가 푼 문제 수의 비율

➡ 44 : 50 ➡ $\frac{44}{50}=\frac{88}{100}=0.88$

따라서 0.85<0.88이므로 푼 수학 문제 수의 비율이 더 높은 사람은 혜빈입니다.

17 (새로 만든 정사각형의 한 변의 길이)

=20+20×0.15=20+3=23 (cm)

➡ (새로 만든 정사각형의 둘레)=23×4=92 (cm)

18 (처음 소금 양)$=500\times\frac{12}{100}=60$ (g)

(새로 만든 소금물 양)$=500+50=550$ (g)

(새로 만든 소금물에 들어 있는 소금 양)

$=60+50=110$ (g)

따라서 새로 만든 소금물 양에 대한 소금 양의 비율은

$\frac{110}{550}\times100=20$ (%)입니다.

서술형

19

평가 기준	배점
맞는지 틀린지 바르게 표시했나요?	2점
이유를 썼나요?	3점

서술형

20 예 4 % ➡ $\frac{4}{100}$이므로 1년 동안의 이자는

$80000\times\frac{4}{100}=3200$(원)입니다.

따라서 수지가 예금한 지 1년 후에 찾을 수 있는 돈은

$80000+3200=83200$(원)입니다.

평가 기준	배점
1년 동안의 이자를 구했나요?	3점
1년 후에 찾을 수 있는 돈은 얼마인지 구했나요?	2점

수시 평가 대비 Level 2

118~120쪽

1 (1) 3 (2) 2
2 4, 7
3 ㉢
4 17, 15
5
6 3 : 8
7 ㉡
8 $\frac{5}{8}$
9 2 %
10 ㉣
11 예
12 ㉢, ㉠, ㉡, ㉣
13 6640원
14 연주
15 5500원
16 가
17 317.4 cm^2
18 희영, 6 g
19 7440명
20 디딤 은행

3 ㉠ 6 : 11 ㉡ 6 : 11 ㉢ 11 : 6 ㉣ 6 : 11

4 비 ● : ▲에서 ●는 비교하는 양, ▲는 기준량입니다.

6 (색칠한 칸 수) : (전체 칸 수) ➡ 3 : 8

7 ㉠ 6 : 10에서 기준량은 10, 비교하는 양은 6이므로 $10>6$입니다.

㉡ 20 : 17에서 기준량은 17, 비교하는 양은 20이므로 $17<20$입니다.

㉢ $0.3=\frac{3}{10}<1$이므로 기준량이 비교하는 양보다 큽니다.

8 $\frac{(\text{간 거리})}{(\text{전체 거리})}=\frac{5}{8}$

9 $\frac{900}{45000}=\frac{1}{50}=\frac{2}{100}=2$ %

10 ㉠ $\frac{1}{5}=\frac{20}{100}=20$ %

㉡ $\frac{6}{24}=\frac{1}{4}=\frac{25}{100}=25$ %

㉢ $0.42=\frac{42}{100}=42$ %

㉣ $0.3=\frac{30}{100}=30$ %

11 25 %$=\frac{25}{100}=\frac{1}{4}=\frac{4}{16}$이므로 16칸 중 4칸을 색칠합니다.

12 ㉠ $\frac{7}{12}\left(=\frac{175}{300}\right)$

㉡ 48 %$=\frac{48}{100}=\frac{12}{25}\left(=\frac{144}{300}\right)$

㉢ $0.72=\frac{72}{100}=\frac{18}{25}\left(=\frac{216}{300}\right)$

㉣ 1 : 3 ➡ (비율)$=\frac{1}{3}\left(=\frac{100}{300}\right)$

13 (할인 금액)$=8000\times\frac{17}{100}=1360$(원)

(아이스크림을 사는 데 낸 돈)$=8000-1360$

$=6640$(원)

14 전체 학생 수에 대한 등수의 비율을 각각 구하면

연주: $\frac{18}{30}\left(=\frac{3}{5}\right)$, 승욱: $\frac{16}{25}$입니다.

$\frac{3}{5}\left(=\frac{15}{25}\right)<\frac{16}{25}$이므로 비율이 더 낮은 연주가 시험을 더 잘 보았습니다.

15 (물감 한 개를 팔았을 때의 이익)$=4400\times\frac{25}{100}$
$=1100$(원)
(물감 5개를 팔았을 때의 이익)$=1100\times5=5500$(원)

16 걸린 시간에 대한 달린 거리의 비율을 각각 구하면
가: $\frac{17}{20}$, 나: $\frac{114}{95}\left(=\frac{6}{5}\right)$입니다.
$\frac{17}{20}<\frac{6}{5}\left(=\frac{24}{20}\right)$이므로 더 느린 자동차는 가 자동차입니다.

17 (새로 만든 직사각형의 가로)$=20+20\times\frac{15}{100}$
$=23\ (\mathrm{cm})$
(새로 만든 직사각형의 세로)$=12+12\times\frac{15}{100}$
$=13.8\ (\mathrm{cm})$
(새로 만든 직사각형의 넓이)$=23\times13.8$
$=317.4\ (\mathrm{cm}^2)$

18 (민주가 만든 소금물에 녹아 있는 소금의 양)
$=400\times\frac{16}{100}=64\ (\mathrm{g})$
(희영이가 만든 소금물에 녹아 있는 소금의 양)
$=350\times\frac{20}{100}=70\ (\mathrm{g})$
따라서 희영이가 만든 소금물에 녹아 있는 소금의 양이 $70-64=6\ (\mathrm{g})$ 더 많습니다.

서술형
19 예 이 마을의 인구를 □명이라고 하면
$\frac{\square}{24}=\frac{310}{1}=\frac{310\times24}{1\times24}$,
$\square=310\times24=7440$입니다.

평가 기준	배점
넓이에 대한 인구의 비율을 분수로 나타냈나요?	3점
인구는 몇 명인지 구했나요?	2점

서술형
20 예 (미래 은행의 이자율)$=\frac{1920}{64000}\times100=3\ (\%)$
(디딤 은행의 이자율)$=\frac{1680}{42000}\times100=4\ (\%)$
따라서 이자율이 더 높은 디딤 은행에 예금할 때 이자를 더 많이 받을 수 있습니다.

평가 기준	배점
각 은행의 이자율을 구했나요?	3점
어느 은행에 예금해야 이자를 더 많이 받을 수 있는지 구했나요?	2점

5 여러 가지 그래프

이 단원에서는 이전에 배운 그림그래프를 작은 수가 아닌 큰 수를 가지고 표현하는 방법을 배우고, 비율 그래프로 띠그래프와 원그래프를 배웁니다. 그림그래프는 여러 자료의 수치를 그림의 크기로, 띠그래프는 전체에 대한 각 부분의 비율을 띠 모양에 나타낸 것이고, 원그래프는 각 부분의 비율을 원 모양에 나타낸 것입니다. 이때, 그림그래프는 자료의 수치의 비율과 그림의 크기가 비례하지 않지만, 띠그래프와 원그래프는 비례하며 전체의 크기를 100 %로 봅니다. 그림그래프와 비율 그래프인 띠그래프와 원그래프를 배운 후에는 이 그래프(그림, 띠, 원)가 실생활에서 쓰이는 예를 보고 해석할 수 있으며, 그 후에는 지금까지 배웠던 여러 가지 그래프(막대, 그림, 꺾은선, 띠, 원)를 비교해 봄으로써 상황에 맞는 그래프를 사용할 수 있도록 합니다.

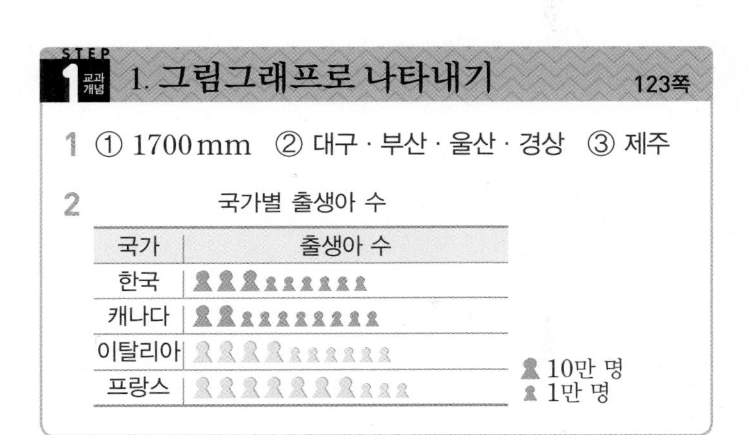
STEP 1 교과 개념 1. 그림그래프로 나타내기 123쪽

1 ① 1700 mm ② 대구 · 부산 · 울산 · 경상 ③ 제주

2 국가별 출생아 수

국가	출생아 수
한국	
캐나다	
이탈리아	
프랑스	

10만 명
1만 명

1 ② 큰 그림의 수가 가장 많은 권역은 대구 · 부산 · 울산 · 경상 권역입니다.
③ 큰 그림의 수가 가장 적은 권역은 제주 권역과 강원 권역입니다. 이 중 작은 그림의 수가 더 적은 권역은 제주 권역입니다.

2 이탈리아의 출생아는 46만 명이므로 큰 그림 4개, 작은 그림 6개로 나타낼 수 있고, 프랑스의 출생아는 73만 명이므로 큰 그림 7개, 작은 그림 3개로 나타낼 수 있습니다.

STEP 1 교과 개념 2. 띠그래프 알아보기, 띠그래프로 나타내기 125쪽

1 ① 띠그래프 ② 30 %

2 ① 25 / 240, 20 / 180, 15
② (위에서부터) 25, 20, 15

1 ② O형인 항목의 비율을 찾아 씁니다.

STEP 1 교과 개념 3. 원그래프 알아보기, 원그래프로 나타내기 127쪽

1 ① 원그래프 ② 선생님

2 ① 25 / 4, 10 / 8, 20 / 6, 15
② 좋아하는 음식별 학생 수

STEP 1 교과 개념 4. 그래프 해석하기 129쪽

1 ① 프랑스 ② 3

2 ① 종이 ② 10

3 ① 봄 ② 가을

1 ② 프랑스에 가고 싶은 학생은 30 %, 인도에 가고 싶은 학생은 10 %입니다. ➡ $30 \div 10 = 3$(배)

2 ② 일반 쓰레기는 20 %, 병은 2 %입니다.
➡ $20 \div 2 = 10$(배)

3 ② 겨울은 15 %이므로 $15 \times 2 = 30$ (%)인 계절은 가을입니다.

STEP 1 교과 개념 5. 여러 가지 그래프 비교하기 131쪽

1 ㉠, ㉣

2 ① (위에서부터) 50, 30
② 마을별 기르는 돼지 수

1 ㉡은 꺾은선그래프, ㉢은 막대그래프로 나타내면 편리합니다.

2 ① • 푸른 마을: 작은 그림이 5개이므로 50마리입니다.
• 햇살 마을: $\frac{150}{500} \times 100 = 30$ (%)

STEP 2 꼭 나오는 유형 132~137쪽

준비 장미

1 4000기

2 20200기

3 15, 11, 14, 8

4 국가별 1인당 이산화 탄소 배출량

국가	배출량
캐나다	◯○○○○○
대한민국	◯○
미국	◯○○○○
폴란드	○○○○○○○○

◯ 10 t ○ 1 t

5 캐나다, 미국, 대한민국, 폴란드

6 400명

7 호랑이

8 3배

9 예 • 가장 적은 학생이 좋아하는 동물은 기린입니다.
• 코끼리 또는 기린을 좋아하는 학생 수는 전체 학생 수의 28 %입니다.

10 30, 40, 20, 10, 100

11 좋아하는 채소별 학생 수

0 10 20 30 40 50 60 70 80 90 100 (%)

감자 (30 %) | 오이 (40 %) | 고구마 (20 %) | 호박(10 %)

12 (위에서부터) 40, 25, 10 /

좋아하는 과목별 학생 수

0 10 20 30 40 50 60 70 80 90 100 (%)

국어 (25 %) | 수학 (35 %) | 영어 (30 %) | 과학(10 %)

13 (위에서부터) 48, 30, 36, 6, 120 / 40, 25, 30, 5, 100

14 취미별 학생 수

0 10 20 30 40 50 60 70 80 90 100 (%)

컴퓨터 (40 %) | 운동 (25 %) | 독서 (30 %) | 기타(5 %)

15 예 학생 수가 많을수록 백분율도 높습니다.

16 사과

17 35 %

18 사과, 딸기

19 2배

20 (1) ○ (2) ○ (3) ×

예 200명에 ○표 / 68명

22 (위에서부터) 70, 50, 40, 40, 200 / 35, 25, 20, 20, 100

23 학급 문고에 있는 책의 종류별 권수

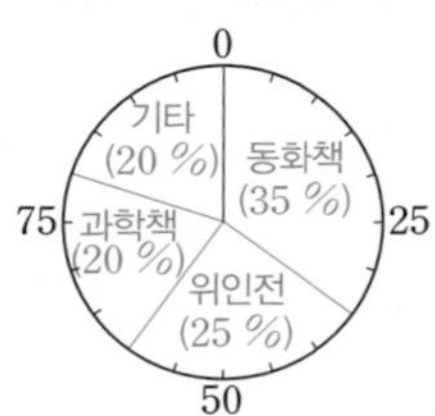

24 종이류, 플라스틱류

25 85 %

26 일반 쓰레기, 종이류

27 2배

28 3배

29 소

30 예 띠그래프에서 소의 수의 비율은 점점 줄어들고 염소 수의 비율은 점점 늘어나므로 2027년에는 소의 수보다 염소 수가 더 많을 것으로 예상합니다.

31 (위에서부터) 1600 / 30, 10

32 마을별 쓰레기 배출량

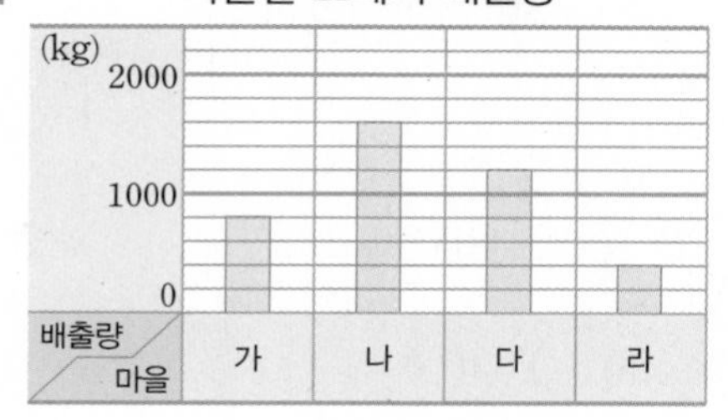

33 마을별 쓰레기 배출량

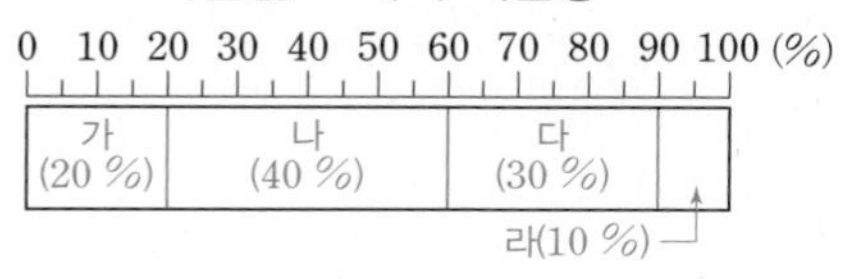

34 마을별 쓰레기 배출량

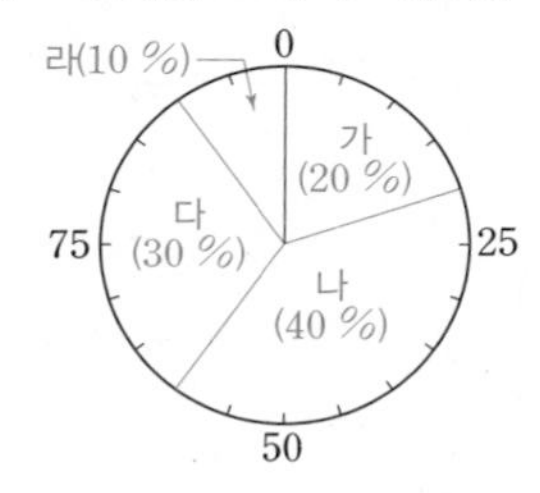

35 예 원그래프 /

예 전체 쓰레기 배출량에 대한 각 마을별 쓰레기 배출량의 비율을 비교하기 쉽기 때문입니다.

준비 가장 많은 학생이 좋아하는 꽃은 큰 그림(●)이 가장 많은 장미입니다.

2 광주 · 전라 권역의 고인돌은 20700기이고,
서울 · 인천 · 경기 권역의 고인돌은 500기이므로
광주 · 전라 권역의 고인돌은 서울 · 인천 · 경기 권역의 고인돌보다 $20700-500=20200$(기) 더 많습니다.

6 (6학년 학생 수)$=180+108+84+28=400$(명)

7 가장 많은 학생이 좋아하는 동물은 띠그래프에서 길이가 가장 긴 호랑이입니다.

8 (코끼리를 좋아하는 학생 수)÷(기린을 좋아하는 학생 수)
$=84\div 28=3$(배)

9

평가 기준
띠그래프를 보고 더 알 수 있는 내용을 두 가지 썼나요?

10 감자: $\frac{75}{250}\times100=30\ (\%)$

오이: $\frac{100}{250}\times100=40\ (\%)$

고구마: $\frac{50}{250}\times100=20\ (\%)$

호박: $\frac{25}{250}\times100=10\ (\%)$

(백분율의 합계)$=30+40+20+10=100\ (\%)$

12 (과학을 좋아하는 학생 수)

$=400-(100+140+120)=40$(명)

전체 학생 수에 대한 과목별 학생 수의 백분율을 구합니다.

국어: $\frac{100}{400}\times100=25\ (\%)$

과학: $\frac{40}{400}\times100=10\ (\%)$

13 취미별 학생 수와 합계를 구한 후 전체 학생 수에 대한 취미별 학생 수의 백분율을 구합니다.

(조사한 학생 수)$=48+30+36+6=120$(명)

컴퓨터: $\frac{48}{120}\times100=40\ (\%)$

운동: $\frac{30}{120}\times100=25\ (\%)$

독서: $\frac{36}{120}\times100=30\ (\%)$

기타: $\frac{6}{120}\times100=5\ (\%)$

15

평가 기준
백분율과 학생 수 사이의 관계를 설명했나요?

16 가장 많은 학생이 좋아하는 과일은 원그래프에서 가장 넓은 부분을 차지하는 사과입니다.

17 배: 20 %, 포도: 15 % ➡ $20+15=35\ (\%)$

18 사과: 40 %, 딸기: 25 %, 배: 20 %, 포도: 15 %

따라서 비율이 25 % 이상인 과일은 사과, 딸기입니다.

19 축구: 32 %, 수영: 16 %

➡ $32\div16=2$(배)

20 (3) 수영 또는 축구를 좋아하는 학생 수는 전체 학생 수의 48 %입니다.

내가 만드는 문제

21 예 야구: 34 % ➡ 예 $200\times\frac{34}{100}=68$(명)

22 책의 종류별 권수를 써넣고 전체 권수에 대한 책의 종류별 권수의 백분율을 구합니다.

동화책: $\frac{70}{200}\times100=35\ (\%)$

위인전: $\frac{50}{200}\times100=25\ (\%)$

과학책: $\frac{40}{200}\times100=20\ (\%)$

기타: $\frac{40}{200}\times100=20\ (\%)$

25 (재활용 쓰레기의 비율)

$=28+25.5+17.5+14=85\ (\%)$

26 행복 마을에서 재활용 쓰레기의 비율이 85 %이므로 일반 쓰레기의 비율은 $100-85=15$, 15 %입니다. 이 비율은 사랑 마을에서 종이류의 비율과 같습니다.

27 $25.5\times2=51\ (\%)$이므로 사랑 마을의 플라스틱류의 비율은 행복 마을의 플라스틱류의 비율의 약 2배입니다.

28 2022년 염소 수의 비율: 36 %

2007년 염소 수의 비율: 12 %

➡ $36\div12=3$(배)

29 소의 수의 비율이 46 % ➡ 37 % ➡ 36 % ➡ 32 %로 점점 줄어들고 있습니다.

30

평가 기준
띠그래프를 보고 2027년의 가축 수의 변화를 예상했나요?

35

평가 기준
어떤 그래프로 나타내면 좋을지 썼나요?
이유를 썼나요?

STEP 3 자주 틀리는 유형 138~139쪽

1 6명 **2** 75명

3 일반 쓰레기 **4** 학용품

5 35, 25, 20, 10, 10, 100

6 30, 15, 10, 35, 10, 100

7 등교 방법별 학생 수

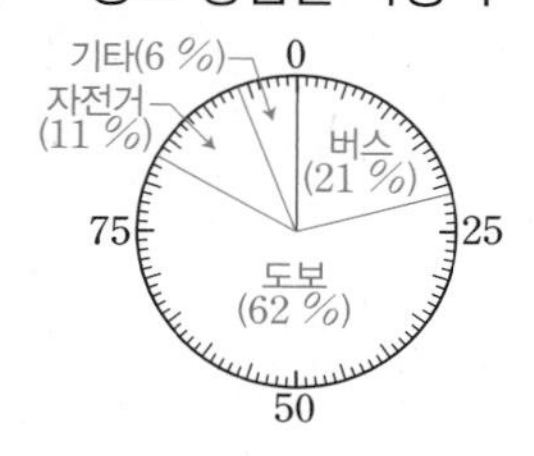

8 기르는 동물별 학생 수

1 띠그래프에서 미술을 좋아하는 학생 수의 비율이 15 % 입니다.

➡ (미술을 좋아하는 학생 수)$=40\times\frac{15}{100}=6$(명)

2 원그래프에서 박물관에 가고 싶은 학생 수의 비율은 15 %입니다.

➡ (박물관에 가고 싶은 학생 수)$=500\times\frac{15}{100}=75$(명)

3 원그래프에서 일반 쓰레기가 차지하는 부분이 가장 넓으므로 가장 많이 발생하는 쓰레기는 일반 쓰레기입니다.

4 원그래프에서 학용품이 차지하는 부분이 두 번째로 넓으므로 두 번째로 많이 사용한 항목은 학용품입니다.

5 빨강: $\frac{210}{600}\times100=35$ (%)

파랑: $\frac{150}{600}\times100=25$ (%)

노랑: $\frac{120}{600}\times100=20$ (%)

초록, 기타: $\frac{60}{600}\times100=10$ (%)

(백분율의 합계)$=35+25+20+10+10=100$ (%)

6 동화책: $\frac{240}{800}\times100=30$ (%)

위인전: $\frac{120}{800}\times100=15$ (%)

과학책: $\frac{80}{800}\times100=10$ (%)

만화책: $\frac{280}{800}\times100=35$ (%)

기타: $\frac{80}{800}\times100=10$ (%)

(백분율의 합계)$=30+15+10+35+10=100$ (%)

8 물고기와 기타의 비율을 각각 □ %라고 하면
$40+20+10+\square+\square=100$, $70+\square+\square=100$,
$\square+\square=100-70=30$, $\square=15$입니다.

STEP 4 최상위 도전 유형 140~142쪽

1 600명 **2** 1500명

3 600명 **4** 5 cm

5 25 cm **6** 80 km^2

7 1120 kg **8** 1250대

9 126명 **10** 9000원

11 112, 60, 48, 100, 400

12 144명 **13** 64명

14 24명 **15** 16잔

16 69명 **17** 50개

18 25개

1 호랑이를 보고 싶은 학생 수의 비율은 25 %이고 $25\times4=100$이므로 전체 비율은 호랑이를 보고 싶은 학생 수의 비율의 4배입니다.

➡ (동건이네 학교 학생 수)$=150\times4=600$(명)

2 초등학생 수의 비율은 35 %이고 5 %일 때 초등학생 수는 $525\div7=75$(명)입니다.
$5\times20=100$이므로 전체 비율은 5 %의 20배입니다.

➡ (전체 학생 수)$=75\times20=1500$(명)

3 전체의 40 %가 240명이므로 10 %일 때 학생 수는
$240 \div 4 = 60$(명)입니다.
$10 \times 10 = 100$이므로 전체 비율은 10 %의 10배입니다.
➡ (승연이네 학교 학생 수)$= 60 \times 10 = 600$(명)

4 학용품에 사용한 금액의 비율은 25 %이므로
띠그래프에서 학용품이 차지하는 부분의 길이는
$20 \times \frac{25}{100} = 5$ (cm)입니다.

5 $100 - (35 + 30 + 15) = 20$이므로 개그맨을 좋아하는 학생 수의 비율은 20 %입니다.
전체 비율은 20 %의 5배이므로 띠그래프의 전체 길이는
$5 \times 5 = 25$ (cm)입니다.

6 (주거용 토지의 비율)$= \frac{7}{20} \times 100 = 35$ (%)
35 %가 140 km^2이므로 5 %일 때 넓이는
$140 \div 7 = 20$ (km^2)입니다.
전체 비율은 5 %의 20배이므로
(전체 토지의 넓이)$= 20 \times 20 = 400$ (km^2)입니다.
(공공시설용 토지의 비율)$= \frac{4}{20} \times 100 = 20$ (%)이므로
(공공시설용 토지의 넓이)$= 400 \times \frac{20}{100} = 80$ (km^2)입니다.

7 다 마을의 참외 수확량은 전체의 13 %로 520 kg이므로
전체의 1 %는 $520 \div 13 = 40$ (kg)입니다.
라 마을의 참외 수확량은 전체의 28 %이므로
$40 \times 28 = 1120$ (kg)입니다.

8 나 공장의 자전거 생산량은 전체의 30 %이므로 5 %일 때 자전거 생산량은 $1500 \div 6 = 250$(대)입니다.
전체 비율은 5 %의 20배이므로
(전체 생산량)$= 250 \times 20 = 5000$(대)입니다.
가 공장의 자전거 생산량은 전체의 25 %이므로
$5000 \times \frac{25}{100} = 1250$(대)입니다.

9 일본에 가고 싶은 학생 수의 비율은 20 %이고
$20 \times 5 = 100$이므로 전체 비율은 일본에 가고 싶은 학생 수의 비율의 5배입니다.
(전체 학생 수)$= 84 \times 5 = 420$(명)
(중국에 가고 싶은 학생 수)$= 420 \times \frac{30}{100} = 126$(명)

10 저금에 사용한 금액의 비율을 $(4 \times \square)$ %, 교통비에 사용한 금액의 비율을 $(3 \times \square)$ %라고 하면
$4 \times \square + 3 \times \square = 100 - (35 + 20 + 10)$
$7 \times \square = 35$, $\square = 35 \div 7 = 5$입니다.
따라서 교통비에 사용한 금액의 비율은 $3 \times 5 = 15$ (%)이므로 교통비에 사용한 금액은
$60000 \times \frac{15}{100} = 9000$(원)입니다.

11 피자를 좋아하는 학생 수의 비율은
$100 - (28 + 15 + 12 + 25) = 20$, 20 %입니다.
전체 비율은 피자를 좋아하는 학생 수의 비율의 5배이므로 (전체 학생 수)$= 80 \times 5 = 400$(명)입니다.
튀김: $400 \times \frac{28}{100} = 112$(명)
김밥: $400 \times \frac{15}{100} = 60$(명)
카레: $400 \times \frac{12}{100} = 48$(명)
기타: $400 \times \frac{25}{100} = 100$(명)

12 이순신 또는 신사임당을 존경하는 학생 수의 비율은
$100 - (45 + 10) = 45$, 45 %입니다.
이순신을 존경하는 학생 수의 비율을 $\square$ %라고 하면 신사임당을 존경하는 학생 수의 비율은 $(\square \times 2)$ %이므로
$\square + \square \times 2 = 45$, $\square \times 3 = 45$, $\square = 15$입니다.
이순신을 존경하는 학생 수의 비율은 15 %로 48명입니다. 세종대왕을 존경하는 학생 수의 비율은 45 %이고 45 %는 15 %의 3배이므로 세종대왕을 존경하는 학생 수는 $48 \times 3 = 144$(명)입니다.

13 (운동회에 참가하는 학생 수)$= 400 \times \frac{80}{100} = 320$(명)
참가 종목 중 축구에 참가하는 학생 수의 비율이 20 %입니다.
➡ (축구에 참가하는 학생 수)$= 320 \times \frac{20}{100} = 64$(명)

14 (운동회에 참가하지 않는 학생 수)
$= 400 \times \frac{20}{100} = 80$(명)
(아파서 참가하지 못하는 학생 수)
$= 80 \times \frac{30}{100} = 24$(명)

15 • 커피: $40\ \% = \frac{40}{100}$

➡ (커피 판매량)$=200\times\frac{40}{100}=80$(잔)

• 라테: $20\ \% = \frac{20}{100}$

➡ (라테 판매량)$=80\times\frac{20}{100}=16$(잔)

16 (여학생 수)$=500\times\frac{46}{100}=230$(명)

운동화를 신고 온 여학생 수의 비율은

$100-(40+20+10)=30$, $30\ \%$입니다.

➡ (운동화를 신고 온 여학생 수)$=230\times\frac{30}{100}=69$(명)

17 어린이 대상 강좌 수의 비율: $50\ \%$

(어린이 대상 강좌 수)$=500\times\frac{50}{100}=250$(개)

어린이 운동 강좌 수의 비율: $20\ \%$

(어린이 운동 강좌 수)$=250\times\frac{20}{100}=50$(개)

18 어린이 학습 강좌 수의 비율은 $40\ \%$, 어린이 예능 강좌 수의 비율은 $30\ \%$입니다.

(어린이 학습 강좌 수)$=250\times\frac{40}{100}=100$(개)

(어린이 예능 강좌 수)$=250\times\frac{30}{100}=75$(개)

➡ $100-75=25$(개)

수시 평가 대비 Level ❶

143~145쪽

1 520마리 **2** 라 마을

3 30 % **4** 피아노

5 30, 20, 10, 100

6 ㉠ 좋아하는 과일별 학생 수

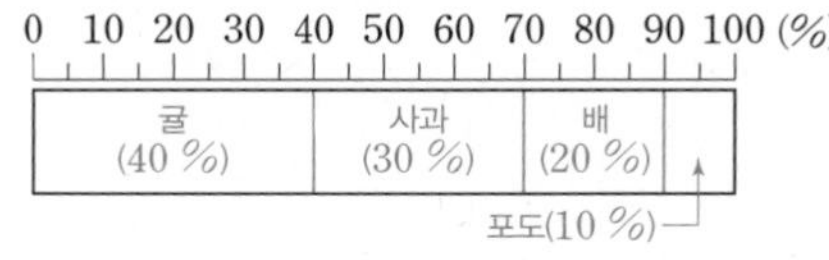

7 체육 **8** 사회, 영어

9 19 % **10** 2배

11 (위에서부터) 80, 40 / 30, 25, 15

12 ㉠ 좋아하는 음식별 학생 수

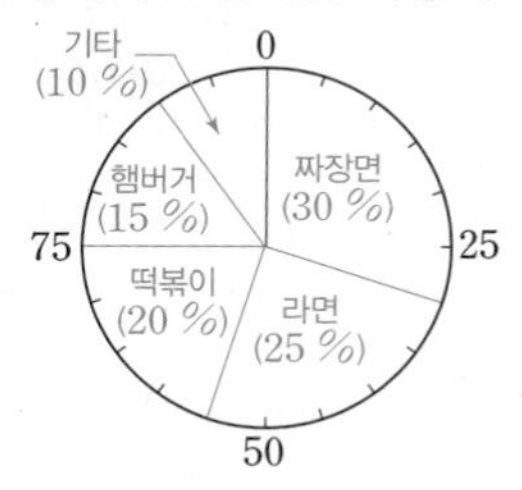

13 48명 **14** 40 %

15 450 **16** 25 %

17 360가구

18 운동장의 온도

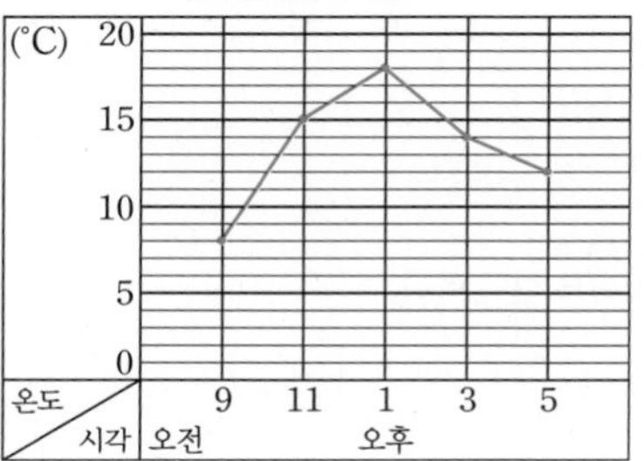

19 60 g **20** 5학년, 5명

1 100마리 그림이 5개이므로 500마리, 10마리 그림이 2개이므로 20마리입니다. ➡ 520마리

2 100마리 그림이 가장 적은 라 마을이 기르는 돼지의 수가 가장 적습니다.

3 띠그래프에서 작은 눈금 한 칸의 크기는 5 %이므로 리코더를 연주할 수 있는 학생은 30 %입니다.

4 띠그래프에서 가장 긴 부분을 차지하는 악기는 피아노입니다.

5 사과: $\frac{36}{120}\times100=30\ (\%)$

배: $\frac{24}{120}\times100=20\ (\%)$

포도: $\frac{12}{120}\times100=10\ (\%)$

합계: $40+30+20+10=100\ (\%)$

6 백분율에 맞게 띠를 나눕니다.

7 원그래프에서 가장 좁은 부분을 차지하는 과목은 체육입니다.

8 비율이 같은 과목은 각각 비율이 15 %인 사회와 영어입니다.

9 $100-(34+20+17+10)=19$ (%)

10 드라마: 34 %, 뉴스: 17 %
➡ $34\div17=2$(배)

11 떡볶이: $400\times\frac{20}{100}=80$(명)
기타: $400\times\frac{10}{100}=40$(명)
짜장면: $\frac{120}{400}\times100=30$ (%)
라면: $\frac{100}{400}\times100=25$ (%)
햄버거: $\frac{60}{400}\times100=15$ (%)

13 푸름 마을의 비율은 20 %이므로
$240\times\frac{20}{100}=48$(명)입니다.

14 $100-(20+16+10+14)=40$ (%)

15 전체의 20 %가 90이므로 전체는 $90\times5=450$입니다.

16 라 신문이 20 %이므로 다 신문은 $20\div2=10$ (%)입니다.
(나 신문의 비율)$=100-(45+10+20)=25$ (%)

17 (가 신문의 구독 가구 수)$=800\times\frac{45}{100}=360$(가구)

서술형
19 ㊞ 단백질의 비율은 32 %이고 지방의 비율은 8 %이므로 단백질의 비율은 지방의 비율의 4배입니다.
따라서 단백질이 240 g일 때 지방은
$240\div4=60$ (g)입니다.

평가 기준	배점
단백질의 비율이 지방의 비율의 몇 배인지 구했나요?	3점
지방은 몇 g인지 구했나요?	2점

서술형
20 ㊞ (5학년 중 도보로 등교하는 학생 수)
$=500\times\frac{55}{100}=275$(명)
(6학년 중 도보로 등교하는 학생 수)
$=600\times\frac{45}{100}=270$(명)
따라서 도보로 등교하는 학생은 5학년이
$275-270=5$(명) 더 많습니다.

평가 기준	배점
5학년 중 도보로 등교하는 학생 수를 구했나요?	2점
6학년 중 도보로 등교하는 학생 수를 구했나요?	2점
도보로 등교하는 학생은 어느 학년이 몇 명 더 많은지 구했나요?	1점

수시 평가 대비 Level ❷

146~148쪽

1 3900대
2 서울 · 인천 · 경기
3 3배
4 15 %
5 325 g
6 동화책, 위인전
7 20권
8 25, 25, 30, 20, 100
9 태어난 계절별 학생 수

0 10 20 30 40 50 60 70 80 90 100 (%)

봄 (25 %)	여름 (25 %)	가을 (30 %)	겨울 (20 %)

10 태어난 계절별 학생 수

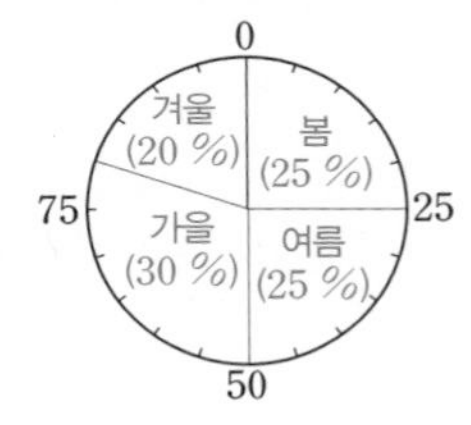

11 8750원

12 (위에서부터) 560 / 35, 15, 5, 25, 100

13 제조사별 자동차 수

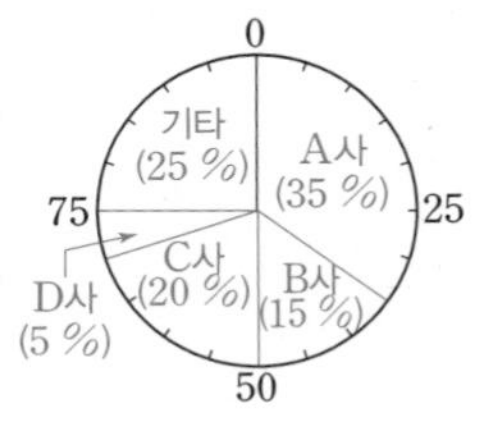

14 340명

15 5학년, 11명
16 3 cm
17 8 cm
18 204명
19 ㊞ 초등학생 수의 비율은 점점 늘어나고 중학생 수와 고등학생 수의 비율은 점점 줄어들 것입니다.
20 144명

1 큰 그림은 3개, 작은 그림은 9개이므로
$3000+900=3900$(대)입니다.

2 큰 그림의 수가 가장 많은 지역은 서울·인천·경기 권역과 광주·전라 권역입니다. 이 중 작은 그림의 수가 더 많은 지역은 서울·인천·경기 권역입니다.

3 대전·세종·충청 권역의 자동차 판매량: 3300대
제주 권역의 자동차 판매량: 1100대
$1100 \times 3=3300$이므로 대전·세종·충청 권역의 자동차 판매량은 제주 권역의 자동차 판매량의 3배입니다.

4 전체가 100 %이므로 수분의 비율은
$100-(65+8+5+7)=15$, 15 %입니다.

5 $500 \times \frac{65}{100}=325$ (g)

7 위인전 수의 비율이 25 %이므로
(위인전의 수)$=80 \times \frac{25}{100}=20$(권)입니다.

8 봄, 여름: $\frac{10}{40} \times 100=25$ (%)
가을: $\frac{12}{40} \times 100=30$ (%)
겨울: $\frac{8}{40} \times 100=20$ (%)

9 백분율에 맞게 띠를 나눕니다.

10 각 항목이 차지하는 백분율의 크기만큼 선을 그어 원을 나눈 다음 각 항목의 내용을 쓰고 백분율을 괄호 안에 씁니다.

11 원그래프에서 간식에 사용한 금액의 비율이 35 %로 가장 높습니다.
(간식에 사용한 금액)$=25000 \times \frac{35}{100}=8750$(원)

12 (C사의 자동차 수)
$=2800-(980+420+140+700)=560$(대)
A사: $\frac{980}{2800} \times 100=35$ (%)
B사: $\frac{420}{2800} \times 100=15$ (%)
D사: $\frac{140}{2800} \times 100=5$ (%)
기타: $\frac{700}{2800} \times 100=25$ (%)
(백분율의 합계)$=35+15+20+5+25=100$ (%)

13 백분율의 크기만큼 원을 나누어 원그래프를 완성합니다.

14 전체의 20 %가 68명이고 전체 비율은 20 %의 5배이므로 (5학년 학생 수)$=68 \times 5=340$(명)입니다.

15 (수학을 좋아하는 5학년 학생 수)
$=460 \times \frac{35}{100}=161$(명)
(수학을 좋아하는 6학년 학생 수)
$=500 \times \frac{30}{100}=150$(명)
따라서 5학년 학생이 $161-150=11$(명) 더 많습니다.

16 햄스터를 기르는 학생 수의 비율은
$100-(30+30+10+10)=20$, 20 %입니다.
➡ $15 \times \frac{20}{100}=3$ (cm)

17 (강아지가 차지하는 부분의 길이)
$=40 \times \frac{30}{100}=12$ (cm)
(토끼가 차지하는 부분의 길이)
$=40 \times \frac{10}{100}=4$ (cm)
➡ $12-4=8$ (cm)

18 (반대하는 사람 수)$=800 \times \frac{75}{100}=600$(명)
(소음으로 반대하는 사람 수)$=600 \times \frac{34}{100}=204$(명)

서술형
19

평가 기준	배점
학교별 학생 수의 변화를 예상했나요?	5점

서술형
20 예 팝송을 좋아하는 학생 수의 비율은 20 %이고
$20 \times 5=100$이므로 전체 비율은 팝송을 좋아하는 학생 수의 비율의 5배입니다.
(전체 학생 수)$=72 \times 5=360$(명)
가요를 좋아하는 학생 수의 비율이 40 %이므로
(가요를 좋아하는 학생 수)$=360 \times \frac{40}{100}=144$(명)입니다.

평가 기준	배점
전체 학생 수를 구했나요?	2점
가요를 좋아하는 학생 수를 구했나요?	3점

6 직육면체의 부피와 겉넓이

일상생활에서 물건의 부피나 겉넓이를 정확히 재는 상황이 흔하지는 않습니다. 그러나 물건의 부피나 겉넓이를 어림해야 하는 상황은 생각보다 자주 발생합니다. 학생들이 쉽게 접할 수 있는 상황을 예로 들면 과자를 살 때 과자의 부피와 포장지의 겉넓이를 어림해서 과자의 가격을 생각하여 더욱 합리적인 소비를 하는 것입니다. 뿐만 아니라 부피와 겉넓이 공식을 학생들이 이미 학습한 넓이의 공식을 이용해서 충분히 유추해 낼 수 있는 만큼 학생들에게 충분한 추론의 기회를 제공할 수 있습니다. 이 단원에서 부피 공식을 유도하는 과정은 넓이 공식을 유도하는 과정과 매우 흡사하므로, 5학년에서 배운 내용을 상기시키고 이를 잘 활용하여 유추적 사고를 할 수 있도록 합니다. 직육면체의 겉넓이 개념은 3차원에서의 2차원 탐구인 만큼 학생들이 어려워하는 주제이므로 6학년 학생들이라 할지라도 구체물을 활용하여 충분히 겉넓이 개념을 익히고, 이를 바탕으로 겉넓이 공식을 다양한 방법으로 유도하도록 합니다.

STEP 1 교과개념 1. 직육면체의 부피 비교하기 151쪽

1 ① =, <, > ② 없습니다.

2 나

3 ① 45개, 40개 ② 가

1 ① 7 cm=7 cm ➡ (가의 가로)=(나의 가로)
4 cm<5 cm ➡ (가의 세로)<(나의 세로)
8 cm>6 cm ➡ (가의 높이)>(나의 높이)
② 직접 맞대어 비교하려면 가로, 세로, 높이 중에서 두 종류 이상의 길이가 같아야 하므로 가와 나의 부피를 비교할 수 없습니다.

2 가와 나는 세로와 높이가 같습니다.
따라서 가로가 더 긴 나의 부피가 더 큽니다.

3 ① 가: $3\times5\times3=45$(개)
나: $2\times4\times5=40$(개)
② 담을 수 있는 쌓기나무의 수가 많을수록 부피가 큽니다.

STEP 1 교과개념 2. 직육면체의 부피 구하는 방법 알아보기 153쪽

1 ① 12, 12 / 16, 16 ② 4 cm^3

2 (위에서부터) 5, 2, 3 / 4, 4, 4 / 2, 3, 4 / 30, 64, 24

3 ① 1200 cm^3 ② 729 cm^3

1 ① 가: $3\times2\times2=12$(개) ➡ 12 cm^3
나: $4\times2\times2=16$(개) ➡ 16 cm^3
② (나의 부피)−(가의 부피)
$=16-12=4$ (cm^3)

2 부피가 1 cm^3인 쌓기나무를 (가로)×(세로)씩 높이만큼 쌓았으므로 (직육면체의 부피)=(가로)×(세로)×(높이)입니다.
가의 부피: $5\times2\times3=30$(개) ➡ 30 cm^3
나의 부피: $4\times4\times4=64$(개) ➡ 64 cm^3
다의 부피: $2\times3\times4=24$(개) ➡ 24 cm^3

3 ① (직육면체의 부피)$=15\times20\times4=1200$ (cm^3)
② (정육면체의 부피)$=9\times9\times9=729$ (cm^3)

STEP 1 교과개념 3. m^3 알아보기 155쪽

1 1000000, 1000000

2 ① 3 m, 2 m, 5 m ② 30 m^3

3 ① 2000000 ② 7 ③ 4900000 ④ 0.8

4 ① 125 m^3 ② 22.4 m^3

2 ① 100 cm=1 m이므로 가로는 3 m, 세로는 2 m, 높이는 5 m입니다.
② (직육면체의 부피)$=3\times2\times5=30$ (m^3)

3 1 m^3=1000000 cm^3임을 이용합니다.

4 ① (정육면체의 부피)$=5\times5\times5=125$ (m^3)
② 70 cm=0.7 m입니다.
(직육면체의 부피)$=8\times0.7\times4=22.4$ (m^3)

STEP 1 교과개념 4. 직육면체의 겉넓이 구하는 방법 알아보기 157쪽

1 ① 8, 12, 52 ② 2, 3, 2, 8, 6, 52 ③ 3, 3, 52

2 예 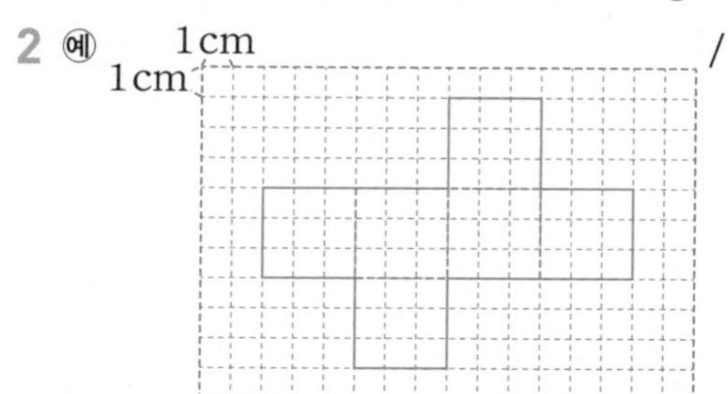

/ 3, 3, 54

3 5, 5, 3, 70, 72, 142

2 (정육면체의 겉넓이)
=(한 모서리의 길이)×(한 모서리의 길이)×6
$=3\times3\times6=54\ (\mathrm{cm}^2)$

3 (직육면체의 겉넓이)
=(한 밑면의 넓이)×2+(옆면의 넓이)
$=(7\times5)\times2+(7+5+7+5)\times3$
$=70+72=142\ (\mathrm{cm}^2)$

STEP 2 꼭 나오는 유형 158~163쪽

1 유빈

2 예 부피를 비교할 수 없습니다. /
예 벽돌과 타일은 크기가 다르기 때문입니다.

3 >

4 (1) 18개 (2) 24개 (3) 가

5 16개 6 예 20개

7 $1\ \mathrm{cm}^3$, 1 세제곱센티미터

8 60, 60 9 $12\ \mathrm{cm}^3$

10 64, 64

11 (위에서부터) 6, 2, 12, 4, 2, 24

12 $120\ \mathrm{cm}^3$ 13 $320\ \mathrm{cm}^3$

14 $420\ \mathrm{cm}^3$ 15 $1080\ \mathrm{cm}^3$

16 $30\ \mathrm{cm}^2$ 17 예 나, $2744\ \mathrm{cm}^3$

18 $216\ \mathrm{cm}^3$ 19 $343\ \mathrm{cm}^3$

20 4

21 (위에서부터) 3, 7, 5, 105 / 8 / 6, 14, 10, 840

22 (1) ○ (2) ×

23 (1) 4.5, 2, 3 (2) $27\ \mathrm{m}^3$

준비 > 24 <

25 $324000\ \mathrm{cm}^3$ 26 $48\ \mathrm{m}^3$

27 예 4, 예 5 28 ㉢, ㉠, ㉡

29 (위에서부터) 6, 24, 6, 24, 6, 12, 6, 12, 4, 8, 2, 8 / 24, 24, 12, 12, 8, 8, 88 / 24, 12, 8, 88

30 $228\ \mathrm{cm}^2$ 31 $384\ \mathrm{cm}^2$

32 $54\ \mathrm{cm}^2$

33 (위에서부터) 5, 5, 150, 4, 10, 10, 600

34 가 35 $104\ \mathrm{cm}^2$

1 밑면의 가로와 높이가 각각 같으므로 밑면의 세로를 비교합니다. 8 cm > 5 cm > 3 cm이므로 부피를 비교하면 다 > 가 > 나입니다. 따라서 잘못 비교한 친구는 유빈입니다.

2

평가 기준
답을 구했나요?
이유를 썼나요?

3 (가의 쌓기나무의 수)$=4\times3\times3=36$(개)
(나의 쌓기나무의 수)$=3\times2\times5=30$(개)
쌓기나무의 수를 비교하면 36개 > 30개이므로 가의 부피가 더 큽니다.

4 (1) $3\times3\times2=18$(개)
(2) $2\times4\times3=24$(개)
(3) 주사위의 수가 적을수록 상자의 부피가 더 작으므로 상자 가의 부피가 더 작습니다.

5 (은서가 사용한 쌓기나무의 수)$=2\times2\times4=16$(개)

내가 만드는 문제

6 은서가 만든 직육면체보다 부피가 큰 직육면체를 다음과 같이 만들 수 있습니다.

예 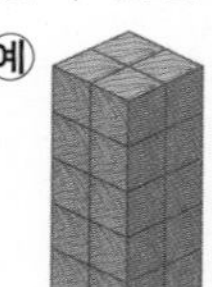
➡ (쌓기나무의 수)$=2\times2\times5=20$(개)

➡ (쌓기나무의 수)$=3\times2\times4=24$(개)

이 외에도 여러 가지 직육면체를 만들 수 있습니다.

8 (쌓기나무의 수)$=5\times3\times4=60$(개)
부피가 $1\ cm^3$인 쌓기나무 60개로 만들었으므로 직육면체의 부피는 $60\ cm^3$입니다.

9 (가의 쌓기나무의 수)$=3\times2\times2=12$(개)
➡ (가의 부피)$=12\ cm^3$
(나의 쌓기나무의 수)$=3\times4\times2=24$(개)
➡ (나의 부피)$=24\ cm^3$
따라서 나의 부피는 가의 부피보다 $24-12=12\ (cm^3)$ 더 큽니다.

다른 풀이
나의 쌓기나무의 수는 가의 쌓기나무의 수보다 $24-12=12$(개) 더 많습니다. 따라서 나의 부피는 가의 부피보다 $12\ cm^3$ 더 큽니다.

10 (각설탕의 수)$=4\times4\times4=64$(개)
부피가 $1\ cm^3$인 각설탕 64개로 만들었으므로 정육면체의 부피는 $64\ cm^3$입니다.

11 직육면체의 세로와 높이가 같을 때 가로가 2배가 되면 부피도 2배가 되고, 직육면체의 가로와 높이가 같을 때 세로가 2배가 되면 부피도 2배가 됩니다. 즉, 직육면체의 높이가 같을 때 가로가 2배, 세로가 2배가 되면 부피는 4배가 됩니다.

12 쌓기나무는 한 모서리의 길이가 1 cm인 정육면체이므로 상자 속에 쌓기나무를 가로로 4개, 세로로 6개씩 5층으로 채울 수 있습니다.
(쌓기나무의 수)$=4\times6\times5=120$(개)이므로 상자를 가득 채운 쌓기나무의 부피는 $120\ cm^3$입니다.

13 (직육면체의 부피)$=$(가로)$\times$(세로)$\times$(높이)
$=10\times8\times4=320\ (cm^3)$

14 (직육면체의 부피)$=$(가로)$\times$(세로)$\times$(높이)
$=5\times7\times12=420\ (cm^3)$

15 (진욱이가 산 필통의 부피)$=20\times9\times6=1080\ (cm^3)$

16 색칠한 면의 넓이를 $\square\ cm^2$라고 하면
$\square\times8=240$, $\square=240\div8=30$입니다.

내가 만드는 문제
17 예 (나의 부피)$=14\times14\times14=2744\ (cm^3)$
가, 다를 골라 부피를 구한 것도 정답입니다.
(가의 부피)$=16\times40\times50=32000\ (cm^3)$
(다의 부피)$=21\times13\times2=546\ (cm^3)$

18 $6\times6=36$이므로 한 모서리의 길이는 6 cm입니다.
➡ (정육면체의 부피)$=6\times6\times6=216\ (cm^3)$

19 정육면체의 모서리는 12개이므로 한 모서리의 길이는 $84\div12=7$ (cm)입니다.
➡ (정육면체의 부피)$=7\times7\times7=343\ (cm^3)$

20 예 (가의 부피)$=6\times8\times4=192\ (cm^3)$
나의 부피는 가의 부피와 같은 $192\ cm^3$이므로
$4\times\square\times12=192$, $48\times\square=192$,
$\square=192\div48=4$입니다.

평가 기준
가의 부피를 구했나요?
□ 안에 알맞은 수를 구했나요?

21 직육면체의 각 모서리의 길이를 2배 늘이면 부피는 $2\times2\times2=8$(배)가 됩니다.

22 (2) 한 모서리의 길이가 1 m인 정육면체를 쌓는 데 부피가 $1\ cm^3$인 쌓기나무가 1000000개 필요합니다.

23 (2) (직육면체의 부피)$=4.5\times2\times3=27\ (m^3)$

준비 $1\ m^2=10000\ cm^2$이므로 $4\ m^2=40000\ cm^2$입니다.
$40000\ cm^2>5000\ cm^2$ ➡ $4\ m^2>5000\ cm^2$

24 $1m^3=1000000\ cm^3$이므로
$8500000\ cm^3=8.5\ m^3$입니다.
$8.5\ m^3<70\ m^3$ ➡ $8500000\ cm^3<70\ m^3$

25 $1\ m^3=1000000\ cm^3$이므로 서랍장과 세탁기의 부피의 차는 $1000000-676000=324000\ (cm^3)$입니다.

26 1 m=100 cm이므로 가로는 800 cm=8 m, 세로는 200 cm=2 m, 높이는 300 cm=3 m입니다.
➡ (컨테이너의 부피)$=8\times2\times3=48$ (m^3)

다른 풀이

(컨테이너의 부피)$=800\times200\times300$
$=48000000$ (cm^3)

1 m^3=1000000 cm^3이므로 컨테이너의 부피는 48 m^3입니다.

27 1 m=100 cm이므로 가로는 300 cm=3 m, 세로는 160 cm=1.6 m입니다.
➡ (직육면체의 부피)$=3\times1.6\times1=4.8$ (m^3)
따라서 4.8 m^3보다 더 작은 부피와 더 큰 부피를 각각 씁니다.

28 ㉠ 3.2 m^3
㉡ 1 m^3=1000000 cm^3이므로 680000 cm^3=0.68 m^3입니다.
㉢ 한 모서리의 길이가 300 cm=3 m이므로 정육면체의 부피는 $3\times3\times3=27$ (m^3)입니다.
따라서 27 m^3 > 3.2 m^3 > 0.68 m^3이므로 부피가 큰 것부터 차례로 기호를 쓰면 ㉢, ㉠, ㉡입니다.

30 (직육면체의 겉넓이)$=(9\times4+9\times6+6\times4)\times2$
$=114\times2=228$ (cm^2)

31 (정육면체의 겉넓이)=(한 면의 넓이)$\times6$
$=8\times8\times6=384$ (cm^2)

32 (정육면체의 겉넓이)$=9\times6=54$ (cm^2)

33 정육면체의 각 모서리의 길이를 2배 늘이면 겉넓이는 $2\times2=4$(배)가 됩니다.

34 (직육면체 가의 겉넓이)$=(8\times7+8\times5+5\times7)\times2$
$=262$ (cm^2)
(정육면체 나의 겉넓이)$=6\times6\times6=216$ (cm^2)
따라서 262>216이므로 가의 겉넓이가 더 큽니다.

35 예 직육면체의 부피가 60 cm^3이므로
$6\times5\times\square=60$, $30\times\square=60$, $\square=2$입니다.
➡ (직육면체의 겉넓이)
$=(6\times2+6\times5+5\times2)\times2$
$=52\times2=104$ (cm^2)

평가 기준
직육면체의 높이를 구했나요?
직육면체의 겉넓이를 구했나요?

STEP 3 자주 틀리는 유형 164~167쪽

1 15 m^3	**2** 480000 cm^3
3 27000000, 27	**4** 5
5 7	**6** 12
7 15	**8** 7
9 1000 cm^3	**10** 125 cm^3
11 343 cm^3	**12** 440 cm^3
13 ㉢, ㉣, ㉠, ㉡	**14** ㉢, ㉠, ㉣, ㉡
15 ㉠, ㉢, ㉡	**16** 202 cm^2
17 276 cm^2	**18** 27 cm^3
19 125 cm^3	**20** 1000 cm^3
21 128 cm^2	**22** 3200 cm^2

1 1 m=100 cm이므로 가로는 300 cm=3 m, 세로는 250 cm=2.5 m입니다.
➡ (직육면체의 부피)$=3\times2.5\times2=15$ (m^3)

다른 풀이

1 m=100 cm이므로 높이는 2 m=200 cm입니다.
➡ (직육면체의 부피)$=300\times250\times200$
$=15000000$ (cm^3)
1 m^3=1000000 cm^3이므로 직육면체의 부피는 15 m^3입니다.

2 0.5 m=50 cm이므로 직육면체의 부피는 $80\times120\times50=480000$ (cm^3)입니다.

3 (직육면체의 부피)$=300\times150\times600$
$=27000000$ (cm^3)
1 m^3=1000000 cm^3이므로
27000000 cm^3=27 m^3입니다.

4 직육면체의 부피가 270 cm^3이므로 $6\times9\times\square=270$, $54\times\square=270$, $\square=270\div54=5$입니다.

5 직육면체의 부피가 224 cm^3이므로
$\square\times4\times8=224$, $\square\times32=224$,
$\square=224\div32=7$입니다.

6 직육면체의 가로를 ● cm라고 하면 색칠한 면의 둘레가 34 cm이므로 $(●+7)\times2=34$, $●+7=34\div2$, $●+7=17$, $●=17-7=10$입니다.

직육면체의 부피가 840 cm^3이므로
$10 \times \square \times 7 = 840$, $70 \times \square = 840$,
$\square = 840 \div 70 = 12$입니다.

7 전개도를 이용하여 만든 직육면체의 세로는 8 cm, 높이는 20 cm입니다. 직육면체의 부피가 2400 cm^3이므로
$\square \times 8 \times 20 = 2400$, $\square \times 160 = 2400$,
$\square = 2400 \div 160 = 15$입니다.

8 전개도를 이용하여 만든 직육면체의 가로는 10 cm, 세로는 6 cm입니다. 직육면체의 부피가 420 cm^3이므로
$10 \times 6 \times \square = 420$, $60 \times \square = 420$,
$\square = 420 \div 60 = 7$입니다.

9 만들려는 상자는 모든 모서리의 길이가 같으므로 정육면체 모양입니다.
네 모서리의 길이의 합이 40 cm이므로 한 모서리의 길이는 $40 \div 4 = 10$ (cm)입니다.
따라서 만들려는 상자의 부피는
$10 \times 10 \times 10 = 1000$ (cm^3)입니다.

10 떡을 잘라 가장 큰 정육면체를 만들기 위해서는 한 모서리를 떡의 가장 짧은 모서리의 길이인 5 cm로 해야 합니다.
➡ (가장 큰 정육면체의 부피)$= 5 \times 5 \times 5 = 125$ (cm^3)

11 나무 도막을 잘라 가장 큰 정육면체를 만들기 위해서는 한 모서리를 나무 도막의 가장 짧은 모서리의 길이인 7 cm로 해야 합니다.
➡ (가장 큰 정육면체의 부피)$= 7 \times 7 \times 7 = 343$ (cm^3)

12 두부를 잘라 가장 큰 정육면체를 만들기 위해서는 한 모서리를 두부의 가장 짧은 모서리의 길이인 4 cm로 해야 합니다.
(남은 두부의 부피)
=(처음 두부의 부피)−(잘라 낸 두부의 부피)
$= 7 \times 18 \times 4 - 4 \times 4 \times 4$
$= 504 - 64 = 440$ (cm^3)

13 1 m^3 = 1000000 cm^3입니다.
㉢ 0.04 m^3 = 40000 cm^3
➡ 0.04 m^3 > 110 cm^3 > 85 cm^3 > 60 cm^3

14 1 m^3 = 1000000 cm^3입니다.
㉢ 650000 cm^3 = 0.65 m^3
㉣ 8000000 cm^3 = 8 m^3
➡ 0.65 m^3 < 0.7 m^3 < 8 m^3 < 30 m^3
➡ 650000 cm^3 < 0.7 m^3 < 8000000 cm^3 < 30 m^3

15 ㉠ 0.002 m^3 = 2000 cm^3
㉡ (부피)$= 28 \times 20 = 560$ (cm^3)
㉢ (부피)$= 9 \times 9 \times 9 = 729$ (cm^3)
➡ 0.002 m^3 > 729 cm^3 > 560 cm^3

16 (직육면체의 겉넓이)
=(한 밑면의 넓이)×2+(옆면의 넓이)
=(한 밑면의 넓이)×2+(한 밑면의 둘레)×(높이)
$= 36 \times 2 + 26 \times 5 = 72 + 130 = 202$ (cm^2)

17 (직육면체의 겉넓이)
=(한 밑면의 넓이)×2+(옆면의 넓이)
=(한 밑면의 넓이)×2+(한 밑면의 둘레)×(높이)
$= 70 \times 2 + 34 \times 4 = 140 + 136 = 276$ (cm^2)

18 정육면체의 한 모서리의 길이를 □cm라고 하면
$\square \times \square \times 6 = 54$, $\square \times \square = 54 \div 6$, $\square \times \square = 9$,
$\square = 3$입니다.
➡ (부피)$= 3 \times 3 \times 3 = 27$ (cm^3)

19 정육면체 모양 상자의 한 모서리의 길이를 □cm라고 하면 $\square \times \square \times 6 = 150$, $\square \times \square = 150 \div 6$,
$\square \times \square = 25$, $\square = 5$입니다.
➡ (부피)$= 5 \times 5 \times 5 = 125$ (cm^3)

20 정육면체의 한 모서리의 길이를 □cm라고 하면
$\square \times \square \times 6 = 600$, $\square \times \square = 600 \div 6$,
$\square \times \square = 100$, $\square = 10$입니다.
➡ (부피)$= 10 \times 10 \times 10 = 1000$ (cm^3)

21 직육면체 모양의 비누를 똑같이 2조각으로 자르면 비누 2조각의 겉넓이의 합은 처음 비누의 겉넓이보다 64 cm^2 늘어납니다. 비누를 똑같이 4조각으로 자를 때 비누 4조각의 겉넓이의 합은 비누 2조각의 겉넓이의 합보다 64 cm^2 늘어납니다. 따라서 비누 4조각의 겉넓이의 합은 처음 비누의 겉넓이보다 $64 \times 2 = 128$ (cm^2) 늘어납니다.

22 직육면체 모양의 카스텔라를 똑같이 2조각으로 자르면 카스텔라 2조각의 겉넓이의 합은 처음 카스텔라의 겉넓이보다 1600 cm^2 늘어납니다. 카스텔라를 똑같이 4조각으로 자를 때 카스텔라 4조각의 겉넓이의 합은 카스텔라 2조각의 겉넓이의 합보다 1600 cm^2 늘어납니다. 따라서 카스텔라 4조각의 겉넓이의 합은 처음 카스텔라의 겉넓이보다 $1600 \times 2 = 3200$ (cm^2) 늘어납니다.

STEP 4 최상위 도전 유형 168~170쪽

1 $210\,cm^3$	**2** $882\,cm^3$
3 768, 1664	**4** 1000개
5 480개	**6** 1200장
7 $188\,cm^2$	**8** $236\,cm^2$
9 $556\,cm^2$	**10** $1120\,cm^3$
11 $900\,cm^3$	**12** $900\,cm^3$
13 $340\,cm^3$	**14** $1760\,cm^3$
15 $885\,cm^3$	**16** $222\,cm^2$
17 $37400\,cm^2$	**18** $384\,cm^2$

1 (처음 직육면체의 부피)
$=5\times3\times2=30\,(cm^3)$
(늘인 직육면체의 부피)
$=(5\times2)\times(3\times2)\times(2\times2)$
$=10\times6\times4=240\,(cm^3)$
따라서 늘어난 부피는 $240-30=210\,(cm^3)$입니다.

2 (처음 직육면체의 부피)
$=6\times7\times3=126\,(cm^3)$
(늘인 직육면체의 부피)
$=(6\times2)\times(7\times2)\times(3\times2)$
$=12\times14\times6=1008\,(cm^3)$
따라서 늘어난 부피는 $1008-126=882\,(cm^3)$입니다.

3 • (처음 정육면체의 겉넓이)$=4\times4\times6=96\,(cm^2)$
(늘인 정육면체의 겉넓이)$=(4\times3)\times(4\times3)\times6$
$=864\,(cm^2)$
(늘어난 겉넓이)$=864-96=768\,(cm^2)$
➡ ㉠$=768$
• (처음 정육면체의 부피)$=4\times4\times4=64\,(cm^3)$
(늘인 정육면체의 부피)$=(4\times3)\times(4\times3)\times(4\times3)$
$=12\times12\times12$
$=1728\,(cm^3)$
(늘어난 부피)$=1728-64=1664\,(cm^3)$
➡ ㉡$=1664$

4 1 m=100 cm이므로 가로는 4 m가 아닌 8 m=800 cm, 세로는 2 m=200 cm, 높이는 4 m=400 cm입니다.
(가로에 쌓을 수 있는 상자의 수)$=800\div40=20$(개)
(세로에 쌓을 수 있는 상자의 수)$=200\div40=5$(개)
(높이에 쌓을 수 있는 상자의 수)$=400\div40=10$(개)
따라서 컨테이너에는 한 모서리의 길이가 40 cm인 정육면체 모양의 상자를 $20\times5\times10=1000$(개)까지 쌓을 수 있습니다.

5 1 m=100 cm이므로 가로는 4 m=400 cm, 세로는 5 m=500 cm, 높이는 3 m=300 cm입니다.
(가로에 쌓을 수 있는 상자의 수)$=400\div50=8$(개)
(세로에 쌓을 수 있는 상자의 수)$=500\div50=10$(개)
(높이에 쌓을 수 있는 상자의 수)$=300\div50=6$(개)
따라서 창고에는 한 모서리의 길이가 50 cm인 정육면체 모양의 상자를 $8\times10\times6=480$(개)까지 쌓을 수 있습니다.

6 1 m=100 cm이므로 가로는 0.8 m=80 cm, 세로는 0.6 m=60 cm, 높이는 0.2 m=20 cm입니다.
(가로에 쌓을 수 있는 타일의 수)$=80\div8=10$(장)
(세로에 쌓을 수 있는 타일의 수)$=60\div5=12$(장)
(높이에 쌓을 수 있는 타일의 수)$=20\div2=10$(장)
따라서 상자에는 타일을 $10\times12\times10=1200$(장)까지 쌓을 수 있습니다.

7 직육면체의 세로는 4 cm, 높이는 7 cm입니다.
직육면체의 가로를 □cm라고 하면
$(□+4)\times2=20$, $□+4=20\div2=10$,
$□=10-4=6$입니다.
➡ (직육면체의 겉넓이)$=(6\times4)\times2+20\times7$
$=48+140=188\,(cm^2)$

8 직육면체의 가로는 6 cm, 세로는 5 cm입니다.
직육면체의 높이를 □cm라고 하면 $□+5=13$,
$□=13-5=8$입니다.
➡ (직육면체의 겉넓이)$=(6\times8+6\times5+5\times8)\times2$
$=118\times2=236\,(cm^2)$

9 직육면체의 가로는 8 cm, 세로는 10 cm입니다.
직육면체의 높이를 □ cm라고 하면 $□+10\times2=31$,
$□+20=31$, $□=31-20=11$입니다.
➡ (직육면체의 겉넓이)
$=(8\times11+8\times10+10\times11)\times2$
$=278\times2=556\,(cm^2)$

10 (돌의 부피)=(늘어난 부피)
$=20\times14\times4=1120\,(cm^3)$

11 늘어난 높이는 $12-10=2$ (cm)입니다.

➡ (돌의 부피)=(늘어난 부피)

$=30\times15\times2=900\ (\text{cm}^3)$

12 줄어든 높이는 15 cm의 $\frac{1}{5}$만큼이므로 3 cm입니다.

➡ (돌의 부피)=(줄어든 부피)

$=12\times25\times3=900\ (\text{cm}^3)$

13

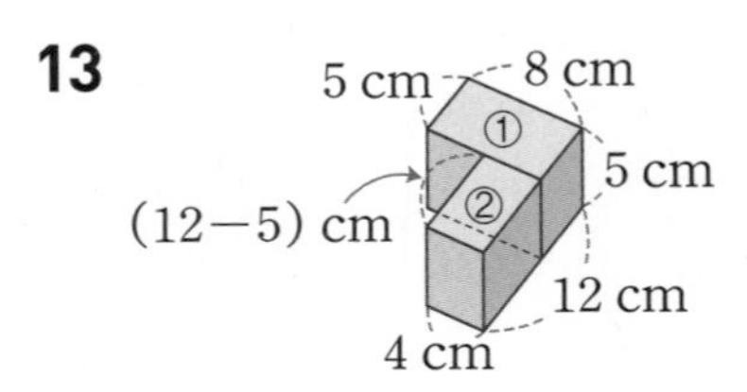

(입체도형의 부피)

=(①의 부피)+(②의 부피)

$=8\times5\times5+4\times(12-5)\times5$

$=200+140=340\ (\text{cm}^3)$

14

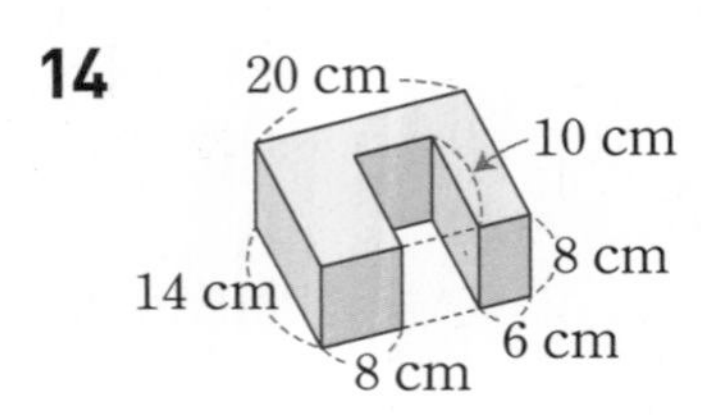

(입체도형의 부피)

=(큰 직육면체의 부피)−(작은 직육면체의 부피)

$=14\times20\times8-10\times(20-8-6)\times8$

$=2240-480=1760\ (\text{cm}^3)$

15 (입체도형의 부피)

=(큰 직육면체의 부피)−(뚫린 부분의 직육면체의 부피)

$=11\times10\times9-5\times3\times7$

$=990-105$

$=885\ (\text{cm}^3)$

16

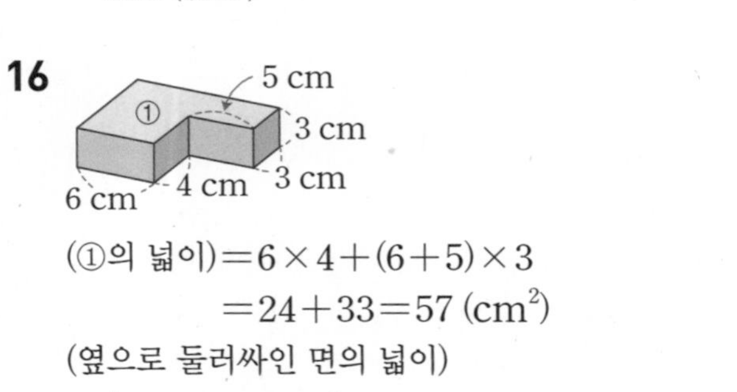

(①의 넓이)$=6\times4+(6+5)\times3$

$=24+33=57\ (\text{cm}^2)$

(옆으로 둘러싸인 면의 넓이)

$=(11\times3+7\times3)\times2$

$=54\times2=108\ (\text{cm}^2)$

(입체도형의 겉넓이)

=(①의 넓이)×2+(옆으로 둘러싸인 면의 넓이)

$=57\times2+108=222\ (\text{cm}^2)$

17

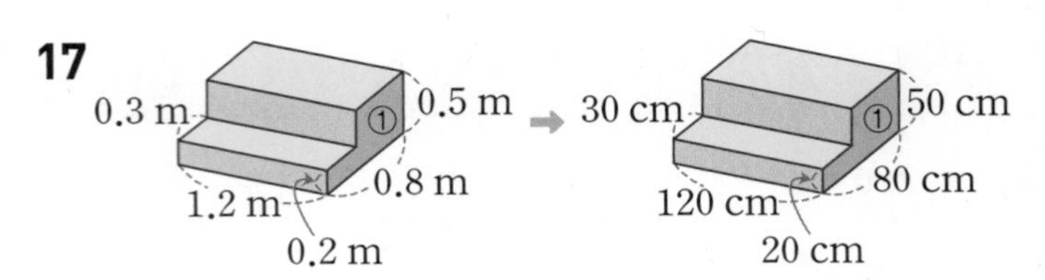

①을 밑면이라고 하면

(①의 넓이)$=80\times50-30\times(50-20)$

$=4000-900$

$=3100\ (\text{cm}^2)$

(옆으로 둘러싸인 면의 넓이)

$=(120\times50+120\times80)\times2$

$=15600\times2$

$=31200\ (\text{cm}^2)$

(입체도형의 겉넓이)

=(①의 넓이)×2+(옆으로 둘러싸인 면의 넓이)

$=3100\times2+31200$

$=37400\ (\text{cm}^2)$

18 (정육면체의 한 면의 넓이)$=96\div6=16\ (\text{cm}^2)$

입체도형에는 넓이가 16 cm^2인 면이 모두 24개 있습니다.

➡ (입체도형의 겉넓이)$=16\times24=384\ (\text{cm}^2)$

수시 평가 대비 Level ❶

171~173쪽

1 나	**2** 30 cm^3
3 (1) 2000000 (2) 30	**4** 315 cm^3
5 8 cm^3	**6** 304 cm^2
7 $>$	**8** 600 cm^2
9 162 cm^2	**10** 6
11 40000000 cm^3	**12** 5 cm
13 8배	**14** 125 cm^3
15 222 cm^2	**16** 1200 cm^3
17 1320 cm^3	**18** 512 cm^2
19 3층	**20** 412 cm^2

1 가: $2\times3\times2=12$(개)

나: $3\times3\times2=18$(개)

12개<18개이므로 나의 부피가 더 큽니다.

2 (쌓기나무의 수)$=5\times2\times3=30$(개) ➡ $30\ \text{cm}^3$

3 $1\ \text{m}^3=1000000\ \text{cm}^3$

4 (직육면체의 부피)$=$(색칠한 면의 넓이)$\times$(높이)
$=35\times9=315\ (\text{cm}^3)$

5 (정육면체의 부피)$=2\times2\times2=8\ (\text{cm}^3)$

6 (직육면체의 겉넓이)$=(8\times10+8\times4+10\times4)\times2$
$=152\times2=304\ (\text{cm}^2)$

7 $500000\ \text{cm}^3=0.5\ \text{m}^3$
➡ $1.5\ \text{m}^3>0.5\ \text{m}^3$

8 (정육면체의 겉넓이)$=10\times10\times6=600\ (\text{cm}^2)$

9 (직육면체의 겉넓이)$=(3\times6+7\times6+7\times3)\times2$
$=81\times2=162\ (\text{cm}^2)$

10 $\square\times6\times8=288$, $\square\times48=288$,
$\square=288\div48=6$

11 (직육면체의 부피)$=4\times5\times2=40\ (\text{m}^3)$
➡ $40\ \text{m}^3=40000000\ \text{cm}^3$

12 (한 면의 넓이)$=150\div6=25\ (\text{cm}^2)$
$5\times5=25$이므로 정육면체의 한 모서리의 길이는 5 cm입니다.

13 (정육면체 가의 부피)$=6\times6\times6=216\ (\text{cm}^3)$
(정육면체 나의 부피)$=3\times3\times3=27\ (\text{cm}^3)$
➡ $216\div27=8$(배)

14 정육면체의 모서리는 12개이고 길이가 모두 같습니다.
(한 모서리의 길이)$=60\div12=5\ (\text{cm})$
(정육면체의 부피)$=5\times5\times5=125\ (\text{cm}^3)$

15 색칠한 면의 세로를 $\square$cm라고 하면
$9\times\square=63$, $\square=7$입니다.
(직육면체의 겉넓이)$=(9\times7+9\times3+7\times3)\times2$
$=111\times2=222\ (\text{cm}^2)$

16 (줄어든 물의 높이)$=15-11=4\ (\text{cm})$
(돌의 부피)$=20\times15\times4=1200\ (\text{cm}^3)$

17 (입체도형의 부피)$=(7\times12\times20)-(3\times6\times20)$
$=1680-360=1320\ (\text{cm}^3)$

18 잘린 직육면체 1개는 다음과 같습니다.

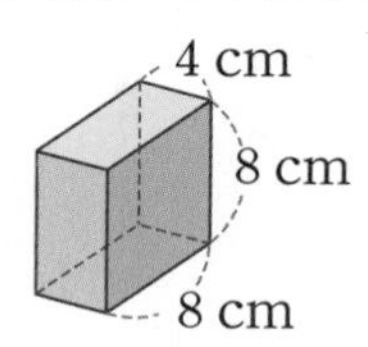

(잘린 2개의 직육면체의 겉넓이의 합)
$=\{(4\times8+4\times8+8\times8)\times2\}\times2$
$=(128\times2)\times2$
$=256\times2=512\ (\text{cm}^2)$

다른 풀이

잘리기 전 정육면체의 겉넓이에 잘렸을 때 생기는 면 2개의 넓이를 더합니다.
(잘린 2개의 직육면체의 겉넓이의 합)
$=8\times8\times6+(8\times8)\times2$
$=384+128=512\ (\text{cm}^2)$

서술형

19 예 직육면체의 부피가 $120\ \text{cm}^3$이므로 쌓은 쌓기나무의 수는 120개입니다.
한 층에 $5\times8=40$(개)씩 쌓았으므로
$120\div40=3$(층)으로 쌓았습니다.

평가 기준	배점
쌓은 쌓기나무의 수를 구했나요?	2점
쌓은 쌓기나무의 층수를 구했나요?	3점

서술형

20 예 직육면체의 가로를 $\square$cm라고 하면
$\square\times7\times10=560$, $\square\times70=560$,
$\square=560\div70=8$입니다.
(직육면체의 겉넓이)
$=(8\times7+8\times10+7\times10)\times2$
$=206\times2=412\ (\text{cm}^2)$

평가 기준	배점
직육면체의 가로를 구했나요?	2점
직육면체의 겉넓이를 구했나요?	3점

수시 평가 대비 Level ❷ 174~176쪽

1	나, 다, 가	**2**	나
3	>	**4**	21600000, 21.6
5	166 cm^2	**6**	10
7	840 cm^3	**8**	6.9 m^3
9	3 cm	**10**	729 cm^3
11	726 cm^2	**12**	9
13	㉠	**14**	312 cm^2
15	144개	**16**	80개
17	1380 cm^3	**18**	306 cm^2
19	1728 cm^3	**20**	264 cm^2

1 가로, 세로가 같으므로 높이가 높을수록 부피가 큽니다.
➡ 나>다>가

2 (가의 쌓기나무의 수)$=2\times6\times3=36$(개)
(나의 쌓기나무의 수)$=4\times4\times2=32$(개)
(다의 쌓기나무의 수)$=3\times4\times3=36$(개)
따라서 부피가 다른 것은 쌓기나무의 수가 다른 나입니다.

3 $1\text{ m}^3=1000000\text{ cm}^3$이므로
$1.9\text{ m}^3=1900000\text{ cm}^3$입니다.
➡ $1.9\text{ m}^3>1200000\text{ cm}^3$

4 $240\text{ cm}=2.4\text{ m}$
(직육면체의 부피)$=2\times2.4\times4.5=21.6\,(\text{m}^3)$
$1\text{ m}^3=1000000\text{ cm}^3$이므로
$21.6\text{ m}^3=21600000\text{ cm}^3$입니다.

5 (직육면체의 겉넓이)$=(7\times4+7\times5+5\times4)\times2$
$=83\times2=166\,(\text{cm}^2)$

6 $8\times\square\times4=320$, $32\times\square=320$,
$\square=320\div32=10$

7 직육면체의 가로는 10 cm, 세로는 7 cm, 높이는 12 cm입니다.
➡ (직육면체의 부피)$=10\times7\times12=840\,(\text{cm}^3)$

8 (가의 부피)$=4\times1.2\times2.5=12\,(\text{m}^3)$
(나의 부피)$=3.5\times3\times1.8=18.9\,(\text{m}^3)$
➡ (두 직육면체의 부피의 차)$=18.9-12=6.9\,(\text{m}^3)$

9 (상자의 수)$=3\times3\times3=27$(개)이므로 상자 한 개의 부피를 $\square\text{ cm}^3$라고 하면 $\square\times27=729$,
$\square=729\div27=27$입니다.
$3\times3\times3=27$이므로 상자의 한 모서리의 길이는 3 cm입니다.

10 (한 모서리의 길이)$=27\div3=9\,(\text{cm})$
(정육면체의 부피)$=9\times9\times9=729\,(\text{cm}^3)$

11 (한 모서리의 길이)$=44\div4=11\,(\text{cm})$
➡ (정육면체의 겉넓이)$=11\times11\times6=726\,(\text{cm}^2)$

12 직육면체의 겉넓이가 332 cm^2이므로
$(\square\times4+\square\times10+10\times4)\times2=332$,
$(\square\times14+40)\times2=332$, $\square\times14+40=166$,
$\square\times14=126$, $\square=9$입니다.

13 ㉠ (직육면체의 부피)$=24\times13=312\,(\text{cm}^3)$
㉡ 한 모서리의 길이를 $\square$cm라고 하면 $\square\times\square=49$,
$\square=7$입니다.
➡ (정육면체의 부피)$=7\times7\times7=343\,(\text{cm}^3)$
㉢ 정육면체의 모서리는 12개이고 길이가 모두 같으므로 한 모서리의 길이는 $108\div12=9\,(\text{cm})$입니다.
➡ (정육면체의 부피)$=9\times9\times9=729\,(\text{cm}^3)$
따라서 부피가 가장 작은 것은 ㉠입니다.

14 직육면체의 높이를 $\square$cm라고 하면 부피가 288 cm^3이므로 $8\times12\times\square=288$, $96\times\square=288$, $\square=3$입니다.
➡ (직육면체의 겉넓이)
$=(8\times3+8\times12+12\times3)\times2$
$=156\times2=312\,(\text{cm}^2)$

15 직육면체의 부피가 8배가 되려면 직육면체의 가로, 세로, 높이를 각각 2배씩 늘이면 됩니다. 즉 쌓기나무를 6개씩 6줄로 4층을 쌓으면 되므로 필요한 쌓기나무는 모두 $6\times6\times4=144$(개)입니다.

16 (가로에 쌓을 수 있는 지우개의 수)$=16\div4=4$(개)
(세로에 쌓을 수 있는 지우개의 수)$=10\div2=5$(개)
(높이에 쌓을 수 있는 지우개의 수)$=4\div1=4$(개)
따라서 상자에는 지우개를 $4\times5\times4=80$(개)까지 쌓을 수 있습니다.

17

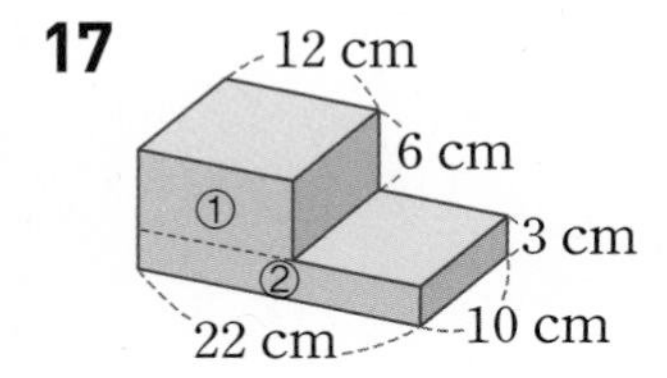

(입체도형의 부피)
$=$(①의 부피)$+$(②의 부피)
$=12\times10\times6+22\times10\times3$
$=720+660=1380\ (\text{cm}^3)$

18 정육면체 모양 상자의 한 면의 넓이는 $3\times3=9\ (\text{cm}^2)$이고 입체도형에는 넓이가 $9\ \text{cm}^2$인 면이 모두 34개 있습니다.
필요한 포장지의 넓이는 입체도형의 겉넓이와 같으므로 포장지는 적어도 $9\times34=306\ (\text{cm}^2)$ 필요합니다.

서술형
19 예 떡케이크를 잘라 가장 큰 정육면체를 만들기 위해서는 한 모서리를 떡케이크의 가장 짧은 모서리의 길이인 12 cm로 해야 합니다.
➡ (가장 큰 정육면체의 부피)
$=12\times12\times12=1728\ (\text{cm}^3)$

평가 기준	배점
가장 큰 정육면체의 한 모서리의 길이를 구했나요?	2점
가장 큰 정육면체의 부피를 구했나요?	3점

서술형
20 예 (색칠한 부분의 가로)$=192\div8=24$ (cm)
면 ㉠이 정사각형이므로 면 ㉠의 한 변의 길이는 $24\div4=6$ (cm)입니다.
➡ (직육면체의 겉넓이)$=(6\times6)\times2+192$
$=72+192=264\ (\text{cm}^2)$

평가 기준	배점
색칠한 부분의 가로를 구했나요?	1점
면 ㉠의 한 변의 길이를 구했나요?	1점
직육면체의 겉넓이를 구했나요?	3점

수시평가 자료집 정답과 풀이

1 분수의 나눗셈

다시 점검하는 수시 평가 대비 Level ❶

2~4쪽

1 $\frac{1}{5}$, $\frac{4}{35}$　**2** ①, ③　**3** ㉣

4 (1) $\frac{5}{32}$ (2) $\frac{8}{27}$　**5** $\frac{3}{16}$　**6**

7 $>$　**8** $\frac{11}{14}$　**9** ③

10 $\frac{9}{25}$　**11** $2\frac{1}{4}$　**12** $\frac{3}{7}$ m

13 $2\frac{3}{5}$ cm　**14** $\frac{8}{45}$ L　**15** $7\frac{7}{8}$ km

16 $10\frac{2}{15}$ m　**17** $\frac{13}{21}$　**18** $6\frac{3}{7}$ cm²

19 이유 예 대분수를 가분수로 고치지 않고 계산하여 잘못되었습니다.

➡ $1\frac{8}{9}\div4=\frac{17}{9}\times\frac{1}{4}=\frac{17}{36}$

20 $1\frac{1}{7}$

2 ② $10\div3=\frac{10}{3}=3\frac{1}{3}$　④ $13\div4=\frac{13}{4}=3\frac{1}{4}$

⑤ $11\div9=\frac{11}{9}=1\frac{2}{9}$

3 $\underbrace{2\frac{2}{3}\div4}_{㉢}=\underbrace{\frac{8}{3}\div4}_{㉠}=\underbrace{\frac{\overset{2}{\cancel{8}}}{3}\times\frac{1}{\underset{1}{\cancel{4}}}}_{㉡}=\frac{2}{3}$

4 (1) $\frac{15}{16}\div6=\frac{\overset{5}{\cancel{15}}}{16}\times\frac{1}{\underset{2}{\cancel{6}}}=\frac{5}{32}$

(2) $3\frac{5}{9}\div12=\frac{\overset{8}{\cancel{32}}}{9}\times\frac{1}{\underset{3}{\cancel{12}}}=\frac{8}{27}$

5 $\frac{21}{8}\div14=\frac{\overset{3}{\cancel{21}}}{8}\times\frac{1}{\underset{2}{\cancel{14}}}=\frac{3}{16}$

6 $3\frac{1}{8}\div15=\frac{\overset{5}{\cancel{25}}}{8}\times\frac{1}{\underset{3}{\cancel{15}}}=\frac{5}{24}$

$1\frac{7}{20}\div18=\frac{\overset{3}{\cancel{27}}}{20}\times\frac{1}{\underset{2}{\cancel{18}}}=\frac{3}{40}$

7 $3\frac{5}{9}\div8=\frac{\overset{4}{\cancel{32}}}{9}\times\frac{1}{\underset{1}{\cancel{8}}}=\frac{4}{9}$ ➡ $\frac{4}{9}>\frac{4}{15}$

8 $4\frac{5}{7}>3\frac{4}{5}>3\frac{3}{7}$이므로 $4\frac{5}{7}\div6=\frac{\overset{11}{\cancel{33}}}{7}\times\frac{1}{\underset{2}{\cancel{6}}}=\frac{11}{14}$

9 (나누어지는 수)$>$(나누는 수)일 때 몫이 1보다 큽니다.

① $3<7$　② $9<11$　③ $11>10$

④ $15<16$　⑤ $12<17$

10 $2\frac{4}{25}\div\square=6$

➡ $\square=2\frac{4}{25}\div6=\frac{\overset{9}{\cancel{54}}}{25}\times\frac{1}{\underset{1}{\cancel{6}}}=\frac{9}{25}$

11 ㉠$\times6\div15=\frac{9}{10}$

➡ ㉠$=\frac{9}{10}\times15\div6=\frac{\overset{3}{\cancel{9}}}{\underset{2}{\cancel{10}}}\times\overset{3}{\cancel{15}}\times\frac{1}{\underset{2}{\cancel{6}}}=\frac{9}{4}=2\frac{1}{4}$

12 (한 도막의 길이)$=$(전체 색 테이프의 길이)$\div$(도막 수)

$=3\div7=\frac{3}{7}$ (m)

13 (밑변의 길이)$=$(평행사변형의 넓이)$\div$(높이)

➡ $18\frac{1}{5}\div7=\frac{\overset{13}{\cancel{91}}}{5}\times\frac{1}{\underset{1}{\cancel{7}}}=\frac{13}{5}=2\frac{3}{5}$ (cm)

14 (한 사람이 마신 우유의 양)

$=$(전체 우유의 양)$\div$(사람 수)

$=2\frac{2}{15}\div12=\frac{\overset{8}{\cancel{32}}}{15}\times\frac{1}{\underset{3}{\cancel{12}}}=\frac{8}{45}$ (L)

15 (1분 동안 달린 거리)

$=3\frac{3}{20}\div 6=\frac{\overset{21}{\cancel{63}}}{20}\times\frac{1}{\underset{2}{\cancel{6}}}=\frac{21}{40}$ (km)

(15분 동안 달린 거리) $=\frac{21}{\underset{8}{\cancel{40}}}\times\overset{3}{\cancel{15}}=\frac{63}{8}=7\frac{7}{8}$ (km)

16 나무 13그루를 심으면 나무와 나무 사이의 간격은 $13-1=12$(군데)입니다.
(나무와 나무 사이의 간격)

$=121\frac{3}{5}\div 12=\frac{\overset{152}{\cancel{608}}}{5}\times\frac{1}{\underset{3}{\cancel{12}}}=\frac{152}{15}=10\frac{2}{15}$ (m)

17 만들 수 있는 가장 작은 대분수는 $3\frac{5}{7}$이므로

$3\frac{5}{7}\div 6=\frac{\overset{13}{\cancel{26}}}{7}\times\frac{1}{\underset{3}{\cancel{6}}}=\frac{13}{21}$입니다.

18 (직사각형의 넓이) $=7\frac{5}{7}\times 5=\frac{54}{7}\times 5=\frac{270}{7}$ (cm^2)

(색칠한 부분의 넓이)

$=\frac{270}{7}\div 6=\frac{\overset{45}{\cancel{270}}}{7}\times\frac{1}{\underset{1}{\cancel{6}}}=\frac{45}{7}=6\frac{3}{7}$ (cm^2)

서술형
19 서술형 가이드
(대분수)÷(자연수)는 대분수를 가분수로 고쳐서 계산해야 한다는 내용이 있어야 합니다.

평가 기준	배점
계산이 잘못된 이유를 썼나요?	2점
(대분수)÷(자연수)를 바르게 계산했나요?	3점

서술형
20 서술형 가이드
잘못 계산한 식을 이용하여 어떤 수를 구하고 나눗셈식을 세워 바르게 계산하는 과정이 있어야 합니다.

예 어떤 수를 □라 하면 $\square\times 7=56$이므로
$\square=56\div 7=8$입니다.

따라서 바르게 계산하면 $8\div 7=\frac{8}{7}=1\frac{1}{7}$입니다.

평가 기준	배점
어떤 수를 구했나요?	3점
바르게 계산한 값을 구했나요?	2점

다시 점검하는 수시 평가 대비 Level ❷

5~7쪽

1 ②, ⑤ **2** ⑤ **3** ( )(○)( )

4 (1) $\frac{1}{10}$ (2) $\frac{2}{7}$

5 예 $\frac{9}{10}\div 5=\frac{45}{50}\div 5=\frac{45\div 5}{50}=\frac{9}{50}$

6 $\frac{5}{14}$ **7** $\frac{4}{45}$, $\frac{2}{75}$ **8** $\frac{5}{18}$

9 (왼쪽에서부터) $\frac{8}{21}$, $\frac{2}{3}$, $\frac{5}{16}$ **10** ㉢

11 $\frac{4}{45}$ **12** $\frac{13}{32}$ m **13** $2\frac{2}{3}$

14 $\frac{5}{8}$ kg **15** $\frac{2}{15}$ kg **16** 4

17 $1\frac{7}{8}$ m **18** $13\frac{3}{5}$ **19** $8\frac{3}{4}$ km

20 $\frac{2}{21}$

1 $5\div 12=5\times\frac{1}{12}=\frac{5}{12}$

2 ⑤ $\frac{20}{3}\div 15=\frac{20}{3}\times\frac{1}{15}$

3 $2\div 5=\frac{2}{5}$, $5\div 8=\frac{5}{8}$,

$10\div 9=10\times\frac{1}{9}=\frac{10}{9}=1\frac{1}{9}$

4 (1) $\frac{4}{5}\div 8=\frac{\overset{1}{\cancel{4}}}{5}\times\frac{1}{\underset{2}{\cancel{8}}}=\frac{1}{10}$

(2) $\frac{10}{7}\div 5=\frac{\overset{2}{\cancel{10}}}{7}\times\frac{1}{\underset{1}{\cancel{5}}}=\frac{2}{7}$

5 $\frac{9}{10}\div 5=\frac{9}{10}\times\frac{1}{5}=\frac{9}{50}$로 계산해도 됩니다.

6 $6\frac{3}{7}\div 18=\frac{\overset{5}{\cancel{45}}}{7}\times\frac{1}{\underset{2}{\cancel{18}}}=\frac{5}{14}$

7 $\frac{8}{15}\div 6=\frac{\overset{4}{\cancel{8}}}{15}\times\frac{1}{\underset{3}{\cancel{6}}}=\frac{4}{45}$

$\frac{8}{15}\div 20=\frac{\overset{2}{\cancel{8}}}{15}\times\frac{1}{\underset{5}{\cancel{20}}}=\frac{2}{75}$

8 $10>\frac{25}{9}=2\frac{7}{9}$

➡ $\frac{25}{9}\div10=\frac{\overset{5}{\cancel{25}}}{9}\times\frac{1}{\underset{2}{\cancel{10}}}=\frac{5}{18}$

9 • $\frac{24}{7}\div9=\frac{\overset{8}{\cancel{24}}}{7}\times\frac{1}{\underset{3}{\cancel{9}}}=\frac{8}{21}$

• $3\frac{3}{4}\div12=\frac{\overset{5}{\cancel{15}}}{4}\times\frac{1}{\underset{4}{\cancel{12}}}=\frac{5}{16}$

• $\frac{16}{3}\div8=\frac{\overset{2}{\cancel{16}}}{3}\times\frac{1}{\underset{1}{\cancel{8}}}=\frac{2}{3}$

10 ㉠ $4\frac{2}{7}\div5=\frac{\overset{6}{\cancel{30}}}{7}\times\frac{1}{\underset{1}{\cancel{5}}}=\frac{6}{7}$

㉡ $3\frac{3}{14}\div3=\frac{\overset{15}{\cancel{45}}}{14}\times\frac{1}{\underset{1}{\cancel{3}}}=\frac{15}{14}=1\frac{1}{14}$

➡ ㉠ $<$ ㉡

11 $2\frac{2}{15}\div6\div4=\frac{\overset{4}{\cancel{\overset{16}{\cancel{32}}}}}{15}\times\frac{1}{\underset{3}{\cancel{6}}}\times\frac{1}{\underset{1}{\cancel{4}}}=\frac{4}{45}$

12 (정사각형의 한 변의 길이)=(둘레)÷4

➡ $\square=1\frac{5}{8}\div4=\frac{13}{8}\div4=\frac{13}{8}\times\frac{1}{4}=\frac{13}{32}$ (m)

13 $\square\times4\div5=2\frac{2}{15}$

➡ $\square=2\frac{2}{15}\times5\div4=\frac{\overset{8}{\cancel{32}}}{\underset{3}{\cancel{15}}}\times\overset{1}{\cancel{5}}\times\frac{1}{\underset{1}{\cancel{4}}}=\frac{8}{3}=2\frac{2}{3}$

14 (한 상자에 담을 딸기의 무게)$=5\div8=\frac{5}{8}$ (kg)

15 (한 사람에게 줄 수 있는 지점토의 무게)

$=\frac{14}{15}\div7=\frac{\overset{2}{\cancel{14}}}{15}\times\frac{1}{\underset{1}{\cancel{7}}}=\frac{2}{15}$ (kg)

16 $25\frac{1}{3}\div8=\frac{\overset{19}{\cancel{76}}}{3}\times\frac{1}{\underset{2}{\cancel{8}}}=\frac{19}{6}=3\frac{1}{6}$이므로

□ 안에는 $3\frac{1}{6}$보다 큰 수가 들어갑니다.

그중에서 가장 작은 자연수는 4입니다.

17 (한 도막의 길이)$=3\frac{1}{8}\div5=\frac{\overset{5}{\cancel{25}}}{8}\times\frac{1}{\underset{1}{\cancel{5}}}=\frac{5}{8}$ (m)

따라서 색칠한 부분의 길이는 $\frac{5}{8}\times3=\frac{15}{8}=1\frac{7}{8}$ (m)

입니다.

18 나누는 수 ★에 가장 작은 수를, 곱하는 수 ▲에 가장 큰 수를 넣으면 계산 결과가 가장 크게 됩니다.

➡ $5\frac{1}{10}\div3\times8=\frac{\overset{17}{\cancel{51}}}{\underset{5}{\cancel{10}}}\times\frac{1}{\underset{1}{\cancel{3}}}\times\overset{4}{\cancel{8}}=\frac{68}{5}=13\frac{3}{5}$

서술형

19 서술형 가이드

분수의 나눗셈식을 세워 계산하는 과정이 있어야 합니다.

예 (1 L의 휘발유로 갈 수 있는 거리)

=(3 L의 휘발유로 갈 수 있는 거리)÷3

$=26\frac{1}{4}\div3=\frac{\overset{35}{\cancel{105}}}{4}\times\frac{1}{\underset{1}{\cancel{3}}}=\frac{35}{4}=8\frac{3}{4}$ (km)

평가 기준	배점
1 L의 휘발유로 갈 수 있는 거리를 구하는 식을 세웠나요?	2점
1 L의 휘발유로 갈 수 있는 거리를 구했나요?	3점

서술형

20 서술형 가이드

잘못 계산한 식을 이용하여 어떤 수를 구하고 나눗셈식을 세워 바르게 계산하는 과정이 있어야 합니다.

예 어떤 수를 □라 하면 $\square\times9=7\frac{5}{7}$이므로

$\square=7\frac{5}{7}\div9=\frac{\overset{6}{\cancel{54}}}{7}\times\frac{1}{\underset{1}{\cancel{9}}}=\frac{6}{7}$입니다.

따라서 바르게 계산한 값은

$\frac{6}{7}\div9=\frac{\overset{2}{\cancel{6}}}{7}\times\frac{1}{\underset{3}{\cancel{9}}}=\frac{2}{21}$입니다.

평가 기준	배점
어떤 수를 구했나요?	3점
바르게 계산한 값을 구했나요?	2점

2 각기둥과 각뿔

다시 점검하는 수시 평가 대비 Level ❶

8~10쪽

1 나, 다, 라, 마 **2** 나, 마

3 육각기둥 **4** 면 ㄱㅂㅅㄴ, 면 ㄴㅅㅇㄷ, 면 ㄷㅇㅈㄹ, 면 ㅁㅊㅈㄹ, 면 ㄱㅂㅊㅁ

5 7 cm **6** 높이 **7** 6, 6, 10

8 ④ **9** ㉣ **10** 칠각기둥

11 오각기둥 **12** 점 ㅂ, 점 ㅇ

13 예 1 cm 1 cm

14 선분 ㅍㅎ **15** ㉡, ㉢, ㉠

16 예 **17** 95 cm

18 8 cm **19** 칠각뿔 **20** 50개

3 밑면의 모양이 육각형인 각기둥이므로 육각기둥입니다.

4 밑면에 수직인 면을 모두 찾습니다.

5 각기둥에서 높이는 두 밑면 사이의 거리이므로 각기둥의 높이는 7 cm입니다.

6 각뿔의 꼭짓점에서 밑면에 수직인 선분의 길이를 재는 그림이므로 각뿔의 높이를 재는 그림입니다.

7 오각뿔의 밑면의 변의 수는 5입니다.
➡ (꼭짓점의 수)$=5+1=6$(개)
(면의 수)$=5+1=6$(개)
(모서리의 수)$=5\times2=10$(개)

8 ④ 삼각기둥의 모서리는 $3\times3=9$(개)입니다.

9 ㉠ 밑면인 삼각형이 1개 더 있어야 합니다.
㉡ 옆면인 직사각형이 3개이어야 하는데 1개 더 많습니다.
㉢ 밑면의 모양이 삼각형이어야 하는데 사각형입니다.

10 서로 평행한 두 면이 합동인 다각형으로 이루어진 입체도형은 각기둥이고 밑면의 모양이 칠각형이므로 칠각기둥입니다.

11 밑면의 모양이 오각형인 각기둥이므로 오각기둥입니다.

12 전개도를 접으면 점 ㄴ은 점 ㅂ, 점 ㅇ과 만납니다.

13 접는 부분은 점선으로, 자르는 부분은 실선으로 그리고 맞닿는 선분은 길이가 같게 그립니다.

14 전개도를 접었을 때 점 ㅈ은 점 ㅍ과 만나고, 점 ㅇ은 점 ㅎ과 만나므로 선분 ㅈㅇ과 맞닿는 선분은 선분 ㅍㅎ입니다.

15 ㉠ (오각기둥의 꼭짓점의 수)$=5\times2=10$(개)
㉡ (육각뿔의 면의 수)$=6+1=7$(개)
㉢ (사각뿔의 모서리의 수)$=4\times2=8$(개)
➡ ㉡$<$㉢$<$㉠

16 전개도를 접었을 때 겹치는 면이 없게 그립니다.

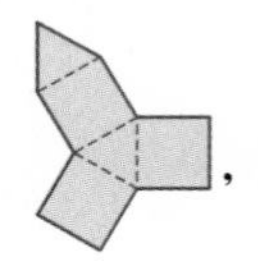, 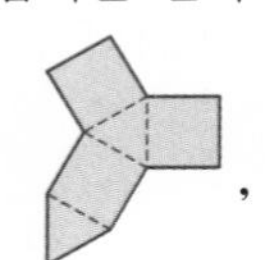, 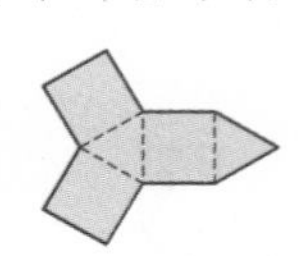

17 (밑면에 있는 모서리의 길이의 합)$=7\times5=35$ (cm)
(나머지 모서리의 길이의 합)$=12\times5=60$ (cm)
➡ (모든 모서리의 길이의 합)$=35+60=95$ (cm)

18 오각기둥의 한 밑면의 변의 수는 5이므로 모서리의 수는 $5\times3=15$(개)입니다. 따라서 오각기둥의 한 모서리의 길이는 $120\div15=8$ (cm)입니다.

서술형

19 서술형 가이드
입체도형의 특징을 알고 각 면의 모양으로 입체도형의 이름을 구하는 과정이 있어야 합니다.

예 옆면의 모양이 삼각형이므로 각뿔입니다.
밑면의 모양이 칠각형인 각뿔이므로 칠각뿔입니다.

평가 기준	배점
옆면의 모양을 보고 각뿔임을 알았나요?	2점
밑면의 모양을 보고 칠각뿔임을 알았나요?	3점

서술형

20 서술형 가이드

꼭짓점의 수로 각기둥의 이름을 구하고 면의 수와 모서리의 수를 구합니다.

예 각기둥의 한 밑면의 변의 수를 □라 하면
$\square \times 2=24$, $\square=12$이므로 십이각기둥입니다.
십이각기둥의 면은 $12+2=14$(개), 모서리는
$12 \times 3=36$(개)이므로 면과 모서리의 합은
$14+36=50$(개)입니다.

평가 기준	배점
각기둥의 이름을 구했나요?	2점
각기둥의 면, 모서리의 수를 각각 구했나요?	2점
각기둥의 면, 모서리의 수의 합을 구했나요?	1점

다시 점검하는 수시 평가 대비 Level ❷

11~13쪽

1 가, 마, 바 **2** 2개 **3** 육각뿔

4 **5** ④ **6** ㉡, ㉣

7 12, 8, 18 **8** 사각기둥 **9** 선분 ㅊㅈ

10 12개 **11** (왼쪽에서부터) 7 / 9, 6

12 ㉢

13 예

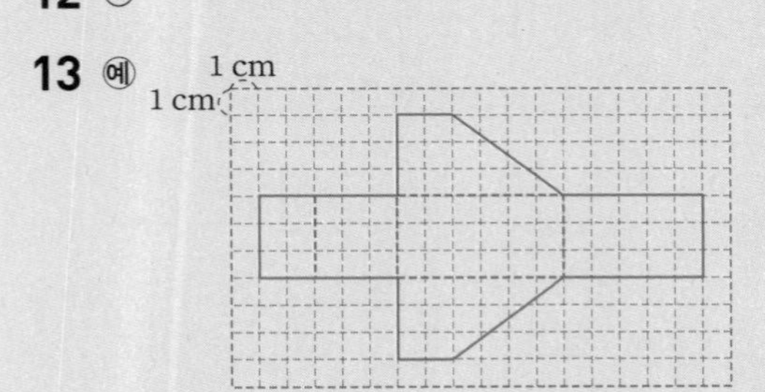

14 팔각뿔 **15** 점 ㄷ, 점 ㅋ **16** 48 cm

17 ④ **18** 50개 **19** 19개

20 86 cm

1 서로 평행한 두 면이 합동인 다각형으로 이루어진 입체도형을 모두 찾습니다.

2 , , 등과 같은 도형은 나, 라로 모두 2개입니다.

3 밑면의 모양이 육각형인 각뿔이므로 육각뿔입니다.

4 두 밑면 사이의 거리를 나타내는 모서리를 모두 찾습니다.

5 ④ 각기둥의 옆면의 모양은 모두 직사각형입니다.

6 ㉠ 면이 1개 더 있어야 합니다.
㉢ 겹치는 면이 있으므로 사각기둥의 전개도가 아닙니다.

7 육각기둥의 한 밑면의 변의 수는 6입니다.
➡ (꼭짓점의 수)$=6 \times 2=12$(개)
(면의 수)$=6+2=8$(개)
(모서리의 수)$=6 \times 3=18$(개)

8 밑면의 모양이 사각형이므로 사각기둥이 만들어집니다.

9 전개도를 접었을 때 점 ㄴ은 점 ㅊ과 만나고, 점 ㄷ은 점 ㅈ과 만나므로 선분 ㄴㄷ과 맞닿는 선분은 선분 ㅊㅈ입니다.

10 밑면의 모양이 육각형인 각뿔은 육각뿔입니다.
➡ (육각뿔의 모서리의 수)$=6 \times 2=12$(개)

11 전개도를 접었을 때 맞닿는 선분의 길이는 같습니다.

12 ㉠ (삼각기둥의 모서리의 수)$=3 \times 3=9$(개)
㉡ (사각기둥의 꼭짓점의 수)$=4 \times 2=8$(개)
㉢ (오각뿔의 모서리의 수)$=5 \times 2=10$(개)
➡ ㉢>㉠>㉡

14 옆면의 모양이 삼각형이므로 각뿔입니다. 옆면이 8개이므로 밑면은 팔각형입니다.
➡ 밑면의 모양이 팔각형인 각뿔은 팔각뿔입니다.

15 전개도를 접으면 점 ㄱ은 점 ㄷ, 점 ㅋ과 만납니다.

16 전개도를 접었을 때 만들어지는 각기둥은 오른쪽과 같은 삼각기둥입니다.

3 cm, 5 cm, 4 cm, 8 cm

(삼각기둥의 모든 모서리의 길이의 합)
$=(3+4+5)\times2+(8\times3)$
$=24+24=48$ (cm)

17 ④ (모서리의 수)=(밑면의 변의 수)×2이고
(꼭짓점의 수)=(밑면의 변의 수)+1이므로
(모서리의 수)>(꼭짓점의 수)입니다.

18 모서리의 수가 16인 각뿔을 □각뿔이라 하면
□×2=16, □=8이므로 팔각뿔입니다.
팔각뿔과 밑면의 모양이 같은 각기둥은 팔각기둥이므로
팔각기둥의 꼭짓점은 $8\times2=16$(개),
면은 $8+2=10$(개), 모서리는 $8\times3=24$(개)입니다.
➡ $16+10+24=50$(개)

서술형

19 서술형 가이드
밑면의 모양을 보고 각기둥과 각뿔의 이름을 알아보고 각각의 입체도형에서 꼭짓점의 수를 구해야 합니다.

예 밑면의 모양이 육각형이므로 육각기둥과 육각뿔입니다. 육각기둥의 꼭짓점은 $6\times2=12$(개)이고, 육각뿔의 꼭짓점은 $6+1=7$(개)입니다.
➡ $12+7=19$(개)

평가 기준	배점
두 입체도형이 육각기둥과 육각뿔임을 알았나요?	2점
두 입체도형의 꼭짓점의 합을 구했나요?	3점

서술형

20 서술형 가이드
선분 ㄹㅁ과 선분 ㄷㄹ의 길이를 구하여 전개도의 둘레를 구하는 과정이 있어야 합니다.

예 면 ㄷㄹㅁ의 넓이가 36 cm^2 이고
(선분 ㄹㅁ)=12 cm이므로
(선분 ㄷㄹ)×12÷2=36,
(선분 ㄷㄹ)=36×2÷12=6 (cm)입니다.
따라서 전개도의 둘레는
$(6\times4)+(12\times4)+(7\times2)=24+48+14$
$=86$ (cm)입니다.

평가 기준	배점
선분 ㄹㅁ, 선분 ㄷㄹ의 길이를 각각 구했나요?	3점
전개도의 둘레는 몇 cm인지 구했나요?	2점

3 소수의 나눗셈

다시 점검하는 수시 평가 대비 Level ❶

14~16쪽

1 104, 104, 13, 0.13
2 234, 23.4, 2.34
3 (1) 3.91 (2) 0.34
4
```
    1.0 9
 8)8.7 2
   8
   -----
     7 2
     7 2
   -----
       0
```
5 1.65, 1.1
6 예 36, 7, 5 / 5.15
7 7.5
8 ㉡
9 1.09 L
10 0.47
11 7.04 cm^2
12 8, 9
13 2.25 g
14 식 $7.65\div9=0.85$ 답 0.85 m
15 11.6 cm
16 60.45 km
17 1.55
18 2, 3, 4, 9 / 0.26
19 3.06 m
20 1.55 kg

1 (소수)÷(자연수)는 (분수)÷(자연수)로 바꾸어 계산할 수 있습니다.

2 나누는 수는 같고 나누어지는 수가 자연수의 $\frac{1}{10}$배, $\frac{1}{100}$배이므로 몫도 $\frac{1}{10}$배, $\frac{1}{100}$배가 됩니다.

3 (1)
```
    3.9 1
 8)3 1.2 8
   2 4
   -------
     7 2
     7 2
   -------
         8
         8
   -------
         0
```
(2)
```
     0.3 4
 25)8.5 0
    7 5
    -----
    1 0 0
    1 0 0
    -----
        0
```

4 7을 8로 나눌 수 없으므로 몫의 소수 첫째 자리에 0을 쓰고 다음 수를 내려서 계산합니다.

5 $13.2\div8=1.65$, $13.2\div12=1.1$

6 소수 첫째 자리에서 반올림하여 소수를 자연수로 만들어 몫을 어림하면 몫의 소수점의 위치를 쉽게 찾을 수 있습니다.

7 $105>30>27>14$이므로 가장 큰 수는 105이고 가장 작은 수는 14입니다. ➡ $105\div14=7.5$

8 ㉠ $144.8\div16=9.05$ ㉡ $111.8\div13=8.6$
따라서 몫이 더 작은 것은 ㉡입니다.

9 (한 병에 담을 식용유의 양)
=(전체 식용유의 양)÷(병의 수)
$=27.25\div25=1.09$ (L)

10 $11\times□=5.17$이므로
$□=5.17\div11=0.47$입니다.

11 (색칠된 부분의 넓이)$=35.2\div5=7.04$ (cm^2)

12 $29.55\div15=1.97$
$1.97<1.9□$에서 □ 안에 들어갈 수 있는 자연수는 8, 9입니다.

13 연필 1타는 12자루이므로 연필 한 자루의 무게는
$27\div12=2.25$ (g)입니다.

14 (삼각기둥의 모서리의 수)$=3\times3=9$(개)
➡ (한 모서리의 길이)$=7.65\div9=0.85$ (m)

15 다른 대각선의 길이를 □ cm라 하면
$16\times□\div2=92.8$,
$□=92.8\times2\div16=185.6\div16=11.6$입니다.

16 (휘발유 1 L로 달릴 수 있는 거리)$=36.27\div3$
$=12.09$ (km)
(휘발유 5 L로 달릴 수 있는 거리)$=12.09\times5$
$=60.45$ (km)

17

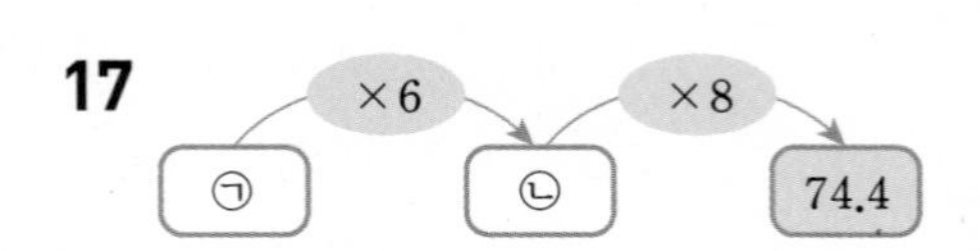

㉡$\times8=74.4$이므로 ㉡$=74.4\div8=9.3$입니다.
㉠$\times6=9.3$이므로 ㉠$=9.3\div6=1.55$입니다.

18 몫이 가장 작게 되려면 나누어지는 수는 가장 작고 나누는 수는 가장 커야 합니다. 나누는 수를 가장 큰 수인 9로 하면 나누어지는 수는 가장 작은 소수 두 자리 수를 만들면 2.34입니다.
➡ $2.34\div9=0.26$

서술형

19 서술형 가이드
화분 사이의 간격 수를 구한 다음 화분 사이의 거리를 구할 수 있어야 합니다.

예 (화분 사이의 간격 수)$=21-1=20$(군데)
(화분 사이의 거리)$=61.2\div20=3.06$ (m)

평가 기준	배점
화분 사이의 간격 수를 구했나요?	2점
화분 사이의 거리를 구했나요?	3점

서술형

20 서술형 가이드
먹고 남은 귤의 무게를 구한 다음 한 봉지에 담은 귤의 무게를 구할 수 있어야 합니다.

예 (먹고 남은 귤의 무게)$=10-3.8$
$=6.2$ (kg)
(한 봉지에 담은 귤의 무게)$=6.2\div4$
$=1.55$ (kg)

평가 기준	배점
먹고 남은 귤의 무게를 구했나요?	2점
한 봉지에 담은 귤의 무게를 구했나요?	3점

다시 점검하는 수시 평가 대비 Level ❷

17~19쪽

1 138, 23, 23, 2.3

2 $35.2\div5=\frac{3520}{100}\div5=\frac{3520\div5}{100}=\frac{704}{100}=7.04$

3 (1) 0.56 (2) 2.62

4 (풀이 참조)

5 5.15

6 ㉡

7 ㉡

8 >

9 12.25

10 1.25배

11 9.05 cm

12 (위에서부터) 155, $\frac{1}{100}$, 10.85, 1.55 /

예 10.85는 1085의 $\frac{1}{100}$배이므로 결과 값도 155의 $\frac{1}{100}$배인 1.55입니다.

13 ㉡, ㉢, ㉠	**14** 55.75 g
15 15.25 cm	**16** 16.6
17 8.25분	**18** ㉯ 자동차, 0.07 km
19 0.45 kg	**20** 0.85

2 (소수)÷(자연수)는 (분수)÷(자연수)로 바꾸어 계산할 수 있습니다.

3 (1)

```
     0.5 6
  6)3.3 6
    3 0
    ----
      3 6
      3 6
      ---
        0
```

(2)

```
        2.6 2
  15)3 9.3 0
     3 0
     ------
       9 3
       9 0
       ----
         3 0
         3 0
         ---
           0
```

4 20.4÷5=4.08, 36.6÷12=3.05

5 20.6>4이므로 20.6÷4의 몫을 빈칸에 써넣습니다.
➡ 20.6÷4=5.15

6 81.92÷8에서 81.92를 소수 첫째 자리에서 반올림하면 82입니다. 82÷8의 몫은 10보다 크고 11보다 작은 수이므로 81.92÷8=10.24가 됩니다.

7 (나누어지는 수)<(나누는 수)이면 몫이 1보다 작습니다.
㉠ 7.63>7 ㉡ 8.46<9 ㉢ 15.86>13

8 8.58÷13=0.66, 12.39÷21=0.59
➡ 0.66>0.59

9 □×14=171.5이므로 □=171.5÷14=12.25입니다.

10 (아버지의 몸무게)÷(어머니의 몸무게)
=70÷56=1.25(배)

11 (세로)=(직사각형의 넓이)÷(가로)
=162.9÷18=9.05 (cm)

13 ㉠ 30.33÷9=3.37 ㉡ 64.8÷16=4.05
㉢ 14÷4=3.5
➡ ㉡>㉢>㉠

14 (지우개 한 개의 무게)=89.2÷8=11.15 (g)
➡ (지우개 5개의 무게)=11.15×5=55.75 (g)

15 (평행사변형의 넓이)=12.2×5=61 (cm^2)
(삼각형의 밑변의 길이)=61×2÷8=122÷8
=15.25 (cm)

16 16.25와 20.1 사이의 크기는 20.1−16.25=3.85이므로 작은 눈금 한 칸의 크기는 3.85÷11=0.35입니다.
➡ ㉠=16.25+0.35=16.6

17 1시간 6분=60분+6분=66분
(공원을 한 바퀴 도는 데 걸린 시간)
=(전체 걸린 시간)÷(바퀴 수)=66÷8=8.25(분)

18 (㉮ 자동차가 1분에 가는 거리)=8.28÷6=1.38 (km)
(㉯ 자동차가 1분에 가는 거리)=11.6÷8=1.45 (km)
➡ 1분 후에는 ㉯ 자동차가 1.45−1.38=0.07 (km) 더 앞서 갑니다.

서술형

19 서술형 가이드
음료수 12병의 무게를 구한 다음 음료수 한 병의 무게를 구할 수 있어야 합니다.

예 (음료수 12병의 무게)=5.63−0.23=5.4 (kg)
➡ (음료수 한 병의 무게)=5.4÷12=0.45 (kg)

평가 기준	배점
음료수 12병의 무게를 구했나요?	2점
음료수 한 병의 무게를 구했나요?	3점

서술형

20 서술형 가이드
잘못 계산한 식을 이용하여 어떤 수를 구한 다음 바르게 계산한 값을 구할 수 있어야 합니다.

예 어떤 수를 □라 하면 □×12=122.4이므로
□=122.4÷12=10.2입니다.
따라서 바르게 계산하면 10.2÷12=0.85입니다.

평가 기준	배점
어떤 수를 구했나요?	2점
바르게 계산한 값을 구했나요?	3점

서술형 50% 중간 단원 평가

20~23쪽

1 오각뿔	**2** 3	**3** >
4 ③	**5** 팔각뿔	**6** 삼각기둥
7 2.88	**8** 2번	**9** 7.25 m
10 $\frac{3}{8}$ cm^2	**11** ㉢	**12** $\frac{4}{27}$ L
13 102 cm	**14** 3.05 kg	**15** $\frac{4}{5}$ m
16 0.56	**17** 20개	**18** $\frac{1}{11}$
19 7.02 m	**20** 2	

1 밑면이 오각형이므로 오각뿔입니다.

2 $1\div\square=\frac{1}{\square}$이므로 □에 알맞은 수는 3입니다.

3 $3.5\div5=0.7$, $4.8\div8=0.6$

4 ① $1\div9=\frac{1}{9}$ ② $5\div6=\frac{5}{6}$
③ $10\div7=\frac{10}{7}=1\frac{3}{7}$ ④ $8\div11=\frac{8}{11}$
⑤ $14\div19=\frac{14}{19}$

5 밑면이 팔각형이고 옆면이 삼각형인 뿔 모양의 입체도형은 팔각뿔입니다.

6 밑면이 삼각형이고 옆면이 직사각형 ➡ 삼각기둥의 전개도

7 예 $43.2>36.8>19>15$이므로 가장 큰 수는 43.2이고 가장 작은 수는 15입니다.
➡ $43.2\div15=2.88$

평가 기준	배점
가장 큰 수와 가장 작은 수를 찾았나요?	2점
가장 큰 수를 가장 작은 수로 나눈 몫을 구했나요?	3점

8 나누어지는 수의 오른쪽 끝자리에 0이 있다고 생각하고 나누어떨어질 때까지 계산하면 $77\div4=19.25$이므로 소수점 아래 0을 2번 내려서 계산해야 합니다.

9 예 (가로)=(밭의 넓이)÷(세로)
$=29\div4=7.25$ (m)

평가 기준	배점
가로를 구하는 식을 세웠나요?	2점
가로는 몇 m인지 구했나요?	3점

10 예 (색칠한 부분의 넓이)
=(오각형의 넓이)÷5
$=\frac{15}{8}\div5=\frac{\overset{3}{\cancel{15}}}{8}\times\frac{1}{\underset{1}{\cancel{5}}}=\frac{3}{8}$ (cm^2)

평가 기준	배점
색칠한 부분의 넓이를 구하는 식을 세웠나요?	3점
색칠한 부분의 넓이는 몇 cm^{2}인지 기약분수로 나타냈나요?	2점

11 예 ㉠ (팔각기둥의 면의 수)$=8+2=10$(개)
㉡ (팔각뿔의 꼭짓점의 수)$=8+1=9$(개)
㉢ (오각기둥의 모서리의 수)$=5\times3=15$(개)
$15>10>9$이므로 개수가 가장 많은 것은 ㉢입니다.

평가 기준	배점
㉠, ㉡, ㉢의 개수를 각각 구했나요?	3점
개수가 가장 많은 것을 찾았나요?	2점

12 (한 사람이 마신 우유의 양)
=(전체 우유의 양)÷(사람 수)
$=\frac{8}{9}\div6=\frac{\overset{4}{\cancel{8}}}{9}\times\frac{1}{\underset{3}{\cancel{6}}}=\frac{4}{27}$ (L)

13 예 (육각기둥의 모든 모서리의 길이의 합)
$=(5\times6)\times2+7\times6=60+42=102$ (cm)

평가 기준	배점
육각기둥의 모든 모서리의 길이의 합을 구하는 식을 세웠나요?	3점
육각기둥의 모든 모서리의 길이의 합을 구했나요?	2점

14 (한 학생에게 주어야 할 쌀의 무게)
=(전체 쌀의 무게)÷(학생 수)
$=103.7\div34=3.05$ (kg)

15 잘라 만든 철사의 도막 수는 자른 횟수보다 1 큽니다.
(도막 수)=(자른 횟수)$+1=7+1=8$(도막)
(철사 한 도막의 길이)=(철사의 길이)÷(도막 수)
$=6\frac{2}{5}\div8=\frac{\overset{4}{\cancel{32}}}{5}\times\frac{1}{\underset{1}{\cancel{8}}}=\frac{4}{5}$ (m)

16 예 (어떤 수)$\times 25=70$이므로
(어떤 수)$=70\div 25=2.8$입니다.
따라서 어떤 수를 5로 나눈 몫은 $2.8\div 5=0.56$입니다.

평가 기준	배점
어떤 수를 구했나요?	2점
어떤 수를 5로 나눈 몫을 구했나요?	3점

17 예 밑면의 모양이 삼각형인 각기둥은 삼각기둥이고, 삼각기둥의 꼭짓점은 $3\times 2=6$(개), 면은 $3+2=5$(개), 모서리는 $3\times 3=9$(개)입니다.
➡ $6+5+9=20$(개)

평가 기준	배점
각기둥의 꼭짓점, 면, 모서리의 수를 각각 구했나요?	3점
각기둥의 꼭짓점, 면, 모서리의 수의 합을 구했나요?	2점

18 예 어떤 수를 □라 하면 $\square\times 8=\frac{4}{11}$이므로

$\square=\frac{4}{11}\div 8=\frac{\overset{1}{\cancel{4}}}{11}\times\frac{1}{\underset{2}{\cancel{8}}}=\frac{1}{22}$입니다.

따라서 어떤 수에 2를 곱하면 $\frac{1}{\underset{11}{\cancel{22}}}\times\overset{1}{\cancel{2}}=\frac{1}{11}$입니다.

평가 기준	배점
어떤 수를 구했나요?	3점
어떤 수에 2를 곱하면 얼마인지 구했나요?	2점

19 예 (나무 사이의 간격 수)$=$(나무 수)-1
$=16-1=15$(군데)
(나무 사이의 간격)$=$(도로의 길이)$\div$(나무 사이의 간격 수)
$=105.3\div 15=7.02$ (m)

평가 기준	배점
나무 사이의 간격 수를 구했나요?	2점
나무 사이의 간격을 구했나요?	3점

20 $8\frac{1}{10}\div 3=\frac{\overset{27}{\cancel{81}}}{10}\times\frac{1}{\underset{1}{\cancel{3}}}=\frac{27}{10}=2\frac{7}{10}$이므로

□ 안에는 $2\frac{7}{10}$보다 작은 수가 들어갑니다.

따라서 □ 안에 들어갈 수 있는 가장 큰 자연수는 2입니다.

평가 기준	배점
나눗셈의 몫을 구했나요?	3점
□ 안에 들어갈 수 있는 가장 큰 자연수를 구했나요?	2점

4 비와 비율

다시 점검하는 수시 평가 대비 Level 1

24~26쪽

1 2, 9 / 9, 2 / 2, 9
2 12, 7
3 $\frac{21}{25}$, 0.84
4 7 : 10
5 ②
6 ④
7
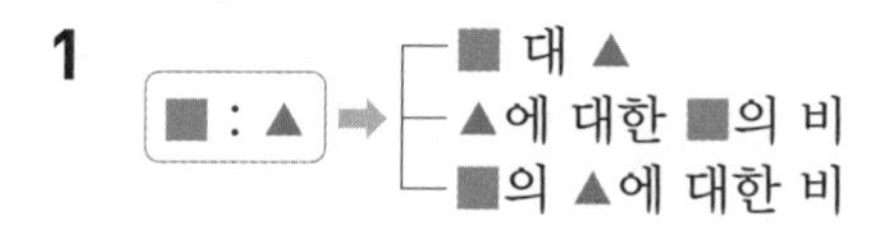
8 예
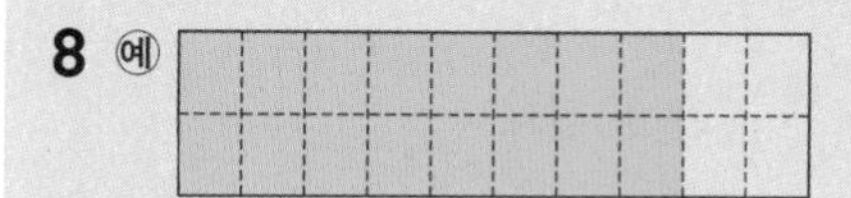
9 ㉡
10 49 %
11 $\frac{1}{5}$
12 $\frac{450000}{150}$($=3000$)
13 ㉢
14 $\frac{450}{5}$($=90$)
15 15 %
16 현아
17 25 %
18 90 cm
19 틀립니다 / 이유 예 16 : 25는 기준이 25이지만 25 : 16은 기준이 16입니다.
20 72450원

1 ■ : ▲ ➡ ■ 대 ▲ / ▲에 대한 ■의 비 / ■의 ▲에 대한 비

2 7 : 12
7 ↑ 비교하는 양, 12 ↑ 기준량

3 21 : 25 ➡ $\frac{21}{25}=\frac{84}{100}=0.84$

4 (색칠한 부분의 칸 수) : (전체 칸 수)$=7:10$

5 ①, ③, ④, ⑤는 9 : 5이므로 기준량이 5이고 ②는 5 : 9이므로 기준량이 9입니다.

6 ① 92 % ➡ 0.92 ② 4 % ➡ 0.04
③ 263 % ➡ 2.63 ⑤ 70 % ➡ 0.7

7 7 대 8 ➡ 7 : 8 ➡ $\frac{7}{8}=0.875$
20에 대한 16의 비 ➡ 16 : 20 ➡ $\frac{16}{20}=\frac{4}{5}=0.8$

8 80 % ➡ $\frac{80}{100}=\frac{16}{20}$이므로 20칸 중에서 16칸에 색칠합니다.

9 ㉠ $\frac{6}{5}=1\frac{1}{5}=1.2$ ㉡ 10.8 % ➡ 0.108 ㉢ 1.23
➡ 비율이 1보다 작은 것은 ㉡입니다.

10 어린이 회장으로 정민이가 당선되었으므로
(정민이의 득표율)$=\frac{245}{500}\times100=49$ (%)입니다.

11 (소금물의 양)$=240+60=300$ (g)
(비율)$=\frac{(\text{소금의 양})}{(\text{소금물의 양})}=\frac{60}{300}=\frac{1}{5}$

12 (넓이에 대한 인구의 비율)$=\frac{450000}{150}=3000$

13 ㉠ 0.45 ㉡ 0.072 ㉢ 0.872 ㉣ 0.75
따라서 비율이 가장 큰 것은 ㉢입니다.

14 (걸린 시간에 대한 간 거리의 비율)
$=\frac{(\text{간 거리})}{(\text{걸린 시간})}=\frac{450}{5}=90$입니다.

15 (할인된 금액)$=20000-17000=3000$(원)
➡ (할인율)$=\frac{3000}{20000}\times100=15$ (%)

16 • 현아가 푼 문제 수의 비율:
127 : 200 ➡ $\frac{127}{200}=0.635$
• 수정이가 푼 문제 수의 비율:
93 : 150 ➡ $\frac{93}{150}=0.62$
따라서 $0.635>0.62$이므로 푼 수학 문제 수의 비율이 더 높은 사람은 현아입니다.

17 (풀지 않은 쪽수)$=156-117=39$(쪽)
따라서 풀지 않은 국어 문제집의 쪽수는 전체의
$\frac{39}{156}\times100=25$ (%)입니다.

18 (새로 만든 정사각형의 한 변의 길이)
$=18+18\times0.25=22.5$ (cm)
➡ (새로 만든 정사각형의 둘레)$=22.5\times4=90$ (cm)

서술형
19 서술형 가이드
설명이 맞는지 틀린지 표시하고 그 이유를 쓸 수 있어야 합니다.

평가 기준	배점
맞는지 틀린지 바르게 표시했나요?	2점
이유를 썼나요?	3점

서술형
20 서술형 가이드
1년 동안의 이자를 구한 후 1년 후에 찾을 수 있는 돈을 구할 수 있어야 합니다.

예 3.5 % ➡ $\frac{35}{1000}$이므로 1년 동안의 이자는
$70000\times\frac{35}{1000}=2450$(원)입니다.
따라서 민하가 예금한 지 1년 후에 찾을 수 있는 돈은
$70000+2450=72450$(원)입니다.

평가 기준	배점
1년 동안의 이자를 구할 수 있나요?	3점
1년 후에 찾을 수 있는 돈을 구할 수 있나요?	2점

다시 점검하는 수시 평가 대비 Level ❷ 27~29쪽

1 2 : 5
2 ⑤
3 ④
4 ㉡
5 (위에서부터) $\frac{27}{50}$, 0.54 / $\frac{3}{4}$, 0.75
6 $<$
7 55 %
8 18, 24, 30 / 예 메뚜기 다리의 수는 메뚜기 수의 6배입니다.
9 13 : 29
10 ㉡
11 33.6 m^2
12 ④

13 0.035　　14 0.375

15 $\frac{10200}{12}$(=850), $\frac{9600}{8}$(=1200)

16 25 %　　17 125 cm^2

18 가 자동차

19 틀립니다 / 이유 예 비율 $\frac{9}{25}$를 소수로 나타내면 0.36이고, 이것을 백분율로 나타내면 0.36×100=36이므로 36 %입니다.

20 148명

2 ⑤ 18 : 7

3 45 % ➡ $0.45=\frac{45}{100}=\frac{9}{20}$

4 ㉠ 5 : 17 ㉡ 17 : 9 ㉢ 11 : 17
따라서 기준량을 나타내는 수가 다른 하나는 ㉡입니다.

5 27 : 50 ➡ $\frac{27}{50}=\frac{54}{100}=0.54$
3 : 4 ➡ $\frac{3}{4}=\frac{75}{100}=0.75$

6 $\frac{17}{25}=0.68$, 71 % ➡ 0.71이므로 $0.68<0.71$입니다.

7 전체 20칸 중에서 11칸 색칠하였으므로 백분율로 나타내면 $\frac{11}{20}\times100=55$ (%)입니다.

9 (도서관에 있는 사람 수)=16+13=29(명)
➡ (여자 수) : (전체 사람 수)=13 : 29

10 ㉠ 7 : 12 ➡ $7<12$
㉡ 6 : 5 ➡ $6>5$
㉢ 8 : 13 ➡ $8<13$
㉣ 7 : 9 ➡ $7<9$
따라서 기준량이 비교하는 양보다 작은 것은 ㉡입니다.

11 42 % ➡ $\frac{42}{100}$
(상추를 심은 밭의 넓이)$=80\times\frac{42}{100}=33.6$ (m^2)

12 (탄수화물의 비율)$=\frac{142}{200}\times100=71$ (%)

13 (이자율)$=\frac{1750}{50000}=\frac{35}{1000}=0.035$

14 (타율)$=\frac{(\text{안타 수})}{(\text{전체 타수})}=\frac{120}{320}=\frac{3}{8}=0.375$

15 햇빛 마을: $\frac{(\text{인구})}{(\text{넓이})}=\frac{10200}{12}=850$
달빛 마을: $\frac{(\text{인구})}{(\text{넓이})}=\frac{9600}{8}=1200$

16 (처음 소금의 양)$=200\times\frac{10}{100}=20$ (g)
(새로 만든 소금물의 양)=200+40=240 (g)이므로
비율은 $\frac{60}{240}\times100=25$ (%)입니다.

17 (밑변의 길이)$=16+16\times\frac{25}{100}=20$ (cm)
(높이)$=10+10\times\frac{25}{100}=12.5$ (cm)
➡ (새로 만든 삼각형의 넓이)$=20\times12.5\div2$
$=125$ (cm^2)

18 (가 자동차의 비율)$=\frac{45}{25}=1.8$
(나 자동차의 비율)$=\frac{49}{28}=1.75$
➡ $1.8>1.75$이므로 가 자동차가 더 빠릅니다.

서술형
19 서술형 가이드
설명이 맞는지 틀린지 표시하고 그 이유를 쓸 수 있어야 합니다.

평가 기준	배점
맞는지 틀린지 바르게 표시했나요?	2점
이유를 썼나요?	3점

서술형
20 서술형 가이드
놀이동산에 입장한 어린이 수를 구한 다음 그중 남자 어린이 수를 구할 수 있어야 합니다.

예 74 % ➡ $\frac{74}{100}$이므로
(어린이 수)$=500\times\frac{74}{100}=370$(명)이고,
40 % ➡ $\frac{40}{100}$이므로
(남자 어린이 수)$=370\times\frac{40}{100}=148$(명)입니다.

평가 기준	배점
놀이동산에 입장한 어린이 수를 구했나요?	2점
놀이동산에 입장한 남자 어린이 수를 구했나요?	3점

5 여러 가지 그래프

다시 점검하는 수시 평가 대비 Level ❶

30~32쪽

1 5300마리 **2** 나 마을 **3** 10 %

4 피아노 **5** 30, 15, 100

6 좋아하는 과일별 학생 수

0 10 20 30 40 50 60 70 80 90 100 (%)

감 (35 %)	사과 (20 %)	배 (30 %)	귤 (15 %)

7 사회 **8** ① **9** 20 %

10 2배 **11** (위에서부터) 72/30, 25, 15, 10

12 좋아하는 면 요리별 학생 수

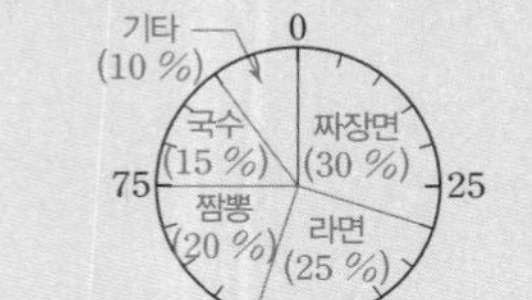

13 60명

14 44 %

15 350자루

16 좋아하는 색깔별 학생 수

(명) 10, 5, 0

학생 수 / 색깔: 빨강, 노랑, 파랑, 초록, 보라

17 60 %

18 95편

19 40 g

20 11.25 cm

1 큰 그림이 5개이므로 5000마리, 작은 그림이 3개이므로 300마리입니다. ➡ 5300마리

2 큰 그림이 가장 많은 나 마을이 기르는 닭의 수가 가장 많습니다.

3 띠그래프에서 작은 눈금 한 칸의 크기는 5 %이므로 단소를 연주할 수 있는 학생은 10 %입니다.

4 띠그래프에서 가장 긴 부분을 차지한 악기는 피아노입니다.

5 배: $\frac{24}{80}\times100=30\ (\%)$, 귤: $\frac{12}{80}\times100=15\ (\%)$

합계: $35+20+30+15=100\ (\%)$

7 원그래프에서 세 번째로 넓은 부분을 차지하는 과목은 사회입니다.

8 국어: 30 %, 영어: 15 % ➡ $30\div15=2$(배)

9 $100-(30+25+15+10)=20\ (\%)$

10 드라마: 30 %, 뉴스: 15 % ➡ $30\div15=2$(배)

11 짬뽕: $360\times\frac{20}{100}=72$(명)

짜장면: $\frac{108}{360}\times100=30\ (\%)$

라면: $\frac{90}{360}\times100=25\ (\%)$

국수: $\frac{54}{360}\times100=15\ (\%)$

기타: $\frac{36}{360}\times100=10\ (\%)$

13 별빛 마을의 비율은 15 %이므로

$400\times\frac{15}{100}=60$(명)입니다.

14 $100-(14+10+8+24)=44\ (\%)$

15 전체의 10 %가 250자루이므로 전체는 2500자루입니다.

➡ $2500\times\frac{14}{100}=350$(자루)

17 $\frac{12}{20}\times100=60\ (\%)$

18 $250\times\frac{38}{100}=95$(편)

19 서술형

서술형 가이드 희정이가 오늘 먹은 음식의 전체의 양을 먼저 구합니다.

예 희정이가 오늘 먹은 음식의 전체 양을 □g이라 하면 $\square\times\frac{32}{100}=160$, $\square=500$입니다.

이 중에서 지방은 8 %이므로 $500\times\frac{8}{100}=40$ (g)입니다.

평가 기준	배점
오늘 먹은 음식의 양을 구했나요?	2점
섭취한 지방의 양을 구했나요?	3점

20 서술형

서술형 가이드 동화책이 차지하는 비율을 먼저 구합니다.

㉮ 원그래프에서 작은 눈금 한 칸의 크기는 5 %이므로 동화책은 $5\times9=45$ (%)입니다.

➡ (동화책이 차지하는 부분의 길이)

$=25\times\frac{45}{100}=11.25$ (cm)

평가 기준	배점
동화책의 비율을 구했나요?	2점
띠그래프에서 동화책이 차지하는 부분의 길이를 구했나요?	3점

다시 점검하는 수시 평가 대비 Level ❷

33~35쪽

1 14000 t **2** 37000 t **3** 3배

4 기차, 승용차, 비행기, 배, 버스 **5** 5배

6 30명 **7** 35, 30, 25, 10, 100 /

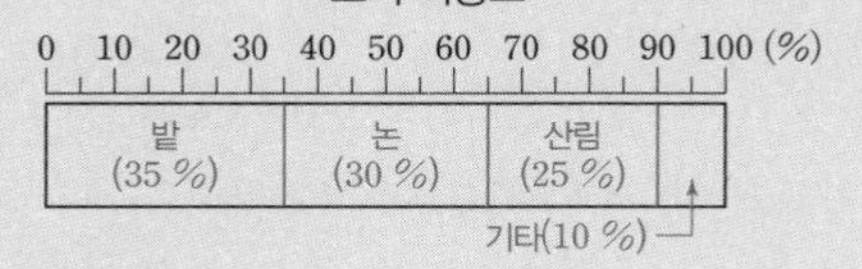

8 120명 **9** 24 % **10** 3배

11 3.6 cm

12 (위에서부터)140, 400 / 40, 35, 20, 100

13

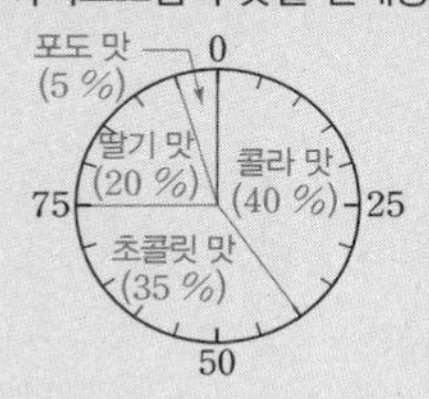

14 12000원

15 (위에서부터)1800, 12000 / 35, 30, 15

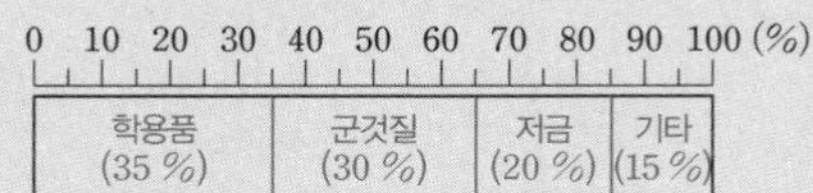

16 45 % **17** 150가구

18

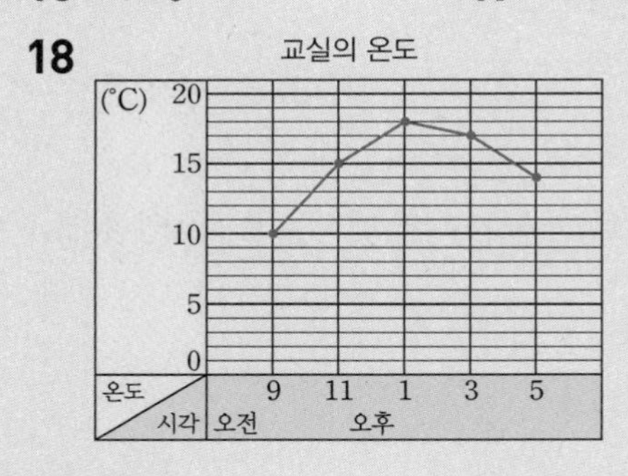

19 540 g **20** 6학년

1 큰 그림이 1개, 작은 그림이 4개이므로 14000 t입니다.

2 옥수수 생산량이 가장 많은 도: 강원도 ➡ 40000 t

옥수수 생산량이 가장 적은 도: 제주특별자치도

➡ 3000 t ➡ $40000-3000=37000$ (t)

3 띠그래프에서 작은 눈금 한 칸의 크기는 5 %이므로 코스모스는 30 %, 해바라기는 10 %입니다.

➡ $30\div10=3$(배)

4 띠그래프에서 길이가 긴 것부터 차례로 쓰면 기차, 승용차, 비행기, 배, 버스입니다.

5 승용차: 25 %, 버스: 5 % ➡ $25\div5=5$(배)

6 $200\times\frac{15}{100}=30$(명)

7 밭: $\frac{175}{500}\times100=35$ (%)

논: $\frac{150}{500}\times100=30$ (%)

산림: $\frac{125}{500}\times100=25$ (%)

기타: $\frac{50}{500}\times100=10$ (%)

8 (여행의 비율)=(친척집 방문의 비율)$\times4$

$=10\times4=40$ (%)

(여행을 하고 싶은 학생 수)$=300\times\frac{40}{100}=120$(명)

9 (운동)$=100-(40+18+10+8)=24$ (%)

10 운동: 24 %, 독서: 8 % ➡ $24\div8=3$(배)

11 공부는 18 %이므로 전체 길이가 20 cm인 띠그래프에서 $20\times\frac{18}{100}=3.6$ (cm)를 차지합니다.

12 합계: $20\times20=400$ (kg)

초콜릿 맛: $400-(160+80+20)=140$ (kg)

콜라 맛: $\frac{160}{400}\times100=40$ (%)

초콜릿 맛: $\frac{140}{400}\times100=35$ (%)

딸기 맛: $\frac{80}{400}\times100=20$ (%)

백분율의 합계는 100 %입니다.

14 $\frac{2400}{(\text{합계})} \times 100 = 20$이므로 (합계)$=12000$입니다.

15 기타: $12000-(4200+3600+2400)=1800$(원)

학용품: $\frac{4200}{12000} \times 100 = 35\ (\%)$

군것질: $\frac{3600}{12000} \times 100 = 30\ (\%)$

기타: $\frac{1800}{12000} \times 100 = 15\ (\%)$

16 라 신문은 10 %이므로 다 신문은 $10 \times 2 = 20\ (\%)$입니다.
(가 신문의 비율)$=100-(25+20+10)=45\ (\%)$

17 (나 신문의 구독 가구 수)$=600 \times \frac{25}{100} = 150$(가구)

서술형

19 서술형 가이드
백분율의 합계를 이용하여 단백질의 비율을 구합니다.

예 (단백질의 비율)$=100-(42+25+10+5)$
$=18\ (\%)$
3 kg$=$3000 g이므로 단백질은
$3000 \times \frac{18}{100} = 540$ (g) 섭취할 수 있습니다.

평가 기준	배점
단백질의 비율을 구했나요?	2점
섭취할 수 있는 단백질의 양을 구했나요?	3점

서술형

20 서술형 가이드
4학년과 6학년 중 도보로 등교하는 학생 수를 각각 구합니다.

예 (4학년 중 도보로 등교하는 학생 수)
$=400 \times \frac{55}{100} = 220$(명)
(6학년 중 도보로 등교하는 학생 수)
$=600 \times \frac{40}{100} = 240$(명)
$220 < 240$이므로 도보로 등교하는 학생은 6학년이 더 많습니다.

평가 기준	배점
4학년 중 도보로 등교하는 학생 수를 구했나요?	2점
6학년 중 도보로 등교하는 학생 수를 구했나요?	2점
도보로 등교하는 학생이 더 많은 학년을 구했나요?	1점

6 직육면체의 부피와 겉넓이

다시 점검하는 수시 평가 대비 Level 1

36~38쪽

1 36 cm^3	**2** 528 cm^3	**3** 2744 cm^3
4 684 cm^2	**5** 1014 cm^2	**6** 1200 cm^3
7 268 cm^2	**8** 18	**9** 8 cm
10 $<$	**11** 108000000 cm^3	
12 729 cm^3	**13** 0.42 m^3	**14** 3 cm
15 343 cm^3	**16** 3 cm	**17** 4800 cm^3
18 6750 cm^3	**19** 46 cm^2	**20** 486 cm^2

1 (쌓기나무의 수)$=4 \times 3 \times 3 = 36$(개) ➡ 36 cm^3

2 (직육면체의 부피)$=$(색칠한 면의 넓이)$\times$(높이)
$=48 \times 11 = 528\ (cm^3)$

3 $14 \times 14 \times 14 = 2744\ (cm^3)$

참고 (정육면체의 부피)
$=$(한 모서리의 길이)$\times$(한 모서리의 길이)$\times$(한 모서리의 길이)

4 (직육면체의 겉넓이)
$=(12 \times 6 + 15 \times 6 + 12 \times 15) \times 2$
$=342 \times 2 = 684\ (cm^2)$

5 $13 \times 13 \times 6 = 1014\ (cm^2)$

6 $15 \times 8 \times 10 = 1200\ (cm^3)$

7 (겉넓이)$=(8 \times 3 + 10 \times 3 + 8 \times 10) \times 2$
$=134 \times 2 = 268\ (cm^2)$

8 $\square \times 13 \times 8 = 1872$, $\square = 18$

9 (한 면의 넓이)$=384 \div 6 = 64\ (cm^2)$
$8 \times 8 = 64$이므로 한 모서리의 길이는 8 cm입니다.

10 $4200000\ cm^3 = 4.2\ m^3$
➡ $2.4\ m^3 < 4.2\ m^3$

11 $9 \times 4 \times 3 = 108\ (m^3) = 108000000\ (cm^3)$

12 (한 모서리의 길이)$=108\div12=9$ (cm)
(정육면체의 부피)$=9\times9\times9=729$ (cm^3)

13 50 cm$=0.5$ m
➡ $0.5\times1.2\times0.7=0.42$ (m^3)

14 (직육면체 가의 부피)$=4\times4\times12=192$ (cm^3)
(직육면체 나의 높이)$=192\div(8\times8)=3$ (cm)

15 (정육면체의 한 면의 넓이)$=294\div6=49$ (cm^2)
$7\times7=49$이므로 정육면체의 한 모서리의 길이는 7 cm입니다.
(정육면체의 부피)$=7\times7\times7=343$ (cm^3)

16 (작은 정육면체의 수)$=2\times2\times2=8$(개)
(작은 정육면체 한 개의 부피)$=216\div8=27$ (cm^3)
➡ (한 모서리의 길이)$=3$ cm

17 (줄어든 물의 높이)$=26-21=5$ (cm)
(돌의 부피)$=32\times30\times5=4800$ (cm^3)

18 $(16\times20\times25)-(5\times10\times25)$
$=8000-1250=6750$ (cm^3)

서술형
19 서술형 가이드
직육면체 가와 정육면체 나의 겉넓이를 각각 구합니다.

예 (직육면체 가의 겉넓이)
$=(7\times8+5\times8+5\times7)\times2=262$ (cm^2)
(정육면체 나의 겉넓이)$=6\times6\times6=216$ (cm^2)
➡ $262-216=46$ (cm^2)

평가 기준	배점
직육면체 가의 겉넓이를 구했나요?	2점
정육면체 나의 겉넓이를 구했나요?	2점
직육면체 가와 정육면체 나의 겉넓이의 차를 구했나요?	1점

서술형
20 서술형 가이드
가장 큰 정육면체의 한 모서리의 길이를 구합니다.

예 만든 정육면체의 한 모서리의 길이는 9 cm, 10 cm, 9 cm 중 가장 짧은 길이인 9 cm입니다.
➡ (정육면체의 겉넓이)$=9\times9\times6=486$ (cm^2)

평가 기준	배점
가장 큰 정육면체의 한 모서리의 길이를 구했나요?	2점
가장 큰 정육면체의 겉넓이를 구했나요?	3점

다시 점검하는 수시 평가 대비 Level ❷

39~41쪽

1 나	**2** (1) 7000000 (2) 6.1	
3 24 cm^3	**4** 3600 cm^3	**5** 294 cm^2
6 202 cm^2	**7** 384 cm^2	**8** 304 cm^2
9 56 cm^2	**10** ㉢, ㉠, ㉡	**11** <
12 8 m^3	**13** 216 cm^3	**14** 27배
15 258 cm^2	**16** 120개	**17** 1152 cm^2
18 280 cm^3	**19** 6층	**20** 370 cm^2

1 가: $2\times4\times2=16$(개)
나: $2\times3\times3=18$(개)

2 1 m$^3=1000000$ cm^3

3 (쌓기나무의 수)$=3\times4\times2=24$(개) ➡ 24 cm^3

4 $20\times10\times18=3600$ (cm^3)

5 $7\times7\times6=294$ (cm^2)
참고 (정육면체의 겉넓이)$=$(한 면의 넓이)$\times6$

6 (직육면체의 겉넓이)$=$(합동인 세 면의 넓이의 합)$\times2$
$=(5\times9+4\times9+5\times4)\times2$
$=101\times2=202$ (cm^2)

7 $8\times8\times6=384$ (cm^2)

8 직육면체의 겉넓이는 합동인 세 면의 넓이의 합의 2배입니다.
$(4\times8+10\times8+10\times4)\times2$
$=152\times2=304$ (cm^2)

9 (색칠한 면의 넓이)$=$(부피)$\div$(높이)
$=280\div5=56$ (cm^2)

10 ㉠ $7\times8\times9=504$ (cm^3)
㉡ $10\times5\times5=250$ (cm^3)
㉢ $8\times8\times8=512$ (cm^3)
➡ ㉢$>$㉠$>$㉡

11 3600000 cm$^3=3.6$ m$^3<4$ m^3

12 $200 \times 200 \times 200 = 8000000\ (\mathrm{cm}^3) = 8\ (\mathrm{m}^3)$

13 (쌓기나무 한 개의 부피)$=2 \times 2 \times 2 = 8\ (\mathrm{cm}^3)$
➡ (정육면체의 부피)$=8 \times 27 = 216\ (\mathrm{cm}^3)$

14 (정육면체 가의 부피)$=6 \times 6 \times 6 = 216\ (\mathrm{cm}^3)$
(정육면체 나의 부피)$=2 \times 2 \times 2 = 8\ (\mathrm{cm}^3)$
➡ $216 \div 8 = 27$(배)

15 색칠한 면의 세로를 □cm라 하면
$6 \times □ = 54$, □$=9$입니다.
(직육면체의 겉넓이)$=(6 \times 5 + 9 \times 5 + 6 \times 9) \times 2$
$= 129 \times 2 = 258\ (\mathrm{cm}^2)$

16 상자의 가로에 넣을 수 있는 지우개의 수: $15 \div 3 = 5$(개)
상자의 세로에 넣을 수 있는 지우개의 수: $6 \div 1 = 6$(개)
상자의 높이에 쌓을 수 있는 지우개의 수: $4 \div 1 = 4$(개)
따라서 상자에 들어 있는 지우개는 모두
$5 \times 6 \times 4 = 120$(개)입니다.

17 잘린 직육면체 1개는 다음과 같습니다.

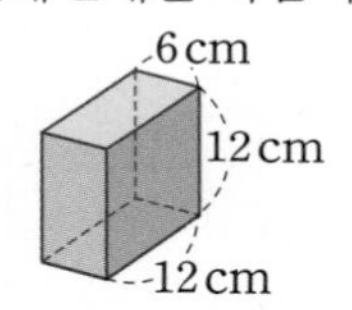

(잘린 2개의 직육면체의 겉넓이의 합)
$=((6 \times 12 + 12 \times 12 + 6 \times 12) \times 2) \times 2$
$=(288 \times 2) \times 2 = 576 \times 2$
$=1152\ (\mathrm{cm}^2)$

다른 풀이
정육면체의 겉넓이에 잘렸을 때 생기는 면 2개의 넓이를 더합니다.
(잘린 2개의 직육면체의 겉넓이)
$=12 \times 12 \times 6 + (12 \times 12) \times 2$
$=864 + 288 = 1152\ (\mathrm{cm}^2)$

18 (입체도형의 부피)
$=$(㉠의 부피)$+$(㉡의 부피)
$=(4 \times 5 \times 6) + (8 \times 5 \times 4)$
$=120 + 160 = 280\ (\mathrm{cm}^3)$

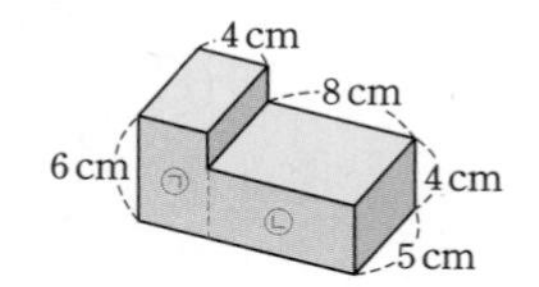

참고 입체도형을 여러 개의 직육면체로 나누어 부피의 합을 구합니다.

서술형
19 **서술형 가이드**
쌓은 쌓기나무의 수를 먼저 구합니다.

예 직육면체의 부피가 $210\ \mathrm{cm}^3$이므로 쌓은 쌓기나무의 수는 210개입니다. 한 층에 $7 \times 5 = 35$(개)씩 쌓았으므로 $210 \div 35 = 6$(층)으로 쌓았습니다.

평가 기준	배점
쌓은 쌓기나무의 수를 구했나요?	2점
쌓은 쌓기나무의 층수를 구했나요?	3점

서술형
20 **서술형 가이드**
부피를 이용하여 직육면체의 가로를 구합니다.

예 (직육면체의 가로)$=462 \div (7 \times 11) = 6\ (\mathrm{cm})$
(직육면체의 겉넓이)$=(6 \times 11 + 7 \times 11 + 6 \times 7) \times 2$
$=185 \times 2 = 370\ (\mathrm{cm}^2)$

평가 기준	배점
직육면체의 가로를 구했나요?	2점
직육면체의 겉넓이를 구했나요?	3점

서술형 50% 기말 단원 평가

42~45쪽

1 <	**2** 9 : 20
3 40 %	**4** 2배
5 0.04	**6** 350 t
7 $\frac{280}{4}(=70)$	**8** 30 %
9 3배	**10** $40\ cm^3$
11 4250원	**12** 25 %
13 국어	**14** 150 / 125
15 민지	**16** $166\ cm^2$
17 8배	**18** $158\ cm^2$
19 $384\ cm^2$	**20** 창민

1 $5400000\ cm^3 = 5.4\ m^3$이므로
$2.8\ m^3 < 5.4\ m^3$입니다.

2 (전체 책 수)$=9+11=20$(권)
(그림책 수) : (전체 책의 수)$=9 : 20$

3 $25+15=40\ (\%)$

4 놀이공원: 30 %, 박물관: 15 % ➡ $30 \div 15 = 2$(배)

5 (흰색 물감 양에 대한 빨간색 물감 양의 비율)
$=\frac{6}{150}=\frac{2}{50}=\frac{4}{100}=0.04$

6 ⓔ 수확량이 가장 많은 나 마을: 710 t
수확량이 가장 적은 다 마을: 360 t
$710-360=350\ (t)$

평가 기준	배점
수확량이 가장 많은 마을과 가장 적은 마을의 수확량을 각각 구했나요?	2점
수확량이 가장 많은 마을과 가장 적은 마을의 수확량의 차를 구했나요?	3점

7 (비율)$=\frac{(간\ 거리)}{(걸린\ 거리)}=\frac{280}{4}=70$

8 띠그래프에서 가장 긴 부분을 차지하는 항목은 휴대 전화로 30 %입니다.

9 ⓔ 휴대 전화는 30 %이고 용돈은 10 %입니다. 따라서 휴대 전화를 받고 싶은 학생 수는 용돈을 받고 싶은 학생 수의 $30 \div 10 = 3$(배)입니다.

평가 기준	배점
휴대 전화와 용돈의 비율을 각각 알았나요?	2점
휴대 전화의 비율은 용돈의 비율의 몇 배인지 구했나요?	3점

10 ⓔ 한 모서리의 길이가 2 cm인 쌓기나무 한 개의 부피는 $2 \times 2 \times 2 = 8\ (cm^3)$이고 쌓기나무의 수는 5개이므로 입체도형의 부피는 $8 \times 5 = 40\ (cm^3)$입니다.

평가 기준	배점
쌓기나무 한 개의 부피를 구했나요?	2점
입체도형의 부피를 구했나요?	3점

11 ⓔ (할인 받은 금액)$=5000 \times \frac{15}{100}=750$(원)
(장난감의 판매 가격)$=5000-750=4250$(원)

평가 기준	배점
할인 받은 금액을 구했나요?	3점
장난감의 판매 가격을 구했나요?	2점

12 ⓔ 백분율의 합계는 100 %이므로 간식에 사용한 금액의 비율은 $100-(25+20+30)=25\ (\%)$입니다.

평가 기준	배점
백분율의 합계가 몇 %인지 알고 있나요?	3점
간식의 비율을 구했나요?	2점

13 국어 시험에서 맞힌 문제의 비율: $\frac{22}{25} \times 100 = 88\ (\%)$
영어 시험에서 맞힌 문제의 비율: $\frac{17}{20} \times 100 = 85\ (\%)$
따라서 백분율이 더 높은 국어 시험을 더 잘 보았습니다.

14 $5 \times 5 = 25$이므로 정육면체의 한 모서리의 길이는 5 cm입니다.
(정육면체의 겉넓이)$=25 \times 6 = 150\ (cm^2)$
(정육면체의 부피)$=5 \times 5 \times 5 = 125\ (cm^3)$

15 ㉾ (영재의 타율)$=\frac{9}{18}\times100=50\ (\%)$

(민지의 타율)$=\frac{11}{20}\times100=55\ (\%)$

따라서 민지의 타율이 더 높습니다.

평가 기준	배점
영재와 민지의 타율을 각각 구했나요?	4점
누구의 타율이 더 높은지 구했나요?	1점

16 ㉾ (한 꼭짓점에서 만나는 세 면의 넓이의 합)$\times2$
$=(4\times5+5\times7+4\times7)\times2=83\times2=166\ (\text{cm}^2)$

평가 기준	배점
직육면체의 겉넓이를 구하는 식을 세웠나요?	2점
직육면체의 겉넓이를 구했나요?	3점

17 ㉾ (처음 직육면체의 부피)$=4\times3\times3=36\ (\text{cm}^3)$
(늘인 직육면체의 부피)$=8\times6\times6=288\ (\text{cm}^3)$
➡ $288\div36=8$(배)

평가 기준	배점
처음 직육면체의 부피와 늘인 직육면체의 부피를 각각 구했나요?	3점
처음 부피의 몇 배가 되는지 구했나요?	2점

18 직육면체의 가로를 □ cm라 하면
□$\times8\times5=120$, □$=3$입니다.
➡ (직육면체의 겉넓이)$=(3\times8+8\times5+3\times5)\times2$
$=79\times2=158\ (\text{cm}^2)$

19 ㉾ (한 변의 길이)$=24\div3=8\ (\text{cm})$
따라서 정육면체의 겉넓이는 $8\times8\times6=384\ (\text{cm}^2)$입니다.

평가 기준	배점
한 변의 길이를 구했나요?	2점
정육면체의 겉넓이를 구했나요?	3점

20 ㉾ 창민: (소금물의 양)$=36+364=400\ (\text{g})$

(소금물의 진하기)$=\frac{36}{400}\times100=9\ (\%)$

수지: (소금물의 양)$=40+460=500\ (\text{g})$

(소금물의 진하기)$=\frac{40}{500}\times100=8\ (\%)$

따라서 창민이가 더 진한 소금물을 만들었습니다.

평가 기준	배점
창민이와 수지가 만든 소금물의 진하기를 각각 구했나요?	4점
창민이와 수지 중 누가 더 진한 소금물을 만들었는지 구했나요?	1점